EUROPA-FACHBUCHREIHE
für elektrotechnische und elektronische Berufe

Methodische Lösungswege zu Mathematik für Elektroniker

Ausgabe I

Bearbeitet von Lehrern und Ingenieuren an beruflichen Schulen (siehe Rückseite)

Gültig ab der 10. Auflage

VERLAG EUROPA-LEHRMITTEL · Nourney, Vollmer GmbH & Co.
Düsselberger Str. 23 · 42781 Haan-Gruiten

Europa-Nr.: 36713

Autoren von „Mathematik für Elektroniker, Ausgabe I"

Monika Burgmaier	Studiendirektorin	Stuttgart
Bernhard Grimm	Oberstudienrat	Sindelfingen, Leonberg
Klaus Holzäpfel	Dipl.-Ing. (FH), Oberstudienrat	Sindelfingen, Herrenberg
Gerhard Mangold	Dipl.-Ing., Studienprofessor	Tettnang, Biberach
Werner Philipp	Dipl.-Ing. (FH), Oberstudienrat	Heilbronn
Bernd Schiemann	Dipl.-Ing., Studiendirektor	Ulm (Donau)
Willi Schleer	Dipl.-Ing., Oberstudienrat	Überlingen
Manfred Schuh	Dipl.-Ing., Oberstudienrat	Ulm (Donau)

Bildbearbeitung: Zeichenbüro des Verlags Europa-Lehrmittel GmbH & Co., Leinfelden-Echterdingen

Leitung des Arbeitskreises und Lektorat: Studiendirektor Schiemann, Ulm (Donau)

Das vorliegende Buch wurde auf der **Grundlage der neuen Rechtschreibregeln** erstellt.

10. Auflage 2002

Druck 5 4 3 2 1

Alle Drucke derselben Auflage sind parallel einsetzbar, da sie bis auf die Behebung von Druckfehlern untereinander unverändert sind.

ISBN 3-8085-3671-3

Internet: http://www.europa-lehrmittel.de

Satz: Wissenschaftliche Publikationstechnik Kernstock, 73230 Kirchheim/Teck

Druck: Druckhaus Arns GmbH, Remscheid

Didaktische Hinweise für den Unterricht

Das Buch „Mathematik für Elektroniker, Ausgabe I" ist Bestandteil eines offenen Lehrsystems und unterstützt den personalen Unterricht in hervorragender Weise. Es bietet einen umfangreichen Aufgabenfundus, der der Erfolgskontrolle und der Vorbereitung von Klassenarbeiten dient.

Darbietung des Lehrstoffs. Fachkundliche Informationen und fachmathematische Inhalte werden im *handlungsorientierten Unterricht* parallel vermittelt. Wegen der Gleichheit der Formelzeichen und der Bilder empfiehlt sich daher die Verwendung der Bücher „Fachkunde für Fachinformatiker", „Informationstechnik und Kommunikationstechnik", „Fachkunde für Industrieelektronik und Informationstechnik", „Fachkunde für Radio-, Fernseh- und Informationselektronik" oder „Informationstechnik und Telekommunikationstechnik" der EUROPA-Fachbuchreihe. Die Entwicklung der mathematischen Schritte erfolgt mit dem Overhead-Projektor oder an der Wandtafel nach dem Muster der Beispiele in den Büchern „Mathematik für Elektroniker".

Vertiefung des Lehrstoffs. Die Aufgaben sind für die Übungsphase bestimmt. Sie sind mit zunehmendem Schwierigkeitsgrad angeordnet, und zwar meist paarweise, sodass sich folgende Übungsvariante anbietet: Im Klassenverband oder in Gruppenarbeit werden nur die Aufgaben 1, 3, 5, ... bearbeitet. Die Aufgaben 2, 4, 6, ... sind der Selbsttätigkeit, der Hausarbeit und der Klassenarbeit vorbehalten.

Blaue Punkte weisen auf schwierige Aufgaben hin.

Für Klassenarbeiten und Prüfungen sind die Formeln und Rechenanweisungen der beiden Mathematikbücher I und N in der Formelsammlung „Formeln für Elektroniker" übersichtlich zusammengefasst.

Vorwort zur 10. Auflage

Die Neubearbeitungen des Teiles I (Industrieelektronik und Informationstechnik) des Buches „Mathematik für Elektroniker" machte die Neuauflage der „Methodischen Lösungswege Ausgabe I" erforderlich.

Angesichts des großen Umfangs des Bandes I sowie wegen des gestiegenen Schwierigkeitsgrades vieler Aufgaben entschlossen sich Verlag und Arbeitskreis, es bei dem aufwändigen Aufzeigen des Lösungsweges zu belassen, weil bei der Komplexität der Aufgaben es auch dem versierten Fachmann nur mit großem Zeitaufwand möglich ist, alle Aufgaben ohne Hilfsmittel zu lösen. So sollen die „Methodischen Lösungswege" dem Lehrenden helfen, den Zeitaufwand für die Unterrichtsvorbereitung und für Korrekturen in Grenzen zu halten, damit er sich umso mehr den Lernenden widmen kann.

Wenn es der Lehrende für richtig hält, können bei entsprechender Reife auch die Lernenden aus dem Buch Nutzen ziehen, weil sie dann bei gelösten Aufgaben die Richtigkeit ihrer eigenen Lösung überprüfen können. Zur Verhinderung von Missbrauch kann allerdings das Buch an minderjährige Lernende nur mit Einverständnis der Schule abgegeben werden.

Verlag und Verfasser danken für die hilfreichen Hinweise der Benutzer und freuen sich auch künftig über konstruktive Verbesserungsvorschläge.

Frühjahr 2002 Verlag und Autoren

Inhaltsverzeichnis

6 Elektronische Schaltungen

7 Digitaltechnik

Lösungen zu 1.1.1 Vertauschungsgesetz (Kommutativgesetz), Verbindungsgesetz (Assoziativgesetz), Verteilungsgesetz (Distributivgesetz)

10/1
a) $3 - 5 + 8 - 1 = 3 + 8 - 5 - 1 = 11 - 6 = \mathbf{5}$
b) $6 + 12 - 10 - 3 = 12 + 6 - 3 - 10 = 18 - 13 = \mathbf{5}$
c) $2 - 4 + 5 - 9 = 2 + 5 - 4 - 9 = 7 - 13 = \mathbf{-6}$
d) $8 - 7 + 5 = 8 + 5 - 7 = 13 - 7 = \mathbf{6}$

10/2
a) $7 - 3 - 2 + 8 = 7 + 8 - 3 - 2 = 15 - 5 = \mathbf{10}$
b) $5 - 2 + 3 - 1 = 5 + 3 - 2 - 1 = 8 - 3 = \mathbf{5}$
c) $9 - 2 + 7 = 9 + 7 - 2 = 16 - 2 = \mathbf{14}$
d) $3 - 1 - 5 + 23 = 3 + 23 - 1 - 5 = 26 - 6 = \mathbf{20}$

10/3
a) $(-3) \cdot 2 \cdot 2 = 2 \cdot (-3) \cdot 2 = 2 \cdot 2 \cdot (-3) = 4 \cdot (-3) = \mathbf{-12}$
b) $2 \cdot (-5) \cdot (-3) = (-3) \cdot (-5) \cdot 2 = 15 \cdot 2 = \mathbf{30}$
c) $2 \cdot 3 \cdot (-7) = (-7) \cdot 3 \cdot 2 = (-7) \cdot 6 = \mathbf{-42}$
d) $3 \cdot (-2) \cdot 9 = (-2) \cdot 3 \cdot 9 = (-2) \cdot 27 = \mathbf{-54}$

10/4
a) $(-8) \cdot 4 \cdot 2 = (-8) \cdot 8 = \mathbf{-64}$
b) $3 \cdot (-5) \cdot (-3) = (-5) \cdot (-3) \cdot 3 = 15 \cdot 3 = \mathbf{45}$
c) $2 \cdot 5 \cdot (-2) = (-2) \cdot 2 \cdot 5 = (-2) \cdot 10 = \mathbf{-20}$
d) $6 \cdot (-1) \cdot 1 = \mathbf{-6}$

10/5
a) $6 + 2 + 4 = 6 + (2 + 4) = 6 + 6 = \mathbf{12}$
b) $-3 + 2 - 5 = (-3 - 5) + 2 = -8 + 2 = \mathbf{-6}$
c) $3 - 8 + 11 = (3 + 11) - 8 = 14 - 8 = \mathbf{6}$
d) $8 + 2 - 4 = (8 + 2) - 4 = 10 - 4 = \mathbf{6}$

10/6
a) $5 + 4 + 3 = (5 + 3) + 4 = 8 + 4 = \mathbf{12}$
b) $4 + 2 - 3 = (4 + 2) - 3 = 6 - 3 = \mathbf{3}$
c) $3 - 9 + 6 = (3 + 6) - 9 = 9 - 9 = \mathbf{0}$
d) $8 + 2 - 4 = (8 + 2) - 4 = 10 - 4 = \mathbf{6}$

10/7
a) $3 \cdot 5 \cdot 4 = 3 \cdot (5 \cdot 4) = 3(5 \cdot 4) = 3 \cdot 20 = \mathbf{60}$
b) $(-3) \cdot 5 \cdot 2 = (5 \cdot 2)(-3) = 10(-3) = \mathbf{-30}$

10/8
a) $6 \cdot 4 \cdot 2 = 6(4 \cdot 2) = 6 \cdot 8 = \mathbf{48}$
b) $(-2) \cdot 4 \cdot 3 = (4 \cdot 3)(-2) = 12(-2) = \mathbf{-24}$

10/9 a) $3(5+2) = 3 \cdot 7 = \mathbf{21}$

b) $5(7-4) = 5 \cdot 3 = \mathbf{15}$

10/10 a) $4(8+3) = 4 \cdot 11 = \mathbf{44}$

b) $3(5-2) = 3 \cdot 3 = \mathbf{9}$

10/11 a) $(-2)(7+5) = (-2)12 = \mathbf{-24}$

b) $3(7-6+1) = 3 \cdot 2 = \mathbf{6}$

c) $(-6)(8-3) = (-6) \cdot 5 = \mathbf{-30}$

d) $(-5)(6-14) = (-5)(-8) = \mathbf{40}$

10/12 a) $(-7)(8-6) = (-7)2 = \mathbf{-14}$

b) $5(9-5-4) = 5 \cdot 0 = \mathbf{0}$

c) $(-4)(6-2) = (-4) \cdot 4 = \mathbf{-16}$

d) $(-9)(8-12) = (-9)(-4) = \mathbf{36}$

Lösungen zu 1.1.2 Bruchrechnen

11/1 a) $\frac{65}{13} = \mathbf{5}$; b) $\frac{144}{16} = \mathbf{9}$; c) $\frac{-96}{4} = \mathbf{-24}$; d) $\frac{48}{-3} = \mathbf{-16}$

e) $\frac{-27}{-9} = \mathbf{3}$; f) $\frac{169}{-13} = \mathbf{-13}$; g) $\frac{-144}{-12} = \mathbf{12}$

11/2 a) $\frac{88}{11} = \mathbf{8}$; b) $\frac{136}{17} = \mathbf{8}$; c) $\frac{-64}{16} = \mathbf{-4}$; d) $\frac{156}{-12} = \mathbf{-13}$

e) $\frac{-81}{-9} = \mathbf{9}$; f) $\frac{171}{-19} = \mathbf{-9}$; g) $\frac{-232}{-8} = \mathbf{29}$

11/3 a) $\frac{1}{4} + \frac{2}{5} + \frac{5}{6} = \frac{15+24+50}{60} = \frac{89}{60} = \mathbf{1\frac{29}{60}}$

b) $\frac{3}{5} - \frac{2}{15} + \frac{7}{30} = \frac{18-4+7}{30} = \frac{21}{30} = \mathbf{\frac{7}{10}}$

c) $\frac{7}{24} - \frac{11}{30} - \frac{8}{15} + \frac{3}{8} = \frac{35-44-64+45}{120} = \frac{-28}{120} = \mathbf{-\frac{7}{30}}$

11/4 a) $\frac{1}{2} + \frac{3}{4} + \frac{1}{6} = \frac{6+9+2}{12} = \frac{17}{12} = \mathbf{1\frac{5}{12}}$

b) $\frac{5}{8} - \frac{5}{24} + \frac{5}{48} = \frac{30-10+5}{48} = \mathbf{\frac{25}{48}}$

c) $\frac{17}{18} - \frac{7}{9} + \frac{11}{12} - \frac{1}{4} = \frac{34-28+33-9}{36} = \frac{30}{36} = \mathbf{\frac{5}{6}}$

11/5

a) $\frac{2}{53} \cdot 8 = \frac{2 \cdot 8}{53} = \mathbf{\frac{16}{53}}$;
b) $\frac{5}{7} : \frac{3}{4} = \frac{5 \cdot 4}{7 \cdot 3} = \mathbf{\frac{20}{21}}$

c) $\frac{8}{21} \cdot 1\frac{2}{5} = \frac{8 \cdot 7}{21 \cdot 5} = \mathbf{\frac{8}{15}}$;
d) $\frac{5}{31} : \frac{2}{13} = \frac{5 \cdot 13}{31 \cdot 2} = \mathbf{\frac{65}{62}}$

e) $8\frac{5}{7} : 3\frac{3}{5} = \frac{61}{7} : \frac{18}{5} = \frac{61 \cdot 5}{7 \cdot 18} = \frac{305}{126} = \mathbf{2\frac{53}{126}}$

11/6

a) $\frac{5}{37} \cdot 7 = \frac{5 \cdot 7}{37} = \mathbf{\frac{35}{37}}$;
b) $\frac{3}{11} \Big/ \frac{5}{9} = \frac{3 \cdot 9}{11 \cdot 5} = \mathbf{\frac{27}{55}}$

c) $\frac{2}{15} \cdot 2\frac{3}{7} = \frac{2}{15} \cdot \frac{17}{7} = \mathbf{\frac{34}{105}}$;
d) $\frac{7}{75} \Big/ \frac{8}{5} = \frac{7 \cdot 5}{75 \cdot 8} = \frac{35}{600} = \mathbf{\frac{7}{120}}$

e) $\frac{4}{9} \Big/ 7\frac{5}{13} = \frac{4}{9} \Big/ \frac{96}{13} = \frac{4 \cdot 13}{9 \cdot 96} = \frac{13}{9 \cdot 24} = \mathbf{\frac{13}{216}}$

11/7

a) $\frac{3}{5} = \mathbf{0{,}6}$;
b) $\frac{4}{15} = \mathbf{0{,}26\overline{6}}$;
c) $\frac{12}{125} = \mathbf{0{,}096}$

d) $\frac{35}{55} = \mathbf{0{,}63\overline{63}}$;
e) $\frac{154}{224} = \mathbf{0{,}687\,5}$

11/8

a) $0{,}25 = \frac{25}{100} = \mathbf{\frac{1}{4}}$;
b) $0{,}875 = \frac{875}{1\,000} = \mathbf{\frac{7}{8}}$;
c) $1{,}23 = \mathbf{1\frac{23}{100}}$

d) $2{,}05 = 2\frac{5}{100} = \mathbf{2\frac{1}{20}}$;
e) $0{,}007\,5 = \frac{75}{10\,000} = \mathbf{\frac{3}{400}}$

11/9

a) $\left(\frac{5}{6} - \frac{5}{9}\right)\left(2\frac{2}{5} - \frac{5}{4}\right) = \left(\frac{15 - 10}{18}\right)\left(\frac{48 - 25}{20}\right) = \frac{5}{18} \cdot \frac{23}{20} = \frac{23}{18 \cdot 4} = \mathbf{\frac{23}{72}}$

b) $\left(4\frac{4}{5} - 3\frac{1}{4}\right)\left(2\frac{1}{5} + 1\frac{5}{6}\right) = \left(\frac{96 - 65}{20}\right)\left(\frac{66 + 55}{30}\right) = \frac{31 \cdot 121}{20 \cdot 30} = \frac{3\,751}{600} = \mathbf{6\frac{151}{600}}$

11/10

a) $\left(8\frac{7}{5} - 6\frac{5}{8}\right) \Big/ \left(3\frac{8}{9} + 2\frac{2}{5}\right) = \left(\frac{376 - 265}{40}\right) \Big/ \left(\frac{175 + 108}{45}\right) = \frac{111 \cdot 45}{40 \cdot 283} = \mathbf{\frac{999}{2\,264}}$

b) $\left(4\frac{5}{8} - 6\frac{3}{4} + 3\frac{1}{2}\right) \Big/ \left(6\frac{1}{3} - 2\frac{4}{5} - 1\frac{1}{8}\right) = \left(\frac{37 - 54 + 28}{8}\right) \Big/ \left(\frac{760 - 336 - 135}{120}\right)$

$= \frac{11 \cdot 120}{8 \cdot 289} = \frac{11 \cdot 15}{289} = \mathbf{\frac{165}{289}}$

Lösungen zu 1.2.1.1 Werte der Zehnerpotenzen

12/1

a) $10^{-4} = \mathbf{\frac{1}{10} \cdot \frac{1}{10} \cdot \frac{1}{10} \cdot \frac{1}{10}}$

b) $10^{-1} = \mathbf{\frac{1}{10}}$

c) $10^{-3} = \mathbf{\frac{1}{10} \cdot \frac{1}{10} \cdot \frac{1}{10}}$

d) $10^{-6} = \mathbf{\frac{1}{10} \cdot \frac{1}{10} \cdot \frac{1}{10} \cdot \frac{1}{10} \cdot \frac{1}{10} \cdot \frac{1}{10}}$

12/2

a) $10^{-2} = \mathbf{\frac{1}{10} \cdot \frac{1}{10}}$

b) $10^{-5} = \mathbf{\frac{1}{10} \cdot \frac{1}{10} \cdot \frac{1}{10} \cdot \frac{1}{10} \cdot \frac{1}{10}}$

c) $10^{-7} = \mathbf{\frac{1}{10} \cdot \frac{1}{10} \cdot \frac{1}{10} \cdot \frac{1}{10} \cdot \frac{1}{10} \cdot \frac{1}{10} \cdot \frac{1}{10}}$

d) $10^{-8} = \mathbf{\frac{1}{10} \cdot \frac{1}{10} \cdot \frac{1}{10} \cdot \frac{1}{10} \cdot \frac{1}{10} \cdot \frac{1}{10} \cdot \frac{1}{10} \cdot \frac{1}{10}}$

12/3 a) $10^6 = \mathbf{1\,000\,000}$; b) $10^{-3} = \mathbf{0{,}001}$; c) $10^{-2} = \mathbf{0{,}01}$; d) $10^{-9} = \mathbf{0{,}000\,000\,001}$

12/4 a) $10^{-1} = \mathbf{0{,}1}$; b) $10^0 = \mathbf{1}$; c) $10^{-6} = \mathbf{0{,}000\,001}$; d) $10^8 = \mathbf{100\,000\,000}$

12/5 a) $\frac{1}{10^{-6}} = \mathbf{10^6}$; b) $\frac{1}{10^7} = \mathbf{10^{-7}}$; c) $\frac{1}{10^9} = \mathbf{10^{-9}}$; d) $\frac{1}{10^{-12}} = \mathbf{10^{12}}$

12/6 a) $\frac{1}{10^{-3}} = \mathbf{10^3}$; b) $\frac{1}{10^0} = \mathbf{10^0}$; c) $\frac{1}{10^3} = \mathbf{10^{-3}}$; d) $\frac{1}{10^1} = \mathbf{10^{-1}}$

12/7 a) $\frac{1}{10^0} = \mathbf{1}$; b) $\frac{1}{10^1} = \mathbf{0{,}1}$; c) $\frac{1}{10^{-3}} = \mathbf{1\,000}$; d) $\frac{1}{10^4} = \mathbf{0{,}000\,1}$

12/8 a) $\frac{1}{10^{-6}} = \mathbf{1\,000\,000}$; b) $\frac{1}{10^{-4}} = \mathbf{10\,000}$; c) $\frac{1}{10^2} = \mathbf{0{,}01}$; d) $\frac{1}{10^{-5}} = \mathbf{100\,000}$

12/9 a) $24\,000 = \mathbf{24 \cdot 10^3}$; b) $0{,}002\,3 = \mathbf{2{,}3 \cdot 10^{-3}}$; c) $700\,000 = \mathbf{0{,}7 \cdot 10^6}$

(Es gibt auch andere richtige Lösungen.)

12/10 a) $12\,000 = \mathbf{12 \cdot 10^3}$; b) $0{,}000\,12 = \mathbf{1{,}2 \cdot 10^{-4}}$; c) $340\,000 = \mathbf{0{,}34 \cdot 10^6}$

(Es gibt auch andere richtige Lösungen.)

Lösungen zu 1.2.1.2 Rechnen mit Zehnerpotenzen

13/1

a) $10^6 + 10^2 - 10^0 = 1\,000\,000 + 100 - 1 = \mathbf{1\,000\,099}$

b) $10^{-3} + 10^1 - 10^2 = 0{,}001 + 10 - 100 = \mathbf{-89{,}999}$

c) $10^6 + 10^3 + 10^3 = 10^6 + 2 \cdot 10^3 = \mathbf{1\,002\,000}$

13/2

a) $10^{2} - 10^{1} - 10^{-2} = 100 - 10 - 0{,}01 = \mathbf{89{,}99}$

b) $10^{-6} + 10^{-7} + 10^{0} = 0{,}000\,001 + 0{,}000\,000\,1 + 1 = \mathbf{1{,}000\,001\,1}$

c) $10^{-3} + 10^{-3} - 10^{-6} = 2 \cdot 10^{-3} - 10^{-6} = \mathbf{0{,}001\,999}$

13/3

a) $10^{13} : 10^{9} = \mathbf{10^{4}}$; b) $10^{6} \cdot 10^{5} = \mathbf{10^{11}}$; c) $10^{12} : 10^{-6} = 10^{12} \cdot 10^{6} = \mathbf{10^{18}}$

13/4

a) $10^{9} : 10^{6} = \mathbf{10^{3}}$; b) $10^{27} : 10^{14} = \mathbf{10^{13}}$; c) $10^{-3} \cdot 10^{-6} = \mathbf{10^{-9}}$

13/5

a) $10^{-12} \cdot 10^{12} = \mathbf{10^{0}}$; b) $10^{3} \cdot 10^{-6} = \mathbf{10^{-3}}$; c) $10^{8} \cdot 10^{0} \cdot 10^{-6} = \mathbf{10^{2}}$

13/6

a) $10^{0} : 10^{12} = \mathbf{10^{-12}}$; b) $10^{1} \cdot 10^{-6} = \mathbf{10^{-5}}$; c) $10^{-3} \cdot 10^{9} = \mathbf{10^{6}}$

13/7

a) $\dfrac{10 \cdot 10^{6}}{10^{-3} \cdot 10^{6}} = \dfrac{10^{1}}{10^{-3}} = 10^{1} \cdot 10^{3} = 10^{4} = \mathbf{10\,000}$

b) $\dfrac{1}{10^{6} \cdot 10^{-3}} = 10^{-6} \cdot 10^{3} = 10^{-3} = \mathbf{0{,}001}$

c) $\dfrac{10^{3} \cdot (10^{-6})^{2}}{10^{-9} \cdot 10^{-2}} = \dfrac{10^{3} \cdot 10^{-12}}{10^{-11}} = 10^{2} = \mathbf{100}$

13/8

a) $\dfrac{10^{2} \cdot 10^{-4}}{10^{-12} \cdot 10^{9}} = \dfrac{10^{-2}}{10^{-3}} = 10^{1} = \mathbf{10}$

b) $\dfrac{10^{-3} \cdot 10^{6}}{10^{-4} \cdot 10^{5}} = 10^{2} = \mathbf{100}$

c) $\dfrac{10^{-2} \cdot (10^{6})^{2}}{10^{3} \cdot 10^{4}} = \dfrac{10^{-2} \cdot 10^{12}}{10^{7}} = 10^{3} = \mathbf{1\,000}$

13/9

a) $\dfrac{42\,000 \cdot 500}{0{,}06} = \dfrac{42 \cdot 10^{3} \cdot 5 \cdot 10^{2}}{6 \cdot 10^{-2}} = \mathbf{35 \cdot 10^{7}}$

b) $\dfrac{46\,000 \cdot 0{,}5}{50\,000} = \dfrac{46 \cdot 10^{3} \cdot 5 \cdot 10^{-1}}{5 \cdot 10^{4}} = 46 \cdot 10^{-2} = \mathbf{0{,}46}$

c) $\dfrac{0{,}006\,5 \cdot 0{,}025}{13\,000 \cdot 0{,}000\,5} = \dfrac{65 \cdot 10^{-4} \cdot 25 \cdot 10^{-3}}{13 \cdot 10^{3} \cdot 5 \cdot 10^{-4}} = \mathbf{25 \cdot 10^{-6}}$

d) $\dfrac{4\,200 \cdot 0{,}007}{35\,000} = \dfrac{42 \cdot 10^{2} \cdot 7 \cdot 10^{-3}}{35 \cdot 10^{3}} = \mathbf{8{,}4 \cdot 10^{-4}}$

13/10

a) $\dfrac{0{,}003\,5 \cdot 620}{310 \cdot 0{,}07} = \dfrac{35 \cdot 10^{-4} \cdot 62 \cdot 10^{1}}{31 \cdot 10^{1} \cdot 7 \cdot 10^{-2}} = 10 \cdot 10^{-2} = \mathbf{0{,}1}$

b) $\dfrac{0{,}007 \cdot 630}{0{,}000\,9} = \dfrac{7 \cdot 10^{-3} \cdot 63 \cdot 10^{1}}{9 \cdot 10^{-4}} = 49 \cdot 10^{2} = \mathbf{4\,900}$

c) $\dfrac{28\,000 \cdot 0{,}4}{7\,000 \cdot 400} = \dfrac{28 \cdot 10^{3} \cdot 4 \cdot 10^{-1}}{7 \cdot 10^{3} \cdot 4 \cdot 10^{2}} = 4 \cdot 10^{-3} = \mathbf{0{,}004}$

d) $\dfrac{22 \cdot 0{,}000\,4}{880} = \dfrac{22 \cdot 4 \cdot 10^{-4}}{88 \cdot 10^{1}} = 1 \cdot 10^{-5} = \mathbf{0{,}000\,01}$

13/11 **$1{,}89 \cdot 10^9$**

13/12 **19,0**

Lösungen zu 1.2.2 Sonstige Potenzen mit ganzen Hochzahlen

14/1 **a)** $2^2 = \mathbf{4}$; **b)** $2^1 = \mathbf{2}$; **c)** $2^0 = \mathbf{1}$; **d)** $2^4 = 2 \cdot 2 \cdot 2 \cdot 2 = \mathbf{16}$

14/2 **a)** $8^2 = \mathbf{64}$; **b)** $8^1 = \mathbf{8}$; **c)** $8^0 = \mathbf{1}$; **d)** $8^3 = 8 \cdot 8 \cdot 8 = \mathbf{512}$

14/3 **a)** $8^2 + 6^2 = 64 + 36 = \mathbf{100}$; **b)** $8^2 \cdot 8^3 = 8^5 = \mathbf{32\,768}$

c) $8^2 \cdot 4^2 = 32^2 = \mathbf{1\,024}$; **d)** $8^4/2^4 = \left(\frac{8}{2}\right)^4 = 4^4 = \mathbf{256}$

14/4 **a)** $16^2/8^2 = 2^2 = \mathbf{4}$; **b)** $4^2 \cdot 4^3 = 4^5 = \mathbf{1\,024}$

c) $4^3/4^4 = 4^{-1} = \mathbf{0{,}25}$; **d)** $(4^2)^3 = 4^6 = \mathbf{4\,096}$

14/5 **a)** $\frac{3^2 \cdot 6^3}{3^4 \cdot 6^4} = 3^{-2} \cdot 6^{-1} = \frac{1}{9} \cdot \frac{1}{6} = \mathbf{\frac{1}{54}}$

b) $\frac{10^2 \cdot 6^3}{3^{-1} \cdot 6^4} = \frac{10^2 \cdot 6^{-1}}{3^{-1}} = \frac{300}{6} = \mathbf{50}$

c) $\frac{2^8 \cdot 2^{-5}}{2^{-3} \cdot 2^4} = \frac{2^3}{2^1} = 2^2 = \mathbf{4}$

14/6 **a)** $\frac{4^2 \cdot 6^3}{3^3 \cdot 8^2} = \left(\frac{4}{8}\right)^2 \cdot \left(\frac{6}{3}\right)^3 = \left(\frac{1}{2}\right)^2 \cdot \left(\frac{2}{1}\right)^3 = \left(\frac{1}{2}\right)^2 \cdot \left(\frac{1}{2}\right)^{-1} = \mathbf{2}$

b) $\frac{3^4}{1{,}5^4} + 3^8 \cdot 3^{-6} = 2^4 + 3^2 = 16 + 9 = \mathbf{25}$

c) $3^{-2}/3^{-4} = 3^2 = \mathbf{9}$

14/7 **a)** $(8^4)^3/64^3 = \frac{(8^4)^3}{(8^2)^3} = (8^2)^3 = 64^3 = \mathbf{262\,144}$

b) $3^{-6}/(3 \cdot 3 \cdot 3)^{-2} = 3^{-6}/(3^3)^{-2} = 3^{-6}/3^{-6} = 3^0 = \mathbf{1}$

14/8 a) $\left(\frac{28 \cdot 2^{-3}}{4 \cdot 2^{-4}}\right)^2 = (7 \cdot 2^1)^2 = 7^2 \cdot 2^2 = 49 \cdot 4 = \mathbf{196}$

b) $\left(\frac{7^3 - 3{,}5^2}{7^3 \cdot 2^2}\right)^{-1} = \frac{7^3 \cdot 2^2}{7^3 - 3{,}5^2} = \frac{7^3 \cdot 2^2}{2^3 3{,}5^3 - 3{,}5^2} = \frac{7^3 \cdot 2^2}{3{,}5^2(2^3 \cdot 3{,}5 - 1)} = \frac{2^3 \cdot 3{,}5^3 \cdot 2^2}{3{,}5^2(2^3 \cdot 3{,}5 - 1)}$

$= \frac{2^5 \cdot 3{,}5}{2^3 \cdot 3{,}5 - 1} = \frac{32 \cdot 3{,}5}{8 \cdot 3{,}5 - 1} = \mathbf{\frac{112}{27}}$

14/9 $2^{20} = \mathbf{1\,048\,576}$

14/10 $2^8 = \mathbf{256}$

14/11 $2^{20} \cdot 2^3 = 1\,048\,576 \cdot 8 = \mathbf{8\,388\,608}$

14/12 $2^{20} : 2^2 = 2^{18} = \mathbf{262\,144}$

Lösungen zu 1.3 Wurzeln

15/1 **a)** $\sqrt{49} = \mathbf{7}$; **b)** $\sqrt{2\,500} = \mathbf{50}$; **c)** $\sqrt{144} = \mathbf{12}$
d) $\sqrt{30\,000} = \mathbf{173{,}2}$; **e)** $\sqrt{1\,600} = \mathbf{40}$

16/2 **a)** $\sqrt{64} = \mathbf{8}$; **b)** $\sqrt{3\,600} = \mathbf{60}$; **c)** $\sqrt{81} = \mathbf{9}$
d) $\sqrt{20\,000} = \mathbf{141{,}4}$; **e)** $\sqrt{900} = \mathbf{30}$

16/3 **a)** $\sqrt{200} = \mathbf{14{,}14}$; **b)** $\sqrt{20} = \mathbf{4{,}472}$; **c)** $\sqrt{2} = \mathbf{1{,}414}$
d) $\sqrt{0{,}2} = \mathbf{0{,}447\,2}$; **e)** $\sqrt{0{,}02} = \mathbf{0{,}141\,4}$; **f)** $\sqrt{0{,}002} = \mathbf{0{,}044\,72}$

Die Ergebnisse von **a)**, **c)**, **e)** unterscheiden sich um den Faktor 10, die Ergebnisse von **a)**, **b)**, **c)** um den Faktor $\sqrt{10}$.

16/4 **a)** $\sqrt{5\,000} = \mathbf{70{,}71}$; **b)** $\sqrt{500} = \mathbf{22{,}36}$; **c)** $\sqrt{50} = \mathbf{7{,}071}$
d) $\sqrt{5} = \mathbf{2{,}236}$; **e)** $\sqrt{0{,}5} = \mathbf{0{,}707\,1}$; **f)** $\sqrt{0{,}05} = \mathbf{0{,}223\,6}$

Die Ergebnisse von **a)**, **c)**, **e)** unterscheiden sich um den Faktor 10, die Ergebnisse von **a)**, **b)**, **c)** um den Faktor $\sqrt{10}$.

16/5 **a)** $\sqrt{4\,240} = \mathbf{65{,}12}$; **b)** $\sqrt{68\,775} = \mathbf{262{,}2}$; **c)** $\sqrt{455\,870} = \mathbf{675{,}2}$; **d)** $\sqrt{30\,428} = \mathbf{174{,}4}$

16/6 **a)** $\sqrt{6\,540} = \mathbf{80{,}87}$; **b)** $\sqrt{41\,433} = \mathbf{203{,}6}$; **c)** $\sqrt{867\,654} = \mathbf{931{,}5}$; **d)** $\sqrt{3\,422} = \mathbf{58{,}49}$

16/7 a) $\sqrt{-49} = \mathbf{i7}$; b) $\sqrt{-68} = \mathbf{i8{,}246}$; c) $\sqrt{217} = \mathbf{14{,}73}$; d) $\sqrt{-24} = \mathbf{i4{,}899}$

16/8 a) $\sqrt{-64} = \mathbf{i8}$; b) $\sqrt{-134} = \mathbf{i11{,}58}$; c) $\sqrt{278} = \mathbf{16{,}67}$; d) $\sqrt{-32} = \mathbf{i5{,}657}$

16/9
a) $\sqrt{3^2 + 5^2} = \sqrt{9 + 25} = \sqrt{34} = \mathbf{5{,}831}$
b) $\sqrt{3{,}5^2 + 4{,}2^2} = \sqrt{12{,}25 + 17{,}64} = \sqrt{29{,}89} = \mathbf{5{,}468}$
c) $\sqrt{2^2 + 2{,}5^2} = \sqrt{4 + 6{,}25} = \sqrt{10{,}25} = \mathbf{3{,}202}$
d) $\sqrt{8^2 + 4^2} = \sqrt{64 + 16} = \sqrt{80} = \mathbf{8{,}944}$

16/10
a) $\sqrt{5^2 + 2^2} = \sqrt{25 + 4} = \sqrt{29} = \mathbf{5{,}385}$
b) $\sqrt{4{,}2^2 + 5{,}3^2} = \sqrt{17{,}64 + 28{,}09} = \sqrt{45{,}73} = \mathbf{6{,}763}$
c) $\sqrt{2{,}5^2 + 3^2} = \sqrt{6{,}25 + 9} = \sqrt{15{,}25} = \mathbf{3{,}905}$
d) $\sqrt{6^2 + 5^2} = \sqrt{36 + 25} = \sqrt{61} = \mathbf{7{,}81}$

16/11
a) $\sqrt{3} \cdot \sqrt{5} = \sqrt{3 \cdot 5} = \sqrt{15} = \mathbf{3{,}873}$
b) $\sqrt[3]{6} \cdot \sqrt[3]{17} = \sqrt[3]{102} = \mathbf{4{,}672}$
c) $\sqrt{16} : \sqrt{4} = \sqrt{16 : 4} = \sqrt{4} = \mathbf{2}$
d) $\sqrt[3]{35} : \sqrt[3]{5} = \sqrt[3]{35 : 5} = \sqrt[3]{7} = \mathbf{1{,}913}$
e) $\left(\sqrt{5}\right)^3 = \left(5^{\frac{1}{2}}\right)^3 = 5^{\frac{3}{2}} = \sqrt{5^3} = \sqrt{125} = \mathbf{11{,}18}$
f) $\sqrt[3]{\sqrt{64}} = \left(64^{\frac{1}{2}}\right)^{\frac{1}{3}} = 64^{\frac{1}{6}} = \sqrt[6]{64} = \sqrt[6]{2^6} = \mathbf{2}$

16/12
a) $\sqrt{5} \cdot \sqrt{7} = \sqrt{5 \cdot 7} = \sqrt{35} = \mathbf{5{,}916}$
b) $\sqrt[3]{8} \cdot \sqrt[3]{32} = \sqrt[3]{8 \cdot 32} = \sqrt[3]{256} = \mathbf{6{,}35}$
c) $\sqrt{25} : \sqrt{5} = \sqrt{25/5} = \sqrt{5} = \mathbf{2{,}236}$
d) $\sqrt[3]{64} : \sqrt[3]{8} = \sqrt[3]{64 : 8} = \sqrt[3]{8} = \mathbf{2}$
e) $\left(\sqrt{7}\right)^3 = \left(7^{\frac{1}{2}}\right)^3 = 7^{\frac{3}{2}} = \sqrt{7^3} = \sqrt{343} = \mathbf{18{,}52}$
f) $\sqrt[4]{\sqrt{256}} = \left(256^{\frac{1}{2}}\right)^{\frac{1}{4}} = 256^{\frac{1}{8}} = \sqrt[8]{256} = \sqrt[8]{2^8} = \mathbf{2}$

Lösungen zu 1.4.1 Zehnerlogarithmen

17/1 **a)** lg 15 = **1,176 1**; **b)** lg 23 = **1,361 7**; **c)** lg 41 = **1,612 8**
d) lg 86 = **1,934 5**; **e)** lg 87 = **1,939 5**; **f)** lg 160 = **2,204 1**

17/2 **a)** lg 26 = **1,414 9**; **b)** lg 68 = **1,832 5**; **c)** lg 77 = **1,886 5**
d) lg 96 = **1,982 3**; **e)** lg 240 = **2,380 2**; **f)** lg 972 = **2,987 7**

17/3 **a)** lg 0,5 = **0,699 0 − 1** oder **9,699 0 − 10**; **b)** lg 3,5 = **0,544 1**
c) lg 6,8 = **0,832 5**; **d)** lg 0,043 = **0,633 5 − 2** oder **8,633 5 − 10**
e) lg 0,008 675 = **0,938 3 − 3** oder **7,938 3 − 10**

17/4 **a)** lg 0,7 = **0,845 1 − 1** oder **9,845 1 − 10**; **b)** lg 8,7 = **0,939 5**
c) lg 5,925 = **0,772 7**; **d)** lg 0,008 4 = **0,924 3 − 3** oder **7,924 3 − 10**
e) lg 0,000 953 4 = **0,979 3 − 4** oder **6,979 3 − 10**

17/5

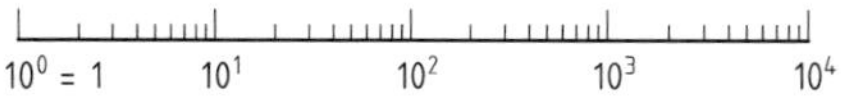

17/6

17/7 $l_x = l_{10} \cdot \lg \frac{x}{x_A} = 8\,\text{cm} \cdot \lg \frac{50}{10} = 8\,\text{cm} \cdot 0{,}698\,97 = \mathbf{5{,}59\,cm}$

17/8 $l_x = l_{10} \cdot \lg \frac{x}{x_A} = 10\,\text{cm} \cdot \lg \frac{0{,}04}{0{,}01} = 10\,\text{cm} \cdot 0{,}602\,06 = \mathbf{6{,}02\,cm}$

17/9 $l = l_{10} \cdot \lg \frac{x_E}{x_A} \Rightarrow l_{10} = l/\lg(x_E/x_A) = 9{,}54\,\text{cm}/\lg(0{,}3/0{,}01) = \mathbf{6{,}49\,cm}$

17/10 $l_x = l_{10} \cdot \lg \frac{x}{x_A} \Rightarrow \lg \frac{x}{x_A} = \frac{l_x}{l_{10}}$

$\Rightarrow \lg x = \frac{l_x}{l_{10}} + \lg x_A = \frac{6{,}23\,\text{cm}}{8\,\text{cm}} + \lg 0{,}05 = 0{,}778\,8 + (0{,}699\,0 - 2)$

$= 1{,}477\,8 - 2 = 0{,}477\,8 - 1 \Rightarrow \mathbf{x = 0{,}3}$

18/11 I Aus Bild 1 liest man ab: $l_x = 13\,\text{mm}$; $l_{10} = 22{,}5\,\text{mm}$; $x_A = 1$

$l_x = l_{10} \cdot \lg \frac{x}{x_A} \Rightarrow \lg x = \frac{l_x}{l_{10}} + \lg x_A = \frac{13\,\text{mm}}{22{,}5\,\text{mm}} + \lg 1 = 0{,}577\,8 \Rightarrow x = 3{,}78 \Rightarrow \mathbf{r_{thG} = 3{,}78\,K/W}$

18/12 l Aus Bild 1 liest man ab: $l_x = 6{,}5\,\text{mm}$; $l_{10} = 22{,}5\,\text{mm}$; $x_A = 10$

$l_x = l_{10} \cdot \lg \frac{x}{x_A} \Rightarrow \lg x = \frac{l_x}{l_{10}} + \lg x_A = \frac{6{,}5\,\text{mm}}{22{,}5\,\text{mm}} + 1 = 1{,}2889 \Rightarrow x = 19{,}45 \Rightarrow \mathbf{r_{thG} = 19{,}45\,K/W}$

18/13 l $l_x = l_{10} \cdot \lg \frac{x}{x_A} = 22{,}5\,\text{mm} \cdot \lg \frac{5{,}8}{1{,}0} = 17{,}17\,\text{mm}$

Aus Bild 1 liest man bei $r_{thG} = 5{,}8\,\text{K/W} \mathrel{\widehat{=}} 17{,}17\,\text{mm}$ ab: $\mathbf{t_i = 10^{-4}\,s}$

18/14 l $l_x = l_{10} \cdot \lg \frac{x}{x_A} = 22{,}5\,\text{mm} \cdot \lg \frac{14}{10} = 3{,}29\,\text{mm}$

Aus Bild 1 liest man bei $r_{thG} = 14\,\text{K/W} \mathrel{\widehat{=}} 3{,}29\,\text{mm}$ ab: $\mathbf{t_i = 10^{-3}\,s}$

Lösungen zu 1.4.2 Sonstige Logarithmen

18/1 r **a)** ln 12 = **2,4849**; **b)** ln 24 = **3,1781**; **c)** ln 47 = **3,8501**
d) ln 86 = **4,4543**; **e)** ln 96 = **4,5643**

18/2 r **a)** ln 35 = **3,5553**; **b)** ln 21 = **3,0445**; **c)** ln 56 = **4,0254**
d) ln 75 = **4,3175**; **e)** ln 89 = **4,4886**

18/3 r **a)** lb 12 = 3,3219 · 1,0792 = **3,5849**
b) lb 35 = 3,3219 · 1,5441 = **5,1292**
c) lb 2 = **1**, da $2^1 = 2$
d) lb 8 = 3,3219 · 0,9031 = **3** (oder lb 8 = 3, da $2^3 = 8$)
e) lb 65 = 3,3219 · 1,8129 = **6,0223**

18/4 r **a)** lb 5 = 3,3219 · 0,6990 = **2,3219**; **b)** lb 33 = 3,3219 · 1,5185 = **5,0444**
c) lb 7 = 3,3219 · 0,8451 = **2,8073**; **d)** lb 69 = 3,3219 · 1,8388 = **6,1085**
e) lb 6 = 3,3219 · 0,7782 = **2,5849**

18/5 r **a)** ln x = 2,3026 · 0,3577 = **0,8236**; **b)** ln x = 2,3026 · 2,4689 = **5,6849**
c) ln x = 2,3026 · 1,6643 = **3,8322**; **d)** ln x = 2,3026 · 3,7712 = **8,6836**

18/6 r **a)** ln x = 2,3026 · 0,9934 = **2,2874**; **b)** ln x = 2,3026 · 1,7832 = **4,1060**
c) ln x = 2,3026 · 4,2231 = **9,7241**; **d)** ln x = 2,3026 · 0,2121 = **0,4884**

18/7 r **a)** lg x = 0,4343 · 3,4012 = **1,4771**; **b)** lg x = 0,4343 · 1,45 = **0,6297**
c) lg x = 0,4343 · 4,7274 = **2,0531**; **d)** lg x = 0,4343 · 1,7918 = **0,7782**

18/8 r
a) $\lg x = 0{,}4343 \cdot 0{,}3478 = \mathbf{0{,}1510}$; **b)** $\lg x = 0{,}4343 \cdot 1{,}6094 = \mathbf{0{,}6990}$
c) $\lg x = 0{,}4343 \cdot 6{,}0162 = \mathbf{2{,}6128}$; **d)** $\lg x = 0{,}4343 \cdot 3{,}4012 = \mathbf{1{,}4771}$

18/9 r
a) $\text{lb}\, x = 3{,}3219 \cdot 1{,}6551 = \mathbf{5{,}4981}$; **b)** $\text{lb}\, x = 3{,}3219 \cdot 2{,}7681 = \mathbf{9{,}1954}$
c) $\text{lb}\, x = 3{,}3219 \cdot 0{,}3324 = \mathbf{1{,}1042}$; **d)** $\text{lb}\, x = 3{,}3219 \cdot 0{,}7455 = \mathbf{2{,}4765}$

18/10 r
a) $\text{lb}\, x = 3{,}3219 \cdot 0{,}0917 = \mathbf{0{,}3046}$; **b)** $\text{lb}\, x = 3{,}3219 \cdot 2{,}6287 = \mathbf{8{,}7323}$
c) $\text{lb}\, x = 3{,}3219 \cdot 1{,}3424 = \mathbf{4{,}4593}$; **d)** $\text{lb}\, x = 3{,}3219 \cdot 0{,}6800 = \mathbf{2{,}2589}$

18/11 r
a) $\text{lb}\, x = 1{,}4428 \cdot 0{,}8961 = \mathbf{1{,}2929}$; **b)** $\text{lb}\, x = 1{,}4428 \cdot 1{,}8549 = \mathbf{2{,}6762}$
c) $\text{lb}\, x = 1{,}4428 \cdot 4{,}3612 = \mathbf{6{,}2923}$; **d)** $\text{lb}\, x = 1{,}4428 \cdot 3{,}1416 = \mathbf{4{,}5327}$

18/12 r
a) $\text{lb}\, x = 1{,}4428 \cdot 1{,}0000 = \mathbf{1{,}4428}$; **b)** $\text{lb}\, x = 1{,}4428 \cdot 2{,}7534 = \mathbf{3{,}9726}$
c) $\text{lb}\, x = 1{,}4428 \cdot 0{,}6931 = \mathbf{1{,}0000}$; **d)** $\text{lb}\, x = 1{,}4428 \cdot 2{,}1972 = \mathbf{3{,}1701}$

Lösungen zu 1.5.1 Allgemeines über Taschenrechner

19/1 a) 341; b) 25,1; c) −9,7; d) $4{,}319 \cdot 10^{6}$

19/2 a) −482; b) 5,92; c) −83,52; d) $-2{,}8115 \cdot 10^{-3}$

19/3
a) [C] [8] [=]
b) [C] [(] [7] [.] [3] [+] [.] [8] [2] [)] [=]
c) [C] [=] [×] [7] [÷] [3] [=]
d) [C] [3] [÷] [7] [=]

19/4 a) $5{,}7 - 9 \cdot 2 =$; b) $9 + 4 + 8 =$; c) $12{,}4 + 53 =$; d) $2{,}8 \cdot 8{,}7 =$

Lösungen zu 1.5.2 Addition und Subtraktion

20/1 a) 128,31; b) 90,645; c) 14,8491

20/2 a) 173,39; b) 81,153; c) −35,172

20/3	a) 1,937;	b) −8,024 4;	c) 0,328 45
20/4	a) 8,472 8;	b) −37,156 3;	c) −1 360,786 1
20/5	a) $-8{,}174\,516\,7 \cdot 10^{-5}$;	b) $4{,}885\,514\,7 \cdot 10^{9}$;	c) $3{,}28 \cdot 10^{-10}$
20/6	a) $1{,}651\,01 \cdot 10^{10}$;	b) $4{,}332\,88 \cdot 10^{-4}$;	c) $5{,}022\,3 \cdot 10^{11}$

20/7 $0{,}32 \cdot 10^{3} - 4{,}5 \cdot 10^{-3} =$

20/8 $-48{,}6 + 9{,}2 \cdot 10^{-2} =$

20/9	a) 2,732;	b) 0,046 32;	c) 84 990 000;	d) 631,6;	e) 0,281 1
20/10	a) 49,83;	b) 713 300;	c) 0,040 21;	d) 2,583;	e) 65 360

Lösungen zu 1.5.3 Multiplikation und Division

21/1	a) 7,8;	b) 1 116,28	
21/2	a) 8,5;	b) 47,020 8	
21/3	a) 338,282 49;	b) 7,932 834;	c) 0,5 890 728
21/4	a) 22,747 344;	b) 67,355 64;	c) 12,165 198
21/5	a) 114,690 27;	b) 16,078 281	
21/6	a) 39,875 776;	b) 0,061 186 4	
21/7	a) 3,569 697;	b) 5,578 231 3	

21/8	a) 125,829 87;	b) 20,076 11		
21/9	a) 2,753 551 2;	b) 721,458 61;	c) 14,213 124	
21/10	a) 6,771 527 4;	b) 10,743 585;	c) 0,363 167 4	
21/11	a) −17,205 663;	b) 20,126;	c) 38,678 546	
21/12	a) 10,244 721;	b) −23,096;	c) −19,502 918	
21/13	a) 1 200,806 5;	b) 2 387,839 9		
21/14	a) 357 198,19;	b) $8{,}589\,341\,7 \cdot 10^{15}$		

Lösungen zu 1.5.4 Konstante, Kehrwert, Prozent

22/1	a) 23,07;	b) 55		
22/2	a) 5;	b) 11,857 143;	c) 2,614 285 7;	d) 9,392 857 1
	e) −6,171 428 6;	f) 0,110 457 1		
22/3	2; 4; 8; 16; 32; 64; 128; 256; 512			
22/4	a) 4,05 €;	b) 9,45 €;	c) 12,15 €;	d) 17,55 €
	e) 24,30 €;	f) 31,05 €		
22/5	a) 140,25 $;	b) 355,30 $;	c) 23,38 $;	d) 392,70 $
	e) 1 168,75 $			
22/6	a) 1,96 l;	b) 17,64 l;	c) 6,37 l;	d) 27,93 l
	e) 145,04 l			
22/7	a) 62,5 mm;	b) 20,2 cm;	c) 120,75 mm	

22/8	a) 13,71 €/h;	b) 16,42 €/h;	c) 19,59 €/h;	d) 22,25 €/h
22/9	a) 0,027 778;	b) 0,0 678 571;	c) 0,125	
22/10	a) 0,093 75;	b) −0,075;	c) 0,766 666 7	
22/11	a) 64,12;	b) 622,08 €		
22/12	a) 18,24 N;	b) 125,8 m^2		
22/13	a) 40,8 V;	b) 195,5 V;	c) 714 mV	
22/14	a) 1,71 kΩ ... 1,89 kΩ;	b) 64,6 kΩ ... 71,4 kΩ;	c) 446,5 kΩ ... 493,5 kΩ	

Lösungen zu 1.5.5 Potenzen, Wurzeln, Logarithmen

23/1 I	a) 6 368,04;	b) 253,636 14;	c) 0,526 307 8;	d) 6,506 896
23/2 I	a) 132,25;	b) 0,584 277;	c) 1,658 312 4;	d) 9,378 887 3
23/3 I	a) 212,94;	b) 0,573 854 6;	c) 0,636 396 1	
23/4 I	a) 36,505 104;	b) 29,960 215;	c) 2,590 16	
23/5 I	a) 4 532,102 5;	b) 0,029 801 6;	c) 4,073 013 6;	d) 0,161 293 6
23/6 I	a) 97,468;	b) 14,162 328;	c) 13,041 954;	d) 31,481 613
23/7 I	a) 0,238 046 1;	b) −2,585 026 7;	c) −0,150 822 8	
23/8 I	a) 2,371 067 9;	b) 3,044 522 4;	c) −2,343 407 1	

23/9	**a) 2,710 191 6;**	**b) 15,300 302;**	**c) 0,001 479 108 4**
23/10	**a) 1,339 985 2;**	**b) 3 749,73;**	**c) 0,041 495 4**
23/11	**a) 6,999 929;**	**b) 41,001 145;**	**c) 0,003 846 083 2**
23/12	**a) 2,999 963 1;**	**b) 30,000 079;**	**c) 0,111 113 8**

Lösungen zu 1.5.6 Statistische Funktionen

Aufgabe	$\sum x$	$\sum x^2$	n	$\bar{x}$	$x_{\sigma n-1}$	$x_{\sigma n}$
23/1 r	**78,4**	**1 031,5**	**6**	**13,066 667**	**1,189 397 6**	**1,085 766 5**
23/2 r	**−19**	**61,4**	**6**	**−3,166 667**	**0,496 655 5**	**0,453 382 3**
23/3 r	**20,525 68**	**85,3**	**5**	**4,105 136**	**0,509 728 8**	**0,455 915 3**
23/4 r	**928,62**	**525 168,44**	**4**	**232,155**	**321,239 61**	**278,201 66**
23/5 r	**4,84**	**3,959 6**	**6**	**0,806 666 7**	**0,105 198 2**	**0,096 032 4**
23/6 r	**4,29**	**9,850 1**	**7**	**0,612 857 1**	**1,097 037 1**	**1,015 659**
23/7 r	**1,132 1**	**0,282 970 7**	**5**	**0,226 42**	**0,081 609 8**	**0,072 994**
23/8 r	**134,52**	**5 900,637**	**4**	**33,63**	**21,422 18**	**18,552 152**

Lösungen zu 1.5.7 Klammern und Speicher

24/1	**a) 28,14;**	**b) 24,3;**	**c) −4,36**	
24/2	**a) 8,126;**	**b) 159,244 19;**	**c) 2,025;**	**d) 14,826 667**
24/3	**a) −0,075 892 8;**	**b) 1,352 766**		
24/4	**a) 38,864 563;**	**b) 141,84;**	**c) 95,7**	
24/5	**a) −36,497 222;**	**b) 6,125;**	**c) 11,8**	

24/6	**a) −14,42;**	**b) 101,1;**	**c) −17,173 938**
24/7	**a) 143 588,61;**	**b) −51,267 045;**	**c) −180,241 65**
24/8	**a) 1,249 745 8;**	**b) 31,319 231;**	**c) 21,160 855**

Lösungen zu 2.1 Begriffe beim Rechnen mit Größen

26/1 R1 ≙ $\mathbf{R_1}$

26/2 R(11) ≙ $\mathbf{R_{11}}$

26/3 **a) Spannung; b) Stromstärke; c) Zeit; d) Länge; e) Widerstand**

26/4 **a) Volt; b) Ampere; c) Kilogramm; d) Ohm; e) Sekunden**

26/5
b) **An einer** Diode **liegt eine** Spannung von 1,5 V.
c) **Durch einen** Schichtwiderstand **fließt ein** Strom von 0,6 A.
d) **An einem** Kondensator **liegt eine Spannung** von 100 V.

26/6
b) **An einem** Kondensator **liegt eine Spannung** von 120 V.
c) **Durch eine** Diode **fließt ein Strom** von 0,2 A.
d) **Von einer** Leitung **beträgt die Masse** 10 kg.

Lösungen zu 2.2 Umrechnen der Einheiten

27/1 I
a) 44 200 mV = **44,2 V**; **b)** 0,002 A = **2 mA**
c) 220 µV = **0,000 22 V**; **d)** 88 000 µV = **88 mV**

27/2 I
a) 7,05 kV = **7 050 V**; **b)** 880 mΩ = **0,88 Ω**
c) 840 µA = **0,84 mA** **d)** 825 ns = 0,825 µs = 0,000 825 ms = **0,000 000 825 s**

27/3 I 0,002 5 V = **2,5 mV**

27/4 I 10^{10} Ω = **10 000 MΩ**

27/5 I $820 \cdot 10^6$ Ω = $820\,000 \cdot 10^3$ Ω = **820 000 kΩ**

27/6 I 8 020 A = **8,02 kA**

27/7 $0{,}002\,\text{V/A} = 0{,}002\,\Omega = \mathbf{2\,m\Omega}$

27/8 $18 \cdot 10^{-4}\,\text{VA} = 18 \cdot 10^{-4}\,\text{W} = 18 \cdot 10^{-1}\,\text{mW} = \mathbf{1{,}8\,mW}$

27/9 $1\,250 \cdot 10^{5}\,\frac{1}{\text{s}} = 1\,250 \cdot 10^{5}\,\text{Hz} = 1\,250 \cdot 10^{2}\,\text{kHz} = \mathbf{125\,000\,kHz}$

27/10 $0{,}24 \cdot 10^{-11}\,\text{As/V} = 0{,}24 \cdot 10^{-11}\,\text{F} = 2{,}4 \cdot 10^{-12}\,\text{F} = \mathbf{2{,}4\,pF}$

27/11 $6\,\frac{\text{V}}{\text{cm}} = \mathbf{600\,\frac{V}{m}}$; $8\,\frac{\text{kV}}{\text{mm}} = 8\,000\,\frac{\text{V}}{\text{mm}} = \mathbf{8\,000\,000\,\frac{V}{m}}$

$30\,\frac{\text{km}}{\text{h}} = 30\,000\,\frac{\text{m}}{\text{h}} = \mathbf{8{,}33\,\frac{m}{s}}$; $12\,\frac{\text{A}}{\text{m}} = 12\,000\,\frac{\text{mA}}{\text{m}} = \mathbf{120\,\frac{mA}{cm}}$

27/12 $6\,000\,\text{Ws} = \frac{6\,000}{3\,600}\,\text{Wh} = \mathbf{1{,}667\,Wh}$; $800\,\frac{\text{V}}{\text{m}} = 0{,}8\,\frac{\text{kV}}{\text{m}} = \mathbf{0{,}008\,\frac{kV}{mm}}$

$120\,\frac{\text{m}}{\text{s}} = 0{,}12\,\frac{\text{km}}{\text{s}} = 0{,}12 \cdot 3\,600\,\frac{\text{km}}{\text{h}} = \mathbf{432\,\frac{km}{h}}$; $12\,\frac{\text{A}}{\text{cm}} = \mathbf{1\,200\,\frac{A}{m}}$

Lösungen zu 2.3 Addition und Subtraktion

27/1 r
a) 223 V + 1,1 kV = 0,233 kV + 1,1 kV = **1,333 kV**
b) 0,38 A + 400 mA = **0,78 A**
c) 144 Ω + 0,12 kΩ = **264 Ω**

27/2 r
a) 2 330 mA + 1,2 A = **3,53 A**
b) 220 mV + 0,3 A = **220 mV + 0,3 A** (Zusammenfassung nicht möglich)
c) 27 cm + 1 220 mm = 270 mm + 1 220 mm = **1 490 mm**

27/3 r
a) 220 V − 4 800 mV = 220 V − 4,8 V = **215,2 V**
b) 0,22 A − 120 mA = **0,1 A**
c) 320 kΩ − 1 500 Ω = **318,5 kΩ**

27/4 r
a) 220 V − 1 500 mV = **218,5 V**
b) 23 mV − 2 350 μV = **20,65 mV**
c) 1 500 ms − 0,7 s = **800 ms**

27/5 r

a) $25\,V + 18\,V - 23\,A + 25\,A - 17\,V - 24\,A - 24\,V$
$= 25\,V + 18\,V - 17\,V - 24\,V + 25\,A - 23\,A - 24\,A$
$= 25\,V - 24\,V + 18\,V - 17\,V + 25\,A - 24\,A - 23\,A$
$= \mathbf{2\,V - 22\,A}$

b) $660\,mV - 2{,}3\,A + 44\,V + 2{,}2\,A - 560\,mV$
$= 660\,mV - 560\,mV + 44\,V + 2{,}2\,A - 2{,}3\,A$
$= 100\,mV + 44\,V - 0{,}1\,A$
$= \mathbf{44{,}1\,V - 0{,}1\,A}$

27/6 r

a) $7\,ms - 8\,mm + 540\,A - 320\,V - 6\,ms + 0{,}7\,cm - 40\,A + 20\,V$
$= 7\,ms - 6\,ms + 540\,A - 40\,A - 320\,V + 20\,V + 0{,}7\,cm - 8\,mm$
$= \mathbf{1\,ms + 500\,A - 300\,V - 1\,mm}$

b) $22\,mV - 3\,k\Omega + 2{,}2\,A - 25\,mV + 2\,500\,\Omega - 200\,mA$
$= 22\,mV - 25\,mV - 3\,k\Omega + 2{,}5\,k\Omega + 2{,}2\,A - 0{,}2\,A$
$= \mathbf{-3\,mV - 0{,}5\,k\Omega + 2\,A}$

Lösungen zu 2.4 Multiplikation und Division

28/1

a) $6\,V \cdot 7\,A = 42\,VA = \mathbf{42\,W}$

b) $6\,mV \cdot 7\,A = 42\,mVA = \mathbf{42\,mW}$

c) $12\,mA \cdot 2\,mV = 24\,mV \cdot mA = 24\,\mu VA = \mathbf{24\,\mu W}$

d) $18\,kV \cdot 2\,mA = 36\,VA = \mathbf{36\,W}$

28/2

a) $7\,mA \cdot 6\,V = 42\,mVA = \mathbf{42\,mW}$

b) $3\,kA \cdot 2\,mV = 6\,VA = \mathbf{6\,W}$

c) $8\,kV \cdot 2\,\mu A = 16\,k \cdot \mu VA = 16\,mVA = \mathbf{16\,mW}$

d) $3{,}5\,mV \cdot 12\,\mu A = 42\,m \cdot \mu VA = 42 \cdot 10^{-9}\,W = \mathbf{42\,nW}$

28/3

a) $\frac{3\,mVA}{1{,}2\,mA \cdot 0{,}5\,A} = \frac{3}{0{,}6}\,\frac{mVA}{mA^2} = 5\,\frac{V}{A} = \mathbf{5\,\Omega}$

b) $\frac{6\,\mu VA}{2\,mV \cdot 2\,mA} = 1{,}5\,\frac{\mu VA}{\mu VA} = \mathbf{1{,}5}$

c) $\frac{7\,kW}{3{,}5\,mA} = 2\,\frac{kVA}{mA} = \mathbf{2\,MV}$

d) $\frac{16\,\Omega^2}{1{,}5\,k\Omega} = 10{,}667\,\frac{\Omega^2}{k\Omega} = \mathbf{10{,}667\,m\Omega}$

28/4

a) $\frac{42\,\text{VA}}{7\,\text{mV} \cdot 3\,\text{kA}} = \frac{42\,\text{VA}}{21\,\text{VA}} = \mathbf{2}$

b) $\frac{36\,\Omega^2}{6\,\Omega} = \mathbf{6\,k\Omega}$

c) $\frac{472\,\text{VA}^2}{118\,\text{A} \cdot 4\,\text{V}} = \frac{472\,\text{VA}^2}{472\,\text{VA}} = \mathbf{1\,A}$

d) $\frac{27\,\text{As}^2}{3\,\text{ms} \cdot 1\,\text{kA}} = 9\,\frac{\text{s}^2}{\text{s}} = \mathbf{9\,s}$

28/5

a) $\frac{22\,\text{pAs}}{11\,\text{mA}} = \frac{22 \cdot 10^{-12}\,\text{As}}{11 \cdot 10^{-3}\,\text{A}} = 2 \cdot 10^{-9}\,\text{s} = \mathbf{2\,ns}$

b) $\frac{12\,\text{mVA}}{6\,\text{kV}} = 2 \cdot \frac{10^{-3}}{10^3}\,\text{A} = 2 \cdot 10^{-6}\,\text{A} = \mathbf{2\,\mu A}$

c) $\frac{24\,\mu\text{VA}}{12\,\text{mA}} = \frac{24 \cdot 10^{-6}\,\text{V}}{12 \cdot 10^{-3}} = 2 \cdot 10^{-3}\,\text{V} = \mathbf{2\,mV}$

d) $\frac{28\,\text{mm}}{4\,\text{ms}} = \mathbf{7\,\frac{m}{s}}$

28/6

a) $\frac{18\,\frac{\text{m}}{\text{s}}}{9\,\text{mm}} = 2\,\frac{\text{m}}{\text{s} \cdot \text{mm}} = 2\,\frac{1}{\text{ms}} = \mathbf{2\,000\,\frac{1}{ms}}$

b) $\frac{3\,\text{mA}}{2\,\text{mAs}} = \mathbf{1{,}5\,\frac{1}{ms}}$

c) $\frac{30\,\text{kVA}}{2\,\text{mA}} = \mathbf{15\,MV}$

d) $\frac{12\,\text{m}}{1{,}2\,\mu\text{s}} = 10\,\frac{\text{m}}{\mu\text{s}} = 10\,\frac{\text{Mm}}{\text{s}} = \mathbf{10\,000\,\frac{km}{s}}$

28/7

a) $33\,\text{M}\Omega \cdot 2{,}6\,\mu\text{A} = \mathbf{85{,}8\,V}$

b) $\frac{27\,\text{kV}}{4{,}2\,\text{mA}} = \mathbf{6{,}43\,M\Omega}$

28/8

a) $14\,\text{nA} \cdot 12\,\text{M}\Omega = \mathbf{168\,mV}$

b) $\frac{4{,}2\,\text{MVA}}{15\,\text{kV}} = 0{,}28\,\text{kA} = \mathbf{280\,A}$

Lösungen zu 3.1 Umstellen von Formeln

29/1

a) $V = \frac{a^2h}{3} \quad |\cdot 2$

$2V = \frac{2a^2h}{3}$

b) $V = \frac{a^2h}{3} \quad |\cdot 3$

$3V = a^2h$

c) $V = \frac{a^2h}{3} \quad |\cdot(-6)$

$-6V = -2a^2h$

d) $V = \frac{a^2h}{3} \quad |\cdot(-1)$

$-V = \frac{-a^2h}{3}$

29/2

a) $R_1 + R_2 = \frac{U}{I} \quad |+R_3$

$R_1 + R_2 + R_3 = \frac{U}{I} + R_3$

b) $R_1 + R_2 = \frac{U}{I} \quad |+R_1$

$2R_1 + R_2 = \frac{U}{I} + R_1$

c) $R_1 + R_2 = \frac{U}{I} \quad |-R_2$

$R_1 = \frac{U}{I} - R_2$

d) $R_1 + R_2 = \frac{U}{I} \quad |+\frac{U_3}{I}$

$R_1 + R_2 + \frac{U_3}{I} = \frac{U}{I} + \frac{U_3}{I}$

$R_1 + R_2 + \frac{U_3}{I} = \frac{U + U_3}{I}$

29/3

a) $h = e + f \quad |-e$

$h - e = f$

b) $k = eg \quad |-e$

$k - e = eg - e$

$k - e = e(g - 1)$

c) $h = r + e \quad |-e$

$h - e = r$

d) $a^2 = G \quad |-e$

$a^2 - e = G - e$

29/4

a) $2m = q + p \quad |:m$

$2 = \frac{q + p}{m}$

b) $n = 2i + m \quad |:m$

$\frac{n}{m} = \frac{2i + m}{m}$

$\frac{n}{m} = \frac{2i}{m} + 1$

c) $m^2 = rs \quad |:m$

$m = \frac{rs}{m}$

d) $m = \frac{a + c}{2} \quad |:m$

$1 = \frac{a + c}{2m}$

29/5

a) $l = \frac{a - b}{2} \quad |\cdot 2$

$2l = a - b$

b) $l = \frac{a - b}{2} \quad |\cdot(a - b)$

$l(a - b) = \frac{a^2 - 2ab + b^2}{2}$

c) $l = \frac{a - b}{2} \quad |\cdot(a + b)$

$l(a + b) = \frac{a^2 - b^2}{2}$

d) $l = \frac{a - b}{2} \quad |\cdot\frac{1}{a - b}$

$\frac{l}{a - b} = \frac{1}{2}$

29/6

a) $\frac{m}{n} = \frac{p}{q} \quad | \cdot n$

$m = \frac{pn}{q}$

b) $\frac{m}{n} = \frac{p}{q} \quad | : m$

$\frac{1}{n} = \frac{p}{qm}$

c) $\frac{m}{n} = \frac{p}{q} \quad |$ Kehrwert

$\frac{n}{m} = \frac{q}{p}$

d) $\frac{m}{n} = \frac{p}{q} \quad |$ Quadrieren

$\left(\frac{m}{n}\right)^2 = \left(\frac{p}{q}\right)^2$

29/7

a) Multiplikation mit t;

b) Kehrwert bilden

c) Multiplikation mit -1;

d) Multiplikation mit $x + y$

29/8

a) Addition von s;

b) Addition von 2s

c) Multiplikation mit $r + s$;

d) Quadratwurzel ziehen

30/9

a) Division durch r;

b) Addition von r

c) Kehrwert bilden;

d) 3. Wurzel ziehen

30/10

a) Multiplikation mit s;

b) Subtraktion von s

c) Quadrat bilden;

d) Division durch 4

30/11

a) 1. Schritt: b addieren
2. Schritt: durch a dividieren

b) 1. Schritt: V_1 subtrahieren
2. Schritt: durch A dividieren

30/12

a) 1. Schritt: A subtrahieren
2. Schritt: Quadratwurzel ziehen

b) 1. Schritt: mit a multiplizieren
2. Schritt: durch 4 dividieren

30/13

a) 1. Schritt: Kehrwert bilden

b) 2. Schritt: quadrieren

30/14

a) 1. Schritt: durch A_L dividieren

b) 2. Schritt: Quadratwurzel ziehen

30/15

a) $\frac{1}{x} = a - b \quad |$ Kehrwert

$x = \frac{1}{a - b}$

b) $x^2 = a^2 + 2ab + b^2$

$x^2 = (a + b)^2 \quad |$ Quadratwurzel

$x = a + b$

c) $x + 2y = \frac{D}{2} \quad | -2y$

$x = \frac{D}{2} - 2y$

d) $2U = 3x + 6y \quad | -6y$

$2U - 6y = 3x \quad | : 3$

$x = \frac{2U - 6y}{3}$

30/16

a) $y + 2x = \frac{2a}{5} \quad | -2x$

$y = \frac{2a}{5} - 2x$

b) $y - \frac{A}{x} = 7d \quad | +\frac{A}{x}$

$y = 7d + \frac{A}{x}$

c) $\frac{x}{y} = \frac{5a}{3b} \quad |$ Kehrwert

$\frac{y}{x} = \frac{3b}{5a} \quad | \cdot x$

$y = \frac{3bx}{5a}$

d) $b = a + 3y \quad | -a$

$b - a = 3y \quad | :3$

$y = \frac{b - a}{3}$

30/17

$A = \frac{(d + e)h}{2} \quad | \cdot 2$

$2A = (d + e)h \quad | : (d + e)$

$h = \frac{2A}{d + e}$

30/18

$V = \frac{(F - G)h}{3} \quad | \cdot 3$

$3V = (F - G)h \quad | : (F - G)$

$h = \frac{3V}{F - G}$

30/19

a) $W = \frac{mv^2}{2} \quad | \cdot 2$

$2W = mv^2 \quad | : v^2$

$m = \frac{2W}{v^2}$

b) $W = \frac{mv^2}{2} \quad | \cdot 2$

$2W = mv^2 \quad | : m$

$\frac{2W}{m} = v^2 \quad |$ Quadratwurzel

$v = \sqrt{\frac{2W}{m}}$

30/20

a) $W = \frac{fs^2}{2} \quad | \cdot 2$

$2W = fs^2 \quad | : s^2$

$f = \frac{2W}{s^2}$

b) $W = \frac{fs^2}{2} \quad | \cdot 2$

$2W = fs^2 \quad | : f$

$\frac{2W}{f} = s^2 \quad |$ Quadratwurzel

$s = \sqrt{\frac{2W}{f}}$

30/21

a)
$$V = \frac{d^2\pi l}{4} \quad | \cdot 4$$
$$4V = d^2\pi l \quad | : \pi l$$
$$\frac{4V}{\pi l} = d^2 \quad | \text{ Quadratwurzel}$$
$$d = \sqrt{\frac{4V}{\pi l}}$$

b)
$$V = \frac{d^3\pi}{12} \quad | \cdot 12$$
$$12V = d^3\pi \quad | : \pi$$
$$\frac{12V}{\pi} = d^3 \quad | \text{ 3. Wurzel}$$
$$d = \sqrt[3]{\frac{12V}{\pi}}$$

30/22

a)
$$U = \frac{2\pi NA\hat{B}f}{\sqrt{2}} \quad | \cdot \sqrt{2}$$
$$\sqrt{2}U = 2\pi NA\hat{B}f \quad | : 2\pi A\hat{B}f$$
$$N = \frac{\sqrt{2}U}{2\pi A\hat{B}f}$$

b)
$$R = \frac{4DN\varrho}{d^2} \quad | \cdot d^2$$
$$Rd^2 = 4DN\varrho \quad | : 4D\varrho$$
$$N = \frac{Rd^2}{4D\varrho}$$

31/23

a)
$$\frac{R_1}{R_2} = \frac{R_3}{R_4} \quad | \cdot R_2$$
$$R_1 = \frac{R_2 \cdot R_3}{R_4}$$

b)
$$\frac{R_1}{R_2} = \frac{R_3}{R_4} \quad | \text{ Kehrwert}$$
$$\frac{R_2}{R_1} = \frac{R_4}{R_3} \quad | \cdot R_1$$
$$R_2 = \frac{R_1 \cdot R_4}{R_3}$$

c)
$$\frac{R_1}{R_2} = \frac{R_3}{R_4} \quad | \cdot R_4$$
$$R_3 = \frac{R_1 \cdot R_4}{R_2}$$

d)
$$\frac{R_1}{R_2} = \frac{R_3}{R_4} \quad | \text{ Kehrwert}$$
$$\frac{R_2}{R_1} = \frac{R_4}{R_3} \quad | \cdot R_3$$
$$R_4 = \frac{R_2 \cdot R_3}{R_1}$$

31/24

a)
$$\frac{l_1}{l_2} = \frac{A_2}{A_1} \quad | \cdot l_2$$
$$l_1 = \frac{A_2 \cdot l_2}{A_1}$$

b)
$$\frac{l_1}{l_2} = \frac{A_2}{A_1} \quad | \text{ Kehrwert}$$
$$\frac{l_2}{l_1} = \frac{A_1}{A_2} \quad | \cdot l_1$$
$$l_2 = \frac{A_1 \cdot l_1}{A_2}$$

c)
$$\frac{l_1}{l_2} = \frac{A_2}{A_1} \quad | \cdot A_1$$
$$A_2 = \frac{l_1 \cdot A_1}{l_2}$$

d)
$$\frac{l_1}{l_2} = \frac{A_2}{A_1} \quad | \cdot A_1$$
$$\frac{l_1 \cdot A_1}{l_2} = A_2 \quad | : \frac{l_1}{l_2}$$
$$A_1 = \frac{A_2 \cdot l_2}{l_1}$$

31/25 **a)**

$$G = \frac{(m-n)h}{3} \quad | \cdot 3$$

$$3G = (m-n)h \quad | : (m-n)$$

$$h = \frac{3G}{m-n}$$

b)

$$G = \frac{(m-n)h}{3} \quad | \cdot 3$$

$$3G = mh - nh \quad | -mh$$

$$3G - mh = -nh \quad | : -h$$

$$n = \frac{3G - mh}{-h}$$

$$n = \frac{mh - 3G}{h}$$

31/26 **a)**

$$A = \frac{h}{3}(l+m+n) \quad | : (l+m+n)$$

$$\frac{A}{l+m+n} = \frac{h}{3} \quad | \cdot 3$$

$$h = \frac{3A}{l+m+n}$$

b)

$$A = \frac{h}{3}(l+m+n) \quad | : \frac{h}{3}$$

$$\frac{3A}{h} = l+m+n \quad | -(l+n)$$

$$\frac{3A}{h} - (l+n) = m$$

$$m = \frac{3A}{h} - l - n$$

31/27

$$\frac{1}{R} = \frac{1}{R_1} + \frac{1}{R_2} \quad | -\frac{1}{R_2}$$

$$\frac{1}{R} - \frac{1}{R_2} = \frac{1}{R_1} \quad | \text{ Kehrwert}$$

$$R_1 = \frac{1}{\frac{1}{R} - \frac{1}{R_2}}$$

$$R_1 = \frac{1}{\frac{R_2 - R}{R \cdot R_2}}$$

$$R_1 = \frac{R \cdot R_2}{R_2 - R}$$

31/28

$$\frac{1}{C} = \frac{1}{C_1} + \frac{1}{C_2} \quad | -\frac{1}{C_1}$$

$$\frac{1}{C} - \frac{1}{C_1} = \frac{1}{C_2} \quad | \text{ Kehrwert}$$

$$C_2 = \frac{1}{\frac{1}{C} - \frac{1}{C_1}}$$

$$C_2 = \frac{1}{\frac{C_1 - C}{C \cdot C_1}}$$

$$C_2 = \frac{C \cdot C_1}{C_1 - C}$$

31/29

$$3a + 2b = a + c \quad | -a$$

$$2a + 2b = c \quad | -2b$$

$$2a = c - 2b \quad | : 2$$

$$a = \frac{c - 2b}{2}$$

31/30

$$2d - c = d + e \quad | -d$$
$$d - c = e \quad | +c$$
$$d = e + c$$

31/31

$$f = ab - ac$$
$$f = a(b - c) \quad | : (b - c)$$
$$a = \frac{f}{b - c}$$

31/32

$$g = \frac{h}{2} + \frac{h}{x}$$
$$g = h\left(\frac{1}{2} + \frac{1}{x}\right) \quad | : \left(\frac{1}{2} + \frac{1}{x}\right)$$
$$h = \frac{g}{\frac{1}{2} + \frac{1}{x}}$$

31/33

a)

$$h = \sqrt{\frac{1}{1 + e}} \quad | \text{ Quadrat}$$
$$h^2 = \frac{1}{1 + e} \quad | \text{ Kehrwert}$$
$$\frac{1}{h^2} = 1 + e \quad | -1$$
$$e = \frac{1}{h^2} - 1$$

b)

$$k = \left(\frac{q}{1 - e}\right)^2 \quad | \text{ Quadratwurzel}$$
$$\sqrt{k} = \frac{q}{1 - e} \quad | \text{ Kehrwert}$$
$$\frac{1}{\sqrt{k}} = \frac{1 - e}{q} \quad | \cdot q$$
$$\frac{q}{\sqrt{k}} = 1 - e \quad | -1$$
$$\frac{q}{\sqrt{k}} - 1 = -e \quad | \cdot (-1)$$
$$e = 1 - \frac{q}{\sqrt{k}}$$

31/34

a)

$$x = (1 - \sqrt{y})z \quad | : z$$
$$\frac{x}{z} = 1 - \sqrt{y} \quad | -1$$
$$\frac{x}{z} - 1 = -\sqrt{y} \quad | \cdot (-1)$$
$$1 - \frac{x}{z} = \sqrt{y} \quad | \text{ Quadrat}$$
$$y = \left(1 - \frac{x}{z}\right)^2$$

b)

$$A = (B + y^2)n \quad | : n$$
$$\frac{A}{n} = B + y^2 \quad | -B$$
$$\frac{A}{n} - B = y^2 \quad | \text{ Quadratwurzel}$$
$$y = \sqrt{\frac{A}{n} - B}$$

31/35

$$2\pi x a = \frac{1}{2\pi x b} \qquad | \cdot x$$

$$2\pi x^2 a = \frac{1}{2\pi b} \qquad | : 2\pi a$$

$$x^2 = \frac{1}{2\pi 2\pi ab} \qquad | \text{ Quadratwurzel}$$

$$x = \sqrt{\frac{1}{(2\pi)^2 ab}}$$

$$x = \frac{1}{2\pi\sqrt{ab}}$$

31/36

$$2\pi f_0 L = \frac{1}{2\pi f_0 C} \qquad | \cdot f_0$$

$$2\pi f_0^2 L = \frac{1}{2\pi C} \qquad | : 2\pi L$$

$$f_0^2 = \frac{1}{(2\pi)^2 LC} \qquad | \text{ Quadratwurzel}$$

$$f_0 = \frac{1}{2\pi\sqrt{LC}}$$

31/37

$$I = \frac{U}{\frac{\varrho l}{A}}$$

$$I = \frac{UA}{\varrho l} \qquad | \cdot l$$

$$Il = \frac{UA}{\varrho} \qquad | : I$$

$$l = \frac{UA}{\varrho I}$$

31/38

$$P = U \cdot \frac{U}{R}$$

$$P = \frac{U^2}{R} \qquad | \cdot R$$

$$PR = U^2 \qquad | : P$$

$$R = \frac{U^2}{P}$$

31/39

$$R = \frac{\varrho l}{\frac{d^2\pi}{4}}$$

$$R = \frac{4\varrho l}{d^2\pi} \qquad | \cdot d^2$$

$$Rd^2 = \frac{4\varrho l}{\pi} \qquad | : R$$

$$d^2 = \frac{4\varrho l}{\pi R} \qquad | \text{ Quadratwurzel}$$

$$d = \sqrt{\frac{4\varrho l}{\pi R}}$$

31/40

$$\frac{U_{e2} \cdot R_2}{R_1 + R_2} = \frac{U_{a2} \cdot R_e}{R_e + R_k} \qquad | : U_{e2}$$

$$\frac{U_{a2}}{U_{e2}} \cdot \frac{R_e}{R_e + R_k} = \frac{R_2}{R_1 + R_2} \qquad | : \frac{R_e}{R_e + R_k}$$

$$V_2 = \frac{R_2}{R_1 + R_2} : \frac{R_e}{R_e + R_k}$$

32/41 **a)**

$$f_x = \frac{1}{2\pi\sqrt{LC}} \quad | \cdot 2\pi$$

$$2\pi f_x = \frac{1}{\sqrt{LC}} \quad | \text{ Kehrwert}$$

$$\frac{1}{2\pi f_x} = \sqrt{LC} \quad | \text{ Quadrat}$$

$$\left(\frac{1}{2\pi f_x}\right)^2 = LC \quad | : C$$

$$L = \frac{1}{C(2\pi f_x)^2}$$

b)

$$f_x = \frac{1}{2\pi\sqrt{LC}} \quad | \cdot 2\pi$$

$$2\pi f_x = \frac{1}{\sqrt{LC}} \quad | \cdot \sqrt{L}$$

$$2\pi f_x \sqrt{L} = \frac{1}{\sqrt{C}} \quad | \text{ Kehrwert}$$

$$\sqrt{C} = \frac{1}{2\pi f_x \sqrt{L}}$$

32/42 **a)**

$$Z = \sqrt{R^2 + \left(\omega L - \frac{1}{\omega C}\right)^2} \quad | \text{ Quadrat}$$

$$Z^2 = R^2 + \left(\omega L - \frac{1}{\omega C}\right)^2 \quad | -\left(\omega L - \frac{1}{\omega C}\right)^2$$

$$R^2 = Z^2 - \left(\omega L - \frac{1}{\omega C}\right)^2 \quad | \text{ Quadratwurzel}$$

$$R = \sqrt{Z^2 - \left(\omega L - \frac{1}{\omega C}\right)^2}$$

b)

$$Z = \sqrt{R^2 + \left(\omega L - \frac{1}{\omega C}\right)^2} \quad | \text{ Quadrat}$$

$$Z^2 = R^2 + \left(\omega L - \frac{1}{\omega C}\right)^2 \quad | -R^2$$

$$Z^2 - R^2 = \left(\omega L - \frac{1}{\omega C}\right)^2 \quad | \text{ Quadratwurzel}$$

$$\sqrt{Z^2 - R^2} = \omega L - \frac{1}{\omega C} \quad | +\frac{1}{\omega C}$$

$$\sqrt{Z^2 - R^2} + \frac{1}{\omega C} = \omega L \quad | : \omega$$

$$L = \frac{\sqrt{Z^2 - R^2}}{\omega} + \frac{1}{\omega^2 C}$$

32/43

$$V = \frac{\pi h}{4}(D^2 - d^2); \quad \frac{D}{d} = x; \quad \frac{d}{D} = \frac{1}{x}; \quad d = \frac{D}{x}$$

$$V = \frac{\pi h}{4}\left(D^2 - \frac{D^2}{x^2}\right) \qquad \Big| : \frac{\pi h}{4}$$

$$\frac{4V}{\pi h} = D^2 - \frac{D^2}{x^2} \qquad | -D^2$$

$$\frac{4V}{\pi h} - D^2 = -\frac{D^2}{x^2} \qquad | \cdot (-1)$$

$$D^2 - \frac{4V}{\pi h} = \frac{D^2}{x^2} \qquad | \text{ Kehrwert}$$

$$\frac{1}{D^2 - \frac{4V}{\pi h}} = \frac{x^2}{D^2} \qquad | \cdot D^2$$

$$x^2 = \frac{D^2}{D^2 - \frac{4V}{\pi h}} \qquad | \text{ Quadratwurzel}$$

$$x = \frac{D}{\sqrt{D^2 - \frac{4V}{\pi h}}}$$

32/44

$$R_r^2 = \frac{1}{G_p^2 + B_p^2} - \left(\frac{R_r B_p}{G_p}\right)^2 \qquad \Big| + \left(\frac{R_r B_p}{G_p}\right)^2$$

$$R_r^2 + R_r^2\left(\frac{B_p}{G_p}\right)^2 = \frac{1}{G_p^2 + B_p^2}$$

$$R_r^2\left(1 + \frac{B_p^2}{G_p^2}\right) = \frac{1}{G_p^2 + B_p^2} \qquad \Big| : \left(1 + \frac{B_p^2}{G_p^2}\right)$$

$$R_r^2 = \frac{1}{(G_p^2 + B_p^2)\left(1 + \frac{B_p^2}{G_p^2}\right)} = \frac{1}{G_p^2 + B_p^2 + B_p^2 + \frac{B_p^4}{G_p^2}} = \frac{1}{G_p^2 + 2B_p^2 + \frac{B_p^4}{G_p^2}}$$

$$= \frac{1}{\frac{G_p^4 + 2B_p^2G_p^2 + B_p^4}{G_p^2}} = \frac{G_p^2}{G_p^4 + 2B_p^2G_p^2 + B_p^4} = \frac{G_p^2}{(G_p^2 + B_p^2)^2} \qquad | \text{ Quadratwurzel}$$

$$R_r = \frac{G_p}{G_p^2 + B_p^2}$$

32/45

$$s = \frac{v_a + v_e}{2} \cdot \frac{v_a - v_e}{a} = \frac{v_a^2 - v_e^2}{2a} \qquad | \cdot 2a$$

$$2as = v_a^2 - v_e^2 \qquad | -v_a^2$$

$$2as - v_a^2 = -v_e^2 \qquad | \cdot (-1)$$

$$v_e^2 = v_a^2 - 2as \qquad | \text{ Quadratwurzel}$$

$$v_e = \sqrt{v_a^2 - 2as}$$

32/46

a) $A = a^2 - 2\left(a^2 - \frac{a^2\pi}{4}\right)$

$= a^2 - 2a^2 + \frac{2\pi a^2}{4}$

$= \frac{\pi a^2}{2} - a^2$

$= a^2\left(\frac{\pi}{2} - 1\right)$

b) $A = a^2\left(\frac{\pi}{2} - 1\right) \quad | : \left(\frac{\pi}{2} - 1\right)$

$\frac{A}{\frac{\pi}{2} - 1} = a^2 \quad$ | Quadratwurzel

$a = \sqrt{\frac{A}{\frac{\pi}{2} - 1}}$

32/47

$V = \frac{1 + R_k/R_e}{1 + R_1/R_2} \quad | \cdot (1 + R_1/R_2)$

$V \cdot \left(1 + \frac{R_1}{R_2}\right) = 1 + \frac{R_k}{R_e} \quad | -1$

$V \cdot \left(1 + \frac{R_1}{R_2}\right) - 1 = \frac{R_k}{R_e} \quad$ | Kehrwert

$\frac{R_e}{R_k} = \frac{1}{V \cdot \left(1 + \frac{R_1}{R_2}\right) - 1} \quad | \cdot R_k$

$R_e = \frac{R_k}{V \cdot \left(1 + \frac{R_1}{R_2}\right) - 1}$

32/48

$R = \frac{U_1 - U_z}{I_1 + I_3} \quad | \cdot (I_1 + I_3)$

$R(I_1 + I_3) = U_1 - U_z \quad | +U_z$

$U_1 = R(I_1 + I_3) + U_z$

$R = \frac{U_2 - U_z}{I_2 + I_4} \quad | \cdot (I_2 + I_4)$

$R(I_2 + I_4) = U_2 - U_z \quad | +U_z$

$U_2 = R(I_2 + I_4) + U_z$

$v = \frac{U_1}{U_2} = \frac{R(I_1 + I_3) + U_z}{R(I_2 + I_4) + U_z}$

32/49

$2\pi fC_1 = \frac{1}{2\pi fL - \frac{1}{2\pi fC_2}} \quad$ | Kehrwert

$\frac{1}{2\pi fC_1} = 2\pi fL - \frac{1}{2\pi fC_2} \quad | + \frac{1}{2\pi fC_2}$

$\frac{1}{2\pi fC_1} + \frac{1}{2\pi fC_2} = 2\pi fL$

$\frac{C_2 + C_1}{2\pi fC_1C_2} = 2\pi fL \quad | \cdot \frac{f}{2\pi L}$

$\frac{C_1 + C_2}{(2\pi)^2 \cdot L \cdot C_1C_2} = f^2 \quad$ | Quadratwurzel

$f = \frac{\sqrt{C_1 + C_2}}{2\pi\sqrt{C_1C_2L}}$

32/50

$$\frac{1}{2\pi fC_1} = \frac{1}{\frac{1}{2\pi fL} - 2\pi fC_2} \quad | \text{ Kehrwert}$$

$$2\pi fC_1 = \frac{1}{2\pi fL} - 2\pi fC_2 \quad | +2\pi fC_2$$

$$2\pi fC_1 + 2\pi fC_2 = \frac{1}{2\pi fL}$$

$$2\pi f(C_1 + C_2) = \frac{1}{2\pi fL} \quad | \cdot 2\pi fL$$

$$(2\pi)^2 f^2 L(C_1 + C_2) = 1 \quad | : (2\pi)^2 L(C_1 + C_2)$$

$$f^2 = \frac{1}{(2\pi)^2 L(C_1 + C_2)} \quad | \text{ Quadratwurzel}$$

$$f = \frac{1}{2\pi\sqrt{L(C_1 + C_2)}}$$

32/51

$$V = e^{(\mu \cdot \alpha)} \quad | \text{ logarithmieren}$$

a) $\ln V = \mu\alpha \quad | : \mu$

$$\alpha = \frac{\ln V}{\mu}$$

b) $\ln V = \mu\alpha \quad | : \alpha$

$$\mu = \frac{\ln V}{\alpha}$$

32/52

$$u_L = U \cdot e^{(-t/\tau)} \quad | : U$$

$$\frac{u_L}{U} = e^{(-t/\tau)} \quad | \text{ logarithmieren}$$

$$\ln \frac{u_L}{U} = -\frac{t}{\tau} \quad | \cdot (-\tau)$$

$$t = -\tau \cdot \ln \frac{u_L}{U}$$

32/53

$$t = -\tau \cdot \ln \frac{u_C}{U_0}$$

$$-\frac{t}{\tau} = \ln \frac{u_C}{U_0}$$

$$e^{(-t/\tau)} = \frac{u_C}{U_0}$$

$$U_0 \cdot e^{(-t/\tau)} = u_C$$

$$\mathbf{U_0 = \frac{u_{bfc}}{e^{(-t/\tau)}}}$$

32/54

$$i = \frac{U_0}{R}\left[1 - e^{(-t/\tau)}\right]$$

$$\frac{i \cdot R}{U_0} = 1 - e^{(-t/\tau)}$$

$$e^{(-t/\tau)} + \frac{i \cdot R}{U_0} = 1$$

$$e^{(-t/\tau)} = 1 - \frac{i \cdot R}{U_0}$$

$$-\frac{t}{\tau} = \ln\left(1 - \frac{i \cdot R}{U_0}\right)$$

$$-t = \tau \cdot \ln\left(1 - \frac{i \cdot R}{U_0}\right)$$

$$\boldsymbol{\tau = -\frac{t}{\ln\left(1 - \frac{i \cdot R}{U_0}\right)}}$$

Lösungen zu 3.2.1 Längen und Flächen

33/1 **a)** $l = l_1 + l_2 + l_3 \Rightarrow l_3 = l - l_1 - l_2 = 3{,}85\,\text{m} - 0{,}75\,\text{m} - 2\,\text{m} = \mathbf{1{,}10\,m}$

b) $l = 3{,}85\,\text{m} : 50 = 0{,}077\,\text{m} = \mathbf{77\,mm}$; $l_1 = 0{,}75\,\text{m} : 50 = 0{,}015\,\text{m} = \mathbf{15\,mm}$
$l_2 = 2\,\text{m} : 50 = 0{,}04\,\text{m} = \mathbf{40\,mm}$; $l_3 = 1{,}1\,\text{m} : 50 = 0{,}022\,\text{m} = \mathbf{22\,mm}$

33/2 **a)** $l = l_1 + l_2 + l_3 + l_4 \Rightarrow l_4 = l - l_1 - l_2 - l_3 = 3{,}9\,\text{m} - 0{,}75\,\text{m} - 1\,\text{m} - 1\,\text{m} = \mathbf{1{,}15\,m}$

b) $l = 3{,}9\,\text{m} : 20 = 0{,}195\,\text{m} = \mathbf{195\,mm}$; $l_1 = 0{,}75\,\text{m} : 20 = 0{,}037\,5\,\text{m} = \mathbf{37{,}5\,mm}$
$l_2 = l_3 = 1\,\text{m} : 20 = 0{,}05\,\text{m} = \mathbf{50\,mm}$; $l_4 = 1{,}15\,\text{m} : 20 = 0{,}057\,5\,\text{m} = \mathbf{57{,}5\,mm}$

33/3 **a)** $D = d + 2h = 9\,\text{mm} + 2 \cdot 8\,\text{mm} = \mathbf{25\,mm}$

b) $z \approx h : d_2 = 8\,\text{mm} : 0{,}18\,\text{mm} = 44{,}4 \approx \mathbf{44}$

c) $N_1 = \frac{b}{d_2} = \frac{30\,\text{mm}}{0{,}18\,\text{mm}} = \mathbf{167}$

d) $d_m = \frac{D + d}{2} = \frac{25\,\text{mm} + 9\,\text{mm}}{2} = \mathbf{17\,mm}$

e) $N = N_1 \cdot z = 167 \cdot 44 = \mathbf{7\,348}$

f) $l = d_m \cdot \pi \cdot N = 17\,\text{mm} \cdot 3{,}14 \cdot 7\,348 = \mathbf{392\,m}$

g) $d_{Cu} = 0{,}18\,\text{mm} - 2 \cdot 0{,}01\,\text{mm} = 0{,}16\,\text{mm}$; $A = 0{,}785 \cdot d_{Cu}^2 = 0{,}785 \cdot 0{,}16^2\,\text{mm}^2 = \mathbf{0{,}02\,mm^2}$

34/4

a) $b_1 + 2 \cdot h = 4\,mm + 2 \cdot 6\,mm = \mathbf{16\,mm}$
$a_1 + 2 \cdot h = 10\,mm + 2 \cdot 6\,mm = \mathbf{22\,mm}$
$b = \mathbf{40\,mm}$

b) $N_1 = b : d_2 = 40\,mm : 0{,}18\,mm = \mathbf{222}$

c) $z \approx h : d_2 = 6\,mm : 0{,}18\,mm = 33{,}3 \approx \mathbf{33}$

d) $N \approx N_1 \cdot z = 222 \cdot 33 = \mathbf{7\,326}$

e) $l_m = 2a_1 + 2b_1 + h \cdot \pi = 2 \cdot 10\,mm + 2 \cdot 4\,mm + 6\,mm \cdot 3{,}14 = \mathbf{46{,}85\,mm}$

f) $l \approx l_m \cdot N = 46{,}85\,mm \cdot 7\,326 = \mathbf{343\,m}$

g) $d_{Cu} = 0{,}18\,mm - 2 \cdot 0{,}007\,5\,mm = 0{,}165\,mm$
$A = 0{,}785 \cdot d_{Cu^2} = 0{,}785 \cdot 0{,}165^2\,mm^2 = \mathbf{0{,}021\,4\,mm^2}$

34/5

Quadrat: $A = l^2 = 4^2\,cm^2 = \mathbf{16\,cm^2}$
$u = 4 \cdot l = 4 \cdot 4\,cm = \mathbf{16\,cm}$
$e = \sqrt{2} \cdot l = \sqrt{2} \cdot 4\,cm = \mathbf{5{,}656\,cm}$

Dreieck: $A = \frac{l \cdot b}{2} = \frac{2\,cm \cdot 3\,cm}{2} = \mathbf{3\,cm^2}$

Kreis: $A = 0{,}785 \cdot d^2 = 0{,}785 \cdot 5^2\,cm^2 = \mathbf{19{,}64\,cm^2}$
$u = \pi \cdot d = 3{,}14 \cdot 5\,cm = \mathbf{15{,}7\,cm}$

34/6

Quadrat: $l = \sqrt{A^2} = \sqrt{36\,cm^2} = \mathbf{6\,cm}$
$u = 4 \cdot l = 4 \cdot 6\,cm = \mathbf{24\,cm}$
$e = \sqrt{2} \cdot l = \sqrt{2} \cdot 6\,cm = \mathbf{8{,}484\,cm}$

Trapez: $A = l_m \cdot b = 20\,mm \cdot 5\,mm = \mathbf{100\,mm^2}$

Kreis: $A = 0{,}785 \cdot d^2 = 0{,}785 \cdot 10^2\,mm^2 = \mathbf{78{,}5\,mm^2}$
$u = \pi \cdot d = 3{,}14 \cdot 10\,mm = \mathbf{31{,}4\,mm}$

34/7

$V = l \cdot b \cdot h$
$= 0{,}88\,m \cdot 0{,}45\,m \cdot 0{,}45\,m$
$= 0{,}178\,2\,m^3$
$= 178{,}2\,dm^3 = \mathbf{178{,}2\,l}$

34/8

a) $A_{Al} = \frac{d^2 \cdot \pi}{4} \cdot n_{Al} = \frac{(3\,mm)^2 \cdot \pi}{4} \cdot 26 = \mathbf{183{,}8\,mm^2}$

b) $A_{Fe} = \frac{d^2 \cdot \pi}{4} \cdot n_{Fe} = \frac{(2{,}33\,mm)^2 \cdot \pi}{4} \cdot 7 = \mathbf{29{,}8\,mm^2}$

c) $\frac{A_{Al}}{A_{Fe}} = \frac{183{,}8\,mm^2}{29{,}8\,mm^2} = \mathbf{6{,}17 : 1}$

Lösungen zu 3.2.2 Satz des Pythagoras

34/1

Kathete a	12 cm	24,49 cm	14 m
Kathete b	6 cm	5 cm	33,17 m
Hypotenuse c	13,42 cm	25 cm	36 m

34/2

Kathete a	2,5 m	2,7 cm	1,8 m
Kathete b	15,8 m	3,3 cm	1,59 m
Hypotenuse c	16 m	4,26 cm	2,4 m

34/3 $c = \sqrt{a^2 + b^2} = \sqrt{4^2 + 0{,}8^2}\,\text{m} = \mathbf{4{,}08\,m}$

Lösungen zu 3.2.3 Geschwindigkeiten

35/1 $v = \frac{s}{t} \Rightarrow s = v \cdot t = 38\,\text{km/h} \cdot \frac{1}{4}\,\text{h} = \mathbf{9{,}5\,km}$

35/2 $v = \frac{s}{t} \Rightarrow t = \frac{s}{v} = \frac{90\,\text{m}}{9{,}5\,\frac{\text{cm}}{\text{s}}} = \frac{9\,000\,\text{cm}}{9{,}5\,\frac{\text{cm}}{\text{s}}} = 947\,\text{s} = \mathbf{15\,min\ 47\,s}$

35/3 $v = \frac{s}{t} \Rightarrow t = \frac{s}{v} = \frac{2 \cdot 384\,400\,\text{km}}{300\,000\,\frac{\text{km}}{\text{s}}} = \mathbf{2{,}56\,s}$

35/4 $v = \frac{s}{t} \Rightarrow t = \frac{s}{v} = \frac{241\,\text{km}}{140\,\text{km/h}} = \mathbf{1{,}72\,h}$

35/5 **a)** $v = d \cdot \pi \cdot n = 30\,\text{mm} \cdot 3{,}14 \cdot 1\,450\,\frac{1}{\text{min}} = \mathbf{2\,277{,}65\,mm/s}$

b) $\omega = 2 \cdot \pi \cdot n = 2 \cdot 3{,}14 \cdot 1\,450\,\frac{1}{\text{min}} = \mathbf{151{,}7\,\frac{1}{s}}$

35/6 a) $v_1 = d_1 \cdot \pi \cdot n_1 \Rightarrow n_1 = \frac{v_1}{d_1 \cdot \pi} = \frac{9{,}5\,\text{cm/s}}{0{,}4\,\text{cm} \cdot 3{,}14} = 7{,}56\,\frac{1}{\text{s}} = \mathbf{454\,\frac{1}{min}}$

$v_2 = d_2 \cdot \pi \cdot n_2 \Rightarrow n_2 = \frac{v_2}{d_2 \cdot \pi} = \frac{4{,}75\,\text{cm/s}}{0{,}4\,\text{cm} \cdot 3{,}14} = 3{,}78\,\frac{1}{\text{s}} = \mathbf{227\,\frac{1}{min}}$

b) $\omega_1 = 2\pi \cdot n_1 = 2 \cdot 3{,}14 \cdot 7{,}56\,\frac{1}{\text{s}} = \mathbf{47{,}5\,\frac{1}{s}}$

$\omega_2 = 2\pi \cdot n_2 = 2 \cdot 3{,}14 \cdot 3{,}78\,\frac{1}{\text{s}} = \mathbf{23{,}74\,\frac{1}{s}}$

35/7 a) $\omega = 2\pi \cdot n = 2\pi \cdot \frac{300}{60}\,\frac{1}{\text{s}} = 10\pi\,\frac{\text{rad}}{\text{s}} = \mathbf{34{,}1\,\frac{rad}{s}}$

b) $\omega_1 = 10\pi \cdot 10^{-3}\,\frac{\text{rad}}{\text{s}} \Rightarrow$ Drehwinkel $\alpha_1 = \frac{10\pi}{1\,000} \cdot \frac{180°}{\pi} = \mathbf{1{,}8°}$

35/8 $n = 300\,\frac{1}{\text{min}} \Rightarrow n_1 = \frac{300}{60} = 5\,\frac{\text{Umdr.}}{\text{s}} \Rightarrow$

Zeit für 1 Umdrehung: $t_1 = \frac{1}{5}\,\text{s}$

Zeit für 1 Sektor: $t_s = \frac{1}{5}/9\,\text{s} = \frac{1}{45}\,\text{s}$

Zugriffszeit t_2: $t_2 = 5 \cdot t_s = 5 \cdot \frac{1}{45}\,\text{s} = \mathbf{\frac{1}{9}\,s}$

35/9 $1\,\frac{\text{m}}{\text{s}} = \frac{\text{m} \cdot 1\,000 \cdot 3\,600}{\text{s} \cdot 1\,000 \cdot 3\,600} = 1\,\frac{\text{km} \cdot 3\,600}{1\,000\,\text{h}} = \mathbf{3{,}6\,\frac{km}{h}}$

35/10 $v = \frac{c_0}{t} \rightarrow t = \frac{s}{c_0} = \frac{2 \cdot 384\,000\,\text{km}}{3 \cdot 10^5\,\frac{\text{km}}{\text{s}}} = \mathbf{0{,}256\,s}$

Lösungen zu 4.1 Stromdichte

36/1 $J = \frac{I}{A} = \frac{1{,}36\,\text{A}}{0{,}75\,\text{mm}^2} = \mathbf{1{,}813\,A/mm^2}$

36/2 $J_1 = \frac{I_1}{A_1} = \frac{10\,\text{A}}{0{,}75\,\text{mm}^2} = \mathbf{13{,}33\,A/mm^2}$; $J_2 = \frac{I_2}{A_2} = \frac{125\,\text{A}}{35\,\text{mm}^2} = \mathbf{3{,}571\,A/mm^2}$

36/3 **a)** $J = \frac{I}{A} \Rightarrow A = \frac{I}{J} = \frac{67{,}5\,\text{mA}}{1{,}5\,\text{A/mm}^2} = \mathbf{0{,}045\,mm^2}$

b) $A = 0{,}785 \cdot d^2 \Rightarrow d = \sqrt{A : 0{,}785} = \sqrt{0{,}045\,\text{mm}^2 : 0{,}785} = \mathbf{0{,}24\,mm}$

36/4 **a)** $J = \frac{I}{A} \Rightarrow A = \frac{I}{J} = \frac{5\,\text{A}}{25\,\text{A/mm}^2} = \mathbf{0{,}2\,mm^2}$

b) $A = 0{,}785 \cdot d^2 \Rightarrow d = \sqrt{A : 0{,}785} = \sqrt{0{,}2\,\text{mm}^2 : 0{,}785} = \mathbf{0{,}504\,mm}$

36/5 $J = \frac{I}{A} \Rightarrow I = J \cdot A = 4\,\text{A/mm}^2 \cdot 0{,}785 \cdot 0{,}22^2\,\text{mm}^2 = \mathbf{0{,}152\,A}$

36/6 $J = \frac{I}{A} \Rightarrow I = J \cdot A = 1{,}5\,\text{A/mm}^2 \cdot 0{,}785 \cdot 0{,}3^2\,\text{mm}^2 = \mathbf{0{,}106\,1\,A}$

36/7 **a)** $A = b \cdot h = 1\,\text{mm} \cdot 35\,\mu\text{m} = \mathbf{0{,}035\,mm^2}$; **b)** $J = \frac{I}{A} = \frac{3{,}1\,\text{A}}{0{,}035\,\text{mm}^2} = \mathbf{88{,}57\,A/mm^2}$

36/8 **a)** $A = b \cdot h = 2\,\text{mm} \cdot 70\,\mu\text{m} = \mathbf{0{,}14\,mm^2}$; **b)** $J = \frac{I}{A} = \frac{4{,}1\,\text{A}}{0{,}14\,\text{mm}^2} = \mathbf{29{,}28\,A/mm^2}$

Lösungen zu 4.2.1 Widerstand und Leitwert

37/1 **a)** $G = \frac{1}{R} - \frac{1}{30\,\Omega} = \mathbf{\frac{1}{30}\,S}$; **b)** $G = \frac{1}{R} = \frac{1}{10\,\Omega} = \mathbf{\frac{1}{10}\,S}$

c) $G = \frac{1}{R} = \frac{1}{15\,\text{k}\Omega} = \mathbf{\frac{1}{15}\,mS}$; **d)** $G = \frac{1}{R} = \frac{1}{2\,\text{M}\Omega} = \mathbf{0{,}5\,\mu S}$

e) $G = \frac{1}{R} = \frac{1}{0{,}8\,\text{m}\Omega} = \mathbf{1{,}25\,kS}$; **f)** $G = \frac{1}{R} = \frac{1}{8{,}2\,\text{k}\Omega} = \mathbf{0{,}122\,mS}$

37/2 **a)** $R = \frac{1}{G} = \frac{1}{15\,S} = \mathbf{\frac{1}{15}\,\Omega}$; **b)** $R = \frac{1}{G} = \frac{1}{8\,mS} = \mathbf{\frac{1}{8}\,k\Omega}$

c) $R = \frac{1}{G} = \frac{1}{0{,}48\,S} = \mathbf{2{,}08\,\Omega}$; **d)** $R = \frac{1}{G} = \frac{1}{0{,}161\,mS} = \mathbf{6{,}21\,k\Omega}$

e) $R = \frac{1}{G} = \frac{1}{3\,\mu S} = \mathbf{\frac{1}{3}\,M\Omega}$; **f)** $R = \frac{1}{G} = \frac{1}{0{,}124\,mS} = \mathbf{8{,}06\,k\Omega}$

37/3 **a)** $82 \cdot 10^1\,\Omega \pm 10\,\% = \mathbf{820\,\Omega \pm 10\,\%}$; **b)** $15 \cdot 10^2\,\Omega \pm 5\,\% = \mathbf{1{,}5\,k\Omega \pm 5\,\%}$

c) $15 \cdot 10^1\,\Omega \pm 5\,\% = \mathbf{150\,\Omega \pm 5\,\%}$; **d)** $47 \cdot 10^2\,\Omega \pm 20\,\% = \mathbf{4{,}7\,k\Omega \pm 20\,\%}$

e) $68 \cdot 10^5\,\Omega \pm 5\,\% = \mathbf{6{,}8\,M\Omega \pm 5\,\%}$

37/4 **a)** $27 \cdot 10^5\,\Omega \pm 10\,\% = \mathbf{2{,}7\,M\Omega \pm 10\,\%}$; **b)** $56 \cdot 10^2\,\Omega \pm 5\,\% = \mathbf{5{,}6\,k\Omega \pm 5\,\%}$

c) $82 \cdot 10^4\,\Omega \pm 5\,\% = \mathbf{820\,k\Omega \pm 5\,\%}$; **d)** $47 \cdot 10^3\,\Omega \pm 10\,\% = \mathbf{47\,k\Omega \pm 10\,\%}$

e) $24 \cdot 10^4\,\Omega \pm 10\,\% = \mathbf{240\,k\Omega \pm 10\,\%}$

Lösungen zu 4.2.2 Widerstand und Temperatur

37/1

$\Delta R_{Ni} = \alpha \cdot R_k \cdot \Delta\vartheta = 0{,}000\,15\,\frac{1}{K} \cdot 100\,\Omega \cdot 60\,K = 0{,}9\,\Omega$

$R_w = R_k + \Delta R_{Ni} = 100\,\Omega + 0{,}9\,\Omega = \mathbf{100{,}9\,\Omega}$

$\Delta R_C = \alpha \cdot R_k \cdot \Delta\vartheta = -0{,}000\,5\,\frac{1}{K} \cdot 100\,\Omega \cdot 60\,K = -3\,\Omega$

$R_w = R_k + \Delta R_C = 100\,\Omega - 3\,\Omega = \mathbf{97\,\Omega}$

37/2

Spule: $\Delta R = \alpha \cdot R_k \cdot \Delta\vartheta = 0{,}003\,9\,\frac{1}{K} \cdot 60\,\Omega \cdot 30\,K = 7{,}02\,\Omega$

$R_w = R_k + \Delta R = 60\,\Omega + 7{,}02\,\Omega = \mathbf{67{,}02\,\Omega}$

Widerstand: $\Delta R = \alpha \cdot R_k \cdot \Delta\vartheta = -0{,}000\,5\,\frac{1}{K} \cdot 60\,\Omega \cdot 30\,K = -0{,}9\,\Omega$

$R_w = R_k + \Delta R = 60\,\Omega - 0{,}9\,\Omega = \mathbf{59{,}1\,\Omega}$

37/3

$R_w = R_k + \Delta R \Rightarrow \Delta R = R_w - R_k = 30\,\Omega - 470\,\Omega = -440\,\Omega$

$\Delta R = \alpha \cdot R_k \cdot \Delta\vartheta \Rightarrow \alpha = \frac{\Delta R}{R_k \cdot \Delta\vartheta} = \frac{-440\,\Omega}{470\,\Omega \cdot 75\,K} = \mathbf{-0{,}012\,5\,\frac{1}{K}}$

37/4

$R_w = R_k + \Delta R \Rightarrow \Delta R = R_w - R_k = 500\,k\Omega - 3\,k\Omega = 497\,k\Omega$

$\Delta R = \alpha \cdot R_k \cdot \Delta\vartheta \Rightarrow \alpha = \frac{\Delta R}{R_k \cdot \Delta\vartheta} = \frac{497\,k\Omega}{3\,k\Omega \cdot 20\,K} = \mathbf{8{,}28\,\frac{1}{K}}$

Lösungen zu 4.2.3 Leiterwiderstand

38/1 $R = \frac{l}{\gamma \cdot A} = \frac{2 \cdot 1{,}5\,\text{m}}{56\,\frac{\text{m}}{\Omega \cdot \text{mm}^2} \cdot 0{,}75\,\text{mm}^2} = \mathbf{0{,}0714\,\Omega}$

38/2 $A = 0{,}785 \cdot d^2 = 0{,}785 \cdot 0{,}24^2\,\text{mm}^2 = 0{,}0452\,\text{mm}^2$

$R = \frac{l}{\gamma \cdot A} = \frac{3{,}024\,\text{m}}{56\,\frac{\text{m}}{\Omega \cdot \text{mm}^2} \cdot 0{,}0452\,\text{mm}^2} = \mathbf{1{,}1947\,\Omega}$

38/3 $A = 0{,}785 \cdot d^2 = 0{,}785 \cdot 4^2\,\text{mm}^2 = 12{,}6\,\text{mm}^2$

$R = \frac{l}{\gamma \cdot A} = \frac{33\,\text{m}}{1\,\frac{\text{m}}{\Omega \cdot \text{mm}^2} \cdot 12{,}6\,\text{mm}^2} = \mathbf{2{,}62\,\Omega}$

38/4 $A = 0{,}785 \cdot d^2 = 0{,}785 \cdot 1{,}8^2\,\text{mm}^2 = 2{,}54\,\text{mm}^2$

$R = \frac{\varrho \cdot l}{A} = \frac{0{,}4\,\Omega\,\text{mm}^2/\text{m} \cdot 150\,\text{m}}{2{,}54\,\text{mm}^2} = \mathbf{23{,}6\,\Omega}$

38/5 $A = 0{,}785 \cdot d^2 = 0{,}785 \cdot 0{,}5^2\,\text{mm}^2 = 0{,}196\,\text{mm}^2$

$R = \frac{\varrho \cdot l}{A} \Rightarrow l = \frac{A \cdot R}{\varrho} = \frac{0{,}196\,\text{mm}^2 \cdot 10\,\Omega}{1{,}1\,\Omega\,\text{mm}^2/\text{m}} = \mathbf{1{,}782\,m}$

38/6 $A = 0{,}785 \cdot d^2 = 0{,}785 \cdot 0{,}4^2\,\text{mm}^2 = 0{,}126\,\text{mm}^2$

$R = \frac{l}{\gamma \cdot A} \Rightarrow l = R \cdot \gamma \cdot A = 56\,\text{mm}/\Omega\text{mm}^2 \cdot 160\,\Omega \cdot 0{,}126\,\text{mm}^2 = \mathbf{1129\,m}$

38/7 $R_{Cu} = R_{Al};\quad \frac{l}{\gamma_{Cu} \cdot A_{Cu}} = \frac{l}{\gamma_{Al} \cdot A_{Al}} \Rightarrow A_{Al} = \frac{\gamma_{Cu} \cdot A_{Cu}}{\gamma_{Al}} = \frac{56\,\text{m}/\Omega\,\text{mm}^2 \cdot A_{Cu}}{36\,\text{m}/\Omega\,\text{mm}^2} = \mathbf{1{,}55 \cdot A_{Cu}}$

38/8 $R_{Cu} = R_{Al} \Rightarrow \frac{A_{Cu}}{A_{Al}} = \frac{\gamma_{Al}}{\gamma_{Cu}} = \frac{36}{56} = \frac{1}{1{,}56} = 1 : 1{,}56$ und

$R_{Cu} = R_{Fe} \Rightarrow \frac{A_{Cu}}{A_{Fe}} = \frac{\gamma_{Fe}}{\gamma_{Cu}} = \frac{7{,}7}{56} = \frac{1}{7{,}27} = 1 : 7{,}27$

$\Rightarrow A_{Cu} : A_{Al} : A_{Fe} = \mathbf{1 : 1{,}56 : 7{,}27}$

38/9 $R = \frac{\varrho \cdot l}{A} = \frac{10^{12}\,\Omega\text{cm} \cdot 0{,}5\,\text{cm}}{5\,\text{cm}^2} = \mathbf{10^{11}\,\Omega}$

38/10 $R = \frac{\varrho \cdot l}{A} = \frac{0{,}5 \cdot 10^{15}\,\Omega\text{cm} \cdot 10\,\text{cm}}{0{,}785 \cdot 5^2\,\text{cm}^2} = \mathbf{255 \cdot 10^{12}\,\Omega}$

Lösungen zu 4.3 Das ohmsche Gesetz

39/1 $I_1 = \frac{U_1}{R_1} = \frac{4{,}4\,V}{220\,\Omega} = 0{,}02\,A = \mathbf{20\,mA}$

39/2 $I = \frac{U_2}{R_2} \Rightarrow R_2 = \frac{U_2}{I} = \frac{20\,V}{0{,}02\,A} = 1\,000\,\Omega = \mathbf{1\,k\Omega}$ I aus Aufgabe 39/1

39/3 $R = \frac{U}{I} = \frac{24{,}4\,V}{0{,}02\,A} = 1\,220\,\Omega = \mathbf{1{,}22\,k\Omega}$ I aus Aufgabe 39/1

39/4 $I_2 = \frac{U_2}{R_2} \Rightarrow U_2 = R_2 \cdot I_2 = 1\,k\Omega \cdot 5\,mA = \mathbf{5\,V}$

39/5 **a)** $U_2 = R_2 \cdot I_2 = 1\,k\Omega \cdot 5\,mA = \mathbf{5\,V}$; **b)** $R_3 = \frac{U_3}{I_2} = \frac{4\,V}{5\,mA} = \mathbf{800\,\Omega}$

39/6 **a)** $R_1 = \frac{U_1}{I_1} = \frac{5\,V}{14\,mA} = \mathbf{0{,}357\,k\Omega}$; **b)** $U_4 = R_4 \cdot I_3 = 1\,k\Omega \cdot 9\,mA = \mathbf{9\,V}$

39/7 $R = \frac{U}{I} = \frac{220\,V}{2\,A} = \mathbf{110\,\Omega}$

39/8 $R = \frac{U}{I} = \frac{14\,V}{14\,mA} = \mathbf{1\,k\Omega}$

Lösungen zu 4.4 Rechnen mit Bezugspfeilen

41/1 $U_{G1} + U_{R1} - U = 0 \Rightarrow U = U_{G1} + U_{R1} = 6\,V + 2\,\Omega \cdot 2\,A = \mathbf{10\,V}$

41/2 $U_{G1} + U_{R1} - U = 0 \Rightarrow U_{R1} = U - U_{G1} = 10\,V - 8\,V = 2\,V$

$R_1 = \frac{U_{R1}}{I} = \frac{2\,V}{4\,A} = \mathbf{0{,}5\,\Omega}$

41/3 $U_{R1} = R_1 \cdot I_1 = 1\,\Omega \cdot 3\,A = 3\,V$

$U_{R1} + U - U_{G1} = 0 \Rightarrow U = U_{G1} - U_{R1} = 8\,V - 3\,V = 5\,V$

$U_{R2} + U - U_{G2} = 0 \Rightarrow U_{R2} = U_{G2} - U = 6\,V - 5\,V = 1\,V$

$I_2 = \frac{U_{R2}}{R_2} = \frac{1\,V}{1\,\Omega} = 1\,A$

$I_{RL} = I_1 + I_2 = 3\,A + 1\,A = 4\,A$

$R_L = \frac{U}{I} = \frac{5\,V}{4\,A} = \mathbf{1{,}25\,\Omega}$

41/4 $U_{G1} - U_{G2} + U_{R2} - U_{R1} = 0 \Rightarrow U_{R1} - U_{R2} = U_{G1} - U_{G2} = 8\,V - 6\,V = 2\,V$

$U_{R1} = -U_{R2} = \frac{2\,V}{2} = 1\,V \Rightarrow I_2 = \frac{U_{R2}}{R_2} = \frac{-1\,V}{1\,\Omega} = \mathbf{-1\,A}$

Richtung von I_2 entgegengesetzt zum Bezugspfeil

41/5 $U = U_1 + U_2 = 1\,k\Omega \cdot 24\,mA + 2\,k\Omega \cdot 24\,mA = 3\,k\Omega \cdot 24\,mA = \mathbf{72\,V}$

41/6 $U_1 - U_5 - U_3 = 0 \Rightarrow U_5 = U_1 - U_3 = R_1 \cdot I_1 - R_3 \cdot I_2 = 24\,V - 48\,V = \mathbf{-24\,V}$

41/7 **a)** $U_1 = R_1 \cdot I = 1\,k\Omega \cdot 10\,mA = \mathbf{10\,V}$

$U_2 = R_2 \cdot (-I) = -2\,k\Omega \cdot 10\,mA = \mathbf{-20\,V}$

$U_3 = R_3 \cdot (-I) = 4\,k\Omega \cdot 10\,mA = \mathbf{-40\,V}$

b) $U + U_3 + U_2 - U_1 = 0 \Rightarrow U = U_1 - U_2 - U_3 = 10\,V + 20\,V + 40\,V = \mathbf{70\,V}$

41/8 Siehe Aufgabe 7, Seite 41.

Punkt A: $U_1 = \mathbf{10\,V}$

Punkt B: $U_2 = \mathbf{-20\,V}$

Punkt C: $U_{3M} = U_2 + U_3 = -20\,V - 40\,V = \mathbf{-60\,V}$

41/9 **a)** $U_{G1} + U_{G2} + U_2 + U - U_1 = 0$

$U = U_1 - U_{G1} - U_{G2} - U_2 = R_1 \cdot I - U_{G1} - U_{G2} + R_2 \cdot I$

$= 2 \cdot 2\,A - 230\,V - 230\,V + 2\,\Omega \cdot 2\,A = \mathbf{-452\,V}$

b) $U_{G2} + U_2 + U = 0 \Rightarrow U = -U_{G2} - U_2$

Aus a) $R_L = \frac{U_L}{I_L} = \frac{-(-452\,V)}{2\,A} = 226\,\Omega$

$I_{LA} = \frac{U_{G2}}{(R_2 + R_L)} = \frac{230\,V}{228\,\Omega} = 1{,}01\,A$

$U_{LA} = R_L \cdot I_{LA} = 226\,\Omega \cdot 1{,}01\,A = \mathbf{228\,V}$

41/10 Entsprechend Aufgabe 9, Seite 41, bei doppelt so großem Laststrom

$R_L = \frac{U_L}{I_L} = \frac{-(-452\,V)}{4\,A} = 113\,\Omega$

$I_{LB} = \frac{U_{G1}}{(R_1 + R_L)} = \frac{230\,V}{115\,\Omega} = 2\,A$

$U_{1B} = R_1 \cdot I_{LB} = 2\,\Omega \cdot 2\,A = 4\,V$

Punkt A: $U_{LB} = U_{G1} - U_{1B} = 230\,V - 4\,V = \mathbf{226\,V}$

Punkt B: $U_B = \mathbf{0\,V}$

Lösungen zu 4.5 Elektrische Leistung bei Gleichspannung

42/1 $P = I^2 \cdot R \Rightarrow I = \sqrt{\frac{P}{R}} = \sqrt{\frac{0{,}1\,W}{10\,k\Omega}} = \mathbf{3{,}16\,mA}$

42/2 $P = \frac{U^2}{R} \Rightarrow U = \sqrt{P \cdot R} = \sqrt{0{,}25\,W \cdot 47\,k\Omega} = \mathbf{108{,}40\,V}$

42/3 $R \approx 40\,\Omega;\quad P = \frac{U^2}{R} = \frac{(5\,V)^2}{40\,\Omega} = \frac{25\,V^2}{40\,\Omega} = \mathbf{0{,}625\,W}$

42/4 $R \approx 30\,\Omega;\quad P = \frac{U^2}{R} = \frac{(2\,V)^2}{30\,\Omega} = \frac{4\,V^2}{30\,\Omega} = \mathbf{0{,}133\,W}$

42/5 $R \approx 30\,\Omega;\quad P = \frac{U^2}{R} \Rightarrow U = \sqrt{P \cdot R} = \sqrt{0{,}5\,W \cdot 30\,\Omega} = \sqrt{15\,V^2} = \mathbf{3{,}87\,V}$

42/6 $R \approx 65\,\Omega;\quad P = I^2R \Rightarrow I = \sqrt{\frac{P}{R}} = \sqrt{\frac{0{,}25\,W}{65\,\Omega}} = \mathbf{0{,}062\,A}$

42/7

a) $P = \frac{U^2}{R} \Rightarrow U = \sqrt{P \cdot R} = \sqrt{0{,}25\,W \cdot 18\,\Omega} = \mathbf{2{,}121\,V}$

b) $U = \sqrt{0{,}25\,W \cdot 270\,\Omega} = \mathbf{8{,}22\,V}$

c) $U = \sqrt{0{,}25\,W \cdot 2\,700\,\Omega} = \mathbf{25{,}98\,V}$

d) $U = \sqrt{0{,}25\,W \cdot 56\,000\,\Omega} = \mathbf{118{,}32\,V}$

42/8

a) $P = I^2R \Rightarrow I = \sqrt{\frac{P}{R}} = \sqrt{\frac{0{,}5\,W}{47\,\Omega}} = \mathbf{0{,}103\,A}$

b) $I = \sqrt{\frac{0{,}5\,W}{6{,}8\,k\Omega}} = 0{,}857\,A \cdot 10^{-2} = \mathbf{8{,}57\,mA}$

c) $I = \sqrt{\frac{0{,}5\,W}{27\,k\Omega}} = 0{,}43\,A \cdot 10^{-2} = \mathbf{4{,}3\,mA}$

d) $I = \sqrt{\frac{0{,}5\,W}{22\,M\Omega}} = 0{,}151\,A \cdot 10^{-3} = \mathbf{0{,}151\,mA}$

42/9 $R = 33 \cdot 10\,\Omega = 330\,\Omega$

$P = \frac{U^2}{R} \Rightarrow U = \sqrt{P \cdot R} = \sqrt{0{,}25\,W \cdot 330\,\Omega} = \sqrt{82{,}5}\,V = \mathbf{9{,}08\,V}$

43/10 $R = 10 \cdot 10^4\,\Omega = 100\,k\Omega$

$P = \frac{U^2}{R} \Rightarrow U = \sqrt{P \cdot R} = \sqrt{1\,W \cdot 100\,k\Omega} = 10^2\sqrt{10}\,V = \mathbf{316\,V}$

43/11 **a)** $I = \frac{U}{R} = \frac{12\,V}{2{,}7\,k\Omega} = \mathbf{4{,}44\,mA}$; **b)** $P = U \cdot I = 12\,V \cdot 4{,}44\,mA = \mathbf{53{,}3\,mW}$

43/12 **a)** $I = \frac{U}{R} = \frac{12\,V}{140\,\Omega} = \mathbf{0{,}0857\,A}$; **b)** $P = U \cdot I = 12\,V \cdot 0{,}0857\,A = \mathbf{1{,}028\,W}$

43/13 **a)** $R_F = \frac{U_F}{I_F} = \frac{1{,}2\,V}{1\,A} = \mathbf{1{,}2\,\Omega}$; **b)** $P_F = U_F \cdot I_F = 1{,}2\,V \cdot 1\,A = \mathbf{1{,}2\,W}$

43/14 **a)** $R_R = \frac{U_R}{I_R} = \frac{800\,V}{5\,\mu A} = \mathbf{160\,M\Omega}$; **b)** $P_R = U_R \cdot I_R = 800\,V \cdot 5\,\mu A = 4\,000\,\mu W = \mathbf{4\,mW}$

43/15

$$A = \frac{\pi d^2}{4} = 0{,}785 \cdot 0{,}2^2\,mm^2 = 0{,}0314\,mm^2$$

$$R = \frac{l}{A \cdot \gamma} = \frac{40\,m \cdot \Omega \cdot mm^2}{0{,}0314\,mm^2 \cdot 56\,m} = 22{,}75\,\Omega$$

$$P = \frac{U^2}{R} \Rightarrow U = \sqrt{P \cdot R} = \sqrt{2\,W \cdot 22{,}75\,\Omega} = \sqrt{45{,}5}\,V = \mathbf{6{,}75\,V}$$

43/16

$$A = b \cdot h = 10\,mm \cdot 160\,mm = 1\,600\,mm^2$$

$$R = \frac{l}{A \cdot \gamma} = \frac{20\,m \cdot \Omega \cdot mm^2}{1\,600\,mm^2 \cdot 35\,m} = 0{,}357\,m\Omega$$

$$P = I^2 \cdot R = 2\,400^2\,A^2 \cdot 0{,}357\,m\Omega = 2{,}4^2\,(kA)^2 \cdot 0{,}357\,m\Omega = 5{,}67 \cdot 0{,}357\,kW = \mathbf{2{,}056\,kW}$$

43/17 Die Leistung ändert sich quadratisch im Verhältnis der Spannungen.

a) Bei 220 V: $P = U \cdot I = 220\,V \cdot 2\,A = 440\,W$

bei 110 V: $P = \left(\frac{110\,V}{220\,V}\right)^2 \cdot 440\,W = \frac{1}{4} \cdot 440\,W = \mathbf{110\,W}$

b) Bei 220 V: $P = U \cdot I = 40\,V \cdot 2\,A = 80\,W$

bei 110 V: $P = \left(\frac{110\,V}{220\,V}\right)^2 \cdot 80\,W = \frac{1}{4} \cdot 80\,W = \mathbf{20\,W}$

43/18 Die Leistung ändert sich quadratisch im Verhältnis der Spannungen.

a) Bei 220 V Anschlussspannung: $P = U \cdot I = 80\,V \cdot (2\,A - 1{,}5\,A) = 40\,W$

bei 440 V: $P = \left(\frac{440\,V}{220\,V}\right)^2 \cdot 40\,W = 4 \cdot 40\,W = \mathbf{160\,W}$

b) Entsprechend zu a) bei 110 V: $P = \left(\frac{110\,V}{220\,V}\right)^2 \cdot 40\,W = \frac{1}{4} \cdot 40\,W = \mathbf{10\,W}$

Lösungen zu 4.6.1 Elektrische Arbeit

44/1 $W = P \cdot t = 120\,W \cdot 17\,h = 2\,040\,Wh = \mathbf{2{,}04\,kWh}$

44/2 $W = P \cdot t = 2{,}4\,W \cdot 420\,h = 1\,008\,Wh = \mathbf{1{,}008\,kWh}$

44/3 $W = P \cdot t \Rightarrow P = \frac{W}{t} = \frac{0{,}15\,kWh}{360\,h} = 0{,}000\,416\,7\,kW = 0{,}416\,7\,W$

$P = U \cdot I \Rightarrow U = \frac{P}{I} = \frac{0{,}416\,7\,W}{80\,mA} = 0{,}005\,21\,kV = \mathbf{5{,}21\,V}$

44/4 $W = P \cdot t \Rightarrow P = \frac{W}{t} = \frac{3{,}52\,kWh}{2\,000\,h} = 0{,}001\,76\,kW = 1{,}76\,W$

$P = U \cdot I \Rightarrow U = \frac{P}{I} = \frac{1{,}76\,W}{8\,mA} = 0{,}22\,kV = \mathbf{220\,V}$

44/5 $W = P \cdot t \Rightarrow t = \frac{W}{P} = \frac{6\,Ws}{300\,mW} = \mathbf{20\,s}$

44/6 $W = P \cdot t \Rightarrow t = \frac{W}{P} = \frac{200\,Ws}{32\,W} = \mathbf{6{,}25\,s}$

44/7 $W = P \cdot t = 28 \cdot 63\,W \cdot 8\,h = 14\,112\,Wh = 14{,}11\,kWh$

$K_A = W \cdot T_A = 14{,}11\,kWh \cdot 0{,}25$ €/kWh = **3,53 €**

44/8 $W = P \cdot t = 90\,W \cdot 200 \cdot 2\,h = 36\,000\,Wh = 36\,kWh$

$K_A = W \cdot T_A = 36\,kWh \cdot 0{,}13$ €/kWh = **4,68 €**

Lösungen zu 4.6.2 Mechanische Arbeit und Leistung

45/1 $W = F \cdot s = 25\,kN \cdot 3{,}25\,m = \mathbf{81{,}25\,kNm}$

45/2 $W = F \cdot s \Rightarrow s = \frac{W}{F} = \frac{180\,kNm}{9\,kN} = \mathbf{20\,m}$

45/3 $P = \frac{F \cdot s}{t} = F \cdot \frac{s}{t} = 800\,N \cdot 2\,\frac{m}{s} = 1\,600\,\frac{Nm}{s} = 1\,600\,W = \mathbf{1{,}6\,kW}$

45/4 $P = \frac{F \cdot s}{t} = F \cdot \frac{s}{t} = 400\,\text{N} \cdot 60\,\frac{\text{km}}{\text{h}} = 400\,\text{N} \cdot 1\,\frac{\text{km}}{\text{min}} = \frac{400}{60}\,\frac{\text{kNm}}{\text{s}} = \mathbf{6{,}67\,kW}$

45/5 $P = \frac{F \cdot s}{t} = s \cdot \frac{F}{t} = 12\,\text{m} \cdot 4 \cdot 9{,}81 \cdot 10^3\,\frac{\text{N}}{\text{s}} = 470{,}88\,\frac{\text{kNm}}{\text{s}} = \mathbf{470{,}9\,kW}$

45/6 $P = \frac{F \cdot s}{t} = s \cdot \frac{F}{t} = 10\,\text{m} \cdot 800 \cdot 9{,}81\,\frac{\text{N}}{\text{min}} = 78{,}48\,\frac{\text{kNm}}{\text{min}} = 1{,}308\,\frac{\text{kNm}}{\text{s}} = \mathbf{1{,}308\,kW}$

45/7 $\omega = 2\pi \cdot n = 6{,}28 \cdot 2\,800/\text{min} = 293/\text{s} = 293\,\text{rad/s}$

$P = M \cdot \omega = 5\,\text{mNm} \cdot 293\,\text{rad/s} = 1\,465 \cdot 10^{-3}\,\text{Nm} \cdot \text{rad/s} = \mathbf{1{,}465\,W}$

45/8 $\omega = 2\pi \cdot n = 2\pi \cdot 1\,600/\text{min} = 167{,}5\,\text{rad/s}$

$P = M \cdot \omega = 8\,\text{Nm} \cdot 167{,}5\,\text{rad/s} = \mathbf{1\,340\,W}$

45/9 **a)** $\omega = 2\pi \cdot n = 2\pi \cdot 1\,800/\text{min} = 11\,309\,\text{rad/min} = \mathbf{188\,rad/s}$

b) $P = M \cdot \omega \Rightarrow M = \frac{P}{\omega} = \frac{1{,}8\,\text{W}}{188\,\text{rad/s}} = \mathbf{9{,}57\,mNm}$

45/10 **a)** $P = M \cdot \omega = 5\,\text{mNm} \cdot 200\,\text{rad/s} = 1\,000\,\text{mW} = \mathbf{1\,W}$

b) $\omega = 2\pi \cdot n \Rightarrow n = \frac{\omega}{2\pi} = \frac{200\,\text{rad/s}}{2\pi} = 3{,}18/\text{s} = \mathbf{190{,}8/min}$

Lösungen zu 4.6.3 Wirkungsgrad und Arbeitsgrad

46/1 $\omega = 2\pi \cdot n = 6{,}28 \cdot 100/\text{s} = 628/\text{s}$

$P_{ab} = M \cdot \omega = 4\,\text{mNm} \cdot 628/\text{s} = 2\,512\,\text{mW} = \mathbf{2{,}512\,W}$

$\eta = \frac{P_{ab}}{Pauf} = \frac{2{,}512\,\text{W}}{3{,}2\,\text{V} \cdot 3\,500\,\text{mA}} = \frac{2{,}512\,\text{W}}{11{,}2\,\text{W}} = \mathbf{0{,}224}$

46/2 $\omega = 2\pi \cdot n = 6{,}28 \cdot 1\,500/\text{min} = 6{,}28 \cdot 25/\text{s} = 157/\text{s}$

$P_{ab} = M \cdot \omega = 1\,\text{mNm} \cdot 157/\text{s} = 157\,\text{mW} = 0{,}157\,\text{W}$

$\eta = \frac{P_{ab}}{P_{auf}} \Rightarrow P_{auf} = \frac{P_{ab}}{\eta} = \frac{0{,}157\,\text{W}}{0{,}1} = 1{,}57\,\text{W}$

$I = \frac{P}{U} = \frac{1{,}57\,\text{W}}{6\,\text{V}} = \mathbf{0{,}262\,A}$

46/3 Aus Bild 1, Seite 46: $n \approx 2\,050$ je min; $I \approx 250\,\text{mA}$

$\omega = 2\pi \cdot n = 6{,}28 \cdot 2\,050/\text{min} = 215/\text{s}$

$P_{ab} = M \cdot \omega = 2\,\text{mNm} \cdot 215/\text{s} = 430\,\text{mW} = 0{,}43\,\text{W}$

$P_{auf} = U \cdot I = 3{,}2\,\text{V} \cdot 250\,\text{mA} = 0{,}8\,\text{W}$

$$\eta = \frac{P_{ab}}{P_{auf}} = \frac{0{,}430\,\text{W}}{0{,}8\,\text{W}} = \mathbf{0{,}538}$$

46/4 Aus Bild 1, Seite 46: $M \approx 0{,}6\,\text{mNm}$; $I \approx 100\,\text{mA}$

$\omega = 2\pi \cdot n = 6{,}28 \cdot 2\,800/\text{min} = 6{,}28 \cdot 46{,}67/\text{s} = 293/\text{s}$

$P_{ab} = M \cdot \omega = 0{,}6\,\text{mNm} \cdot 293/\text{s} = 175\,\text{mW} = 0{,}175\,\text{W}$

$P_{auf} = U \cdot I = 3{,}2\,\text{V} \cdot 100\,\text{mA} = 0{,}32\,\text{W}$

$$\eta = \frac{P_{ab}}{P_{auf}} = \frac{0{,}175\,\text{W}}{0{,}32\,\text{W}} = \mathbf{0{,}547}$$

46/5 **a)** $\eta_1 = \frac{P_{ab1}}{P_{auf1}} \Rightarrow P_{ab1} = \eta_1 \cdot P_{auf1} = 0{,}8 \cdot 230\,\text{V} \cdot 1\,\text{A} = \mathbf{184\,W}$

b) $P_{ab2} = \eta_2 \cdot P_{auf2} = \eta_2 \cdot P_{ab1} = 0{,}95 \cdot 184\,\text{W} = \mathbf{174{,}8\,W}$

c) $P_{auf4} = P_{ab3} = \eta_3 \cdot P_{auf3} = \eta_3 \cdot P_{ab2} = 0{,}9 \cdot 174{,}8\,\text{W} = \mathbf{157{,}3\,W}$

d) $\eta_{12} = \frac{P_{ab2}}{P_{auf1}} = \frac{174{,}8\,\text{W}}{230\,\text{V} \cdot 1\,\text{A}} = \mathbf{0{,}76}$

e) $\eta = \eta_1 \cdot \eta_2 \cdot \eta_3 \ldots$

46/6 **a)** $\eta = \eta_1 \cdot \eta_2 \cdot \eta_3 \cdot \eta_4$

b) Transformator:

$P_{ab1} = \eta_1 \cdot P_{auf1} = 0{,}80 \cdot 230\,\text{V} \cdot 1\,\text{A} = 184\,\text{W}$

$I = \frac{P_{ab1}}{U_1} = \frac{184\,\text{W}}{14\,\text{V}} = \mathbf{13{,}14\,A}$

Gleichrichter:

$\eta_{12} = \eta_1 \cdot \eta_2 = 0{,}8 \cdot 0{,}95 = 0{,}76$

$P_{ab2} = P_{auf1} \cdot \eta_{12} = 230\,\text{W} \cdot 0{,}76 = 174{,}8\,\text{W}$

$I_2 = \frac{P_{ab2}}{U_2} = \frac{174{,}8\,\text{W}}{13{,}3\,\text{V}} = \mathbf{13{,}14\,A}$

Glättungsteil:

$\eta_{13} = \eta_{12} \cdot \eta_3 = 0{,}76 \cdot 0{,}9 = 0{,}684$

$P_{ab3} = P_{auf1} \cdot \eta_{13} = 230\,\text{W} \cdot 0{,}684 = 157{,}3\,\text{W}$

$I_3 = \frac{P_{ab3}}{U_3} = \frac{157{,}3\,\text{W}}{12\,\text{V}} = \mathbf{13{,}1\,A}$

Spannungsgleichhalter:

$\eta_{14} = \eta_{13} \cdot \eta_4 = 0{,}684 \cdot 0{,}7 = 0{,}478\,8$

$P_{ab4} = P_{auf1} \cdot \eta_{14} = 230\,\text{W} \cdot 0{,}478\,8 = 110{,}1\,\text{W}$

$I_4 = \frac{P_{ab4}}{U_4} = \frac{110{,}1\,\text{W}}{8{,}8\,\text{V}} = \mathbf{12{,}5\,A}$

46/7 **a)** Im Leerlauf: $W_{auf1} = P \cdot t = 4\,\text{W} \cdot 4\,350\,\text{h} = 17{,}4\,\text{kWh}$

Unter Last: $P_{auf} = P_{ab}/\eta = 120\,\text{W}/0{,}85 = 141{,}2\,\text{W}$

$W_{auf2} = P_{auf} \cdot t = 141{,}2\,\text{W} \cdot 30\,\text{h} = 4{,}24\,\text{kWh}$

$W_{auf} = W_{auf1} + W_{auf2} = 17{,}4\,\text{kWh} + 4{,}24\,\text{kWh} = \mathbf{21{,}64\,kWh}$

$W_{ab} = P_{ab} \cdot t = 120\,\text{W} \cdot 30\,\text{h} = 3{,}6\,\text{kWh}$

b) $\zeta = \frac{W_{ab}}{W_{auf}} = \frac{3{,}6\,\text{kWh}}{21{,}64\,\text{kWh}} = 0{,}166 = \mathbf{16{,}6}\,\%$

46/8 **a)** Ohne Last: $W_{auf1} = P \cdot t = 15\,W \cdot 2\,400\,h = 36\,kWh$

Unter Last: $P_{auf} = P_{ab}/\eta = 1{,}2\,kW/0{,}8 = 1{,}5\,kW$

$W_{auf2} = P_{auf} \cdot t = 1{,}5\,kW \cdot 1\,980\,h = 2\,970\,kWh$

$W_{auf} = W_{auf1} + W_{auf2} = 36\,kWh + 2\,970\,kWh = \mathbf{3\,006\,kWh}$

$W_{ab} = P_{ab} \cdot t = 1{,}2\,kW \cdot 1\,980\,h = 2\,376\,kWh$

b) $\zeta = \frac{W_{ab}}{W_{auf}} = \frac{2\,376\,kWh}{3\,006\,kWh} = 0{,}79 = \mathbf{79\,\%}$

Lösungen zu 4.7.1 Reihenschaltung

47/1 $R = R_1 + R_2 + R_3 \Rightarrow R_3 = R - R_1 - R_2 = 1\,340\,\Omega - 1\,000\,\Omega - 250\,\Omega = \mathbf{90\,\Omega}$

47/2 **680 Ω, 220 Ω, 100 Ω**

47/3 **a)** $R = R_1 + R_2 + R_3 = 100\,\Omega + 150\,\Omega + 680\,\Omega = \mathbf{930\,\Omega}$

b) $\frac{U_1}{U} = \frac{R_1}{R} \Rightarrow U_1 = \frac{UR_1}{R} = \frac{230\,V \cdot 100\,\Omega}{930\,\Omega} = \mathbf{24{,}7\,V}$

47/4 **a)** $R = R_1 + R_2 + R_3 = 150\,\Omega + 125\,\Omega + 400\,\Omega = \mathbf{675\,\Omega}$

b) $\frac{U_3}{U} = \frac{R_3}{R} \Rightarrow U_3 = \frac{UR_3}{R} = \frac{150\,V \cdot 400\,\Omega}{675\,\Omega} = \mathbf{88{,}9\,V}$

47/5 **a)** $R = R_1 + R_2 = 4\,k\Omega + 2{,}5\,k\Omega = 6{,}5\,k\Omega$; $I = \frac{U}{R} = \frac{12\,V}{6{,}5\,k\Omega} = \mathbf{1{,}846\,mA}$

b) $U_1 = IR_1 = 1{,}846\,mA \cdot 4\,k\Omega = \mathbf{7{,}38\,V}$; $U_2 = IR_2 = 1{,}846\,mA \cdot 2{,}5\,k\Omega = \mathbf{4{,}62\,V}$

47/6 $U_{AB} = IR_1 = 0{,}1\,A \cdot 20\,\Omega = \mathbf{2\,V}$; $U_{BC} = IR_2 = 0{,}1\,A \cdot 50\,\Omega = \mathbf{5\,V}$

$U_{CD} = IR_3 = 0{,}1\,A \cdot 10\,\Omega = \mathbf{1\,V}$; $U_{AC} = U_{AB} + U_{BC} = 2\,V + 5\,V = \mathbf{7\,V}$

$U_{AD} = U_{AB} + U_{BC} + U_{CD} = 2\,V + 5\,V + 1\,V = \mathbf{8\,V}$; $U_{BD} = U_{BC} + U_{CD} = 5\,V + 1\,V = \mathbf{6\,V}$

47/7 $I = \frac{U_R}{R_R} = \frac{48\,V}{600\,\Omega} = 0{,}08\,A$; $U_v = U - U_R = 100\,V - 48\,V = 52\,V$

a) $R_v = \frac{U_v}{I} = \frac{52\,V}{0{,}08\,A} = \mathbf{650\,\Omega}$; **b)** $P_v = U_v I = 52\,V \cdot 0{,}08\,A = \mathbf{4{,}16\,W}$

47/8 $U_v = U - U_L = 48\,V - 12\,V = 36\,V$

$R_v = \frac{U_v}{I} = \frac{36\,V}{0{,}5\,A} = \mathbf{72\,\Omega}$; $P_v = U_v I = 36\,V \cdot 0{,}5\,A = \mathbf{18\,W}$

47/9 $P = I^2R \Rightarrow I = \sqrt{\frac{P}{R}} = \sqrt{\frac{0{,}25\,W}{10\,000\,\Omega}} = \frac{0{,}5}{100}\,A = \mathbf{5\,mA}$

47/10 $R_L = \frac{\varrho l}{A} = \frac{0{,}017\,8\,\frac{\Omega mm^2}{m} \cdot 2 \cdot 12\,m}{4\,mm^2} = 0{,}106\,8\,\Omega$

$R = R_S + R_L = 0{,}120\,\Omega + 0{,}107\,\Omega = 0{,}227\,\Omega$

$U = IR = 80\,A \cdot 0{,}227\,\Omega = \mathbf{18{,}1\,V}$

47/11 $P_1 = \frac{U_1^2}{R} \Rightarrow R = \frac{U_1^2}{P_1} = \frac{230^2\,V^2}{50\,W} = 1\,058\,\Omega$

$P_2 = \frac{U_2^2}{R_L} \Rightarrow U_2 = \sqrt{P_2 R_L} = \sqrt{35\,W \cdot 1\,058\,\Omega} = 192\,V;\quad I_2 = \frac{U_2}{R} = \frac{192\,V}{1\,058\,\Omega} = 0{,}182\,A$

$R_v = \frac{U - U_2}{I_2} = \frac{230\,V - 192\,V}{0{,}182\,A} = \mathbf{209\,\Omega}$

$P_v = U_v I_2 = (230\,V - 192\,V) \cdot 0{,}182\,A = \mathbf{6{,}92\,W}$; gewählt: **210 Ω, 10 W**

47/12 $\Delta R_1 + \Delta R_2 = 0$

$R_1 \alpha_1 \cdot \Delta\vartheta + R_2 \cdot \alpha_2 \cdot \Delta\vartheta = 0$

$R_1 \alpha_1 + (R - R_1)\alpha_2 = 0$

$R_1 \alpha_1 + R\alpha_2 - R_1 \alpha_2 = 0$

$R_1(\alpha_1 - \alpha_2) = -R \cdot \alpha_2$

$R_1 = \frac{-R\alpha_2}{\alpha_1 - \alpha_2} = \frac{-16\,000\,\Omega \cdot \left(-0{,}002\,5\,\frac{1}{K}\right)}{0{,}004\,4\,\frac{1}{K} - \left(-0{,}002\,5\,\frac{1}{K}\right)} = \mathbf{5\,800\,\Omega}$

$R_2 = R - R_1 = 16\,000\,\Omega - 5\,800\,\Omega = \mathbf{10\,200\,\Omega}$

Lösungen zu 4.7.2 Parallelschaltung

48/1 $G = G_1 + G_2 + G_3 = 2\,S + 5\,S + 8\,S = 15\,S;\quad R = \frac{1}{G} = \frac{1}{15\,S} = \mathbf{0{,}066\,7\,\Omega}$

48/2 **a)** $R = \frac{R_1}{n} = \frac{30\,\Omega}{6} = \mathbf{5\,\Omega}$ **b)** $G = \frac{1}{R} = \frac{1}{5\,\Omega} = \mathbf{0{,}2\,S}$

48/3 $G = G_1 + G_2 \Rightarrow G_2 = G - G_1 = 25\,S - 20\,S = 5\,S;\quad R_2 = \frac{1}{G_2} = \frac{1}{5\,S} = \mathbf{0{,}2\,\Omega}$

48/4 $R_1 = \frac{U}{I_1};\quad G_1 = \frac{I_1}{U} = \frac{40\,mA}{25\,V} = \mathbf{1{,}6\,mS};\quad G = 4G_1;\quad R = \frac{1}{4G_1} = \frac{1}{4 \cdot 1{,}6\,mS} = \mathbf{0{,}156\,k\Omega}$

48/5 a) $I_2 = \frac{U}{R_2} = \frac{50\,V}{20\,k\Omega} = \mathbf{2{,}5\,mA}$

b) $G = G_1 + G_2 + G_3 = \frac{1}{12{,}5\,k\Omega} + \frac{1}{20\,k\Omega} + \frac{1}{10\,k\Omega} = 80\,\mu S + 50\,\mu S + 100\,\mu S = 230\,\mu S$

$R = \frac{1}{G} = \frac{1}{230\,\mu S} = \frac{1}{0{,}23\,mS} = \mathbf{4{,}35\,k\Omega}$

48/6 $G = G_1 + G_2 + G_3 = \frac{1}{0{,}8\,k\Omega} + \frac{1}{1\,k\Omega} + \frac{1}{0{,}25\,k\Omega} = 1{,}25\,mS + 1\,mS + 4\,mS = 6{,}25\,mS$

$G = \frac{I}{U} \Rightarrow U = \frac{I}{G} = \frac{13{,}5\,mA}{6{,}25\,mS} = \mathbf{2{,}16\,V}$

48/7 a) $R = \frac{R_1 R_2}{R_1 + R_2} = \frac{16\,\Omega \cdot 60\,\Omega}{16\,\Omega + 60\,\Omega} = \mathbf{12{,}6\,\Omega}$; b) $P = \frac{U^2}{R} \Rightarrow U = \sqrt{PR} = \sqrt{1\,W \cdot 16\,\Omega} = \mathbf{4\,V}$

48/8 $P = \frac{U^2}{R} \Rightarrow U = \sqrt{PR} = \sqrt{0{,}25\,W \cdot 10\,000\,\Omega} = 0{,}5 \cdot 100\,V = \mathbf{50\,V}$

Lösungen zu 4.7.3 Gemischte Schaltungen

49/1 $R_I = R_1 + R_2 = 15\,\Omega + 10\,\Omega = 25\,\Omega$; $G_I = \frac{1}{R_I} = \frac{1}{25\,\Omega} = 0{,}04\,S$

$G_3 = \frac{1}{R_3} = \frac{1}{50\,\Omega} = 0{,}02\,S$; $G_{II} = G_I + G_3 = 0{,}04\,S + 0{,}02\,S = 0{,}06\,S$

$R_{II} = \frac{1}{G_{II}} = \frac{1}{0{,}06\,S} = 16{,}67\,\Omega$; $R = R_{II} + R_4 = 16{,}67\,\Omega + 40\,\Omega = \mathbf{56{,}67\,\Omega}$

49/2 $R_I = R_1 + R_2 = 2{,}2\,k\Omega + 1\,k\Omega = 3{,}2\,k\Omega$; $G_I = \frac{1}{R_I} = \frac{1}{3{,}2\,k\Omega} = 0{,}312\,5\,mS$

$G_3 = \frac{1}{R_3} = \frac{1}{4{,}7\,k\Omega} = 0{,}212\,7\,mS$; $G_{II} = G_I + G_3 = 0{,}312\,5\,mS + 0{,}212\,7\,mS = 0{,}525\,mS$

$R_{II} = \frac{1}{G_{II}} = \frac{1}{0{,}525\,mS} = 1{,}90\,k\Omega$; $R = R_{II} + R_4 = 1{,}90\,k\Omega + 2{,}7\,k\Omega = \mathbf{4{,}60\,k\Omega}$

49/3 $R_I = \frac{R_1 R_2}{R_1 + R_2} = \frac{125\,k\Omega \cdot 500\,k\Omega}{125\,k\Omega + 500\,k\Omega} = 100\,k\Omega$

$R = R_I + R_3 = 100\,k\Omega + 1\,250\,k\Omega = 1\,350\,k\Omega = \mathbf{1{,}35\,M\Omega}$

49/4 $R_I = R_1 + R_2 = 680\,\Omega + 470\,\Omega = 1\,150\,\Omega$

$R = \frac{R_I R_3}{R_I + R_3} = \frac{1\,150\,\Omega \cdot 150\,\Omega}{1\,150\,\Omega + 150\,\Omega} = \mathbf{132{,}7\,\Omega}$

49/5

$I_V = \frac{U}{R_V} = \frac{1{,}2\,V}{0{,}25\,M\Omega} = 4{,}8\,\mu A$; $I_x = I - I_V = 65\,\mu A - 4{,}8\,\mu A = 60{,}2\,\mu A$

$R_x = \frac{U}{I_x} = \frac{1{,}2\,V}{60{,}2\,\mu A} = \mathbf{19{,}93\,k\Omega}$

49/6

$R = \frac{U}{I} = \frac{2\,440\,mV}{0{,}40\,mA} = 6\,100\,\Omega$; $R_V = R - R_A = 6\,100\,\Omega - 100\,\Omega = \mathbf{6\,000\,\Omega}$

50/7

$I_1 = \frac{U_1}{R_1} = \frac{6\,V}{15\,\Omega} = \mathbf{0{,}4\,A}$;

$U_2 = I_1 R_2 = 0{,}4\,A \cdot 33\,\Omega = \mathbf{13{,}2\,V}$

$U_4 = U_1 + U_2 = 6\,V + 13{,}2\,V = \mathbf{19{,}2\,V}$;

$I_4 = \frac{U_4}{R_4} = \frac{19{,}2\,V}{22\,\Omega} = \mathbf{0{,}873\,A}$

$I_3 = I_1 + I_4 = 0{,}4\,A + 0{,}873\,A = \mathbf{1{,}273\,A}$;

$U_3 = U - U_4 = 100\,V - 19{,}2\,V = \mathbf{80{,}8\,V}$

$R_3 = \frac{U_3}{I_3} = \frac{80{,}8\,V}{1{,}273\,A} = \mathbf{63{,}5\,\Omega}$

50/8

$I_{12} = I - I_4 = 12\,mA - 4\,mA = \mathbf{8\,mA}$

$I_2 = I_{12} - I_1 = 8\,mA - 6\,mA = \mathbf{2\,mA}$

$U_4 = I_4 \cdot R_4 = 4\,mA \cdot 100\,k\Omega = \mathbf{400\,V}$

$U_3 = I_{12} \cdot R_3 = 8\,mA \cdot 20\,k\Omega = \mathbf{160\,V}$

$U_1 = U_4 - U_3 = 400\,V - 160\,V = \mathbf{240\,V}$

$R_1 = \frac{U_1}{I_1} = \frac{240\,V}{6\,mA} = \mathbf{40\,k\Omega}$

$R_2 = \frac{U_1}{I_2} = \frac{240\,V}{2\,mA} = \mathbf{120\,k\Omega}$

50/9

$I_1 = \frac{U}{R_1 + R_2} = \frac{280\,V}{100\,\Omega + 250\,\Omega} = \frac{280\,V}{350\,\Omega} = 0{,}8\,A$

$U_1 = I_1 R_1 = 0{,}8\,A \cdot 100\,\Omega = 80\,V$; $U_2 = I_1 R_2 = 0{,}8\,A \cdot 250\,\Omega = 200\,V$

$P_1 = U_1 I_1 = 80\,V \cdot 0{,}8\,A = \mathbf{64\,W}$; $P_2 = U_2 I_1 = 200\,V \cdot 0{,}8\,A = \mathbf{160\,W}$

$I_3 = \frac{U}{R_3 + R_4} = \frac{280\,V}{300\,\Omega + 400\,\Omega} = \frac{280\,V}{700\,\Omega} = 0{,}4\,A$

$U_3 = I_3 R_3 = 0{,}4\,A \cdot 300\,\Omega = 120\,V$; $U_4 = I_3 R_4 = 0{,}4\,A \cdot 400\,\Omega = 160\,V$

$P_3 = I_3 U_3 = 0{,}4\,A \cdot 120\,V = \mathbf{48\,W}$; $P_4 = U_4 I_3 = 160\,V \cdot 0{,}4\,A = \mathbf{64\,W}$

50/10

$R_I = \frac{R_1 R_2}{R_1 + R_2} = \frac{200\,\Omega \cdot 400\,\Omega}{200\,\Omega + 400\,\Omega} = 133\,\Omega$;

$R_{II} = \frac{R_3 R_4}{R_3 + R_4} = \frac{500\,\Omega \cdot 250\,\Omega}{500\,\Omega + 250\,\Omega} = 167\,\Omega$

$R = R_I + R_{II} = 133\,\Omega + 167\,\Omega = 300\,\Omega$;

$P = \frac{U^2}{R} = \frac{90^2\,V^2}{300\,\Omega} = \mathbf{27\,W}$

50/11

S1 geschlossen, S2 offen:

$I_1 = \frac{U_{b1}}{R_1 + R_3} = \frac{100\,V}{10\,k\Omega + 10\,k\Omega} = 5\,mA$

$U_1 = I_1 R_1 = 5\,mA \cdot 10\,k\Omega = 50\,V$

S1 und S2 geschlossen:

$I_2 = \frac{U_1}{R_2} = \frac{50\,V}{30\,k\Omega} = 1{,}667\,mA$

$I_3 = I_1 + I_2 = 5\,mA + 1{,}667\,mA = 6{,}667\,mA$

$U_3 = I_3 R_3 = 6{,}667\,mA \cdot 10\,k\Omega = 66{,}67\,V$

$U_{b2} = U_1 + U_3 = 50\,V + 66{,}67\,V = \mathbf{116{,}67\,V}$

50/12 Stellung 1: $I_1 = \frac{I_{b1}}{2} = \frac{1{,}2\,A}{2} = 0{,}6\,A$ (da $R_1 + R_2 = R_3$)

$U_1 = I_1 R_1 = 0{,}6\,A \cdot 5\,\Omega = 3\,V$

Stellung 2: $I_2 = \frac{U_1}{R_2 + R_3} = \frac{3\,V}{5\,\Omega + 10\,\Omega} = \frac{3\,V}{15\,\Omega} = 0{,}2\,A$

$I_{b2} = I_1 + I_2 = 0{,}6\,A + 0{,}2\,A = \mathbf{0{,}8\,A}$

50/13 $R_{123} = R_1 + \frac{R_2 \cdot R_3}{R_2 + R_3} = 1\,k\Omega + \frac{10\,k\Omega \cdot 1{,}5\,k\Omega}{10\,k\Omega + 1{,}5\,k\Omega} = 2{,}30\,k\Omega$

$I_{123} = \frac{U}{R_{123}} = \frac{15\,V}{2{,}30\,k\Omega} = 6{,}51\,mA$

$U_1 = I_{123} \cdot R_1 = 6{,}51\,mA \cdot 1\,k\Omega = 6{,}51\,V$

$R_{45} = \frac{R_4 \cdot R_5}{R_4 + R_5} = \frac{100\,\Omega \cdot 220\,\Omega}{100\,\Omega + 220\,\Omega} = 68{,}75\,\Omega$

$R_{456} = R_{45} + R_6 = 68{,}75\,\Omega + 1\,k\Omega = 1{,}069\,k\Omega$

$I_{456} = \frac{U}{R_{456}} = \frac{15\,V}{1{,}069\,k\Omega} = 14{,}0\,mA$

$U_4 = I_{456} \cdot R_{45} = 14{,}0\,mA \cdot 68{,}75\,\Omega = 0{,}965\,V$

$U_1 + U_x - U_4 = 0 \Rightarrow U_x = U_4 - U_1$

$U_x = 0{,}965\,V - 6{,}51\,V = \mathbf{-5{,}54\,V}$

50/14 $R_{23} = \frac{R_2}{2} = \frac{10\,k\Omega}{2} = 5\,k\Omega$

$R_{123} = R_1 + R_{23} = 15\,k\Omega + 5\,k\Omega = 20\,k\Omega$

$I_1 = \frac{U}{R_{123}} = \frac{15\,V}{20\,k\Omega} = 0{,}750\,mA$

$U_1 = I_1 \cdot R_1 = 0{,}750\,mA \cdot 15\,k\Omega = 11{,}25\,V$

$R_{45} = \frac{R_4 \cdot R_5}{R_4 + R_5} = \frac{1\,k\Omega \cdot 1{,}5\,k\Omega}{1\,k\Omega + 1{,}5\,k\Omega} = 600\,\Omega$

$R_{456} = R_{45} + R_6 = 600\,\Omega + 680\,\Omega = 1\,280\,\Omega$

$I_{45} = \frac{U}{R_{456}} = \frac{15\,V}{1\,280\,\Omega} = 11{,}72\,mA$

$U_4 = I_{45} \cdot R_{45} = 11{,}72\,mA \cdot 600\,\Omega = 7{,}03\,V$

$\frac{U_1}{U_4} = \frac{11{,}25\,V}{7{,}03\,V} = \mathbf{1{,}60}$

Lösungen zu 4.7.4.1 Unbelasteter Spannungsteiler

51/1 **a)** $U_{20} = U = \mathbf{100\,V}$; **b)** $U_{20} = \frac{UR_2}{R_1 + R_2} = \frac{100\,V \cdot 100\,\Omega}{50\,\Omega + 100\,\Omega} = \mathbf{66{,}7\,V}$

c) $U_{20} = \frac{UR_2}{R_1 + R_2} = \frac{100\,V \cdot 100\,\Omega}{100\,\Omega + 100\,\Omega} = \mathbf{50\,V}$; **d)** $U_{20} = \frac{UR_2}{R_1 + R_2} = \frac{100\,V \cdot 100\,\Omega}{200\,\Omega + 100\,\Omega} = \mathbf{33{,}3\,V}$

51/2

a) $U_{21} = \frac{UR_{21}}{R_{11} + R_{21}} = \frac{24\,V \cdot 0\,\Omega}{10\,k\Omega} = \mathbf{0\,V}$; $U_{22} = \frac{UR_{22}}{R_{12} + R_{22}} = \frac{24\,V \cdot 2{,}5\,k\Omega}{10\,k\Omega} = \mathbf{6\,V}$

$U_{23} = \frac{UR_{23}}{R_{13} + R_{23}} = \frac{24\,V \cdot 5\,k\Omega}{10\,k\Omega} = \mathbf{12\,V}$; $U_{24} = \frac{UR_{24}}{R_{14} + R_{24}} = \frac{24\,V \cdot 7{,}5\,k\Omega}{10\,k\Omega} = \mathbf{18\,V}$

$U_{25} = \frac{UR_{25}}{R_{15} + R_{25}} = \frac{24\,V \cdot 10\,k\Omega}{10\,k\Omega} = \mathbf{24\,V}$

b) Gerade

51/3

$\frac{R_3}{R} = \frac{U_{a1}}{U} = \frac{\frac{U}{5}}{U} = \frac{\frac{1}{5}}{1} = 0{,}2 \Rightarrow R_3 = 0{,}2R = 0{,}2 \cdot 1\,k\Omega = \mathbf{200\,\Omega}$

$\frac{R_2 + R_3}{R} = \frac{U_{a2}}{U} = \frac{\frac{U}{2}}{U} = \frac{\frac{1}{2}}{1} = 0{,}5 \Rightarrow R_2 + R_3 = 0{,}5 \cdot 1\,k\Omega = 500\,\Omega$

$R_2 = 500\,\Omega - R_3 = 500\,\Omega - 200\,\Omega = \mathbf{300\,\Omega}$

$R_1 = R - R_3 - R_2 = 1\,000\,\Omega - 200\,\Omega - 300\,\Omega = \mathbf{500\,\Omega}$

51/4

$U_{2max} = \frac{U_{max} \cdot R_{2max}}{R_{1min} + R_{2max}} = \frac{52{,}8\,V \cdot 550\,\Omega}{225\,\Omega + 550\,\Omega} = \frac{52{,}8\,V \cdot 550\,\Omega}{775\,\Omega} = \mathbf{37{,}5\,V}$

$U_{2min} = \frac{U_{min} \cdot R_{2min}}{R_{1max} + R_{2min}} = \frac{43{,}2\,V \cdot 450\,\Omega}{275\,\Omega + 450\,\Omega} = \frac{43{,}2\,V \cdot 450\,\Omega}{725\,\Omega} = \mathbf{26{,}8\,V}$

51/5

a) $U_{2k} = \frac{UR_{2k}}{R_1 + R_{2k}} = \frac{24\,V \cdot 4{,}7\,k\Omega}{12{,}5\,k\Omega + 4{,}7\,k\Omega} = \frac{24\,V \cdot 4{,}7\,k\Omega}{17{,}2\,k\Omega} = \mathbf{6{,}56\,V}$

b) $U_{2w} = \frac{UR_{2w}}{R_1 + R_{2w}} = \frac{24\,V \cdot 0{,}3\,k\Omega}{12{,}5\,k\Omega + 0{,}3\,k\Omega} = \frac{24\,V \cdot 0{,}3\,k\Omega}{12{,}8\,k\Omega} = \mathbf{0{,}56\,V}$

51/6

a) $U_4 = \frac{UR_4}{R_3 + R_4} = \frac{18\,V \cdot 80\,\Omega}{100\,\Omega} = 14{,}4\,V$; $U_{20} = U_4 - \frac{U}{2} = 14{,}4\,V - 9\,V = \mathbf{5{,}4\,V}$

b) $U_4 = \frac{UR_4}{R_3 + R_4} = \frac{18\,V \cdot 50\,\Omega}{100\,\Omega} = 9\,V$; $U_{20} = U_4 - \frac{U}{2} = 9\,V - 9\,V = \mathbf{0\,V}$

c) $U_4 = \frac{UR_4}{R_3 + R_4} = \frac{18\,V \cdot 15\,\Omega}{100\,\Omega} = 2{,}7\,V$; $U_{20} = U_4 - \frac{U}{2} = 2{,}7\,V - 9\,V = \mathbf{-6{,}3\,V}$

Lösungen zu 4.7.4.2 Belasteter Spannungsteiler

52/1 **a)** $R_2 = 0\,\Omega$: $U_2 = \mathbf{0\,V}$

$R_2 = 4\,k\Omega$: $R_I = \dfrac{R_2 R_L}{R_2 + R_L} = \dfrac{4\,k\Omega \cdot 4\,k\Omega}{4\,k\Omega + 4\,k\Omega} = 2\,k\Omega$

$U_L = \dfrac{U R_I}{R_1 + R_I} = \dfrac{56\,V \cdot 2\,k\Omega}{12\,k\Omega + 2\,k\Omega} = \dfrac{56\,V \cdot 2\,k\Omega}{14\,k\Omega} = \mathbf{8\,V}$

$R_2 = 8\,k\Omega$: $R_I = \dfrac{R_2 R_L}{R_2 + R_L} = \dfrac{8\,k\Omega \cdot 4\,k\Omega}{8\,k\Omega + 4\,k\Omega} = 2{,}67\,k\Omega$

$U_L = \dfrac{U R_I}{R_1 + R_I} = \dfrac{56\,V \cdot 2{,}67\,k\Omega}{8\,k\Omega + 2{,}67\,k\Omega} = \dfrac{56\,V \cdot 2{,}67\,k\Omega}{10{,}67\,k\Omega} = \mathbf{14\,V}$

$R_2 = 12\,k\Omega$: $R_I = \dfrac{R_2 R_L}{R_2 + R_L} = \dfrac{12\,k\Omega \cdot 4\,k\Omega}{12\,k\Omega + 4\,k\Omega} = 3\,k\Omega$

$U_L = \dfrac{U R_I}{R_1 + R_I} = \dfrac{56\,V \cdot 3\,k\Omega}{4\,k\Omega + 3\,k\Omega} = \dfrac{56\,V \cdot 3\,k\Omega}{7\,k\Omega} = \mathbf{24\,V}$

$R_2 = 16\,k\Omega$: $U_2 = U = \mathbf{56\,V}$

b) Kennlinie entsprechend „Fachkunde Industrieelektronik und Informationstechnik", belasteter Spannungsteiler.

c) Der Spannungsunterschied ΔU_L ist am größten bei $R_2 = 12\,k\Omega$.
Bei $R_2 = 8\,k\Omega$, also in der Mitte des Angriffsbereichs, ist die Spannungsabnahme im Verhältnis zur Spannung im unbelasteten Zustand am größten.

52/2 **a)** Leerlauf: $I_L = \mathbf{0\,A}$; $U_{20} = \dfrac{U R_2}{R_1 + R_2} = \dfrac{50\,V \cdot 4\,k\Omega}{6\,k\Omega + 4\,k\Omega} = \mathbf{20\,V}$

b) Nennlast: $R_I = \dfrac{R_2 R_L}{R_2 + R_L} = \dfrac{4\,k\Omega \cdot 12\,k\Omega}{4\,k\Omega + 12\,k\Omega} = 3\,k\Omega$

$U_2 = \dfrac{U R_I}{R_1 + R_I} = \dfrac{50\,V \cdot 3\,k\Omega}{6\,k\Omega + 3\,k\Omega} = \mathbf{16{,}7\,V}$

$I_L = \dfrac{U_L}{R_L} = \dfrac{16{,}7\,V}{12\,k\Omega} = \mathbf{1{,}39\,mA}$

c) Kurzschluss: $U_{2k} = \mathbf{0\,V}$; $I_k = \dfrac{U}{R_1} = \dfrac{50\,V}{6\,k\Omega} = \mathbf{8{,}33\,mA}$

d) Gerade

52/3 **a)** $I_L = \dfrac{U_L}{R_L} = \dfrac{4{,}4\,V}{0{,}220\,k\Omega} = 20\,mA$

$I_q = 10 I_L = 10 \cdot 20\,mA = 200\,mA$

$R_2 = \dfrac{U_L}{I_q} = \dfrac{4{,}4\,V}{0{,}2\,A} = \mathbf{22\,\Omega}$

$R_1 = \dfrac{U - U_L}{I_q + I_L} = \dfrac{11{,}65\,V - 4{,}4\,V}{0{,}20\,A + 0{,}02\,A} = \dfrac{7{,}25\,V}{0{,}22\,A} = \mathbf{33\,\Omega}$

b) $P_1 = (U - U_L)(I_q + I_L) = 7{,}25\,V \cdot 0{,}22\,A = \mathbf{1{,}595\,W}$

$P_2 = U_L I_q = 4{,}4\,V \cdot 0{,}2\,A = \mathbf{0{,}88\,W}$

c) $R_I = \dfrac{R_L R_2}{R_L + R_2} = \dfrac{140\,\Omega \cdot 22\,\Omega}{140\,\Omega + 22\,\Omega} = 19{,}01\,\Omega$

$U_{L'} = \dfrac{U R_I}{R_1 + R_I} = \dfrac{11{,}65\,V \cdot 19{,}01\,\Omega}{33\,\Omega + 19{,}01\,\Omega} = 4{,}26\,V$; $\Delta U_L = U_L - U_{L'} = 4{,}40\,V - 4{,}26\,V = \mathbf{0{,}14\,V}$

52/4 **a)** $I_L = \frac{U_L}{R_L} = \frac{4{,}4\,V}{0{,}220\,k\Omega} = 20\,mA$; $I_q = 2I_L = 2 \cdot 20\,mA = 40\,mA$

$R_2 = \frac{U_L}{I_q} = \frac{4{,}4\,V}{40\,mA} = \mathbf{0{,}110\,k\Omega}$

$R_1 = \frac{U - U_L}{I_q + I_L} = \frac{11{,}65\,V - 4{,}4\,V}{40\,mA + 20\,mA} = \frac{7{,}25\,V}{60\,mA} = \mathbf{0{,}121\,k\Omega}$; gewählt $\mathbf{120\,\Omega}$

b) $P_1 = (U - U_L)(I_q + I_L) = 7{,}25\,V \cdot 60\,mA = \mathbf{435\,mW}$

$P_2 = U_L I_q = 4{,}4\,V \cdot 40\,mA = \mathbf{176\,mW}$

c) $R_I = \frac{R_2 R_L}{R_2 + R_L} = \frac{110\,\Omega \cdot 140\,\Omega}{110\,\Omega + 140\,\Omega} = 61{,}6\,\Omega$

$U_{L'} = \frac{U R_I}{R_1 + R_I} = \frac{11{,}65\,V \cdot 61{,}6\,\Omega}{120\,\Omega + 61{,}6\,\Omega} = 3{,}95\,V$

$\Delta U_L = U_L - U_{L'} = 4{,}40\,V - 3{,}95\,V = \mathbf{0{,}45\,V}$

d) Die Leistung der Spannungsteilerwiderstände ist groß, wenn das Verhältnis I_q/I_L groß ist. Die Ausgangsspannung ist wenig von der Belastung abhängig, wenn das Verhältnis I_q/I_L groß ist.

52/5 $U_L = U_{RE} + U_{BE} = 2{,}5\,V + 0{,}5\,V = 3\,V$; $I_q = 5I_B = 5 \cdot 0{,}2\,mA = 1\,mA$

$R_2 = \frac{U_L}{I_q} = \frac{3\,V}{1\,mA} = \mathbf{3\,k\Omega}$; gewählt: $\mathbf{2{,}7\,k\Omega}$

$R_1 = \frac{U - U_L}{I_q + I_L} = \frac{9\,V - 3{,}0\,V}{1\,mA + 0{,}2\,mA} = \frac{6{,}0\,V}{1{,}2\,mA} = 5{,}0\,k\Omega$; gewählt: $\mathbf{4{,}7\,k\Omega}$

$P_2 = U_L \cdot I_q \approx 3{,}0\,V \cdot 1\,mA = \mathbf{3{,}0\,mW}$

$P_1 = (U - U_L) \cdot (I_q + I_L) \approx (9\,V - 3{,}0\,V) \cdot (1\,mA + 0{,}2\,mA) = \mathbf{7{,}2\,mW}$

52/6 **a)** $U_L = U_{RE} + U_{BE} = 2{,}5\,V + 0{,}75\,V = 3{,}25\,V$

$I_{1max} = \frac{P_1}{U - U_L} = \frac{0{,}25\,W}{9\,V - 3{,}25\,V} = \frac{0{,}25\,W}{5{,}75\,V} = 0{,}0435\,A = 43{,}5\,mA$

$R_{1min} = \frac{U - U_L}{I_{1max}} = \frac{5{,}75\,V}{43{,}5\,mA} = 0{,}132\,k\Omega$; gewählt: $R_1 = \mathbf{150\,\Omega}$

$I_1 = \frac{U - U_L}{R_1} = \frac{5{,}75\,V}{0{,}15\,k\Omega} = 38{,}3\,mA$

$I_q = I_1 - I_B = 38{,}3\,mA - 10\,mA = 28{,}3\,mA$

$R_2 = \frac{U_L}{I_q} = \frac{3{,}25\,V}{28{,}3\,mA} = 0{,}115\,k\Omega$; gewählt: $R_2 = \mathbf{120\,\Omega}$

b) $\frac{I_q}{I_L} \approx \frac{28{,}3\,mA}{10\,mA} = \mathbf{2{,}83} > 2$

Lösungen zu 4.7.5 Brückenschaltungen

53/1 $$\frac{R_1}{R_2} = \frac{R_3}{R_4} \Rightarrow R_3 = \frac{R_1 R_4}{R_2} = \frac{3\,\text{k}\Omega \cdot 0{,}68\,\text{k}\Omega}{7\,\text{k}\Omega} = \mathbf{291{,}4\,\Omega}$$

53/2 $$\frac{R_1}{R_2} = \frac{R_3}{R_4} \Rightarrow R_4 = \frac{R_2 R_3}{R_1} = \frac{l_2 R_3}{l_1} = \frac{778{,}5\,\text{mm} \cdot 100\,\Omega}{221{,}5\,\text{mm}} = \mathbf{351{,}5\,\Omega}$$

53/3 $$\frac{R_1}{R_2} = \frac{R_3}{R_4} \Rightarrow R_2 = \frac{R_4 R_1}{R_3} = \frac{680\,\Omega \cdot 1\,500\,\Omega}{1\,000\,\Omega} = \mathbf{1\,020\,\Omega}$$

53/4 $$\frac{R_1}{R_2} = \frac{R_3}{R_4} \Rightarrow R_1 = \frac{R_3 R_2}{R_4} = \frac{R_3 \varrho_2 l_2}{R_4 A_2} = \frac{4 R_3 \varrho_2 l_2}{\pi R_4 d_2^2} = \frac{4 \cdot 0{,}45 \cdot 0{,}4\,\Omega\text{mm}^2 \cdot 7{,}85\,\text{m}}{\pi (0{,}1\,\text{mm})^2\,\text{m}} = \mathbf{179{,}9\,\Omega}$$

53/5 $$\frac{R_9}{R_8} = \frac{R_7}{R_6} \Rightarrow R_9 = \frac{R_7 R_8}{R_6} = \frac{260\,\Omega \cdot 400\,\Omega}{100\,\Omega} = 1\,040\,\Omega$$

$$R_{XY} = \frac{(R_6 + R_7)(R_8 + R_9)}{R_6 + R_7 + R_8 + R_9} = \frac{(100\,\Omega + 260\,\Omega)(400\,\Omega + 1\,040\,\Omega)}{100\,\Omega + 260\,\Omega + 400\,\Omega + 1\,040\,\Omega} = \frac{360\,\Omega \cdot 1\,440\,\Omega}{1\,800\,\Omega} = \mathbf{288\,\Omega}$$

53/6

a) $$U_{XT} = U_{ST} \frac{R_8}{R_6 + R_8} = 10\,\text{V} \frac{400\,\Omega}{500\,\Omega} = 8\,\text{V}$$

$$U_{YT} = U_{ST} \frac{R_9}{R_7 + R_9} = 10\,\text{V} \frac{40\,\Omega}{300\,\Omega} = 1{,}33\,\text{V}$$

$$U_{XY} = U_{XT} + U_{TY} = U_{XT} - U_{YT} = 8\,\text{V} - 1{,}33\,\text{V} = \mathbf{6{,}67\,V}$$

b) $$U_{YT} = U_{ST} \frac{R_9}{R_7 + R_9} = 10\,\text{V} \frac{2\,240\,\Omega}{260\,\Omega + 2\,240\,\Omega} = 8{,}96\,\text{V}$$

$$U_{XY} = U_{XT} + U_{TY} = U_{XT} - U_{YT} = 8\,\text{V} - 8{,}96\,\text{V} = \mathbf{-0{,}96\,V}$$

c) $$U_{XY} = U_{XT} - U_{TY} = 8\,\text{V} - 0\,\text{V} = \mathbf{8\,V}$$

d) $$\frac{R_6}{R_8} = \frac{R_7}{R_9} \Rightarrow R_9 = \frac{R_8 R_7}{R_6} = \frac{400\,\Omega \cdot 260\,\Omega}{100\,\Omega} = \mathbf{1\,040\,\Omega}$$

53/7 $$\frac{R_1}{R_2} = \frac{R_3 + R_x}{R_4 + R_x} \Rightarrow \frac{R_1}{R_2}(R_4 + R_x) = R_3 + R_x \Rightarrow \frac{R_1 R_4}{R_2} + \frac{R_1 R_x}{R_2} = R_3 + R_x$$

$$\Rightarrow \frac{R_1 R_x}{R_2} - R_x = R_3 - \frac{R_1 R_4}{R_2} \Rightarrow R_x \left(\frac{R_1}{R_2} - 1 \right) = R_3 - \frac{R_1 R_4}{R_2}$$

$$\Rightarrow R_x = \frac{R_3 - \dfrac{R_1 R_4}{R_2}}{\dfrac{R_1}{R_2} - 1} \Rightarrow R_x = \frac{100\,\Omega - \dfrac{20\,\Omega \cdot 1\,000\,\Omega}{50\,\Omega}}{\dfrac{20\,\Omega}{50\,\Omega} - 1} = \frac{100\,\Omega - 400\,\Omega}{0{,}4 - 1} = \mathbf{500\,\Omega}$$

53/8

$$R_3 = \frac{R_1}{R_2} R_4 = \frac{400\,\Omega}{600\,\Omega} R_4 = \frac{2}{3} R_4$$

$$R = \frac{1}{\frac{1}{R_4} + \frac{1}{R_3}} = \frac{1}{\frac{1}{R_4} + \frac{3}{2R_4}} = \frac{1}{\frac{2+3}{2R_4}} = \frac{2R_4}{5} \Rightarrow R_4 = \frac{5R}{2} = \frac{5 \cdot 10\,k\Omega}{2} = \mathbf{25\,k\Omega}$$

$$R_3 = \frac{2}{3} R_4 = \frac{2 \cdot 25\,k\Omega}{3} = \mathbf{16{,}7\,k\Omega}$$

Lösungen zu 4.7.6.1 Anzeigefehler

54/1

a) $I = \mathbf{5{,}50\,A}$

b) $F = \pm \frac{k \cdot I_E}{100} = \pm 1{,}5/100 \cdot 10\,A = \pm\mathbf{0{,}15\,A}$

c) $I_{max} = I + F = 5{,}50\,A + 0{,}15\,A = \mathbf{5{,}65\,A}$

$I_{min} = I - F = 5{,}50\,A - 0{,}15\,A = \mathbf{5{,}35\,A}$

d) $f = F/M_i = F/I = \pm 0{,}15\,A/5{,}50\,A = \pm 0{,}027$

54/2

a) $I = \mathbf{33{,}0\,mA}$

b) $F = \pm \frac{k \cdot M_E}{100} = \frac{\pm 1{,}5 \cdot 60\,mA}{100} = \pm\mathbf{0{,}9\,mA}$

c) $I_{min} = I - F = 33{,}0\,mA - 0{,}9\,mA = \mathbf{32{,}1\,mA}$

$I_{max} = I + F = 33{,}0\,mA + 0{,}9\,mA = \mathbf{33{,}9\,mA}$

d) $f = F/I = \pm 0{,}9\,mA/33{,}0\,mA = \pm\mathbf{0{,}027}$

54/3

a) $U = 26{,}15\,V$; $F = \pm 0{,}1/100 \cdot 50\,V = \pm 0{,}05\,V$

$U_{max} = U + F = 26{,}15\,V + 0{,}05\,V = \mathbf{26{,}20\,V}$

$U_{min} = U - F = 26{,}15\,V - 0{,}05\,V = \mathbf{26{,}10\,V}$

b) $f = F/U = \pm 0{,}05\,V/26{,}15\,V = \pm\mathbf{0{,}001\,9}$

54/4

$I = 15{,}75\,A$; $F = \pm \frac{k \cdot I_E}{100} = \pm \frac{0{,}5 \cdot 25\,A}{100} = \pm 0{,}125\,A$

$I_{min} = I - F = 15{,}75\,A - 0{,}125\,A = \mathbf{15{,}625\,A}$

$I_{max} = I + F = 15{,}75\,A + 0{,}125\,A = \mathbf{15{,}875\,A}$

$f = F/I = \pm 0{,}125\,A/15{,}75\,A = \pm\mathbf{0{,}007\,94} \approx \pm\mathbf{0{,}8}\,\%$

54/5

$\Delta I_{max} = 3/100 \cdot 100\,\mu A = 3\,\mu A$

$$\frac{k}{100\,\%} = \frac{3\,\mu A}{1{,}2\,mA} \Rightarrow k = \frac{3\,\mu A \cdot 100\,\%}{1{,}2\,mA} = 0{,}25\,\% \Rightarrow \textbf{Klasse 0,25}$$

54/6

a) $\Delta U = \pm 0{,}5/100 \cdot 300\,V = \pm\mathbf{1{,}5\,V}$

$$\frac{f}{100\,\%} = \frac{1{,}5\,V}{230\,V} \Rightarrow f = \frac{1{,}5\,V \cdot 100\,\%}{230\,V} = \mathbf{0{,}652}\,\%$$

b) $\Delta U = \pm 0{,}5/100 \cdot 1\,000\,V = \pm\mathbf{5\,V}$

$$\frac{f}{100\,\%} = \frac{5\,V}{230\,V} \Rightarrow f = \frac{5\,V \cdot 100\,\%}{230\,V} = \mathbf{2{,}17}\,\%$$

54/7 **a)** $\frac{k \cdot U_E}{100} = \frac{1{,}5\,V \cdot 15\,V}{100} = \mathbf{0{,}225\,V}$

b) $\frac{k \cdot U_E}{100} = \frac{0{,}5\,V \cdot 5\,V}{100} = \mathbf{0{,}025\,V}$

Lösungen zu 4.7.6.2 Messtechnische Anwendungen bei der Spannungsmessung

55/1 $I_m = \frac{U}{R} = \frac{100\,V}{1\,M\Omega} = 100\,\mu A$

a) $U_{v1} = I_m R_{v1} = 100\,\mu A \cdot 2\,M\Omega = 200\,V$; $U_1 = U + U_{v1} = 100\,V + 200\,V = \mathbf{300\,V}$

b) $U_{v2} = I_m R_{v2} = 100\,\mu A \cdot 9\,M\Omega = 900\,V$; $U_2 = U + U_{v2} = 100\,V + 900\,V = \mathbf{1\,000\,V}$

55/2 $I_m = \frac{U}{R} = \frac{6\,V}{60\,k\Omega} = 0{,}1\,mA$

a) $U_{v1} = U_1 - U = 10\,V - 6\,V = 4\,V$; $R_{v1} = \frac{U_{v1}}{I_m} = \frac{4\,V}{0{,}1\,mA} = \mathbf{40\,k\Omega}$

$P_{v1} = U_{v1}^2/R_{v1} = (4\,V)^2/40\,k\Omega = \mathbf{0{,}4\,mW}$

b) $U_{v2} = U_2 - U = 25\,V - 6\,V = 19\,V$; $R_{v2} = \frac{U_{v2}}{I_m} = \frac{19\,V}{0{,}1\,mA} = \mathbf{190\,k\Omega}$

$P_{v2} = U_{v2}^2/R_{v2} = (19\,V)^2/190\,k\Omega = \mathbf{1{,}9\,mW}$

c) $U_{v3} = U_3 - U = 50\,V - 6\,V = 44\,V$; $R_{v3} = \frac{U_{v3}}{I_m} = \frac{44\,V}{0{,}1\,mA} = \mathbf{440\,k\Omega}$

$P_{v3} = U_{v3}^2/R_{v3} = (44\,V)^2/440\,k\Omega = \mathbf{4{,}4\,mW}$

55/3 **a)** $I_m = \frac{U}{R} = \frac{10\,V}{200\,k\Omega} = \mathbf{50\,\mu A}$

b) $R_m = R - R_v = 200\,k\Omega - 198\,k\Omega = 2\,k\Omega$; $U_m = I_m R_m = 50\,\mu A \cdot 2\,k\Omega = \mathbf{100\,mV}$

55/4 $U_m = R_m I_m = 1\,k\Omega \cdot 0{,}5\,mA = 0{,}5\,V$

$\frac{U_m}{U} = \frac{R_m}{R} \Rightarrow R = \frac{U \cdot R_m}{U_m} = \frac{10\,V \cdot 1\,k\Omega}{0{,}5\,V} = 20\,k\Omega$; $I = \frac{U_1}{R} = \frac{2{,}75\,V}{20\,k\Omega} = \mathbf{0{,}137\,5\,mA}$

55/5 $R_V = r_K U = 10\,\frac{k\Omega}{V} \cdot 100\,V = 1\,M\Omega$; $I_V = \frac{U_x}{R_V} = \frac{80\,V}{1\,M\Omega} = 80\,\mu A$

$I_x = I - I_V = 280\,\mu A - 80\,\mu A = 200\,\mu A$; $R_x = \frac{U_x}{I_x} = \frac{80\,V}{0{,}2\,mA} = \mathbf{400\,k\Omega}$

56/6 **a)** $R_{V1} = r_K U_{10} = 20\,\frac{k\Omega}{V} \cdot 250\,V = 5\,M\Omega$; $I_{m1} = \frac{U_1}{R_{V1}} = \frac{150\,V}{5\,M\Omega} = \mathbf{30\,\mu A}$

$R_{V2} = r_K U_{20} = 20\,\frac{k\Omega}{V} \cdot 1\,000\,V = 20\,M\Omega$; $I_{m2} = \frac{U_2}{R_{V2}} = \frac{180\,V}{20\,M\Omega} = \mathbf{9\,\mu A}$

b)
$$I_{m1} \cdot R_x + U_1 = I_{m2} \cdot R_x + U_2$$
$$30\,\mu A \cdot R_x + 150\,V = 9\,\mu A \cdot R_x + 180\,V$$
$$21\,\mu A \cdot R_x = 30\,V$$
$$R_x = \frac{30\,V}{21\,\mu A} = \mathbf{1{,}43\,M\Omega}$$

c) $U_x = U_1 + I_{m1} \cdot R_x = 150\,V + 30\,\mu A \cdot 1{,}43\,M\Omega = 150\,V + 43\,V = \mathbf{193\,V}$

Lösungen zu 4.7.6.3 Messtechnische Anwendungen bei der Strommessung

56/1 **a)** $R = \frac{U}{I} = \frac{0{,}4\,V}{0{,}2\,A} = \mathbf{2\,\Omega}$ **b)** $R_p = \frac{U}{I_p} = \frac{0{,}4\,V}{1\,A - 0{,}2\,A} = \frac{0{,}4\,V}{0{,}8\,A} = \mathbf{0{,}5\,\Omega}$

c) $P = U \cdot I_p = 0{,}4\,V \cdot 0{,}8\,A = \mathbf{0{,}32\,W}$

56/2 **a)** $I_m = \frac{U}{R_m} = \frac{160\,mV}{80\,\Omega} = \mathbf{2\,mA}$

b) $R_p = \frac{U}{I_p} = \frac{160\,mV}{6\,mA - 2\,mA} = \mathbf{40\,\Omega}$

c) $P = U \cdot I_p = 160\,mV \cdot (6\,mA - 2\,mA) = \mathbf{640\,\mu W}$

56/3 Stellung 1: $U = I_m(R_m + R_2) = 2\,mA(50\,\Omega + 22{,}5\,\Omega) = 145\,mV$

$$I_1 = \frac{U}{R_1} = \frac{145\,mV}{2{,}5\,\Omega} = 58\,mA$$
$$I = I_1 + I_m = 58\,mA + 2\,mA = \mathbf{60\,mA}$$

Stellung 2: $U = I_m \cdot R_m = 2\,mA \cdot 50\,\Omega = 100\,mV$

$$I_1 = \frac{U}{R_1 + R_2} = \frac{100\,mV}{2{,}5\,\Omega + 22{,}5\,\Omega} = 4\,mA$$
$$I = I_m + I_1 = 2\,mA + 4\,mA = \mathbf{6\,mA}$$

56/4 **a)** Stellung 2: $U = I_m \cdot R_m = 10\,\Omega \cdot 10\,mA = 100\,mV$

$$R = R_1 + R_2 = \frac{U}{I - I_m} = \frac{100\,mV}{50\,mA - 10\,mA} = \mathbf{2{,}5\,\Omega}$$

b) Stellung 1: $R_1 \cdot 90\,mA = 100\,mV + (R - R_1)10\,mA$

$$R_1 \cdot 90\,mA = 100\,mV + 2{,}5\,\Omega \cdot 10\,mA - R_1 \cdot 10\,mA$$
$$R_1 \cdot 100\,mA = 100\,mV + 25\,mV$$
$$R_1 = \frac{125\,mV}{100\,mA} = \mathbf{1{,}25\,\Omega}$$

c) $R_2 = R - R_1 = 2{,}5\,\Omega - 1{,}25\,\Omega = \mathbf{1{,}25\,\Omega}$

Lösungen zu 4.8.1 Spannungserzeuger

57/1 $R_i = \frac{U_0}{I_k} = \frac{4{,}5\,V}{3{,}6\,A} = 1{,}25\,\Omega$

$U = U_0 - I \cdot R_i = 4{,}5\,V - 0{,}6\,A \cdot 1{,}25\,\Omega = 4{,}5\,V - 0{,}75\,V = \mathbf{3{,}75\,V}$

57/2 $U = U_0 - I \cdot R_i = 12{,}8\,V - 70\,A \cdot 50\,m\Omega = 12{,}8\,V - 3{,}5\,V = \mathbf{9{,}3\,V}$

57/3 $R_i = \frac{U_0 - U_1}{I_1} = \frac{6{,}9\,V - 6{,}3\,V}{6\,A} = \frac{0{,}6\,V}{6\,A} = 0{,}1\,\Omega$

$U_2 = U_0 - I_2 \cdot R_i = 6{,}9\,V - 9\,A \cdot 0{,}1\,\Omega = 6{,}9\,V - 0{,}9\,V = \mathbf{6{,}0\,V}$

57/4 $R_i = \frac{U_0 - U}{I} = \frac{235\,V - 230\,V}{10\,A} = \frac{5\,V}{10\,A} = \mathbf{0{,}5\,\Omega}$

57/5 **a)** $R_i = \frac{U_0}{I_k} = \frac{7{,}5\,V}{150\,mA} = \mathbf{50\,\Omega}$

b) $P_{ab1} = U_1 \cdot I_1 = 5\,V \cdot 50\,mA = \mathbf{250\,mW}$

$P_{i1} = (U_0 - U_1) \cdot I_1 = (7{,}5\,V - 5\,V) \cdot 50\,mA = \mathbf{125\,mW}$

57/6 **a)** $R_i = \frac{U_1 - U_2}{I_2 - I_1} = \frac{5\,V - 2{,}5\,V}{100\,mA - 50\,mA} = \mathbf{50\,\Omega}$

b) $P_{ab2} = U_2 \cdot I_2 = 2{,}5\,V \cdot 100\,mA = \mathbf{250\,mW}$

$P_{i2} = (U_0 - U_2) \cdot I_2 = (7{,}5\,V - 2{,}5\,V) \cdot 100\,mA = \mathbf{500\,mW}$

57/7 $R_i = \frac{U_1 - U_2}{I_2 - I_1} = \frac{4\,mV - 2\,mV}{20\,\mu A - 10\,\mu A} = \frac{2\,mV}{10\,\mu A} = \mathbf{0{,}2\,k\Omega}$

$U_0 = U_1 + I_1 \cdot R_i = 4\,mV + 10\,\mu A \cdot 0{,}2\,k\Omega = 4\,mV + 2\,mV = \mathbf{6\,mV}$

58/8 $R_i = \frac{U_1 - U_2}{I_2 - I_1} = \frac{8\,mV - 5\,mV}{0{,}5\,\mu A - 0{,}2\,\mu A} = \frac{3\,mV}{0{,}3\,\mu A} = \mathbf{10\,k\Omega}$

$U_0 = U_2 + I_2 \cdot R_i = 5\,mV + 0{,}5\,\mu A \cdot 10\,k\Omega = 5\,mV + 5\,mV = \mathbf{10\,mV}$

58/9 **a)** $R_i = \frac{U_{a1} - U_{a2}}{I_2 - I_1} = \frac{15{,}7\,kV - 14{,}7\,kV}{225\,\mu A - 100\,\mu A} = \mathbf{8\,M\Omega}$

$U_{a0} = U_{a1} + I_1 \cdot R_i = 15{,}7\,kV + 100\,\mu A \cdot 8\,M\Omega = \mathbf{16{,}5\,kV}$

b) $P_{ab1} = U_{a1} \cdot I_1 = 15{,}7\,kV \cdot 100\,\mu A = \mathbf{1{,}57\,W}$

$P_{ab2} = U_{a2} \cdot I_2 = 14{,}7\,kV \cdot 225\,\mu A = \mathbf{3{,}31\,W}$

58/10 Aus Bild 2 abgelesen: $U_{MPP} = 18{,}0\,V$; $U_{MPP} = n \cdot U_Z$

$\Rightarrow U_Z = \frac{U_{MPP}}{n} = \frac{18{,}0\,V}{36} = \mathbf{0{,}50\,V}$

58/11 $U_{MPP} = n \cdot U_Z = 40 \cdot 0{,}48\,V = \mathbf{19{,}2\,V}$

58/12 **a)** Aus Bild 2 abgelesen: $U_{MPP} = \mathbf{18{,}0\,V}$; $I_{MPP} = \mathbf{4{,}6\,A}$

b) $P_{MPP} = U_{MPP} \cdot I_{MPP} = 18{,}0\,V \cdot 4{,}6\,A = \mathbf{82{,}8\,W}$

c) $R_L = U_{MPP}/I_{MPP} = \frac{18{,}0\,V}{4{,}6\,A} = \mathbf{3{,}91\,\Omega}$

58/13 Abgelesen aus Bild 2: $U_{MPP} = 17{,}4\,V$; $I_{MPP} = 1{,}8\,A$

$$R_L = \frac{U_{MPP}}{I_{MPP}} = \frac{17{,}4\,V}{1{,}8\,A} = \mathbf{9{,}7\,\Omega}$$

58/14 **a)** $P_{st} = S \cdot A = 1\,000\,\frac{W}{m^2} \cdot 0{,}545\,m^2 = \mathbf{545\,W}$

b) Abgelesen aus Bild 2: $U_{MPP} = 18{,}0\,V$; $I_{MPP} = 4{,}6\,A$

$\Rightarrow P_{MPP} = U_{MPP} \cdot I_{MPP} = 18{,}0\,V \cdot 4{,}6\,A = \mathbf{82{,}8\,W}$

c) $\eta_{MPP} = \frac{P_{MPP}}{P_{st}} = \frac{82{,}8\,W}{545\,W} \cdot 100\,\% = \mathbf{15{,}2}\,\%$

58/15 **a)** $P_{st} = S \cdot A = 800\,\frac{W}{m^2} \cdot 39{,}2\,m^2 = \mathbf{31{,}36\,kW}$

b) $\eta_{MPP} = \frac{P_{MPP}}{P_{st}} = \frac{4{,}64\,kW}{31{,}36\,kW} \cdot 100\,\% = \mathbf{14{,}8}\,\%$

Lösungen zu 4.8.2 Überlagerung bei linearen Netzwerken

59/1

$$I_{22} = \frac{U_2}{R_2 + \frac{R_1 \cdot R_3}{R_1 + R_3}} = \frac{15\,V}{6\,\Omega + \frac{10\,\Omega \cdot 4\,\Omega}{14\,\Omega}} = \frac{15\,V}{6\,\Omega + 2{,}86\,\Omega} = \frac{15\,V}{8{,}86\,\Omega} = 1{,}693\,A$$

$$U_{32} = I_{22} \cdot \frac{R_1 \cdot R_3}{R_1 + R_3} = 1{,}693\,A \cdot 2{,}86\,\Omega = 4{,}84\,V; \quad I_{32} = \frac{U_{32}}{R_3} = \frac{4{,}84\,V}{4\,\Omega} = \mathbf{1{,}21\,A}$$

59/2 In der Ersatzschaltung **Bild 2** ist U_2 kurzgeschlossen.

$$I_{11} = \frac{U_1}{R_1 + \frac{R_2 \cdot R_3}{R_2 + R_3}} = \frac{30\,V}{10\,\Omega + \frac{4\,\Omega \cdot 6\,\Omega}{4\,\Omega + 6\,V}} = \frac{30\,V}{12{,}4\,\Omega} = 2{,}419\,A$$

$$U_{31} = I_{11} \cdot \frac{R_2 \cdot R_3}{R_2 + R_3} = 2{,}419\,A \cdot \frac{4\,\Omega \cdot 6\,\Omega}{4\,\Omega + 6\,V} = 5{,}806\,V; \quad I_{31} = \frac{U_{31}}{R_3} = \frac{5{,}806\,V}{4\,\Omega} = \mathbf{1{,}452\,A}$$

59/3 **a)** Der Teilstrom I_{31} wurde in Aufgabe 2, Seite 59 berechnet.
Der Teilstrom I_{32} ist der gleiche wie in Aufgabe 1, Seite 59, da U_2 unverändert bleibt.

$I_3 = I_{31} + I_{32}$

$I_3 = 1{,}452\,A + 1{,}21\,A \approx \mathbf{2{,}66\,A}$

b) $U_3 = I_3 \cdot R_3 = 2{,}66\,A \cdot 4\,\Omega = \mathbf{10{,}64\,V}$

59/4 **a)** Berechnung von I_{31} und I_{32} wie in Aufgabe 3, Seite 59.

$I_3 = I_{31} + I_{32} = 0{,}969\,A + (-1{,}21\,A) \approx \mathbf{-0{,}24\,A}$

b) $U_3 = I_3 \cdot R_3 = -0{,}24\,A \cdot 4\,\Omega = \mathbf{-0{,}96\,V}$

Strom und Spannung U_3 sind ebenfalls umgepolt.

59/5 **a)** $I_3 = I_{31} + I_{32}$

$$I_{11} = \frac{U_{01}}{R_{i1} + \frac{R_{i2} \cdot R_3}{R_{i2} + R_3}} = \frac{12\,V}{3\,\Omega + \frac{1\,\Omega \cdot 6\,\Omega}{7\,\Omega}} = \frac{12\,V}{3\,\Omega + 0{,}875\,\Omega} = \frac{12\,V}{3{,}875\,\Omega} = 3{,}11\,A$$

$$U_{31} = I_{11} \cdot \frac{R_{i2} \cdot R_3}{R_{i2} + R_3} = 3{,}11\,A \cdot 0{,}857\,\Omega = 2{,}67\,V; \quad I_{31} = \frac{U_{31}}{R_3} = \frac{2{,}67\,V}{6\,\Omega} = 0{,}444\,A$$

Der Teilstrom I_{32} wird wie in Aufgabe 1, Seite 59 berechnet.

$$-I_{22} = \frac{U_{02}}{R_{i2} + \frac{R_{i1} \cdot R_3}{R_{i1} + R_3}} = \frac{9{,}6\,V}{1\,\Omega + \frac{3\,\Omega \cdot 6\,\Omega}{9\,\Omega}} = \frac{9{,}6\,V}{3\,\Omega} = 3{,}2\,A$$

$$U_{32} = -I_{22} \cdot \frac{R_{i1} \cdot R_3}{R_{i1} + R_3} = 3{,}2\,A \cdot 2\,\Omega = 6{,}4\,V; \quad I_{32} = \frac{U_{32}}{R_3} = \frac{6{,}4\,V}{6\,\Omega} = 1{,}066\,A$$

$I_3 = I_{31} + I_{32} = 0{,}444\,A + 1{,}066\,A = \mathbf{1{,}51\,A}$

b) $U_3 = I_3 \cdot R_3 = 1{,}51\,A \cdot 6\,\Omega = \mathbf{9{,}06\,V}$

59/6 Berechnung von U_3 wie in Aufgabe 5, Seite 59 zu 9,06 V.

An R_{i1} liegt die Spannungsdifferenz $(U_{01} - U_3)$.

$$I_1 = \frac{U_{01} - U_3}{R_{i1}} = \frac{12\,V - 9{,}06\,V}{3\,\Omega} = \frac{2{,}94\,V}{3\,\Omega} = \mathbf{0{,}98\,A}$$

59/7 **a)** Berechnung von U_3 wie in Aufgabe 5, Seite 59, zu 9,06 V.
An R_{i2} liegt die Spannungsdifferenz $(U_{02} - U_3)$.

$$-I_2 = \frac{U_{02} - U_3}{R_{i2}} = \frac{9{,}6\,V - 9{,}06\,V}{1\,\Omega} = \mathbf{0{,}54\,A}$$

b) Die Spannung $U_3 = 9{,}06\,V$ ist kleiner als die Urspannung $U_{02} = 9{,}6\,V$.
Der Akkumulator wird daher entladen.

59/8 Bei $U_3 = U_{02} = 9{,}6\,V$ fällt an R_{i2} keine Spannung ab und $I_2 = 0\,A$.

$$I_1 = I_3 = \frac{U_{01} - U_3}{R_{i1}} = \frac{12\,V - 9{,}6\,V}{3\,\Omega} = \frac{2{,}4}{3}\,A = \mathbf{0{,}8\,A}; \quad R_3 = \frac{U_3}{I_3} = \frac{9{,}6\,V}{0{,}8\,A} = \mathbf{12\,\Omega}$$

59/9 Ansatz: $I_2 = I_3;\quad I_1 = 2 \cdot I_3;\quad U_{02} + I_3 \cdot R_{i2} = U_{01} - 2I_3 \cdot R_{i1}$

Berechnung: $I_3 \cdot (R_{i2} + 2R_{i1}) = U_{01} - U_{02} \Rightarrow I_3 = \frac{U_{01} - U_{02}}{R_{i2} + 2R_{i1}} = \frac{12\,V - 9{,}6\,V}{1\,\Omega + 2 \cdot 3\,\Omega} = \frac{2{,}4\,V}{7\,\Omega} = \mathbf{0{,}343\,A}$

$U_3 = U_{02} + I_3 \cdot R_{i2} = 9{,}6\,V + 0{,}343\,A \cdot 1\,\Omega = 9{,}94\,V$

$R_3 = \frac{U_3}{I_3} = \frac{9{,}94\,V}{0{,}343\,A} = \mathbf{29\,\Omega}$

59/10 Ansatz: $I_1 = -I_2 = 0{,}5I_3;\quad U_{02} - 0{,}5I_3 \cdot R_{i2} = U_{01} - 0{,}5I_3 \cdot R_{i1}$

Berechnung: $0{,}5I_3 \cdot (R_{i1} - R_{i2}) = U_{01} - U_{02} \Rightarrow I_3 = \frac{2(U_{01} - U_{02})}{R_{i1} - R_{i2}} = \frac{2(12\,V - 9{,}6\,V)}{3\,\Omega - 1\,\Omega} = \frac{4{,}8\,V}{2\,\Omega} = \mathbf{2{,}4\,A}$

$U_3 = U_{02} - 0{,}5I_3 \cdot R_{i2} = 9{,}6\,V - 0{,}5 \cdot 2{,}4\,A \cdot 1\,\Omega = 8{,}4\,V$

$R_3 = \frac{U_3}{I_3} = \frac{8{,}4\,V}{2{,}4\,A} = \mathbf{3{,}5\,\Omega}$

Lösungen zu 4.8.3 Ersatzspannungsquelle

60/1 $U_2 = U_0' \cdot \frac{R_L}{R_i' + R_L} = 4\,V \cdot \frac{6\,\Omega}{2{,}67\,\Omega + 6\,\Omega} = 4\,V \cdot \frac{6}{8{,}67} = \mathbf{2{,}77\,V}$

60/2 **a)** $I_L = \frac{U_0' - U_2}{R_i'} = \frac{4\,V - 2{,}5\,V}{2{,}67\,\Omega} = \frac{1{,}5\,V}{2{,}67\,\Omega} = \mathbf{0{,}562\,A}$

b) $R_L = \frac{U_2}{I_L} = \frac{2{,}5\,V}{0{,}562\,A} = \mathbf{4{,}45\,\Omega}$

60/3 $R_i' = \frac{R_1 \cdot R_2}{R_1 + R_2} = \frac{18\,k\Omega \cdot 4{,}7\,k\Omega}{22{,}7\,k\Omega} = 3{,}73\,k\Omega$

$\Delta U_2 = \Delta I_B \cdot R_i' = 25\,\mu A \cdot 3{,}73\,k\Omega = \mathbf{93{,}2\,mV}$

60/4 $R_i' = \frac{R_1 \cdot R_2}{R_1 + R_2} = \frac{12\,k\Omega \cdot 3{,}9\,k\Omega}{15{,}9\,k\Omega} = 2{,}94\,k\Omega;\quad \Delta I_B = \frac{\Delta U_2}{R_i'} = \frac{0{,}1\,V}{2{,}94\,k\Omega} = \mathbf{34\,\mu A}$

60/5

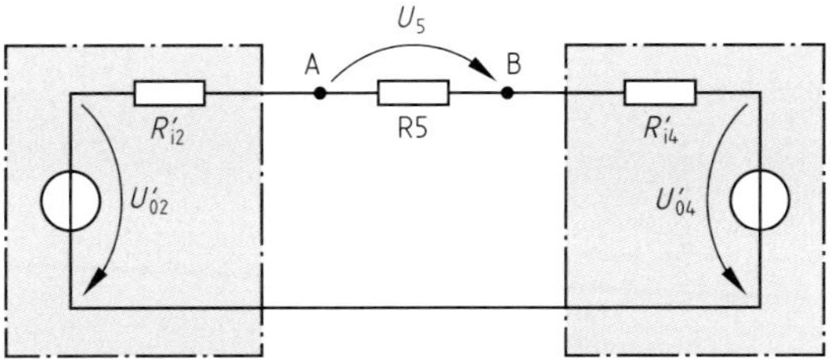

Ersatzschaltung der Brückenschaltung

a) $U'_{02} = U \cdot \frac{R_2}{R_1 + R_2} = 20\,V \cdot \frac{1\,k\Omega}{1{,}2\,k\Omega + 1\,k\Omega} = \mathbf{9{,}09\,V}$

$R'_{i2} = \frac{R_1 \cdot R_2}{R_1 + R_2} = \frac{1{,}2\,k\Omega \cdot 1\,k\Omega}{2{,}2\,k\Omega} = \mathbf{0{,}546\,k\Omega}$

b) $U'_{04} = U \cdot \frac{R_4}{R_3 + R_4} = 20\,V \cdot \frac{470\,\Omega}{680\,\Omega + 470\,\Omega} = \mathbf{8{,}17\,V}$

$R'_{i4} = \frac{R_3 \cdot R_4}{R_3 + R_4} = \frac{680\,\Omega \cdot 470\,\Omega}{1\,150\,\Omega} = \mathbf{278\,\Omega}$

c) An der Reihenschaltung der Widerstände R'_{i1}, R_5, R'_{i4} liegt die Spannungsdifferenz $(U'_{02} - U'_{04})$.

$I_5 = \frac{U'_{02} - U'_{04}}{R'_{i2} + R_5 + R'_{i4}} = \frac{9{,}09\,V - 8{,}17\,V}{0{,}546\,k\Omega + 100\,\Omega + 278\,\Omega} = \frac{0{,}92\,V}{0{,}924\,k\Omega} \approx \mathbf{1\,mA}$

$U_5 = I_5 \cdot R_5 = 1\,mA \cdot 100\,\Omega = \mathbf{0{,}1\,V}$

60/6 **a)** $U'_{02} = U \cdot \frac{R_2}{R_1 + R_2} = 50\,V \cdot \frac{8{,}2\,k\Omega}{10\,k\Omega + 8{,}2\,k\Omega} = 22{,}55\,V$

$R'_{i2} = \frac{R_1 \cdot R_2}{R_1 + R_2} = \frac{10\,k\Omega \cdot 8{,}2\,k\Omega}{18{,}2\,k\Omega} = 4{,}5\,k\Omega$

$U'_{04} = U \cdot \frac{R_4}{R_3 + R_4} = 50\,V \cdot \frac{15\,k\Omega}{15\,k\Omega + 15\,k\Omega} = 25\,V$

$R'_{i4} = \frac{R_3 \cdot R_4}{R_3 + R_4} = \frac{15\,k\Omega \cdot 15\,k\Omega}{30\,k\Omega} = 7{,}5\,k\Omega$

$I_5 = \frac{U'_{02} - U'_{04}}{R'_{i2} + R_5 + R'_{i4}} = \frac{22{,}55\,V - 25\,V}{4{,}5\,k\Omega + 10\,k\Omega + 7{,}5\,k\Omega} = \frac{-2{,}45\,V}{22\,k\Omega} = -0{,}111\,mA$

$U_5 = I_5 \cdot R_5 = -0{,}111\,mA \cdot 10\,k\Omega = \mathbf{-1{,}11\,V}$

b) $I_{5k} = \frac{U'_{02} - U'_{04}}{R'_{i2} + R'_{i4}} = \frac{22{,}55\,V - 25\,V}{4{,}5\,k\Omega + 7{,}5\,k\Omega} = \frac{-2{,}45\,V}{12\,k\Omega} = \mathbf{-0{,}204\,mA}$

Lösungen zu 4.8.4 Ersatzstromquelle

61/1 $I_L = I' \cdot \frac{R_i'}{R_i' + R_L} = 3\,A \cdot \frac{15\,\Omega}{10\,\Omega + 15\,\Omega} = 3\,A \cdot \frac{15}{25} = \mathbf{1{,}8\,A}$

61/2 $\frac{I_L}{I'} = \frac{R_i'}{R_i' + R_L} \Rightarrow \frac{R_i' + R_L}{R_i'} = \frac{I'}{I_L} \Rightarrow \frac{1 + \frac{R_L}{R_i'}}{1} = \frac{I'}{I_L} \Rightarrow \frac{R_L}{R_i'} = \frac{I'}{I_L} - 1 = \frac{I' - I_L}{I_L}$

$\Rightarrow R_L = R_i' \cdot \frac{I' - I_L}{I_L} = 1{,}5\,k\Omega \cdot \frac{3\,mA - 1\,mA}{1\,mA} = \mathbf{3\,k\Omega}$

61/3 **a)** Lösung gemäß Aufgabe 2, Seite 59:

$R_L = R_i' \cdot \frac{I' - I_L}{I_L} \Rightarrow R_i' = R_{L1} \cdot \frac{I_{L1}}{I' - I_{L1}} = 15\,k\Omega \cdot \frac{5\,mA}{12{,}5\,mA - 5\,mA} = 15\,k\Omega \cdot \frac{5}{7{,}5} = \mathbf{10\,k\Omega}$

b) $I_{L2} = I' \cdot \frac{R_i'}{R_i' + R_{L2}} = 12{,}5\,mA \cdot \frac{10\,k\Omega}{10\,k\Omega + 5\,k\Omega} = 12{,}5\,mA \cdot \frac{10}{15} = \mathbf{8{,}33\,mA}$

61/4 **a)** $I' = I_{L1} \cdot \frac{R_i' + R_{L1}}{R_i'} = 40\,mA \cdot \frac{200\,\Omega + 300\,\Omega}{200\,\Omega} = \mathbf{100\,mA}$

b) $I_{L2} = I' \cdot \frac{R_i'}{R_i' + R_{L2}} = 100\,mA \cdot \frac{200\,\Omega}{200\,\Omega + 50\,\Omega} = \mathbf{80\,mA}$

61/5 $I_a = I_a' \cdot \frac{R_i'}{R_i' + R_a} = 10\,mA \cdot \frac{10\,k\Omega}{10\,k\Omega + 12\,k\Omega} = 10\,mA \cdot \frac{10}{22} = 4{,}54\,mA$

$U_a = I_a \cdot R_a = 4{,}54\,mA \cdot 12\,k\Omega = \mathbf{54{,}6\,V}$

61/6 $I_C = I_C' \cdot \frac{R_i'}{R_i' + R_C} = 2\,mA \cdot \frac{5\,k\Omega}{5\,k\Omega + 6{,}8\,k\Omega} = 2\,mA \cdot \frac{5}{11{,}8} = 0{,}847\,mA$

$U_{CE} = I_C \cdot R_C = 0{,}847\,mA \cdot 6{,}8\,k\Omega = \mathbf{5{,}76\,V}$

Lösungen zu 4.8.5 Anpassung

62/1 **a)** $U = R_L \cdot I = 12{,}5\,\Omega \cdot 2{,}36\,A = \mathbf{29{,}5\,V}$

b) $R_i = \frac{U_0 - U}{I} = \frac{30\,V - 29{,}5\,V}{2{,}36\,A} = \mathbf{0{,}212\,\Omega}$

c) $R_L \gg R_i \Rightarrow$ **Spannungsanpassung**

62/2 $P_{max} = \frac{U_0^2}{4 \cdot R_i} = \frac{(350\,\text{mV})^2}{4 \cdot 200\,\Omega} = \mathbf{153\,\mu W}$

62/3
a) $I = \frac{U}{R_L} = \frac{235\,\text{mV}}{1\,\text{k}\Omega} = \mathbf{235\,\mu A}$
b) $R_i = \frac{U_0 - U}{I} = \frac{3{,}5\,\text{V} - 235\,\text{mV}}{235\,\mu\text{A}} = \mathbf{13{,}89\,k\Omega}$
c) $R_L \ll R_i \Rightarrow$ **Stromanpassung**

62/4
a) $R = \frac{U_0}{I} = \frac{390\,\text{mV}}{5\,\text{mA}} = \mathbf{78\,\Omega}$
b) $R_i = R - Z_e = 78\,\Omega - 70\,\Omega = \mathbf{8\,\Omega}$
c) $R_L \gg R_i \Rightarrow$ **Spannungsanpassung**

62/5

	R_L/R_i	0	0,5	1	1,5	2	2,5	3	3,5	4
	R_L in Ω	0	50	100	150	200	250	300	350	400
a)	I in mA	200	133	100	80	66,7	57,1	50	44,4	40
b)	U in V	0	6,7	10	12	13,3	14,3	15	15,54	16

c) Bei $\frac{R_L}{R_i} = 1$ ist $\mathbf{U = \frac{U_0}{2}}$ und $\mathbf{I = \frac{I_k}{2}}$.

62/6

R_L/R_i	0	0,5	1	1,5	2	2,5	3	3,5	4
R_L in Ω	0	50	100	150	200	250	300	350	400
P in W	0	0,89	1,0	0,96	0,89	0,82	0,75	0,69	0,64

Bei $\mathbf{\frac{R_L}{R_i} = 1}$ ist die Leistungsabgabe am größten.

63/7 $P_{ik} = U_0 \cdot I_k = U_0 \cdot \frac{U_0}{R_i} = \frac{U_0^2}{R_i}$; $P_{max} = \frac{U_0^2}{4 \cdot R_i} = \frac{1}{4} \cdot P_{ik} \Rightarrow \frac{P_{ik}}{P_{amax}} = \mathbf{4}$

63/8
a) Kurzschluss $\Rightarrow R_L \ll R_i \Rightarrow$ **Stromanpassung**
b) Die Spannung an den Klemmen ist null, es fließt der Kurzschlussstrom
$\Rightarrow P = U \cdot I = 0 \cdot I_k = \mathbf{0} \Rightarrow$ Es wird keine Leistung abgegeben.
c) Bei Leistungsanpassung fließt $I = \frac{I_k}{2} \Rightarrow \frac{I_k}{I} = \mathbf{2}$

63/9
a) $R_{i3} = R_{i1} + R_v = 4{,}15\,\Omega + 22{,}0\,\Omega = \mathbf{26{,}15\,\Omega}$
b) $R = \frac{U_{01} - U_{02}}{I_L} = \frac{45{,}0\,\text{V} - 13{,}5\,\text{V}}{1{,}20\,\text{A}} = \mathbf{26{,}25\,\Omega}$
c) $R = R_{i3} + R_{i2} \Rightarrow R_{i2} = R - R_{i3} = 26{,}25\,\Omega - 26{,}15\,\Omega = \mathbf{0{,}1\,\Omega}$
d) $R_{i2} \ll R_{i3} \Rightarrow$ **Stromanpassung**

63/10 **a)** $R_{i3} = 50 \cdot R_{i2} = 50 \cdot 120\,m\Omega = 6{,}0\,\Omega$

$R_V = R_{i3} - R_{i1} = 6{,}0\,\Omega - 1{,}5\,\Omega = \mathbf{4{,}5\,\Omega}$

b) $I_L = \dfrac{U_{01} - U_{02}}{R_{i3} + R_{i2}} = \dfrac{30\,V - 13{,}6\,V}{6{,}0\,\Omega + 120\,m\Omega} = \mathbf{2{,}68\,A}$

c) $I_L = \dfrac{30\,V - 14{,}5\,V}{6{,}12\,\Omega} = \mathbf{2{,}53\,A}$

63/11 **a)** Bei Leistungsanpassung entsteht im Transistor die größte Verlustleistung

$\Rightarrow R_{CE} = R_C = \mathbf{270\,\Omega}$

b) $P_{max} = \dfrac{U_0^2}{4 \cdot R_i} = \dfrac{U_b^2}{4 \cdot R_C} = \dfrac{(12\,V)^2}{4 \cdot 270\,\Omega} = \mathbf{133\,mW}$

63/12 **a)** $P_{max} = \dfrac{U_b^2}{4 \cdot R_C} \Rightarrow R_C = \dfrac{U_b^2}{4 \cdot P_{max}} = \dfrac{(15\,V)^2}{4 \cdot 700\,mW} = \mathbf{80{,}4\,\Omega}$

b) Aus der Reihe E12 $\Rightarrow R_C = \mathbf{82\,\Omega}$

63/13 **a)** Leistungsanpassung $\Rightarrow R_L = R_i \Rightarrow \dfrac{R_L}{R_i} = 1$ und $\dfrac{R_i}{R_L} = 1$

$\dfrac{P}{P_{max}} = \dfrac{4}{1 \cdot (1+1)^2} = \dfrac{4}{4} = 1 \Rightarrow P = \mathbf{P_{max}}$

b) $\dfrac{R_L}{R_i} = 3;\quad \dfrac{R_i}{R_L} = \dfrac{1}{3} \Rightarrow \dfrac{P}{P_{max}} = \dfrac{4}{3 \cdot \left(1 + \frac{1}{3}\right)^2} = \mathbf{0{,}75}$

c) $\dfrac{R_L}{R_i} = \dfrac{1}{3};\quad \dfrac{R_i}{R_L} = 3 \Rightarrow \dfrac{P}{P_{max}} = \dfrac{4}{\frac{1}{3} \cdot (1+3)^2} = \mathbf{0{,}75}$

63/14 $\eta = \dfrac{1}{1 + \frac{R_i}{R_L}} \Rightarrow$ **a)** $\eta = \dfrac{1}{1 + 0{,}01} = 0{,}990\,1 = \mathbf{99}\,\%$

b) $\eta = \dfrac{1}{1+1} = 0{,}5 = \mathbf{50}\,\%$

c) $\eta = \dfrac{1}{1+100} = 0{,}009\,9 = \mathbf{0{,}99}\,\%$

Lösungen zu 4.9.1 Wärme und Wärmekapazität

64/1 $Q = m \cdot c \cdot \Delta\vartheta = 880\,g \cdot 0{,}46\,J/(g \cdot K) \cdot (95 - 18)\,K = \mathbf{31\,170\,J}$

64/2 **a)** $C = m \cdot c = 4\,800\,g \cdot 0{,}92\,J/(g \cdot K) = \mathbf{4\,416\,J/K}$

b) $Q = m \cdot c \cdot \Delta\vartheta = 4\,800\,g \cdot 0{,}92\,J/(g \cdot K) \cdot (55 - 20)\,K = \mathbf{154\,560\,J}$

64/3 $\Delta\vartheta = \frac{Q}{m \cdot c} = \frac{45\,J}{16{,}5\,g \cdot 0{,}39\,J/(g \cdot K)} = \mathbf{6{,}99\,K}$

64/4 **a)** $m = V \cdot \varrho = 80\,dm^3 \cdot 0{,}9\,kg/dm^3 = 72\,kg$

$C = m \cdot c = 72\,000\,g \cdot 1{,}88\,J/(g \cdot K) = \mathbf{135\,360\,J/K}$

b) $Q = C \cdot \Delta\vartheta = 135\,360\,J/K \cdot (55 - 18)\,K = 5{,}01 \cdot 10^6\,J = \mathbf{5{,}01\,MJ}$

64/5 $Q = W = P \cdot t = I^2 \cdot R \cdot t = (10\,A)^2 \cdot 30\,m\Omega \cdot 1\,h = 3\,Wh = 3\,Wh \cdot 3\,600\,\frac{s}{h} = \mathbf{10\,800\,Ws = 10{,}8\,kJ}$

64/6 $Q = W = \frac{U^2}{R} \cdot t = \frac{(24\,V)^2}{860\,\Omega} \cdot 1\,h = 0{,}67\,Wh = 0{,}67\,Wh \cdot 3\,600\,\frac{s}{h} = \mathbf{2\,412\,Ws = 2{,}412\,kJ}$

64/7 $Q = W = I^2 \cdot R \cdot t = (0{,}2\,A)^2 \cdot 150\,\Omega \cdot 2{,}5\,h \cdot 3\,600\,\frac{s}{h} = \mathbf{54\,000\,Ws = 54\,kJ}$

64/8 $Q = P \cdot t \Rightarrow P = \frac{Q}{t} = \frac{37\,674\,kJ}{3{,}5\,h} = \frac{37\,674\,kJ}{3{,}5 \cdot 3\,600\,s} = \mathbf{2{,}99\,kW}$

Lösungen zu 4.9.2 Wärmewiderstand

65/1 $R_{thG} = \frac{\vartheta_j - \vartheta_G}{P_v} \Rightarrow \vartheta_G = \vartheta_j - R_{thG} \cdot P_v = 200\,°C - 1{,}5\,K/W \cdot 75\,W = \mathbf{87{,}5\,°C}$

65/2 $R_{th} = \frac{\vartheta_j - \vartheta_u}{P_v} \Rightarrow \vartheta_j = \vartheta_u + R_{th} \cdot P_v = 30\,°C + 80\,K/W \cdot 0{,}6\,W = \mathbf{78\,°C}$

65/3 $R_{th} = \frac{\vartheta_{jmax} - \vartheta_u}{P_{tot}} = \frac{(150 - 25)\,K}{1{,}32\,W} = \mathbf{94{,}7\,K/W}$

Bei 45 °C: $P_{tot45} = \frac{\vartheta_j - \vartheta_u}{R_{th}} = \frac{(130 - 45)\,K}{94{,}7\,K/W} = 0{,}898\,W$

$I_{Zmax45} = \frac{P_{tot45}}{U_Z} = \frac{0{,}898\,W}{9{,}1\,V} = \mathbf{98{,}7\,mA}$

65/4 $R_{th} = R_{thG} + R_{thÜ} + R_{thK} = 200\,K/W + 300\,K/W = 500\,K/W$

$P_v = U_{CE} \cdot I_C = (-20\,V) \cdot (-10\,mA) = 200\,mW$

$R_{th} = \frac{\vartheta_j - \vartheta_u}{P_v} \Rightarrow \vartheta_j = R_{th} \cdot P_v + \vartheta_u = 500\,K/W \cdot 0{,}2\,W + 60\,°C = \mathbf{160\,°C}$

Der Transistor ist mit 160 °C nicht überlastet.

Lösungen zu 4.9.3 Ermittlung von Kühlflächen

66/1 **a)** $R_{th} = R_{thG} + R_{thÜ} + R_{thK} = 5\,K/W + 0\,K/W + 7{,}3\,K/W = \mathbf{12{,}3\,K/W}$

b) Aus Bild 1: $A_{blank} = 100\,mm \cdot 100\,mm$

$A_{schwarz} = 0{,}9 A_{blank} = 0{,}9 \cdot 10\,000\,mm^2 = 9\,000\,mm^2 = \mathbf{94{,}9\,mm \cdot 94{,}9\,mm}$

66/2 $R_{th} = \frac{\vartheta_{jmax} - \vartheta_u}{P_v} = \frac{(90 - 45)\,K}{5\,W} = 9\,K/W$

$R_{thK} = R_{th} - R_{thG} = 9\,K/W - 3{,}6\,K/W = \mathbf{5{,}4\,K/W}$

Aus Bild 1: **blankes, senkrecht angeordnetes Al-Blech 120 mm · 120 mm · 2 mm**
(Es gibt noch weitere Lösungen).

66/3 **a)** $T = \frac{1}{f} = \frac{1}{2\,000\,Hz} = 0{,}5\,ms; \quad g = \frac{t_i}{T} = \frac{0{,}1\,ms}{0{,}5\,ms} = 0{,}2$

Aus Bild 2: $r_{thG} = \mathbf{10\,K/W}$

b) $P_{tot85} = \frac{\vartheta_{jmax} - \vartheta_G}{r_{thG}} = \frac{(200 - 85)\,K}{10\,K/W} = \mathbf{11{,}5\,W}$

66/4 $l = \sqrt{A} = \sqrt{250\,cm^2} = 15{,}8\,cm$; aus Bild 1: $R_{thK} = 3{,}2\,K/W$

$R_{th} = R_{thG} + R_{thÜ} + R_{thK} = 2\,K/W + 1{,}5\,K/W + 3{,}2\,K/W = 6{,}7\,K/W$

$P_{tot} = \frac{\vartheta_{jmax} - \vartheta_u}{R_{th}} = \frac{(100 - 45)\,K}{6{,}7\,K/W} = 8{,}2\,W; \quad I_{Cmax} = \frac{P_{tot}}{U_{CE}} = \frac{8{,}2\,W}{6\,V} = \mathbf{1{,}367\,A}$

Lösungen zu 5.1.1 Periode, Frequenz, Kreisfrequenz, Wellenlänge

67/1 $f = \frac{1}{T} = \frac{1}{50\,\mu s} = \mathbf{20\,kHz}$

67/2 $f = \frac{1}{T} = \frac{1}{6{,}2 \cdot 20\,\mu s} = \frac{1\,000}{124}\,kHz = \mathbf{8{,}06\,kHz}$

67/3 $T = \frac{1}{f} = \frac{1}{2{,}4\,kHz} = \frac{1}{2{,}4}\,ms = 0{,}417\,ms = \mathbf{417\,\mu s}$

67/4 $T_1 = \frac{1}{f_1} = \frac{1}{8{,}5\,Hz} = 0{,}117\,7\,s = \mathbf{117{,}7\,ms}$

$T_2 = \frac{1}{f_2} = \frac{1}{22\,kHz} = 0{,}045\,45\,ms = \mathbf{45{,}45\,\mu s}$; $T = \mathbf{45{,}45\,\mu s \ldots 117{,}7\,ms}$

67/5 $T = \frac{1}{f} = \frac{1}{15{,}625\,kHz} = 0{,}064\,ms = \mathbf{64\,\mu s}$

67/6 $T = \frac{1}{f} = \frac{1}{84\,1/min} \cdot 60\,\frac{s}{min} = 0{,}714\,s = 714\,ms$

$t_{Pause} = 3$ Teile; $t_{Leucht} = 1$ Teil; $t_{Leucht} = \frac{T}{4} = \frac{714\,ms}{4} = \mathbf{178{,}5\,ms}$

67/7 $\omega = 2\pi f = 2 \cdot 3{,}14 \cdot 50\,Hz = \mathbf{314\,\frac{1}{s}}$

67/8 **a)** $\omega_1 = 2\pi f_1 = 2 \cdot 3{,}14 \cdot 800\,Hz = \mathbf{5\,027\,\frac{1}{s}}$

b) $\omega_2 = 2\pi f_2 = 2 \cdot 3{,}14 \cdot 470\,000\,Hz = \mathbf{2{,}95 \cdot 10^6\,\frac{1}{s}}$

c) $\omega_3 = 2\pi f_3 = 2 \cdot 3{,}14 \cdot 9 \cdot 10^6\,Hz = \mathbf{56{,}5 \cdot 10^6\,\frac{1}{s}}$

68/9 $\omega = 2\pi f \Rightarrow f = \frac{\omega}{2\pi} = \frac{376{,}8\,1/s}{2 \cdot 3{,}14} = \mathbf{60\,Hz}$

68/10 **a)** $\omega = 2\pi f \Rightarrow f = \frac{\omega}{2\pi} = \frac{282\,600\,1/s}{2 \cdot 3{,}14} = \mathbf{45\,kHz}$

b) $T = \frac{1}{f} = \frac{1}{45\,kHz} = 0{,}022\,2\,ms = \mathbf{22{,}2\,\mu s}$

68/11 $\lambda = \frac{c}{f} = \frac{300\,000\,km/s}{1{,}18 \cdot 10^6\,Hz} = 0{,}254\,km = \mathbf{254\,m}$

68/12 $\lambda = \frac{c}{f} = \frac{240\,000\ \text{km/s}}{196{,}25 \cdot 10^6\ \text{Hz}} = \frac{240 \cdot 10^6\ \text{m/s}}{196{,}25 \cdot 10^6\ 1/\text{s}} = \mathbf{1{,}223\ m}$

68/13 $\lambda = \frac{c}{f} \Rightarrow f = \frac{c}{\lambda} = \frac{300 \cdot 10^6\ \text{m/s}}{710 \cdot 10^{-9}\ \text{m}} = 0{,}423 \cdot 10^{15}\ \text{Hz} = \mathbf{423\ THz}$

68/14 $\lambda = 2 \cdot l = 2 \cdot 0{,}75\ \text{m} = 1{,}5\ \text{m};\quad f = \frac{c}{\lambda} = \frac{240 \cdot 10^6\ \text{m/s}}{1{,}5\ \text{m}} = \mathbf{160\ MHz}$

68/15 $f = p \cdot n = \frac{8}{2} \cdot 250\ \frac{1}{\text{min}} \cdot \frac{1\ \text{min}}{60\ \text{s}} = \mathbf{16{,}7\ Hz}$

68/16 $f = \frac{1}{T} = \frac{1}{6{,}67\ \text{ms}} = 0{,}15\ \text{kHz} = 150\ \text{Hz};\quad f = p \cdot n \Rightarrow p = \frac{f}{n} = \frac{150\ \text{Hz}}{1\,500\ \frac{1}{\text{min}} \cdot \frac{1\ \text{min}}{60\ \text{s}}} = \mathbf{6}$

68/17 $\omega = 2\pi f \Rightarrow f = \frac{\omega}{2\pi} = \frac{8\,700\ 1/\text{s}}{2 \cdot 3{,}14} = 1\,385\ \text{Hz}$

$T = \frac{1}{f} = \frac{1}{1{,}385\ \text{kHz}} = 0{,}722\ \text{ms};\quad t = T \cdot \frac{45°}{360°} = 722\ \mu\text{s} \cdot \frac{45°}{360°} = \mathbf{90{,}3\ \mu s}$

68/18 $\lambda = \frac{c}{f} \Rightarrow c = \lambda \cdot f = 1{,}12 \cdot 10^{-3}\ \text{m} \cdot 2{,}5 \cdot 10^6\ \text{Hz} = 2{,}8 \cdot 10^3\ \text{m/s}$

$c = \frac{s}{t} \Rightarrow t = \frac{s}{c} = \frac{2{,}4\ \text{m}}{2{,}8 \cdot 10^3\ \text{m/s}} = \mathbf{0{,}857\ ms}$

Lösungen zu 5.1.2 Maximalwert, Spitze-Tal-Wert, Effektivwert

69/1 $\hat{\check{u}} = 2 \cdot \hat{u} = 2 \cdot U \cdot F_C = 2 \cdot 6{,}36\ \text{V} \cdot \sqrt{2} = \mathbf{18\ V}$

69/2 $\hat{u} = U \cdot F_C = 700\ \text{V} \cdot \sqrt{2} = \mathbf{990\ V}$

69/3 $\hat{u} = U \cdot F_C = 230\ \text{V} \cdot \sqrt{2} = \mathbf{325{,}3\ V};\qquad \hat{\check{u}} = 2 \cdot \hat{u} = 2 \cdot 325{,}3\ \text{V} = \mathbf{650{,}6\ V}$

69/4

a) $\hat{\imath} = I \cdot F_c = 365\,\text{mA} \cdot \sqrt{2} = \mathbf{516\,mA}$; $\underset{\vee}{\hat{\imath}} = 2 \cdot \hat{\imath} = 2 \cdot 516\,\text{mA} = 1\,032\,\text{mA} = \mathbf{1{,}032\,A}$

b) $\hat{u} = U \cdot F_c = 6\,\text{V} \cdot \sqrt{2} = \mathbf{8{,}49\,V}$; $\underset{\vee}{\hat{u}} = 2 \cdot \hat{u} = 2 \cdot 8{,}48\,\text{V} = \mathbf{16{,}98\,V}$

c) $\hat{\imath} = I \cdot F_c = 2{,}4\,\text{A} \cdot \sqrt{2} = \mathbf{3{,}39\,A}$; $\underset{\vee}{\hat{\imath}} = 2 \cdot \hat{\imath} = 2 \cdot 3{,}39\,\text{A} = \mathbf{6{,}78\,A}$

d) $I_{eff} = I$, deshalb gleiches Ergebnis wie bei c)

e) $\hat{u} = U \cdot F_c = 42\,\text{V} \cdot \sqrt{2} = \mathbf{59{,}4\,V}$; $\underset{\vee}{\hat{u}} = 2 \cdot \hat{u} = 2 \cdot 59{,}4\,\text{V} = \mathbf{118{,}8\,V}$

f) $\hat{u} = U \cdot F_c = 740\,\text{V} \cdot \sqrt{2} = \mathbf{1\,046{,}5\,V}$; $\underset{\vee}{\hat{u}} = 2 \cdot \hat{u} = 2 \cdot 1\,046{,}5\,\text{V} = \mathbf{2\,093\,V}$

69/5

a) Aus Tabelle Seite 68: Scheitelfaktor 1; $\hat{u} = U \cdot F_c = 22\,\text{V} \cdot 1 = \mathbf{22\,V}$

b) Aus Tabelle Seite 68: Scheitelfaktor 1,732; $\hat{u} = U \cdot F_c = 22\,\text{V} \cdot 1{,}732 = \mathbf{38{,}1\,V}$

c) $U = U_{eff} = \mathbf{22\,V}$

69/6

$\hat{u} = \frac{\underset{\vee}{\hat{u}}}{2} = \frac{3{,}5\,\text{V}}{2} = \mathbf{1{,}75\,V}$ für Dreieck-, Sinus-, Rechteck- und Sägezahnform

a) Aus Tabelle Seite 68: Scheitelfaktor 1,732; $U = \frac{\hat{u}}{F_c} = \frac{1{,}75\,\text{V}}{1{,}732} = \mathbf{1{,}01\,V}$

b) Aus Tabelle Seite 68: Scheitelfaktor 1,414; $U = \frac{\hat{u}}{F_c} = \frac{1{,}75\,\text{V}}{1{,}414} = \mathbf{1{,}237\,V}$

c) Aus Tabelle Seite 68: Scheitelfaktor 1,0; $U = \frac{\hat{u}}{F_c} = \mathbf{1{,}75\,V}$

d) Aus Tabelle Seite 68: Scheitelfaktor 1,732; $U = \frac{\hat{u}}{F_c} = \frac{1{,}75\,\text{V}}{1{,}732} = \mathbf{1{,}01\,V}$

69/7

a) $\hat{u} = 1{,}5 \cdot U_S = 1{,}5 \cdot 32\,\text{V} = 48\,\text{V}$; $U = \frac{\hat{u}}{F_c} = \frac{48\,\text{V}}{1{,}414} = \mathbf{33{,}9\,V}$

b) Diode schaltet in jeder Halbperiode; $T = 2 \cdot t = 2 \cdot 2\,\text{ms} = 4\,\text{ms}$

$f = \frac{1}{T} = \frac{1}{4\,\text{ms}} = 0{,}25\,\text{kHz} = \mathbf{250\,Hz}$

69/8

a) Aus Tabelle Seite 68: Scheitelfaktor $\sqrt{3}$; $I = \frac{\hat{\imath}}{F_c} = \frac{220\,\text{mA}}{1{,}732} = \mathbf{127\,mA}$

b) $\underset{\vee}{\hat{\imath}} = 2 \cdot \hat{\imath} = 2 \cdot 220\,\text{mA} = \mathbf{440\,mA}$

c) $T = \frac{1}{f} = \frac{1}{15{,}625\,\text{kHz}} = 0{,}064\,\text{ms} = \mathbf{64\,\mu s}$

69/9

$\hat{u} = y \cdot A_y = 4 \cdot 50\,\text{mV} = \mathbf{200\,mV}$; $\underset{\vee}{\hat{u}} = 8 \cdot 50\,\text{mV} = \mathbf{400\,mV}$

$U = \frac{\hat{u}}{F_c} = \frac{200\,\text{mV}}{1{,}414} = \mathbf{141{,}4\,mV}$; $T = x \cdot A_x = 8 \cdot 20\,\mu\text{s} = \mathbf{160\,\mu s}$

$f = \frac{1}{T} = \frac{1}{0{,}16\,\text{ms}} = \mathbf{6{,}25\,kHz}$

69/10

a) $\hat{u} = y \cdot A_y = 3 \cdot 5\,\text{mV} = 15\,\text{mV}$; $\hat{\imath} = \frac{\hat{u}}{R} = \frac{15\,\text{mV}}{2{,}2\,\text{k}\Omega} = \mathbf{6{,}82\,\mu A}$

b) $\frac{T}{2} = 4 \cdot 1\,\mu\text{s} = \mathbf{4\,\mu s}$

c) $f = \frac{1}{T} = \frac{1}{8\,\mu\text{s}} = 0{,}125\,\text{MHz} = \mathbf{125\,kHz}$

69/11 $U_{Mess} = U_{-} + \hat{u} \Rightarrow \hat{u} = U_{Mess} - U_{-} = 7{,}8\,V - 5\,V = 2{,}8\,V$

$$U = \frac{\hat{u}}{F_c} = \frac{2{,}8\,V}{1{,}732} = \mathbf{1{,}617\,V}$$

69/12 **a)** $U = \frac{\hat{u}}{F_c} = \frac{8{,}8\,V}{1{,}732} = 5{,}08\,V;$ $I = \frac{U}{R} = \frac{5{,}08\,V}{70\,\Omega} = 0{,}0726\,A = \mathbf{72{,}6\,mA}$

b) $U = 5{,}8\,V;$ $I = \frac{U}{R} = \frac{5{,}8\,V}{70\,\Omega} = 0{,}0829\,A = \mathbf{82{,}9\,mA}$

Lösungen zu 5.1.3 Impulse

71/1 **a)** $S_r = \frac{\Delta u}{\Delta t} = \frac{0{,}8 \cdot \hat{u}}{t_r} = \frac{0{,}8 \cdot 4{,}8\,V}{3{,}2\,\mu s} = \mathbf{1{,}2\,\frac{V}{\mu s}}$

b) $S_f = \frac{\Delta u}{t_f} = \frac{0{,}8 \cdot \hat{u}}{t_f} = \frac{0{,}8 \cdot (-4{,}8\,V)}{7{,}3\,\mu s} = \mathbf{-0{,}526\,\frac{V}{\mu s}}$

71/2 **a)** $S_r = \frac{\Delta u}{\Delta t_r} \Rightarrow \Delta u = S_r \cdot \Delta t_r = 5{,}3\,\frac{V}{\mu s} \cdot 0{,}264\,\mu s = 1{,}4\,V$

$$\hat{u} = \frac{\Delta u}{0{,}8} = \frac{1{,}4\,V}{0{,}8} = \mathbf{1{,}75\,V}$$

b) $S_f = \frac{\Delta u}{t_f} = \frac{-1{,}4\,V}{0{,}034\,\mu s} = \mathbf{-41{,}2\,\frac{V}{\mu s}}$

71/3 $\Delta u = 5 \cdot 2\,mV = 10\,mV$

$S = \frac{\Delta u}{\Delta t} \Rightarrow \Delta t = \frac{\Delta u}{S} = \frac{10\,mV}{12\,\frac{V}{ms}} = \mathbf{0{,}833\,\mu s};$ $t_r = 0{,}8 \cdot \Delta t = 0{,}8 \cdot 833\,ns = \mathbf{666\,ns}$

71/4 $t_r = 6{,}4 \cdot 2\,\mu s = 12{,}8\,\mu s;$ $t_f = 0{,}88 \cdot 2\,\mu s = 1{,}76\,\mu s$

a) $S_f = \frac{\Delta u}{\Delta t_f} \Rightarrow \Delta u = S_f \cdot \Delta t_f = -18\,\frac{V}{ms} \cdot 1{,}76\,\mu s = -31{,}7\,mV$

$$\hat{u} = \frac{\Delta u}{0{,}8} = \frac{31{,}7\,mV}{0{,}8} = \mathbf{39{,}6\,mV}$$

b) $S_r = \frac{\Delta u}{\Delta t_r} = \frac{31{,}7\,mV}{12{,}8\,\mu s} = \mathbf{2{,}48\,\frac{V}{ms}}$

71/5 **a)** $t_r = 2 \cdot 50\,\mu s \cdot 0{,}8 = \mathbf{80\,\mu s};$ **b)** $t_f = 0{,}5 \cdot 50\,\mu s \cdot 0{,}8 = \mathbf{20\,\mu s}$

c) $S_f = \frac{\Delta u}{\Delta t_f} = \frac{-30\,mV}{0{,}5 \cdot 50\,\mu s} = \mathbf{-1{,}2\,\frac{V}{ms}};$ **d)** $t_i = 2{,}75 \cdot 50\,\mu s = \mathbf{137{,}5\,\mu s}$

71/6

a) $A_y = \frac{u}{y} = \frac{1{,}5\,V}{3} = \mathbf{0{,}5\,V/Teilung}$

b) $S_r = \frac{\Delta u}{\Delta t_r} \Rightarrow \Delta t_r = \frac{\Delta u}{S_r} = \frac{1{,}5\,V}{75\,\frac{V}{ms}} = 0{,}02\,ms = 20\,\mu s$

$t_r = 0{,}8 \cdot \Delta t_r = 0{,}8 \cdot 20\,\mu s = \mathbf{16\,\mu s}$

c) $A_x = \frac{\Delta t_r}{x} = \frac{20\,\mu s}{2\ \text{Teilungen}} = 10\,\mu s/\text{Teilung}$

$\Delta t_f = 0{,}5 \cdot 10\,\mu s = 5\,\mu s$; $t_f = 0{,}8 \cdot \Delta t_f = 0{,}8 \cdot 5\,\mu s = \mathbf{4\,\mu s}$

d) $S_f = \frac{\Delta u}{\Delta t_f} = \frac{-1{,}5\,V}{5\,\mu s} = -0{,}3\,\frac{V}{\mu s} = \mathbf{-300\,\frac{V}{\mu s}}$

e) $t_i = 2{,}75 \cdot 10\,\mu s = \mathbf{27{,}5\,\mu s}$

71/7

$T = \frac{1}{f} = \frac{1}{10^6\,Hz} = 10^{-6}\,s = 1\,\mu s$

$t_p = T - t_i = 1 \cdot 10^{-6}\,s - 0{,}32 \cdot 10^{-6}\,s = 0{,}68 \cdot 10^{-6}\,s = \mathbf{680\,ns}$

$g = \frac{t_i}{T} = \frac{0{,}32\,\mu s}{1\,\mu s} = \mathbf{0{,}32}$

71/8

$T = \frac{1}{f} = \frac{1}{2\,kHz} = 0{,}5\,ms = 500\,\mu s$

$t_i = T - t_p = 500\,\mu s - 400\,\mu s = \mathbf{100\,\mu s}$

$v = \frac{T}{t_i} = \frac{500\,\mu s}{100\,\mu s} = \mathbf{5}$

$g = \frac{1}{v} = \frac{1}{5} = \mathbf{0{,}2}$

71/9

a) $t_i = 3 \cdot 0{,}2\,ms = \mathbf{0{,}6\,ms}$

b) $t_p = 5 \cdot 0{,}2\,ms = \mathbf{1\,ms}$

c) $T = t_i + t_p = 0{,}6\,ms + 1\,ms = \mathbf{1{,}6\,ms}$

d) $f = \frac{1}{T} = \frac{1}{1{,}6\,ms} = 0{,}625\,kHz = \mathbf{625\,Hz}$

e) $g = \frac{t_i}{T} = \frac{0{,}6\,ms}{1{,}6\,ms} = \mathbf{0{,}375}$

71/10

a) $t_i = 2{,}75 \cdot 0{,}2\,ms = \mathbf{0{,}55\,ms}$

b) $T = 8 \cdot 0{,}2\,ms = \mathbf{1{,}6\,ms}$

c) $t_p = 5{,}25 \cdot 0{,}2\,ms = \mathbf{1{,}05\,ms}$

d) $f = \frac{1}{T} = \frac{1}{1{,}6\,ms} = \mathbf{625\,Hz}$

e) $g = \frac{t_i}{T} = \frac{0{,}55\,ms}{1{,}6\,ms} = \mathbf{0{,}344}$

71/11

a) $t_r = 0{,}8 \cdot 0{,}4 \cdot 5\,\mu s = \mathbf{1{,}6\,\mu s}$; $t_f = 3{,}3 \cdot 5\,\mu s = \mathbf{16{,}5\,\mu s}$

$t_i = 1{,}25 \cdot 5\,\mu s = \mathbf{6{,}25\,\mu s}$; $S_r = \frac{\Delta u}{\Delta t_r} = \frac{5 \cdot 2\,mV}{0{,}4 \cdot 5\,\mu s} = \mathbf{5\,\frac{V}{ms}}$

b) $T = 7 \cdot 100\,\mu s = \mathbf{700\,\mu s}$; $g = t_i/T = 6{,}25\,\mu s/700\,\mu s = \mathbf{0{,}008\,93}$

$v = 1/g = 1/0{,}008\,93 = \mathbf{112}$; $f = 1/T = 1/0{,}7\,ms = \mathbf{1{,}43\,kHz}$

71/12 **a)** $S_r = \frac{\Delta u}{\Delta t_r} \Rightarrow \Delta t_r = \frac{\Delta u}{S_r} = \frac{3{,}8\,V}{70\,\frac{V}{ms}} = 0{,}0543\,ms = 54{,}3\,\mu s$

$t_r = 0{,}8 \cdot \Delta t_r = 0{,}8 \cdot 54{,}3\,\mu s = \mathbf{43{,}3\,\mu s}$

b) $v = \frac{T}{t_i} \Rightarrow T = v \cdot t_i = 6 \cdot 150\,\mu s = 900\,\mu s$

$f = \frac{1}{T} = \frac{1}{0{,}9\,ms} = \mathbf{1{,}11\,kHz}$

Lösungen zu 5.2.1 Elektrisches Feld

72/1 $E = U/l = 1{,}2\,kV/3{,}5\,mm = \mathbf{0{,}343\,kV/mm}$

72/2 $E = U/l = 125\,V/5\,mm = \mathbf{25\,V/mm}$

72/3 $E = U/l \Rightarrow U = E \cdot l = 30\,kV/(cm) \cdot 0{,}5\,mm = \mathbf{1{,}5\,kV}$

72/4 $E = U/l \Rightarrow U = E \cdot l = 30\,\mu V/(cm) \cdot 80\,cm = \mathbf{2{,}4\,mV}$

72/5 $E = U/l \Rightarrow l = U/E = 4{,}3\,V/(200\,kV/cm) = \mathbf{0{,}215\,\mu m}$

72/6 $E = U/l \Rightarrow l = U/E = 500\,V/(30\,kV/mm) = \mathbf{16{,}67\,\mu m}$

Lösungen zu 5.2.2 Ladung und Kapazität

73/1 I $Q = C \cdot U = 27\,pF \cdot 70\,V = \mathbf{1{,}89\,nAs}$

73/2 I **a)** $Q = C \cdot U = 100\,nF \cdot 6\,V = \mathbf{600\,nAs}$

b) $Q = C \cdot U = 100\,nF \cdot 5\,V = \mathbf{500\,nAs}$

73/3 I $Q = C \cdot U \Rightarrow C = Q/U = 4{,}05\,nC/15\,V = \mathbf{270\,pF}$

73/4 I $Q = C \cdot U \Rightarrow C = Q/U = 43{,}2\,pAs/24\,mV = \mathbf{1{,}8\,nF}$

73/5 l $Q = C \cdot U \Rightarrow U = Q/C = I \cdot t/C = 4\,mA \cdot 2\,ms/10\,nF =$ **800 V**

73/6 l $Q = C \cdot U \Rightarrow U = Q/C = I \cdot t/C = 1{,}6\,mA \cdot 3{,}2\,ms/5\,\mu F =$ **1,024 V**

73/7 l $\Delta U = I \cdot \Delta t/C = 20\,mA \cdot 3\,s/100\,\mu F =$ **600 V**

73/8 l $\Delta U = I \cdot \Delta t/C \Rightarrow I = C \cdot \Delta U/\Delta t = 12\,nF \cdot 5\,V/\mu s =$ **60 mA**

Lösungen zu 5.2.3 Kraftwirkung und Energie des elektrischen Feldes

73/1 r $E = U/l = 3{,}6\,kV/8\,mm = 0{,}45 \cdot 10^6\,V/m$
$F = E \cdot Q = 0{,}45 \cdot 10^6\,V/(m) \cdot 0{,}160\,2\,aC =$ **72,09 fN**

73/2 r $F = E \cdot Q \Rightarrow Q = F/E = 32 \cdot 10^{-5}\,N/(2\,kV/mm) =$ **160 pAs**

73/3 r **a)** $W = 1/2 \cdot C \cdot U^2 = 1/2 \cdot Q \cdot U = 1/2 \cdot 0{,}75\,C \cdot 370\,V =$ **138,75 Ws**
b) $Q = C \cdot U \Rightarrow C = Q/U = 0{,}75\,C/370\,V =$ **2,027 mF**

73/4 r $W = 1/2 \cdot C \cdot U^2 \Rightarrow C = 2\,W/U^2 = 2 \cdot 15\,Ws/(900\,V)^2 =$ **37 µF**

Lösungen zu 5.2.4 Elektrische Flussdichte

74/1 $D = Q/A = 7\,\mu C/63\,cm^2 =$ **1,11 mC/m²**

74/2 $D = Q/A \Rightarrow \Psi = Q = D \cdot A = 73\,nC/(m^2) \cdot 17\,cm^2 =$ **124,1 pC**

74/3 **a)** $D = \varepsilon_0 \cdot E = 8{,}85\,pC/(Vm) \cdot 18\,kV/cm =$ **15,93 µC/m²**
b) $D = \varepsilon \cdot E = \varepsilon_0 \cdot \varepsilon_r \cdot E = 8{,}85\,pC/(Vm) \cdot 7 \cdot 18\,kV/cm =$ **111,51 µC/m²**
$D = Q/A \Rightarrow Q = D \cdot A = 111{,}51\,\mu C/(m^2) \cdot 100\,cm^2 =$ **1,115 1 µC**

74/4 **a)** $E = U/l = 1{,}2\,\text{kV}/5\,\text{mm} = \mathbf{240\,V/mm}$

b) $D = \varepsilon \cdot E = \varepsilon_0 \cdot \varepsilon_r \cdot E = 8{,}85\,\text{pC/(Vm)} \cdot 12 \cdot 240\,\text{V/mm} = \mathbf{25{,}488\,\mu C/m^2}$

c) $D = Q/A \Rightarrow Q = D \cdot A = 25{,}488\,\mu\text{C/(m}^2) \cdot 2\,\text{cm}^2 = \mathbf{5{,}1\,nC}$

74/5 **a)** $\varepsilon_r = \mathbf{3}$

b) $\varepsilon = \varepsilon_0 \cdot \varepsilon_r = 8{,}85\,\text{pC/(Vm)} \cdot 3 = \mathbf{26{,}55\,pC/(Vm)}$

c) $D = \varepsilon \cdot E \Rightarrow E = D/\varepsilon = 0{,}1\,\text{mC/(m}^2)/\left[26{,}55\,\text{pC/(Vm)}\right] = \mathbf{3{,}77 \cdot 10^6\,V/m}$

d) $D = Q/A \Rightarrow Q = D \cdot A = 0{,}1\,\text{mC/(m}^2) \cdot 7\,\text{cm}^2 = \mathbf{70\,nC}$

74/6 **a)** $D_2 = D_1 \cdot \varepsilon_{r2}/\varepsilon_{r1} = 45\,\mu\text{C/(m}^2) \cdot 8/3 = \mathbf{120\,\mu C/m^2}$

b) $\Psi = Q = D_2 \cdot A = 120\,\mu\text{C/(m}^2) \cdot 4{,}3\,\text{cm}^2 = \mathbf{5{,}16\,pC}$

c) $D_2 = \varepsilon \cdot E \Rightarrow E = D_2/\varepsilon = D_2/(\varepsilon_0 \cdot \varepsilon_{r2}) = 120\,\mu\text{C/(m}^2)/\left[8{,}85\,\text{pC/(Vm)} \cdot 8\right] = \mathbf{1{,}69 \cdot 10^6\,V/m}$

d) $E = U/l \Rightarrow U = E \cdot l = 1{,}69 \cdot 10^6\,\text{V/(m)} \cdot 3{,}5\,\text{mm} = \mathbf{5{,}915\,kV}$

Lösungen zu 5.2.5 Kapazität

75/1
$$C = \frac{\varepsilon_0 \varepsilon_r A}{l} = \frac{8{,}85 \cdot 10^{-12}\,\frac{\text{As}}{\text{Vm}} \cdot 45 \cdot 2{,}21\,\text{cm}^2}{0{,}4\,\text{mm}} = \mathbf{220\,pF}$$

75/2
$$A = d\pi l = 2{,}3\,\text{mm} \cdot \pi \cdot 19{,}25\,\text{mm} = 139{,}02\,\text{mm}^2$$
$$C = \frac{\varepsilon_0 \varepsilon_r A}{l} = \frac{8{,}85 \cdot 10^{-12}\,\frac{\text{As}}{\text{Vm}} \cdot 20\,000 \cdot 139{,}02\,\text{mm}^2}{0{,}15\,\text{mm}} = \mathbf{164\,nF}$$

75/3
$$C = \frac{\varepsilon_0 \varepsilon_r A}{l} \Rightarrow l = \frac{\varepsilon_0 \varepsilon_r A}{C} = \frac{8{,}85 \cdot 10^{-12}\,\frac{\text{As}}{\text{Vm}} \cdot 4 \cdot 3\,000\,\text{cm}^2}{150\,\text{nF}} = \mathbf{70{,}8\,\mu m}$$

75/4
$$C = \frac{\varepsilon_0 \varepsilon_r A}{l} \Rightarrow l = \frac{\varepsilon_0 \varepsilon_r A}{C} = \frac{8{,}85 \cdot 10^{-12}\,\frac{\text{As}}{\text{Vm}} \cdot 26 \cdot 800\,\text{mm} \cdot 25\,\text{mm}}{6{,}8\,\mu\text{F}} = \mathbf{0{,}677\,\mu m}$$

75/5 **a)**
$$E = \frac{U}{l} \Rightarrow l = \frac{U}{E} = \frac{8\,\text{kV}}{25\,\frac{\text{kV}}{\text{mm}}} = \mathbf{0{,}32\,mm}$$

b)
$$C = \frac{\varepsilon_0 \varepsilon_r A}{l} \Rightarrow A = \frac{Cl}{\varepsilon_0 \varepsilon_r} = \frac{820\,\text{pF} \cdot 0{,}32\,\text{mm}}{8{,}85 \cdot 10^{-12}\,\frac{\text{As}}{\text{Vm}} \cdot 8} = \mathbf{37{,}06\,cm^2}$$

75/6
$$C = \frac{\varepsilon_0 \varepsilon_r A}{l} \Rightarrow A = \frac{Cl}{\varepsilon_0 \varepsilon_r} = \frac{47\,\text{pF} \cdot 2\,\text{mm}}{8{,}85 \cdot 10^{-12}\,\frac{\text{As}}{\text{Vm}} \cdot 80} = 1{,}33\,\text{cm}^2$$
$$A = \frac{d^2\pi}{4} \Rightarrow d = \sqrt{\frac{4A}{\pi}} = \sqrt{\frac{4 \cdot 1{,}33\,\text{cm}^2}{\pi}} = \mathbf{1{,}3\,cm}$$

75/7 a) $A = \frac{d^2\pi}{4} = \frac{(25\,\text{cm})^2\pi}{4} = 490{,}63\,\text{cm}^2$

$C = \frac{\varepsilon_0\varepsilon_r A}{l} = \frac{8{,}85 \cdot 10^{-12}\,\frac{\text{As}}{\text{Vm}} \cdot 1 \cdot 490{,}63\,\text{cm}^2}{3\,\text{mm}} = \mathbf{144{,}74\,pF}$

b) $Q = CU = 144{,}74\,\text{pF} \cdot 600\,\text{V} = \mathbf{86{,}84\,nAs}$

$E = \frac{U}{l} = \frac{600\,\text{V}}{3\,\text{mm}} = \mathbf{2\,\frac{kV}{cm}}$

75/8 a) $C = \mathbf{72{,}37\,pF}$

b) $Q = CU \Rightarrow U = \frac{Q}{C} = \frac{86{,}84\,\text{nAs}}{72{,}37\,\text{pF}} = \mathbf{1\,200\,V}$

c) $E = \frac{U}{l} = \frac{1\,200\,\text{V}}{6\,\text{mm}} = \mathbf{2\,\frac{kV}{cm}}$

Lösungen zu 5.2.6 Schaltungen von Kondensatoren

76/1 $C = C_1 + C_2 = 15\,\text{nF} + 68\,\text{nF} = \mathbf{83\,nF}$

76/2 $C = C_1 + C_2 \Rightarrow C_2 = C - C_1 = 1{,}15\,\text{nF} - 470\,\text{pF} = \mathbf{680\,pF}$

76/3 $C = \frac{C_1C_2}{C_1 + C_2} = \frac{270\,\text{pF} \cdot 680\,\text{pF}}{270\,\text{pF} + 680\,\text{pF}} = \mathbf{193{,}26\,pF}$

76/4 $\frac{1}{C} = \frac{1}{C_1} + \frac{1}{C_2} + \frac{1}{C_3} = \frac{1}{150\,\text{pF}} + \frac{1}{820\,\text{pF}} + \frac{1}{1{,}2\,\text{nF}} = 0{,}008\,718\,\frac{1}{\text{pF}}$; $C = \mathbf{114{,}71\,pF}$

76/5 $C = \frac{C_1C_2}{C_1 + C_2} \Rightarrow C_2 = \frac{C_1C}{C_1 - C} = \frac{560\,\text{pF} \cdot 208\,\text{pF}}{560\,\text{pF} - 208\,\text{pF}} \approx \mathbf{330\,pF}$

76/6 $C = \frac{C_1C_2}{C_1 + C_2} \Rightarrow C_2 = \frac{C_1C}{C_1 - C} = \frac{380\,\text{pF} \cdot 158\,\text{pF}}{380\,\text{pF} - 158\,\text{pF}} \approx \mathbf{270\,pF}$

76/7 a) $C = \frac{C_1C_2}{C_1 + C_2} = \frac{10\,\text{nF} \cdot 47\,\text{nF}}{10\,\text{nF} + 47\,\text{nF}} = \mathbf{8{,}25\,nF}$

b) $\frac{C_1}{C} = \frac{U}{U_1} \Rightarrow U_1 = \frac{CU}{C_1} = \frac{8{,}25\,\text{nF} \cdot 400\,\text{V}}{10\,\text{nF}} = \mathbf{330\,V}$

$U_2 = U - U_1 = 400\,\text{V} - 330\,\text{V} = \mathbf{70\,V}$

76/8 $\frac{C_x}{C_N} = \frac{U_N}{U_x} \Rightarrow C_x = \frac{C_N U_N}{U_x} = \frac{470\,\text{pF} \cdot 8{,}16\,\text{V}}{6{,}84\,\text{V}} \approx \mathbf{560\,pF}$

76/9 **C_1 und C_2 parallel und C_3 dazu in Reihe:**

$C_{1,2} = C_1 + C_2 = 1{,}5\,nF + 3{,}9\,nF = 5{,}4\,nF$; $C = \dfrac{C_{1,2}C_3}{C_{1,2} + C_3} = \dfrac{5{,}4\,nF \cdot 6{,}8\,nF}{5{,}4\,nF + 6{,}8\,nF} = 3\,nF$

Probe: $U_{1,2} = \dfrac{CU}{C_{1,2}} = \dfrac{3\,nF \cdot 700\,V}{5{,}4\,nF} = 388{,}89\,V$

$U_3 = U - U_{1,2} = 700\,V - 388{,}89\,V = 311{,}11\,V$

Bei den anderen Schaltungsmöglichkeiten wird die Spannungsfestigkeit von 400 V überschritten.

76/10 **C_2 und C_6 in Reihe:**

$C = \dfrac{C_2C_6}{C_2 + C_6} = \dfrac{70\,pF \cdot 126\,pF}{70\,pF + 126\,pF} = 45\,pF$

$U_2 = \dfrac{CU}{C_2} = \dfrac{45\,pF \cdot 800\,V}{70\,pF} = 514{,}29\,V$; $U_6 = U - U_2 = 800\,V - 514{,}29\,V = 285{,}71\,V$

Lösungen zu 5.2.7 RC-Schaltung an Gleichspannung und Rechteckspannung

77/1 $\tau = RC = 560\,k\Omega \cdot 0{,}1\,\mu F = \mathbf{56\,ms}$

77/2 $\tau = RC = 18\,k\Omega \cdot 15\,nF = \mathbf{270\,\mu s}$

77/3 $\tau = RC \Rightarrow R = \dfrac{\tau}{C} = \dfrac{360\,ms}{200\,\mu F} = \mathbf{1{,}8\,k\Omega}$

77/4 $\tau = RC \Rightarrow C = \dfrac{\tau}{R} = \dfrac{28\,ms}{5{,}6\,k\Omega} = \mathbf{5\,\mu F}$

77/5 $7{,}4\,V \mathrel{\widehat{=}} 37\,\%$ von $20\,V \Rightarrow \tau = 2{,}5\,s$; $\tau = RC \Rightarrow C = \dfrac{\tau}{R} = \dfrac{2{,}5\,s}{50\,k\Omega} = \mathbf{50\,\mu F}$

77/6 $31{,}5\,V \mathrel{\widehat{=}} 63\,\%$ von $50\,V \Rightarrow \tau = 9\,s$; $\tau = RC \Rightarrow R = \dfrac{\tau}{C} = \dfrac{9\,s}{50\,\mu F} = \mathbf{180\,k\Omega}$

77/7 $\tau = R \cdot C = 680\,k\Omega \cdot 15\,nF = 10{,}2\,ms$; $t = 60\,ms > 5\tau \Rightarrow U_C \approx \mathbf{120\,V}$; $I \approx \mathbf{0\,A}$

77/8 $\tau = R \cdot C = 27\,k\Omega \cdot 470\,pF = 12{,}69\,\mu s$

$t = 12{,}69\,\mu s = 1\tau \Rightarrow U_C = 0{,}37 \cdot U = 0{,}37 \cdot 30\,V = \mathbf{11{,}1\,V}$

$I = -0{,}37 \cdot I_{max} = -0{,}37 \cdot U/R = -0{,}37 \cdot 30\,V/27\,k\Omega = \mathbf{-0{,}41\,mA}$

78/9 $\tau = R \cdot C = 27\,\text{k}\Omega \cdot 2\,\mu\text{F} = 54\,\text{ms}$

$u_C = U_b\,[1 - \exp(-t/\tau)] = 24\,\text{V}\,[1 - \exp(-54\,\text{ms}/54\,\text{ms})] = \mathbf{15{,}171\,V}$

$i = U_b/R \cdot \exp(-t/\tau) = 24\,\text{V}/27\,\text{k}\Omega \cdot \exp(-54\,\text{ms}/54\,\text{ms}) = \mathbf{0{,}327\,mA}$

78/10 $\tau = R \cdot C = 68\,\text{k}\Omega \cdot 47\,\text{nF} = 3{,}196\,\text{ms}$

$u_C = U_b \cdot \exp(-t/\tau) = 200\,\text{mV} \cdot \exp(-3{,}2\,\text{ms}/3{,}196\,\text{ms}) = \mathbf{73{,}576\,mV}$

$i = -U_b/R \cdot \exp(-t/\tau) = -200\,\text{mV}/68\,\text{k}\Omega \cdot \exp(-3{,}2\,\text{ms}/3{,}196\,\text{ms}) = \mathbf{-1{,}082\,\mu A}$

78/11 $\tau = R \cdot C = 100\,\text{k}\Omega \cdot 0{,}1\,\mu\text{F} = 10\,\text{ms}$

$i = U_b/R \cdot \exp(-t/\tau) = 10\,\text{V}/100\,\text{k}\Omega \cdot \exp(-8\,\text{ms}/10\,\text{ms}) = \mathbf{44{,}93\,\mu A}$

$u_C = U_b\,[1 - \exp(-t/\tau)] = 10\,\text{V}\,[1 - \exp(-8\,\text{ms}/10\,\text{ms})] = \mathbf{5{,}507\,V}$

78/12 $\tau = R \cdot C = 680\,\text{k}\Omega \cdot 15\,\text{nF} = 10{,}2\,\text{ms}$

$u_C = U_b\,[1 - \exp(-t/\tau)] = 120\,\text{V}\,[1 - \exp(-51\,\text{ms}/10{,}2\,\text{ms})] = \mathbf{119{,}191\,V}$

$i = U_b/R \cdot \exp(-t/\tau) = 120\,\text{V}/680\,\text{k}\Omega \cdot \exp(-51\,\text{ms}/10{,}2\,\text{ms}) = \mathbf{1{,}189\,\mu A}$

78/13 $\tau = R_1 \cdot C_1 = 100\,\text{k}\Omega \cdot 0{,}1\,\mu\text{F} = 10\,\text{ms}$

$i = U_b/R_1 \cdot \exp(-t/\tau) \Rightarrow t = \tau \cdot \ln\,[U_b/(i \cdot R_1)] = 10\,\text{ms} \cdot \ln\,[10\,\text{V}/(30\,\mu\text{A} \cdot 100\,\text{k}\Omega)] = \mathbf{12{,}030\,ms}$

$u_C = U_b\,[1 - \exp(-t/\tau)] = 10\,\text{V}\,[1 - \exp(-12{,}030\,\text{ms}/10\,\text{ms})] = \mathbf{6{,}988\,V}$

78/14 $\tau = RC = 180\,\text{k}\Omega \cdot 5\,\mu\text{F} = 900\,\text{ms}$

$$u_C = U_b \exp(-t/\tau) \Rightarrow t = \tau \cdot \ln \frac{U_b}{u_C} = 900\,\text{ms} \cdot \ln \frac{20\,\text{V}}{8{,}3\,\text{V}} = \mathbf{791{,}667\,ms}$$

$$i = -\frac{U_b}{R} \exp(-t/\tau) = -\frac{20\,\text{V}}{180\,\text{k}\Omega} \cdot \exp(-791{,}667\,\text{ms}/900\,\text{ms}) = \mathbf{-46{,}043\,\mu A}$$

78/15 $T = 1/f = 1/5\,\text{kHz} = 0{,}2\,\text{ms}$; $g = t_i/T \Rightarrow t_i = g \cdot T = 0{,}5 \cdot 0{,}2\,\text{ms} = 0{,}1\,\text{ms}$

$\tau = t_i/5 = 0{,}1\,\text{ms}/5 = 20\,\mu\text{s}$; $\tau = R \cdot C \Rightarrow R = \tau/C = 20\,\mu\text{s}/15\,\text{nF} = \mathbf{1{,}33\,k\Omega}$

78/16 $T = 1/f = 1/50\,\text{Hz} = 20\,\text{ms}$; $g = t_i/T \Rightarrow t_i = g \cdot T = 0{,}5 \cdot 20\,\text{ms} = 10\,\text{ms}$

$\tau = 10 \cdot t_i = 10 \cdot 10\,\text{ms} = 100\,\text{ms}$; $\tau = R \cdot C \Rightarrow C = \tau/R = 100\,\text{ms}/100\,\text{k}\Omega = \mathbf{1\,\mu F}$

78/17 **a)** $15\,\mu\text{s} = 5\tau \Rightarrow \tau = 3\,\mu\text{s}$

$\tau = R \cdot C \Rightarrow C = \tau/R = 3\,\mu\text{s}/18\,\text{k}\Omega = \mathbf{166{,}67\,pF}$

b) $t_i/\tau = 12 \Rightarrow t_i = 12\tau = 12 \cdot 3\,\mu\text{s} = 36\,\mu\text{s}$

$g = t_i/T \Rightarrow T = t_i/g = 36\,\mu\text{s}/0{,}5 = 72\,\mu\text{s}$

$f = 1/T = 1/72\,\mu\text{s} = \mathbf{13{,}89\,kHz}$

78/18 **a)** $\tau = R \cdot C = 100\,k\Omega \cdot 27\,pF = 2{,}7\,\mu s$
$t_{imax} = 5\tau = 5 \cdot 2{,}7\,\mu s =$ **13,5 µs**
b) $T = 1/f = 1/15\,625\,Hz = 64\,\mu s$
$g = t_i/T \Rightarrow t_i = g \cdot T = 0{,}1 \cdot 64\,\mu s = 6{,}4\,\mu s$
$t_i/\tau = 6{,}4\,\mu s/2{,}7\,\mu s =$ **2,37**

78/19 $T = 1/f = 1/10\,kHz = 100\,\mu s$
$g = t_i/T \Rightarrow t_i = g \cdot T = 0{,}5 \cdot 100\,\mu s = 50\,\mu s$
$t_p = T - t_i = 100\,\mu s - 50\,\mu s = 50\,\mu s$
$u_C = u \cdot \exp(-t_p/\tau) \Rightarrow \tau = t_p/\ln(u/u_C) = 50\,\mu s/\ln(1{,}01/0{,}99) = 2{,}5\,ms$
$\tau = R \cdot C \Rightarrow C = \tau/R = 2{,}5\,ms/12\,k\Omega =$ **208,33 nF**

78/20 $\tau = R \cdot C = 220\,k\Omega \cdot 1{,}5\,\mu F = 0{,}33\,s$
$T = 1/f = 1/7{,}5\,kHz = 133{,}33\,\mu s$
$g = t_i/T \Rightarrow t_i = g \cdot T = 0{,}5 \cdot 133{,}33\,\mu s = 66{,}67\,\mu s$
$u_R = u \cdot \exp(-t_i/\tau) \Rightarrow \frac{u_R}{u} = \exp(-t_i/\tau) = \exp(-66{,}67\,\mu s/0{,}33\,s) = 0{,}9998$
d. h. der Dachabfall beträgt **0,02 %**

78/21 $u_C = (U_2 - U_1)\left[1 - \exp(-t/\tau)\right] + U_1 = (10\,V - 2\,V)\left[1 - \exp(-1\,ms/4{,}6\,ms)\right] + 2\,V =$ **3,56 V**

78/22
nach 2 ms: $u_{C1} = U_1\left[1 - \exp(-t/\tau)\right] = 2\,V\left[1 - \exp(-1\,ms/5\,ms)\right] =$ **0,363 V**
nach 4 ms: $u_{C2} = u_{C1} \cdot \exp(-t/\tau) = 0{,}363\,V \cdot \exp(-2\,ms/5\,ms) =$ **0,243 V**
nach 7 ms: $u_{C3} = (U_1 - u_{C2})\left[1 - \exp(-t/\tau)\right] + u_{C2}$
$= (2\,V - 0{,}243\,V)\left[1 - \exp(-3\,ms/5\,ms)\right] + 0{,}243\,V =$ **1,036 V**
nach 8 ms: $u_{C4} = u_{C3} \cdot \exp(-t/\tau) = 1{,}036\,V \cdot \exp(-1\,ms/5\,ms) =$ **0,848 V**
nach 9 ms: $u_{C5} = (U_1 - u_{C4})\left[1 - \exp(-t/\tau)\right] + u_{C4}$
$= (2\,V - 0{,}848\,V)\left[1 - \exp(-1\,ms/5\,ms)\right] + 0{,}848\,V =$ **1,057 V**

Lösungen zu 5.2.8 Kapazitiver Blindwiderstand

79/1 $X_C = \frac{1}{\omega C} = \frac{1}{2\pi \cdot 50\,Hz \cdot 1\,\mu F} =$ **3,18 kΩ**

79/2 **a)** $X_C = \frac{1}{\omega C} = \frac{1}{2\pi \cdot 800\,kHz \cdot 18\,nF} =$ **11,05 Ω**; **b)** $B_C = \frac{1}{X_C} = \frac{1}{11{,}05\,\Omega} =$ **90,5 mS**

79/3 $X_C = \frac{1}{\omega C} = \frac{1}{2\pi \cdot 1{,}6\,MHz \cdot 680\,pF} = 146{,}36\,\Omega$; $I = \frac{U}{X_C} = \frac{12\,V}{146{,}36\,\Omega} =$ **81,99 mA**

79/4 $X_C = \frac{1}{\omega C} = \frac{1}{2\pi \cdot 460\,\text{kHz} \cdot 47\,\text{nF}} = 7{,}37\,\Omega$; $U = IX_C = 5\,\text{mA} \cdot 7{,}37\,\Omega = \mathbf{36{,}85\,mV}$

79/5 $X_C = \frac{U}{I} = \frac{6\,\text{V}}{1{,}22\,\text{mA}} = 4{,}92\,\text{k}\Omega$

$X_C = \frac{1}{\omega C} \Rightarrow C = \frac{1}{\omega X_C} = \frac{1}{2\pi \cdot 120\,\text{kHz} \cdot 4{,}92\,\text{k}\Omega} \approx \mathbf{270\,pF}$

79/6 $X_C = \frac{1}{\omega C} \Rightarrow C = \frac{1}{\omega X_C} = \frac{1}{2\pi \cdot 30\,\text{Hz} \cdot 56\,\Omega} = \mathbf{94{,}78\,\mu F}$

79/7 $B_C = \omega C \Rightarrow f = \frac{B_C}{2\pi C} = \frac{1\,\text{ms}}{2\pi \cdot 680\,\text{pF}} = \mathbf{234{,}17\,kHz}$

79/8 $X_C = \frac{U}{I} = \frac{120\,\text{mV}}{3\,\text{mA}} = 40\,\Omega$

$X_C = \frac{I}{\omega C} \Rightarrow f = \frac{1}{2\pi \cdot CX_C} = \frac{1}{2\pi \cdot 50\,\text{nF} \cdot 40\,\Omega} = \mathbf{79{,}62\,kHz}$

79/9 **a)** $X_{C1} = \frac{1}{\omega C_1} = \frac{1}{2\pi \cdot 575\,\text{kHz} \cdot 470\,\text{pF}} = \mathbf{589{,}22\,\Omega}$

b) $U_2 = U - U_1 = 150\,\text{mV} - 36{,}4\,\text{mV} = \mathbf{113{,}6\,mV}$

c) $\frac{C_2}{C_1} = \frac{U_1}{U_2} \Rightarrow C_2 = \frac{C_1 U_1}{U_2} = \frac{470\,\text{pF} \cdot 36{,}4\,\text{mV}}{113{,}6\,\text{mV}} \approx \mathbf{150\,pF}$

79/10 **a)** $X_{C1} = \frac{U_1}{I} = \frac{5\,\text{V}}{20\,\text{mA}} = \mathbf{250\,\Omega}$

b) $X_{C1} = \frac{1}{\omega C_1} \Rightarrow f = \frac{1}{2\pi \cdot C_1 X_{C1}} = \frac{1}{2\pi \cdot 15\,\text{nF} \cdot 250\,\Omega} = \mathbf{42{,}46\,kHz}$

c) $X_{C2} = \frac{1}{\omega C_2} = \frac{1}{2\pi \cdot 42{,}46\,\text{kHz} \cdot 33\,\text{nF}} = \mathbf{113{,}64\,\Omega}$

d) $U_2 = IX_{C2} = 20\,\text{mA} \cdot 113{,}64\,\Omega = \mathbf{2{,}27\,V}$

e) $U = U_1 + U_2 = 5\,\text{V} + 2{,}27\,\text{V} = \mathbf{7{,}27\,V}$

79/11 **a)** $X_{C1} = \frac{1}{\omega C_1} = \frac{1}{2\pi \cdot 1\,\text{kHz} \cdot 120\,\text{nF}} = \mathbf{1\,326{,}29\,\Omega}$

$X_{C2} = \frac{1}{\omega C_2} = \frac{1}{2\pi \cdot 1\,\text{kHz} \cdot 470\,\text{nF}} = \mathbf{338{,}63\,\Omega}$

b) $I_1 = \frac{U}{X_{C1}} = \frac{3\,\text{V}}{1\,326{,}29\,\Omega} = \mathbf{2{,}26\,mA}$

$I_2 = \frac{U}{X_{C2}} = \frac{3\,\text{V}}{338{,}63\,\Omega} = \mathbf{8{,}86\,mA}$

79/12 a) $X_{C1} = \frac{1}{\omega C_1} = \frac{1}{2\pi \cdot 470\,\text{kHz} \cdot 220\,\text{pF}} = \mathbf{1\,539{,}22\,\Omega}$

b) $I_1 = I - I_2 = 10\,\text{mA} - 4\,\text{mA} = \mathbf{6\,mA}$

c) $U = I_1 \cdot X_{C1} = 6\,\text{mA} \cdot 1\,539{,}22\,\Omega = \mathbf{9{,}24\,V}$

d) $X_{C2} = \frac{U}{I_2} = \frac{9{,}24\,\text{V}}{4\,\text{mA}} = 2{,}31\,\text{k}\Omega$

$X_{C2} = \frac{1}{\omega C_2} \Rightarrow C_2 = \frac{1}{\omega \cdot X_{C2}} = \frac{1}{2\pi \cdot 470\,\text{kHz} \cdot 2{,}31\,\text{k}\Omega} = \mathbf{146{,}6\,pF}$

Lösungen zu 5.3.1.1 Magnetische Grundgrößen

80/1 $\Theta = I \cdot N = 80\,\text{mA} \cdot 2\,000 = \mathbf{160\,A}$

80/2 $\Theta = I \cdot N \Rightarrow N = \frac{\Theta}{I} = \frac{2{,}5\,\text{A}}{50\,\text{mA}} = \frac{2\,500\,\text{mA}}{50\,\text{mA}} = \mathbf{50}$

80/3 $\Theta = I \cdot N \Rightarrow I = \frac{\Theta}{N} = \frac{150\,\text{A}}{800} = 0{,}187\,5\,\text{A} = \mathbf{187{,}5\,mA}$

80/4 $\Theta = I_1 \cdot N_1 = 0{,}15\,\text{A} \cdot 1\,200 = 180\,\text{A};\quad I_2 = \frac{\Theta}{N_2} = \frac{180\,\text{A}}{2\,000} = \mathbf{90\,mA}$

80/5 $\Theta = I \cdot N = 0{,}2\,\text{A} \cdot 300 = 60\,\text{A};\quad H = \frac{\Theta}{l} = \frac{60\,\text{A}}{0{,}15\,\text{m}} = \mathbf{400\,\frac{A}{m}}$

81/6 $H = \frac{\Theta}{l} \Rightarrow \Theta = H \cdot l = 3{,}5\,\frac{\text{A}}{\text{cm}} \cdot 0{,}18\,\text{m} = \mathbf{63\,A}$

$\Theta = I \cdot N \Rightarrow I = \frac{\Theta}{N} = \frac{63\,\text{A}}{750} = \mathbf{84\,mA}$

81/7 $B = \frac{\Phi}{A} = \frac{1{,}44\,\text{mWb}}{12\,\text{cm}^2} = \frac{14{,}4 \cdot 10^{-4}\,\text{Vs}}{12 \cdot 10^{-4}\,\text{m}^2} = \mathbf{1{,}2\,\frac{Vs}{m^2}}$

81/8 $B = \frac{\Phi}{A} \Rightarrow \Phi = B \cdot A = 1{,}1\,\text{T} \cdot 16\,\text{cm}^2 = 1{,}1\,\frac{\text{Vs}}{\text{m}^2} \cdot 16 \cdot 10^{-4}\,\text{m}^2 = \mathbf{1{,}76\,mVs}$

81/9 $B = \mu_0 \cdot \mu_r \cdot H = 1{,}257 \cdot 10^{-6}\,\frac{\text{Vs}}{\text{Am}} \cdot 1 \cdot 25\,\frac{\text{A}}{\text{cm}} = 1{,}257 \cdot 10^{-6} \cdot 25 \cdot 10^{2}\,\frac{\text{Vs}}{\text{m}^2}$

$= 31{,}4 \cdot 10^{-4}\,\frac{\text{Vs}}{\text{m}^2} = \mathbf{3{,}14\,mT}$

81/10 $B = \mu_0 \cdot \mu_r \cdot H \Rightarrow H = \frac{B}{\mu_0 \cdot \mu_r} = \frac{5\,\text{mT}}{1{,}257 \cdot 10^{-6}\,\text{Vs/Am} \cdot 1} = \mathbf{3{,}97 \cdot 10^3\,\frac{A}{m}}$

81/11 $B = \mu_0 \cdot \mu_r \cdot H \Rightarrow \mu_r = \frac{B}{\mu_0 \cdot H} = \frac{0{,}38\,\text{T}}{1{,}257 \cdot 10^{-6}\,\text{Vs/Am} \cdot 2\,\text{A/cm}} = \frac{0{,}38 \cdot 10^4}{1{,}257 \cdot 2} = \mathbf{1\,512}$

81/12 $B = \mu_0 \cdot \mu_r \cdot H = 1{,}257 \cdot 10^{-6}\,\frac{\text{Vs}}{\text{Am}} \cdot 7\,000 \cdot 80\,\frac{\text{A}}{\text{m}} = \mathbf{0{,}704\,\frac{Vs}{m^2}}$

81/13 **a)** Aus Kennlinie Bild 2 abgelesen: $H \approx \mathbf{265\,\frac{A}{m}}$

b) $B = \mu_0 \cdot \mu_r \cdot H \Rightarrow \mu_r = \frac{B}{\mu_0 \cdot H} = \frac{0{,}3\,\text{T}}{1{,}257(\mu\text{Vs/(Am)}) \cdot 265\,\text{A/m}} = \mathbf{901}$

81/14 **a)** Aus Kennlinie Bild 3: $H \approx \mathbf{200\,\frac{A}{m}}$

b) $B = \mu_0 \cdot \mu_r \cdot H \Rightarrow \mu_r = \frac{B}{\mu_0 \cdot H} = \frac{1{,}1\,\text{T}}{1{,}257(\mu\text{Vs/(Am)}) \cdot 200\,\text{A/m}} = \mathbf{4\,375}$

81/15 **a)** Aus Kennlinie Bild 2:
Bei B = 0,2 T wird abgelesen: $H \approx 150\,\frac{\text{A}}{\text{m}} = 1{,}5\,\frac{\text{A}}{\text{cm}}$

$H = \frac{I \cdot N}{l} \Rightarrow N = \frac{H \cdot l}{I} = \frac{1{,}5\,\frac{\text{A}}{\text{cm}} \cdot 10{,}5\,\text{cm}}{45\,\text{mA}} = \mathbf{350}$

b) $\mu_r = \frac{B}{\mu_0 \cdot H} = \frac{0{,}2\,\text{T} \cdot \text{A} \cdot \text{m} \cdot \text{m}}{1{,}257 \cdot 10^{-6}\,\text{Vs} \cdot 150\,\text{A}} = \mathbf{1\,061}$

81/16 **a)** $H = \frac{I \cdot N}{l} = \frac{15\,\text{mA} \cdot 800}{0{,}12\,\text{m}} = 100\,\frac{\text{A}}{\text{m}}$

Aus Kennlinie Bild 3:
Bei H = 100 A/m wird abgelesen: $B \approx \mathbf{0{,}91\,T}$

b) $\mu_r = \frac{B}{\mu_0 \cdot H} = \frac{0{,}91\,\text{V} \cdot \text{s} \cdot \text{A} \cdot \text{m} \cdot \text{m}}{\text{m}^2 \cdot 1{,}257 \cdot 10^{-6}\,\text{Vs} \cdot 100\,\text{A}} = \mathbf{7\,239}$

Lösungen zu 5.3.1.2 Strom im Magnetfeld

82/1 $F = B \cdot I \cdot l \cdot z \Rightarrow I = \frac{F}{B \cdot l \cdot z} = \frac{1\,\text{N}}{1{,}1\,\frac{\text{Vs}}{\text{m}^2} \cdot 6\,\text{cm} \cdot 20} = \frac{1\,\frac{\text{VAs}}{\text{m}}}{1{,}1\,\frac{\text{Vs}}{\text{m}^2} \cdot 6 \cdot 10^{-2}\,\text{m} \cdot 20} = \mathbf{0{,}757\,A}$

82/2 $F = B \cdot I \cdot l \cdot z = 1{,}3\,\text{T} \cdot 100\,\text{mA} \cdot 8\,\text{cm} \cdot 24 = 1{,}3\,\frac{\text{Vs}}{\text{m}^2} \cdot 0{,}1\,\text{A} \cdot 0{,}08\,\text{m} \cdot 24 = 0{,}25\,\frac{\text{VAs}}{\text{m}} = \mathbf{0{,}25\,N}$

82/3 $F = B \cdot I \cdot l \cdot z \Rightarrow z = \dfrac{F}{B \cdot I \cdot l} = \dfrac{2\,\text{mN}}{1\,\frac{\text{Vs}}{\text{m}^2} \cdot 0{,}1\,\text{mA} \cdot 2\,\text{cm}} = \mathbf{1\,000}$

82/4 $F = B \cdot I \cdot l \cdot z \Rightarrow l = \dfrac{F}{B \cdot I \cdot z} = \dfrac{1\,\text{mN}}{1{,}2\,\frac{\text{Vs}}{\text{m}^2} \cdot 0{,}1\,\text{mA} \cdot 500} = \mathbf{1{,}67\,cm}$

82/5 $U_H = \dfrac{R_H \cdot I \cdot B}{s} = \dfrac{0{,}12 \cdot 10^{-3}\,\frac{\text{m}^3}{\text{As}} \cdot 50\,\text{mA} \cdot 0{,}35\,\text{T}}{0{,}2\,\text{mm}} = \mathbf{10{,}5\,mV}$

82/6 $U_H = \dfrac{R_H \cdot I \cdot B}{s} \Rightarrow B = \dfrac{U_H \cdot s}{R_H \cdot I} = \dfrac{0{,}5\,\text{mV} \cdot 0{,}1\,\text{mm}}{0{,}5 \cdot 10^{-6}\,\frac{\text{m}^3}{\text{As}} \cdot 0{,}1\,\text{A}} = \mathbf{1\,\dfrac{Vs}{m^2}}$

82/7 $U_H = \dfrac{R_H \cdot I \cdot B}{s} \Rightarrow I = \dfrac{U_H \cdot s}{R_H \cdot B} = \dfrac{10\,\text{mV} \cdot 0{,}15\,\text{mm}}{1 \cdot 10^{-3}\,\frac{\text{m}^3}{\text{As}} \cdot 0{,}1\,\frac{\text{As}}{\text{m}^2}} = \mathbf{15\,mA}$

82/8 $U_H = \dfrac{R_H \cdot I \cdot B}{s} \Rightarrow R_H = \dfrac{U_H \cdot s}{I \cdot B} = \dfrac{14{,}4\,\text{mV} \cdot 0{,}2\,\text{mm}}{30\,\text{mA} \cdot 0{,}8\,\text{T}} = \mathbf{0{,}12 \cdot 10^{-3}\,\dfrac{m^3}{As}}$

Lösungen zu 5.3.2 Induktion und Induktivität

83/1 $u_i = -N \cdot \dfrac{\Delta\Phi}{\Delta t} = -600 \cdot \dfrac{-0{,}4\,\text{mVs}}{15\,\text{ms}} = \mathbf{16\,V}$

83/2 $u_i = -N \cdot \dfrac{\Delta\Phi}{\Delta t} = -3\,600 \cdot \dfrac{-0{,}3\,\text{mWb}}{3\,\text{ms}} = \dfrac{3{,}6 \cdot 10^3 \cdot 0{,}3 \cdot 10^{-3}\,\text{Vs}}{3\,\text{s}} = \mathbf{0{,}36\,V}$

83/3 $u_i = -L \cdot \dfrac{\Delta i}{\Delta t} = -5\,\text{mH} \cdot \dfrac{2\,\text{mA} - 10\,\text{mA}}{0{,}2\,\text{ms}} = -5\,\text{mH} \cdot \dfrac{-8\,\text{mA}}{0{,}2\,\text{ms}} = \mathbf{0{,}2\,V}$

83/4 $u_i = -L \cdot \dfrac{\Delta i}{\Delta t} \Rightarrow \Delta t = -\dfrac{L \cdot \Delta i}{U_i} = -\dfrac{1{,}5\,\text{H} \cdot (-0{,}2\,\text{A})}{600\,\text{V}} = \dfrac{1{,}5\,\text{Vs} \cdot 0{,}2\,\text{A}}{\text{A} \cdot 600\,\text{V}} = \dfrac{0{,}3}{600}\,\text{s} = \mathbf{0{,}5\,ms}$

83/5 **a)** $L_1 = N_1^2 \cdot A_L \Rightarrow A_L = \dfrac{L_1}{N_1^2} = \dfrac{35\,\text{mH}}{(100)^2} = 3{,}5\,\mu\text{H} = \mathbf{3{,}5\,\mu Vs/A}$

b) $L_2 = N_2^2 \cdot A_L = 2\,500^2 \cdot 3{,}5 \cdot 10^{-6}\,\text{Vs/A} = \mathbf{21{,}9\,H}$

83/6 $L = N^2 \cdot A_L \Rightarrow A_L = \dfrac{L}{N^2} = \dfrac{0{,}225\,\text{H}}{1\,500^2} = \dfrac{0{,}225 \cdot \text{Vs}}{2{,}25 \cdot 10^6\,\text{A}} = \mathbf{0{,}1\,\mu\dfrac{Vs}{A}}$

83/7 $L = N^2 \cdot A_L \Rightarrow N = \sqrt{\frac{L}{A_L}} = \sqrt{\frac{2\,H}{2{,}8 \cdot 10^{-6}\,Vs/A}} = \sqrt{\frac{2 \cdot 10^6}{2{,}8}} = \mathbf{845}$

83/8 $L = N^2 \cdot A_L \Rightarrow N = \sqrt{\frac{L}{A_L}} = \sqrt{\frac{15\,mH}{0{,}25 \cdot 10^{-6}\,Vs/A}} = \mathbf{245}$

83/9 $u_i = B \cdot l \cdot v \cdot z = 1{,}2\,T \cdot 18{,}8\,mm \cdot 0{,}22\,\frac{m}{s} \cdot 50 = \frac{1{,}2\,Vs \cdot 0{,}0188\,m \cdot 0{,}22\,m \cdot 50}{m^2 \cdot s} = \mathbf{0{,}248\,V}$

83/10 $u_i = B \cdot l \cdot v \cdot z \Rightarrow v = \frac{u_i}{B \cdot l \cdot z} = \frac{180\,mV}{1{,}15\,T \cdot 20{,}4\,mm \cdot 40} = \frac{0{,}180\,V \cdot m^2}{1{,}15\,Vs \cdot 0{,}0204\,m \cdot 40} = \mathbf{0{,}192\,\frac{m}{s}}$

Lösungen zu 5.3.3 Energie und Energiedichte des magnetischen Feldes

84/1 $W = \frac{1}{2} \cdot L \cdot I^2 = \frac{1}{2} \cdot 630\,H \cdot (100\,mA)^2 = \mathbf{3{,}15\,Ws}$

84/2 $W = \frac{1}{2} \cdot L \cdot I^2 \Rightarrow I = \sqrt{\frac{2 \cdot W}{L}} = \sqrt{\frac{2 \cdot 37{,}5 \cdot 10^{-3}\,V \cdot A \cdot s}{1{,}2\,Vs/A}} = \mathbf{250\,mA}$

84/3 $L = N^2 \cdot A_L = 1200^2 \cdot 0{,}1 \cdot 10^{-6}\,Vs/A = 144\,mH$

$W = \frac{1}{2} \cdot L \cdot I^2 = \frac{1}{2} \cdot 144\,mH \cdot (50\,mA)^2 = \mathbf{180\,\mu Ws}$

84/4 $W = \frac{1}{2} \cdot L \cdot I^2 \Rightarrow L = \frac{2 \cdot W}{I^2} = \frac{2 \cdot 8\,\mu Ws}{(20\,mA)^2} = 40\,mH$

$L = N^2 \cdot A_L \Rightarrow N = \sqrt{\frac{L}{A_L}} = \sqrt{\frac{40\,mH}{0{,}25\,\mu H}} = \mathbf{400}$

84/5 **a)** $w = \frac{1}{2} \cdot B \cdot H = \frac{1}{2} \cdot 1{,}2\,T \cdot 3\,\frac{A}{cm} = \frac{1{,}2\,Vs \cdot 300\,A}{2 \cdot m^2 \cdot m} = \mathbf{180\,\frac{Ws}{m^3}}$

b) $W = w \cdot V = 180\,\frac{Ws}{m^3} \cdot 165\,cm^3 = 180\,\frac{Ws}{m^3} \cdot 165 \cdot 10^{-6}\,m^3 = \mathbf{29{,}7\,mWs}$

84/6 **a)** $w = \frac{1}{2} \cdot B \cdot H = \frac{1}{2} \cdot 0{,}4\,T \cdot 350\,A/m = \frac{0{,}4\,Vs \cdot 350\,A}{2 \cdot m^2 \cdot m} = \mathbf{70\,\frac{Ws}{m^3}}$

b) $W = w \cdot V = 70\,\frac{W}{m^3} \cdot 5 \cdot 10^{-6}\,m^3 = \mathbf{350\,\mu Ws}$

84/7 $$w = \frac{1}{2} \cdot \frac{B^2}{\mu_0} = \frac{(0{,}8\,\text{T})^2}{2 \cdot 1{,}257\,\mu\text{Vs/(Am)}} = \frac{0{,}8^2 \cdot \text{V}^2 \cdot \text{s}^2 \cdot \text{A} \cdot \text{m}}{2 \cdot \text{m}^4 \cdot 1{,}257 \cdot 10^{-6}\,\text{Vs}} = \mathbf{254{,}6\,\frac{kWs}{m^3}}$$

84/8 $$w = \frac{1}{2} \cdot \frac{B^2}{\mu_0} = \frac{(50\,\mu\text{T})^2}{2 \cdot 1{,}257\,\mu\text{Vs/(Am)}} = \frac{50^2 \cdot 10^{-12}\,\text{V}^2 \cdot \text{s}^2 \cdot \text{A} \cdot \text{m}}{2 \cdot \text{m}^4 \cdot 1{,}257 \cdot 10^{-6}\,\text{Vs}} = 0{,}994\,\frac{\text{mWs}}{\text{m}^3} \approx \mathbf{1\,\frac{mJ}{m^3}}$$

84/9 $$w = \frac{1}{2}\mu_0 \cdot H^2 = \frac{1}{2}\mu_0 \left(\frac{I \cdot N}{l}\right)^2 = \frac{1{,}257 \cdot 10^{-6}\,\text{V} \cdot \text{s} \cdot (50 \cdot 10^{-3}\,\text{A} \cdot 2\,000)^2}{2 \cdot \text{A} \cdot \text{m} \cdot (0{,}18\,\text{m})^2} = \mathbf{0{,}194\,\frac{Ws}{m^3}}$$

84/10 $$w = \frac{1}{2}\mu_0 \cdot H^2 \Rightarrow H = \sqrt{\frac{2 \cdot w}{\mu_0}} = \sqrt{\frac{2 \cdot 113{,}5\,\text{mWs/m}^3}{1{,}257 \cdot 10^{-6}\,\text{Vs/(Am)}}} = \sqrt{\frac{2 \cdot 113{,}5 \cdot 10^{-3}\,\text{Ws} \cdot \text{A} \cdot \text{m}}{\text{m}^3 \cdot 1{,}257 \cdot 10^{-6}\,\text{Vs}}} = 425\,\frac{\text{A}}{\text{m}}$$

$$H = \frac{I \cdot N}{l} \Rightarrow I = \frac{H \cdot l}{N} = \frac{(425\,\text{A/m}) \cdot 12\,\text{cm}}{850} = \frac{425\,\text{A} \cdot 0{,}12\,\text{m}}{\text{m} \cdot 850} = \mathbf{60\,mA}$$

Lösungen zu 5.3.4 RL-Schaltungen an Gleichspannung

85/1 $$5\tau = 0{,}5\text{s} \Rightarrow \tau = \frac{0{,}5\,\text{s}}{5} = 0{,}1\,\text{s}; \quad \tau = \frac{L}{R} \Rightarrow R = \frac{L}{\tau} = \frac{0{,}8\,\text{H}}{0{,}1\,\text{s}} = \mathbf{8\,\Omega}$$

85/2 **a)** $\tau = \frac{L}{R} = \frac{0{,}2\,\text{H}}{24\,\Omega} = \mathbf{8{,}33\,ms}$ **b)** $I = \frac{U}{R} = \frac{6\,\text{V}}{24\,\Omega} = \mathbf{250\,mA}$

85/3 **a)** Nach t = 5 ms ist die Stromstärke auf das $\frac{126\,\text{mA}}{200\,\text{mA}}$ = 0,63fache ihres Endwertes angewachsen.

$\Rightarrow t = \tau = \mathbf{5\,ms}$

b) $R = \frac{U}{I} = \frac{10\,\text{V}}{200\,\text{mA}} = 50\,\Omega$

$\tau = \frac{L}{R} \Rightarrow L = \tau \cdot R = 5\,\text{ms} \cdot 50\,\Omega = \mathbf{250\,mH}$

85/4 **a)** $\tau = \frac{L}{R} = \frac{630\,\text{H}}{240\,\Omega} = \mathbf{2{,}625\,s}$

b) $I = \frac{U}{R} = \frac{24\,\text{V}}{240\,\Omega} = \mathbf{100\,mA}$

c) $W = \frac{1}{2} \cdot L \cdot I^2 = \frac{1}{2} \cdot 630\,\text{H} \cdot (100\,\text{mA})^2 = \mathbf{3{,}15\,Ws}$

d) $i = I \cdot (1 - e^{-t/\tau}) = 100\,\text{mA} \cdot (1 - e^{-1{,}0\,\text{s}/2{,}625\,\text{s}}) = \mathbf{31{,}7\,mA}$

85/5 **a)** $\tau = \frac{L}{R} \Rightarrow R = \frac{L}{\tau} = \frac{40\,\text{mH}}{40\,\mu\text{s}} = \mathbf{1{,}0\,k\Omega}$

b) $I = \frac{U}{R} = \frac{15\,\text{V}}{1{,}0\,\text{k}\Omega} = \mathbf{15\,mA}$

c) $i = I \cdot (1 - e^{-t/\tau}) = 15\,\text{mA} \cdot (1 - e^{-60\,\mu\text{s}/40\,\mu\text{s}}) = \mathbf{11{,}65\,mA}$

$u = U \cdot e^{-t/\tau} = 15\,\text{V} \cdot e^{-60\,\mu\text{s}/40\,\mu\text{s}} = \mathbf{3{,}35\,V}$

Lösungen zu 5.3.5 Induktiver Blindwiderstand

86/1 $X_L = \omega L = 2\pi \cdot 260\,\text{kHz} \cdot 0{,}15\,\text{mH} = \mathbf{245\,\Omega}$

86/2 $X_L = \omega L \Rightarrow L = \frac{X_L}{\omega} = \frac{0{,}7\,\text{k}\Omega}{2\pi \cdot 10{,}7\,\text{MHz}} = \frac{700}{2\pi \cdot 10{,}7}\,\mu\text{H} = \mathbf{10{,}4\,\mu H}$

86/3 $X_L = \frac{U_{bL}}{I} = \frac{230\,\text{V}}{15{,}9\,\text{mA}} = 14{,}47\,\text{k}\Omega;\quad X_L = \omega L \Rightarrow L = \frac{X_L}{\omega} = \frac{14{,}47\,\text{k}\Omega}{2\pi \cdot 50\,\text{Hz}} = \mathbf{46{,}05\,H}$

86/4 $X_L = \frac{U_{bL}}{I} = \frac{15\,\text{V}}{1{,}5\,\text{mA}} = 10\,\text{k}\Omega$

$X_L = 2\pi \cdot f \cdot L \Rightarrow f = \frac{X_L}{2\pi \cdot L} = \frac{10\,\text{k}\Omega}{2\pi \cdot 5{,}3\,\text{mH}} = \frac{10\,000}{2\pi \cdot 5{,}3} = \mathbf{300\,kHz}$

86/5 $L = N^2 \cdot A_L = 200^2 \cdot 0{,}5\,\mu\text{H} = 2 \cdot 10^{-2}\,\text{H}$

$X_L = \omega L = 2\pi \cdot 320\,\text{kHz} \cdot 2 \cdot 10^{-2}\,\text{H} = 40{,}2\,\text{k}\Omega$

$X_L = \frac{U_{bL}}{I} \Rightarrow I = \frac{U_{bL}}{X_L} = \frac{20\,\text{V}}{40{,}2\,\text{k}\Omega} = \mathbf{0{,}498\,mA}$

86/6 $X_L = \frac{U_{bL}}{I} = \frac{115\,\text{V}}{100\,\text{mA}} = 1{,}15\,\text{k}\Omega$

$X_L = \omega L \Rightarrow L = \frac{X_L}{\omega} = \frac{1{,}15\,\text{k}\Omega}{2\pi \cdot 400\,\text{Hz}} = \frac{1{,}15}{2\pi \cdot 0{,}4}\,\text{H} = 0{,}458\,\text{H}$

$L = N^2 \cdot A_L \Rightarrow N = \sqrt{\frac{L}{A_L}} = \sqrt{\frac{0{,}458\,\text{H}}{1{,}4 \cdot 10^{-6}\,\text{Vs/A}}} = \sqrt{0{,}327 \cdot 10^6} = \mathbf{572}$

86/7 $X_L = \omega L \Rightarrow L_1 = \frac{X_{L1}}{2\pi \cdot f_t} = \frac{5\,\text{k}\Omega}{2\pi \cdot 40\,\text{Hz}} = 19{,}9\,\text{H}$

$L = N^2 \cdot A_L \Rightarrow N_1 = \sqrt{\frac{L_1}{A_L}} = \sqrt{\frac{19{,}9\,\text{H}}{3{,}5\,\mu\text{Vs/A}}} = \mathbf{2\,385}$

86/8 **a)** $u_{y2} = 0{,}2\,V$ entsteht durch den Strom $i = \frac{u_{y2}}{R_m} = \frac{0{,}2\,V}{100\,\Omega} = 2\,mA \Rightarrow A_{y2} = \mathbf{2\,mA/DIV}$

b) $\hat{u}_{bL} = \hat{l}_{y1} \cdot A_{y1} = 6\,DIV \cdot 2\,V/DIV = \mathbf{12\,V}$

$\hat{i} = \hat{l}_{y2} \cdot A_{y2} = 4\,DIV \cdot 2\,mA/DIV = \mathbf{8\,mA}$

$T = l_x \cdot A_x = 6\,DIV \cdot 10\,\mu s/DIV = \mathbf{60\,\mu s}$

$f = \frac{1}{T} = \frac{1}{60\,\mu s} = \mathbf{16{,}67\,kHz}$

c) $X_L = \frac{\hat{u}_{bL}}{\hat{i}} = \frac{12\,V}{8\,mA} = \mathbf{1{,}5\,k\Omega}$

$X_L = 2\pi \cdot L \Rightarrow L = \frac{X_L}{2\pi \cdot f} = \frac{1{,}5\,k\Omega}{2\pi \cdot 16{,}67\,kHz} = \mathbf{14{,}32\,mH}$

Lösungen zu 5.4.1.1 Reihenschaltung von Wirkwiderstand und Blindwiderstand

87/1 **a)** $X_C = \frac{1}{\omega C} = \frac{1}{2\pi \cdot 50\,Hz \cdot 5{,}6\,\mu F} = 568{,}70\,\Omega$

$Z = \sqrt{R^2 + X_C^2} = \sqrt{(680\,\Omega)^2 + (568{,}70\,\Omega)^2} = \mathbf{886{,}47\,\Omega}$

b) $I = \frac{U}{Z} = \frac{230\,V}{886{,}47\,\Omega} = \mathbf{259{,}46\,mA}$

c) $U_w = IR = 259{,}46\,mA \cdot 680\,\Omega = \mathbf{176{,}43\,V}$

d) $U_{bC} = IX_C = 259{,}46\,mA \cdot 568{,}70\,\Omega = \mathbf{147{,}55\,V}$

e) $\tan\varphi = \frac{X_C}{R} = \frac{568{,}70\,\Omega}{680\,\Omega} = 0{,}836;\quad \varphi = \mathbf{39{,}9°}$

87/2 **a)** $X_C = \frac{1}{\omega C} = \frac{1}{2\pi \cdot 100\,Hz \cdot 0{,}1\,\mu F} = 15{,}92\,k\Omega$

$Z = \sqrt{R^2 + X_C^2} = \sqrt{(22\,k\Omega)^2 + (15{,}92\,k\Omega)^2} = \mathbf{27{,}16\,k\Omega}$

b) $I = \frac{U}{Z} = \frac{50\,V}{27{,}16\,k\Omega} = \mathbf{1{,}84\,mA}$

c) $U_w = IR = 1{,}84\,mA \cdot 22\,k\Omega = \mathbf{40{,}48\,V}$

d) $U_{bC} = IX_C = 1{,}84\,mA \cdot 15{,}92\,k\Omega = \mathbf{29{,}29\,V}$

e) $\tan\varphi = \frac{X_C}{R} = \frac{15{,}92\,k\Omega}{22\,k\Omega} = 0{,}742 \Rightarrow \varphi = \mathbf{35{,}9°}$

87/3 **a)** $U_w = IR = 2\,mA \cdot 1{,}2\,k\Omega = \mathbf{2{,}4\,V}$

b) $X_C = \frac{1}{\omega C} = \frac{1}{2\pi \cdot 800\,kHz \cdot 150\,pF} = 1{,}33\,k\Omega$

$U_{bC} = IX_C = 2\,mA \cdot 1{,}33\,k\Omega = \mathbf{2{,}66\,V}$

c) $U = \sqrt{U_w^2 + U_{bC}^2} = \sqrt{(2{,}4\,V)^2 + (2{,}66\,V)^2} = \mathbf{3{,}58\,V}$

d) $Z = \frac{U}{I} = \frac{3{,}58\,V}{2\,mA} = \mathbf{1{,}79\,k\Omega}$

e) $\tan\varphi = \frac{X_C}{R} = \frac{1{,}33\,k\Omega}{1{,}2\,k\Omega} = 1{,}11 \Rightarrow \varphi = \mathbf{48°}$

87/4

a) $X_C = \frac{1}{\omega C} = \frac{1}{2\pi \cdot 8\,kHz \cdot 1{,}5\,\mu F} = 13{,}27\,k\Omega$

$Z = \sqrt{R^2 + X_C^2} = \sqrt{(10\,k\Omega)^2 + (13{,}27\,k\Omega)^2} = \mathbf{16{,}62\,k\Omega}$

b) $I = \frac{U_{bC}}{X_C} = \frac{25\,V}{13{,}27\,k\Omega} = \mathbf{1{,}88\,mA}$

c) $U_w = IR = 1{,}88\,mA \cdot 10\,k\Omega = \mathbf{18{,}8\,V}$

d) $U = IZ = 1{,}88\,mA \cdot 16{,}62\,k\Omega = \mathbf{31{,}25\,V}$

87/5

a) $X_C = \frac{1}{\omega C} = \frac{1}{2\pi \cdot 100\,MHz \cdot 10\,pF} = 159{,}24\,\Omega$

$Z = \sqrt{R^2 + X_C^2} \Rightarrow R = \sqrt{Z^2 - X_C^2} = \sqrt{(300\,\Omega)^2 - (159{,}24\,\Omega)^2} = \mathbf{254{,}25\,\Omega}$

b) $I = \frac{U}{Z} = \frac{40\,V}{300\,\Omega} = \mathbf{133{,}33\,mA}$

c) $U_w = IR = 133{,}33\,mA \cdot 254{,}25\,\Omega = \mathbf{33{,}90\,V}$

d) $U_{bC} = IX_C = 133{,}33\,mA \cdot 159{,}24\,\Omega = \mathbf{21{,}23\,V}$

87/6

a) $Z = \frac{U}{I} = \frac{5\,V}{1{,}3\,mA} = \mathbf{3{,}85\,k\Omega}$

b) $Z = \sqrt{R^2 + X_C^2} \Rightarrow X_C = \sqrt{Z^2 - R^2} = \sqrt{(3{,}85\,k\Omega)^2 - (1{,}8\,k\Omega)^2} = 3{,}40\,k\Omega$

$X_C = \frac{1}{\omega C} \Rightarrow C = \frac{1}{\omega X_C} = \frac{1}{2\pi \cdot 460\,kHz \cdot 3{,}40\,k\Omega} = \mathbf{101{,}81\,pF}$

c) $U_w = IR = 1{,}3\,mA \cdot 1{,}8\,k\Omega = \mathbf{2{,}34\,V}$

d) $U_{bC} = IX_C = 1{,}3\,mA \cdot 3{,}40\,k\Omega = \mathbf{4{,}42\,V}$

88/7

$U = \sqrt{U_W^2 + U_{bC}^2} \Rightarrow U_{bC} = \sqrt{U^2 - U_w^2} = \sqrt{(230\,V)^2 - (100\,V)^2} = 207{,}12\,V$

$X_C = \frac{U_{bC}}{I} = \frac{207{,}12\,V}{0{,}3\,A} = 690{,}41\,\Omega$

$X_C = \frac{1}{\omega C} \Rightarrow C = \frac{1}{\omega X_C} = \frac{1}{2\pi \cdot 50\,Hz \cdot 690{,}41\,\Omega} = \mathbf{4{,}61\,\mu F}$

88/8

$U = \sqrt{U_W^2 + U_{bC}^2} \Rightarrow U_{bC} = \sqrt{U^2 - U_w^2} = \sqrt{(230\,V)^2 - (150\,V)^2} = 174{,}36\,V$

$P = \frac{U^2}{R} \Rightarrow R = \frac{U^2}{P} = \frac{(230\,V)^2}{100\,W} = 529\,\Omega$

$I = \frac{U}{R} = \frac{150\,V}{529\,\Omega} = 283{,}55\,mA$

$X_C = \frac{U_{bC}}{I} = \frac{174{,}36\,V}{283{,}55\,mA} = 614{,}92\,\Omega$

$X_C = \frac{1}{\omega C} \Rightarrow C = \frac{1}{\omega X_C} = \frac{1}{2\pi \cdot 50\,Hz \cdot 614{,}92\,\Omega} = \mathbf{5{,}18\,\mu F}$

88/9 **a)** $X_L = \omega L = 2\pi \cdot 50\,\text{Hz} \cdot 1\,\text{H} = 314\,\Omega$

$Z = \sqrt{R^2 + X_L^2} = \sqrt{(220\,\Omega)^2 + (314\,\Omega)^2} = \mathbf{383{,}40\,\Omega}$

b) $I = \frac{U}{Z} = \frac{70\,\text{V}}{383{,}40\,\Omega} = \mathbf{206{,}05\,mA}$

c) $U_w = IR = 206{,}05\,\text{mA} \cdot 220\,\Omega = \mathbf{45{,}33\,V}$

d) $U_{bL} = IX_L = 206{,}05\,\text{mA} \cdot 314\,\Omega = \mathbf{64{,}70\,V}$

e) $\tan\varphi = \frac{X_L}{R} = \frac{314\,\Omega}{220\,\Omega} = 1{,}43 \Rightarrow \varphi = \mathbf{55°}$

88/10 **a)** $X_L = \omega L = 2\pi \cdot 50\,\text{Hz} \cdot 2{,}4\,\text{H} = 753{,}60\,\Omega$

$Z = \sqrt{R^2 + X_L^2} = \sqrt{(560\,\Omega)^2 + (753{,}60\,\Omega)^2} = \mathbf{938{,}89\,\Omega}$

b) $I = \frac{U}{Z} = \frac{106\,\text{V}}{938{,}89\,\Omega} = \mathbf{112{,}90\,mA}$

c) $U_w = IR = 112{,}90\,\text{mA} \cdot 560\,\Omega = \mathbf{63{,}22\,V}$

d) $U_{bL} = IX_L = 112{,}90\,\text{mA} \cdot 753{,}60\,\Omega = \mathbf{85{,}08\,V}$

e) $\tan\varphi = \frac{X_L}{R} = \frac{753{,}60\,\Omega}{560\,\Omega} = 1{,}35 \Rightarrow \varphi = \mathbf{53{,}5°}$

88/11 **a)** $X_L = \omega L = 2\pi \cdot 500\,\text{kHz} \cdot 0{,}1\,\text{mH} = 314\,\Omega$

$Z = \sqrt{R^2 + X_L^2} = \sqrt{(470\,\Omega)^2 + (314\,\Omega)^2} = \mathbf{565{,}24\,\Omega}$

b) $U_w = IR = 2\,\text{mA} \cdot 470\,\Omega = \mathbf{0{,}94\,V}$

c) $U_{bL} = IX_L = 2\,\text{mA} \cdot 314\,\Omega = \mathbf{0{,}628\,V}$

d) $U = IZ = 2\,\text{mA} \cdot 565{,}24\,\Omega = \mathbf{1{,}13\,V}$

e) $\tan\varphi = \frac{X_L}{R} = \frac{314\,\Omega}{470\,\Omega} = 0{,}668 \Rightarrow \varphi = \mathbf{33{,}8°}$

88/12 **a)** $X_L = \omega L = 2\pi \cdot 100\,\text{kHz} \cdot 0{,}1\,\text{mH} = 62{,}8\,\Omega$

$I = \frac{U_{bL}}{X_L} = \frac{14\,\text{V}}{62{,}8\,\Omega} = \mathbf{222{,}93\,mA}$

b) $U = \sqrt{U_w^2 + U_{bL}^2} \Rightarrow U_w = \sqrt{U^2 - U_{bL}^2} = \sqrt{(19{,}8\,\text{V})^2 - (14\,\text{V})^2} = \mathbf{14\,V}$

c) $R = X_L = \mathbf{62{,}8\,\Omega}$

d) $Z = \sqrt{R^2 + X_L^2} = \sqrt{2R^2} = \sqrt{2} \cdot R = \sqrt{2} \cdot 62{,}8\,\Omega = \mathbf{88{,}80\,\Omega}$

88/13 **a)** $R = \frac{U_-}{I_-} = \frac{4\,\text{V}}{0{,}8\,\text{A}} = \mathbf{5\,\Omega}$

b) $Z = \frac{U_\sim}{I_\sim} = \frac{4\,\text{V}}{0{,}5\,\text{A}} = \mathbf{8\,\Omega}$

c) $Z = \sqrt{R^2 + X_L^2} \Rightarrow X_L = \sqrt{Z^2 - R^2} = \sqrt{(8\,\Omega)^2 - (5\,\Omega)^2} = \mathbf{6{,}24\,\Omega}$

$X_L = \omega L \Rightarrow L = \frac{X_L}{\omega} = \frac{6{,}24\,\Omega}{2\pi \cdot 50\,\text{Hz}} = \mathbf{19{,}87\,mH}$

88/14 a) $R = \frac{U_-}{I_-} = \frac{2\,V}{0{,}25\,A} = \mathbf{8\,\Omega}$

b) $Z = \frac{U_\sim}{I_\sim} = \frac{3\,V}{0{,}955\,mA} = \mathbf{3{,}14\,k\Omega}$

c) $Z = \sqrt{R^2 + X_L^2} \Rightarrow X_L = \sqrt{Z^2 - R^2} \approx Z = 3{,}14\,k\Omega$

$X_L = \omega L \Rightarrow L = \frac{X_L}{\omega} = \frac{3{,}14\,k\Omega}{2\pi \cdot 10\,kHz} = \mathbf{50\,mH}$

Lösungen zu 5.4.1.2 Verluste der Spule

88/1 a) $Q = \frac{X_L}{R_V} = \frac{3{,}8\,k\Omega}{400\,\Omega} = \mathbf{9{,}5}$

b) $d = \frac{1}{Q} = \frac{1}{9{,}5} = 0{,}105\,3$; $d = \tan\delta = 0{,}105\,3 \Rightarrow \delta = \mathbf{6{,}02°}$

88/2 a) $X_L = \omega L = 2\pi \cdot 1{,}8\,MHz \cdot 0{,}15\,mH = 1\,696\,\Omega$; $Q = \frac{X_L}{R_V} = \frac{1\,696\,\Omega}{18\,\Omega} = \mathbf{94{,}2}$

b) $\tan\delta = \frac{1}{Q} = \frac{1}{94{,}2} = 0{,}010\,6 \Rightarrow \delta = \mathbf{0{,}607°}$

88/3 a) $d = \tan\delta \approx \delta = 0{,}3° \cdot \frac{2\pi}{360°} = 0{,}005\,23$; $Q = \frac{1}{d} = \frac{1}{0{,}005\,23} = \mathbf{191}$

b) $R_V = \frac{\omega L}{Q} = \frac{2\pi \cdot 10{,}7\,MHz \cdot 10{,}5\,\mu H}{191} = \mathbf{3{,}7\,\Omega}$

88/4 a) $\delta = 90° - \varphi = 90° - 78° = 12°$; $d = \tan\delta = 0{,}213$; $Q = \frac{1}{d} = \frac{1}{0{,}213} = \mathbf{4{,}7}$

b) $Z = \frac{U}{I} = \frac{12\,V}{15\,mA} = 800\,\Omega$

$\sin\varphi = \frac{X_L}{Z} \Rightarrow X_L = Z \cdot \sin\varphi = 800\,\Omega \cdot \sin 78° = 800\,\Omega \cdot 0{,}979 = \mathbf{783\,\Omega}$

88/5 a) $Q = \frac{X_L}{R_V} = \frac{\omega L}{R_V} = \frac{2\pi \cdot 100\,Hz \cdot 3\,H}{75\,\Omega} = \frac{1\,885\,\Omega}{75\,\Omega} = \mathbf{25{,}1}$

b) $Z = \sqrt{R_V^2 + X_L^2} = \sqrt{(75\,\Omega)^2 + (1\,885\,\Omega)^2} = 1\,886\,\Omega$

$U = I \cdot Z = 40\,mA \cdot 1\,886\,\Omega = \mathbf{75{,}5\,V}$

88/6 a) $X_L = \omega L = 2\pi \cdot 50\,Hz \cdot 5\,H = 1\,570\,\Omega$

$d = \frac{1}{Q} = \frac{R_V}{X_L} = \frac{125\,\Omega}{1\,570\,\Omega} = \mathbf{0{,}079\,6}$

b) $Z = \sqrt{R_V^2 + X_L^2} = \sqrt{(125\,\Omega)^2 + (1\,570\,\Omega)^2} = 1\,573\,\Omega$

$I = \frac{U}{Z} = \frac{55\,V}{1\,573\,\Omega} = \mathbf{35\,mA}$

Lösungen zu 5.4.1.3 Parallelschaltung von Wirkwiderstand und Blindwiderstand

89/1

a) $I_w = \frac{U}{R} = \frac{144\,V}{10\,\Omega} = \mathbf{14{,}4\,mA}$

b) $X_C = \frac{1}{\omega C} = \frac{1}{2\pi \cdot 1\,kHz \cdot 10\,nF} = 15{,}92\,k\Omega$

$I_{bC} = \frac{U}{X_C} = \frac{144\,V}{15{,}92\,k\Omega} = \mathbf{9{,}05\,mA}$

c) $I = \sqrt{I_w^2 + I_{bC}^2} = \sqrt{(14{,}4\,mA)^2 + (9{,}05\,mA)^2} = \mathbf{17{,}0\,mA}$

d) $Z = \frac{U}{I} = \frac{144\,V}{17{,}0\,mA} = \mathbf{8{,}47\,k\Omega}$

e) $\tan\varphi = \frac{R}{X_C} = \frac{10\,k\Omega}{15{,}92\,k\Omega} = 0{,}628 \Rightarrow \varphi = \mathbf{32{,}2°}$

89/2

a) $I_w = \frac{U}{R} = \frac{10\,V}{560\,k\Omega} = \mathbf{17{,}86\,\mu A}$

b) $X_C = \frac{1}{\omega C} = \frac{1}{2\pi \cdot 50\,Hz \cdot 5{,}6\,nF} = 568{,}70\,k\Omega$

$I_{bC} = \frac{U}{X_C} = \frac{10\,V}{568{,}70\,k\Omega} = \mathbf{17{,}58\,\mu A}$

c) $I = \sqrt{I_w^2 + I_{bC}^2} = \sqrt{(17{,}86\,\mu A)^2 + (17{,}58\,\mu A)^2} = \mathbf{25{,}06\,\mu A}$

d) $Z = \frac{U}{I} = \frac{10\,V}{25{,}06\,\mu A} = \mathbf{399{,}04\,k\Omega}$

e) $\tan\varphi = \frac{R}{X_C} = \frac{560\,k\Omega}{568{,}70\,k\Omega} = 0{,}985 \Rightarrow \varphi = \mathbf{44{,}6°}$

89/3

$B_C = \omega C = 2\pi \cdot 100\,Hz \cdot 47\,nF = 29{,}52\,\mu S$

$G = \frac{1}{R} = \frac{1}{100\,k\Omega} = 10\,\mu S$

$Y = \sqrt{G^2 + B_C^2} = \sqrt{(10\,\mu S)^2 + (29{,}52\,\mu S)^2} = 31{,}17\,\mu S$

$Z = \frac{1}{Y} = \frac{1}{31{,}17\,\mu S} = \mathbf{32{,}08\,k\Omega}$

89/4

$Y = \frac{1}{Z} = \frac{1}{2{,}6\,M\Omega} = 384{,}6\,nS$; $B_C = \omega C = 2\pi \cdot 100\,Hz \cdot 270\,pF = 169{,}6\,nS$

$Y = \sqrt{G^2 + B_C^2} \Rightarrow G = \sqrt{Y^2 - B_C^2} = \sqrt{(384{,}6\,nS)^2 - (169{,}6\,nS)^2} = 345{,}2\,nS$

$R = \frac{1}{G} = \frac{1}{345{,}2\,nS} = \mathbf{2{,}90\,M\Omega}$

89/5 **a)** $I_w = \frac{U}{R} = \frac{10\,V}{3{,}9\,k\Omega} = \mathbf{2{,}56\,mA}$

b) $X_L = \omega L = 2\pi \cdot 30\,kHz \cdot 20\,mH = 3{,}77\,k\Omega$

$I_{bL} = \frac{U}{X_L} = \frac{10\,V}{3{,}77\,k\Omega} = \mathbf{2{,}65\,mA}$

c) $I = \sqrt{I_w^2 + I_{bL}^2} = \sqrt{(2{,}56\,mA)^2 + (2{,}65\,mA)^2} = \mathbf{3{,}68\,mA}$

d) $Z = \frac{U}{I} = \frac{10\,V}{3{,}68\,mA} = \mathbf{2{,}72\,k\Omega}$

e) $\tan\varphi = \frac{R}{X_L} = \frac{3{,}9\,k\Omega}{3{,}77\,k\Omega} = 1{,}03 \Rightarrow \varphi = \mathbf{45{,}9°}$

89/6 **a)** $I = \frac{U}{Z} = \frac{0{,}5\,V}{200\,\Omega} = \mathbf{2{,}5\,mA}$

b) $I_w = \frac{U}{R} = \frac{0{,}5\,V}{470\,\Omega} = \mathbf{1{,}06\,mA}$

c) $I = \sqrt{I_w^2 + I_{bL}^2} \Rightarrow I_{bL} = \sqrt{I^2 - I_w^2} = \sqrt{(2{,}5\,mA)^2 - (1{,}06\,mA)^2} = \mathbf{2{,}27\,mA}$

d) $X_L = \frac{U}{I_{bL}} = \frac{0{,}5\,V}{2{,}27\,mA} = 220{,}26\,\Omega$

$X_L = \omega L \Rightarrow L = \frac{X_L}{\omega} = \frac{220{,}26\,\Omega}{2\pi \cdot 200\,kHz} = \mathbf{175{,}37\,\mu H}$

89/7 **a)** $U = I_w R = 1{,}2\,mA \cdot 12\,k\Omega = \mathbf{14{,}4\,V}$

b) $X_L = \omega L = 2\pi \cdot 460\,kHz \cdot 4\,mH = 11{,}56\,k\Omega$

$I_{bL} = \frac{U}{X_L} = \frac{14{,}4\,V}{11{,}56\,k\Omega} = \mathbf{1{,}25\,mA}$

c) $I = \sqrt{I_w^2 + I_{bL}^2} = \sqrt{(1{,}2\,mA)^2 + (1{,}25\,mA)^2} = \mathbf{1{,}73\,mA}$

d) $Z = \frac{U}{I} = \frac{14{,}4\,V}{1{,}73\,mA} = \mathbf{8{,}32\,k\Omega}$

89/8 **a)** $Z = \frac{U}{I} = \frac{500\,mV}{41{,}6\,\mu A} = \mathbf{12{,}02\,k\Omega}$

b) $B_L = \frac{1}{\omega L} = \frac{1}{2\pi \cdot 200\,kHz \cdot 15\,mH} = 53{,}08\,\mu S$

$Y = \frac{1}{Z} = \frac{1}{12{,}02\,k\Omega} = 83{,}19\,\mu S$

$Y = \sqrt{G^2 + B_L^2} \Rightarrow G = \sqrt{Y^2 - B_L^2} = \sqrt{(83{,}19\,\mu S)^2 - (53{,}08\,\mu S)^2} = 64{,}06\,\mu S$

$R = \frac{1}{G} = \frac{1}{64{,}06\,\mu S} = \mathbf{15{,}61\,k\Omega}$

c) $I_w = \frac{U}{R} = \frac{500\,mV}{15{,}61\,k\Omega} = \mathbf{32{,}03\,\mu A}$

d) $I_{bL} = U B_L = 500\,mV \cdot 53{,}08\,\mu S = \mathbf{26{,}54\,\mu A}$

Lösungen zu 5.4.1.4 Verluste des Kondensators

90/1 a) $d = \frac{X_C}{R_p} = \frac{1}{\omega C R_p} = \frac{1}{2\pi \cdot 1{,}2\,\text{MHz} \cdot 180\,\text{pF} \cdot 4\,\text{M}\Omega} = \mathbf{1{,}84 \cdot 10^{-4}}$

b) $d = \tan\delta = 1{,}84 \cdot 10^{-4} \Rightarrow \delta = \mathbf{0{,}0105°}$

c) $Q = \frac{1}{d} = \frac{1}{1{,}84 \cdot 10^{-4}} = \mathbf{5\,434{,}78}$

90/2 a) $Q = \frac{R_p}{X_C} = R_p\omega C = 3{,}6\,\text{M}\Omega \cdot 2\pi \cdot 800\,\text{kHz} \cdot 390\,\text{pF} = \mathbf{7\,053{,}70}$

b) $d = \frac{1}{Q} = \frac{1}{7\,053{,}70} = \mathbf{1{,}42 \cdot 10^{-4}}$

c) $d = \tan\delta = 1{,}42 \cdot 10^{-4} \Rightarrow \delta = \mathbf{0{,}0081°}$

90/3 a) $d = \tan\delta = \tan 0{,}0167° = \mathbf{2{,}91 \cdot 10^{-4}}$

b) $Q = \frac{1}{d} = \frac{1}{2{,}91 \cdot 10^{-4}} = \mathbf{3\,436{,}43}$

c) $Q = \frac{R_p}{X_C} \Rightarrow R_p = QX_C = \frac{Q}{\omega C} = \frac{3\,436{,}43}{2\pi \cdot 600\,\text{kHz} \cdot 470\,\text{pF}} = \mathbf{1{,}94\,M\Omega}$

90/4 a) $d = \tan\delta = \tan 0{,}018° = \mathbf{3{,}14 \cdot 10^{-4}}$

b) $Q = \frac{1}{d} = \frac{1}{3{,}14 \cdot 10^{-4}} = \mathbf{3\,184{,}71}$

c) $Q = \frac{R_p}{X_C} = R_p\omega C \Rightarrow C = \frac{Q}{R_p\omega} = \frac{3\,184{,}71}{10\,\text{M}\Omega \cdot 2\pi \cdot 500\,\text{kHz}} = \mathbf{101{,}42\,pF}$

90/5 a) $R_{isol} = \frac{U}{I} = \frac{200\,\text{V}}{200\,\mu\text{A}} = \mathbf{1\,M\Omega}$

b) $\tau = R_{isol} \cdot C = 1\,\text{M}\Omega \cdot 8\,\mu\text{F} = \mathbf{8\,s}$

c) $R_p \approx R_{isol}$

$Q = \frac{R_p}{X_C} = R_p\omega C = 1\,\text{M}\Omega \cdot 2\pi \cdot 50\,\text{Hz} \cdot 8\,\mu\text{F} = \mathbf{2\,512}$

d) $d = \frac{1}{Q} = \frac{1}{2\,512} = \mathbf{3{,}98 \cdot 10^{-4}}$

e) $d = \tan\delta = 3{,}98 \cdot 10^{-4} \Rightarrow \delta = \mathbf{0{,}0228°}$

90/6 a) $\tau = R_{isol} \cdot C \Rightarrow R_{isol} = \frac{\tau}{C} = \frac{20\,\text{s}}{1\,\mu\text{F}} = \mathbf{20\,M\Omega}$

b) $R_p = R_{isol}$; $Q = R_p\omega C = 20\,\text{M}\Omega \cdot 2\pi \cdot 50\,\text{Hz} \cdot 1\,\mu\text{F} = \mathbf{6\,280}$

c) $d = \frac{1}{Q} = \frac{1}{6\,280} = \mathbf{1{,}59 \cdot 10^{-4}}$

d) $d = \tan\delta = 1{,}59 \cdot 10^{-4} \Rightarrow \delta = \mathbf{0{,}0091°}$

90/7 **a)** $\delta = 90° - \varphi = 90° - 87° = 3°$

$d = \tan\delta = \tan 3° = 0{,}052\,41$

$Q = \frac{1}{d} = \frac{1}{0{,}052\,41} = \mathbf{19{,}08}$

b) $Y = \frac{I}{U} = \frac{8\,\text{mA}}{10\,\text{V}} = 0{,}8\,\text{mS}$

$B_C = Y \cdot \sin\varphi = 0{,}8\,\text{ms} \cdot \sin 87° = 0{,}798\,9\,\text{mS}$

$B_C = \omega \cdot C \Rightarrow C = \frac{B_C}{\omega} = \frac{0{,}798\,9\,\text{mS}}{2\pi \cdot 10\,\text{kHz}} = \mathbf{12{,}71\,nF}$

90/8 **a)** $Q = \frac{1}{d} \Rightarrow d = \frac{1}{Q} = \frac{1}{30} = \mathbf{0{,}033\,33}$

b) $d = \tan\delta = 0{,}033\,33 \Rightarrow \delta = \mathbf{1{,}91°}$

c) $\delta = 90 - \varphi \Rightarrow \varphi = 90° - \delta = 90° - 1{,}91° = \mathbf{88{,}09°}$

d) $B_C = \omega \cdot C = 2\pi \cdot 3\,\text{kHz} \cdot 120\,\text{nF} = 2{,}262\,\text{mS}$

$I_{bC} = U \cdot B_C = 3\,\text{V} \cdot 2{,}262\,\text{mS} = 6{,}795\,\text{mA}$

$I = \frac{I_{bC}}{\sin\varphi} = \frac{6{,}795\,\text{mA}}{\sin 88{,}09°} = \mathbf{6{,}8\,mA}$

Lösungen zu 5.4.1.5 Grenzfrequenz

91/1 **a)** $R_1 = \frac{1}{2\pi f_c C_1} \Rightarrow f_c = \frac{1}{2\pi \cdot R_1 \cdot C_1} = \frac{1}{2\pi \cdot 3{,}3\,\text{M}\Omega \cdot 22\,\text{nF}} = \mathbf{2{,}19\,Hz}$

b) $U_1 = \sqrt{2} \cdot U_{R1} = \sqrt{2} \cdot 80\,\text{mV} = \mathbf{113{,}14\,mV}$

c) $U_{C1} = U_{R1} = \mathbf{80\,mV}$

91/2 **a)** $R_3 = \frac{1}{2\pi f_c C_3} \Rightarrow C_3 = \frac{1}{2\pi \cdot f_c \cdot R_3} = \frac{1}{2\pi \cdot 10{,}62\,\text{Hz} \cdot 1\,\text{M}\Omega} = \mathbf{15{,}0\,nF}$

b) $U_{CE} = V_u U_{R1} = 54 \cdot 80\,\text{mV} = 4{,}32\,\text{V}$

$U_2 = \frac{U_{CE}}{\sqrt{2}} = \frac{4{,}32\,\text{V}}{\sqrt{2}} = \mathbf{3{,}05\,V}$

91/3 **a)** $R_4 = \frac{1}{2\pi f_c C_4} = \frac{1}{2\pi \cdot 2{,}85\,\text{Hz} \cdot 1\,\mu\text{F}} = \mathbf{55{,}84\,k\Omega}$

b) $X_{C4} = \frac{1}{\omega C_4} = \frac{1}{2\pi \cdot 100\,\text{Hz} \cdot 1\,\mu\text{F}} = 1{,}59\,\text{k}\Omega$

$Z = \sqrt{R_4^2 + X_{C4}^2} = \sqrt{(55{,}84\,\text{k}\Omega)^2 + (1{,}59\,\text{k}\Omega)^2} = 55{,}86\,\text{k}\Omega$

$\frac{U_{C4}}{U_{Br}} \Rightarrow \frac{X_{C4}}{Z} \Rightarrow U_{C4} = \frac{U_{Br} X_{C4}}{Z} = \frac{2\,\text{V} \cdot 1{,}59\,\text{k}\Omega}{55{,}86\,\text{k}\Omega} = \mathbf{56{,}93\,mV}$

91/4 **a)** $R_2 = \frac{1}{2\pi f_c C_2} = \frac{1}{2\pi \cdot 1\,\text{Hz} \cdot 47\,\mu\text{F}} = \mathbf{3{,}39\,k\Omega}$

b) $B_{C2} = \omega \cdot C_2 = 2\pi \cdot 10\,\text{Hz} \cdot 47\,\mu\text{F} = 2\,953{,}1\,\mu\text{S}$

$$G_2 = \frac{1}{R_2} = \frac{1}{3{,}39\,\text{k}\Omega} = 294{,}99\,\mu\text{S}$$

$$Y = \sqrt{G_2^2 + B_{C2}^2} = \sqrt{(294{,}99\,\mu\text{S})^2 + (2\,953{,}1\,\mu\text{S})^2} = 2\,967{,}8\,\mu\text{S}$$

$$Z = \frac{1}{Y} = \frac{1}{2\,967{,}8\,\mu\text{S}} = \mathbf{336{,}95\,\Omega}$$

91/5 $R_{ges} = R_2 \parallel R_1 \parallel R_e = 150\,\Omega \parallel 2{,}7\,\text{k}\Omega \parallel 40\,\Omega = 31{,}21\,\Omega$

$$R_{ges} = \frac{1}{2\pi \cdot f_c \cdot C_k} \Rightarrow C_K = \frac{1}{2\pi \cdot f_c \cdot R_{ges}} = \frac{1}{2\pi \cdot 50\,\text{Hz} \cdot 31{,}21\,\Omega} = \mathbf{101{,}99\,\mu F}$$

91/6 $R_{ges} = R_{a1} \parallel R_C \parallel R_1 \parallel R_2 \parallel R_e = 20\,\text{k}\Omega \parallel 4{,}7\,\text{k}\Omega \parallel 2{,}7\,\text{k}\Omega \parallel 150\,\Omega \parallel 40\,\Omega = 30{,}96\,\Omega$

$$R_{ges} = \frac{1}{2\pi \cdot f_c \cdot C_{ges}} \Rightarrow C_{ges} = \frac{1}{2\pi \cdot f_c \cdot R_{ges}} = \frac{1}{2\pi \cdot 15\,\text{kHz} \cdot 30{,}96\,\Omega} = \mathbf{0{,}34\,\mu F}$$

91/7 $R_C = \ddot{u}^2 R_3 = (2{,}83)^2 \cdot 5\,\Omega = 40{,}04\,\Omega$; $R_p = \frac{R_C R_{a2}}{R_C + R_{a2}} = \frac{40{,}04\,\Omega \cdot 550\,\Omega}{40{,}04\,\Omega + 550\,\Omega} = 37{,}32\,\Omega$

$$R_p = 2\pi \cdot f_c \cdot L_1 \Rightarrow L_1 = \frac{R_p}{2\pi \cdot f_c} = \frac{37{,}32\,\Omega}{2\pi \cdot 80\,\text{Hz}} = \mathbf{74{,}25\,mH}$$

91/8 $R_p = 2\pi \cdot f_c \cdot L_1 = 2\pi \cdot 30\,\text{Hz} \cdot 1\,\text{H} = 188{,}5\,\Omega$

$$R_p = \frac{R_C \cdot R_{a2}}{R_C + R_{a2}} \Rightarrow R_C = \frac{R_{a2} \cdot R_p}{R_{a2} - R_p} = \frac{550\,\Omega \cdot 188{,}5\,\Omega}{550\,\Omega - 188{,}5\,\Omega} = 286{,}79\,\Omega$$

$$R_C = \ddot{u}^2 \cdot R_3 \Rightarrow \ddot{u} = \sqrt{\frac{R_C}{R_3}} = \sqrt{\frac{286{,}79\,\Omega}{5\,\Omega}} = \mathbf{7{,}57}$$

Lösungen zu 5.4.1.6 Ersatz-Reihenschaltung und Ersatz-Parallelschaltung

92/1 $X_{Cr} = \frac{1}{\omega C_r} = \frac{1}{2\pi \cdot 60\,\text{kHz} \cdot 470\,\text{pF}} = 5{,}65\,\text{k}\Omega$

$Z_r = \sqrt{R_r^2 + X_{Cr}^2} = \sqrt{(2{,}7\,\text{k}\Omega)^2 + (5{,}65\,\text{k}\Omega)^2} = 6{,}26\,\text{k}\Omega$

$\tan\varphi_r = \frac{X_{Cr}}{R_r} = \frac{5{,}65\,\text{k}\Omega}{2{,}7\,\text{k}\Omega} = 2{,}09 \Rightarrow \varphi_r = 64{,}4°$

$Y_p = \frac{1}{Z_r} = \frac{1}{6{,}26\,\text{k}\Omega} = 159{,}74\,\mu\text{S}; \quad \varphi_p = \varphi_r = 64{,}4°$

$G_p = Y_p \cdot \cos\varphi_p = 159{,}74\,\mu\text{S} \cdot \cos 64{,}4° = 69{,}02\,\mu\text{S}$

$R_p = \frac{1}{G_p} = \frac{1}{69{,}02\,\mu\text{S}} = \mathbf{14{,}49\,k\Omega}$

$B_{Cp} = Y_p \cdot \sin\varphi_p = 159{,}74\,\mu\text{S} \cdot \sin 64{,}4° = 144{,}05\,\mu\text{S}$

$X_{Cp} = \frac{1}{B_{Cp}} = \frac{1}{144{,}05\,\mu\text{S}} = 6{,}94\,\text{k}\Omega$

$X_{Cp} = \frac{1}{\omega C_p} \Rightarrow C_p = \frac{1}{\omega X_{Cp}} = \frac{1}{2\pi \cdot 60\,\text{kHz} \cdot 6{,}94\,\text{k}\Omega} = \mathbf{382{,}41\,pF}$

92/2 $X_{Lr} = \omega L_r = 2\pi \cdot 900\,\text{kHz} \cdot 210\,\mu\text{H} = 1{,}19\,\text{k}\Omega$

$Z_r \approx X_{Lr} = 1{,}19\,\text{k}\Omega$

$\cos\varphi_p = \cos\varphi_r = \frac{R_r}{Z_r}$

$G_p = Y_p \cdot \cos\varphi_p = Y_p \frac{R_r}{Z_r} = \frac{R_r}{Z_r^2}$

$R_p = \frac{1}{G_p} = \frac{Z_r^2}{R_r} \approx \frac{X_{Lr}^2}{R_r} = \frac{(1{,}19\,\text{k}\Omega)^2}{5\,\Omega} = \mathbf{283{,}22\,k\Omega}$

$\sin\varphi_p = \sin\varphi_r = \frac{X_{Lr}}{Z_r}; \quad B_{Lp} = Y_p \cdot \sin\varphi_p = Y_p \frac{X_{Lr}}{Z_r} = \frac{X_{Lr}}{Z_r^2}$

$X_{Lp} = \frac{1}{B_{Lp}} = \frac{Z_r^2}{X_{Lr}} \approx \frac{X_{Lr}^2}{X_{Lr}} = X_{Lr} = 1{,}19\,\text{k}\Omega$

$L_p \approx L_r = \mathbf{210\,\mu H}$

92/3 $X_{Lp} = \omega L_p = 2\pi \cdot 1\,050\,\text{kHz} \cdot 1{,}5\,\text{mH} = 9{,}98\,\text{k}\Omega$

$B_{Lp} = \frac{1}{X_{Lp}} = \frac{1}{9{,}89\,\text{k}\Omega} = 101{,}11\,\mu\text{S}$

$G_p = \frac{1}{R_p} = \frac{1}{5{,}6\,\text{k}\Omega} = 178{,}57\,\mu\text{S}$

$Y_p = \sqrt{G_p^2 + B_{Lp}^2} = \sqrt{(178{,}57\,\mu\text{S})^2 + (101{,}11\,\mu\text{S})^2} = 205{,}21\,\mu\text{S}$

$\tan\varphi_p = \frac{B_{Lp}}{G_p} = \frac{101{,}11\,\mu\text{S}}{178{,}57\,\mu\text{S}} = 0{,}566 \Rightarrow \varphi_p = 29{,}5°$

$Z_r = \frac{1}{Y_p} = \frac{1}{205{,}21\,\mu\text{S}} = 4{,}87\,\text{k}\Omega; \quad \varphi_r = \varphi_p = 29{,}5°$

$R_r = Z_r \cdot \cos\varphi_r = 4{,}87\,\text{k}\Omega \cdot \cos 29{,}5° = \mathbf{4{,}24\,k\Omega}$

$X_{Lr} = Z_r \cdot \sin\varphi_r = 4{,}87\,\text{k}\Omega \cdot \sin 29{,}5° = 2{,}40\,\text{k}\Omega$

$X_{Lr} = \omega L_r \Rightarrow L_r = \frac{X_{Lr}}{\omega} = \frac{2{,}40\,\text{k}\Omega}{2\pi \cdot 1\,050\,\text{kHz}} = \mathbf{363{,}97\,\mu H}$

92/4 $X_{Cp} = \frac{1}{\omega C_p} = \frac{1}{2\pi \cdot 800\,\text{kHz} \cdot 270\,\text{pF}} = 737{,}20\,\Omega$

$B_{Cp} = \frac{1}{X_{Cp}} = \frac{1}{737{,}20\,\Omega} = 1{,}36\,\text{mS}$

$G_p = \frac{1}{R_p} = \frac{1}{5\,\text{M}\Omega} = 0{,}2\,\mu\text{S}$

$Y_p \approx B_{Cp} = 1{,}36\,\text{mS}$

$\cos\varphi_r = \cos\varphi_p = \frac{G_p}{Y_p}$

$R_r = Z_r \cdot \cos\varphi_r = Z_r \frac{G_p}{Y_p} = \frac{G_p}{Y_p^2} \approx \frac{G_p}{B_{Cp}^2} = \frac{0{,}2\,\mu\text{S}}{(1{,}36\,\text{mS})^2} = \mathbf{0{,}108\,\Omega}$

$\sin\varphi_r = \sin\varphi_p = \frac{B_{Cp}}{Y_p}$

$X_{Cr} = Z_r \cdot \sin\varphi_r = Z_r \frac{B_{Cp}}{Y_p} = \frac{B_{Cp}}{Y_p^2} \approx \frac{B_{Cp}}{B_{Cp}^2} = \frac{1}{B_{Cp}} = \frac{1}{1{,}36\,\text{mS}} = 737{,}20\,\Omega$

$C_r \approx C_p = \mathbf{270\,pF}$

92/5 $R_{11} = 0{,}5\,\text{M}\Omega$; $R_{12} = 0{,}2\,\text{M}\Omega$; $R_{13} = 0{,}3\,\text{M}\Omega$; $R_{2r} = 47\,\text{k}\Omega$

für f = 100 Hz: $X_{C1r} = \dfrac{1}{\omega C_{1r}} = \dfrac{1}{6{,}28 \cdot 100\,\text{Hz} \cdot 15\,\text{nF}} = 106{,}16\,\text{k}\Omega$

$$Z_{2r} = \sqrt{R_{2r}^2 + X_{C1r}^2} = \sqrt{(47\,\text{k}\Omega)^2 + (106{,}16\,\text{k}\Omega)^2} = 116{,}1\,\text{k}\Omega$$

$$\tan\varphi_r = \frac{X_{C1r}}{R_{2r}} = \frac{106{,}16\,\text{k}\Omega}{47\,\text{k}\Omega} = 2{,}26 \Rightarrow \varphi_r = 66{,}1°$$

$$Y_{2p} = \frac{1}{Z_{2r}} = \frac{1}{116{,}1\,\text{k}\Omega} = 8{,}61\,\mu\text{S}; \quad \varphi_p = \varphi_r = 66{,}1°$$

$$G_{2p} = Y_{2p} \cdot \cos\varphi_p = 8{,}61\,\mu\text{S} \cdot \cos 66{,}1° = 3{,}49\,\mu\text{S}$$

$$R_{2p} = \frac{1}{G_{2p}} = \frac{1}{3{,}49\,\mu\text{S}} = 286{,}53\,\text{k}\Omega$$

$$B_{C1p} = Y_{2p} \cdot \sin\varphi_p = 8{,}61\,\mu\text{S} \cdot \sin 66{,}1° = 7{,}87\,\mu\text{S}$$

$$X_{C1p} = \frac{1}{B_{C1p}} = \frac{1}{7{,}87\,\mu\text{S}} = 127{,}06\,\text{k}\Omega$$

$$R_{3p} = \frac{R_{2p}R_{13}}{R_{2p} + R_{13}} = \frac{286{,}53\,\text{k}\Omega \cdot 300\,\text{k}\Omega}{286{,}53\,\text{k}\Omega + 300\,\text{k}\Omega} = 146{,}56\,\text{k}\Omega$$

$$G_{3p} = \frac{1}{R_{3p}} = \frac{1}{146{,}56\,\text{k}\Omega} = 6{,}82\,\mu\text{S}$$

$$X_{C3p} = X_{C1p} = 127{,}06\,\text{k}\Omega$$

$$B_{C3p} = \frac{1}{X_{C3p}} = \frac{1}{127{,}06\,\text{k}\Omega} = 7{,}87\,\mu\text{S}$$

$$Y_{3p} = \sqrt{G_{3p}^2 + B_{C3p}^2} = \sqrt{(6{,}82\,\mu\text{S})^2 + (7{,}87\,\mu\text{S})^2} = 10{,}42\,\mu\text{S}$$

$$\tan\varphi_p = \frac{B_{C3p}}{G_{3p}} = \frac{7{,}87\,\mu\text{S}}{6{,}82\,\mu\text{S}} = 1{,}15 \Rightarrow \varphi_p = 49{,}0°$$

$$Z_{3r} = \frac{1}{Y_{3p}} = \frac{1}{10{,}42\,\mu\text{S}} = 95{,}97\,\text{k}\Omega; \quad \varphi_r = \varphi_p = 49{,}0°$$

$$R_{3r} = Z_{3r} \cdot \cos\varphi_r = 95{,}97\,\text{k}\Omega \cdot \cos 49{,}0° = 62{,}97\,\text{k}\Omega$$

$$X_{C3r} = Z_{3r} \cdot \sin\varphi_r = 95{,}97\,\text{k}\Omega \cdot \sin 49{,}0° = 72{,}43\,\text{k}\Omega$$

$$R_{4r} = R_{3r} + R_{12} = 62{,}97\,\text{k}\Omega + 200\,\text{k}\Omega = 262{,}97\,\text{k}\Omega$$

$$R_{5r} = R_{4r} + R_{11} = 262{,}97\,\text{k}\Omega + 500\,\text{k}\Omega = 762{,}97\,\text{k}\Omega$$

$$Z_{I} = \sqrt{R_{4r}^2 + X_{C3r}^2} = \sqrt{(262{,}97\,\text{k}\Omega)^2 + (72{,}43\,\text{k}\Omega)^2} = 272{,}76\,\text{k}\Omega$$

$$Z_{II} = \sqrt{R_{5r}^2 + X_{C3r}^2} = \sqrt{(762{,}97\,\text{k}\Omega)^2 + (72{,}43\,\text{k}\Omega)^2} = 766{,}40\,\text{k}\Omega$$

$$\frac{U_2}{U_1} = \frac{Z_I}{Z_{II}} \Rightarrow U_2 = \frac{U_1 Z_I}{Z_{II}} = \frac{3\,\text{V} \cdot 272{,}76\,\text{k}\Omega}{766{,}40\,\text{k}\Omega} = \mathbf{1{,}07\,V}$$

für f = 10 kHz: $X_{C1r} = \dfrac{1}{\omega C_r} = \dfrac{1}{2\pi \cdot 10\,\text{kHz} \cdot 15\,\text{nF}} = 1{,}06\,\text{k}\Omega$

X_{C1r} ist gegenüber R_{2r} zu vernachlässigen.

$$R_{2r} = R_{2p}; \quad R_{3p} = \frac{R_{2p}R_{13}}{R_{2p} + R_{13}} = \frac{47\,\text{k}\Omega \cdot 300\,\text{k}\Omega}{47\,\text{k}\Omega + 300\,\text{k}\Omega} = 40{,}63\,\text{k}\Omega; \quad R_{3p} = R_{3r}$$

$$R_{4r} = R_{3r} + R_{12} = 40{,}63\,\text{k}\Omega + 200\,\text{k}\Omega = 240{,}63\,\text{k}\Omega$$

$$R_{5r} = R_{4r} + R_{11} = 240{,}63\,\text{k}\Omega + 500\,\text{k}\Omega = 740{,}63\,\text{k}\Omega$$

$$Z_I = R_{4r}; \quad Z_{II} = R_{5r}; \quad U_2 = \frac{U_1 Z_I}{Z_{II}} = \frac{3\,\text{V} \cdot 240{,}63\,\text{k}\Omega}{740{,}63\,\text{k}\Omega} = \mathbf{0{,}97\,V}$$

92/6 $R_{11} = 0{,}7\,M\Omega$; $R_{13} = 0{,}3\,M\Omega$; $R_{2r} = 47\,k\Omega$

für f = 100 Hz siehe Aufgabe 5, Seite 93: $Z_I = Z_{3r} = 95{,}97\,k\Omega$; $Z_{II} = 766{,}40\,k\Omega$

$$U_2 = \frac{U_1 Z_I}{Z_{II}} = \frac{3\,V \cdot 95{,}97\,k\Omega}{766{,}40\,k\Omega} = \mathbf{0{,}38\,V}$$

für f = 10 kHz siehe Aufgabe 5, Seite 93: $Z_I = R_{3r} = 40{,}63\,k\Omega$; $Z_{II} = R_{5r} = 740{,}63\,k\Omega$

$$U_2 = \frac{U_1 Z_I}{Z_{II}} = \frac{3\,V \cdot 40{,}63\,k\Omega}{740{,}63\,k\Omega} = \mathbf{0{,}16\,V}$$

Unser Ohr ist bei geringer Lautstärke (Schieber weit unten) für Bässe unempfindlich. Also muss bei heruntergedrehtem Schleifer gewährleistet werden, dass höhere Töne stärker unterdrückt werden als Bässe. Dazu dient diese Potenziometerschaltung (gehörrichtige Lautstärkeeinstellu

Lösungen zu 5.4.2 Schwingkreise

94/1

$$X_L = \omega L = 2\pi \cdot 4{,}1\,MHz \cdot 21\,\mu H = 540{,}71\,\Omega$$

$$X_C = \frac{1}{\omega C} = \frac{1}{2\pi \cdot 4{,}1\,MHz \cdot 68\,pF} = 517{,}15\,\Omega$$

$$Z = \sqrt{R_v^2 + (X_C - X_L)^2} = \sqrt{(4\,\Omega)^2 + (517{,}15\,\Omega - 540{,}71\,\Omega)^2} = \mathbf{30{,}44\,\Omega}$$

94/2

$$X_L = \omega L = 2\pi \cdot 680\,kHz \cdot 200\,\mu H = 854{,}08\,\Omega$$

$$X_C = \frac{1}{\omega C} = \frac{1}{2\pi \cdot 680\,kHz \cdot 270\,pF} = 867{,}30\,\Omega$$

$$Z = \sqrt{R_v^2 + (X_C - X_L)^2} \Rightarrow R_v = \sqrt{Z^2 - (X_C - X_L)^2}$$

$$= \sqrt{(18{,}8\,\Omega)^2 - (867{,}30\,\Omega - 854{,}08\,\Omega)^2} = \mathbf{13{,}37\,\Omega}$$

94/3

$$f_r = \frac{1}{2\pi\sqrt{LC}} = \frac{1}{2\pi\sqrt{21\,\mu H \cdot 68\,pF}} = \mathbf{4{,}212\,MHz}$$

$$Z_r = R_v = \mathbf{4\,\Omega}$$

94/4

$$f_r = \frac{1}{2\pi\sqrt{LC}} = \frac{1}{2\pi\sqrt{200\,\mu H \cdot 270\,pF}} = \mathbf{686{,}36\,kHz}$$

$$Z_r = R_v = \mathbf{13{,}37\,\Omega}$$

94/5

$$f_r = \frac{1}{2\pi\sqrt{LC}} \Rightarrow L = \frac{1}{4\pi^2 f_r^2 C} = \frac{1}{4\pi^2 \cdot (1{,}1\,MHz)^2 \cdot 150\,pF} = \mathbf{139{,}70\,\mu H}$$

94/6

a) $$f_r = \frac{1}{2\pi\sqrt{LC}} \Rightarrow C = \frac{1}{4\pi^2 f_r^2 L} = \frac{1}{4\pi^2 \cdot (50\,Hz)^2 \cdot 2{,}4\,H} = \mathbf{4{,}23\,\mu F}$$

b) $$Z_r = R_p = \frac{L}{C \cdot R_v} = \frac{2{,}4\,H}{4{,}23\,\mu F \cdot 5\,\Omega} = \mathbf{113{,}48\,k\Omega}$$

94/7 **a)** $f_r = \frac{1}{2\pi\sqrt{LC}} \Rightarrow L = \frac{1}{4\pi^2 f_r^2 C} = \frac{1}{4\pi^2 \cdot (470\,\text{kHz})^2 \cdot 470\,\text{pF}} = \mathbf{243{,}98\,\mu H}$

b) $Z_r = R_p \approx \frac{L}{C \cdot R_v} = \frac{243{,}98\,\mu\text{H}}{470\,\text{pF} \cdot 6\,\Omega} = \mathbf{86{,}52\,k\Omega}$

c) $G = \frac{1}{R_p} \approx \frac{R_v}{X_L^2} = \frac{6\,\Omega}{(2\pi \cdot 468\,\text{kHz} \cdot 243{,}98\,\mu\text{H})^2} = 11{,}66\,\mu\text{S}$

$B_C = \omega \cdot C = 2\pi \cdot 468\,\text{kHz} \cdot 470\,\text{pF} = 1\,382{,}05\,\mu\text{S}$

$B_L = \frac{1}{\omega \cdot L} = \frac{1}{2\pi \cdot 468\,\text{kHz} \cdot 243{,}98\,\mu\text{H}} = 1\,393{,}86\,\mu\text{S}$

$Y = \sqrt{G^2 + (B_L - B_C)^2} = \sqrt{(11{,}66\,\mu\text{S})^2 + (1\,393{,}86\,\mu\text{S} - 1\,382{,}05\,\mu\text{S})^2} = 16{,}60\,\mu\text{S}$

$Z = \frac{1}{Y} = \frac{1}{16{,}60\,\mu\text{S}} = \mathbf{60{,}24\,k\Omega}$

94/8 **a)** $G = \frac{1}{R_p} \approx \frac{R_v}{X_L^2} = \frac{8\,\Omega}{(400\,\Omega)^2} = 50\,\mu\text{S}$

$B_L = \frac{1}{X_L} = \frac{1}{400\,\Omega} = 2{,}5\,\text{mS}$

$B_C = \frac{1}{X_C} = \frac{1}{500\,\Omega} = 2\,\text{mS}$

$Y = \sqrt{G^2 + (B_L - B_C)^2} = \sqrt{(50\,\mu\text{S})^2 + (2{,}5\,\text{mS} - 2\,\text{mS})^2} = 502{,}49\,\mu\text{S}$

$Z = \frac{1}{Y} = \frac{1}{502{,}49\,\mu\text{S}} = \mathbf{1{,}99\,k\Omega}$

b) $X_L = \omega \cdot L \Rightarrow L = \frac{X_L}{\omega} = \frac{400\,\Omega}{2\pi \cdot 500\,\text{kHz}} = 127{,}32\,\mu\text{H}$

$X_C = \frac{1}{\omega \cdot C} \Rightarrow C = \frac{1}{\omega \cdot X_C} = \frac{1}{2\pi \cdot 500\,\text{kHz} \cdot 500\,\Omega} = 636{,}62\,\text{pF}$

$Z_r = R_p \approx \frac{L}{C \cdot R_v} = \frac{127{,}32\,\mu\text{H}}{636{,}62\,\text{pF} \cdot 8\,\Omega} = \mathbf{25\,k\Omega}$

c) $f_r = \frac{1}{2\pi\sqrt{LC}} = \frac{1}{2\pi\sqrt{127{,}32\,\mu\text{H} \cdot 636{,}62\,\text{pF}}} = \mathbf{559{,}02\,kHz}$

94/9 **a)** $f_r = \frac{1}{2\pi\sqrt{LC}} = \frac{1}{2\pi\sqrt{255\,\mu\text{H} \cdot 300\,\text{pF}}} = \mathbf{575{,}43\,kHz}$

b) $Z_r = R_p \approx \frac{L}{C \cdot R_v} \Rightarrow R_v \approx \frac{L}{C \cdot R_p} = \frac{255\,\mu\text{H}}{300\,\text{pF} \cdot 170\,\text{k}\Omega} = \mathbf{5\,\Omega}$

c) $G = \frac{1}{R_p} \approx \frac{R_v}{X_L^2} = \frac{5\,\Omega}{(2\pi \cdot 577\,\text{kHz} \cdot 255\,\mu\text{H})^2} = 5{,}85\,\mu\text{S}$

$B_L = \frac{1}{\omega \cdot L} = \frac{1}{2\pi \cdot 577\,\text{kHz} \cdot 255\,\mu\text{H}} = 1\,081{,}69\,\mu\text{S}$

$B_C = \omega \cdot C = 2\pi \cdot 577\,\text{kHz} \cdot 300\,\text{pF} = 1\,087{,}62\,\mu\text{S}$

$Y = \sqrt{G^2 + (B_C - B_L)^2} = \sqrt{(5{,}85\,\mu\text{S})^2 + (1\,087{,}62\,\mu\text{S} - 1\,081{,}69\,\mu\text{S})^2} = 8{,}33\,\mu\text{S}$

$Z = \frac{1}{Y} = \frac{1}{8{,}33\,\mu\text{S}} = \mathbf{120{,}05\,k\Omega}$

94/10 **a)** $f_r = \frac{1}{2\pi\sqrt{LC}} \Rightarrow L = \frac{1}{4\pi^2 f_r^2 C} = \frac{1}{4\pi^2 \cdot (1\,\text{MHz})^2 \cdot 100\,\text{pF}} = \mathbf{253{,}3\,\mu H}$

b) $R_p \approx \frac{L}{C \cdot R_v} \Rightarrow R_v \approx \frac{L}{C \cdot R_p} = \frac{253{,}3\,\mu\text{H}}{100\,\text{pF} \cdot 300\,\text{k}\Omega} = \mathbf{8{,}44\,\Omega}$

c) $Z_r = R_p = \mathbf{300\,k\Omega}$

Lösungen zu 5.4.3 Einfache RC-Siebschaltungen

95/1 **a)** $f_c = \frac{1}{2\pi \cdot R \cdot C} = \frac{1}{2\pi \cdot 10\,\text{k}\Omega \cdot 8{,}2\,\text{nF}} = \mathbf{1{,}94\,kHz}$

b) $U_2 \approx 0{,}7 \cdot U_1 = 0{,}7 \cdot 10\,\text{V} = \mathbf{7\,V}$

c) $U_2 \approx \frac{U_1}{\omega \cdot R \cdot C} = \frac{10\,\text{V}}{2\pi \cdot 100\,\text{kHz} \cdot 10\,\text{k}\Omega \cdot 8{,}2\,\text{nF}} = \mathbf{194\,mV}$

95/2 **a)** $U_2 \approx U_1 \cdot \omega \cdot R \cdot C \Rightarrow C \approx \frac{U_2}{U_1 \cdot \omega \cdot R} = \frac{1}{10 \cdot 2\pi \cdot 5\,\text{kHz} \cdot 3{,}3\,\text{k}\Omega} = \mathbf{965\,pF}$

b) $f_c = \frac{1}{2\pi \cdot R \cdot C} = \frac{1}{2\pi \cdot 3{,}3\,\text{k}\Omega \cdot 965\,\text{pF}} = \mathbf{49{,}98\,kHz}$

95/3 **a)** $f_m = \frac{1}{2\pi \cdot R_2 \cdot C_2} \Rightarrow R_2 = \frac{1}{2\pi \cdot f_m \cdot C_2} = \frac{1}{2\pi \cdot 8\,\text{kHz} \cdot 10\,\text{nF}} = \mathbf{1{,}99\,k\Omega}$

$f_m = \frac{1}{2\pi \cdot R_1 \cdot C_1} \Rightarrow C_1 = \frac{1}{2\pi \cdot f_m \cdot R_1} = \frac{1}{2\pi \cdot 8\,\text{kHz} \cdot 12\,\text{k}\Omega} = \mathbf{1{,}66\,nF}$

b) $U_2 = \frac{U_1 \cdot R_2}{2R_1 + R_2} \Rightarrow \frac{U_2}{U_1} = \frac{R_2}{2R_1 + R_2} = \frac{1{,}99\,\text{k}\Omega}{2 \cdot 12\,\text{k}\Omega + 1{,}99\,\text{k}\Omega} = 0{,}0766 = \mathbf{7{,}66}\,\%$

95/4 **a)** $U_2 = \frac{U_1 \cdot R_2}{2R_1 + R_2} \Rightarrow R_1 = \frac{(U_1/U_2 - 1) \cdot R_2}{2} = \frac{(20 - 1) \cdot 4{,}7\,\text{k}\Omega}{2} = \mathbf{44{,}65\,k\Omega}$

b) $f_m = \frac{1}{2\pi \cdot R_1 \cdot C_1} = \frac{1}{2\pi \cdot 44{,}65\,\text{k}\Omega \cdot 15\,\text{nF}} = \mathbf{237{,}63\,Hz}$

c) $f_m = \frac{1}{2\pi \cdot R_2 \cdot C_2} \Rightarrow C_2 = \frac{1}{2\pi \cdot f_m \cdot R_2} = \frac{1}{2\pi \cdot 237{,}63\,\text{Hz} \cdot 4{,}7\,\text{k}\Omega} = \mathbf{142{,}5\,nF}$

95/5 **a)** $U_2 = \frac{U_1 \cdot 2R_2}{R_1 + 2R_2} \Rightarrow \frac{U_2}{U_1} = \frac{2R_2}{R_1 + 2R_2} = \frac{2R_2}{5R_2 + 2R_2} = \frac{2}{7}$

$A = 20 \cdot \lg \frac{U_1}{U_2} = 20 \cdot \lg \frac{7}{2} = \mathbf{10{,}88\,dB}$

b) $f_m = \frac{1}{2\pi \cdot R_2 \cdot C_2} \Rightarrow R_2 = \frac{1}{2\pi \cdot f_m \cdot C_2} = \frac{1}{2\pi \cdot 4\,\text{kHz} \cdot 22\,\text{nF}} = \mathbf{1{,}81\,k\Omega}$

wenn $R_1 = 5R_2 \Rightarrow C_1 = \frac{C_2}{5} = \frac{22\,\text{nF}}{5} = \mathbf{4{,}4\,nF}$

95/6 **a)** $A = 20 \cdot \lg \frac{U_1}{U_2} \Rightarrow 12 = 20 \cdot \lg \frac{U_1}{U_2} \Rightarrow \frac{U_1}{U_2} = \mathbf{3{,}98}$

b) $U_2 = \frac{U_1 \cdot 2R_2}{R_1 + 2R_2} \Rightarrow R_2 = \frac{R_1}{(U_1/U_2 - 1) \cdot 2} = \frac{8{,}2\,\text{k}\Omega}{(3{,}98 - 1) \cdot 2} = \mathbf{1{,}38\,k\Omega}$

c) $f_m = \frac{1}{2\pi \cdot R_2 \cdot C_2} = \frac{1}{2\pi \cdot 1{,}38\,\text{k}\Omega \cdot 8{,}2\,\text{nF}} = \mathbf{14{,}06\,kHz}$

d) $f_m = \frac{1}{2\pi \cdot R_1 \cdot C_1} \Rightarrow C_1 = \frac{1}{2\pi \cdot f_m \cdot R_1} = \frac{1}{2\pi \cdot 14{,}06\,\text{kHz} \cdot 8{,}2\,\text{k}\Omega} = \mathbf{1{,}38\,nF}$

Lösungen zu 5.5 Wechselstromleistungen bei Einphasenwechselstrom

97/1 $S = UI = 20\,\text{V} \cdot 30\,\text{mA} = 6\,600\,\text{mVA} = \mathbf{6{,}6\,VA}$

97/2 $S = UI = 24\,\text{V} \cdot 3\,\text{A} = \mathbf{72\,VA}$

97/3 $S = UI \Rightarrow I = \frac{S}{U} = \frac{220\,\text{VA}}{300\,\text{V}} = \mathbf{0{,}733\,A}$

97/4 $U = \frac{S}{I} = \frac{500\,\text{VA}}{2{,}27\,\text{A}} = \mathbf{220{,}3\,V}$

97/5 $S = UI = 230\,\text{V} \cdot 6\,\text{A} = 1\,380\,\text{VA} \Rightarrow Q_C = \mathbf{1\,380\,var}$

97/6 $S = UI = 230\,\text{V} \cdot 2\,\text{A} = 460\,\text{VA} \Rightarrow Q_L = \mathbf{460\,var}$

97/7 **a)** $S = UI = 230\,\text{V} \cdot 10\,\text{A} = \mathbf{2\,300\,VA}$; **b)** $P = \mathbf{2\,300\,W}$; **c)** $Q = \mathbf{0\,var}$

97/8 **a)** $S = UI = 6{,}3\,\text{V} \cdot 900\,\text{mA} = \mathbf{5{,}67\,VA}$; **b)** $P = \mathbf{5{,}67\,W}$; **c)** $Q = \mathbf{0\,var}$

97/9 $Q_C = I^2 \cdot X_C = (100\,\text{mA})^2 \cdot 10\,\Omega = 0{,}01\,\text{A}^2 \cdot 10\,\Omega = \mathbf{0{,}1\,var}$

97/10 $Q_L = I^2 \cdot X_L = (600\,\text{mA})^2 \cdot 5\,\Omega = 0{,}36\,\text{A}^2 \cdot 5\,\Omega = \mathbf{1{,}8\,var}$

97/11 **a)** Wirkleistung nur in Wirkwiderstand $\Rightarrow P = UI_w = 20\,\text{V} \cdot 10\,\text{mA} = \mathbf{200\,mW}$

b) $S = UI = 20\,\text{V} \cdot 100\,\text{mA} = 2\,000\,\text{mVA} = \mathbf{2\,VA}$

97/12 **a)** $Q_L = UI_{bL} = 20\,V \cdot 50\,mA = \mathbf{1\,var}$

b) $S = UI = 20\,V \cdot 60\,mA = \mathbf{1{,}2\,VA}$

97/13 **a)** $P = I^2R = (10\,mA)^2 \cdot 20\,\Omega = 100\,(mA)^2 \cdot 20\,\Omega = 2\,000\,\mu W = \mathbf{2\,mW}$

b) $X_L = \omega L = 314\,1/s \cdot 200\,mH = 62\,800\,m\Omega = 62{,}8\,\Omega$

$Q_L = I^2X_L = (10\,mA)^2 \cdot 62{,}8\,\Omega = 100\,(mA)^2 \cdot 62{,}8\,\Omega = 6\,280\,\mu var = \mathbf{6{,}28\,mvar}$

c) Spule: $Z = \sqrt{R^2 + X_L^2} = \sqrt{20^2 + 62{,}8^2}\,\Omega = \sqrt{400 + 3\,944}\,\Omega = \sqrt{4\,344}\,\Omega = 65{,}8\,\Omega$

$U = ZI = 65{,}8\,\Omega \cdot 10\,mA = 0{,}658\,V$

$Q_C = Q_L$ (nach Aufgabe) $\Rightarrow Q_C = \dfrac{U^2}{X_C} \Rightarrow X_C = \dfrac{U^2}{Q_C} = \dfrac{(0{,}658\,V)^2}{6{,}28\,mvar} = 0{,}068\,94\,k\Omega = 68{,}94\,\Omega$

$$X_C = \frac{1}{\omega C} \Rightarrow C = \frac{1}{\omega X_C} = \frac{1}{314\,1/s \cdot 68{,}94\,\Omega} = \mathbf{46{,}19\,\mu F}$$

97/14 **a)** $X_L = \omega L = 314\,1/s \cdot 600\,mH = 188{,}4\,\Omega$

$Z = \sqrt{R^2 + X_L^2} = \sqrt{20^2 + 188{,}4^2}\,\Omega = \sqrt{400 + 35\,495}\,\Omega = \sqrt{35\,895}\,\Omega = 189{,}5\,\Omega$

$S = I^2Z = (400\,mA)^2 \cdot 189{,}5\,\Omega = 0{,}16 \cdot 189{,}5\,VA = \mathbf{30{,}3\,VA}$

b) $Q_L = I^2X_L = (400\,mA)^2 \cdot 188{,}4\,\Omega = 0{,}16 \cdot 188{,}4\,var = \mathbf{30{,}1\,var}$

$U = ZI = 189{,}5\,\Omega \cdot 400\,mA = 75{,}8\,V$

$Q_C = Q_L$ (nach Aufgabe) $\Rightarrow Q_C = \dfrac{U^2}{X_C} \Rightarrow X_C = \dfrac{U^2}{Q_C} = \dfrac{(75{,}8\,V)^2}{30{,}1\,var} = \dfrac{5\,750}{30{,}1}\,\Omega = 191\,\Omega$

$$X_C = \frac{1}{\omega C} \Rightarrow C = \frac{1}{\omega X_C} = \frac{1}{314\,1/s \cdot 191\,\Omega} = \mathbf{16{,}7\,\mu F}$$

97/15 $Q_C = U \cdot I_{bC}$ mit $I_{bC} = I_{bL} - \sqrt{I^2 - I_w^2}$

$Q_C = U \cdot (I_{bL} - \sqrt{I^2 - I_w^2})$

Lösungen zu 5.6.1 Transformatorhauptgleichung

98/1 $U_0 = N \cdot \omega \cdot A \cdot \dfrac{\hat{B}}{\sqrt{2}}$

$$\Rightarrow N_1 = \frac{U_1 \cdot \sqrt{2}}{\hat{B} \cdot \omega \cdot A} = \frac{230\,V \cdot \sqrt{2}}{1{,}2\,T \cdot 2\pi \cdot 50\,Hz \cdot 11\,cm^2} = \frac{230\,V \cdot \sqrt{2}}{1{,}2\,Vs/m^2 \cdot 314\,\frac{1}{s} \cdot 11 \cdot 10^{-4}\,m^2} = \mathbf{784}$$

98/2 $$N_1 = \frac{U_1 \cdot \sqrt{2}}{\hat{B} \cdot \omega \cdot A} = \frac{230\,V \cdot \sqrt{2}}{1{,}4\,Vs/m^2 \cdot 2\pi \cdot 50\,Hz \cdot 6{,}7\,cm^2} = \mathbf{1\,104}$$

98/3 Der Index 1 bezieht sich auf 50 Hz; der Index 2 auf 60 Hz.

a) $U_0 = N \cdot \omega \cdot A \cdot \frac{\hat{B}}{\sqrt{2}} \Rightarrow \hat{B}_1 = \frac{U_1 \cdot \sqrt{2}}{N \cdot \omega_1 \cdot A}; \quad \hat{B}_2 = \frac{U_2 \cdot \sqrt{2}}{N \cdot \omega_2 \cdot A}$

für $\hat{B}_1 = \hat{B}_2$: $\frac{U_1 \cdot \sqrt{2}}{N \cdot \omega_1 \cdot A} = \frac{U_2 \cdot \sqrt{2}}{N \cdot \omega_2 \cdot A} \Rightarrow U_2 = U_1 \cdot \frac{\omega_2}{\omega_1} = U_1 \cdot \frac{f_2}{f_1} = 230\,\text{V} \cdot \frac{60\,\text{Hz}}{50\,\text{Hz}} = \mathbf{276\,V}$

b) $U_1 = N \cdot \omega_1 \cdot A \cdot \frac{\hat{B}_1}{\sqrt{2}}; \quad U_2 = N \cdot \omega_2 \cdot A \cdot \frac{\hat{B}_2}{\sqrt{2}}$

Für $U_1 = U_2$ ist $N \cdot \omega_1 \cdot A \cdot \frac{\hat{B}_1}{\sqrt{2}} = N \cdot \omega_2 \cdot A \cdot \frac{\hat{B}_2}{\sqrt{2}} \Rightarrow \hat{B}_2 = \frac{\omega_1}{\omega_2} \cdot \hat{B}_1 = \frac{f_1}{f_2} \cdot \hat{B}_2 = \frac{50\,\text{Hz}}{60\,\text{Hz}} \cdot 1{,}2\,\text{T} = \mathbf{1\,T}$

98/4 Der Index 1 bezieht sich auf 60 Hz; der Index 2 auf 50 Hz.
Lösungsweg entsprechend Lösung zu Aufgabe 3, Seite 98.

a) $U_1 = \frac{f_2}{f_1} \cdot U_2 = \frac{50\,\text{Hz}}{60\,\text{Hz}} \cdot 230\,\text{V} = \mathbf{191{,}7\,V}$

b) $\hat{B}_2 = \frac{f_1}{f_2} \cdot \hat{B}_1 = \frac{60\,\text{Hz}}{50\,\text{Hz}} \cdot 1{,}1\,\frac{\text{Vs}}{\text{m}^2} = \mathbf{1{,}32\,\frac{Vs}{m^2}}$

98/5 $U_0 = N \cdot \omega \cdot A \cdot \frac{\hat{B}}{\sqrt{2}} \Rightarrow N = \frac{U_0 \cdot \sqrt{2}}{\hat{B} \cdot \omega \cdot A} = \frac{115\,\text{V} \cdot \sqrt{2}}{0{,}6\,\text{T} \cdot 2\pi \cdot 400\,\text{Hz} \cdot 6{,}7\,\text{cm}^2}$

$= \frac{115\,\text{V} \cdot \sqrt{2}}{0{,}6\,(\text{Vs/m}^2) \cdot 2\pi \cdot 400\,\frac{1}{\text{s}} \cdot 6{,}7 \cdot 10^{-4}\,\text{m}^2} = \mathbf{161}$

98/6 $U_0 = 4{,}44 \cdot f \cdot \hat{B} \cdot A \cdot N \Rightarrow \hat{B} = \frac{U_0}{4{,}44 \cdot f \cdot A \cdot N} = \frac{20\,\text{V}}{4{,}44 \cdot \frac{50}{3\,\text{s}} \cdot 14 \cdot 10^{-4}\,\text{m}^2 \cdot 138}$

$= \mathbf{1{,}40\,\frac{Vs}{m^2}}$

98/7 $N_1 = \frac{U_1 \cdot \sqrt{2}}{\hat{B} \cdot \omega \cdot A} = 38\,\frac{\text{cm}^2}{\text{V}} \cdot \frac{U_1}{A}$

$\Rightarrow \hat{B} = \frac{\sqrt{2}}{\omega \cdot 38\,\text{cm}^2/\text{V}} = \frac{\sqrt{2}}{2\pi \cdot 50\,\text{Hz} \cdot 38 \cdot 10^{-4}\,\text{m}^2/\text{V}} = \frac{\sqrt{2} \cdot 10^4}{314\,\frac{1}{\text{s}} \cdot 38\,\text{m}^2/\text{V}} = \mathbf{1{,}18\,\frac{Vs}{m^2}}$

(A ist hier Formelzeichen für Fläche.)

98/8 $N_1 = \frac{\sqrt{2} \cdot U_1}{\hat{B} \cdot \omega \cdot A} = \frac{\sqrt{2}}{0{,}8\,\text{T} \cdot 2\pi \cdot 400\,\text{Hz}} \cdot \frac{U_1}{A} = \frac{\sqrt{2}}{0{,}8\,\frac{\text{Vs}}{\text{m}^2} \cdot 2{,}51 \cdot 10^3\,\frac{1}{\text{s}}} \cdot \frac{U_1}{A}$

$= \frac{\sqrt{2} \cdot 10^4\,\text{cm}^2}{0{,}8\,\text{V} \cdot 2{,}51 \cdot 10^3} \cdot \frac{U_1}{A} = \mathbf{7{,}04\,\frac{cm^2}{V} \cdot \frac{U_1}{A}}$

(A ist hier Formelzeichen für Fläche.)

Lösungen zu 5.6.2 Spannungsübersetzung und Stromübersetzung

99/1 $\frac{U_2}{U_1} = K \cdot \frac{N_2}{N_1} \Rightarrow K = \frac{U_2 \cdot N_1}{U_1 \cdot N_2} = \frac{66\,V \cdot 1\,200}{230\,V \cdot 600} = \mathbf{0{,}574}$

99/2 $\frac{U_2}{U_1} = K \cdot \frac{N_2}{N_1} \Rightarrow U_2 = \frac{K \cdot U_1 \cdot N_2}{N_1} = \frac{0{,}57 \cdot 230\,V \cdot 300}{1\,200} = \mathbf{32{,}8\,V}$

99/3, 4

a) $N_2 = \frac{1{,}1 \cdot N_1 \cdot U_2}{U_1} = \frac{1{,}1 \cdot 1\,150 \cdot 6{,}3\,V}{230\,V} = \mathbf{35}$

$\frac{I_2}{I_1} \approx \frac{N_1}{N_2} \Rightarrow I_2 \approx \frac{I_1 \cdot N_1}{N_2} = \frac{0{,}165\,A \cdot 1\,150}{35} = \mathbf{5{,}42\,A}$

b) $U_2 = \frac{U_1 \cdot N_2}{1{,}1 \cdot N_1} = \frac{230\,V \cdot 87}{1{,}1 \cdot 718} = \mathbf{25{,}3\,V}$

$\frac{I_2}{I_1} \approx \frac{N_1}{N_2} \Rightarrow I_2 \approx \frac{I_1 \cdot N_1}{N_2} = \frac{0{,}57\,A \cdot 718}{87} = \mathbf{4{,}7\,A}$

c) $N_2 = \frac{1{,}1 \cdot N_1 \cdot U_2}{U_1} = \frac{1{,}1 \cdot 700 \cdot 230\,V}{135\,V} = \mathbf{1\,312}$

$I_1 \approx \frac{I_2 \cdot N_2}{N_1} = \frac{0{,}2\,A \cdot 1\,312}{700} = \mathbf{0{,}375\,A}$

d) $N_1 = \frac{N_2 \cdot U_1}{1{,}1 \cdot U_2} = \frac{29\,260 \cdot 230\,V}{1{,}1 \cdot 8\,kV} = \mathbf{765}$

$I_1 \approx \frac{I_2 \cdot N_2}{N_1} = \frac{14\,mA \cdot 29\,260}{765} = \mathbf{535\,mA}$

99/5 $\frac{I_2}{I_1} \approx \frac{N_1}{N_2} \Rightarrow N_2 \approx \frac{N_1 \cdot I_1}{I_2} = \frac{1 \cdot 250\,A}{1\,A} = \mathbf{250}$

99/6 $\frac{I_2}{I_1} \approx \frac{N_1}{N_2} \Rightarrow N_1 \approx \frac{N_2 \cdot I_2}{I_1} = \frac{1 \cdot 500\,A}{1\,A} = \mathbf{500}$

99/7 Dieser Spartransformator dient zur Spannungsteilung:

$K = 1$; $N_2 = N_p$; $N_1 = N_r + N_p$

a) $\frac{U_2}{U_1} = K \cdot \frac{N_2}{N_1} \Rightarrow N_2 = \frac{1}{K} \cdot \frac{N_1 \cdot U_2}{U_1} \Rightarrow N_p = \frac{(N_r + N_p) \cdot U_2}{U_1} = \frac{396 \cdot 135\,V}{230\,V} = \mathbf{232}$

b) $U_1 \cdot I_1 = U_2 \cdot I_2 \Rightarrow I_1 = \frac{U_2 \cdot I_2}{U_1} = \frac{135\,V \cdot 5\,A}{230\,V} = \mathbf{2{,}93\,A}$

c) Durch die Parallelwicklung fließt der Differenzstrom I_p.

$I_p = I_2 - I_1 = 5\,A - 2{,}93\,A = \mathbf{2{,}07\,A}$

99/8 **a)** An der Wicklung mit N Windungen liegt die Gesamtspannung U_2.

$N = 1{,}5\,\frac{1}{V} \cdot U_2 = 1{,}5\,\frac{1}{V} \cdot 400\,V = \mathbf{600}$

An der Wicklung mit N_p Windungen liegt die Eingangsspannung U_1.

$N_p = 1{,}5\,\frac{1}{V} \cdot U_1 = 1{,}5\,\frac{1}{V} \cdot 230\,V = \mathbf{345}$

b) $U_1 \cdot I_1 = U_2 \cdot I_2 \Rightarrow I_1 = \frac{U_2 \cdot I_2}{U_1} = \frac{400\,V \cdot 3\,A}{230\,V} = \mathbf{5{,}22\,A}$

c) $I_p = I_1 - I_2 = 5{,}22\,A - 3\,A = \mathbf{2{,}22\,A}$

Lösungen zu 5.6.3 Übertrager zur Widerstandsübersetzung

100/1 $\frac{Z_2}{Z_1} \approx \left(\frac{N_2}{N_1}\right)^2 \Rightarrow Z_2 \approx Z_1 \cdot \left(\frac{N_2}{N_1}\right)^2 = 10\,k\Omega \cdot \left(\frac{60}{2\,960}\right)^2 = \mathbf{5\,\Omega}$

100/2 $\frac{Z_2}{Z_1} \approx \left(\frac{N_2}{N_1}\right)^2 \Rightarrow Z_1 \approx Z_2 \cdot \left(\frac{N_1}{N_2}\right)^2 = 7{,}5\,\Omega \cdot \left(\frac{1\,500}{130}\right)^2 = \mathbf{1\,k\Omega}$

100/3 $\frac{Z_2}{Z_1} \approx \left(\frac{N_2}{N_1}\right)^2 \Rightarrow \frac{N_1}{N_2} \approx \sqrt{\frac{Z_1}{Z_2}} = \sqrt{\frac{200\,\Omega}{200\,k\Omega}} = \frac{1}{\sqrt{1\,000}} = \mathbf{1 : 31{,}6}$

100/4 $\frac{Z_2}{Z_1} \approx \left(\frac{N_2}{N_1}\right)^2 \Rightarrow Z_1 \approx Z_2 \cdot \left(\frac{N_1}{N_2}\right)^2 = 200\,\Omega \cdot \left(\frac{3}{425}\right)^2 = \mathbf{0{,}01\,\Omega}$

100/5 $\frac{Z_2}{Z_1} \approx \left(\frac{N_2}{N_1}\right)^2 \Rightarrow \frac{R_2}{R_1} \approx \left(\frac{N_2}{N_1}\right)^2 \Rightarrow R_2 \approx R_1 \cdot \left(\frac{N_2}{N_1}\right)^2 = 10\,k\Omega \cdot \left(\frac{140}{2\,400}\right)^2 = \mathbf{34\,\Omega}$

$\frac{X_{C2}}{X_{C1}} \approx \left(\frac{N_2}{N_1}\right)^2 \Rightarrow \frac{\omega C_1}{\omega C_2} \approx \left(\frac{N_2}{N_1}\right)^2 \Rightarrow C_2 \approx C_1 \cdot \left(\frac{N_1}{N_2}\right)^2 = 270\,pF \cdot \left(\frac{2\,400}{140}\right)^2 = \mathbf{79{,}3\,nF}$

100/6 $\frac{R_2}{R_1} \approx \left(\frac{N_2}{N_1}\right)^2 \Rightarrow R_2 \approx R_1 \cdot \left(\frac{N_2}{N_1}\right)^2 = 1{,}2\,k\Omega \cdot \left(\frac{150}{1\,800}\right)^2 = \mathbf{8{,}33\,\Omega}$

$\frac{X_{L2}}{X_{L1}} \approx \left(\frac{N_2}{N_1}\right)^2 \Rightarrow \frac{\omega L_2}{\omega L_1} \approx \left(\frac{N_2}{N_1}\right)^2 \Rightarrow L_2 \approx L_1 \cdot \left(\frac{N_2}{N_1}\right)^2 = 0{,}3\,H \cdot \left(\frac{150}{1\,800}\right)^2 = \mathbf{2{,}08\,mH}$

100/7 $S_1 = \frac{U_1^2}{Z_2} \Rightarrow Z_1 = \frac{U_1^2}{S_1} = \frac{(100\,V)^2}{18\,W} = \frac{10^4\,V^2}{18\,VA} = 556\,\Omega$

Der Widerstand Z_2 eines Lautsprechers muss mit $3 \cdot Z_1$ auf den Eingang transformiert werden, damit die Parallelschaltung Z_1 ergibt.

$\frac{N_1}{N_2} \approx \sqrt{\frac{3 \cdot Z_1}{Z_2}} = \sqrt{\frac{3 \cdot 556\,\Omega}{7{,}5\,\Omega}} = \sqrt{222} = \mathbf{14{,}9 : 1}$

100/8 $S_1 = \frac{U_1^2}{Z_2} \Rightarrow Z_1 = \frac{U_1^2}{S_1} = \frac{(100\,V)^2}{20\,W} = \frac{10^4}{20}\,\Omega = 500\,\Omega$

$\frac{Z_2}{Z_1} \approx \left(\frac{N_2}{N_1}\right)^2 \Rightarrow Z_2 \approx Z_1 \cdot \frac{1}{(N_1 : N_2)^2} = \frac{500\,\Omega}{11{,}5^2} = \frac{500\,\Omega}{132{,}3} = 3{,}78\,\Omega$

Die **Parallelschaltung** der Tauchspulen hat den Widerstand $\frac{7{,}5\,\Omega}{2} = 3{,}75\,\Omega$, womit Leistungsanpassung besteht.

Lösungen zu 5.7.1 Übertragungsfaktor, Verstärkungsfaktor, Übertragungskoeffizient

101/1 $T = \frac{S_2}{S_1} = \frac{45\,mV}{60\,mV} = \mathbf{0{,}75}$

101/2 $T = \frac{S_2}{S_1} = \frac{4{,}5\,mW}{5\,mW} = \mathbf{0{,}9}$

101/3 $T = \frac{S_2}{S_1} \Rightarrow S_1 = \frac{S_2}{T} = \frac{7\,mV}{0{,}7} = \mathbf{10\,mV}$

101/4 $T = \frac{S_2}{S_1} \Rightarrow S_2 = T \cdot S_1 = 150 \cdot 0{,}5\,mV = \mathbf{75\,mV}$

101/5 **a)** $T = \frac{S_2}{S_1} = \frac{2\,N/m^2}{3\,N/m^2} = \mathbf{6{,}667}$

b) $T_1 = \frac{S_2}{S_1} = \frac{10\,mV}{0{,}3\,N/m^2} = \mathbf{33{,}3\,mV \cdot m^2/N}$

c) Eingangsspannung Lautsprecher $S_2 = T \cdot S_1 = 0{,}7 \cdot 5\,V = 3{,}5\,V$

$T_5 = \frac{S_2}{S_1} = \frac{2\,N/m^2}{3{,}5\,V} = \mathbf{0{,}571\,N/(m^2V)}$

101/6 **a)** U_1 = Ausgangsspannung von Leitung 1

$T_2 = \frac{S_2}{S_1} \Rightarrow S_2 = U_1 = S_1 \cdot T_2 = 10\,mV \cdot 0{,}9 = \mathbf{9\,mV}$

b) $T_1 = \frac{S_2}{S_1} = \frac{10\,mV}{(0{,}3\,N/m^2)} = 33{,}3\,mVm^2/N$

$T = \frac{S_2}{S_1} = \frac{2\,N/m^2}{0{,}3\,N/m^2} = 6{,}667$

$T = T_1 \cdot T_2 \cdot T_3 \cdot T_4 \cdot T_5$

$\Rightarrow T_3 = V_u = \frac{T}{T_1 \cdot T_2 \cdot T_4 \cdot T_5} = \frac{6{,}667}{33{,}3\,mVm^2/N \cdot 0{,}9 \cdot 0{,}7 \cdot T_4 \cdot 0{,}6\,N/(m^2V)} = \mathbf{530}$

c) $V_u = \frac{U_2}{U_1} \Rightarrow U_2 = V_u \cdot U_1 = 530 \cdot 9\,mV = \mathbf{4{,}77\,V}$

Lösungen zu 5.7.2 Dämpfungsfaktor

102/1 $D = \frac{S_1}{S_2} = \frac{20\,\text{mV}}{15\,\text{mV}} = \mathbf{1{,}33}$

102/2 $D = \frac{S_1}{S_2} \Rightarrow S_2 = \frac{S_1}{D} = \frac{15\,\text{mV}}{20} = \mathbf{0{,}75\,mV}$

102/3 **a)** $D_2 = \frac{S_1}{S_2} = \frac{20\,\text{mV}}{8\,\text{mV}} = \mathbf{2{,}5}$

b) $T_1 = \frac{S_2}{S_1} = \frac{20\,\text{mV}}{5\,\text{mV}} = \mathbf{4}$

c) $D_3 = \frac{1}{T_3} = \frac{1}{V_u} = \frac{1}{300} = \mathbf{0{,}003\,33}$

102/4 **a)** $T = \frac{S_2}{S_1} = \frac{8\,\text{mV}}{20\,\text{mV}} = \mathbf{0{,}4}$

b) $D = \frac{S_1}{S_2} = \frac{5\,\text{mV}}{20\,\text{mV}} = \mathbf{0{,}25}$

c) Am Empfängerausgang sind $S_2 = T_1 S_1 = V_u S_1 = 300 \cdot 8\,\text{mV} = 2\,400\,\text{mV}$

$T = \frac{S_2}{S_1} = \frac{2\,400\,\text{mV}}{5\,\text{mV}} = \mathbf{480}$

Lösungen zu 5.7.3 Dämpfungsmaß und Verstärkungsmaß

103/1 **a)** $D = \frac{S_1}{S_2} = \frac{U_1}{U_2} = \frac{20\,\text{mV}}{15\,\text{mV}} = \mathbf{1{,}33}$

b) $A = 20 \cdot \lg \frac{U_1}{U_2} = 20 \cdot \lg \frac{20\,\text{mV}}{15\,\text{mV}} = 20 \lg 1{,}33 = 20 \cdot 0{,}123\,85\,\text{dB} = \mathbf{2{,}477\,dB}$

103/2 **a)** $D = \frac{S_1}{S_2} = \frac{U_1}{U_2} = \frac{2{,}5\,\text{mV}}{300\,\text{mV}} = \mathbf{0{,}008\,333}$

b) 1. Weg: $A = 20 \cdot \lg \frac{U_1}{U_2} = 20 \cdot \lg 0{,}008\,333 = 20 \cdot (0{,}920\,81 - 3)\,\text{dB}$

$= (18{,}416\,2 \quad 60)\,\text{dB} = \mathbf{-41{,}584\,dB}$

2. Weg: $T = \frac{S_2}{S_1} = \frac{U_2}{U_1} = \frac{300\,\text{mV}}{2{,}5\,\text{mV}} = 120$

$G - A = 20 \cdot \lg T = 20 \cdot 2{,}079\,18\,\text{dB} = 41{,}584\,\text{dB} \Rightarrow A = \mathbf{-41{,}584\,dB}$

103/3 **a)** $G = 39\,\text{dB} \Rightarrow A = \mathbf{-39\,dB}$

b) $G = 39\,\text{dB} = 30\,\text{dB} + 6\,\text{dB} + 3\,\text{dB} \Rightarrow$ nach Tabelle 1, Seite 103, $V_u = \frac{U_2}{U_1} = 31{,}6 \cdot 2 \cdot 1{,}414 = \mathbf{89{,}4}$

c) $D_p = \frac{P_1}{P_2} = \left(\frac{U_1}{U_2}\right)^2 = \frac{1}{89{,}4^2} = \frac{1}{7\,992} = \mathbf{0{,}000\,125\,1}$

103/4 **a)** $G = 30\,\text{dB} \Rightarrow A = \mathbf{-30\,dB}$

b) $G = 30\,\text{dB} \Rightarrow$ nach Tabelle 1, Seite 103, $V_u = \mathbf{31{,}6}$

c) $D = \frac{1}{T} = \frac{1}{V_u} = \frac{1}{31{,}6} = \mathbf{0{,}031\,65}$

d) $V_p = V_u^2 = 31{,}6^2 = \mathbf{1\,000}$

103/5 **a)** $A = \frac{4\,\text{dB} \cdot 5\,000\,\text{m}}{100\,\text{m}} + 4 \cdot (-35\,\text{dB}) = 200\,\text{dB} - 140\,\text{dB} = \mathbf{60\,dB}$

b) $D = 10^{A/20} = 10^{60/20} = 10^3 = \mathbf{1\,000}$

c) $D = \frac{U_1}{U_2} \Rightarrow U_1 = D \cdot U_2 = 5\,\text{mV} \cdot 1\,000 = \mathbf{5\,V}$

Lösungen zu 5.8 Licht

105/1 **a)** $E_v = \frac{\Phi_v}{A} \Rightarrow \Phi_v = E_v \cdot A = 1\,\text{lx} \cdot 13\,\text{mm}^2 = 13 \cdot 10^{-6}\,\text{lxm}^2 = \mathbf{13\,\mu lm}$

b) Empfindlichkeit in µA/lx: $s_{vlx} = \frac{I}{E_v} \Rightarrow \frac{s_{vlx}}{A} = \frac{I}{E_v A}$

Empfindlichkeit in µA/lm: $s_{vlm} = \frac{I}{\Phi_v} = \frac{I}{E_v A} = \frac{s_{vlx}}{A}$

$s_{vlm} = \frac{s_{vlx}}{A} = \frac{2{,}5\,\mu\text{A/lx}}{13\,\text{mm}^2} = 0{,}192\,\mu\text{A/lx} \cdot \text{mm}^2 = 0{,}192\,\text{A/lm} = \mathbf{192\,mA/lm}$

105/2 **a)** $A = \pi \cdot d^2/4 = \pi \cdot 6^2\,\text{mm}^2/4 = 28{,}3\,\text{mm}^2$

$E_v = \frac{\Phi_v}{A} \Rightarrow \Phi_v = E_v \cdot A = 1\,500\,\text{lx} \cdot 28{,}3\,\text{mm}^2 = 42\,450\,\text{lx} \cdot \text{mm}^2 = \mathbf{0{,}042\,45\,lm}$

b) $\Phi_v = P \cdot M_v \cdot s_v \Rightarrow P = \frac{\Phi_v}{M_v \cdot s_v} = \frac{0{,}042\,45\,\text{lm}}{683\,\text{lm/W} \cdot 0{,}02} = \mathbf{0{,}003\,11\,W}$

105/3 **a)** $A = \pi \cdot d^2/4 = \pi \cdot 4{,}8^2\,\text{mm}^2/4 = 18{,}1\,\text{mm}^2$

$\Phi_v = E_v A = 1\,000\,\text{lx} \cdot 18{,}1\,\text{mm}^2 = 18\,100\,\text{lx} \cdot \text{mm}^2 = \mathbf{0{,}018\,1\,lm}$

b) $s_{vlm} = \frac{s_{vlx}}{A} = \frac{30\,\text{nA/lx}}{18{,}1\,\text{mm}^2} = 1{,}66\,\text{nA/(lx} \cdot \text{mm}^2) = 1{,}66 \cdot 10^6\,\text{nA/lm} = \mathbf{1{,}66\,mA/lm}$

105/4 **a)** $A = \pi \cdot d^2/4 = \pi \cdot 4{,}8^2\,\text{mm}^2/4 = 18{,}1\,\text{mm}^2$

$\Phi_v = E_v A = 1{,}5\,\text{klx} \cdot 18{,}1\,\text{mm}^2 = 27\,150\,\text{lx} \cdot \text{mm}^2 = \mathbf{0{,}027\,15\,lm}$

b) Aus Bild 1, Seite 104: $s_v = 0{,}02$

$$P = \frac{\Phi_v}{M_v \cdot s_v} = \frac{0{,}027\,15\,\text{lm}}{683\,\text{lm/W} \cdot 0{,}02} = \mathbf{1{,}99\,mW}$$

105/5 **a)** $A_v = \pi \cdot d^2/4 = \pi \cdot 6^2\,\text{mm}^2/4 = 28{,}3\,\text{mm}^2$

$$L_v = \frac{I_v}{A_v} \Rightarrow I_v = L_v A_v = 2\,535\,\text{cd/m}^2 \cdot 28{,}3\,\text{mm}^2 = 2{,}535 \cdot 10^3\,\text{cd/m}^2 \cdot 28{,}3 \cdot 10^{-6}\,\text{m}^2$$

$$= 71{,}7 \cdot 10^{-3}\,\text{cd} = \mathbf{0{,}071\,7\,cd}$$

b) Aus Bild 1, Seite 105: $250\,\text{cd} \mathrel{\hat{=}} 1\,000\,\text{lm} \Rightarrow 0{,}071\,7\,\text{cd} \mathrel{\hat{=}} \frac{1\,000\,\text{lm}}{250\,\text{cd}} \cdot 0{,}071\,7\,\text{cd} = \mathbf{0{,}286\,8\,lm}$

c) Aus Bild 1, Seite 104: $s_v = 0{,}08$

$$P = \frac{\Phi_v}{M_v \cdot s_v} = \frac{0{,}286\,8\,\text{lm}}{683\,\text{lm/W} \cdot 0{,}08} = \mathbf{5{,}25\,mW}$$

105/6 **a)** $I_v = L_v \cdot A_v = 1{,}6\,\text{cd/cm}^2 \cdot 390\,\text{cm}^2 = \mathbf{624\,cd}$

b) Aus Bild 1, Seite 105: $150\,\text{cd} \mathrel{\hat{=}} 1\,000\,\text{lm} \Rightarrow 624\,\text{cd} \mathrel{\hat{=}} \frac{1\,000\,\text{lm}}{150\,\text{cd}} \cdot 624\,\text{cd} = \mathbf{4\,160\,lm}$

c) $\eta_v = \frac{\Phi_v}{P_{auf}} = \frac{4\,160\,\text{lm}}{67\,\text{W}} = \mathbf{62{,}1\,lm/W}$

d) $L_v = 1{,}6\,\text{cd/cm}^2 = 10\,600\,\text{cd/m}^2 = 10\,600 \cdot 0{,}292\,\text{ftla} = \mathbf{3\,095\,ftla}$

105/7 **a)** $\Phi_v = E_v \cdot A = 1\,500\,\text{lx} \cdot 2{,}1\,\text{cm}^2 = 3\,150\,\text{lx} \cdot \text{cm}^2 = 0{,}315\,\text{lx} \cdot \text{m}^2 = \mathbf{0{,}315\,lm}$

b) Entsprechend Aufgabe 1b, Seite 105:

$$s_{vlm} = \frac{s_{vlx}}{A} \Rightarrow s_{vlx} = s_{vlm} \cdot A = 130\,\mu\text{A/lm} \cdot 2{,}1\,\text{cm}^2$$

$$= 273\,\mu\text{Acm}^2/\text{lm} = 273 \cdot 10^{-4}\,\mu\text{Am}^2/\text{lm} = 0{,}027\,3\,\mu\text{A/lx} = \mathbf{27{,}3\,nA/lx}$$

c) $130\,\mu\text{A/lm} \mathrel{\hat{=}} \frac{1}{130} \cdot \frac{\text{lm}}{\mu\text{A}} \Rightarrow \Phi_v = \frac{1}{130} \cdot \frac{\text{lm}}{\mu\text{A}} \cdot 6{,}5\,\mu\text{A} = 0{,}05\,\text{lm}$

Aus Bild 1, Seite 104: $s_v = 0{,}02$

$$P = \frac{\Phi_v}{M_v \cdot s_v} = \frac{0{,}05\,\text{lm}}{683\,\text{lm/W} \cdot 0{,}02} = \mathbf{3{,}66\,mW}$$

105/8 **a)** $A_v = lb = 38\,\text{cm} \cdot 29\,\text{cm} = 1\,100\,\text{cm}^2$

$I_v = L_v \cdot A_v = 0{,}3\,\text{cd/cm}^2 \cdot 1\,100\,\text{cm}^2 = \mathbf{330\,cd}$

b) Aus Bild 1, Seite 105: $\frac{250\,\text{cd}}{1\,000\,\text{lm}} \Rightarrow 330\,\text{cd} \cdot \frac{1\,000\,\text{lm}}{250\,\text{cd}} = \mathbf{1\,320\,lm}$

c) $\eta_n = \frac{\Phi_v}{P_{auf}} = \frac{1\,320\,\text{lm}}{90\,\text{W}} = \mathbf{14{,}7\,lm/W}$

Lösungen zu 6.1.1 Differenzieller Widerstand

106/1 **a)** $R = \frac{U}{I} = \frac{55\,V}{12{,}5\,mA} = \mathbf{4{,}4\,k\Omega}$; **b)** $r = \frac{\Delta U}{\Delta I} = \frac{20\,V}{17{,}5\,mA} = \mathbf{1{,}14\,k\Omega}$

106/2 **a)** $r = \frac{\Delta U}{\Delta I} = \frac{50\,V}{5\,mA} = \mathbf{10\,k\Omega}$; **b)** $r = \frac{\Delta U}{\Delta I} = \frac{35\,V}{13\,mA} = \mathbf{2{,}7\,k\Omega}$

106/3 $R = \frac{U}{I} = \frac{0{,}5\,V}{10\,mA} = \mathbf{50\,\Omega}$; $r = \frac{\Delta U}{\Delta I} = \frac{0{,}42\,V}{35\,mA} = \mathbf{12\,\Omega}$

106/4 $r = \frac{\Delta U}{\Delta I} = \frac{0{,}1\,V}{40\,mA} = \mathbf{2{,}5\,\Omega}$

106/5 **a)** $R = \frac{U}{I} = \frac{50\,V}{10\,mA} = \mathbf{5{,}0\,k\Omega}$; **b)** $r = \frac{\Delta U}{\Delta I} = \frac{35\,V}{15\,mA} = \mathbf{2{,}3\,k\Omega}$

106/6 **a)** $R = \frac{U}{I} = \frac{0{,}4\,V}{5\,mA} = \mathbf{80\,\Omega}$; **b)** $r = \frac{\Delta U}{\Delta I} = \frac{0{,}3\,V}{10\,mA} = \mathbf{30\,\Omega}$

Lösungen zu 6.1.2 Zeichnerische Lösung der Reihenschaltung

108/1 Gerade für R_1 durch 0 V 0 A und 10 V 10 A
Gerade für R_2 durch 0 V 5 A und 10 V 0 A
Im Schnittpunkt: U_1 = **3,33 V**; U_2 = **6,67 V**; I = **3,33 A**

108/2 Gerade für R_a durch 0 V 0 mA und 1 000 V 1 000 mA mit Arbeitspunkt A bei I = 360 mA
Gerade für R_b durch 0 V 500 mA und 750 V 0 mA
Parallele zur Geraden für R_b durch A
U = **900 V**; U_1 = **360 V**; U_2 = **540 V**

108/3 Die Arbeitsgerade geht durch 0,3 A 3 V und 0 A 9 V. Der Arbeitspunkt liegt bei 0,3 A 3 V.
Eine Parallele zur Arbeitsgeraden geht durch 0 V 0,3 A und 6 V 0 A.
Daraus folgt R_v = 6 V/0,3 A = **20 Ω**

108/4 **a)** Zunehmend steiler werdende Kennlinie von 0 V 0 mA bis 9 V 100 mA.

b) Gerade für R_2 durch 0 V 100 mA und 4 V 0 mA. Die Parallele dazu durch 8,5 V 0 mA ist die Arbeitsgerade.

c) Arbeitspunkt A im Schnittpunkt von Kennlinie und Arbeitsgerade:
$I = \mathbf{38\,mA}$; $U_1 = \mathbf{7{,}0\,V}$; $U_2 = \mathbf{1{,}5\,V}$

108/5 **a)** Zunehmend steiler werdende Kennlinie von 0 V 0 mA bis 10 V 100 mA.

b) Gerade für R_2 durch 0 V 100 mA und 2,2 V 0 mA. Die Parallele dazu durch 10 V 0 mA ist die Arbeitsgerade.

c) Arbeitspunkt A im Schnittpunkt von Kennlinie und Arbeitsgerade:
$I = \mathbf{62\,mA}$; $U_1 = \mathbf{8{,}6\,V}$; $U_2 = \mathbf{1{,}4\,V}$

109/6 **a)** Der Arbeitspunkt A ist bei 30 V 1 mA. Die Arbeitsgerade geht durch A und 60 V 0 mA.
$R_v = 60\,V/2\,mA = \mathbf{30\,\Omega}$

b) Parallele zur Arbeitsgeraden durch 80 V 0 mA. $U_{pmax} = \mathbf{33\,V}$

Lösungen zu 6.1.3 Impedanzen im Arbeitspunkt

109/1 **a)** $I_{\sim} = \frac{U_{2\sim}}{r_2} = \frac{10\,V}{50\,\Omega} = \mathbf{0{,}2\,mA}$

b) $R_1 = \frac{U_{1\sim}}{I_{\sim}} = \frac{0{,}1\,V}{0{,}2\,mA} = \mathbf{0{,}5\,k\Omega}$

c) $I_{-} = \frac{U_{1-}}{R_1} = \frac{6\,V}{0{,}5\,k\Omega} = \mathbf{12\,mA}$

d) $R_2 = \frac{U_{2-}}{I_{-}} = \frac{4\,V}{12\,mA} = \mathbf{0{,}333\,k\Omega}$

109/2

$$I_{-} = \frac{U_{-}}{R_v + R_3} = \frac{15\,V}{500\,\Omega + 200\,\Omega} = 21{,}4\,mA$$

$$U_{3-} = I_{-} \cdot R_3 = 21{,}4\,mA \cdot 200\,\Omega = \mathbf{4{,}29\,V}$$

$$I_{\sim} = \frac{U_{\sim}}{R_v + r_3} = \frac{1\,V}{500\,\Omega + 100\,\Omega} = 1{,}67\,mA$$

$$U_{3\sim} = I_{\sim} \cdot r_3 = 1{,}67\,mA \cdot 100\,\Omega = \mathbf{167\,mV}$$

109/3 **a)** $r = \frac{\Delta U}{\Delta I} = \frac{10\,V}{5\,mA} = \mathbf{2{,}0\,k\Omega}$

b) Aus Kennlinie: $I_{-} = \mathbf{4\,mA}$

c) $I_{\sim} = \frac{U_{\sim}}{r} = \frac{12\,mV}{2{,}0\,k\Omega} = \mathbf{6\,\mu A}$

109/4 **a)** $U_{1-} = U_{-} - U_{2-} = 48\,V - 40\,V = \mathbf{8\,V}$

$U_{1\sim} = U_{\sim} - U_{2\sim} = 2\,V - 0{,}1\,V = \mathbf{1{,}9\,V}$

b) $\frac{R_2}{R_1} = \frac{U_{2-}}{U_{1-}} = \frac{40\,V}{8\,V} = \mathbf{5}$

c) $\frac{r_2}{R_1} = \frac{U_{2\sim}}{U_{1\sim}} = \frac{0{,}1\,V}{1{,}9\,V} = \mathbf{0{,}052\,6}$

d) $\frac{R_2}{R_1} = 5 \Rightarrow R_2 = 5\,R_1; \quad \frac{r_2}{R_1} = 0{,}052\,6 \Rightarrow r_2 = 0{,}052\,6\,R_1$

$\frac{R_2}{r_2} = \frac{5\,R_1}{0{,}052\,6\,R_1} = \mathbf{95}$

109/5

$\frac{10\,k\Omega + R_v}{0{,}5\,k\Omega + R_v} = 10 \qquad | \cdot (0{,}5\,k\Omega + R_v)$

$10\,k\Omega + R_v = 5\,k\Omega + 10\,R_v \qquad | -5\,k\Omega$

$5\,k\Omega + R_v = 10\,R_v \qquad | -R_v$

$5\,k\Omega = 9\,R_v \qquad | :9$

$R_v = \frac{5\,k\Omega}{9} = \mathbf{556\,\Omega}$

109/6

$(R_v + r)\,6 = R_v + R$

$6\,R_v + 6\,r = R_v + R \qquad | -R_v$

$5\,R_v + 6\,r = R \qquad | -6\,r$

$5\,R_v = R - 6\,r \qquad | :5$

$R_v = \frac{R - 6\,r}{5} = \frac{22\,k\Omega - 6 \cdot 0{,}4\,k\Omega}{5} = \mathbf{3{,}92\,k\Omega}$

Lösungen zu 6.2.1.1 Vorwiderstand von Dioden

110/1 $R_v = (U - U_F)/I = (9\,V - 1{,}23\,V)/28{,}8\,mA = \mathbf{270\,\Omega}$

110/2 aus Kennlinie: $U_F = 1{,}64\,V$

$R_v = (U - U_F)/I = (5\,V - 1{,}64\,V)/20\,mA = \mathbf{168\,\Omega}$

110/3 aus Kennlinie: $U_F = 0{,}93\,V$

$R_v = (U - U_F)/I = (20\,V - 0{,}93\,V)/20\,mA = \mathbf{953{,}5\,\Omega}$

110/4 aus Kennlinie: $U_F = 0{,}77\,V$

$R_v = (U - U_F)/I \Rightarrow U = U_F + I \cdot R_v = 0{,}77\,V + 5\,mA \cdot 330\,\Omega = \mathbf{2{,}42\,V}$

110/5 aus Kennlinie: $I_F = \mathbf{10\,mA}$

$R_v = (U - U_F)/I = (15\,V - 0{,}85\,V)/10\,mA = \mathbf{1\,415\,\Omega}$

110/6 $U_F = U_2/3 = 2{,}7\,V/3 = 0{,}9\,V$; aus Kennlinie: $I_F = 15\,mA$

$U = U_2 + I \cdot R_v = 2{,}7\,V + 15\,mA \cdot 300\,\Omega = \mathbf{7{,}2\,V}$

110/7 $I_{min} = I_{Zmin} + U_{Zmin}/R_L = 5\,mA + 12{,}2\,V/220\,\Omega = 60{,}45\,mA$

$U_{1min} = U_{Zmin} + I_{min} \cdot R_v = 12{,}2\,V + 60{,}45\,mA \cdot 270\,\Omega = \mathbf{28{,}5\,V}$

$I_{max} = I_{Zmax} + U_{Zmax}/R_L = 60\,mA + 13{,}4\,V/220\,\Omega = 120{,}91\,mA$

$U_{1max} = U_{Zmax} + I_{max} \cdot R_v = 13{,}4\,V + 120{,}91\,mA \cdot 270\,\Omega = \mathbf{46{,}0\,V}$

110/8 aus Kennlinie: $I_F = 7\,mA$; $U_{R2} = I_F \cdot R_2 = 7\,mA \cdot 4\,\Omega = 28\,mV$

$$R_v = \frac{U - U_F - U_{R2}}{I_F} = \frac{9\,V - 0{,}8\,V - 28\,mV}{7\,mA} = \mathbf{1{,}167\,k\Omega}$$

Lösungen zu 6.2.1.2 Zeichnerische Bestimmung des Arbeitspunktes

111/1 **a)** aus Kennlinie: $I_F = \mathbf{36\,mA}$

b) $R_v = (U - U_F)/I = (4\,V - 1{,}7\,V)/36\,mA = \mathbf{64\,\Omega}$

c) Hilfsgerade für $R_v = 64\,\Omega$ eintragen, z. B. durch die Punkte $U = 2\,V$ und $I = 0\,mA$ sowie $U = 0\,V$ und $I = 2\,V/64\,\Omega = 31{,}3\,mA$. Durch Parallelverschieben der Hilfsgeraden durch den Arbeitspunkt $U = 1{,}7\,V$ und $I = 36\,mA$ entsteht die Widerstandsgerade (Kontrollpunkt: $U = 0\,V$ und $I = 62{,}5\,mA$).

111/2 **a)** aus Kennlinie: $U_{F1} = \mathbf{1{,}64\,V}$

b) $R_v = (U - U_{F1})/I_{F1} = (5\,V - 1{,}64\,V)/20\,mA = \mathbf{168\,\Omega}$

c) Widerstandsgerade für $R_v = 168\,\Omega$ durch z. B. $U = 0\,V$ und $I = 6\,V/168\,\Omega = 35{,}7\,mA$ sowie $U = 2\,V$ und $I = (U - U_F)/R_v = (6\,V - 2\,V)/168\,\Omega = 23{,}8\,mA$ legen und im Schnittpunkt der Widerstandsgeraden mit der LED-Kennlinie ablesen: $U_{F2} = \mathbf{1{,}66\,V}$ und $I_{F2} = \mathbf{25{,}5\,mA}$.

111/3 **a)** Eintragen beider Widerstandsgeraden.

Auf der y-Achse abgelesen $I_1 = 33{,}3\,mA$ und $I_2 = 69\,mA$

$\Rightarrow$ für $I_F = 20\,mA$ gilt $R_{vmax} = U/I_1 = 2\,V/33{,}3\,mA = \mathbf{60\,\Omega}$

für $I_F = 40\,mA$ gilt $R_{vmin} = U/I_2 = 2\,V/69\,mA = \mathbf{29\,\Omega}$

b) in den Arbeitspunkten abgelesen: $U_{F1} = \mathbf{0{,}80\,V}$ und $U_{F2} = \mathbf{0{,}84\,V}$

111/4 **a)** $U_{Zmin} = \mathbf{4{,}95\,V}$; $U_{Zmax} = \mathbf{5{,}5\,V}$

b) Widerstandsgeraden durch $U = 12\,V$ und $I = 0$ sowie die Arbeitspunkte eintragen

$\Rightarrow R_{vmax} = \Delta U_1/\Delta I_1 = 12\,V/8{,}5\,mA = \mathbf{1\,412\,\Omega}$; $R_{vmin} = \Delta U_2/\Delta I_2 = 6{,}5\,V/70\,mA = \mathbf{93\,\Omega}$

c) Widerstandsgerade durch $U = 12\,V$ und $I = 0$ sowie Arbeitspunkt $I_Z = 40\,mA$ eintragen

$\Rightarrow R_v = \Delta U/\Delta I = 10\,V/59\,mA = \mathbf{169\,\Omega}$.

111/5 **a)** Im unbelasteten Fall geht die Widerstandsgerade durch $U_1 = 12\,V$ und $I_1 = (U - U_1)/R_v = (18\,V - 12\,V)/330\,\Omega = 18{,}2\,mA$ sowie durch $U_Z = 0\,V$ und $I = U/R_v = 18\,V/330\,\Omega = 54{,}5\,mA$. Der Arbeitspunkt ist der Schnittpunkt von Widerstandsgeraden und Kennlinie der Z-Diode.
$\Rightarrow I_{Z1} =$ **31,5 mA**; $U_{Z1} =$ **7,6 V**; $U_{Rv1} =$ **10,4 V**.

b) Die Widerstandsgerade für R_L und R_v (belasteter Fall) geht durch $I_Z = 0\,mA$ (Z-Diode gesperrt) und $U_2 = U \cdot R_L/(R_v + R_L) = 18\,V \cdot 820\,\Omega/(330\,\Omega + 820\,\Omega) = 12{,}8\,V$ sowie durch $U_Z = 0\,V$ und $I = U/R_v = 18\,V/330\,\Omega = 54{,}5\,mA \Rightarrow I_{Z2} =$ **23 mA**; $U_{Z2} =$ **7,5 V**; $U_{Rv2} =$ **10,5 V**

Lösungen zu 6.2.2.1 Kenngrößen

112/1 **a)** $\frac{P_T}{P_d} = 3{,}1 \Rightarrow P_T = 3{,}1 \cdot P_d = 3{,}1 \cdot 3{,}8\,W =$ **11,8 VA**

b) M 55

112/2 **a)** $\frac{P_T}{P_d} = 1{,}23 \Rightarrow P_T = 1{,}23 \cdot P_d = 1{,}23 \cdot 145\,W =$ **178,4 VA**

b) M 102b

112/3 $\frac{P_T}{P_d} = 1{,}5 \Rightarrow P_d = \frac{P_T}{1{,}5} = \frac{62\,VA}{1{,}5} =$ **41,3 W**

112/4 $\frac{P_T}{P_d} = 3{,}1 \Rightarrow P_d = \frac{P_T}{3{,}1} = \frac{4{,}5\,VA}{3{,}1} =$ **1,45 W**

113/5 $P_d = U_d \cdot I_d = 12\,V \cdot 17{,}5\,A = 210\,W; \quad P_T = 260\,VA$

$\frac{P_T}{P_d} = \frac{260\,VA}{210\,W} = 1{,}24 \Rightarrow$ **Schaltung B**

113/6 $\frac{P_T}{P_d} = 1{,}23 \Rightarrow P_d = \frac{P_T}{1{,}23} = \frac{120\,VA}{1{,}23} = 97{,}5\,W$

$P_d = U_d \cdot I_d \Rightarrow I_d = \frac{P_d}{U_d} = \frac{97{,}5\,W}{12\,V} =$ **8,13 A**

113/7 **a)** $I_Z = \frac{1}{3} \cdot I_d = 0{,}333 \cdot 13{,}6\,A =$ **4,53 A**

b) $U_{di} = \sqrt{2} \cdot U_1 = \sqrt{2} \cdot 19\,V =$ **26,9 V**

c) $\hat{u}_R = U_{di} =$ **26,9 V**

d) $P_T = 1{,}1 \cdot P_d = 1{,}1 \cdot U_d \cdot I_d = 1{,}1 \cdot 26{,}4\,V \cdot 13{,}6\,A =$ **395 VA**

113/8 **a)** $I_Z = \frac{1}{3} \cdot I_d \Rightarrow I_d = 3 \cdot I_Z = 3 \cdot 5\,A = \mathbf{15\,A}$

b) $\hat{u}_R = \frac{2 \cdot \sqrt{2}}{\sqrt{3}} \cdot U_1 = 1{,}634 \cdot 30\,V = \mathbf{49\,V}$

c) $U_{di} = \frac{\sqrt{2}}{\sqrt{3}} \cdot U_1 = 0{,}817 \cdot 30\,V = \mathbf{24{,}5\,V}$

d) $P_T = 1{,}5 \cdot P_d = 1{,}5 \cdot U_d \cdot I_d = 1{,}5 \cdot 22\,V \cdot 15\,A = \mathbf{495\,VA}$

113/9 **a)** Im Einschaltzeitpunkt liegt die ganze Spannung am Widerstand.

$R = \frac{\hat{u}_1}{i_{Ds}} = \frac{35\,V}{25\,A} = \mathbf{1{,}4\,\Omega}$

b) $Q = C \cdot \hat{u}_1 = 1\,mF \cdot 35\,V = \mathbf{35\,mAs}$

c) $Q = I_D \cdot t \Rightarrow I_D = \frac{Q}{t} = \frac{35\,mAs}{5\,ms} = \mathbf{7\,A}$

113/10 **a)** $R_1 = \frac{\hat{u}_a}{i_{Ds}} = \frac{45\,V}{30\,A} = \mathbf{1{,}5\,\Omega}$

b) $I_{D1} \cdot t = C \cdot \hat{u}_1 \Rightarrow I_{D1} = \frac{C \cdot \hat{u}_1}{t} = \frac{500\,\mu F \cdot 45\,V}{4\,ms} = \frac{0{,}5 \cdot 10^{-3}\,As \cdot 45\,V}{V \cdot 4 \cdot 10^{-3}\,s} = \mathbf{5{,}62\,A}$

c) $R_2 = \frac{\hat{u}_1}{i_{Ds}} = R_1 = \mathbf{1{,}5\,\Omega}$;

$\frac{I_{D2}}{I_{D1}} = \frac{C_{G2}}{C_{G1}} \Rightarrow I_{D2} = I_{D1} \cdot \frac{C_{G2}}{C_{G1}} = 5{,}62\,A \cdot \frac{1\,mF}{500\,\mu F} = \mathbf{11{,}24\,A}$

Lösungen zu 6.2.2.2 Glättung und Siebung

114/1 $U_p \approx \frac{\hat{\check{u}}_p}{2 \cdot \sqrt{3}} \Rightarrow \hat{\check{u}}_p \approx 2 \cdot \sqrt{3} \cdot U_p = 3{,}464 \cdot 1{,}2\,V = \mathbf{4{,}16\,V}$

114/2 $U_p \approx \frac{\hat{\check{u}}_p}{2 \cdot \sqrt{3}} = \frac{3{,}5\,V}{3{,}464} = \mathbf{1{,}01\,V}$

114/3 $\hat{\check{u}}_p \approx \frac{0{,}75 \cdot I_d}{f_p \cdot C_G} = \frac{0{,}75 \cdot I_d}{2 \cdot f \cdot C_G} = \frac{0{,}75 \cdot 80\,mA}{2 \cdot 50\,Hz \cdot 100\,\mu F} = \mathbf{6{,}0\,V}$

114/4 $\hat{\check{u}}_p \approx \frac{0{,}75 \cdot I_d}{f_p \cdot C_G} = \frac{0{,}75 \cdot I_d}{f \cdot C_G} = \frac{0{,}75 \cdot 110\,mA}{50\,Hz \cdot 250\,\mu F} = 6{,}6\,V$

$U_p \approx \frac{\hat{\check{u}}_p}{2 \cdot \sqrt{3}} = \frac{6{,}6\,V}{3{,}464} = \mathbf{1{,}906\,V}$

114/5 a) $\hat{\check{u}}_p \approx 2 \cdot \sqrt{3} \cdot U_p = 3{,}464 \cdot 5\,V = 17{,}32\,V$

$$C_G \approx \frac{0{,}75 \cdot I_d}{6 \cdot f \cdot \hat{\check{u}}_p} = \frac{0{,}75 \cdot 5\,A}{6 \cdot 50\,Hz \cdot 17{,}32\,V} = \mathbf{722\,\mu F}$$

b) $f_p = 3 \cdot f \Rightarrow C_G = 2 \cdot 722\,\mu F = \mathbf{1{,}44\,mF}$

114/6 $$\hat{\check{u}}_p \approx \frac{0{,}75 \cdot I_d}{f_p \cdot C_G} = \frac{0{,}75 \cdot I_d}{2f \cdot C_G} \Rightarrow f \approx \frac{0{,}75 \cdot I_d}{2 \cdot \hat{\check{u}}_p \cdot C_G} = \frac{0{,}75 \cdot 100\,mA}{2 \cdot 1\,V \cdot 2{,}2\,\mu F} = \mathbf{17{,}05\,kHz}$$

114/7 $\hat{\check{u}}_p \approx 2 \cdot \sqrt{3} \cdot U_p = 3{,}464 \cdot 0{,}35\,V = 1{,}215\,V$

$$\hat{\check{u}}_p \approx \frac{0{,}75 \cdot I_d}{f_p \cdot C_G} = \frac{0{,}75 \cdot I_d}{f \cdot C_G} \Rightarrow f \approx \frac{0{,}75 \cdot I_d}{\hat{\check{u}}_p \cdot C_G} = \frac{0{,}75 \cdot 80\,mA}{1{,}215\,V \cdot 10\,\mu F} = \mathbf{4{,}94\,kHz}$$

115/8 $$s = \frac{U_{p1}}{U_{p2}} = \frac{5\,V}{0{,}2\,V} = \mathbf{25}$$

115/9 $$s = \frac{U_{p1}}{U_{p2}} = \frac{6\,V}{0{,}3\,V} = \mathbf{20}$$

115/10 $$U_{p1} \approx \frac{\hat{\check{u}}_{p1}}{2 \cdot \sqrt{3}} = \frac{3{,}5\,V}{3{,}464} = 1{,}01\,V; \quad s = \frac{U_{p1}}{U_{p2}} \Rightarrow U_{p2} = \frac{U_{p1}}{s} = \frac{1{,}01\,V}{20} = \mathbf{50{,}5\,mV}$$

115/11 $$U_{p2} \approx \frac{\hat{\check{u}}_{p2}}{2 \cdot \sqrt{3}} = \frac{120\,mV}{3{,}464} = 34{,}64\,mV; \quad s = \frac{U_{p1}}{U_{p2}} \Rightarrow U_{p1} = s \cdot U_{p2} = 55 \cdot 34{,}64\,mV = \mathbf{1{,}905\,V}$$

Lösungen zu 6.2.2.3 RC-Siebung

115/1 $s = \omega_p \cdot R_s \cdot C_s = 2 \cdot 2\pi \cdot f \cdot R_s \cdot C_s = 4\pi \cdot 50\,Hz \cdot 400\,\Omega \cdot 250\,\mu F = \mathbf{62{,}8}$

115/2 $s = \omega_p \cdot R_s \cdot C_s = 2 \cdot 2\pi \cdot f \cdot R_s \cdot C_s = 4\pi \cdot 60\,Hz \cdot 600\,\Omega \cdot 100\,\mu F = \mathbf{45{,}2}$

115/3 $$s = \omega_p \cdot R_s \cdot C_s = 2\pi \cdot f \cdot R_s \cdot C_s \Rightarrow C_s = \frac{s}{2 \cdot 2\pi \cdot f \cdot R_s} = \frac{88}{4\pi \cdot 50\,Hz \cdot 560\,\Omega} = \mathbf{250\,\mu F}$$

115/4 $$s = \omega_p \cdot R_s \cdot C_s = 2 \cdot 2\pi \cdot f \cdot R_s \cdot C_s \Rightarrow C_s = \frac{s}{2 \cdot 2\pi \cdot f \cdot R_s} = \frac{60}{4\pi \cdot 60\,Hz \cdot 680\,\Omega} = \mathbf{117\,\mu F}$$

115/5 **a)** $\hat{u}_{p1} \approx \frac{0{,}75 \cdot I_d}{f_p \cdot C_G} = \frac{0{,}75 \cdot I_d}{2 \cdot f \cdot C_G} = \frac{0{,}75 \cdot 50\,mA}{2 \cdot 50\,Hz \cdot 500\,\mu F} = 0{,}75\,V$

$U_{p1} \approx \frac{\hat{u}_{p1}}{2 \cdot \sqrt{3}} = \frac{0{,}75\,V}{3{,}464} = \mathbf{0{,}217\,V}$

b) $U = I_d \cdot R_s = 50\,mA \cdot 120\,\Omega = \mathbf{6\,V}$

c) $s = \omega_p \cdot R_s \cdot C_s = 2 \cdot 2\pi \cdot f \cdot R_s \cdot C_s = 4\pi \cdot 50\,Hz \cdot 120\,\Omega \cdot 500\,\mu F = 37{,}7$

$s = \frac{\hat{u}_{p1}}{\hat{u}_{p2}} \Rightarrow \hat{u}_{p2} = \frac{\hat{u}_{p1}}{s} = \frac{0{,}75\,V}{37{,}7} = \mathbf{19{,}9\,mV}$

115/6 **a)** $\hat{u}_{p1} \approx \frac{0{,}75 \cdot I_d}{f_p \cdot C_G} = \frac{0{,}75 \cdot I_d}{2 \cdot f \cdot C_G} = \frac{0{,}75 \cdot 80\,mA}{2 \cdot 50\,Hz \cdot 500\,\mu F} = \mathbf{1{,}2\,V}$

b) $U = I_d \cdot R_s = 80\,mA \cdot 120\,\Omega = \mathbf{9{,}6\,V}$

c) $U_{p1} \approx \frac{\hat{u}_{p1}}{2 \cdot \sqrt{3}} = \frac{1{,}2\,V}{3{,}464} = 0{,}346\,V$; $s = 37{,}7$ (wie Aufgabe 5, Seite 115)

$s = \frac{U_{p1}}{U_{p2}} \Rightarrow U_{p2} = \frac{U_{p1}}{s} = \frac{0{,}346\,V}{37{,}7} = \mathbf{9{,}2\,mV}$

115/7 **a)** $U_{dL} = I_d \cdot R_L = 50\,mA \cdot 360\,\Omega = \mathbf{18{,}0\,V}$

b) $U_d = U_{dL} + I_d \cdot R_s = 18{,}0\,V + 50\,mA \cdot 120\,\Omega = 18{,}0\,V + 6{,}0\,V = \mathbf{24{,}0\,V}$

c) $U_d = 0{,}85 \cdot U_{di} \Rightarrow U_{di} = \frac{U_d}{0{,}85} = \frac{24{,}0\,V}{0{,}85} = \mathbf{28{,}2\,V}$

d) Bei der Schaltung B2 ist $\frac{U_{di}}{U_1} = \sqrt{2} \Rightarrow U_1 = \frac{U_{di}}{\sqrt{2}} = \frac{28{,}2\,V}{\sqrt{2}} = \mathbf{20{,}0\,V}$

115/8 **a)** $U_{di} = \sqrt{2} \cdot U_1 = \sqrt{2} \cdot 20{,}0\,V = \mathbf{28{,}28\,V}$

b) $U_{di} = 1{,}15 \cdot U_d \Rightarrow U_d = \frac{U_{di}}{1{,}15} = \frac{28{,}28\,V}{1{,}15} = \mathbf{24{,}6\,V}$

c) $U_{dL} = U_d - I_d \cdot R_s = 24{,}6\,V - 40\,mA \cdot 120\,\Omega = 24{,}6\,V - 4{,}8\,V = \mathbf{19{,}8\,V}$

d) $R_L = \frac{R_{dL}}{I_d} = \frac{19{,}8\,V}{40\,mA} = \mathbf{495\,\Omega}$

Lösungen zu 6.2.2.4 LC-Siebung

116/1 $s = \omega_p^2 \cdot L_s \cdot C_s = (2 \cdot 2\pi \cdot f)^2 \cdot L_s \cdot C_s = (4\pi \cdot 50\,Hz)^2 \cdot 2\,H \cdot 250\,\mu F$

$= 0{,}395 \cdot 10^6\,\frac{1}{s^2} \cdot 2\,\frac{Vs}{A} \cdot 250 \cdot 10^{-6}\,\frac{As}{V} = \mathbf{197{,}5}$

116/2 $s = \omega_p^2 \cdot L_s \cdot C_s = (2 \cdot 2\pi \cdot f)^2 \cdot L_s \cdot C_s = (4\pi \cdot 60\,Hz)^2 \cdot 3{,}5\,H \cdot 100\,\mu F = \mathbf{199}$

116/3 $s = \omega_p^2 \cdot L_s \cdot C_s = (2\pi \cdot f)^2 \cdot L_s \cdot C_s \Rightarrow C_s = \frac{s}{(2\pi \cdot f)^2 \cdot L_s} = \frac{35}{(2\pi \cdot 50\,Hz)^2 \cdot 3{,}5\,H} = \mathbf{101{,}5\,\mu F}$

116/4 **a)** $s = \omega_p^2 \cdot L_s \cdot C_s = (2 \cdot 2\pi \cdot f)^2 \cdot L_s \cdot C_s = (4\pi \cdot 50\,\text{Hz})^2 \cdot 2{,}5\,\text{H} \cdot 100\,\mu\text{F} = 98{,}6$

$s = \omega_p \cdot R_s \cdot C_s = 2 \cdot 2\pi \cdot f \cdot R_s \cdot C_s$

$$\Rightarrow R_s = \frac{s}{4\pi \cdot f \cdot C_s} = \frac{98{,}6}{4\pi \cdot 50\,\text{Hz} \cdot 100\,\mu\text{F}} = \mathbf{1{,}573\,k\Omega}$$

b) $U_{Ls-} = I_d \cdot R_{Cu} = 120\,\text{mA} \cdot 80\,\Omega = \mathbf{9{,}6\,V}$

$U_{Rs-} = I_d \cdot R_s = 120\,\text{mA} \cdot 1{,}573\,\text{k}\Omega = \mathbf{189\,V}$

116/5 **a)** $s = \omega_p^2 \cdot L_s \cdot C_s = (2\pi \cdot f)^2 \cdot L_s \cdot C_s = (2\pi \cdot 50\,\text{Hz})^2 \cdot 3\,\text{H} \cdot 250\,\mu\text{F} = 74$

$s = \omega_p \cdot R_s \cdot C_s = 2\pi \cdot f \cdot R_s \cdot C_s$

$$\Rightarrow R_s = \frac{s}{2\pi \cdot f \cdot C_s} = \frac{74}{2\pi \cdot 50\,\text{Hz} \cdot 250\,\mu\text{F}} = \mathbf{942\,\Omega}$$

b) $I_d = \dfrac{U_{Rs-}}{R_1} = \dfrac{100\,\text{V}}{942\,\Omega} = \mathbf{105\,mA}$; $U_{Ls-} = I_d \cdot R_{Cu} = 105\,\text{mA} \cdot 90\,\Omega = \mathbf{9{,}45\,V}$

116/6 **a)** $P_T = 1{,}23 \cdot P_d = 1{,}23 \cdot U_d \cdot I_d = 1{,}23 \cdot 24\,\text{V} \cdot 150\,\text{mA} = \mathbf{4{,}43\,VA}$

gewählt: Kern **M 42** mit $P_T \leq 4{,}5\,\text{VA}$

b) $$\underset{\vee}{\hat{u}}_{p1} \approx \frac{0{,}75 \cdot I_d}{f_p \cdot C_G} = \frac{0{,}75 \cdot I_d}{2 \cdot f \cdot C_G} = \frac{0{,}75 \cdot 150\,\text{mA}}{2 \cdot 50\,\text{Hz} \cdot 250\,\mu\text{F}} = 4{,}5\,\text{V}$$

$$s = \frac{\underset{\vee}{\hat{u}}_{p1}}{\underset{\vee}{\hat{u}}_{p2}} = \frac{4{,}5\,\text{V}}{50\,\text{mV}} = 90$$

$s = \omega_p^2 \cdot L_s \cdot C_s = (2 \cdot 2\pi \cdot f)^2 \cdot L_s \cdot C_s$

$$\Rightarrow L_s = \frac{s}{(4\pi \cdot f)^2 \cdot C_s} = \frac{90}{(4\pi \cdot 50\,\text{Hz})^2 \cdot 250\,\mu\text{F}} = \mathbf{0{,}913\,H}$$

c) $U_d = 0{,}85 \cdot U_{di} \Rightarrow U_{di} = \dfrac{U_d}{0{,}85} = \dfrac{24\,\text{V}}{0{,}85} = 28{,}2\,\text{V}$

bei Schaltung B ist $\hat{u}_R = U_{di} \Rightarrow \hat{u}_R = \mathbf{28{,}2\,V}$

d) $U_{di} = \sqrt{2} \cdot U_1 \Rightarrow U_1 = \dfrac{U_{di}}{\sqrt{2}} = \dfrac{28{,}2\,\text{V}}{\sqrt{2}} = \mathbf{20\,V}$

e) $I_Z = \frac{1}{2} \cdot I_d = 0{,}5 \cdot 150\,\text{mA} = \mathbf{75\,mA}$

116/7 **a)** $P_T = 1{,}5 \cdot P_d = 1{,}5 \cdot U_d \cdot I_d = 1{,}5 \cdot 20\,\text{V} \cdot 380\,\text{mA} = \mathbf{11{,}4\,VA}$

gewählt: Kern **M 55** mit $P_T \leq 12\,\text{VA}$

b) $$\underset{\vee}{\hat{u}}_{p1} \approx \frac{0{,}75 \cdot I_d}{f_p \cdot C_G} = \frac{0{,}75 \cdot I_d}{2 \cdot f \cdot C_G} = \frac{0{,}75 \cdot 380\,\text{mA}}{2 \cdot 50\,\text{Hz} \cdot 500\,\mu\text{F}} = 5{,}7\,\text{V}$$

$$s = \frac{\underset{\vee}{\hat{u}}_{p1}}{\underset{\vee}{\hat{u}}_{p2}} = \frac{5{,}7\,\text{V}}{30\,\text{mV}} = 190$$

$s = \omega_p^2 \cdot L_s \cdot C_s = (2 \cdot 2\pi \cdot f)^2 \cdot L_s \cdot C_s$

$$\Rightarrow L_s = \frac{s}{(4\pi \cdot f)^2 \cdot C_s} = \frac{190}{(4\pi \cdot 50\,\text{Hz})^2 \cdot 500\,\mu\text{F}} = \mathbf{0{,}963\,H}$$

c, d) $U_{di} = 1{,}3 \cdot U_d = 1{,}3 \cdot 20\,\text{V} = 26\,\text{V}$

$U_{di} = \dfrac{\sqrt{2}}{2} \cdot U_1 \Rightarrow U_1 = \dfrac{2}{\sqrt{2}} \cdot U_{di} = \sqrt{2} \cdot 26\,\text{V} = \mathbf{36{,}8\,V}$

$\hat{u}_R = \sqrt{2} \cdot U_1 = \sqrt{2} \cdot 36{,}8\,\text{V} = \mathbf{52\,V}$

e) $I_Z = \frac{1}{2} \cdot I_d = 0{,}5 \cdot 380\,\text{mA} = \mathbf{190\,mA}$

Lösungen zu 6.2.3.1 Vorwiderstand für die Spannungsstabilisierung mit Z-Diode

117/1 **a)** $R_v = \frac{U_1 - U_Z}{I_Z + I_L} = \frac{60\,V - 27\,V}{0{,}07\,A + 0{,}18\,A} = \mathbf{132\,\Omega}$

b) $P = U \cdot I = (60\,V - 27\,V)(0{,}07\,A + 0{,}18\,A) = \mathbf{8{,}25\,W}$

117/2 **a)** $I = \frac{U_1 - U_Z}{R} = \frac{36\,V - 9\,V}{100\,\Omega} = \mathbf{0{,}27\,A}$

b) $I_Z = I - I_L = 0{,}27\,A - 0{,}15\,A = \mathbf{0{,}12\,A}$

117/3 **a)** $R_{max} = \frac{U_{1min} - U_Z}{I_{Zmin} + I_{Lmax}} = \frac{30\,V - 15\,V}{10\,mA + 15\,mA} = \mathbf{600\,\Omega}$

$R_{min} = \frac{U_{1max} - U_Z}{I_{Zmax} + I_{Lmin}} = \frac{40\,V - 15\,V}{100\,mA + 0\,mA} = \mathbf{250\,\Omega}$

b) gewählt 470 Ω

117/4 **a)** $R_{max} = \frac{U_{1min} - U_Z}{I_{Zmin} + I_{Lmax}} = \frac{57\,V - 20\,V}{3\,mA + 12\,mA} = \mathbf{2{,}47\,k\Omega}$

$R_{min} = \frac{U_{1max} - U_Z}{I_{Zmax} + I_{Lmin}} = \frac{63\,V - 20\,V}{20\,mA + 8\,mA} = \mathbf{1{,}54\,k\Omega}$

b) gewählt 1,8 kΩ

117/5 **a)** $R_{max} = \frac{U_{1min} - U_Z}{I_{Zmin} + I_{Lmax}} = \frac{64\,V - 33\,V}{0{,}1\,A + 2\,A} = \mathbf{14{,}8\,\Omega}$

$R_{min} = \frac{U_{1max} - U_Z}{I_{Zmax} + I_{Lmin}} = \frac{80\,V - 33\,V}{2{,}2\,A + 0\,A} = \mathbf{21{,}4\,\Omega}$

b) $R_{max} = \frac{U_{1min} - U_Z}{I_{Zmin} + I_{Lmax}} = \frac{64\,V - 33\,V}{0{,}1\,A + 1\,A} = \mathbf{28{,}2\,\Omega}$

R_{min} = **21,4 Ω** (wie bei a) berechnet)

c) Für b) $0\,A < I_L < 1\,A$ kann man die Stabilisierungsschaltung herstellen, z. B. mit dem Vorwiderstand 25 Ω ± 5 %100 W. Die Stabilisierungsschaltung für a) $0\,A < I_L < 2\,A$ kann man nicht herstellen, da bei der Rechnung $R_{max} < R_{min}$ herauskommt.

Lösungen zu 6.2.3.2 Ausgangsspannungs-Restschwankung

118/1 $\Delta U_{2u} \approx \frac{\Delta U_1 \cdot r_z}{R_v} \Rightarrow \Delta U_1 \approx \frac{\Delta U_{2u} \cdot R_v}{r_z} = \frac{0{,}1\,V \cdot 330\,\Omega}{10\,\Omega} = \mathbf{3{,}3\,V}$

118/2 $\Delta U_{2i} = -\Delta I_L \cdot r_z \Rightarrow \Delta I_L = \frac{-\Delta U_{2i}}{r_z} = \frac{-0{,}25\,V}{20\,\Omega} = \mathbf{-12{,}5\,mA}$

118/3 **a)** $\Delta U_{2u} \approx \frac{\Delta U_1 \cdot r_z}{R_v} \Rightarrow R_v \approx \frac{\Delta U_1 \cdot r_z}{\Delta U_{2u}} = \frac{10\,V \cdot 2\,\Omega}{0{,}25\,V} = \mathbf{80\,\Omega}$

b) $\Delta U_{2\vartheta} = U_2 \cdot \alpha_z \cdot \Delta\vartheta \Rightarrow \alpha_z = \frac{\Delta U_{2\vartheta}}{U_2 \cdot \Delta\vartheta} = \frac{0{,}25\,V}{40\,V \cdot 10\,K} = \mathbf{0{,}625 \cdot 10^{-3}\,\frac{1}{K}}$

118/4 **a)** $\Delta U_{2u} \approx \frac{\Delta U_1 \cdot r_z}{R_v} \Rightarrow r_z \approx \frac{\Delta U_{2u} \cdot R_v}{\Delta U_1} = \frac{1\,V \cdot 1\,k\Omega}{20\,V} = \mathbf{50\,\Omega}$

b) $\Delta U_{2\vartheta} = U_2 \cdot \alpha_z \cdot \Delta\vartheta = 30\,V \cdot 0{,}001\,\frac{1}{K} \cdot 20\,K = \mathbf{0{,}6\,V}$

118/5 **a)** $\Delta U_{2i} = -\Delta I_L \cdot r_z = -10\,mA \cdot 20\,\Omega = \mathbf{-200\,mV}$

b) $\Delta U_{2u} \approx \frac{\Delta U_1 \cdot r_z}{R_v} = \frac{6\,V \cdot 20\,\Omega}{470\,\Omega} = \mathbf{255\,mV}$

c) $\Delta U_2 = \Delta U_{2i} + \Delta U_{2u} \approx -200\,mV + 255\,mV = \mathbf{+55\,mV}$

118/6 **a)** $\Delta U_{2i} = -\Delta I_L \cdot r_z = -(-1\,A) \cdot 0{,}5\,\Omega = \mathbf{+0{,}5\,V}$

b) $\Delta U_{2u} \approx \frac{\Delta U_1 \cdot r_z}{R_v} = \frac{5\,V \cdot 0{,}5\,\Omega}{47\,\Omega} = \mathbf{0{,}053\,V}$

c) $\Delta U_2 \approx \Delta U_{2i} + \Delta U_{2u} = 0{,}5\,V + 0{,}053\,V = \mathbf{0{,}553\,V}$

Lösungen zu 6.2.3.3 Eigenschaften von Stabilisierungsschaltungen

119/1 **a)** $U_1 = U_Z + I_Z \cdot R_v = 24\,V + 0{,}1\,A \cdot 100\,\Omega = \mathbf{34\,V}$

$\Delta U_{2u} \approx \frac{\Delta U_1 \cdot r_z}{R_v} \Rightarrow \Delta U_1 \approx \frac{\Delta U_{2u} \cdot R_v}{r_z} = \frac{0{,}4\,V \cdot 100\,\Omega}{10\,\Omega} = \mathbf{4\,V}$

$S = \frac{\Delta U_1 \cdot U_2}{U_1 \cdot \Delta U_2} = \frac{4\,V \cdot 24\,V}{34\,V \cdot 0{,}4\,V} = \mathbf{7{,}1}$

b) $U_1 = U_Z + I_Z \cdot R_v = 24\,V + 0{,}1\,A \cdot 200\,\Omega = \mathbf{44\,V}$

$\Delta U_{2u} \approx \frac{\Delta U_1 \cdot r_z}{R_v} \Rightarrow \Delta U_1 \approx \frac{\Delta U_{2u} \cdot R_v}{r_z} = \frac{0{,}4\,V \cdot 200\,\Omega}{10\,\Omega} = \mathbf{8\,V}$

$S = \frac{\Delta U_1 \cdot U_2}{U_1 \cdot \Delta U_2} = \frac{8\,V \cdot 24\,V}{44\,V \cdot 0{,}4\,V} = \mathbf{10{,}9}$

c) Bei gleich bleibendem Z-Strom ergibt die Ausführung mit dem größeren Vorwiderstand den größeren Stabilisierungsfaktor.

119/2 **a)** $R_v = \frac{U_1 - U_Z}{I_Z} = \frac{100\,V - 27\,V}{0{,}1\,A} = \mathbf{730\,\Omega}$

$\Delta U_{2u} \approx \frac{\Delta U_1 \cdot r_z}{R_v} = \frac{10\,V \cdot 10\,\Omega}{730\,\Omega} = \mathbf{0{,}137\,V}$

$S = \frac{\Delta U_1 \cdot U_2}{U_1 \cdot \Delta U_2} = \frac{10\,V \cdot 27\,V}{100\,V \cdot 0{,}137\,V} = \mathbf{19{,}7}$

b) $R_v = \frac{U_1 - U_Z}{I_Z} = \frac{100\,V - 27\,V}{0{,}2\,A} = \mathbf{365\,\Omega}$

$\Delta U_{2u} \approx \frac{\Delta U_1 \cdot r_z}{R_v} = \frac{10\,V \cdot 10\,\Omega}{365\,\Omega} = \mathbf{0{,}274\,V}$

$S = \frac{\Delta U_1 \cdot U_2}{U_1 \cdot \Delta U_2} = \frac{10\,V \cdot 27\,V}{100\,V \cdot 0{,}274\,V} = \mathbf{9{,}9}$

c) Bei gleich bleibender Eingangsspannung ergibt die Ausführungsform mit dem kleineren Z-Strom den größeren Stabilisierungsfaktor, falls r_z annähernd gleich bleibt.

119/3 **a)** $G = \frac{\Delta U_1}{\Delta U_2} = \frac{5\,V}{0{,}03\,V} = \mathbf{167}$

b) $P_1 = (U_1 - U_2) \cdot I = (25\,V - 10\,V) \cdot 0{,}2\,A = \mathbf{3\,W}$

119/4 **a)** $G = \frac{\Delta U_1}{\Delta U_2} \Rightarrow \Delta U_2 = \frac{\Delta U_1}{G} = \frac{2\,V}{200} = \mathbf{10\,mV}$

b) $P = (U_1 - U_2) \cdot I = (25\,V - 6\,V) \cdot 0{,}25\,A = \mathbf{4{,}75\,W}$

c) $\Delta U_{2i} = -\Delta I_L \cdot r_i = -150\,mA \cdot 30\,m\Omega = \mathbf{-4{,}5\,mV}$

Lösungen zu 6.3 Schaltungen mit fotoelektronischen Bauelementen

120/1 Bei $E_v = 20\,lx \Rightarrow R = 7\,000\,\Omega$

$U_{Rv}/U_b = R_v/(R_v + R) \Rightarrow U_{Rv} = U_b \cdot R_v/(R_v + R) = 12\,V \cdot 3{,}9\,k\Omega/(3{,}9\,k\Omega + 7\,k\Omega) = \mathbf{4{,}29\,V}$

$I = U_{Rv}/R_v = 4{,}29\,V/3{,}9\,k\Omega = \mathbf{1{,}1\,mA}$

Bei $E_v = 1\,000\,lx \Rightarrow R = 300\,\Omega$

$U_{Rv} = U_b \cdot R_v/(R_v + R) = 12\,V \cdot 3{,}9\,k\Omega/(3{,}9\,k\Omega + 0{,}3\,k\Omega) = \mathbf{11{,}14\,V}$

$I = U_{Rv}/R_v = 11{,}14\,V/3{,}9\,k\Omega = \mathbf{2{,}86\,mA}$

120/2 **a)** $R_1/R_2 = R_3/R_4 \Rightarrow R_3 = R_1 \cdot R_4/R_2 = 2{,}7\,k\Omega \cdot 1{,}5\,k\Omega/2{,}7\,k\Omega = 1{,}5\,k\Omega$

bei $R_3 = 1{,}5\,k\Omega \Rightarrow E_v \approx \mathbf{100\,lx}$

b) bei $E_v = 1\,klx \Rightarrow R_3 = 300\,\Omega$

$U_{R2}/U = R_2/(R_1 + R_2) \Rightarrow U_{R2} = U \cdot R_2/(R_1 + R_2) = 15\,V \cdot 2{,}7\,k\Omega/(2{,}7\,k\Omega + 2{,}7\,k\Omega) = 7{,}5\,V$

$U_{R4}/U = R_4/(R_3 + R_4) \Rightarrow U_{R4} = U \cdot R_4/(R_3 + R_4) = 15\,V \cdot 1{,}5\,k\Omega/(0{,}3\,k\Omega + 1{,}5\,k\Omega) = 12{,}5\,V$

$U_m = U_{R2} - U_{R4} = 7{,}5\,V - 12{,}5\,V = \mathbf{-5\,V}$

bei $E_v = 90\,lx \Rightarrow R_3 = 2\,000\,\Omega$

$U_{R2} = U \cdot R_2/(R_1 + R_2) = 15\,V \cdot 2{,}7\,k\Omega/(2{,}7\,k\Omega + 2{,}7\,k\Omega) = 7{,}5\,V$

$U_{R4} = U \cdot R_4/(R_3 + R_4) = 15\,V \cdot 1{,}5\,k\Omega/(2\,k\Omega + 1{,}5\,k\Omega) = 6{,}43\,V$

$U_m = U_{R2} - U_{R4} = 7{,}5\,V - 6{,}43\,V = \mathbf{1{,}07\,V}$

120/3 **a)** $I_p = U_{Rv}/R_v = 9{,}6\,V/120\,k\Omega =$ **80 µA**
$U_R = U_b - U_{Rv} = 15\,V - 9{,}6\,V =$ **5,4 V**
b) $U_{Rv} = I_p \cdot R_V = 45\,\mu A \cdot 120\,k\Omega =$ **5,4 V**
$U_R = U_b - U_{Rv} = 15\,V - 5{,}4\,V =$ **9,6 V**

120/4 **a)** $I_F = U_{R2}/R_2 = (U_b - U_F)/R_2 = (6\,V - 1{,}52\,V)/560\,\Omega =$ **8 mA**
b) Arbeitsgerade einzeichnen in die Kennlinien Bild 3.
Punkt auf der x-Achse: $U_b = 10\,V$.
Punkt auf der y-Achse: $I = U_b/R_3 = 10\,V/1{,}8\,k\Omega = 5{,}55\,mA$.
Abgelesen beim Schnittpunkt der Arbeitsgeraden mit der Kennlinie (Parameter $I_F = 8\,mA$):
$I_C =$ **3,7 mA**; $U_{CE} =$ **3,35 V**
c) $CTR = I_C/I_F = 3{,}7\,mA/8\,mA = 0{,}46 =$ **46** %

120/5 **a)** $R_i = U_0/I_K = 400\,mV/50\,\mu A =$ **8 kΩ**
b) $R_L = R_i \Rightarrow P_{max} = U_0^2/(4 \cdot R_i) = (400\,mV)^2/(4 \cdot 8\,k\Omega) =$ **5 µW**
$U = U_0/2 = 400\,mV/2 =$ **200 mV**
$I = I_k/2 = 50\,\mu A/2 =$ **25 µA**

120/6 $R_v = U_{Rv}/I_F = (U_b - U_F)/I_F = (5\,V - 1{,}8\,V)/10\,mA =$ **320 Ω**
$P_{Rv} = U_{Rv} \cdot I_F = (U_b - U_F) \cdot I_F = (5\,V - 1{,}8\,V) \cdot 10\,mA =$ **32 mW**

Lösungen zu 6.4.1.1 Gleichstromgrößen in Emitterschaltung

121/1 **a)** $U_{CE} = U_{BE} + U_{CB} \Rightarrow U_{CB} = U_{CE} - U_{BE} = 9\,V - 600\,mV =$ **8,4 V**
b) NPN

121/2 **a)** $U_{CE} = U_{BE} + U_{CB} \Rightarrow U_{BE} = U_{CE} - U_{CB} = 7{,}2\,V - 6{,}8\,V =$ **0,4 V**
b) NPN

121/3 **a)** $U_{CE} = U_{CM} - U_{EM} = -10{,}8\,V - (-0{,}8\,V) =$ **−10 V**
b) $U_{CB} = U_{CM} - U_{BM} = -10{,}8\,V - (-1{,}2\,V) =$ **−9,6 V**
c) $U_{BE} = U_{BM} - U_{EM} = -1{,}2\,V - (-0{,}8\,V) =$ **−0,4 V**

121/4 **a)** $U_{CE} = U_{CM} - U_{EM} = 9{,}7\,V - 1{,}3\,V =$ **8,4 V**
b) $U_{BE} = U_{BM} - U_{EM} = 1{,}9\,V - 1{,}3\,V =$ **0,6 V**
c) $U_{CB} = U_{CM} - U_{BM} = 9{,}7\,V - 1{,}9\,V =$ **7,8 V**

121/5 $U_{CE} = U_{CM} - U_{EM} \Rightarrow U_{CM} = U_{CE} + U_{EM} = 7{,}3\,V + 0{,}95\,V =$ **8,25 V**
$U_{BE} = U_{BM} - U_{EM} \Rightarrow U_{BM} = U_{BE} + U_{EM} = 620\,mV + 0{,}95\,V =$ **1,57 V**

121/6 **a)** $U_{CE} = U_{CM} - U_{EM} \Rightarrow U_{CM} = U_{CE} + U_{EM} = 7{,}6\,V + 1{,}2\,V = \mathbf{8{,}8\,V}$

b) $U_{BE} = U_{BM} - U_{EM} = 1{,}8\,V - 1{,}2\,V = \mathbf{0{,}6\,V}$

c) $U_{CE} = U_{BE} - U_{CB} \Rightarrow U_{CB} = U_{CE} - U_{BE} = 7{,}6\,V - 0{,}6\,V = \mathbf{7\,V}$

122/7 $I_B + I_C + I_E = 0 \Rightarrow I_E = -I_C - I_B = -3\,mA - 120\,\mu A = \mathbf{-3{,}12\,mA}$

122/8 $I_B + I_C + I_E = 0 \Rightarrow I_C = -I_E - I_B = -2{,}21\,mA - (-68\,\mu A) = \mathbf{-2{,}142\,mA}$

122/9 $P_- \approx U_{CE} \cdot I_C = 6{,}8\,V \cdot 2{,}7\,mA = \mathbf{18{,}36\,mW}$

122/10 $P_- \approx U_{CE} \cdot I_C \Rightarrow I_C \approx \frac{P_-}{U_{CE}} = \frac{25\,mW}{5{,}4\,V} = \mathbf{4{,}63\,mA}$

122/11 $I_B + I_C + I_E = 0 \Rightarrow I_B = -I_E - I_C = -(-21{,}8\,mA) - 21\,mA = 0{,}8\,mA$

$B = \frac{I_C}{I_B} = \frac{21\,mA}{0{,}8\,mA} = \mathbf{26{,}25}$

122/12 $I_B + I_C + I_E = 0 \Rightarrow I_C = -I_E - I_B = -3\,mA - (-240\,\mu A) = -2{,}76\,mA$

$B = \frac{I_C}{I_B} = \frac{-2{,}76\,mA}{-240\,\mu A} = \mathbf{11{,}5}$

122/13 **a)** $P_- \approx U_{CE} \cdot I_C = 6\,V \cdot 50\,mA = \mathbf{300\,mW}$

b) $B = \frac{I_C}{I_B} \Rightarrow I_B = \frac{I_C}{B} = \frac{50\,mA}{120} = \mathbf{0{,}417\,mA}$

c) $I_B + I_C + I_E = 0 \Rightarrow I_E = -I_C - I_B = -50\,mA - 0{,}417\,mA = \mathbf{-50{,}417\,mA}$

122/14 **a)** $I_B + I_C + I_E = 0 \Rightarrow I_C = -I_E - I_B = -2\,mA - (-22\,\mu A) = \mathbf{-1{,}978\,mA}$

b) $B = \frac{I_C}{I_B} = \frac{-1{,}978\,mA}{-22\,\mu A} = \mathbf{89{,}91}$

c) $P_- \approx U_{CE} \cdot I_C \Rightarrow U_{CE} \approx \frac{P_-}{I_C} = \frac{12\,mW}{-1{,}978\,mA} = \mathbf{-6{,}067\,V}$

122/15 $I_C = \mathbf{10\,mA}$

122/16 $U_{BE} = \mathbf{600\,mV}$

122/17 **a)** $U_{BE} = \mathbf{650\,mV}$

b) $I_C = \mathbf{15\,mA}$

c) $B = \frac{I_C}{I_B} = \frac{15\,mA}{150\,\mu A} = \mathbf{100}$

d) $P_- \approx U_{CE} \cdot I_C = 7\,V \cdot 15\,mA = \mathbf{105\,mW}$

122/18 **a)** I_B = **175 µA**

b) I_C = **17,2 mA**

c) $P_{-} \approx U_{CE} \cdot I_C = 1\,V \cdot 17{,}2\,mA = \mathbf{17{,}2\,mW}$

d) $B = \frac{I_C}{I_B} = \frac{17{,}2\,mA}{175\,\mu A} = \mathbf{98{,}28}$

e) $I_B + I_C + I_E = 0 \Rightarrow I_E = -I_C - I_B = -17{,}2\,mA - 175\,\mu A = \mathbf{-17{,}375\,mA}$

122/19 **a)** $B_I = \frac{I_{CI}}{I_{BI}} \Rightarrow I_{CI} = B_I \cdot I_{BI} = 100 \cdot 80\,\mu A = \mathbf{8\,mA}$

$B_{II} = \frac{I_{CII}}{I_{BII}} \Rightarrow I_{CII} = B_{II} \cdot I_{BII} = 250 \cdot 36\,\mu A = \mathbf{9\,mA}$

b) bei $I_{BI} = 80\,\mu A$ und $U_{CE} = 1\,V$ bis $15\,V \Rightarrow U_{BEI} = \mathbf{620\,mV}$
bei $I_{BII} = 36\,\mu A$ und $U_{CE} = 1\,V$ bis $15\,V \Rightarrow U_{BEII} = \mathbf{595\,mV}$

122/20 **a)** $B_I = \frac{I_{CI}}{I_{BI}} \Rightarrow I_{BI} = \frac{I_{CI}}{B_I} = \frac{4\,mA}{100} = \mathbf{40\,\mu A}$

$B_{II} = \frac{I_{CII}}{I_{BII}} \Rightarrow I_{BII} = \frac{I_{CII}}{B_{II}} = \frac{4{,}5\,mA}{150} = \mathbf{30\,\mu A}$

b) bei $I_{BI} = 40\,\mu A$ und $U_{CE} = 1\,V$ bis $15\,V \Rightarrow U_{BEI} = \mathbf{600\,mV}$
bei $I_{BII} = 30\,\mu A$ und $U_{CE} = 1\,V$ bis $15\,V \Rightarrow U_{BEII} = \mathbf{590\,mV}$

Lösungen zu 6.4.1.2 Basisspannungsteiler und Stabilisierung des Arbeitspunktes

123/1 **a)** $R_E = \frac{R_C}{m} = \frac{1{,}8\,k\Omega}{6} = \mathbf{300\,\Omega}$

b) $U_{RC} = I_C \cdot R_C = 2{,}8\,mA \cdot 1{,}8\,k\Omega = \mathbf{5{,}04\,V}$

c) $R_E \approx \frac{U_{RE}}{I_C} \Rightarrow U_{RE} \approx I_C \cdot R_E = 2{,}8\,mA \cdot 300\,\Omega = \mathbf{0{,}84\,V}$

d) $\frac{U_{RC}}{U_{RE}} = \frac{5{,}04\,V}{0{,}84\,V} = \mathbf{6}$

123/2 **a)** $R_E = \frac{R_C}{m} = \frac{2{,}7\,k\Omega}{7} = \mathbf{385{,}71\,\Omega}$

b) $B = \frac{I_C}{I_B} \Rightarrow I_C = B \cdot I_B = 155 \cdot 20\,\mu A = \mathbf{3{,}1\,mA}$

c) $R_E \approx \frac{U_{RE}}{I_C} \Rightarrow U_{RE} \approx I_C \cdot R_E = 3{,}1\,mA \cdot 385{,}71\,\Omega = \mathbf{1{,}196\,V}$

d) $U_{RC} = I_C \cdot R_C = 3{,}1\,mA \cdot 2{,}7\,k\Omega = \mathbf{8{,}37\,V}$

e) $\frac{U_{RC}}{U_{RE}} = \frac{8{,}37\,V}{1{,}196\,V} = \mathbf{7}$

f) $U_b = U_{CE} + U_{RC} + U_{RE}$
$\Rightarrow U_{CE} = U_b - U_{RC} - U_{RE} = 12\,V - 8{,}37\,V - 1{,}196\,V = \mathbf{2{,}434\,V}$

123/3 **a)** $U_{RE} \approx \frac{U_{RC}}{m}$

$U_b = U_{CE} + U_{RC} + U_{RE} \Rightarrow U_{RC} + U_{RE} = U_b - U_{CE}$

$\Rightarrow U_{RC} + \frac{U_{RC}}{m} \approx U_b - U_{CE} \Rightarrow U_{RC} \approx \frac{U_b - U_{CE}}{1 + \frac{1}{m}} = \frac{-10\,V + 5\,V}{1 + \frac{1}{5}} = \mathbf{-4{,}17\,V}$

b) $U_{RE} \approx \frac{U_{RC}}{m} = \frac{-4{,}17\,V}{5} = \mathbf{-0{,}834\,V}$

c) $R_C = \frac{U_{RC}}{I_C} = \frac{-4{,}17\,V}{-2{,}5\,mA} = \mathbf{1{,}67\,k\Omega}$

d) $R_E = \frac{R_C}{m} = \frac{1{,}67\,k\Omega}{5} = \mathbf{334\,\Omega}$

e) $U_{R2} = U_{BE} + U_{RE} = -200\,mV - 0{,}834\,V = -1{,}034\,V$

$q = \frac{I_q}{I_B} \Rightarrow I_q = q \cdot I_B = 2 \cdot (-60\,\mu A) = -120\,\mu A$

$R_2 = \frac{U_{R2}}{I_q} = \frac{-1{,}034\,V}{-120\,\mu A} = \mathbf{8{,}62\,k\Omega}$

f) $R_1 = \frac{U_b - U_{R2}}{I_B + I_q} = \frac{-10\,V - (-1{,}034\,V)}{-60\,\mu A - 120\,\mu A} = \mathbf{49{,}81\,k\Omega}$

123/4 **a)** $U_{RE} \approx \frac{U_{RC}}{m}$

$U_b = U_{CE} + U_{RC} + U_{RE} \Rightarrow U_{RC} + U_{RE} = U_b - U_{CE}$

$\Rightarrow U_{RC} + \frac{U_{RC}}{m} \approx U_b - U_{CE} \Rightarrow U_{RC} \approx \frac{U_b - U_{CE}}{1 + \frac{1}{m}} = \frac{24\,V - 12\,V}{1 + \frac{1}{7}} = \mathbf{10{,}50\,V}$

b) $U_{RE} \approx \frac{U_{RC}}{m} = \frac{10{,}50\,V}{7} = \mathbf{1{,}5\,V}$

c) $R_C = \frac{U_{RC}}{I_C} = \frac{10{,}50\,V}{58\,mA} = \mathbf{181{,}03\,\Omega}$

d) $R_E = \frac{R_C}{m} = \frac{181{,}03\,\Omega}{7} = \mathbf{25{,}86\,\Omega}$

e) $U_{R2} = U_{BE} + U_{RE} = 0{,}75\,V + 1{,}5\,V = 2{,}25\,V$

$q = \frac{I_q}{I_B} \Rightarrow I_q = q \cdot I_B = 2 \cdot 0{,}3\,mA = 0{,}6\,mA$

$R_2 = \frac{U_{R2}}{I_q} = \frac{2{,}25\,V}{0{,}6\,mA} = \mathbf{3{,}75\,k\Omega}$

f) $R_1 = \frac{U_b - U_{R2}}{I_B + I_q} = \frac{24\,V - 2{,}25\,V}{0{,}3\,mA + 0{,}6\,mA} = \mathbf{24{,}17\,k\Omega}$

123/5 **a)** $B = \frac{I_C}{I_B} \Rightarrow I_C = B \cdot I_B = 78 \cdot 5\,\text{mA} = \mathbf{390\,mA}$

b) $U_{RE} \approx \frac{U_{RC}}{m}$

$U_b = U_{CE} + U_{RC} + U_{RE} \Rightarrow U_{RC} + U_{RE} = U_b - U_{CE}$

$\Rightarrow U_{RC} + \frac{U_{RC}}{m} \approx U_b - U_{CE} \Rightarrow U_{RC} \approx \frac{U_b - U_{CE}}{1 + \frac{1}{m}} = \frac{12\,\text{V} - 3{,}7\,\text{V}}{1 + \frac{1}{5}} = \mathbf{6{,}92\,V}$

c) $U_{RE} \approx \frac{U_{RC}}{m} = \frac{6{,}92\,\text{V}}{5} = \mathbf{1{,}38\,V}$

d) $R_C = \frac{U_{RC}}{I_C} = \frac{6{,}92\,\text{V}}{390\,\text{mA}} = \mathbf{17{,}74\,\Omega}$

e) $R_E = \frac{R_C}{m} = \frac{17{,}74\,\Omega}{5} = \mathbf{3{,}55\,\Omega}$

f) $U_{R2} = U_{BE} + U_{RE} = 700\,\text{mV} + 1{,}38\,\text{V} = 2{,}08\,\text{V}$

$I_q = q \cdot I_B = 3 \cdot 5\,\text{mA} = 15\,\text{mA}$

$R_2 = \frac{U_{R2}}{I_q} = \frac{2{,}08\,\text{V}}{15\,\text{mA}} = \mathbf{138{,}67\,\Omega}$

g) $R_1 = \frac{U_b - U_{R2}}{I_B + I_q} = \frac{12\,\text{V} - 2{,}08\,\text{V}}{5\,\text{mA} + 15\,\text{mA}} = \mathbf{496\,\Omega}$

h) $I_1 = I_B + I_q = 5\,\text{mA} + 15\,\text{mA} = 20\,\text{mA}$

$P_b = U_b(I_C + I_1) = 12\,\text{V}(390\,\text{mA} + 20\,\text{mA}) = \mathbf{4{,}92\,W}$

123/6 **a)** $B = \frac{I_C}{I_B} \Rightarrow I_C = B \cdot I_B = 60 \cdot 500\,\mu\text{A} = \mathbf{30\,mA}$

b) $U_{RE} \approx \frac{U_{RC}}{m}$

$U_b = U_{CE} + U_{RC} + U_{RE} \Rightarrow U_{RC} + U_{RE} = U_b - U_{CE}$

$\Rightarrow U_{RC} + \frac{U_{RC}}{m} \approx U_b - U_{CE} \Rightarrow U_{RC} \approx \frac{U_b - U_{CE}}{1 + \frac{1}{m}} = \frac{9\,\text{V} - 4\,\text{V}}{1 + \frac{1}{10}} = \mathbf{4{,}55\,V}$

c) $U_{RE} \approx \frac{U_{RC}}{m} = \frac{4{,}55\,\text{V}}{10} = \mathbf{0{,}455\,V}$

d) $R_C = \frac{U_{RC}}{I_C} = \frac{4{,}55\,\text{V}}{30\,\text{mA}} = \mathbf{151{,}67\,\Omega}$

e) $R_E = \frac{R_C}{m} = \frac{151{,}67\,\Omega}{10} = \mathbf{15{,}17\,\Omega}$

f) $U_{R2} = U_{BE} + U_{RE} = 400\,\text{mV} + 0{,}455\,\text{V} = 855\,\text{mV}$

$q = \frac{I_q}{I_B} \Rightarrow I_q = q \cdot I_B = 3 \cdot 500\,\mu\text{A} = 1{,}5\,\text{mA}$

$R_2 = \frac{U_{R2}}{I_q} = \frac{855\,\text{mV}}{1{,}5\,\text{mA}} = \mathbf{570\,\Omega}$

g) $R_1 = \frac{U_b - U_{R2}}{I_B + I_q} = \frac{9\,\text{V} - 855\,\text{mV}}{500\,\mu\text{A} + 1{,}5\,\text{mA}} = \mathbf{4{,}073\,k\Omega}$

h) $P_b = U_b(I_C + I_1) = U_b \cdot (I_C + I_B + I_q) = 9\,\text{V} \cdot (30\,\text{mA} + 500\,\mu\text{A} + 1{,}5\,\text{mA}) = \mathbf{288\,mW}$

Lösungen zu 6.4.1.3 Arbeitsgerade für Gleichstrom

124/1 **a)** Siehe Bild zu 124/1.

b) I_C = **7,6 mA**

U_{CE} = **4,4 V**

$U_{RE} \approx I_C \cdot R_E = 7{,}6\,\text{mA} \cdot 180\,\Omega = \mathbf{1{,}37\,V}$

$U_{RC} = I_C \cdot R_C = 7{,}6\,\text{mA} \cdot 820\,\Omega = \mathbf{6{,}23\,V}$

c) $q = \frac{I_q}{I_B}$

$\Rightarrow I_q = q \cdot I_B = 2 \cdot 75\,\mu\text{A} = 150\,\mu\text{A}$

$U_{R2} = U_{BE} + U_{RE}$

$= 620\,\text{mV} + 1{,}37\,\text{V} = 1{,}99\,\text{V}$

$R_2 = \frac{U_{R2}}{I_q} = \frac{1{,}99\,\text{V}}{150\,\mu\text{A}} = \mathbf{13{,}27\,k\Omega}$

$R_1 = \frac{U_b - U_{R2}}{I_B + I_q}$

$= \frac{12\,\text{V} - 1{,}99\,\text{V}}{75\,\mu\text{A} + 150\,\mu\text{A}} = \mathbf{44{,}49\,k\Omega}$

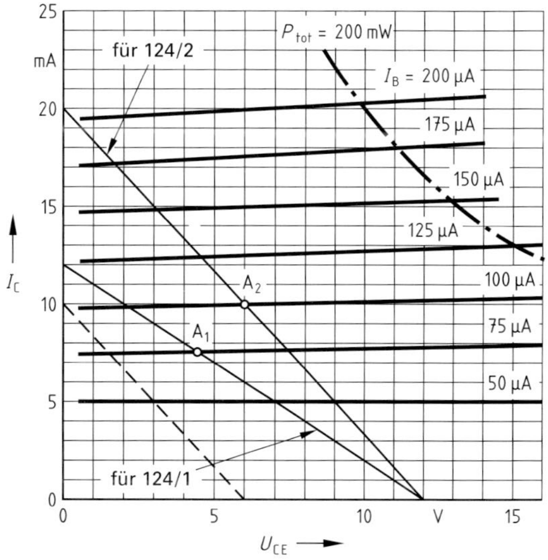

Bild zu 124/1

124/2 **a)** Siehe Bild zu 124/1.

b) I_B = **100 µA**

U_b = **12 V**

$U_{RE} \approx I_C \cdot R_E = 10\,\text{mA} \cdot 90\,\Omega = \mathbf{0{,}9\,V}$

$U_{RC} = I_C \cdot R_C = 10\,\text{mA} \cdot 510\,\Omega = \mathbf{5{,}1\,V}$

c) $q = \frac{I_q}{I_B} \Rightarrow I_q = q \cdot I_B = 3 \cdot 100\,\mu\text{A} = 300\,\mu\text{A}$

$U_{R2} = U_{BE} + U_{RE} = 630\,\text{mV} + 0{,}9\,\text{V} = 1{,}53\,\text{V}$

$R_2 = \frac{U_{R2}}{I_q} = \frac{1{,}53\,\text{V}}{300\,\mu\text{A}} = \mathbf{5{,}1\,k\Omega}$

$R_1 = \frac{U_b - U_{R2}}{I_B + I_q} = \frac{12\,\text{V} - 1{,}53\,\text{V}}{100\,\mu\text{A} + 300\,\mu\text{A}} = \mathbf{26{,}18\,k\Omega}$

124/3 **a)** Siehe Bild zu 124/3.

I_C = **7,6 mA**

b) $U_b = U_{CE} + U_{RC} + U_{RE}$

$\Rightarrow U_{RC} + U_{RE} = U_b - U_{CE}$

$\Rightarrow I_C \cdot R_C + I_C \cdot R_E \approx U_b - U_{CE}$

$\Rightarrow I_C \cdot R_C + I_C \cdot \frac{R_C}{m} \approx U_b - U_{CE}$

$$\Rightarrow R_C \approx \frac{U_b - U_{CE}}{I_C\left(1 + \frac{1}{m}\right)} = \frac{15\,\text{V} - 7{,}4\,\text{V}}{7{,}6\,\text{mA}\left(1 + \frac{1}{5}\right)} = \mathbf{833{,}33\,\Omega}$$

$$R_E = \frac{R_C}{m} = \frac{833{,}33\,\Omega}{5} = \mathbf{166{,}67\,\Omega}$$

Siehe Bild zu 124/3.

c) $U_{RC} = I_C \cdot R_C = 7{,}6\,\text{mA} \cdot 833{,}33\,\Omega = \mathbf{6{,}33\,V}$

$U_{RE} \approx I_C \cdot R_E = 7{,}6\,\text{mA} \cdot 166{,}67\,\Omega = \mathbf{1{,}27\,V}$

d) $q = \frac{I_q}{I_B} \Rightarrow I_q = q \cdot I_B = 2 \cdot 75\,\mu\text{A} = 150\,\mu\text{A}$

$U_{R2} = U_{BE} + U_{RE} = 620\,\text{mV} + 1{,}27\,\text{V} = 1{,}89\,\text{V}$

$$R_2 = \frac{U_{R2}}{I_q} = \frac{1{,}89\,\text{V}}{150\,\mu\text{A}} = \mathbf{12{,}6\,k\Omega}$$

$$R_1 = \frac{U_b - U_{R2}}{I_B + I_q} = \frac{15\,\text{V} - 1{,}89\,\text{V}}{75\,\mu\text{A} + 150\,\mu\text{A}} = \mathbf{58{,}27\,k\Omega}$$

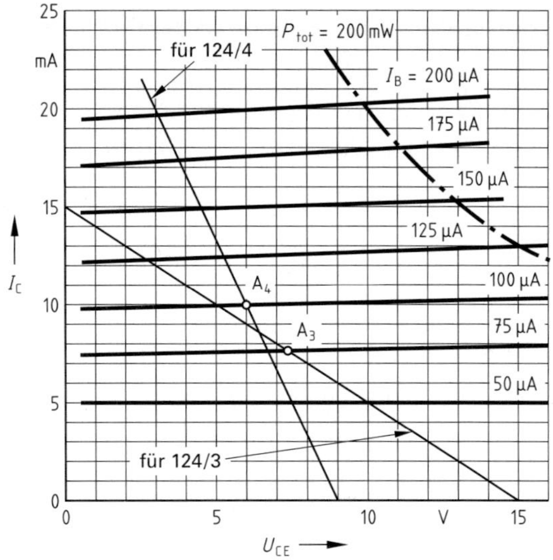

Bild zu 124/3

124/4 **a)** Siehe Bild zu 124/3.

b) Lösung wie bei 124/3b.

$$\Rightarrow R_C \approx \frac{U_b - U_{CE}}{I_C\left(1 + \frac{1}{m}\right)} = \frac{9\,\text{V} - 6\,\text{V}}{10\,\text{mA}\left(1 + \frac{1}{7}\right)} = \mathbf{262{,}47\,\Omega}$$

$R_E = \frac{R_C}{m} = \frac{262{,}47\,\Omega}{7} = \mathbf{37{,}50\,\Omega}$; siehe Bild zu 124/3.

c) I_B = **100 µA**

$U_{RC} = I_C \cdot R_C = 10\,\text{mA} \cdot 262{,}47\,\Omega = \mathbf{2{,}625\,V}$

$U_{RE} \approx I_C \cdot R_E = 10\,\text{mA} \cdot 37{,}5\,\Omega = \mathbf{0{,}375\,V}$

d) $q = \frac{I_q}{I_B} \Rightarrow I_q = q \cdot I_B = 3 \cdot 100\,\mu\text{A} = 300\,\mu\text{A}$

$U_{R2} = U_{BE} + U_{RE} = 630\,\text{mV} + 0{,}375\,\text{V} = 1{,}005\,\text{V}$

$$R_2 = \frac{U_{R2}}{I_q} = \frac{1{,}005\,\text{V}}{300\,\mu\text{A}} = \mathbf{3{,}35\,k\Omega}$$

$$R_1 = \frac{U_b - U_{R2}}{I_B + I_q} = \frac{9\,\text{V} - 1{,}005\,\text{V}}{100\,\mu\text{A} + 300\,\mu\text{A}} = \mathbf{19{,}99\,k\Omega}$$

Lösungen zu 6.4.2.1 Transistorkenngrößen für Emitterschaltung

126/1 $h_{12e} = \frac{\Delta U_{BE}}{\Delta U_{CE}} = \frac{1{,}2\,\text{mV}}{2\,\text{V}} = \mathbf{0{,}6 \cdot 10^{-3}}$

$h_{22e} = \frac{\Delta I_C}{\Delta U_{CE}} = \frac{27\,\mu\text{A}}{2\,\text{V}} = \mathbf{13{,}5\,\mu S}$

126/2 **a)** $I_C = \mathbf{83\,mA}$

b) $h_{22e} = \frac{\Delta I_C}{\Delta U_{CE}} = \frac{30\,\text{mA}}{10\,\text{V}} = \mathbf{3{,}00\,mS}$

c) $r_{CE} = \frac{1}{h_{22e}} = \frac{1}{3{,}00\,\text{mS}} = \mathbf{333\,\Omega}$

126/3 $h_{11e} = \frac{\Delta U_{BE}}{\Delta I_B} \Rightarrow \Delta U_{BE} = h_{11e} \cdot \Delta I_B = 1{,}2\,\text{k}\Omega \cdot 5\,\mu\text{A} = \mathbf{6\,mV}$

$h_{21e} = \frac{\Delta I_C}{\Delta I_B} \Rightarrow \Delta I_C = h_{21e} \cdot \Delta I_B = 315 \cdot 5\,\mu\text{A} = \mathbf{1{,}58\,mA}$

126/4 $h_{12e} = \frac{\Delta U_{BE}}{\Delta U_{CE}} \Rightarrow \Delta U_{BE} = h_{12e} \cdot \Delta U_{CE} = 3 \cdot 10^{-4} \cdot 6\,\text{V} = \mathbf{1{,}8\,mV}$

$h_{22e} = \frac{\Delta I_C}{\Delta U_{CE}} \Rightarrow \Delta I_C = h_{22e} \cdot \Delta U_{CE} = 25\,\mu\text{S} \cdot 6\,\text{V} = \mathbf{0{,}15\,mA}$

126/5 $h_{11e} = 2{,}7\,\text{k}\Omega \cdot 4 = \mathbf{10{,}8\,k\Omega}$; $h_{12e} = 1{,}5 \cdot 10^{-4} \cdot 3 = \mathbf{4{,}5 \cdot 10^{-4}}$

$h_{21e} = 200 \cdot 0{,}9 = \mathbf{180}$; $h_{22e} = 18\,\mu\text{S} \cdot 0{,}33 = \mathbf{6\,\mu S}$

126/6 $h_{11e} = 2{,}5\,\text{k}\Omega \cdot 1{,}1 = \mathbf{2{,}75\,k\Omega}$; $h_{12e} = 2 \cdot 10^{-4} \cdot 0{,}88 = \mathbf{1{,}76 \cdot 10^{-4}}$

$h_{21e} = 260 \cdot 1{,}07 = \mathbf{278}$; $h_{22e} = 24\,\mu\text{S} \cdot 0{,}68 = \mathbf{16{,}3\,\mu S}$

Lösungen zu 6.4.2.2 Verstärker in Emitterschaltung

129/1 $r_{CE} = \frac{1}{h_{22e}} = \frac{1}{24\,\mu\text{S}} = 41{,}7\,\text{k}\Omega$

a) $V_u \approx \frac{\beta}{r_{BE}} \cdot \frac{r_{CE} \cdot Z_L}{r_{CE} + Z_L} = \frac{260 \cdot 41{,}7\,\text{k}\Omega \cdot 4{,}7\,\text{k}\Omega}{3{,}6\,\text{k}\Omega(41{,}7\,\text{k}\Omega + 4{,}7\,\text{k}\Omega)} = \mathbf{305}$

b) $V_u \approx \frac{\beta}{r_{BE}} \cdot \frac{r_{CE} \cdot Z_L}{r_{CE} + Z_L} = \frac{260 \cdot 41{,}7\,\text{k}\Omega \cdot 10\,\text{k}\Omega}{3{,}6\,\text{k}\Omega(41{,}7\,\text{k}\Omega + 10\,\text{k}\Omega)} = \mathbf{582}$

129/2 $V_u = \frac{\beta}{r_{BE}} \cdot \frac{r_{CE} \cdot Z_L}{r_{CE} + Z_L} \Rightarrow \beta = h_{21e} = \frac{V_u \cdot r_{BE}(r_{CE} + Z_L)}{r_{CE} \cdot Z_L} = \frac{67 \cdot 1{,}8\,\text{k}\Omega \cdot (21\,\text{k}\Omega + 2{,}33\,\text{k}\Omega)}{21\,\text{k}\Omega \cdot 2{,}33\,\text{k}\Omega} = \mathbf{57{,}5}$

129/3 **a)** $V_u = \frac{\Delta U_{CE}}{\Delta U_{BE}} = \frac{9{,}8\,V - 7{,}7\,V}{0{,}36\,V - 0{,}31\,V} = \mathbf{42}$

b) $Z_L = \frac{\Delta U_{CE}}{\Delta I_C} = \frac{9{,}8\,V - 7{,}7\,V}{9{,}9\,mA - 6{,}9\,mA} = \mathbf{0{,}7\,k\Omega}$

c) z. B. I_B positiv $\Rightarrow$ **NPN**

129/4 **a)** $V_u = \frac{\Delta U_{CE}}{\Delta U_{BE}} = \frac{-5{,}3\,V + 4{,}1\,V}{-0{,}61\,V + 0{,}6\,V} = \mathbf{120}$

b) $R_C = \frac{\Delta U_{CE}}{\Delta I_C} = \frac{-5{,}3\,V + 4{,}1\,V}{-4{,}8\,mA + 4{,}2\,mA} = \mathbf{2\,k\Omega}$

c) $r_{BE} = \frac{\Delta U_{BE}}{\Delta I_B} = \frac{-0{,}61\,V + 0{,}6\,V}{-24\,\mu A + 20\,\mu A} = \mathbf{2{,}5\,k\Omega}$

129/5 **a)** $h_{11e} = 2{,}5\,k\Omega \cdot 0{,}27 = \mathbf{0{,}675\,k\Omega}$

$h_{21e} = 175 \cdot 1 = \mathbf{175}$

$h_{22e} = 40\,\mu S \cdot 4{,}7 = \mathbf{188\,\mu S}$

b) $Z_L = \left(\frac{N_1}{N_2}\right)^2 \cdot R_L' = \left(\frac{1\,200}{2\,000}\right)^2 \cdot 12{,}5\,k\Omega = \mathbf{4{,}5\,k\Omega}$

c) $r_{CE} = \frac{1}{h_{22e}} = \frac{1}{188\,\mu S} = 5{,}32\,k\Omega$

$V_u = \frac{\beta}{r_{BE}} \cdot \frac{r_{CE} \cdot Z_L}{r_{CE} + Z_L} = \frac{175 \cdot 5{,}32\,k\Omega \cdot 4{,}5\,k\Omega}{0{,}675\,k\Omega \cdot (5{,}32\,k\Omega + 4{,}5\,k\Omega)} = \mathbf{632}$

129/6 **a)** $Z_L = \left(\frac{N_1}{N_2}\right)^2 \cdot R_L' = \left(\frac{1\,200}{2\,000}\right)^2 \cdot 20\,k\Omega = \mathbf{7{,}2\,k\Omega}$

b) $r_{CE} = \frac{1}{h_{22e}} = \frac{1}{24\,\mu S} = 41{,}7\,k\Omega$

$V_u = \frac{\beta}{r_{BE}} \cdot \frac{r_{CE} \cdot Z_L}{r_{CE} + Z_L} = \frac{260 \cdot 41{,}7\,k\Omega \cdot 7{,}2\,k\Omega}{3{,}6\,k\Omega \cdot (41{,}7\,k\Omega + 7{,}2\,k\Omega)} = \mathbf{443}$

c) $U_{CE\sim} = U_{1\sim} \cdot V_u = 0{,}75\,mV \cdot 443 = \mathbf{332\,mV}$

d) $U_2 = U_{CE\sim} \cdot \frac{N_2}{N_1} = 332\,mV \cdot \frac{2\,000}{1\,200} = \mathbf{554\,mV}$

130/7 **a)** $X_0 = \omega_0 \cdot L = 2\pi \cdot 12 \cdot 10^3\,Hz \cdot 4 \cdot 10^{-3}\,H = \mathbf{302\,\Omega}$

b) $Q = \frac{X_0}{R_V} = \frac{302\,\Omega}{3{,}2\,\Omega} = \mathbf{94}$

c) $R_{res} = X_0 \cdot Q = 302\,\Omega \cdot 94 = \mathbf{28{,}4\,k\Omega}$

d) $r_{CE} = \frac{1}{h_{22e}} = \frac{1}{18\,\mu S} = 55{,}6\,k\Omega$

$V_u = \frac{\beta}{r_{BE}} \cdot \frac{r_{CE} \cdot Z_L}{r_{CE} + Z_L} = \frac{200 \cdot 55{,}6\,k\Omega \cdot 28{,}4\,k\Omega}{2{,}7\,k\Omega \cdot (55{,}6\,k\Omega + 28{,}4\,k\Omega)} = \mathbf{1\,390}$

e) $U_2 = U_1 \cdot V_u = 0{,}16\,mV \cdot 1\,390 = \mathbf{222\,mV}$

130/8 Für $r_{CE} \gg Z_L$

a) $\frac{r_{CE} \cdot Z_L}{r_{CE} + Z_L} \approx Z_L$

b) $\mathbf{V_u \approx \frac{\beta \cdot Z_L}{r_{BE}}}$

c) $V_u \approx \frac{\beta \cdot Z_L}{r_{BE}} \Rightarrow Z_L \approx \frac{U_{CE\sim} \cdot r_{BE}}{U_{BE\sim} \cdot \beta} = \frac{560\,\text{mV} \cdot 1{,}5\,\text{k}\Omega}{10\,\text{mV} \cdot 200} = \mathbf{420\,\Omega}$

130/9 **a)** $I_{B\sim} = \frac{U_{BE\sim}}{r_{BE}} = \frac{60\,\text{mV}}{3{,}6\,\text{k}\Omega} = \mathbf{16{,}7\,\mu A}$

b) $I_{1\sim} = I_{B\sim} + I_{12\sim} = 16{,}7\,\mu\text{A} + \frac{60\,\text{mV}}{5\,\text{k}\Omega} = \mathbf{28{,}7\,\mu A}$

c) $\frac{R_2}{R_1} = \frac{U_{R2}}{U_{R1}} = \frac{4\,\text{V}}{9\,\text{V} - 4\,\text{V}} \Rightarrow R_2 = 0{,}8\,R_1; \quad \frac{R_1 \cdot R_2}{R_1 + R_2} = \mathbf{5\,k\Omega}$

$\frac{R_1 \cdot 0{,}8\,R_1}{R_1 + 0{,}8\,R_1} = 5\,\text{k}\Omega \Rightarrow R_1 = \frac{5\,\text{k}\Omega \cdot 1{,}8}{0{,}8} = \mathbf{11{,}25\,k\Omega}$

$R_2 = 0{,}8\,R_1 = 0{,}8 \cdot 11{,}25\,\text{k}\Omega = \mathbf{9\,k\Omega}$

d) $U_{RE} = I_E \cdot R_E \approx -I_C \cdot R_E = -2\,\text{mA} \cdot 1{,}8\,\text{k}\Omega = -3{,}6\,\text{V}$

$U_{W1} = U_b - U_{CE} + U_{RE} = 9\,\text{V} - 5\,\text{V} + (-3{,}6\,\text{V}) = 0{,}4\,\text{V}$

$R_{W1} = \frac{U_{W1}}{I_C} = \frac{0{,}4\,\text{V}}{2\,\text{mA}} = \mathbf{200\,\Omega}$

130/10 **a)** $R_E = \frac{U_{RE}}{I_B + I_C} \approx \frac{U_{RE}}{I_C} = \frac{2{,}5\,\text{V}}{2\,\text{mA}} = \mathbf{1{,}25\,k\Omega}$

$U_{RC} = U_b - U_{CE} - U_{RE} = 12\,\text{V} - 5\,\text{V} - 2{,}5\,\text{V} = 4{,}5\,\text{V}$

$R_C = \frac{U_{RC}}{I_C} = \frac{4{,}5\,\text{V}}{2\,\text{mA}} = \mathbf{2{,}25\,k\Omega}$

$I_B = \frac{I_C}{B} = \frac{2\,000\,\mu\text{A}}{350} = 5{,}71\,\mu\text{A}$

$I_q = 15 \cdot I_B = 15 \cdot 5{,}71\,\mu\text{A} = 85{,}7\,\mu\text{A}$

$R_2 = \frac{U_{R2}}{I_q} = \frac{3\,200\,\text{mV}}{85{,}7\,\mu\text{A}} = \mathbf{37{,}3\,k\Omega}$

$R_1 = \frac{U_b - U_{R2}}{I_q + I_B} = \frac{12\,\text{V} - 3{,}2\,\text{V}}{85{,}7\,\mu\text{A} + 5{,}71\,\mu\text{A}} = \mathbf{96{,}3\,k\Omega}$

b) $R_{12} = \frac{R_1 \cdot R_2}{R_1 + R_2} = \frac{96\,\text{k}\Omega \cdot 37{,}3\,\text{k}\Omega}{96\,\text{k}\Omega + 37{,}3\,\text{k}\Omega} = 26{,}9\,\text{k}\Omega$

$Z_e = \frac{r_{BE} \cdot R_{12}}{r_{BE} + R_{12}} = \frac{4{,}5\,\text{k}\Omega \cdot 26{,}9\,\text{k}\Omega}{4{,}5\,\text{k}\Omega + 26{,}9\,\text{k}\Omega} = \mathbf{3{,}86\,k\Omega}$

c) $Z_L = \frac{R_C \cdot Z_e}{R_C + Z_e} = \frac{2{,}25\,\text{k}\Omega \cdot 3{,}86\,\text{k}\Omega}{2{,}25\,\text{k}\Omega + 3{,}86\,\text{k}\Omega} = \mathbf{1{,}42\,k\Omega}$

d) $r_{CE} = \frac{1}{h_{22e}} = \frac{1}{30\,\mu\text{S}} = 33{,}3\,\text{k}\Omega$

$V_u = \frac{\beta}{r_{BE}} \cdot \frac{r_{CE} \cdot Z_L}{r_{CE} + Z_L} = \frac{330}{4{,}5\,\text{k}\Omega} \cdot \frac{33{,}3\,\text{k}\Omega \cdot 1{,}42\,\text{k}\Omega}{33{,}3\,\text{k}\Omega + 1{,}42\,\text{k}\Omega} = \mathbf{100}$

e) $V_{utot} = V_u^2 = 100^2 = \mathbf{10^4}; \quad G = 20 \cdot \lg V_{utot} = 20 \lg 10^4 = \mathbf{80\,dB}$

130/11 **a)** $R_{12} = \frac{R_1 \cdot R_2}{R_1 + R_2} = \frac{27\,k\Omega \cdot 15\,k\Omega}{27\,k\Omega + 15\,k\Omega} = \mathbf{9{,}65\,k\Omega}$

b) $Z_e = \frac{r_{BE} \cdot R_{12}}{r_{BE} + R_{12}} = \frac{4{,}5\,k\Omega \cdot 9{,}65\,k\Omega}{4{,}5\,k\Omega + 9{,}65\,k\Omega} = \mathbf{3{,}07\,k\Omega}$

c) $I_{1\sim} = \frac{U_0}{R_i + Z_e} = \frac{2\,mV}{10\,k\Omega + 3{,}07\,k\Omega} = \mathbf{0{,}153\,\mu A}$

130/12 **a)** $X_L = \omega \cdot L = 2 \cdot \pi \cdot 30 \cdot 10^3\,Hz \cdot 4 \cdot 10^{-3}\,H = 754\,\Omega$

$B_L = \frac{1}{X_L} = \frac{1}{754\,\Omega} = \mathbf{1{,}33\,mS}$

b) $Q = \frac{X_L}{R_V} = \frac{754\,\Omega}{3{,}2\,\Omega} = 236;\quad B_{res} = \frac{B_L}{Q} = \frac{1{,}33\,mS}{236} = \mathbf{5{,}6\,\mu S}$

c) $Y'_{res} = Y_{res} + h_{22e} + \frac{1}{R_L} = 5{,}6\,\mu S + 30\,\mu S + \frac{1}{40\,k\Omega} = \mathbf{60{,}6\,\mu S}$

d) $U_{2\sim} = \frac{\beta \cdot I_{B\sim}}{Y'_{res}} = \frac{330 \cdot 0{,}104\,\mu A}{60{,}6\,\mu S} = \mathbf{0{,}567\,V}$

Lösungen zu 6.4.2.3 Verstärker in Kollektorschaltung

133/1 **a)** $V_u \approx \frac{\beta \cdot Z_L}{\beta \cdot Z_L + h_{11e}} = \frac{150 \cdot 10\,\Omega}{150 \cdot 10\,\Omega + 1\,k\Omega} = \mathbf{0{,}60}$

b) $V_u \approx \frac{\beta \cdot Z_L}{\beta \cdot Z_L + h_{11e}} = \frac{150 \cdot 100\,\Omega}{150 \cdot 100\,\Omega + 1\,k\Omega} = \mathbf{0{,}94}$

c) $V_u \approx \frac{\beta \cdot Z_L}{\beta \cdot Z_L + h_{11e}} = \frac{150 \cdot 1\,k\Omega}{150 \cdot 1\,k\Omega + 1\,k\Omega} = \mathbf{0{,}99}$

133/2 **a)** $V_u \approx \frac{\beta \cdot Z_L}{\beta \cdot Z_L + h_{11e}} = \frac{200 \cdot 50\,\Omega}{200 \cdot 50\,\Omega + 2{,}7\,k\Omega} = \mathbf{0{,}79}$

b) $V_u \approx \frac{\beta \cdot Z_L}{\beta \cdot Z_L + h_{11e}} = \frac{330 \cdot 50\,\Omega}{330 \cdot 50\,\Omega + 4{,}5\,k\Omega} = \mathbf{0{,}79}$

133/3 **a)** $r_{BC} \approx \beta \cdot Z_L + h_{11e} = 260 \cdot 10\,\Omega + 3{,}6\,k\Omega = \mathbf{6{,}20\,k\Omega}$

b) $r_{BC} \approx \beta \cdot Z_L + h_{11e} = 260 \cdot 100\,\Omega + 3{,}6\,k\Omega = \mathbf{29{,}6\,k\Omega}$

c) $r_{BC} \approx \beta \cdot Z_L + h_{11e} = 260 \cdot 1\,k\Omega + 3{,}6\,k\Omega = \mathbf{263{,}6\,k\Omega}$

d) Für $\boldsymbol{\beta \cdot Z_L \gg h_{11e}}$ ist $r_{BC} \approx \beta \cdot Z_L$

133/4 **a)** $r_{BC} \approx \beta \cdot Z_L + h_{11e} \Rightarrow Z_L \approx \frac{r_{BC} - h_{11e}}{\beta} = \frac{36\,k\Omega - 2{,}7\,k\Omega}{200} = \mathbf{166{,}5\,\Omega}$

b) $Z_L = \frac{R_E \cdot R_L}{R_E + R_L} \Rightarrow R_L = \frac{R_E \cdot Z_L}{R_E - Z_L} = \frac{470\,\Omega \cdot 166{,}5\,\Omega}{470\,\Omega - 166{,}5\,\Omega} = \mathbf{259\,\Omega}$

133/5 **a)** $r_{EC} \approx \frac{R_i + h_{11e}}{\beta} = \frac{80\,k\Omega + 2{,}7\,k\Omega}{200} = \mathbf{414\,\Omega}$

b) $r_{EC} \approx \frac{R_i + h_{11e}}{\beta} = \frac{80\,k\Omega + 7{,}5\,k\Omega}{520} = \mathbf{168\,\Omega}$

133/6 **a)** $r_{EC} \approx \frac{R_i + h_{11e}}{\beta} \Rightarrow R_i \approx r_{EC} \cdot \beta - h_{11e} = 500\,\Omega \cdot 350 - 5\,k\Omega = \mathbf{170\,k\Omega}$

b) $Z_a = \frac{R_E \cdot r_{EC}}{R_E + r_{EC}} = \frac{2{,}2\,k\Omega \cdot 0{,}5\,k\Omega}{2{,}2\,k\Omega + 0{,}5\,k\Omega} = \mathbf{407\,\Omega}$

133/7 **a)** $r_{BC} \approx \beta \cdot Z_L + h_{11e} = 250 \cdot 120\,\Omega + 3\,k\Omega = \mathbf{33\,k\Omega}$

b) $R_{12} = \frac{R_1 \cdot R_2}{R_1 + R_2} = \frac{47\,k\Omega \cdot 33\,k\Omega}{47\,k\Omega + 33\,k\Omega} = 19{,}4\,k\Omega$

$Z_e = \frac{R_{12} \cdot r_{BC}}{R_{12} + r_{BC}} = \frac{19{,}4\,k\Omega \cdot 33\,k\Omega}{19{,}4\,k\Omega + 33\,k\Omega} = \mathbf{12{,}2\,k\Omega}$

133/8 **a)** $Z_L = \frac{R_E \cdot R_L}{R_E + R_L} = \frac{1\,k\Omega \cdot 2{,}3\,k\Omega}{1\,k\Omega + 2{,}3\,k\Omega} = 697\,\Omega$

$r_{BC} \approx \beta \cdot Z_L = 250 \cdot 697\,\Omega = \mathbf{174\,k\Omega}$

b) $R_{12} = \frac{R_1 \cdot R_2}{R_1 + R_2} = \frac{220\,k\Omega \cdot 330\,k\Omega}{220\,k\Omega + 330\,k\Omega} = 132\,k\Omega$

$Z_e = \frac{R_{12} \cdot r_{BC}}{R_{12} + r_{BC}} = \frac{132\,k\Omega \cdot 174\,k\Omega}{132\,k\Omega + 174\,k\Omega} = \mathbf{75\,k\Omega}$

133/9 $V_u \approx \frac{\beta \cdot Z_L}{\beta \cdot Z_L + h_{11e}}$; $r_{BC} \approx \beta \cdot Z_L + h_{11e}$

$V_u \approx \frac{\beta \cdot Z_L}{r_{BC}} \Rightarrow \beta \approx \frac{V_u \cdot r_{BC}}{Z_L} = \frac{0{,}85 \cdot 6\,k\Omega}{46\,\Omega} = \mathbf{111}$

$h_{11e} \approx r_{BC} - \beta \cdot Z_L = 6\,k\Omega - 111 \cdot 46\,\Omega = \mathbf{894\,\Omega}$

(Wenn $U_{1\sim} = U_0/2$ ist, sind $Z_e = R_i = 6\,k\Omega$ und $V_u = U_{2\sim}/U_{1\sim} = 0{,}085\,V/0{,}1\,V = 0{,}85$.)

133/10 Indizes 1: Widerstand ist direkt an den Generator angeschlossen.
Indizes 2: Widerstand ist als Lastwiderstand des Impedanzwandlers an den Generator gelegt.

$I_{R2} = n \cdot I_{R1}$; $n = \frac{U_2}{U_1} = \frac{2{,}8\,V}{0{,}4\,V} = 7$; $I_{R2} = I_{G2} \cdot V_i$

$I_{G1} = I_{R1} = \frac{I_{G2} \cdot V_i}{n} = \frac{I_{G2} \cdot 91}{7} = 13\,I_{G2}$

$R_i = \frac{U_{G2} - U_{G1}}{I_{G1} - I_{G2}} = \frac{2{,}8\,V - 0{,}4\,V}{13\,I_{G2} - I_{G2}} = \frac{2{,}4\,V}{12\,I_{G2}}$

$R_i = \frac{U_0 - U_{G2}}{I_{G2}} \Rightarrow U_0 = R_i \cdot I_{G2} + U_{G2} = \frac{2{,}4\,V}{12\,I_{G2}} \cdot I_{G2} + 2{,}8\,V = \mathbf{3{,}0\,V}$

Lösungen zu 6.4.2.4 Kopplungskondensatoren

134/1 $f_{ct} \approx \sqrt{n} \cdot f_c \Rightarrow f_c \approx \frac{f_u}{\sqrt{n}} = \frac{100\,\text{Hz}}{\sqrt{5}} = \mathbf{44{,}7\,Hz}$

134/2 $f_{ct} \approx \sqrt{n} \cdot f_c = \sqrt{2} \cdot 35\,\text{Hz} = \mathbf{49{,}5\,Hz}$

134/3 $f_{ct} \approx \sqrt{n} \cdot f_c \Rightarrow f_c \approx \frac{f_{ct}}{\sqrt{n}} = \frac{20\,\text{Hz}}{\sqrt{3}} = 11{,}5\,\text{Hz}$

$X_{CK2} = Z_a + R_L; \quad \frac{1}{2 \cdot \pi \cdot f \cdot g \cdot C_{K2}} = Z_a + R_L$

$C_{K2} = \frac{1}{2 \cdot \pi \cdot f_c (Z_a + R_L)} = \frac{1}{2\pi \cdot 11{,}5\,\text{Hz}(2{,}13\,\text{k}\Omega + 4\,\text{k}\Omega)} = \mathbf{2{,}26\,\mu F}$

134/4 $f_{ct} \approx \sqrt{n} \cdot f_c \Rightarrow f_c \approx \frac{f_{ct}}{\sqrt{n}} = \frac{20\,\text{Hz}}{\sqrt{3}} = 11{,}5\,\text{Hz}$

$X_{CE} \approx \frac{r_{BE} + R_i}{\beta}; \quad X_{CE} \approx \frac{r_{BE}}{\beta}$

$C_E = \frac{\beta}{2 \cdot \pi \cdot f_c \cdot r_{BE}} = \frac{200}{2 \cdot \pi \cdot 11{,}5\,\text{Hz} \cdot 2\,\text{k}\Omega} = \mathbf{1{,}38\,mF}$

Lösungen zu 6.5.1 Gleichstromgrößen von FET in Sourceschaltung

135/1 $P_{-} = U_{DS} \cdot I_D = 12\,\text{V} \cdot 4\,\text{mA} = \mathbf{48\,mW}$

135/2 $P_{-} = U_{DS} \cdot I_D \Rightarrow U_{DS} = \frac{P_{-}}{I_D} = \frac{40\,\text{mW}}{3{,}5\,\text{mA}} = \mathbf{11{,}43\,V}$

135/3 $R_{GS} = \frac{U_{GS}}{I_{GSS}} = \frac{-14\,\text{V}}{-2\,\text{nA}} = \mathbf{7 \cdot 10^9\,\Omega}$

135/4 $R_{GS} = \frac{U_{GS}}{I_{GSS}} \Rightarrow I_{GSS} = \frac{U_{GS}}{R_{GS}} = \frac{-2\,\text{V}}{0{,}1 \cdot 10^{15}\,\Omega} = -20 \cdot 10^{-15}\,\text{A} = \mathbf{-20\,fA}$

135/5 **a)** $U_{GS(OFF)} = \mathbf{-4\,V}$; $I_{DSS} = \mathbf{12\,mA}$

b) $U_{DS\,sat} = \mathbf{2\,V}$ oder: $U_{DS\,sat} = U_{GS} - U_{GS(OFF)} = -2\,\text{V} - (-4\,\text{V}) = \mathbf{2\,V}$

135/6 **a)** $U_{DS\,sat} = \mathbf{1\,V}$

$U_{DS\,sat} = U_{GS} - U_{GS(OFF)} \Rightarrow U_{GS(OFF)} = U_{GS} - U_{DS\,sat} = -3\,V - 1\,V = \mathbf{-4\,V}$

b) $I_{DSS} = \mathbf{11{,}2\,mA}$

135/7 $U_{GS(OFF)} = \mathbf{-4\,V}$

$U_{GS} = U_{DSsat} + U_{GS(OFF)} = 2\,V - 4\,V = \mathbf{-2\,V}$

$$R_{GS} = \frac{U_{GS}}{I_{GSS}} = \frac{-2\,V}{-4\,nA} = 0{,}5 \cdot 10^9\,\Omega = \mathbf{0{,}5\,G\Omega}$$

bei $U_{DS} = 15\,V$ und $U_{GS} = -2\,V \Rightarrow I_D = 5\,mA$

$P_- = U_{DS} \cdot I_D = 15\,V \cdot 5\,mA = \mathbf{75\,mW}$

135/8 $U_{GS(OFF)} = \mathbf{-4\,V}$

$U_{DSsat} = U_{GS} - U_{GS(OFF)} = -1\,V - (-4\,V) = \mathbf{3\,V}$

$$I_{GSS} = \frac{U_{GS}}{R_{GS}} = \frac{-1\,V}{10\,T\Omega} = -0{,}1 \cdot 10^{-12}\,A = \mathbf{-0{,}1\,pA}$$

bei $U_{DS} = 10\,V$ und $U_{GS} = -1\,V \Rightarrow I_D = 8\,mA$

$P_- = U_{DS} \cdot I_D = 10\,V \cdot 8\,mA = \mathbf{80\,mW}$

Lösungen zu 6.5.2 Wechselstromgrößen von FET in Sourceschaltung

136/1 $$S = \frac{\Delta I_D}{\Delta U_{GS}} = \frac{1{,}2\,mA}{0{,}3\,V} = \mathbf{4\,\frac{mA}{V}}$$

136/2 $$S = \frac{\Delta I_D}{\Delta U_{GS}} \Rightarrow \Delta U_{GS} = \frac{\Delta I_D}{S} = \frac{12\,mA}{8{,}3\,\frac{mA}{V}} = \mathbf{1{,}45\,V}$$

136/3 $$1/y_{22s} = \frac{\Delta U_{DS}}{\Delta I_D} = \frac{4\,V}{2\,mA} = \mathbf{2\,k\Omega}$$

$$S = \frac{\Delta I_D}{\Delta U_{GS}} = \frac{2\,mA}{0{,}3\,V} = \mathbf{6{,}67\,\frac{mA}{V}}$$

136/4 **a)** $S = \frac{\Delta I_D}{\Delta U_{GS}} \Rightarrow \Delta I_D = S \cdot \Delta U_{GS} = 5\,\frac{mA}{V} \cdot 0{,}5\,V = 2{,}5\,mA$

Der Drainstrom wird um 2,5 mA kleiner.

b) $1/y_{22s} = \frac{\Delta U_{DS}}{\Delta I_D} \Rightarrow \Delta U_{DS} = 1/y_{22s} \cdot \Delta I_D = 5{,}2\,k\Omega \cdot 2{,}5\,mA = 13\,V$

Die Drain-Source-Spannung muss um 13 V vergrößert werden.

136/5 $I_D = \mathbf{4{,}4\,mA}$; $$S = \frac{\Delta I_D}{\Delta U_{GS}} = \frac{10{,}8\,mA}{3{,}3\,V} = \mathbf{3{,}27\,\frac{mA}{V}}$$

136/6 $U_{DS} = \mathbf{10\,V}$; $1/y_{22s} = \frac{\Delta U_{DS}}{\Delta I_D} = \frac{12\,V}{1\,mA} = \mathbf{12\,k\Omega}$

Lösungen zu 6.5.3 Sourceschaltung

138/1 $V_u = \frac{S \cdot r_{DS} \cdot R_D}{r_{DS} + R_D} = \frac{10\,\frac{mA}{V} \cdot 14\,k\Omega \cdot 2{,}2\,k\Omega}{14\,k\Omega + 2{,}2\,k\Omega} = \mathbf{19{,}01}$

138/2 $V_u = \frac{S \cdot r_{DS} \cdot R_D}{r_{DS} + R_D} \Rightarrow S = \frac{V_u \cdot (r_{DS} + R_D)}{r_{DS} \cdot R_D} = \frac{8{,}5 \cdot (6{,}2\,k\Omega + 4{,}7\,k\Omega)}{6{,}2\,k\Omega \cdot 4{,}7\,k\Omega} = \mathbf{3{,}18\,\frac{mA}{V}}$

138/3 **a)** $I_D = \frac{U_b - U_{DS}}{R_D + R_S} = \frac{12\,V - 4\,V}{3{,}3\,k\Omega + 470\,\Omega} = \mathbf{2{,}12\,mA}$

b) $U_{RD} = I_D \cdot R_D = 2{,}12\,mA \cdot 3{,}3\,k\Omega = \mathbf{7\,V}$

c) $U_{RS} = I_D \cdot R_S = 2{,}12\,mA \cdot 470\,\Omega = \mathbf{1\,V}$

d) $U_{GS} = -U_{RS} = \mathbf{-1\,V}$

138/4 **a)** $U_{RS} = -U_{GS} = \mathbf{3\,V}$

b) $U_{RD} = U_b - U_{DS} - U_{RS} = 18\,V - 5\,V - 3\,V = \mathbf{10\,V}$

c) $I_D = \frac{U_{RD}}{R_D} = \frac{10\,V}{2{,}2\,k\Omega} = \mathbf{4{,}55\,mA}$

d) $R_S = \frac{U_{RS}}{I_D} = \frac{3\,V}{4{,}55\,mA} = \mathbf{659\,\Omega}$

138/5 **a)** $U_{R2} = U_{GS} = \mathbf{1{,}95\,V}$

b) $\frac{U_b}{U_{R2}} = \frac{R_1 + R_2}{R_2} \Rightarrow U_b = \frac{U_{R2} \cdot (R_1 + R_2)}{R_2} = \frac{1{,}95\,V \cdot (4{,}7\,M\Omega + 1{,}3\,M\Omega)}{1{,}3\,M\Omega} = \mathbf{9\,V}$

c) $U_{RD} = U_b - U_{DS} = 9\,V - 5{,}4\,V = \mathbf{3{,}6\,V}$

d) $R_D = \frac{U_{RD}}{I_D} = \frac{3{,}6\,V}{3\,mA} = \mathbf{1{,}2\,k\Omega}$

138/6 **a)** $\frac{R_1}{R_2} = \frac{U_b - U_{R2}}{U_{R2}} = \frac{U_b - U_{GS}}{U_{GS}} \Rightarrow R_1 = \frac{R_2 \cdot (U_b - U_{GS})}{U_{GS}} = \frac{1\,M\Omega \cdot (20\,V - 4\,V)}{4\,V} = \mathbf{4\,M\Omega}$

b) $U_{RD} = I_D \cdot R_D = 4{,}5\,mA \cdot 2{,}7\,k\Omega = \mathbf{12{,}15\,V}$

c) $U_{DS} = U_b - U_{RD} = 20\,V - 12{,}15\,V = \mathbf{7{,}85\,V}$

139/7 **a)** $U_{R2} = U_{GS} + U_{RS} = -1\,V + 3\,V = \mathbf{2\,V}$

b) $\frac{R_2}{R_1} = \frac{U_{R2}}{U_b - U_{R2}} \Rightarrow R_2 = \frac{U_{R2} \cdot R_1}{U_b - U_{R2}} = \frac{2\,V \cdot 1\,M\Omega}{12\,V - 2\,V} = \mathbf{200\,k\Omega}$

c) $U_{DS} = U_b - U_{RD} - U_{RS} = U_b - I_D \cdot R_D - U_{RS} = 12\,V - 3\,mA \cdot 1{,}2\,k\Omega - 3\,V = \mathbf{5{,}4\,V}$

139/8 **a)** $U_{RS} = I_D \cdot R_S = 3{,}3\,\text{mA} \cdot 820\,\Omega = 2{,}7\,\text{V}$

$U_{R2} = U_{GS} + U_{RS} = 4\,\text{V} + 2{,}7\,\text{V} = 6{,}7\,\text{V}$

$$\frac{U_b}{U_{R2}} = \frac{R_1 + R_2}{R_2} \Rightarrow U_b = \frac{U_{R2} \cdot (R_1 + R_2)}{R_2} = \frac{6{,}7\,\text{V}(1{,}2\,\text{M}\Omega + 470\,\text{k}\Omega)}{470\,\text{k}\Omega} = \mathbf{23{,}81\,V}$$

b) $$R_D = \frac{U_{RD}}{I_D} = \frac{U_b - U_{DS} - U_{RS}}{I_D} = \frac{23{,}81\,\text{V} - 10\,\text{V} - 2{,}7\,\text{V}}{3{,}3\,\text{mA}} = \mathbf{3{,}37\,k\Omega}$$

139/9 **a)** und **b)**

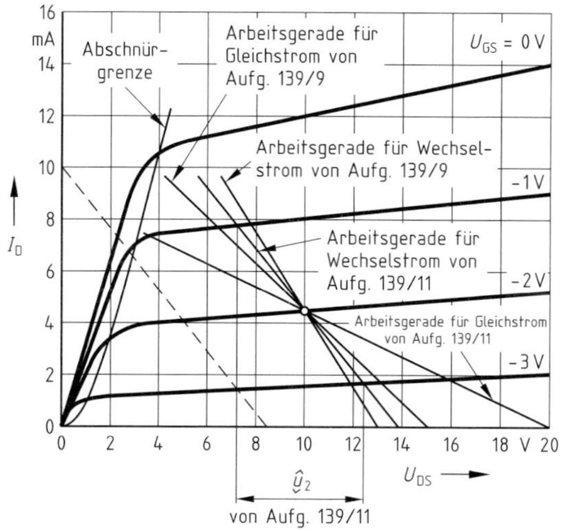

Bild zu 139/9

c) $I_D = \mathbf{4{,}4\,mA}$; $U_{RS} = -U_{GS} = \mathbf{2\,V}$; $R_S = \frac{U_{RS}}{I_D} = \frac{2\,\text{V}}{4{,}4\,\text{mA}} = \mathbf{455\,\Omega}$

$U_{RD} = U_b - U_{DS} - U_{RS} = 15\,\text{V} - 10\,\text{V} - 2\,\text{V} = \mathbf{3\,V}$

$$R_D = \frac{U_{RD}}{I_D} = \frac{3\,\text{V}}{4{,}4\,\text{mA}} = \mathbf{682\,\Omega}$$

d) siehe Bild zu 139/9.

e) $$f_{ct} \approx \sqrt{n} \cdot f_c \Rightarrow f_c \approx \frac{f_{ct}}{\sqrt{n}} = \frac{40\,\text{Hz}}{\sqrt{2}} = 28{,}28\,\text{Hz}$$

$X_{CS} = 0{,}1 \cdot R_S = 0{,}1 \cdot 455\,\Omega = 45{,}5\,\Omega$

$$X_{CS} = \frac{1}{\omega \cdot C_S} \Rightarrow C_S = \frac{1}{2\pi \cdot f_c \cdot X_{CS}} = \frac{1}{2\pi \cdot 28{,}28\,\text{Hz} \cdot 45{,}5\,\Omega} = \mathbf{123{,}8\,\mu F}$$

$Z_e \approx R_G = 1\,\text{M}\Omega$; $X_{CK1} = Z_e = 1\,\text{M}\Omega$

$$X_{CK1} = \frac{1}{\omega \cdot C_{K1}} \Rightarrow C_{K1} = \frac{1}{2\pi \cdot f_c \cdot X_{CK1}} = \frac{1}{2\pi \cdot 28{,}28\,\text{Hz} \cdot 1\,\text{M}\Omega} = \mathbf{5{,}63\,nF}$$

f) $S = 3{,}27\,\frac{\text{mA}}{\text{V}}$; $r_{DS} = 13{,}7\,\text{k}\Omega$

$$V_u = \frac{S \cdot r_{DS} \cdot R_D}{r_{DS} + R_D} = \frac{3{,}27\,\frac{\text{mA}}{\text{V}} \cdot 13{,}7\,\text{k}\Omega \cdot 682\,\Omega}{13{,}7\,\text{k}\Omega + 682\,\Omega} = \mathbf{2{,}12}$$

139/10 **a)**

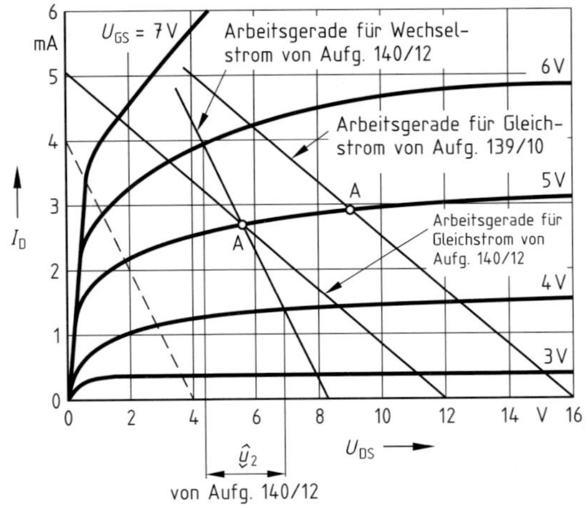

Bild zu 139/10

b) I_D = **2,8 mA;** $U_{RD} = U_b - U_{DS} = 16\,V - 9\,V = \mathbf{7\,V}$

$$R_D = \frac{U_{RD}}{I_D} = \frac{7\,V}{2{,}8\,mA} = \mathbf{2{,}5\,k\Omega}$$

c) $S = 1{,}67\,\frac{mA}{V}$; $r_{DS} = 23\,k\Omega$

$$V_u = \frac{S \cdot r_{DS} \cdot R_D}{r_{DS} + R_D} = \frac{1{,}67\,\frac{mA}{V} \cdot 23\,k\Omega \cdot 2{,}5\,k\Omega}{23\,k\Omega + 2{,}5\,k\Omega} = \mathbf{3{,}77}$$

d) $$\frac{R_1}{R_2} = \frac{U_b - U_{R2}}{U_{R2}} = \frac{U_b - U_{GS}}{U_{GS}} \Rightarrow R_1 = \frac{R_2 \cdot (U_b - U_{GS})}{U_{GS}} = \frac{2{,}2\,M\Omega \cdot (16\,V - 5\,V)}{5\,V} = \mathbf{4{,}84\,M\Omega}$$

e) $$f_{ct} \approx \sqrt{n} \cdot f_c \Rightarrow f_c \approx \frac{f_{ct}}{\sqrt{n}} = \frac{50\,Hz}{\sqrt{1}} = 50\,Hz$$

$$Z_e \approx \frac{R_1 \cdot R_2}{R_1 + R_2} = \frac{4{,}84\,M\Omega \cdot 2{,}2\,M\Omega}{4{,}84\,M\Omega + 2{,}2\,M\Omega} = 1{,}51\,M\Omega$$

$$X_{CK1} = Z_e = 1{,}51\,M\Omega$$

$$X_{CK1} = \frac{1}{\omega \cdot C_{K1}} \Rightarrow C_{K1} = \frac{1}{2\pi \cdot f_c \cdot X_{CK1}} = \frac{1}{2\pi \cdot 50\,Hz \cdot 1{,}51\,M\Omega} = \mathbf{2{,}11\,nF}$$

139/11 **a)** Siehe Bild zu 139/9.

b) $U_{DS} = \mathbf{10\,V}$

$U_{R2} = U_{GS} + U_{RS} \Rightarrow U_{RS} = U_{R2} - U_{GS} = 2\,V - (-2\,V) = \mathbf{4\,V}$

$R_S = \dfrac{U_{RD}}{I_D} = \dfrac{4\,V}{4{,}4\,mA} = \mathbf{909\,\Omega}$

$U_{RD} = U_b - U_{DS} - U_{RS} = 20\,V - 10\,V - 4\,V = \mathbf{6\,V}$

$R_D = \dfrac{U_{RD}}{I_D} = \dfrac{6\,V}{4{,}4\,mA} = \mathbf{1{,}36\,k\Omega}$

$\dfrac{R_1}{R_2} = \dfrac{U_b - U_{R2}}{U_{R2}} \Rightarrow R_1 = \dfrac{R_2 \cdot (U_b - U_{R2})}{U_{R2}} = \dfrac{470\,k\Omega \cdot (20\,V - 2\,V)}{2\,V} = \mathbf{4{,}23\,M\Omega}$

c) $f_{ct} \approx \sqrt{n} \cdot f_c \Rightarrow f_c \approx \dfrac{f_{ct}}{\sqrt{n}} = \dfrac{30\,Hz}{\sqrt{3}} = 17{,}32\,Hz$

$X_{CS} = 0{,}1 \cdot R_S = 0{,}1 \cdot 909\,\Omega = 90{,}9\,\Omega$

$X_{CS} = \dfrac{1}{\omega \cdot C_S} \Rightarrow C_S = \dfrac{1}{2\pi \cdot f_c \cdot X_{CS}} = \dfrac{1}{2\pi \cdot 17{,}32\,Hz \cdot 90{,}9\,\Omega} = \mathbf{101{,}1\,\mu F}$

$Z_e \approx \dfrac{R_1 \cdot R_2}{R_1 + R_2} = \dfrac{4{,}23\,M\Omega \cdot 470\,k\Omega}{4{,}23\,M\Omega + 470\,k\Omega} = 423\,k\Omega$

$X_{CK1} = R_i + Z_e = 50\,\Omega + 423\,k\Omega \approx 423\,k\Omega$

$X_{CK1} = \dfrac{1}{\omega \cdot C_{K1}} \Rightarrow C_{K1} = \dfrac{1}{2\pi \cdot f_c \cdot X_{CK1}} = \dfrac{1}{2\pi \cdot 17{,}32\,Hz \cdot 423\,k\Omega} = \mathbf{21{,}7\,nF}$

d) Siehe Bild zu 139/9.

$Z_L = \dfrac{R_D \cdot R_L}{R_D + R_L} = \dfrac{1{,}36\,k\Omega \cdot 2{,}2\,k\Omega}{1{,}36\,k\Omega + 2{,}2\,k\Omega} = 840\,\Omega$

e) Siehe Bild zu 139/9.

$\underset{\vee}{\hat{u}}_1 = 2\,V;\quad \underset{\vee}{\hat{u}}_2 = 5{,}1\,V;\quad V_u = \dfrac{\underset{\vee}{\hat{u}}_2}{\underset{\vee}{\hat{u}}_1} = \dfrac{5{,}1\,V}{2\,V} = \mathbf{2{,}55}$

140/12 **a)** Siehe Bild zu 139/10.

$R_{L-} = R_D + R_S = 1{,}8\,k\Omega + 560\,\Omega = 2{,}36\,k\Omega$

b) $I_D = \mathbf{2{,}7\,mA}$; $U_{RS} = I_D \cdot R_S = 2{,}7\,mA \cdot 560\,\Omega = \mathbf{1{,}51\,V}$

$U_{RD} = I_D \cdot R_D = 2{,}7\,mA \cdot 1{,}8\,k\Omega = \mathbf{4{,}86\,V}$

$U_{DS} = U_b - U_{RD} - U_{RS} = 12\,V - 4{,}86\,V - 1{,}51\,V = \mathbf{5{,}63\,V}$

$U_{R2} = U_{GS} + U_{RS} = 5\,V + 1{,}51\,V = 6{,}51\,V$

$\dfrac{R_2}{R_1} = \dfrac{U_{R2}}{U_b - U_{R2}} \Rightarrow R_2 = \dfrac{R_1 \cdot U_{R2}}{U_b - U_{R2}} = \dfrac{1\,M\Omega \cdot 6{,}51\,V}{12\,V - 6{,}51\,V} = \mathbf{1{,}19\,M\Omega}$

$f_{ct} \approx \sqrt{n} \cdot f_c \Rightarrow f_c \approx \dfrac{f_{ct}}{\sqrt{n}} = \dfrac{50\,Hz}{\sqrt{3}} = 28{,}87\,Hz$

$X_{CS} = 0{,}1 \cdot R_S = 0{,}1 \cdot 560\,\Omega = 56\,\Omega$

$X_{CS} = \dfrac{1}{\omega \cdot C_S} \Rightarrow C_S = \dfrac{1}{2\pi \cdot f_c \cdot X_{CS}} = \dfrac{1}{2\pi \cdot 28{,}87\,Hz \cdot 56\,\Omega} = \mathbf{98{,}5\,\mu F}$

$Z_e \approx \dfrac{R_1 \cdot R_2}{R_1 + R_2} = \dfrac{1\,M\Omega \cdot 1{,}19\,M\Omega}{1\,M\Omega + 1{,}19\,M\Omega} = 543{,}38\,k\Omega$

$X_{CK1} = R_i + Z_e = 10\,k\Omega + 543{,}38\,k\Omega = 553{,}38\,k\Omega$

$X_{CK1} = \dfrac{1}{\omega \cdot C_{K1}} \Rightarrow C_{K1} = \dfrac{1}{2\pi \cdot f_c \cdot X_{CK1}} = \dfrac{1}{2\pi \cdot 28{,}87\,Hz \cdot 553{,}38\,k\Omega} = \mathbf{9{,}96\,nF}$

c) Siehe Bild zu 139/10.

$Z_L = \dfrac{R_D \cdot R_L}{R_D + R_L} = \dfrac{1{,}8\,k\Omega \cdot 2{,}2\,k\Omega}{1{,}8\,k\Omega + 2{,}2\,k\Omega} = 990\,\Omega$

d) Siehe Bild zu 139/10.

$\underset{\vee}{\hat{u}}_1 = 2\,V;\quad \underset{\vee}{\hat{u}}_2 = 2{,}67\,V;\quad V_u = \dfrac{\underset{\vee}{\hat{u}}_2}{\underset{\vee}{\hat{u}}_1} = \dfrac{2{,}67\,V}{2\,V} = \mathbf{1{,}335}$

140/13 **a)** $R_p \approx \frac{L}{C \cdot R_v} = \frac{0{,}2\,\text{mH}}{300\,\text{pF} \cdot 8\,\Omega} = 83{,}33\,\text{k}\Omega$

$V_u = \frac{S \cdot r_{DS} \cdot R_p}{r_{DS} + R_p} = \frac{6\,\frac{\text{mA}}{\text{V}} \cdot 15\,\text{k}\Omega \cdot 83{,}33\,\text{k}\Omega}{15\,\text{k}\Omega + 83{,}33\,\text{k}\Omega} = \mathbf{76{,}27}$

b) $f_r = \frac{1}{2\pi\sqrt{L \cdot C}} = \frac{1}{2\pi\sqrt{0{,}2\,\text{mH} \cdot 300\,\text{pF}}} = 649{,}75\,\text{kHz}$

$X_L = \omega \cdot L = 2\pi \cdot 649{,}75\,\text{kHz} \cdot 0{,}2\,\text{mH} = 816{,}5\,\Omega$

$R_{pI} = \frac{R_p \cdot r_{DS}}{R_p + r_{DS}} = \frac{83{,}33\,\text{k}\Omega \cdot 15\,\text{k}\Omega}{83{,}33\,\text{k}\Omega + 15\,\text{k}\Omega} = 12{,}71\,\text{k}\Omega$

$Q \approx \frac{R_{pI}}{X_L} = \frac{12{,}71\,\text{k}\Omega}{816{,}5\,\Omega} = \mathbf{15{,}57}$

$B = \frac{f_r}{Q} = \frac{649{,}75\,\text{kHz}}{15{,}57} = \mathbf{41{,}73\,kHz}$

140/14 **a)** $V_u = \frac{S \cdot r_{DS} \cdot Z_L}{r_{DS} + Z_L} \Rightarrow Z_L = \frac{V_u \cdot r_{DS}}{S \cdot r_{DS} - V_u} = \frac{54 \cdot 13\,\text{k}\Omega}{4{,}8\,\text{mA/V} \cdot 13\,\text{k}\Omega - 54} = \mathbf{83{,}57\,k\Omega}$

b) $Z_L = Z_r = R_p \approx \frac{L}{C \cdot R_v} \Rightarrow C \approx \frac{L}{Z_L \cdot R_v} = \frac{0{,}15\,\text{mH}}{83{,}57\,\text{k}\Omega \cdot 5\,\Omega} = \mathbf{359\,pF}$

c) $f_r = \frac{1}{2\pi\sqrt{L \cdot C}} = \frac{1}{2\pi\sqrt{0{,}15\,\text{mH} \cdot 359\,\text{pF}}} = \mathbf{686{,}19\,kHz}$

d) $X_L = \omega \cdot L = 2\pi \cdot 686{,}19\,\text{kHz} \cdot 0{,}15\,\text{mH} = 646{,}39\,\Omega$

$R_{pI} = \frac{R_p \cdot r_{DS}}{R_p + r_{DS}} = \frac{83{,}57\,\text{k}\Omega \cdot 13\,\text{k}\Omega}{83{,}57\,\text{k}\Omega + 13\,\text{k}\Omega} = 11{,}25\,\text{k}\Omega$

$Q \approx \frac{R_{pI}}{X_L} = \frac{11{,}25\,\text{k}\Omega}{646{,}39\,\Omega} = \mathbf{17{,}40}$

$B = \frac{f_r}{Q} = \frac{686{,}19\,\text{kHz}}{17{,}40} = \mathbf{39{,}44\,kHz}$

140/15 **a)** $K \cdot V_u \geq 1 \Rightarrow V_u \geq \frac{1}{K} = \frac{1}{0{,}016} = \mathbf{62{,}5}$

b) $V_u = \frac{S \cdot r_{DS} \cdot R_p}{r_{DS} + R_p} \Rightarrow r_{DS} = \frac{V_u \cdot R_p}{S \cdot R_p - V_u} = \frac{62{,}5 \cdot 50\,\text{k}\Omega}{10\,\frac{\text{mA}}{\text{V}} \cdot 50\,\text{k}\Omega - 62{,}5} = \mathbf{7{,}14\,k\Omega}$

140/16 **a)** $K \cdot V_u \geq 1 \Rightarrow V_u \geq \frac{1}{K} = \frac{1}{0{,}056} = \mathbf{17{,}86}$

b) $V_u = \frac{S \cdot r_{DS} \cdot R_p}{r_{DS} + R_p} \Rightarrow S = \frac{V_u \cdot (r_{DS} + R_p)}{r_{DS} \cdot R_p} = \frac{17{,}86 \cdot (20\,\text{k}\Omega + 15\,\text{k}\Omega)}{20\,\text{k}\Omega \cdot 15\,\text{k}\Omega} = \mathbf{2{,}08\,\frac{mA}{V}}$

140/17 **a)** $V_u = \frac{S \cdot r_{DS} \cdot R_D}{r_{DS} + R_D} = \frac{4\,\frac{\text{mA}}{\text{V}} \cdot 18{,}5\,\text{k}\Omega \cdot 12\,\text{k}\Omega}{18{,}5\,\text{k}\Omega + 12\,\text{k}\Omega} = 29{,}11$

$V_u = \frac{\hat{u}_2}{\hat{u}_1} \Rightarrow \hat{u}_1 = \frac{\hat{u}_2}{V_u} = \frac{6\,\text{V}}{29{,}11} = \mathbf{206{,}11\,mV}$

b) $K = \frac{\hat{u}_{GK}}{\hat{u}_2} \approx \frac{R_S}{R_D} = \frac{2{,}2\,\text{k}\Omega}{12\,\text{k}\Omega} = \mathbf{0{,}183\,3 = 18{,}33}\,\%$

$V_u' = \frac{V_u}{1 + K \cdot V_u} = \frac{29{,}11}{1 + 0{,}183\,3 \cdot 29{,}11} = \mathbf{4{,}59}$

c) $V_u' = \frac{\hat{u}_2}{\hat{u}_1} \Rightarrow \hat{u}_1 = \frac{\hat{u}_2}{V_u'} = \frac{6\,\text{V}}{4{,}59} = \mathbf{1{,}307\,V}$

141/18 $V_u = \dfrac{S \cdot r_{DS} \cdot R_D}{r_{DS} + R_D} = \dfrac{11{,}3\,\frac{mA}{V} \cdot 20\,k\Omega \cdot 5{,}6\,k\Omega}{20\,k\Omega + 5{,}6\,k\Omega} = 49{,}44$

$12\,dB \mathrel{\widehat{=}} \dfrac{U_1}{U_2} = \dfrac{4}{1} \Rightarrow V'_u = \dfrac{V_u}{4} = \dfrac{49{,}44}{4} = 12{,}36$

$V'_u = \dfrac{V_u}{1 + K \cdot V_u} \Rightarrow K = \dfrac{V_u - V'_u}{V_u \cdot V'_u} = \dfrac{49{,}44 - 12{,}36}{49{,}44 \cdot 12{,}36} = 0{,}0607$

$K = \dfrac{\hat{u}_{GK}}{\hat{u}_2} = \dfrac{R_G}{R_G + R_1} \Rightarrow R_1 = \dfrac{R_G \cdot (1 - K)}{K} = \dfrac{1\,M\Omega(1 - 0{,}0607)}{0{,}0607} = \mathbf{15{,}47\,M\Omega}$

141/19 Aus dem Kennlinienfeld Bild 2, Seite 141: $I_D = 2\,mA$

$R_{DS} = \dfrac{U_{DS}}{I_D} = \dfrac{U_2}{I_D} = \dfrac{1\,V}{2\,mA} = \mathbf{500\,\Omega}$

$\dfrac{R_v}{R_{DS}} = \dfrac{U_1 - U_2}{U_2}$

$\Rightarrow R_v = \dfrac{R_{DS} \cdot (U_1 - U_2)}{U_2} = \dfrac{500\,\Omega \cdot (2{,}5\,V - 1\,V)}{1\,V} = \mathbf{750\,\Omega}$

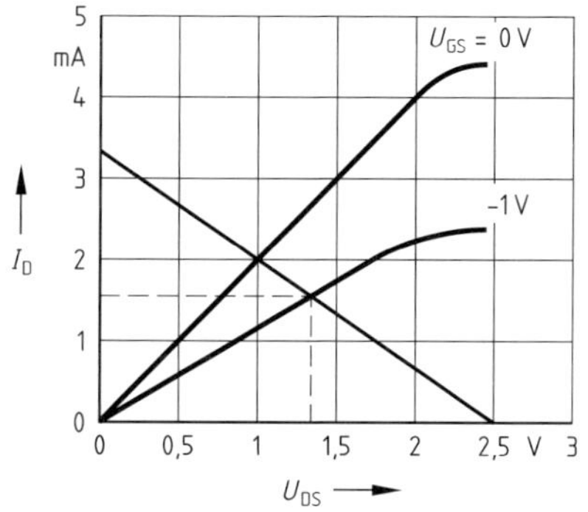

Bild zu 141/21 und 141/22

141/20 Aus dem Kennlinienfeld Bild 2, Seite 141:

bei $U_{GS} = -1\,V$: $U_{DS} = 1{,}33\,V$; $I_D = 1{,}57\,mA$

$R_{DS} = \dfrac{U_{DS}}{I_D} = \dfrac{1{,}33\,V}{1{,}57\,mA} = \mathbf{847\,\Omega}$

$U_2 = U_{DS} = \mathbf{1{,}33\,V}$

Lösungen zu 6.5.4 Drainschaltung

142/1 **a)** $r_{GD} = (1 + S \cdot R_S) \cdot r_{GS} = \left(1 + 4\,\frac{mA}{V} \cdot 1{,}5\,k\Omega\right) \cdot 10 \cdot 10^9\,\Omega = \mathbf{70 \cdot 10^9\,\Omega}$

$$r_{SD} \approx \frac{1}{S} = \frac{1}{4\,\frac{mA}{V}} = \mathbf{250\,\Omega}$$

b) $Z_e \approx R_G = \mathbf{1\,M\Omega}$

$$Z_a = \frac{r_{SD} \cdot R_S}{r_{SD} + R_S} = \frac{250\,\Omega \cdot 1{,}5\,k\Omega}{250\,\Omega + 1{,}5\,k\Omega} = \mathbf{214\,\Omega}$$

c) $V_{ud} = \frac{S \cdot R_S}{1 + S \cdot R_S} = \frac{4\,\frac{mA}{V} \cdot 1{,}5\,k\Omega}{1 + 4\,\frac{mA}{V} \cdot 1{,}5\,k\Omega} = \mathbf{0{,}857}$

142/2 **a)** $r_{SD} \approx \frac{1}{S} \Rightarrow S \approx \frac{1}{r_{SD}} = \frac{1}{400\,\Omega} = \mathbf{2{,}5\,\frac{mA}{V}}$

b) $V_{ud} = \frac{S \cdot R_S}{1 + S \cdot R_S} \Rightarrow R_S = \frac{V_{ud}}{S \cdot (1 - V_{ud})} = \frac{0{,}9}{2{,}5\,\frac{mA}{V} \cdot (1 - 0{,}9)} = \mathbf{3{,}6\,k\Omega}$

c) $r_{GD} = (1 + S \cdot R_S) \cdot r_{GS} = \left(1 + 2{,}5\,\frac{mA}{V} \cdot 3{,}6\,k\Omega\right) \cdot 10^8\,\Omega = \mathbf{10^9\,\Omega}$

d) $Z_e \approx R_G = \mathbf{2\,M\Omega}$

142/3 **a)** $R_E = \frac{U_{RE}}{I_C + I_B} \approx \frac{U_{RE}}{I_C} = \frac{2\,V}{4\,mA} = \mathbf{500\,\Omega}$

b) $U_{RC} = U_b - U_{CE} - U_{RE} = 12\,V - 4\,V - 2\,V = 6\,V$

$$R_C = \frac{U_{RC}}{I_C} = \frac{6\,V}{4\,mA} = \mathbf{1{,}5\,k\Omega}$$

c) $U_{RS} = U_{BE} + U_{RE} = 600\,mV + 2\,V = 2{,}6\,V$

$$R_S = \frac{U_{RS}}{I_D} = \frac{2{,}6\,V}{0{,}6\,mA} = \mathbf{4{,}33\,k\Omega}$$

d) $U_{R2} = U_{GS} + U_{RS} = -1\,V + 2{,}6\,V = 1{,}6\,V$

$$\frac{R_1}{R_2} = \frac{U_b - U_{R2}}{U_{R2}} \Rightarrow R_1 = \frac{R_2 \cdot (U_b - U_{R2})}{U_{R2}} = \frac{1\,M\Omega \cdot (12\,V - 1{,}6\,V)}{1{,}6\,V} = \mathbf{6{,}5\,M\Omega}$$

142/4 **a)** $V_{u2} = \frac{\hat{u}_3}{\hat{u}_2} = \frac{3{,}2\,V}{20\,mV} = \mathbf{160}$

b) $R_S = \frac{U_{RS}}{I_D} = \frac{U_{BE} + U_{RE}}{I_D} = \frac{600\,mV + 2\,V}{0{,}6\,mA} = 4{,}33\,k\Omega$

$Z_L = \frac{R_S \cdot Z_{e2}}{R_S + Z_{e2}} = \frac{4{,}33\,k\Omega \cdot 2\,k\Omega}{4{,}33\,k\Omega + 2\,k\Omega} = 1{,}37\,k\Omega$

$V_{ud1} = \frac{S \cdot Z_L}{1 + S \cdot Z_L} = \frac{2\,\frac{mA}{V} \cdot 1{,}37\,k\Omega}{1 + 2\,\frac{mA}{V} \cdot 1{,}37\,k\Omega} = \mathbf{0{,}73}$

c) $V_{ud1} = \frac{\hat{u}_2}{\hat{u}_1} \Rightarrow \hat{u}_1 = \frac{\hat{u}_2}{V_{ud1}} = \frac{20\,mV}{0{,}73} = \mathbf{27{,}4\,mV}$

d) $V_u = \frac{\hat{u}_3}{\hat{u}_1} = \frac{3{,}2\,V}{27{,}4\,mV} = \mathbf{116{,}8}$ oder $V_u = V_{ud1} \cdot V_{u2} = 0{,}73 \cdot 160 = \mathbf{116{,}8}$

e) $r_{GD} = (1 + S \cdot Z_L) \cdot r_{GS} = \left(1 + 2\,\frac{mA}{V} \cdot 1{,}37\,k\Omega\right) \cdot 10^9\,\Omega = 3{,}74 \cdot 10^9\,\Omega$

$Z_e \approx \frac{R_1 \cdot R_2}{R_1 + R_2} = \frac{6{,}8\,M\Omega \cdot 1\,M\Omega}{6{,}8\,M\Omega + 1\,M\Omega} = \mathbf{872\,k\Omega}$

Lösungen zu 6.6.1 Prinzip des Differenzverstärkers

143/1 **a)** $I_{C3} \approx I_{C1} + I_{C2} \Rightarrow I_{C2} \approx I_{C3} - I_{C1} = 6\,mA - 3{,}5\,mA = 2{,}5\,mA = I_{C21}$

$I_{C22} \approx 6\,mA - 4{,}0\,mA = 2{,}0\,mA$

$\Rightarrow I_{C2}$ geht von **2,5 mA** auf **2,0 mA** um $\Delta I_{C2} = -0{,}5\,mA$ zurück.

b) $U_{21} \approx R_C \cdot (I_{C3} - 2 \cdot I_{C1}) = 1{,}5\,k\Omega \cdot (6\,mA - 2 \cdot 3{,}5\,mA) = -1{,}5\,V$

$U_{22} \approx 1{,}5\,k\Omega \cdot (6\,mA - 2 \cdot 4{,}0\,mA) = -3{,}0\,V$

$\Rightarrow U_2$ geht von **−1,5 V** auf **−3,0 V** um $\Delta U_2 = -1{,}5\,V$ zurück.

143/2 **a)** $I_{C21} \approx I_{C3} - I_{C11} = 8\,mA - 5{,}5\,mA = 2{,}5\,mA$

$I_{C22} \approx 8\,mA - 3{,}5\,mA = 4{,}5\,mA$

$\Rightarrow I_{C2}$ steigt von **2,5 mA** auf **4,5 mA** an.

b) $U_{21} \approx R_C \cdot (I_{C3} - 2 \cdot I_{C1}) = 1{,}2\,k\Omega \cdot (8\,mA - 2 \cdot 5{,}5\,mA) = -3{,}6\,V$

$U_{22} \approx 1{,}2\,k\Omega \cdot (8\,mA - 2 \cdot 3{,}5\,mA) = +1{,}2\,V$

$\Rightarrow U_2$ steigt von **−3,6 V** auf **+1,2 V** um $\Delta U_2 = +4{,}8\,V$ an.

143/3 **a)** $\Delta U_2 = -V_u \cdot \Delta U_1 \Rightarrow V_u = -\frac{\Delta U_2}{\Delta U_1} = -\frac{5{,}0\,V}{-200\,mV} = \mathbf{25}$

b) $\Delta U_2 = -2 \cdot R_C \cdot \Delta I_{C1} \Rightarrow \Delta I_{C1} = -\frac{\Delta U_2}{2 \cdot R_C} = -\frac{5{,}0\,V}{2 \cdot 2{,}2\,k\Omega} = \mathbf{-1{,}14\,mA}$

143/4 **a)** $\Delta U_2 = -V_u \cdot \Delta U_1 \Rightarrow \Delta U_1 = -\frac{\Delta U_2}{V_u} = -\frac{-8\,V}{40} = \mathbf{0{,}2\,V}$

b) $\Delta I_{C1} = -\frac{\Delta U_2}{2 \cdot R_C} = -\frac{-8\,V}{2 \cdot 4{,}7\,k\Omega} = \mathbf{0{,}851\,mA}$

143/5 **a)** V1 durchgesteuert $\Rightarrow I_{C1} \approx I_{C3} = \frac{U_Z - U_{BE}}{R_5} = \frac{5{,}1\,V - 0{,}70\,V}{1{,}2\,k\Omega} = \mathbf{3{,}67\,mA}$

b) V2 gesperrt $\Rightarrow I_{C2} = \mathbf{0}$

c) $U_2 = R_C \cdot (I_{C2} - I_{C1}) = 2{,}7\,k\Omega \cdot (0 - 3{,}67\,mA) = \mathbf{-9{,}9\,V}$

143/6 **a)** $I_{C2} = I_{C2max} = \frac{U_{R4max}}{R_4} = \frac{10\,V}{3{,}3\,k\Omega} = \mathbf{3{,}03\,mA}$

b) V1 gesperrt $\Rightarrow I_{C1} = \mathbf{0}$

c) $I_{C3} = I_{C2max} = \mathbf{3{,}03\,mA}$

d) $I_{C3} \approx \frac{U_Z - U_{BE}}{R_5} \Rightarrow R_5 \approx \frac{U_Z - U_{BE}}{I_{C3}} = \frac{5{,}1\,V - 0{,}7\,V}{3{,}03\,mA} = \mathbf{1{,}45\,k\Omega}$

Lösungen zu 6.6.2.1 Verstärkung ohne Gegenkopplung

144/1 $V_0 = \frac{U_2}{U_1} = \frac{10\,V}{0{,}3\,mV} = 33\,333 = 3{,}333 \cdot 10^4$

$\Rightarrow G_0 = 0{,}523 \cdot 20\,dB + 4 \cdot 20\,dB = 10{,}46\,dB + 80\,dB = 90{,}46\,dB$

Verwendbar sind die Operationsverstärker mit **92 dB** oder mit **96 dB**

144/2 $V_0 = \frac{U_2}{U_1} = \frac{\hat{u}_2}{\hat{u}_1} = \frac{18\,V}{0{,}6\,mV} = 30\,000 = 3 \cdot 10^4$

$\Rightarrow G_0 = 0{,}477 \cdot 20\,dB + 4 \cdot 20\,dB = 9{,}54\,dB + 80\,dB = 89{,}54\,dB$

Verwendbar sind die Operationsverstärker mit **90 dB** oder mit **92 dB**

144/3 $G_0 = 20 \cdot \lg\left(\frac{\hat{u}_2}{\hat{u}_1}\right) \Rightarrow \frac{G_0}{20} = \lg\left(\frac{\hat{u}_2}{\hat{u}_1}\right) \Rightarrow 10^{G_0/20} = \frac{\hat{u}_2}{\hat{u}_1}$

$\Rightarrow \hat{u}_1 = \frac{\hat{u}_2}{10^{G_0/20}} = \frac{30\,V}{10^{92/20}} = \frac{30\,V}{39\,811} = \mathbf{754\,\mu V}$

144/4 $G_{CM} = 8\,dB \Rightarrow V_{CM} = 10^{\frac{8}{20}} = 10^{0,4} = 2{,}51$

$V_{CM} = \frac{U_2}{U_{1CM}} \Rightarrow U_2 = V_{CM} \cdot U_{1CM} = 2{,}51 \cdot 0{,}2\,V = \mathbf{0{,}502\,V}$

144/5 $G_{CM} = 6\,dB \Rightarrow V_{CM} = 10^{\frac{6}{20}} = 10^{0,3} \approx 2$

$V_{CM} = \frac{U_2}{U_{1CM}} \Rightarrow U_2 = V_{CM} \cdot U_{1CM} \approx 2 \cdot 1\,V = \mathbf{2\,V}$

144/6 **a)** $G_{CMRR} = G_0 - G_{CM} = 60\,dB - (-26\,dB) = \mathbf{86\,dB}$

b) $V_{CMRR} = 10^{\frac{86}{20}} = 10^{0,3} \cdot 10^4 \approx 2 \cdot 10^4 = \mathbf{20\,000}$

Lösungen zu 6.6.2.2 Invertierender Verstärker

145/1 $V = \frac{R_K}{R_e} = \frac{150\,\text{k}\Omega}{10\,\text{k}\Omega} = \mathbf{15}$

145/2 $V = \frac{R_K}{R_e} = \frac{220\,\text{k}\Omega}{1{,}5\,\text{k}\Omega} = \mathbf{146{,}5}$

145/3 $G = 70\,\text{dB} \Rightarrow V = 3{,}16 \cdot 10^3$

$f_c \approx \frac{f_D}{V} \Rightarrow f_D \approx V \cdot f_c = 3{,}16 \cdot 10^3 \cdot 3{,}16\,\text{kHz} = \mathbf{10\,MHz}$

145/4 **a)** $V = \frac{R_K}{R_e} = \frac{100\,\text{k}\Omega}{2{,}2\,\text{k}\Omega} = \mathbf{45{,}45}$

b) $f_c \approx \frac{f_D}{V} = \frac{15\,\text{MHz}}{45{,}45} = \mathbf{330\,kHz}$

145/5 **a)** $f_c \approx \frac{f_D}{V} \Rightarrow V \approx \frac{f_D}{f_c} = \frac{5\,\text{MHz}}{25\,\text{kHz}} = \mathbf{200}$

b) $V = \frac{R_K}{R_e} \Rightarrow R_K = V \cdot R_e = 200 \cdot 1\,\text{k}\Omega = \mathbf{200\,k\Omega}$

145/6 $f_c \approx \frac{f_D}{V} \Rightarrow f_D \approx V \cdot f_c = 200 \cdot 20\,\text{kHz} = 4\,\text{MHz} \Rightarrow$ geeignet: f_D = **5 MHz** und **15 MHz**

145/7 $f_c \approx \frac{f_D}{V} \Rightarrow V \approx \frac{f_D}{f_c} = \frac{1{,}5\,\text{MHz}}{75\,\text{kHz}} = 20$

$V = \frac{\hat{u}_a}{\hat{u}_e} \Rightarrow \hat{u}_e = \frac{\hat{u}_a}{V} = \frac{10\,\text{V}}{20} = \mathbf{0{,}5\,V}$

145/8 $f_c \approx \frac{f_D}{V} \Rightarrow V \approx \frac{f_D}{f_c} = \frac{10\,\text{MHz}}{83{,}3\,\text{kHz}} = 120$

$V = \frac{\hat{u}_a}{\hat{u}_e} \Rightarrow \hat{u}_a = V \cdot \hat{u}_e = 120 \cdot 0{,}1\,\text{V} = \mathbf{12\,V}$

Lösungen zu 6.6.2.3 Summierverstärker

146/1 **a)** $\frac{R_K}{R_{e3}} \cdot U_{e3} = 0{,}4 \cdot U_{e3} \Rightarrow R_K = 0{,}4 \cdot R_{e3} = 0{,}4 \cdot 25\,\text{k}\Omega = \mathbf{10\,k\Omega}$

b) $\frac{R_K}{R_{e1}} \cdot U_{e1} = 0{,}1 \cdot U_{e1} \Rightarrow R_{e1} = \frac{R_K}{0{,}1} = \frac{10\,\text{k}\Omega}{0{,}1} = \mathbf{100\,k\Omega}$

$R_{e2} = \frac{R_K}{0{,}2} = \frac{10\,\text{k}\Omega}{0{,}2} = \mathbf{50\,k\Omega}$

c) $U_{amax} = -(0{,}1 \cdot U_{e1} + 0{,}2 \cdot U_{e2} + 0{,}4 \cdot U_{e3})$

$= -[0{,}1 \cdot (-10\,\text{V}) + 0{,}2 \cdot (-10\,\text{V}) + 0{,}4 \cdot (-10\,\text{V})] = -(-1\,\text{V} - 2\,\text{V} - 4\,\text{V}) = \mathbf{7\,V}$

146/2 **a)** $\frac{R_K}{R_{e1}} \cdot U_{e1} = 1 \cdot U_{e1} \Rightarrow R_K = R_{e1} = \mathbf{100\,k\Omega}$

b) $\frac{R_K}{R_{e2}} \cdot U_{e2} = 2 \cdot U_{e2} \Rightarrow R_{e2} = \frac{R_K}{2} = \frac{100\,\text{k}\Omega}{2} = \mathbf{50\,k\Omega}$

$R_{e3} = \frac{R_K}{4} = \frac{100\,\text{k}\Omega}{4} = \mathbf{25\,k\Omega}$

c) $-U_{amax} = U_{e1max} + 2 \cdot U_{e2max} + 4 \cdot U_{e3max}$

$\Rightarrow U_{e3max} = \frac{1}{4}(-U_{amax} - U_{e1max} - 2 \cdot U_{e2max}) = \frac{1}{4}\left[-(-10{,}5\,\text{V}) - 1{,}5\,\text{V} - 2 \cdot 1{,}5\,\text{V}\right]$

$= \frac{1}{4}\left(10{,}5\,\text{V} - 1{,}5\,\text{V} - 3\,\text{V}\right) = \frac{6\,\text{V}}{4} = \mathbf{1{,}5\,V}$

146/3 **a)** $V_1 = \frac{R_K}{R_{e1}} \Rightarrow R_K = V_1 \cdot R_{e1} = 200 \cdot 2{,}2\,\text{k}\Omega = \mathbf{440\,k\Omega}$

b) $R_{e2} = R_{e3} = R_{e1} = \mathbf{2{,}2\,k\Omega}$

c) $V = 3 \cdot V_1 = 3 \cdot 200 = 600;\quad f_c \approx \frac{f_D}{V} \Rightarrow f_D \approx V \cdot f_c = 600 \cdot 18\,\text{kHz} = \mathbf{10{,}8\,MHz}$

d) $u_{e1} + u_{e2} + u_{e3} = \left(-\frac{R_{e1}}{R_K}\right) \cdot u_a \Rightarrow \left(\sum u_e\right)_{max} = \left(-\frac{2{,}2\,\text{k}\Omega}{440\,\text{k}\Omega}\right) \cdot (-12\,\text{V}) = \mathbf{60\,mV}$

146/4 **a)** $V = 3 \cdot V_1 \Rightarrow f_c \approx \frac{f_D}{3 \cdot V_1} \Rightarrow V_1 \approx \frac{f_D}{3 \cdot f_c} = \frac{15\,\text{MHz}}{3 \cdot 20\,\text{kHz}} = \mathbf{250}$

b) $V_1 = \frac{R_K}{R_{e1}} \Rightarrow R_{e1} = R_{e2} = R_{e3} = \frac{R_K}{V_1} = \frac{330\,\text{k}\Omega}{250} = \mathbf{1{,}32\,k\Omega}$

c) $\left(\sum u_e\right) = \left(-\frac{R_{e1}}{R_K}\right) \cdot u_a \Rightarrow \left(\sum u_e\right)_{max} = \left(-\frac{1{,}32\,\text{k}\Omega}{330\,\text{k}\Omega}\right) \cdot (-8\,\text{V}) = \mathbf{32\,mV}$

146/5 **a)** $\frac{R_K}{R_{e1}} \cdot U_{e1} = 0{,}15 \cdot U_{e1} \Rightarrow R_{e1} = \frac{R_K}{0{,}15} = \frac{15\,\text{k}\Omega}{0{,}15} = \mathbf{100\,k\Omega}$

$R_{e2} = \frac{R_K}{0{,}3} = \frac{15\,\text{k}\Omega}{0{,}3} = \mathbf{50\,k\Omega}$

$R_{e3} = \frac{R_K}{0{,}6} = \frac{15\,\text{k}\Omega}{0{,}6} = \mathbf{25\,k\Omega}$

b) „Stufenhöhe" $\Delta U_a = -0{,}15 \cdot \Delta U_{e1} = -0{,}15 \cdot (-10\,\text{V}) = \mathbf{1{,}5\,V}$

c) U_{amax} stellt sich ein, wenn alle drei Eingangsspannungen $U_{e1} = U_{e2} = U_{e3} = U_e = -10\,\text{V}$ sind.

$U_{amax} = -(0{,}15 \cdot U_e + 0{,}3 \cdot U_e + 0{,}6 \cdot U_e) = -1{,}05 \cdot U_e = -1{,}05 \cdot (-10\,\text{V}) = \mathbf{10{,}5\,V}$

146/6 **a)** $\frac{R_K}{R_{e4}} \cdot U_{e4} = 0{,}4 \cdot U_{e4} \Rightarrow R_K = 0{,}4 \cdot R_{e4} = 0{,}4 \cdot 10\,\text{k}\Omega = \mathbf{4\,k\Omega}$

b) $0{,}05 \cdot U_{e1} = \frac{R_K}{R_{e1}} \Rightarrow R_{e1} = \frac{R_K}{0{,}05} = \frac{4\,\text{k}\Omega}{0{,}05} = \mathbf{80\,k\Omega}$

$R_{e2} = \frac{R_K}{0{,}1} = \frac{4\,\text{k}\Omega}{0{,}1} = \mathbf{40\,k\Omega}$

$R_{e3} = \frac{R_K}{0{,}2} = \frac{4\,\text{k}\Omega}{0{,}2} = \mathbf{20\,k\Omega}$

c) „Stufenhöhe" $\Delta U_a = -0{,}05 \cdot \Delta U_{e1} = -0{,}05 \cdot (-12\,\text{V}) = \mathbf{0{,}6\,V}$

d) Bei U_{amax} sind alle Eingangsspannungen $U_{e1} = U_{e2} = U_{e3} = U_{e4} = U_e = -12\,\text{V}$
$U_{amax} = -(0{,}05 \cdot U_e + 0{,}1 \cdot U_e + 0{,}2 \cdot U_e + 0{,}4 \cdot U_e) = -0{,}75 \cdot U_e = -0{,}75 \cdot (-12\,\text{V}) = \mathbf{9\,V}$

Lösungen zu 6.6.2.4 Nicht invertierender Verstärker

147/1 $r = \frac{R_K}{R_Q} = \frac{22\,\text{k}\Omega}{47\,\text{k}\Omega} = 0{,}468; \quad V \approx 1 + r = 1 + 0{,}468 = \mathbf{1{,}468}$

147/2 $r = \frac{R_K}{R_Q} = \frac{120\,\text{k}\Omega}{39\,\text{k}\Omega} = 3{,}08; \quad V \approx 1 + r = 1 + 3{,}08 = 4{,}08$

$V = \frac{U_a}{U_e} \Rightarrow U_e = \frac{U_a}{V} = \frac{-6\,\text{V}}{4{,}08} = \mathbf{-1{,}47\,V}$

147/3 **a)** $V \approx 1 + r \Rightarrow r \approx V - 1 = 2 - 1 = 1; \quad r = \frac{R_K}{R_Q} = 1 \Rightarrow R_Q = R_K = \mathbf{82\,k\Omega}$

b) $V = \frac{U_a}{U_e} \Rightarrow U_e = \frac{U_a}{V} = \frac{U_a}{2}; \quad -8\,\text{V} \leq U_a \leq +8\,\text{V} \Rightarrow \mathbf{-4\,V} \leq U_e \leq \mathbf{4\,V}$

147/4 $V \approx 1 + r \Rightarrow r \approx V - 1 = 10 - 1 = 9; \quad r = \frac{R_K}{R_Q} \Rightarrow R_K = r \cdot R_Q = 9 \cdot 10\,\text{k}\Omega = \mathbf{90\,k\Omega}$

147/5 $\Delta U_{emax} = 2\,\text{V} - (-2\,\text{V}) = 4\,\text{V}; \quad \Delta U_{amax} = 8\,\text{V} - (-8\,\text{V}) = 16\,\text{V}$

$V = \frac{\Delta U_{amax}}{\Delta U_{emax}} = \frac{16\,\text{V}}{4\,\text{V}} = 4; \quad V \approx 1 + r \Rightarrow r \approx V - 1 = 4 - 1 = 3$

$R_K = r \cdot R_Q = 3 \cdot 12\,\text{k}\Omega = \mathbf{36\,k\Omega}$

147/6 $\Delta U_{amax} = 6\,\text{V} - (-6\,\text{V}) = 12\,\text{V}; \quad \Delta U_{emax} = 2\,\text{V} - (-2\,\text{V}) = 4\,\text{V}$

$V = \frac{\Delta U_{amax}}{\Delta U_{emax}} = \frac{12\,\text{V}}{4\,\text{V}} = 3; \quad r \approx V - 1 = 3 - 1 = 2$

$r = \frac{R_K}{R_Q} \Rightarrow R_Q = \frac{R_K}{r} = \frac{56\,\text{k}\Omega}{2} = \mathbf{28\,k\Omega}$

147/7 **a)** $G_0 = 70\,\text{dB} \Rightarrow V_0 = 3{,}16 \cdot 10^3$

$$Z_a \approx Z_{ie} \cdot \frac{1 + r}{V_0} \Rightarrow r \approx \frac{Z_a \cdot V_0}{Z_{ia}} - 1 = \frac{10\,\Omega \cdot 3{,}16 \cdot 10^3}{85\,\Omega} - 1 = 372 - 1 = 371$$

$$R_Q = \frac{R_K}{r} = \frac{470\,\text{k}\Omega}{371} = \mathbf{1{,}27\,k\Omega}$$

b) $Z_e \approx Z_{ie} \cdot \frac{V_0}{1 + r} = 10\,\text{k}\Omega \cdot \frac{3{,}16 \cdot 10^3}{372} = \mathbf{85\,k\Omega}$

c) $V \approx 1 + r = 1 + 371 = \mathbf{372}$

147/8 **a)** $G_0 = 70\,\text{dB} \Rightarrow V_0 = 3{,}16 \cdot 10^3$

$$Z_a \approx Z_{ie} \cdot \frac{1 + r}{V_0} \Rightarrow r \approx \frac{Z_a \cdot V_0}{Z_{ia}} - 1 = \frac{8\,\Omega \cdot 3{,}16 \cdot 10^3}{130\,\Omega} - 1 = 195 - 1 = 194$$

$R_K = r \cdot R_Q = 194 \cdot 2{,}2\,\text{k}\Omega = \mathbf{427\,k\Omega}$

b) $Z_e \approx Z_{ia} \cdot \frac{V_0}{1 + r} = 25\,\text{k}\Omega \cdot \frac{316 \cdot 10^3}{195} = \mathbf{405\,k\Omega}$

c) $V = 1 + r = 1 + 194 = \mathbf{195}$

Lösungen zu 6.6.2.5 Impedanzwandler

148/1 **a)** $U_a = U_e = \mathbf{5\,V}$

b) $G_0 = 66\,\text{dB} \Rightarrow V_0 = 10^{66/20} = 1\,995$; $Z_e \approx Z_{ie} \cdot V_0 = 20\,\text{k}\Omega \cdot 1\,995 = \mathbf{39{,}9\,M\Omega}$

c) $Z_a \approx \frac{Z_{ia}}{V_0} = \frac{180\,\Omega}{1\,995} = \mathbf{90{,}2\,m\Omega}$

148/2 **a)** $U_a = U_e = \mathbf{-4\,V}$

b) $G_0 = 66\,\text{dB} \Rightarrow V_0 = 10^{66/20} = 1\,995$; $Z_e \approx Z_{ie} \cdot V_0 = 10\,\text{k}\Omega \cdot 1\,995 = \mathbf{20\,M\Omega}$

c) $Z_a \approx \frac{Z_{ia}}{V_0} = \frac{160\,\Omega}{1\,995} = \mathbf{80\,m\Omega}$

148/3 **a)** $G_0 = 90\,\text{dB} \Rightarrow V_0 = 10^{90/20} = 31\,623$; $Z_e \approx Z_{ie} \cdot V_0 = 15\,\text{k}\Omega \cdot 31\,623 = \mathbf{474\,M\Omega}$

b) $Z_a \approx \frac{Z_{ia}}{V_0} = \frac{200\,\Omega}{31\,623} = \mathbf{6{,}35\,m\Omega}$

c) $\frac{Z_{ie}}{Z_{ia}} = \frac{15\,\text{k}\Omega}{200\,\Omega} = \mathbf{75}$

d) $\frac{Z_e}{Z_a} = \frac{474\,\text{M}\Omega}{6{,}35\,\text{m}\Omega} = \mathbf{75 \cdot 10^9}$

148/4 **a)** $G_0 = 96\,\text{dB} \Rightarrow V_0 = 10^{96/20} = 63\,096$; $Z_e \approx Z_{ie} \cdot V_0 = 20\,\text{k}\Omega \cdot 63\,096 = \mathbf{1{,}26\,G\Omega}$

b) $Z_a \approx \frac{Z_{ia}}{V_0} = \frac{160\,\Omega}{63\,096} = \mathbf{2{,}54\,m\Omega}$

c) $\frac{Z_{ie}}{Z_{ia}} = \frac{20\,\text{k}\Omega}{160\,\Omega} = \mathbf{125}$

d) $\frac{Z_e}{Z_a} = \frac{1{,}26\,\text{G}\Omega}{2{,}54\,\text{m}\Omega} = \mathbf{496 \cdot 10^9}$

148/5 $V_0 = 10^{G_0/20} = 10^{92/20} = 39{,}8 \cdot 10^3$

a) $Z_e = Z_{ie} \cdot V_0 = 20\,\text{k}\Omega \cdot 39{,}8 \cdot 10^3 = \mathbf{796\,M\Omega}$

b) $Z_a = \dfrac{Z_{ia}}{V_0} = \dfrac{160\,\Omega}{39{,}8 \cdot 10^3} = \mathbf{4{,}0\,m\Omega}$

c) $U_a = U_e = \mathbf{10\,mV}$

148/6 $V_0 = 10^{G_0/20} = 10^{88/20} = 25{,}12 \cdot 10^3$

a) $Z_e = Z_{ie} \cdot V_0 = 16\,\text{k}\Omega \cdot 25{,}12 \cdot 10^3 = \mathbf{402\,M\Omega}$

b) $Z_a = \dfrac{Z_{ia}}{V_0} = \dfrac{180\,\Omega}{25{,}12 \cdot 10^3} = \mathbf{7{,}2\,m\Omega}$

c) $U_a = U_e = \mathbf{25\,mV}$

Lösungen zu 6.6.2.6 Subtrahierverstärker

149/1 **a)** $U_a = (2 \cdot U_{e2} - 5 \cdot U_{e1}) \Rightarrow V_1 = 5;\quad V_1 = \dfrac{R_K}{R_{e1}} \Rightarrow R_{e1} = \dfrac{R_K}{V_1} = \dfrac{220\,\text{k}\Omega}{5} = \mathbf{44\,k\Omega}$

b) $V_2 = 2$

$$V_2 = \frac{1 + \frac{R_K}{R_{e1}}}{1 + \frac{R_{e2}}{R_Q}} \Rightarrow 1 + \frac{R_{e2}}{R_Q} = \frac{1 + \frac{R_K}{R_{e1}}}{V_2} \Rightarrow R_{e2} = R_Q \cdot \left(\frac{1 + \frac{R_K}{R_{e1}}}{V_2} - 1\right)$$

$$= 56\,\text{k}\Omega \cdot \left(\frac{1 + \frac{220\,\text{k}\Omega}{44\,\text{k}\Omega}}{2} - 1\right) = 56\,\text{k}\Omega \cdot \left(\frac{1+5}{2} - 1\right) = 2 \cdot 56\,\text{k}\Omega = \mathbf{112\,k\Omega}$$

c) $U_{amax} = V_2 \cdot U_{e2max} - V_1 \cdot U_{e1min} = 2 \cdot 3\,\text{V} - 5 \cdot (-1\,\text{V}) = 6\,\text{V} + 5\,\text{V} = \mathbf{11\,V}$

$U_{amin} = V_2 \cdot U_{e2min} - V_1 \cdot U_{e1max} = 2 \cdot (-2\,\text{V}) - 5 \cdot 1{,}5\,\text{V} = -4\,\text{V} - 7{,}5\,\text{V} = \mathbf{-11{,}5\,V}$

149/2 **a)** $V_1 = 4;\quad V_1 = \dfrac{R_K}{R_{e1}} \Rightarrow R_K = V_1 \cdot R_{e1} = 4 \cdot 56\,\text{k}\Omega = \mathbf{224\,k\Omega}$

b) $V_2 = 1$

$$V_2 = \frac{1 + \frac{R_K}{R_{e1}}}{1 + \frac{R_{e2}}{R_Q}} = 1 \Rightarrow \frac{R_{e2}}{R_Q} = \frac{R_K}{R_{e1}} \Rightarrow R_{e2} = R_Q \cdot \frac{R_K}{R_{e1}} = 56\,\text{k}\Omega \cdot \frac{224\,\text{k}\Omega}{56\,\text{k}\Omega} = \mathbf{224\,k\Omega}$$

c) $U_{amax} = V_2 \cdot U_{e2max} - V_1 \cdot U_{e1min}$

$$\Rightarrow U_{e2max} = \frac{U_{amax} + V_1 \cdot U_{e1min}}{V_2} = \frac{10\,\text{V} + 4\,\text{V} \cdot (-2\,\text{V})}{1} = 10\,\text{V} - 8\,\text{V} = \mathbf{2\,V}$$

149/3 **a)** $U_a = 5 \cdot (U_{e2} - U_{e1}) \Rightarrow V_1 = V_2 = 5$

$V_1 = \dfrac{R_K}{R_{e1}} \Rightarrow R_{e1} = \dfrac{R_K}{V_1} = \dfrac{27\,\text{k}\Omega}{5} = \mathbf{5{,}4\,k\Omega}$

b) $$V_2 = \frac{1 + \frac{R_K}{R_{e1}}}{1 + \frac{R_{e2}}{R_Q}} \Rightarrow 1 + \frac{R_{e2}}{R_Q} = \frac{1 + \frac{R_K}{R_{e1}}}{V_2}$$

$$\Rightarrow \frac{R_{e2}}{R_Q} = \frac{1 + \frac{R_K}{R_{e1}}}{V_2} - 1 = \frac{1 + \frac{27\,\text{k}\Omega}{5{,}4\,\text{k}\Omega}}{5} - 1 = \frac{6}{5} - 1 = \frac{1}{5} \Rightarrow R_Q = 5 \cdot R_{e2} = 5 \cdot 27\,\text{k}\Omega = \mathbf{135\,k\Omega}$$

149/4 **a)** $U_a = U_{e2} - U_{e1} \Rightarrow V_1 = V_2 = 1$

$$V_1 = \frac{R_K}{R_{e1}} = 1 \Rightarrow R_K = R_{e1} = \mathbf{100\,k\Omega}$$

b) $$V_2 = \frac{1 + \frac{R_K}{R_{e1}}}{1 + \frac{R_{e2}}{R_Q}} = 1 \Rightarrow \frac{R_{e2}}{R_Q} = \frac{R_K}{R_{e1}} = 1 \Rightarrow R_{e2} = R_Q = \mathbf{100\,k\Omega}$$

149/5 **a)** $$R_Q \approx \infty \Rightarrow \frac{R_{e2}}{R_Q} \approx 0 \Rightarrow V_2 \approx 1 + \frac{R_K}{R_{e1}}; \quad V_1 = \frac{R_K}{R_{e1}}$$

$$\mathbf{U_a = \left(1 + \frac{R_K}{R_{e1}}\right) \cdot U_{e2} - \frac{R_K}{R_{e1}} \cdot U_{e1}}$$

b) $$R_K \gg R_{e1} \Rightarrow \frac{R_K}{R_{e1}} \gg 1 \Rightarrow \left(1 + \frac{R_K}{R_{e1}}\right) \approx \frac{R_K}{R_{e1}}$$

$$\mathbf{U_a \approx \frac{R_K}{R_{e1}} \cdot (U_{e2} - U_{e1})}$$

149/6 $$V_1 = V_2 \Rightarrow a = \frac{1 + a}{1 + b} \Rightarrow 1 + b = \frac{1}{a}(1 + a) = 1 + \frac{1}{a} \Rightarrow 1 + b = 1 + \frac{1}{a}$$

$$\Rightarrow \mathbf{b = \frac{1}{a}} \Rightarrow \mathbf{\frac{R_{e2}}{R_Q} = \frac{R_{e1}}{R_K}}$$

Lösungen zu 6.6.2.7 Differenzier-Invertierer

150/1 $\Delta u_e = +4\,V - (-4\,V) = +8\,V;\ \Delta t = 50\,\mu s - 0\,\mu s = 50\,\mu s$

$$\frac{\Delta u_e}{\Delta t} = \frac{+8\,V}{50\,\mu s} = \mathbf{0{,}16\,\frac{V}{\mu s}}$$

150/2 $\Delta u_e = -4\,V - (+4\,V) = -8\,V;\ \Delta t = 60\,\mu s - 50\,\mu s = 10\,\mu s$

$$\frac{\Delta u_e}{\Delta t} = \frac{-8\,V}{10\,\mu s} = \mathbf{-0{,}80\,\frac{V}{\mu s}}$$

150/3 $$u_a = -R_K \cdot C_e \cdot \frac{\Delta u_e}{\Delta t} \Rightarrow C_e = \frac{-(u_a \cdot \Delta t)}{R_K \cdot \Delta u_e} = \frac{-(-2\,V) \cdot 50\,\mu s}{2{,}2\,k\Omega \cdot 8\,V} = \mathbf{5{,}68\,nF}$$

150/4 $$u_a = -R_K \cdot C_e \cdot \frac{\Delta u_e}{\Delta t} \Rightarrow R_K = \frac{-(u_a \cdot \Delta t)}{C_e \cdot \Delta u_e} = \frac{-(-2\,V) \cdot 50\,\mu s}{3{,}3\,nF \cdot 8\,V} = \mathbf{3{,}79\,k\Omega}$$

150/5 $V_s = \hat{u}_a/\hat{u}_e = 6\,V/(8\,V) = 0{,}75;\ f = 1/T = 1/(80\,\mu s) = 12{,}5\,kHz$

$$V_s = R_K \cdot 2 \cdot \pi \cdot f \cdot C_e \Rightarrow R_K = \frac{V_s}{2 \cdot \pi \cdot f \cdot C_e} = \frac{0{,}75}{2 \cdot \pi \cdot 12{,}5\,kHz \cdot 2{,}0\,nF} = \mathbf{4{,}77\,k\Omega}$$

150/6 $V_s = 1;\ V_s = R_K \cdot 2 \cdot \pi \cdot f \cdot C_e \Rightarrow C_e = \dfrac{V_s}{2 \cdot \pi \cdot f \cdot R_K} = \dfrac{1}{2 \cdot \pi \cdot 18\,\text{kHz} \cdot 1{,}5\,\text{k}\Omega} = \mathbf{5{,}89\,nF}$

Lösungen zu 6.6.2.8 Integrier-Invertierer

151/1 $u_e = -15\,\text{V} = \text{const.};\ \Delta t = 8\,\text{ms} - 4\,\text{ms} = 4\,\text{ms}$

$u_e \cdot \Delta t = (-15\,\text{V}) \cdot 4\,\text{ms} = \mathbf{-60\,mVs}$

151/2 $\Delta u_a = u_{a(8\,\text{ms})} - u_{a(4\,\text{ms})} = +10\,\text{V} - (-10\,\text{V}) = 10\,\text{V} + 10\,\text{V} = \mathbf{20\,V}$

151/3 $\Delta u_a = \dfrac{-(u_e \cdot \Delta t)}{R_e \cdot C_K} \Rightarrow R_e = \dfrac{-(u_e \cdot \Delta t)}{C_K \cdot \Delta u_a} = \dfrac{-(-15\,\text{V}) \cdot (4\,\text{ms})}{0{,}47\,\mu\text{F} \cdot 20\,\text{V}} = \mathbf{6{,}4\,k\Omega}$

151/4 Zeitintervall zwischen 4 ms und 8 ms gewählt.

$\Delta u_a = +20\,\text{V};\ (u_e \cdot \Delta t) = -60\,\text{mVs};\ \Delta u_a = \dfrac{-(u_e \cdot \Delta t)}{R_e \cdot C_K}$

$\Rightarrow C_K = \dfrac{-(u_e \cdot \Delta t)}{R_e \cdot \Delta u_a} = \dfrac{-(-60\,\text{mVs})}{15\,\text{k}\Omega \cdot 20\,\text{V}} = \dfrac{60\,\text{mVs}}{15\,\text{k}\Omega \cdot 20\,\text{V}} = \mathbf{200\,nF}$

151/5 $V_s = \hat{u}_a/\hat{u}_e = 4\,\text{V}/6\,\text{V} = 0{,}667;\ f = 1/T = 1/40\,\mu\text{s} = 25\,\text{kHz}$

$V_s = \dfrac{1}{2 \cdot \pi \cdot f \cdot C_K \cdot R_e} \Rightarrow C_K = \dfrac{1}{2 \cdot \pi \cdot R_e \cdot V_s \cdot f} = \dfrac{1}{2 \cdot \pi \cdot 10\,\text{k}\Omega \cdot 0{,}667 \cdot 25\,\text{kHz}} = \mathbf{955\,pF}$

151/6 $V_s = \hat{u}_a/\hat{u}_e = 10\,\text{V}/10\,\text{V} = 1{,}00$

$V_s = \dfrac{1}{2 \cdot \pi \cdot f \cdot C_K \cdot R_e} \Rightarrow R_e = \dfrac{1}{V_s \cdot 2 \cdot \pi \cdot f \cdot C_K} = \dfrac{1}{1{,}00 \cdot 2 \cdot \pi \cdot 50\,\text{Hz} \cdot 47\,\text{nF}} = \mathbf{67{,}7\,k\Omega}$

Lösungen zu 6.7 Gegenkopplung

152/1 $V_u' = \dfrac{V_u}{1 + K \cdot V_u} = \dfrac{50}{1 + 0{,}25 \cdot 50} = \mathbf{3{,}704}$

152/2 $V_u' = \dfrac{V_u}{1 + K \cdot V_u} = \dfrac{120}{1 + 0{,}15 \cdot 120} = \mathbf{6{,}316}$

152/3 $V'_u = \frac{V_u}{1 + K \cdot V_u} \Rightarrow V_u = \frac{V'_u}{1 - K \cdot V'_u} = \frac{3}{1 - 0{,}3 \cdot 3} = \mathbf{30}$

152/4 $V_u = 15 \cdot V'_u = 15 \cdot 2 = 30; \quad V'_u = \frac{V_u}{1 + K \cdot V_u} \Rightarrow K = \frac{V_u - V'_u}{V'_u \cdot V_u} = \frac{30 - 2}{2 \cdot 30} = \mathbf{0{,}467} = \mathbf{46{,}7}\,\%$

152/5 $\frac{R_C}{R_E} = 5 \Rightarrow R_E = \frac{R_C}{5} = \frac{2{,}2\,k\Omega}{5} = 440\,\Omega$

$K = \frac{\hat{u}_{GK}}{\hat{u}_a} \approx \frac{R_E}{R_C} = \frac{440\,\Omega}{2{,}2\,k\Omega} = \mathbf{0{,}2} = \mathbf{20}\,\%$

$V'_u = \frac{V_u}{1 + K \cdot V_u} = \frac{150}{1 + 0{,}2 \cdot 150} = \mathbf{4{,}84}$

152/6 $V'_u = \frac{V_u}{1 + K \cdot V_u} \Rightarrow K = \frac{V_u - V'_u}{V'_u \cdot V_u} = \frac{85 - 3}{3 \cdot 85} = \mathbf{0{,}322} = \mathbf{32{,}2}\,\%$

$K = \frac{\hat{u}_{GK}}{\hat{u}_a} \approx \frac{R_E}{R_C} \Rightarrow R_E \approx K \cdot R_C = 0{,}322 \cdot 1{,}8\,k\Omega = \mathbf{579{,}60\,\Omega}$

Lösungen zu 6.8.1 Bistabile Kippschaltung

153/1 $R_v \approx \frac{B_{min} \cdot R_C}{ü} = \frac{100 \cdot 1{,}5\,k\Omega}{3{,}5} = 42{,}86\,k\Omega;$ gewählt: **47 kΩ**

153/2 $R_v \approx \frac{B_{min} \cdot R_C}{ü} \Rightarrow R_C \approx \frac{R_v \cdot ü}{B_{min}} \Rightarrow R_{Cmax} \approx \frac{R_v \cdot ü_{max}}{B_{min}} = \frac{100\,k\Omega \cdot 4}{150} = 2{,}67\,k\Omega$

$R_{Cmin} = \frac{100\,k\Omega \cdot 3}{150} = 2{,}0\,k\Omega;$ gewählt: **2,2 kΩ**

153/3 $R_{Cmax} \approx \frac{R_v \cdot ü_{max}}{B_{min}} = \frac{68\,k\Omega \cdot 3{,}5}{40} = 5{,}95\,k\Omega$

$R_{Cmin} \approx \frac{68\,k\Omega \cdot 2{,}5}{40} = 4{,}25\,k\Omega;$ gewählt: **4,7 kΩ**

153/4 $R_v \approx \frac{B_{min} \cdot R_C}{ü} \Rightarrow ü \approx \frac{B_{min} \cdot R_C}{R_v} = \frac{B_{min} \cdot R_1}{R_3} = \frac{100 \cdot 1\,k\Omega}{39\,k\Omega} = \mathbf{2{,}56}$

153/5 **a)** $I_C \approx \frac{U_b}{R_C} = \frac{15\,V}{1{,}5\,k\Omega} = 10\,mA$; $U_{CEsat} = I_C \cdot R_F = 10\,mA \cdot 10\,\Omega = \mathbf{0{,}1\,V}$

b) $P_F = I_C \cdot U_{CEsat} = 10\,mA \cdot 0{,}1\,V = \mathbf{1\,mW}$

$P_R \approx U_b \cdot I_{C0} = 15\,V \cdot 0{,}15\,mA = \mathbf{2{,}25\,mW}$

c) $R_R \approx \frac{U_b}{I_{C0}} = \frac{15\,V}{0{,}15\,mA} = \mathbf{100\,k\Omega}$

d) $\frac{R_R}{R_F} = \frac{100\,k\Omega}{10\,\Omega} = \mathbf{10\,000}$

153/6 **a)** $R_F = \frac{U_{CEsat}}{I_C} = \frac{150\,mV}{5\,mA} = \mathbf{30\,\Omega}$

b) $R_R \approx \frac{U_b}{I_{C0}} = \frac{9\,V}{50\,\mu A} = \mathbf{180\,k\Omega}$

c) $P_F = U_{CEsat} \cdot I_C = 150\,mV \cdot 5\,mA = \mathbf{0{,}75\,mW}$

$P_R \approx U_b \cdot I_{C0} = 9\,V \cdot 50\,\mu A = \mathbf{0{,}45\,mW}$

d) $\frac{R_R}{R_F} = \frac{180\,k\Omega}{30\,\Omega} = \mathbf{6\,000}$

Lösungen zu 6.8.2 Astabile Kippschaltung

154/1 $T = 2 \cdot R_K \cdot C_Q \cdot \ln\left(1 + 2 \cdot \frac{R_1}{R_M}\right) = 2 \cdot 47\,k\Omega \cdot 22\,nF \cdot \ln\left(1 + \frac{2 \cdot 33\,k\Omega}{68\,k\Omega}\right) = 2{,}07\,ms \cdot \ln 1{,}97 = \mathbf{1{,}40\,ms}$

154/2 **a)** $T \approx 2 \cdot R_K \cdot C_Q \cdot \ln\left(1 + 2 \cdot \frac{R_1}{R_M}\right)$

$= 2 \cdot 22\,k\Omega \cdot 0{,}1\,\mu F \cdot \ln\left(1 + 2 \cdot \frac{47\,k\Omega}{100\,k\Omega}\right) = 4{,}4\,ms \cdot \ln 1{,}94 = 4{,}4\,ms \cdot 0{,}663 = \mathbf{2{,}916\,ms}$

b) $f = \frac{1}{T} = \frac{1}{2{,}916\,ms} = \mathbf{343\,Hz}$

154/3 $T = \frac{1}{f} = \frac{1}{10\,kHz} = 100\,\mu s$

$T \approx 2 \cdot R_K \cdot C_Q \cdot \ln\left(1 + 2 \cdot \frac{R_1}{R_M}\right)$

$\Rightarrow R_K \approx \frac{T}{2 \cdot C_Q \cdot \ln\left(1 + 2 \cdot \frac{R_1}{R_M}\right)} = \frac{100\,\mu s}{2 \cdot 2{,}2\,nF \cdot \ln\left(1 + 2 \cdot \frac{39\,k\Omega}{39\,k\Omega}\right)}$

$= \frac{50\,\mu s}{2{,}2\,nF \cdot \ln 3} = \frac{50\,\mu s}{2{,}2\,nF \cdot 1{,}099} = \mathbf{20{,}7\,k\Omega}$

154/4 $T = \frac{1}{f} = \frac{1}{38\,kHz} = 26{,}32\,\mu s$; $T = 2 \cdot R_K \cdot C_Q \cdot \ln\left(1 + 2 \cdot \frac{R_1}{R_M}\right)$

$\Rightarrow C_Q = \frac{T}{2 \cdot R_K \cdot \ln\left(1 + 2 \cdot \frac{R_1}{R_M}\right)} = \frac{26{,}32\,\mu s}{2 \cdot 10\,k\Omega \cdot \ln\left(1 + 2 \cdot \frac{56\,k\Omega}{100\,k\Omega}\right)} = \frac{1{,}316\,nF}{\ln 2{,}12} = \mathbf{1{,}75\,nF}$

154/5

$$f_{max} = \frac{1}{T_{min}} \approx \frac{1}{2 \cdot R_K \cdot C_Q \cdot \ln\left(1 + 2 \cdot \frac{R_{1min}}{R_M}\right)} = \frac{1}{2 \cdot R_K \cdot C_Q \cdot \ln\left(1 + 2 \cdot \frac{0{,}1\,R_M}{R_M}\right)} = \frac{1}{2 \cdot R_K \cdot C_Q \cdot \ln 1{,}2}$$

$$f_{min} = \frac{1}{T_{max}} \approx \frac{1}{2 \cdot R_K \cdot C_Q \cdot \ln\left(1 + 2 \cdot \frac{R_{1max}}{R_M}\right)} = \frac{1}{2 \cdot R_K \cdot C_Q \cdot \ln\left(1 + 2 \cdot \frac{3\,R_M}{R_M}\right)} = \frac{1}{2 \cdot R_K \cdot C_Q \cdot \ln 7}$$

$$\frac{f_{max}}{f_{min}} = \frac{2 \cdot R_K \cdot C_Q \cdot \ln 7}{2 \cdot R_K \cdot C_Q \cdot \ln 1{,}2} = \frac{\ln 7}{\ln 1{,}2} = \frac{1{,}945}{0{,}182} = \mathbf{10{,}7}$$

154/6

$$T = 2 \cdot R_K \cdot C_Q \cdot \ln\left(1 + 2 \cdot \frac{R_1}{R_M}\right)$$

$$\Rightarrow 2 \cdot 22\,\text{k}\Omega \cdot 0{,}47\,\mu\text{F} \cdot \ln\left(1 + 2 \cdot \frac{R_1}{220\,\text{k}\Omega}\right) = 2 \cdot \left[2 \cdot 22\,\text{k}\Omega \cdot 0{,}47\,\mu\text{F} \cdot \ln\left(1 + 2 \cdot \frac{100\,\text{k}\Omega}{220\,\text{k}\Omega}\right)\right]$$

$$\ln\left(1 + \frac{2 \cdot R_1}{220\,\text{k}\Omega}\right) = 2 \cdot \ln\left(1 + \frac{2 \cdot 100\,\text{k}\Omega}{220\,\text{k}\Omega}\right)$$

$$\ln\left(1 + \frac{R_1}{110\,\text{k}\Omega}\right) = 2 \cdot \ln(1 + 0{,}909)$$

$$\ln\left(1 + \frac{R_1}{110\,\text{k}\Omega}\right) = \ln(1{,}909)^2 \Rightarrow 1 + \frac{R_1}{110\,\text{k}\Omega} = (1{,}902)^2$$

$$\Rightarrow \frac{R_1}{110\,\text{k}\Omega} = (3{,}645 - 1) \Rightarrow R_1 = 2{,}645 \cdot 110\,\text{k}\Omega = \mathbf{291\,k\Omega}$$

154/7

a) $t_i = 0{,}693 \cdot C_x \cdot (R_1 + R_2) = 0{,}693 \cdot 27\,\text{nF} \cdot (12\,\text{k}\Omega + 24\,\text{k}\Omega) = \mathbf{0{,}674\,ms}$

b) $T = 0{,}693 \cdot C_x \cdot (R_1 + 2 \cdot R_2) = 0{,}693 \cdot 27\,\text{nF} \cdot (12\,\text{k}\Omega + 2 \cdot 24\,\text{k}\Omega) = \mathbf{1{,}123\,ms}$

c) $f = \frac{1}{T} = \frac{1}{1{,}123\,\text{ms}} = \mathbf{891\,Hz}$

d) $g = \frac{t_i}{T} = \frac{0{,}674\,\text{ms}}{1{,}123\,\text{ms}} = \mathbf{0{,}60}$

155/8

a) $f = \frac{1}{T} = \frac{1}{t_i + t_p} = \frac{1}{3\,\text{ms} + 2\,\text{ms}} = \mathbf{200\,Hz}$

b) $t_p = 0{,}693 \cdot C_x \cdot R_2 \Rightarrow R_2 = \frac{t_p}{0{,}693 \cdot C_x} = \frac{2\,\text{ms}}{0{,}693 \cdot 100\,\text{nF}} = \mathbf{28{,}9\,k\Omega}$

$t_i = 0{,}693 \cdot C_x \cdot (R_1 + R_2) \Rightarrow R_1 + R_2 = \frac{t_i}{0{,}693 \cdot C_x}$

$\Rightarrow R_1 = \frac{t_i}{0{,}693 \cdot C_x} - R_2 = \frac{3\,\text{ms}}{0{,}693 \cdot 100\,\text{nF}} - 28{,}9\,\text{k}\Omega = 43{,}3\,\text{k}\Omega - 28{,}9\,\text{k}\Omega = \mathbf{14{,}4\,k\Omega}$

155/9

a) $T = \frac{1}{f} = \frac{1}{440\,\text{Hz}} = \mathbf{2{,}27\,ms}$

b) $g = \frac{t_i}{T} \Rightarrow t_i = g \cdot T = 0{,}6 \cdot 2{,}27\,\text{ms} = 1{,}364\,\text{ms};\ t_p = T - t_i = (2{,}27 - 1{,}364)\,\text{ms} = \mathbf{0{,}91\,ms}$

c) $R_2 = \frac{t_p}{0{,}693 \cdot C_x} = \frac{0{,}91\,\text{ms}}{0{,}693 \cdot 47\,\text{nF}} = \mathbf{27{,}9\,k\Omega}$

$R_1 = \frac{t_i}{0{,}693 \cdot C_x} - R_2 = \frac{1{,}364\,\text{ms}}{0{,}693 \cdot 47\,\text{nF}} - 27{,}9\,\text{k}\Omega = 41{,}9\,\text{k}\Omega - 27{,}9\,\text{k}\Omega = \mathbf{14{,}0\,k\Omega}$

155/10 **a)** $T = 0{,}693 \cdot C_X \cdot (R_1 + 2 \cdot R_2) = 0{,}693 \cdot 470\,\text{pF} \cdot (15\,\text{k}\Omega + 2 \cdot 15\,\text{k}\Omega) = 325{,}7\,\text{pF} \cdot 45\,\text{k}\Omega = \mathbf{14{,}66\,\mu s}$

b) $f = \frac{1}{T} = \frac{1}{14{,}66\,\mu\text{s}} = \mathbf{68{,}2\,kHz}$

c) $t_i = 0{,}693 \cdot C_X \cdot (R_1 + R_2) = 0{,}693 \cdot 470\,\text{pF} \cdot (15\,\text{k}\Omega + 15\,\text{k}\Omega) = 325{,}7\,\text{pF} \cdot 30\,\text{k}\Omega = \mathbf{9{,}77\,\mu s}$

d) $g = \frac{t_i}{T} = \frac{9{,}77\,\mu\text{s}}{14{,}66\,\mu\text{s}} = \mathbf{0{,}667}$

155/11 $g = \frac{0{,}693 \cdot C_X \cdot (R_1 + R_2)}{0{,}693 \cdot C_X \cdot (R_1 + 2 \cdot R_2)} \Rightarrow \mathbf{g = \frac{(R_1 + R_2)}{(R_1 + 2 \cdot R_2)}}$

Die Kapazität C_X hat auf den Tastgrad g keinen Einfluss.

155/12 **a)** Gemäß 155/11 ist $g = \frac{R_1 + R_2}{R_1 + 2 \cdot R_2} \Rightarrow g \cdot R_1 + 2g \cdot R_2 = R_1 + R_2$

$\Rightarrow R_2 \cdot (2g - 1) = R_1 \cdot (1 - g) \Rightarrow R_2 = \frac{(1 - g) \cdot R_1}{(2g - 1)} = \frac{(1 - 0{,}75) \cdot 10\,\text{k}\Omega}{(2 \cdot 0{,}75 - 1)} = \mathbf{5\,k\Omega}$

b) $T = \frac{1}{T} = \frac{1}{25\,\text{kHz}} = \mathbf{40\,\mu s}$

c) $t_i = g \cdot T = 0{,}75 \cdot 40\,\mu\text{s} = \mathbf{30\,\mu s}$

d) $t_i = 0{,}693 \cdot C_X \cdot (R_1 + R_2) \Rightarrow C_X = \frac{t_i}{0{,}693 \cdot (R_1 + R_2)} = \frac{30\,\mu\text{s}}{0{,}693 \cdot (10\,\text{k}\Omega + 5\,\text{k}\Omega)} = \mathbf{2{,}89\,nF}$

155/13 $f = \frac{1}{T} = \frac{1}{0{,}693 \cdot C_X \cdot (R_1 + 2 \cdot R_2)} \Rightarrow \mathbf{f = \frac{1{,}44}{C_X \cdot (R_1 + 2 \cdot R_2)}}$

Lösungen zu 6.8.3 Monostabile Kippschaltung

155/1 **a)** $t_i \approx R_K \cdot C_Q \cdot \ln\left(1 + \frac{R_1}{R_M}\right) = 22\,\text{k}\Omega \cdot 0{,}47\,\mu\text{F} \cdot \ln\left(1 + \frac{100\,\text{k}\Omega}{220\,\text{k}\Omega}\right) = \mathbf{3{,}87\,ms}$

b) $T_{min} = 2 \cdot t_i = 7{,}74\,\text{ms}$; $f_{max} = \frac{1}{T_{min}} = \frac{1}{7{,}74\,\text{ms}} = \mathbf{129\,Hz}$

155/2 **a)** $t_i \approx R_K \cdot C_Q \cdot \ln\left(1 + \frac{R_1}{R_M}\right) = 120\,\text{k}\Omega \cdot 6{,}8\,\text{nF} \cdot \ln\left(1 + \frac{220\,\text{k}\Omega}{220\,\text{k}\Omega}\right)$

$= 816\,\mu\text{s} \cdot \ln 2 = 816\,\mu\text{s} \cdot 0{,}693 = \mathbf{566\,\mu s}$

b) $f_{max} = \frac{1}{t_i + t_{pmin}} \approx \frac{1}{2 \cdot t_i} = \frac{1}{2 \cdot 566\,\mu\text{s}} = \mathbf{884\,Hz}$

156/3 $t_i \approx R_K \cdot C_Q \cdot \ln\left(1 + \frac{R_1}{R_M}\right)$

$\Rightarrow C_Q \approx \frac{t_i}{R_K \cdot \ln\left(1 + \frac{R_1}{R_M}\right)} = \frac{150\,\mu\text{s}}{33\,\text{k}\Omega \cdot \ln\left(1 + \frac{82\,\text{k}\Omega}{150\,\text{k}\Omega}\right)} = \frac{150\,\mu\text{s}}{33\,\text{k}\Omega \cdot \ln 1{,}547} = \frac{150\,\mu\text{s}}{33\,\text{k}\Omega \cdot 0{,}436} = \mathbf{10{,}4\,nF}$

156/4 $t_i \approx R_K \cdot C_Q \cdot \ln\left(1 + \frac{R_1}{R_M}\right)$

$$\Rightarrow R_K \approx \frac{t_i}{C_Q \cdot \ln\left(1 + \frac{R_1}{R_M}\right)} = \frac{5\,\text{s}}{50\,\mu\text{F} \cdot \ln\left(1 + \frac{330\,\text{k}\Omega}{82\,\text{k}\Omega}\right)} = \frac{5\,\text{s}}{50\,\mu\text{F} \cdot \ln 5{,}025} = \frac{5\,\text{s}}{50\,\mu\text{F} \cdot 1{,}615} = \mathbf{61{,}9\,k\Omega}$$

156/5 Die Impulsdauer t_{i1} der Schaltung von **Bild 1, vorhergehende Seite** ist

$$t_{i1} \approx R_K \cdot C_Q \cdot \ln\left(1 + \frac{R_1}{R_M}\right) = 22\,\text{k}\Omega \cdot 0{,}47\,\mu\text{F} \cdot \ln\left(1 + \frac{100\,\text{k}\Omega}{220\,\text{k}\Omega}\right) = 3{,}874\,\text{ms}.$$

Die Impulsdauer soll verdoppelt werden $\Rightarrow t_{i2} = 2 \cdot t_{i1} = 7{,}748\,\text{ms}$. Gesucht ist jetzt R_1.

$$t_{i2} \approx R_K \cdot C_Q \cdot \ln\left(1 + \frac{R_1}{R_M}\right) \Rightarrow \frac{t_{i2}}{R_K \cdot C_Q} = \ln\left(1 + \frac{R_1}{R_M}\right) \Rightarrow e^{t_{i2}/(R_K \cdot C_Q)} = 1 + \frac{R_1}{R_M}$$

$$\Rightarrow \frac{R_1}{R_M} = e^{t_{i2}/(R_K \cdot C_Q)} - 1$$

$$\Rightarrow R_1 = R_M \cdot \left[e^{t_{i2}/(R_K \cdot C_Q)} - 1\right] = 220\,\text{k}\Omega \cdot \left[e^{\frac{7{,}748\,\text{ms}}{22\,\text{k}\Omega \cdot 0{,}47\,\mu\text{F}}} - 1\right] = \mathbf{245\,k\Omega}$$

156/6

$$\frac{t_{imax}}{t_{imin}} \approx \frac{R_K \cdot C_Q \cdot \ln\left(1 + \frac{R_{1max}}{R_M}\right)}{R_K \cdot C_Q \cdot \ln\left(1 + \frac{R_{1min}}{R_M}\right)} = \frac{\ln\left(1 + \frac{3 \cdot R_M}{R_M}\right)}{\ln\left(1 + \frac{0{,}1 \cdot R_M}{R_M}\right)} = \frac{\ln 4}{\ln 1{,}1} = \frac{1{,}386}{0{,}095\,3} = \mathbf{14{,}55}$$

156/7 Aus **Bild 2**: $K = 0{,}44$

$$t_i = K \cdot C_x \cdot (R_x + 0{,}7\,\text{k}\Omega) = 0{,}44 \cdot 1\,\text{nF} \cdot (15\,\text{k}\Omega + 0{,}7\,\text{k}\Omega) = 0{,}44\,\text{n}\frac{\text{As}}{\text{V}} \cdot \left(15{,}7\,\text{k}\frac{\text{V}}{\text{A}}\right) = \mathbf{6{,}91\,\mu s}$$

156/8 Aus **Bild 2**: $K = 0{,}37$

$$t_i = K \cdot C_x \cdot (R_x + 0{,}7\,\text{k}\Omega) = 0{,}37 \cdot 10\,\text{nF} \cdot (47\,\text{k}\Omega + 0{,}7\,\text{k}\Omega) = 3{,}7\,\text{nF} \cdot 47{,}7\,\text{k}\Omega = \mathbf{176\,\mu s}$$

156/9 Aus **Bild 2**: $K = 0{,}28$

$$t_i = K \cdot C_x \cdot (R_x + 0{,}7\,\text{k}\Omega)$$

$$\Rightarrow R_x = \frac{t_i}{K \cdot C_x} - 0{,}7\,\text{k}\Omega = \frac{0{,}25\,\text{s}}{0{,}28 \cdot 10\,\mu\text{F}} - 0{,}7\,\text{k}\Omega = 89{,}3\,\text{k}\Omega - 0{,}7\,\text{k}\Omega = \mathbf{88{,}6\,k\Omega}$$

156/10 Aus **Bild 2**: $K = 0{,}33$

$$R_x = \frac{t_i}{K \cdot C_x} - 0{,}7\,\text{k}\Omega = \frac{1{,}0\,\text{ms}}{0{,}33 \cdot 0{,}1\,\mu\text{F}} - 0{,}7\,\text{k}\Omega = 33{,}3\,\text{k}\Omega - 0{,}7\,\text{k}\Omega = \mathbf{29{,}6\,k\Omega}$$

Lösungen zu 6.8.4 Schwellwertschalter

157/1 **a)** $\Delta U_1 \approx \frac{R_e}{R_M} \cdot (U_{b1} - U_{b2}) \Rightarrow R_M \approx R_e \cdot \frac{U_{b1} - U_{b2}}{U_1} = 1\,k\Omega \cdot \frac{5\,V - (-5\,V)}{100\,mV} = \mathbf{100\,k\Omega}$

b) $U_{1r} \approx -\frac{R_e}{R_M} \cdot U_{b2} = -\frac{1\,k\Omega}{100\,k\Omega} \cdot (-5\,V) = \mathbf{50\,mV}$

$U_{1f} \approx -\frac{R_e}{R_M} \cdot U_{b1} = -\frac{1\,k\Omega}{100\,k\Omega} \cdot 5\,V = \mathbf{-50\,mV}$

157/2 **a)** $\Delta U_1 = \frac{U_{b1} - U_{b2}}{1 + \frac{R_M}{R_Q}} \Rightarrow 1 + \frac{R_M}{R_Q} = \frac{U_{b1} - U_{b2}}{\Delta U_1} \Rightarrow \frac{R_M}{R_Q} = \frac{U_{b1} - U_{b2}}{\Delta U_1} - 1$

$\Rightarrow R_Q = \frac{R_M}{\left(\frac{U_{b1} - U_{b2}}{\Delta U_1} - 1\right)} = \frac{100\,k\Omega}{\left(\frac{12\,V - (-12\,V)}{0{,}77\,V} - 1\right)} = 3{,}31\,k\Omega \Rightarrow$ gewählt: $R_Q = \mathbf{3{,}3\,k\Omega}$

b) $U_{1r} \approx \frac{U_{b1}}{1 + \frac{R_M}{R_Q}} = \frac{12\,V}{1 + \frac{100\,k\Omega}{3{,}3\,k\Omega}} = \mathbf{0{,}38\,V}$

c) $U_{1f} \approx \frac{U_{b2}}{1 + \frac{R_M}{R_Q}} = \frac{-12\,V}{1 + \frac{100\,k\Omega}{3{,}3\,k\Omega}} = \mathbf{-0{,}38\,V}$

157/3 $U_{1r} = \hat{u}_{Dr}$

$U_{1f} = \check{u}_{Dr} \Rightarrow U_{1r} - U_{1f} = \hat{u}_{Dr} - \check{u}_{Dr} = 10\,V - (-10\,V) = 20\,V \Rightarrow \Delta U_1 = U_{1r} - U_{1f} = 20\,V$

$\Delta U_1 \approx \frac{R_e}{R_M} \cdot (U_{b1} - U_{b2}) \Rightarrow R_M \approx R_e \cdot \frac{U_{b1} - U_{b2}}{\Delta U_1} = 22\,k\Omega \cdot \frac{15\,V - (-15\,V)}{20\,V} = \mathbf{33\,k\Omega}$

157/4 **a)** $\hat{u}_{Dr} = U_{1r} \approx -\frac{R_e}{R_M} \cdot U_{b2} = -\frac{15\,k\Omega}{20\,k\Omega} \cdot (-12\,V) = \mathbf{9{,}0\,V}$

b) $\check{u}_{Dr} = U_{1f} \approx -\frac{R_e}{R_M} \cdot U_{b1} = -\frac{15\,k\Omega}{20\,k\Omega} \cdot 12\,V = \mathbf{-9{,}0\,V}$

c) $\hat{\check{u}}_{Dr} = \hat{u}_{Dr} - \check{u}_{Dr} = 9{,}0\,V - (-9{,}0\,V) = \mathbf{18\,V}$

Lösungen zu 6.9 Sägezahngeneratoren

158/1 $U = \check{u} + \frac{\hat{\check{u}}}{2} = 3\,mV + \frac{4\,mV}{2} = \mathbf{5\,mV}$

158/2 **a)** $U = \mathbf{45\,V}$

b) Die Gleichspannung muss dem Gleichspannungsanteil der Sägezahnmischspannung entgegenwirken.

158/3 $t_L = \mathbf{3{,}5\,ms}$; $t_E = \mathbf{0{,}5\,ms}$

158/4 $T = \mathbf{4\,ms}$; $f = \frac{1}{T} = \frac{1}{4\,\text{ms}} = \mathbf{250\,Hz}$

158/5 $f_i = \frac{1}{T_i} \Rightarrow T_i = \frac{1}{f_i} = \frac{1}{1\,\text{MHz}} = 1\,\mu\text{s}$

Messzeit t_m = Impulszahl $\cdot\, T_i = 5\,000 \cdot 1\,\mu\text{s} = 5\,000\,\mu\text{s}$

$f = \frac{1}{T} \Rightarrow T = \frac{1}{f} = \frac{1}{100\,\text{Hz}} = 10\,\text{ms}$

$\frac{U_x}{t_m} = \frac{\underset{\vee}{\hat{u}}_v}{T} \Rightarrow U_x = \frac{\underset{\vee}{\hat{u}}_v \cdot t_m}{T} = \frac{10\,\text{V} \cdot 5\,\text{ms}}{10\,\text{ms}} = \mathbf{5\,V}$

158/6 $f = \frac{1}{T} \Rightarrow T = \frac{1}{f} = \frac{1}{100\,\text{Hz}} = 10\,\text{ms}$

$\frac{U_x}{t_m} = \frac{\underset{\vee}{\hat{u}}_v}{T} \Rightarrow t_m = \frac{U_x \cdot T}{\underset{\vee}{\hat{u}}_v} = \frac{500\,\text{mV} \cdot 10\,\text{ms}}{8\,\text{V}} = 625\,\mu\text{s}$

$t_m = \text{Impulszahl} \cdot T_i \Rightarrow T_i = \frac{t_m}{\text{Impulszahl}} = \frac{625\,\mu\text{s}}{500} = 1{,}25\,\mu\text{s}$

$f_i = \frac{1}{T_i} = \frac{1}{1{,}25\,\mu\text{s}} = \mathbf{800\,kHz}$

158/7 **a)** $f_Z = \frac{1}{t_Z} \Rightarrow t_Z = \frac{1}{f_Z} = \frac{1}{15\,625\,\text{Hz}} = \mathbf{64\,\mu s}$

b) $t_{ZR} = 0{,}2 \cdot t_Z = 0{,}2 \cdot 64\,\mu\text{s} = \mathbf{12{,}8\,\mu s}$

c) $t_{ZH} = t_Z - t_{ZR} = 64\,\mu\text{s} - 12{,}8\,\mu\text{s} = \mathbf{51{,}2\,\mu s}$

158/8 **a)** $f_B = \frac{1}{t_B} \Rightarrow t_B = \frac{1}{f_B} = \frac{1}{50\,\text{Hz}} = \mathbf{20\,ms}$

b) $f_Z = \frac{1}{t_Z} \Rightarrow t_Z = \frac{1}{f_Z} = \frac{1}{15\,625\,\text{Hz}} = \mathbf{64\,\mu s}$

c) $t_{BR} = 5 \cdot t_Z = 5 \cdot 64\,\mu\text{s} = \mathbf{320\,\mu s}$

d) $t_{BH} = t_B - t_{BR} = 20\,\text{ms} - 320\,\mu\text{s} = \mathbf{19{,}68\,ms}$

159/9 **a)** $\underset{\vee}{\hat{u}} = \hat{u}_C - \check{u}_C = 9\,\text{V} - 1{,}8\,\text{V} = \mathbf{7{,}2\,V}$

b) $C_1 \cdot \underset{\vee}{\hat{u}} = -I_C \cdot t_L = \frac{C_1 \cdot \underset{\vee}{\hat{u}}}{-I_C} = \frac{100\,\text{nF} \cdot 7{,}2\,\text{V}}{7\,\text{mA}} = 102{,}86\,\mu\text{s}$

$f = \frac{1}{T} \approx \frac{1}{t_L} = \frac{1}{102{,}86\,\mu\text{s}} = \mathbf{9{,}72\,kHz}$

c) $U_{R3} \approx -I_C \cdot R_3 = 7\,\text{mA} \cdot 1\,\text{k}\Omega = 7\,\text{V}$; $U_{R2} = U_{BE} - U_{R3} = -200\,\text{mV} - 7\,\text{V} = -7{,}2\,\text{V}$

$B = \frac{-I_C}{-I_B} \Rightarrow -I_B = \frac{-I_C}{B} = \frac{7\,\text{mA}}{100} = 70\,\mu\text{A}$

$R_2 = \frac{U_{R2}}{I_q} = \frac{U_{R2}}{q \cdot I_B} = \frac{-7{,}2\,\text{V}}{2 \cdot (-70\,\mu\text{A})} = \mathbf{51{,}43\,k\Omega}$

$R_1 = \frac{U_b - U_{R2}}{I_1} = \frac{U_b - U_{R2}}{I_q + I_B} = \frac{U_b - U_{R2}}{q \cdot I_B + I_B} = \frac{U_b - U_{R2}}{(q+1) \cdot I_B} = \frac{-20\,\text{V} - (-7{,}2\,\text{V})}{(2+1) \cdot (-70\,\mu\text{A})} = \mathbf{60{,}95\,k\Omega}$

159/10 $C_1 \cdot \underset{\vee}{\hat{u}} = -I_C \cdot t_L \Rightarrow t_L = \dfrac{C_1 \cdot \underset{\vee}{\hat{u}}}{-I_C} = \dfrac{100\,\text{nF} \cdot 7{,}2\,\text{V}}{8\,\text{mA}} = 90\,\mu\text{s}$

$f = \dfrac{1}{T} \approx \dfrac{1}{t_L} = \dfrac{1}{90\,\mu\text{s}} = \mathbf{11{,}11\,kHz}$

159/11 $f = \dfrac{1}{T} \Rightarrow T = \dfrac{1}{f} = \dfrac{1}{20\,\text{kHz}} = 50\,\mu\text{s}; \quad t_L \approx T = 50\,\mu\text{s}$

$C_1 \cdot \underset{\vee}{\hat{u}} = -I_C \cdot t_L \Rightarrow C_1 = \dfrac{-I_C \cdot t_L}{\underset{\vee}{\hat{u}}} = \dfrac{7\,\text{mA} \cdot 50\,\mu\text{s}}{7{,}2\,\text{V}} = \mathbf{48{,}61\,nF}$

159/12 **a)** $f = \dfrac{1}{T} \Rightarrow T = \dfrac{1}{f} = \dfrac{1}{5{,}55\,\text{kHz}} \approx 180\,\mu\text{s}; \quad t_L \approx T \approx 180\,\mu\text{s}$

$C_1 \cdot \underset{\vee}{\hat{u}} = -I_C \cdot t_L \Rightarrow -I_C = \dfrac{C_1 \cdot \underset{\vee}{\hat{u}}}{t_L} = \dfrac{100\,\text{nF} \cdot 7{,}2\,\text{V}}{180\,\mu\text{s}} = \mathbf{4\,mA}$

b) $B = \dfrac{-I_C}{-I_B} \Rightarrow -I_B = \dfrac{-I_C}{B} = \dfrac{4\,\text{mA}}{100} = 40\,\mu\text{A}$

$U_{R3} \approx -I_C \cdot R_3 = 4\,\text{mA} \cdot 1\,\text{k}\Omega = 4\,\text{V}; \quad U_{R2} = U_{BE} - U_{R3} = -180\,\text{mV} - 4\,\text{V} = -4{,}18\,\text{V}$

$R_2 = \dfrac{U_{R2}}{I_2} = \dfrac{U_{R2}}{q \cdot I_B} = \dfrac{-4{,}18\,\text{V}}{2 \cdot (-40\,\mu\text{A})} = \mathbf{52{,}25\,k\Omega}$

$R_1 = \dfrac{U_{R1}}{I_1} = \dfrac{U_b - U_{R2}}{(q+1) \cdot I_B} = \dfrac{-20\,\text{V} - (-4{,}18\,\text{V})}{(2+1) \cdot (-40\,\mu\text{A})} = \mathbf{131{,}83\,k\Omega}$

159/13 **a)** $\dfrac{\hat{u}_{a2}}{U_{a1}} = \dfrac{R_1}{R_2} \Rightarrow R_1 = \dfrac{R_2 \cdot \hat{u}_{a2}}{U_{a1}} = \dfrac{10\,\text{k}\Omega \cdot 7{,}5\,\text{V}}{13{,}4\,\text{V}} = \mathbf{5{,}6\,k\Omega}$

b) $\hat{u}_{a2} = \dfrac{U_e \cdot \Delta t}{2 \cdot R \cdot C_1}$

$\Rightarrow \Delta t_1 = \dfrac{2 \cdot R_3 \cdot C_1 \cdot \hat{u}_{a2}}{U_{e1}} = \dfrac{2 \cdot 12\,\text{k}\Omega \cdot 47\,\text{nF} \cdot 7{,}5\,\text{V}}{13{,}4\,\text{V} - 0{,}7\,\text{V}} = 666{,}15\,\mu\text{s}$

$\Rightarrow \Delta t_2 = \dfrac{2 \cdot R_4 \cdot C_1 \cdot \hat{u}_{a2}}{U_{e2}} = \dfrac{2 \cdot 1\,\text{k}\Omega \cdot 47\,\text{nF} \cdot 7{,}5\,\text{V}}{13{,}4\,\text{V} - 0{,}7\,\text{V}} = 55{,}51\,\mu\text{s}$

$T = \Delta t_1 + \Delta t_2 = 666{,}15\,\mu\text{s} + 55{,}51\,\mu\text{s} = 721{,}66\,\mu\text{s}$

$f = \dfrac{1}{T} = \dfrac{1}{721{,}66\,\mu\text{s}} = \mathbf{1{,}386\,kHz}$

159/14 **a)** $\dfrac{\hat{u}_{a2}}{U_{a1}} = \dfrac{R_1}{R_2} \Rightarrow R_2 = \dfrac{R_1 \cdot U_{a1}}{\hat{u}_{a2}} = \dfrac{10\,\text{k}\Omega \cdot 14\,\text{V}}{5\,\text{V}} = \mathbf{28\,k\Omega}$

b) $T = \dfrac{1}{f} = \dfrac{1}{2\,\text{kHz}} = 0{,}5\,\text{ms}$

$\Delta t_2 = \dfrac{T}{5} = \dfrac{0{,}5\,\text{ms}}{5} = 100\,\mu\text{s}$

$\Delta t_1 = T - \Delta t_2 = 500\,\mu\text{s} - 100\,\mu\text{s} = 400\,\mu\text{s}$

$\hat{u}_{a2} = \dfrac{U_e \cdot \Delta t}{2 \cdot R \cdot C_1}$

$\Rightarrow R_3 = \dfrac{U_{e1} \cdot \Delta t_1}{2 \cdot \hat{u}_{a2} \cdot C_1} = \dfrac{(14\,\text{V} - 0{,}7\,\text{V}) \cdot 400\,\mu\text{s}}{2 \cdot 5\,\text{V} \cdot 12\,\text{nF}} = \mathbf{44{,}33\,k\Omega}$

$\Rightarrow R_4 = \dfrac{U_{e2} \cdot \Delta t_2}{2 \cdot \hat{u}_{a2} \cdot C_1} = \dfrac{(14\,\text{V} - 0{,}7\,\text{V}) \cdot 100\,\mu\text{s}}{2 \cdot 5\,\text{V} \cdot 12\,\text{nF}} = \mathbf{11{,}08\,k\Omega}$

159/15 **a)** $\frac{\hat{u}_{a2}}{U_{a1}} = \frac{R_1}{R_2} \Rightarrow R_1 = \frac{R_2 \cdot \hat{u}_{a2}}{U_{a1}} = \frac{15\,k\Omega \cdot 10\,V}{14\,V} = \mathbf{10{,}7\,k\Omega}$

b) $\hat{u}_{a2} = \frac{U_e \cdot \Delta t}{2 \cdot R_4 \cdot C_1}$

$$\Rightarrow \Delta t_1 = \frac{2 \cdot \hat{u}_{a2} \cdot R_4 \cdot C_1}{U_{e1}} = \frac{2 \cdot 10\,V \cdot 10\,k\Omega \cdot 22\,nF}{14\,V - 0{,}7\,V} = 331\,\mu s$$

$$\Rightarrow \Delta t_2 = \frac{2 \cdot \hat{u}_{a2} \cdot R_4 \cdot C_1}{U_{e2}} = \frac{2 \cdot 10\,V \cdot 10\,k\Omega \cdot 22\,nF}{0{,}7\,V} = 6\,286\,\mu s$$

$$T = \Delta t_1 + \Delta t_2 = 331\,\mu s + 6\,286\,\mu s = 6\,617\,\mu s$$

$$f = \frac{1}{T} = \frac{1}{6\,617\,\mu s} = \mathbf{151\,Hz}$$

159/16 **a)** $\frac{\hat{u}_{a2}}{U_{a1}} = \frac{R_1}{R_2} \Rightarrow R_2 = \frac{R_1 \cdot U_{a1}}{\hat{u}_{a2}} = \frac{10\,k\Omega \cdot 13{,}2\,V}{6\,V} = \mathbf{22\,k\Omega}$

b) $\hat{u}_{a2} = \frac{U_e \cdot \Delta t}{2 \cdot R_4 \cdot C_1}$

$$\left.\begin{array}{l} \Rightarrow \Delta t_1 = \frac{2 \cdot \hat{u}_{a2} \cdot R_4 \cdot C_1}{U_{e1}} \\ \Rightarrow \Delta t_2 = \frac{2 \cdot \hat{u}_{a2} \cdot R_4 \cdot C_1}{U_{e2}} \end{array}\right\} \Rightarrow \frac{\Delta t_1}{\Delta t_2} = \frac{U_{e2}}{U_{e1}} \Rightarrow \frac{T - \Delta t_2}{\Delta t_2} = \frac{U_{e2}}{U_{e1}}$$

$$T = \frac{1}{f} = \frac{1}{1\,kHz} = 1\,ms$$

$$\Rightarrow \Delta t_2 = \frac{T \cdot U_{e1}}{U_{e1} + U_{e2}} = \frac{1\,ms \cdot (13{,}2\,V - 0{,}7\,V)}{(13{,}2\,V - 0{,}7\,V) + 0{,}7\,V} = 0{,}95\,ms$$

$$\hat{u}_{a2} = \frac{U_e \cdot \Delta t}{2 \cdot R_4 \cdot C_1} \Rightarrow R_4 = \frac{U_{e2} \cdot \Delta t_2}{2 \cdot \hat{u}_{a2} \cdot C_1} = \frac{0{,}7\,V \cdot 0{,}95\,ms}{2 \cdot 6\,V \cdot 9{,}1\,nF} = \mathbf{6{,}1\,k\Omega}$$

Lösungen zu 6.10.1 Spannungsstabilisierungsschaltungen

160/1 **a)** $U_a = U_e - U_{CE} = 14\,V - 5\,V = 9\,V$

$U_a = U_Z - U_{BE} \Rightarrow U_Z = U_a + U_{BE} = 9\,V + 0{,}6\,V = 9{,}6\,V$

$I_L = U_a/R_L = 9\,V/100\,\Omega = 90\,mA$

$B = I_C/I_B \Rightarrow I_B = I_C/B \approx I_L/B = 90\,mA/60 = 1{,}5\,mA$

$R_v = (U_e - U_Z)/(I_Z + I_B) = (14\,V - 9{,}6\,V)/(3 \cdot 1{,}5\,mA + 1{,}5\,mA) = \mathbf{733{,}3\,\Omega}$

b) $G \approx R_v/r_Z = 733{,}3\,\Omega/5\,\Omega = \mathbf{146{,}66}$

c) $P_v \approx U_{CE} \cdot I_C \approx U_{CE} \cdot I_L = 5\,V \cdot 90\,mA = \mathbf{450\,mW}$

160/2 **a)** $U_a = U_Z - U_{BE} = 6{,}8\,V - 0{,}6\,V = 6{,}2\,V$

$B = I_C/I_B \Rightarrow I_C = B \cdot I_B = 100 \cdot 20\,mA = 2\,A$

$P_v \approx U_{CE} \cdot I_C \Rightarrow U_{CE} \approx P_v/I_C = 6\,W/2\,A = 3\,V$

$U_a = U_e - U_{CE} \Rightarrow U_e = U_a + U_{CE} = 6{,}2\,V + 3\,V = 9{,}2\,V$

$R_v = (U_e - U_Z)/(I_Z + I_B) = (9{,}2\,V - 6{,}8\,V)/(20\,mA + 20\,mA) = \mathbf{60\,\Omega}$

b) $P_v = U_Z \cdot I_Z = 6{,}8\,V \cdot 20\,mA = \mathbf{136\,mW}$

160/3 **a)** $B = I_C/I_B \Rightarrow I_B = I_C/B \approx I_L/B = 0{,}4\,A/120 = 3{,}33\,mA$
$R_v = (U_e - U_Z)/(I_Z + I_B) \Rightarrow U_Z = U_e - R_v \cdot (I_Z + I_B) = 12\,V - 270\,\Omega \cdot (15\,mA + 3{,}33\,mA) = \mathbf{7{,}05\,V}$
b) $U_a = U_Z - U_{BE} = 7{,}05\,V - 0{,}75\,V = \mathbf{6{,}3\,V}$
c) $U_a = U_e - U_{CE} \Rightarrow U_{CE} = U_e - U_a = 12\,V - 6{,}3\,V = 5{,}7\,V$
$P_v \approx U_{CE} \cdot I_C \approx U_{CE} \cdot I_L = 5{,}7\,V \cdot 0{,}4\,A = \mathbf{2{,}28\,W}$

160/4 **a)** $U_a = U_e - U_{CE} \Rightarrow U_e = U_a + U_{CE} = 9\,V + 5\,V = 14\,V$
$U_a = U_Z - U_{BE} \Rightarrow U_Z = U_a + U_{BE} = 9\,V + 0{,}6\,V = 9{,}6\,V$
$B = I_C/I_B \Rightarrow I_B = I_C/B \approx I_L/B = 1\,A/70 = 14{,}29\,mA$
$R_v = (U_e - U_Z)/(I_Z + I_B) = (14\,V - 9{,}6\,V)/(20\,mA + 14{,}29\,mA) = \mathbf{128{,}3\,\Omega}$
b) $P_v \approx U_{CE} \cdot I_C \approx U_{CE} \cdot I_L = 5\,V \cdot 1\,A = \mathbf{5\,W}$

161/5 **a)** $U_a = (U_Z + U_{BE2}) \cdot (1 + R_1/R_2)$
$U_{amin} = (3{,}6\,V + 0{,}6\,V) \cdot (1 + 0\,k\Omega/1\,k\Omega) = \mathbf{4{,}2\,V}$
$U_{amax} = (3{,}6\,V + 0{,}6\,V) \cdot (1 + 5\,k\Omega/1\,k\Omega) = \mathbf{25{,}2\,V}$
b) $U_a = U_e - U_{RC1} - U_{CE1}$
$\Rightarrow U_{RC1max} = U_e - U_{CE1} - U_{amin} = 32\,V - 2\,V - 4{,}2\,V = 25{,}8\,V$
$I_{C1max} = U_{RC1max}/R_{C1} = 25{,}8\,V/47\,\Omega = 0{,}55\,A$
$P_{vmax} \approx U_{CE1} \cdot I_{C1max} = 2\,V \cdot 0{,}55\,A = \mathbf{1{,}1\,W}$
c) $U_a = 0\,V$
$U_a = U_e - U_{RC1} - U_{CE1} \Rightarrow U_{RC1} = U_e - U_{CE1} - U_a = 32\,V - 1{,}8\,V - 0\,V = 30{,}2\,V$
$I_{C1} = U_{RC1}/R_{C1} = 30{,}2\,V/47\,\Omega = 0{,}64\,A$
$P_v \approx U_{CE1} \cdot I_{C1} = 1{,}8\,V \cdot 0{,}64\,A = \mathbf{1{,}15\,W}$

161/6 **a)** $U_{RC2} = U_e - U_a - U_{BE1} = 25\,V - 18\,V - 0{,}63\,V = 6{,}37\,V$
$I_{B1} = I_{C1}/B_1 \approx I_L/B_1 = 200\,mA/100 = 2\,mA$
$R_{C2} = U_{RC2}/(I_{B1} + I_{C2}) = 6{,}37\,V/(2\,mA + 5\,mA) = \mathbf{910\,\Omega}$
b) $R_v = (U_e - U_Z)/(I_Z - I_{C2}) = (25\,V - 9{,}1\,V)/(10\,mA - 5\,mA) = \mathbf{3{,}18\,k\Omega}$
c) $U_{RC1} = U_e - U_{CE1} - U_a = 25\,V - 2\,V - 18\,V = 5\,V$
$R_{C1} = U_{RC1}/I_{C1} \approx U_{RC1}/I_L = 5\,V/200\,mA = \mathbf{25\,\Omega}$
d) $R_2 = U_{R2}/I_{R2} = (U_{BE2} + U_Z)/I_{R2} = (0{,}6\,V + 9{,}1\,V)/2\,mA = \mathbf{4{,}85\,k\Omega}$
$U_a = (U_Z + U_{BE2}) \cdot (1 + R_1/R_2)$
$\Rightarrow R_1 = R_2 \cdot [U_a/(U_Z + U_{BE2}) - 1] = 4{,}85\,k\Omega \cdot [18\,V/(9{,}1\,V + 0{,}6\,V) - 1] = \mathbf{4{,}15\,k\Omega}$

161/7 **a)** $R_v = (U_b - U_Z)/I_Z = (18\,V - 5{,}1\,V)/(20\,mA) = \mathbf{645\,\Omega}$
b) $U_a = U_Z \cdot (1 + R_K/R_Q) \Rightarrow R_K = R_Q \cdot (U_a/U_Z - 1)$
$R_{Ka} = R_Q \cdot (U_{amin}/U_Z - 1) = 10\,k\Omega \cdot (6\,V/5{,}1\,V - 1) = \mathbf{1{,}76\,k\Omega}$
$R_{Ke} = R_Q \cdot (U_{amax}/U_Z - 1) = 10\,k\Omega \cdot (12\,V/5{,}1\,V - 1) = \mathbf{13{,}53\,k\Omega}$

161/8 $U_a = -U_Z \cdot R_K/R_e$
$U_{amin} = -3{,}6\,V \cdot 1\,k\Omega/6{,}8\,k\Omega = \mathbf{-0{,}53\,V}$
$U_{amax} = -3{,}6\,V \cdot 25\,k\Omega/6{,}8\,k\Omega = \mathbf{-13{,}24\,V}$

161/9 $U_a = U_Z \cdot (1 + R_1/R_2) = 6{,}8\,V \cdot (1 + 82\,k\Omega/33\,k\Omega) = \mathbf{23{,}7\,V}$

161/10 $U_a = U_Z \cdot (1 + R_1/R_2) \Rightarrow R_1 = R_2 \cdot (U_a/U_Z - 1)$

$R_{1min} = R_2 \cdot (U_{amin}/U_Z - 1) = 47\,k\Omega \cdot (6\,V/4{,}3\,V - 1) = \mathbf{18{,}58\,k\Omega}$

$R_{1max} = R_2 \cdot (U_{amax}/U_Z - 1) = 47\,k\Omega \cdot (20\,V/4{,}3\,V - 1) = \mathbf{171{,}60\,k\Omega}$

Lösungen zu 6.10.2 Spannungsregler mit IC

162/1 $U_1 = I_v \cdot R_1 = 6\,mA \cdot 220\,\Omega = 1{,}32\,V$

$U_a \approx U_1 \cdot (1 + R_2/R_1)$

$\Rightarrow R_2 \approx R_1 \cdot (U_a/U_1 - 1) = 220\,\Omega \cdot (12\,V/1{,}32\,V - 1) = \mathbf{1{,}78\,k\Omega}$

162/2 $U_1 = I_v \cdot R_1 = 5\,mA \cdot 240\,\Omega = 1{,}2\,V$

$U_a \approx U_1 \cdot (1 + R_2/R_1) = 1{,}2\,V \cdot (1 + 1\,080\,\Omega/240\,\Omega) = \mathbf{6{,}6\,V}$

162/3 $P_e \approx U_e \cdot (I_v + I_L) = 28\,V \cdot (5\,mA + 0{,}5\,A) = 14{,}14\,W$

$P_a = U_a \cdot I_L = 15\,V \cdot 0{,}5\,A = 7{,}5\,W$

$\eta = P_a/P_e = 7{,}5\,W/14{,}14\,W = 0{,}53 = \mathbf{53}\,\%$

162/4 $P_e = U_e \cdot (I_0 + I_v + I_L) = 18\,V \cdot (4{,}2\,mA + 5\,mA + 1\,A) = 18{,}166\,W$

$\eta = P_a/P_e \Rightarrow P_a = \eta \cdot P_e = 0{,}4 \cdot 18{,}166\,W = 7{,}27\,W$

$P_a = U_a \cdot I_L \Rightarrow U_a = P_a/I_L = 7{,}27\,W/1\,A = \mathbf{7{,}27\,V}$

162/5 **a)** $U_a = U_1 \cdot (1 + R_2/R_1) + I_0 \cdot R_2$

$\Rightarrow R_2 = (U_a - U_1)/(U_1/R_1 + I_0) = (9\,V - 5\,V)/(5\,V/1\,k\Omega + 4{,}2\,mA) = \mathbf{435\,\Omega}$

b) $U_{amin} = 5\,V \cdot (1 + 0\,k\Omega/1\,k\Omega) + 4{,}2\,mA \cdot 0\,k\Omega = \mathbf{5\,V}$

$U_{amax} = 5\,V \cdot (1 + 1\,k\Omega/1\,k\Omega) + 4{,}2\,mA \cdot 1\,k\Omega = \mathbf{14{,}2\,V}$

162/6 **a)** $U_1 = I_v \cdot R_1 = 5\,mA \cdot 1\,k\Omega = 5\,V$

$U_a = U_1 \cdot (1 + R_2/R_1) + I_0 \cdot R_2$

$\Rightarrow R_2 = (U_a - U_1)/(U_1/R_1 + I_0) = (12\,V - 5\,V)/(5\,V/1\,k\Omega + 4{,}2\,mA) = \mathbf{761\,\Omega}$

b) $P_{vmax} = (U_{emax} - U_a)(I_{Lmax} + I_v + I_0) + U_1 \cdot I_0$

$= (20\,V - 12\,V)(1\,A + 5\,mA + 4{,}2\,mA) + 5\,V \cdot 4{,}2\,mA = \mathbf{8{,}09\,W}$

162/7 **a)** wenn $R_2 = 0 \Rightarrow U_1 = U_{amin} = \mathbf{1{,}2\,V}$

b) $R_1 = U_1/I_v = 1{,}2\,V/5\,mA = \mathbf{240\,\Omega}$

c) $U_a = U_1 \cdot (1 + R_2/R_1) + I_0 \cdot R_2$

$\Rightarrow R_{2max} = (U_{amax} - U_1)/(U_1/R_1 + I_0) = (25\,V - 1{,}2\,V)/(1{,}2\,V/240\,\Omega + 50\,\mu A) = \mathbf{4{,}7\,k\Omega}$

d) $U_{emin} = U_{amax} + \Delta U_{min} = 25\,V + 3\,V = \mathbf{28\,V}$

e) $I_{Lmax} = U_{amax}/R_L = 25\,V/27\,\Omega = \mathbf{0{,}93\,A}$

f) $I_L = U_{amin}/R_L = 1{,}2\,V/27\,\Omega = 44{,}4\,mA$

$P_{vmax} = (U_{emin} - U_{amin})(I_L + I_v + I_0) + U_1 \cdot I_0$

$= (28\,V - 1{,}2\,V)(44{,}4\,mA + 5\,mA + 50\,\mu A) + 1{,}2\,V \cdot 50\,\mu A = \mathbf{1{,}325\,W}$

162/8 **a)** $U_1 = I_v \cdot R_1 = 5\,mA \cdot 240\,\Omega = 1{,}2\,V$

$U_{amin} = U_1 \cdot (1 + R_{2min}/R_1) + I_0 \cdot R_{2min} = 1{,}2\,V \cdot (1 + 1\,k\Omega/240\,\Omega) + 50\,\mu A \cdot 1\,k\Omega = \mathbf{6{,}2\,V}$

$U_{amax} = U_1 \cdot (1 + R_{2max}/R_1) + I_0 \cdot R_{2max} = 1{,}2\,V \cdot (1 + 2{,}5\,k\Omega/240\,\Omega) + 50\,\mu A \cdot 2{,}5\,k\Omega = \mathbf{13{,}8\,V}$

b) $P_{vmax} = (U_e - U_{amin})(I_L + I_v + I_0) + U_1 \cdot I_0$

$= (20\,V - 6{,}2\,V)(1\,A + 5\,mA + 50\,\mu A) + 1{,}2\,V \cdot 50\,\mu A = \mathbf{13{,}87\,W}$

Lösungen zu 6.10.3.1 Durchflusswandler

163/1 **a)** $L_1 = (U_e - U_a) \cdot t_i/I_{max} = (12\,V - 5\,V) \cdot 15\,\mu s/500\,mA = \mathbf{210\,\mu H}$

b) $f = 2 \cdot I_L \cdot U_a/(I_{max} \cdot U_e \cdot t_i) = 2 \cdot 200\,mA \cdot 5\,V/(500\,mA \cdot 12\,V \cdot 15\,\mu s) = \mathbf{22{,}22\,kHz}$

c) $I_{Lmax} = I_{max}/2 = 500\,mA/2 = \mathbf{250\,mA}$

163/2 **a)** $L_1 = (U_e - U_a) \cdot t_i/I_{max} = (20\,V - 9\,V) \cdot 11\,\mu s/500\,mA = \mathbf{242\,\mu H}$

b) $C_2 = (I_{max} - I_L)^2 \cdot U_e \cdot t_i/(2 \cdot \Delta U_a \cdot I_{max} \cdot U_a)$

$= (500\,mA - 150\,mA)^2 \cdot 20\,V \cdot 11\,\mu s/(2 \cdot 15\,mV \cdot 500\,mA \cdot 9\,V) = \mathbf{199{,}6\,\mu F}$

c) $f = 2 \cdot I_L \cdot U_a/(I_{max} \cdot U_e \cdot t_i) = 2 \cdot 150\,mA \cdot 9\,V/(500\,mA \cdot 20\,V \cdot 11\,\mu s) = \mathbf{24{,}55\,kHz}$

163/3 **a)** $L_1 = (U_e - U_a) \cdot t_i/I_{max}$

$\Rightarrow U_a = U_e - L_1 \cdot I_{max}/t_i = 15\,V - 200\,\mu H \cdot 500\,mA/19\,\mu s = \mathbf{9{,}74\,V}$

b) $C_2 = (I_{max} - I_L)^2 \cdot U_e \cdot t_i/(2 \cdot \Delta U_a \cdot I_{max} \cdot U_a)$

$\Rightarrow \Delta U_a = (I_{max} - I_L)^2 \cdot U_e \cdot t_i/(2 \cdot C_2 \cdot I_{max} \cdot U_a)$

$= (500\,mA - 180\,mA)^2 \cdot 15\,V \cdot 19\,\mu s/(2 \cdot 1\,000\,\mu F \cdot 500\,mA \cdot 9{,}74\,V) = \mathbf{3\,mV}$

c) $f = 2 \cdot I_L \cdot U_a/(I_{max} \cdot U_e \cdot t_i) = 2 \cdot 180\,mA \cdot 9{,}74\,V/(500\,mA \cdot 15\,V \cdot 19\,\mu s) = \mathbf{24{,}6\,kHz}$

d) $P_c = U_e \cdot I_e = 15\,V \cdot 130\,mA = 1{,}95\,W$

$P_a = U_a \cdot I_L = 9{,}74\,V \cdot 180\,mA = 1{,}75\,W$

$\eta = P_a/P_e = 1{,}75\,W/1{,}95\,W = 0{,}9 = \mathbf{90}\,\%$

163/4 **a)** $L_1 = (U_e - U_a) \cdot t_i/I_{max}$
$\Rightarrow U_a = U_e - L_1 \cdot I_{max}/t_i = 18\,V - 300\,\mu H \cdot 500\,mA/15\,\mu s = \mathbf{8\,V}$

b) $f = 2 \cdot I_L \cdot U_a/(I_{max} \cdot U_e \cdot t_i)$
$\Rightarrow I_L = f \cdot I_{max} \cdot U_e \cdot t_i/(2 \cdot U_a) = 28\,kHz \cdot 500\,mA \cdot 18\,V \cdot 15\,\mu s/(2 \cdot 8\,V) = \mathbf{236\,mA}$

c) $C_2 = (I_{max} - I_L)^2 \cdot U_e \cdot t_i/(2 \cdot \Delta U_a \cdot I_{max} \cdot U_a)$
$\Rightarrow \Delta U_a = (I_{max} - I_L)^2 \cdot U_e \cdot t_i/(2 \cdot C_2 \cdot I_{max} \cdot U_a)$
$= (500\,mA - 236\,mA)^2 \cdot 18\,V \cdot 15\,\mu s/(2 \cdot 500\,\mu F \cdot 500\,mA \cdot 8\,V) = \mathbf{4{,}7\,mV}$

Lösungen zu 6.10.3.2 Sperrwandler

164/1 $R_1 = R_2 \cdot (U_a - U_{ref})/U_{ref} = 1{,}2\,k\Omega \cdot (20\,V - 1{,}2\,V)/1{,}2\,V = \mathbf{18{,}8\,k\Omega}$

164/2 **a)** $U_{ref} = U_a \cdot R_2/(R_1 + R_2) = 10{,}2\,V \cdot 1\,k\Omega/(7{,}5\,k\Omega + 1\,k\Omega) = \mathbf{1{,}2\,V}$

b) $t_i \approx C_1/(12\,\mu A/V) \Rightarrow C_1 \approx t_i \cdot 12\,\mu A/V = 33\,\mu s \cdot 12\,\mu A/V = \mathbf{396\,pF}$

164/3 **a)** $L_1 = U_e \cdot t_i/I_{max} = 5\,V \cdot 30\,\mu s/500\,mA = \mathbf{300\,\mu H}$

b) $I_{Lmax} = I_{max} \cdot U_e/(2 \cdot U_a) = 500\,mA \cdot 5\,V/(2 \cdot 15\,V) = \mathbf{83{,}3\,mA}$

c) $f = (U_a - U_e) \cdot 2 \cdot I_{Lmax}/(I_{max} \cdot U_e \cdot t_i)$
$= (15\,V - 5\,V) \cdot 2 \cdot 83{,}3\,mA/(500\,mA \cdot 5\,V \cdot 30\,\mu s) = \mathbf{22{,}2\,kHz}$

d) $C_2 = (I_{max} - I_{Lmax})^2 \cdot U_e \cdot t_i/[2 \cdot \Delta U_a \cdot I_{max} \cdot (U_a - U_e)]$
$= (500\,mA - 83{,}3\,mA)^2 \cdot 5\,V \cdot 30\,\mu s/[2 \cdot 150\,mV \cdot 500\,mA \cdot (15\,V - 5\,V)] = \mathbf{17{,}4\,\mu F}$

164/4 **a)** $I_{Lmax} = I_{max} \cdot U_e/(2 \cdot U_a)$
$\Rightarrow U_a = I_{max} \cdot U_e/(2 \cdot I_{Lmax}) = 500\,mA \cdot 10\,V/(2 \cdot 100\,mA) = \mathbf{25\,V}$

b) $L_1 = U_e \cdot t_i/I_{max} \Rightarrow t_i = L_1 \cdot I_{max}/U_e = 200\,\mu H \cdot 500\,mA/10\,V = 10\,\mu s$
$f = (U_a - U_e) \cdot 2 \cdot I_{Lmax}/(I_{max} \cdot U_e \cdot t_i)$
$= (25\,V - 10\,V) \cdot 2 \cdot 100\,mA/(500\,mA \cdot 10\,V \cdot 10\,\mu s) = \mathbf{60\,kHz}$

c) $C_2 = (I_{max} - I_{Lmax})^2 \cdot U_e \cdot t_i/[2 \cdot \Delta U_a \cdot I_{max} \cdot (U_a - U_e)]$
$\Rightarrow \Delta U_a = (I_{max} - I_{Lmax})^2 \cdot U_e \cdot t_i/[2 \cdot C_2 \cdot I_{max} \cdot (U_a - U_e)]$
$= (500\,mA - 100\,mA)^2 \cdot 10\,V \cdot 10\,\mu s/[2 \cdot 1\,000\,\mu F \cdot 500\,mA \cdot (25\,V - 10\,V)] = \mathbf{1{,}07\,mV}$

164/5 **a)** $I_{Lmax} = I_{max} \cdot U_e/(2 \cdot U_a)$
$\Rightarrow U_e = 2 \cdot U_a \cdot I_{Lmax}/I_{max} = 2 \cdot 18\,V \cdot 100\,mA/500\,mA = \mathbf{7{,}2\,V}$

b) $L_1 = U_e \cdot t_i/I_{max} = 7{,}2\,V \cdot 20\,\mu s/500\,mA = \mathbf{288\,\mu H}$

c) $C_2 = (I_{max} - I_{Lmax})^2 \cdot U_e \cdot t_i/[2 \cdot \Delta U_a \cdot I_{max} \cdot (U_a - U_e)]$
$= (500\,mA - 100\,mA)^2 \cdot 7{,}2\,V \cdot 20\,\mu s/[2 \cdot 30\,mV \cdot 500\,mA \cdot (18\,V - 7{,}2\,V)] = \mathbf{71{,}1\,\mu F}$

d) $f_{max} = (U_a - U_e) \cdot 2 \cdot I_{Lmax}/(I_{max} \cdot U_e \cdot t_i) = (18\,V - 7{,}2\,V) \cdot 2 \cdot 100\,mA/(500\,mA \cdot 7{,}2\,V \cdot 20\,\mu s) = \mathbf{30\,kHz}$

e) $P_e = U_e \cdot I_e = 7{,}2\,V \cdot 265\,mA = 1{,}91\,W$
$P_a = U_a \cdot I_L = 18\,V \cdot 100\,mA = 1{,}8\,W$
$\eta = P_a/P_e = 1{,}8\,W/1{,}91\,W = 0{,}94 = \mathbf{94}\,\%$

Lösungen zu 6.10.4 Stromstabilisierungsschaltungen

165/1 $R_E \approx U_{RE}/I_L = 5\,V/2\,mA = \mathbf{2{,}5\,k\Omega}$

165/2 **a)** $I_L \approx (U_Z - U_{BE})/R_E \Rightarrow U_Z = I_L \cdot R_E + U_{BE} = 4\,mA \cdot 1\,k\Omega + 0{,}7\,V = \mathbf{4{,}7\,V}$

b) $P_v \approx U_{CE} \cdot I_L \approx (U_b - I_L \cdot R_E) \cdot I_L = (12\,V - 4\,mA \cdot 1\,k\Omega) \cdot 4\,mA = \mathbf{32\,mW}$

165/3 $R_S = U_{RS}/I_L = -U_{GS}/I_L = -(-2\,V)/5\,mA = \mathbf{400\,\Omega}$

165/4 **a)** $I_L = -U_{GS}/R_S = -(-1{,}55\,V)/620\,\Omega = \mathbf{2{,}5\,mA}$

b) $P_v = U_{DS} \cdot I_L = (U_b - I_L \cdot R_S) \cdot I_L = (12\,V - 2{,}5\,mA \cdot 620\,\Omega) \cdot 2{,}5\,mA = \mathbf{26{,}12\,mW}$

165/5 **a)** $I_{Lmin} = (U_Z - U_{BE})/R_E = (5{,}6\,V - 0{,}7\,V)/600\,\Omega = 8{,}17\,mA$

$I_{Lmax} = (U_Z - U_{BE})/R_E = (5{,}6\,V - 0{,}7\,V)/100\,\Omega = 49\,mA$

Der Einstellbereich des Konstantstromes reicht von **8,17 mA** bis **49 mA**.

b) $R_{Lmax} = (U_b - U_{CErest} - U_Z + U_{BE})/I_{Lmax} = (24\,V - 1\,V - 5{,}6\,V + 0{,}7\,V)/49\,mA = \mathbf{369\,\Omega}$

165/6 **a)** $R_S = U_{RS}/I_L = -U_{GS}/I_L = -(-2\,V)/6\,mA = \mathbf{333\,\Omega}$

b) $U_{DSsat} = U_{GS} - U_{GS(OFF)} = -2\,V - (-4\,V) = 2\,V$

$R_{Lmax} = (U_b - U_{DSsat} - U_{RS})/I_L = (9\,V - 2\,V - 2\,V)/6\,mA = \mathbf{833\,\Omega}$

165/7 **a)** $I_B = I_L/B = 1\,A/50 = 20\,mA; \quad I_Z = 3 \cdot I_B = 3 \cdot 20\,mA = 60\,mA$

$R_v = (U_b - U_Z)/(I_B + I_Z) = (12\,V - 6{,}2\,V)/(20\,mA + 60\,mA) = \mathbf{72{,}5\,\Omega}$

b) $R_E \approx U_{RE}/I_L = (U_Z - U_{BE})/I_L = (6{,}2\,V - 0{,}8\,V)/1\,A = \mathbf{5{,}4\,\Omega}$

c) $P_v \approx (U_b - I_L \cdot R_L - I_L \cdot R_E) \cdot I_L = (12\,V - 1\,A \cdot 5\,\Omega - 1\,A \cdot 5{,}4\,\Omega) \cdot 1\,A = \mathbf{1{,}6\,W}$

$P_v = (U_b - I_L \cdot R_E) \cdot I_L = (12\,V - 1\,A \cdot 5{,}4\,\Omega) \cdot 1\,A = \mathbf{6{,}6\,W}$

165/8 **a)** $I_B = I_C/B = -I_{L1}/B = -18\,mA/40 = -0{,}45\,mA$

$R_v = (U_e - U_{Z1})/(I_{Z1} - I_B) = (27\,V - 6{,}2\,V)/(5\,mA + 0{,}45\,mA) = \mathbf{3{,}82\,k\Omega}$

b) $R_E \approx (U_{Z1} + U_{BE2})/(-I_C) = (6{,}2\,V - 0{,}7\,V)/18\,mA = \mathbf{306\,\Omega}$

c) $P_v = (U_e - I_{L1} \cdot R_E - U_{CE4} - U_{Z5}) \cdot I_{L1} = (27\,V - 18\,mA \cdot 306\,\Omega - 6\,V - 6{,}8\,V) \cdot 18\,mA = \mathbf{156\,mW}$

Lösungen zu 6.11 Zuverlässigkeit von Bauelementen und Schaltungen

166/1 **a)** $n \cdot t_b = 3\,200 \cdot 7\,500\,h = \mathbf{24 \cdot 10^6\,h}$

b) $a = n_A/n = 3/3\,200 = \mathbf{0{,}937\,5 \cdot 10^{-3} = 0{,}937\,5\,‰}$

c) $\lambda = n_A/(n \cdot t_b) = 3/(3\,200 \cdot 7\,500\,h) = \mathbf{125 \cdot 10^{-9} \cdot h^{-1} = 125\,fit}$

166/2 $\lambda = n_A/(n \cdot t_b) = 0{,}003/8\,760\,h = \mathbf{342 \cdot 10^{-9} \cdot h^{-1} = 342\ fit}$

166/3 $\lambda = n_A/(n \cdot t_b) = 0{,}000\,3/8\,760\,h = 34{,}2 \cdot 10^{-9} \cdot h^{-1}$

$MTBF = 1/\sum\lambda = 1/(34{,}2 \cdot 10^{-9} \cdot h^{-1} \cdot 750) = \mathbf{38\,986{,}35\ h}$

166/4 $MTBF = 1/\sum\lambda \Rightarrow \lambda = 1/(MTBF \cdot n) = 1/(53\,000\,h \cdot 350) = \mathbf{53{,}91 \cdot 10^{-9} \cdot h^{-1} = 53{,}91\ fit}$

166/5 **a)** $\sum\lambda = 3 \cdot 0{,}4 \cdot 10^{-6} \cdot h^{-1} + 2 \cdot 0{,}5 \cdot 10^{-5} \cdot h^{-1} + 0{,}4 \cdot 10^{-5} \cdot h^{-1} = \mathbf{1{,}52 \cdot 10^{-5} \cdot h^{-1}}$

b) $MTBF = 1/\sum\lambda = 1/(1{,}52 \cdot 10^{-5} \cdot h^{-1} = \mathbf{65\,789\ h}$

166/6 $MTBF = 1/\sum\lambda \Rightarrow \sum\lambda = 1/MTBF = 1/50\,000\,h = 2 \cdot 10^{-5} \cdot h^{-1}$

$\lambda_{FET} = \sum\lambda - 3 \cdot \lambda_R - 3 \cdot \lambda_C = 2 \cdot 10^{-5} \cdot h^{-1} - 3 \cdot 0{,}5 \cdot 10^{-6} \cdot h^{-1} - 3 \cdot 0{,}3 \cdot 10^{-5} \cdot h^{-1} = \mathbf{0{,}95 \cdot 10^{-5} \cdot h^{-1}}$

166/7 **a)** $F = \exp[b(1/T_1 - 1/T_2)] = \exp[3\,500\,K(1/313\,K - 1/398\,K)] = \mathbf{10{,}89}$

b) $F = t_{b1}/t_{b2} \Rightarrow t_{b2} = t_{b1}/F = 1\,500\,h/10{,}89 = \mathbf{137{,}74\ h}$

166/8 **a)** $F = \exp[b(1/T_1 - 1/T_2)]$

$\Rightarrow T_2 = 1/(1/T_1 - 1/b \cdot \ln F) = 1/(1/323\,K - 1/4\,600\,K \cdot \ln 10) = 385{,}3\,K = \mathbf{112{,}3\ °C}$

b) Da F = 10 ist, darf bei gleichem Ausfallfaktor die Betriebszeit bei 50 °C das Zehnfache der Betriebszeit bei 112,3 °C betragen.

Lösungen zu 7.1 Aufbau der Zahlensysteme

167/1 a) **0, 1, 2, 3, 4, 5**; b) B = **6**

167/2 a) **0, 1, 2, 3, 4, 5, 6**; b) B = **7**

167/3 a) **Achter-Zahlensystem**; b) B = **8**

167/4 B = **6**

167/5 $\mathbf{10^4}$

167/6 $\mathbf{10^7}$

167/7

Zahl:	4	8	7	6
Stellenwert:	$\mathbf{10^3}$	$\mathbf{10^2}$	$\mathbf{10^1}$	$\mathbf{10^0}$

167/8 $\mathbf{B^4, B^3, B^2, B^1, B^0}$

167/9

Zahl:	2	3	4	2
Stellenwert:	$\mathbf{5^3}$	$\mathbf{5^2}$	$\mathbf{5^1}$	$\mathbf{5^0}$

167/10 $\mathbf{8^4, 8^3, 8^2, 8^1, 8^0}$

167/11 a) **7 070**; b) **300**; c) $\mathbf{8^2, 8^1, 8^0}$

167/12 a) **1000**; b) $\mathbf{4^3, 4^2, 4^1, 4^0}$; c) $2 \cdot 4^3 = 2 \cdot 64 = \mathbf{128}$, $0 \cdot 4^2 = \mathbf{0}$
$2 \cdot 4^1 = 2 \cdot 4 = \mathbf{8}$, $3 \cdot 4^0 = 3 \cdot 1 = \mathbf{3}$

Lösungen zu 7.2.1 Umwandlung von Dualzahlen in Dezimalzahlen

168/1 $101 \mathrel{\widehat{=}} 1 \cdot 2^2 + 0 \cdot 2^1 + 1 \cdot 2^0 = 4 + 0 + 1 = \mathbf{5}$

168/2 $10101 \mathrel{\widehat{=}} 1 \cdot 2^4 + 0 \cdot 2^3 + 1 \cdot 2^2 + 0 \cdot 2^1 + 1 \cdot 2^0 = 16 + 0 + 4 + 0 + 1 =$ **21**

168/3

a) $1010 \mathrel{\widehat{=}} 1 \cdot 2^3 + 0 \cdot 2^2 + 1 \cdot 2^1 + 0 \cdot 2^0 = 8 + 0 + 2 + 0 =$ **10**

b) $1100 \mathrel{\widehat{=}} 1 \cdot 2^3 + 1 \cdot 2^2 + 0 \cdot 2^1 + 0 \cdot 2^0 = 8 + 4 + 0 + 0 =$ **12**

c) $1101 \mathrel{\widehat{=}} 1 \cdot 2^3 + 1 \cdot 2^2 + 0 \cdot 2^1 + 1 \cdot 2^0 = 8 + 4 + 0 + 1 =$ **13**

d) $11101 \mathrel{\widehat{=}} 1 \cdot 2^4 + 1 \cdot 2^3 + 1 \cdot 2^2 + 0 \cdot 2^1 + 1 \cdot 2^0 = 16 + 8 + 4 + 0 + 1 =$ **29**

168/4

a) $110010 \mathrel{\widehat{=}} 1 \cdot 2^5 + 1 \cdot 2^4 + 0 \cdot 2^3 + 0 \cdot 2^2 + 1 \cdot 2^1 + 0 \cdot 2^0 = 32 + 16 + 0 + 0 + 2 + 0 =$ **50**

b) $110101 \mathrel{\widehat{=}} 1 \cdot 2^5 + 1 \cdot 2^4 + 0 \cdot 2^3 + 1 \cdot 2^2 + 0 \cdot 2^1 + 1 \cdot 2^0 = 32 + 16 + 0 + 4 + 0 + 1 =$ **53**

c) $1111001 \mathrel{\widehat{=}} 1 \cdot 2^6 + 1 \cdot 2^5 + 1 \cdot 2^4 + 1 \cdot 2^3 + 0 \cdot 2^2 + 0 \cdot 2^1 + 1 \cdot 2^0 = 64 + 32 + 16 + 8 + 0 + 0 + 1 =$ **121**

d) $1011001 \mathrel{\widehat{=}} 1 \cdot 2^6 + 0 \cdot 2^5 + 1 \cdot 2^4 + 1 \cdot 2^3 + 0 \cdot 2^2 + 0 \cdot 2^1 + 1 \cdot 2^0 = 64 + 0 + 16 + 8 + 0 + 0 + 1 =$ **89**

168/5

a) $11011{,}11 \mathrel{\widehat{=}} 1 \cdot 2^4 + 1 \cdot 2^3 + 0 \cdot 2^2 + 1 \cdot 2^1 + 1 \cdot 2^0 + 1 \cdot 2^{-1} + 1 \cdot 2^{-2} = 16 + 8 + 0 + 2 + 1 + 0{,}5 + 0{,}25 =$ **27,75**

b) $11{,}011 \mathrel{\widehat{=}} 1 \cdot 2^1 + 1 \cdot 2^0 + 0 \cdot 2^{-1} + 1 \cdot 2^{-2} + 1 \cdot 2^{-3} = 2 + 1 + 0 + 0{,}25 + 0{,}125 =$ **3,375**

c) $1110{,}0111 \mathrel{\widehat{=}} 1 \cdot 2^3 + 1 \cdot 2^2 + 1 \cdot 2^1 + 0 \cdot 2^0 + 0 \cdot 2^{-1} + 1 \cdot 2^{-2} + 1 \cdot 2^{-3} + 1 \cdot 2^{-4}$
$= 8 + 4 + 2 + 0 + 0 + 0{,}25 + 0{,}125 + 0{,}0625 =$ **14,4375**

d) $1100{,}1101 \mathrel{\widehat{=}} 1 \cdot 2^3 + 1 \cdot 2^2 + 0 \cdot 2^1 + 0 \cdot 2^0 + 1 \cdot 2^{-1} + 1 \cdot 2^{-2} + 0 \cdot 2^{-3} + 1 \cdot 2^{-4}$
$= 8 + 4 + 0 + 0 + 0{,}5 + 0{,}25 + 0 + 0{,}0625 =$ **12,8125**

168/6

a) $101{,}01 \mathrel{\widehat{=}} 1 \cdot 2^2 + 0 \cdot 2^1 + 1 \cdot 2^0 + 0 \cdot 2^{-1} + 1 \cdot 2^{-2} = 4 + 0 + 1 + 0 + 0{,}25 =$ **5,25**

b) $1111{,}11 \mathrel{\widehat{=}} 1 \cdot 2^3 + 1 \cdot 2^2 + 1 \cdot 2^1 + 1 \cdot 2^0 + 1 \cdot 2^{-1} + 1 \cdot 2^{-2} = 8 + 4 + 2 + 1 + 0{,}5 + 0{,}25 =$ **15,75**

c) $10101{,}001 \mathrel{\widehat{=}} 1 \cdot 2^4 + 0 \cdot 2^3 + 1 \cdot 2^2 + 0 \cdot 2^1 + 1 \cdot 2^0 + 0 \cdot 2^{-1} + 0 \cdot 2^{-2} + 1 \cdot 2^{-3}$
$= 16 + 0 + 4 + 0 + 1 + 0 + 0 + 0{,}125 =$ **21,125**

d) $11101{,}1101 \mathrel{\widehat{=}} 1 \cdot 2^4 + 1 \cdot 2^3 + 1 \cdot 2^2 + 0 \cdot 2^1 + 1 \cdot 2^0 + 1 \cdot 2^{-1} + 1 \cdot 2^{-2} + 0 \cdot 2^{-3} + 1 \cdot 2^{-4}$
$= 16 + 8 + 4 + 0 + 1 + 0{,}5 + 0{,}25 + 0 + 0{,}0625 =$ **29,8125**

168/7

a)

1	1	0	1	0	1
	3	6	13	26	**53**

b)

1	1	1	0
	3	7	**14**

c)

1	0	0	0	1
	2	4	8	**17**

d)

1	1	0	1	1	0	1
	3	6	13	27	54	**109**

168/8

a)

1	0	1	0	1	0
	2	5	10	21	**42**

b)

1	1	1	0	0	0	1
	3	7	14	28	56	**113**

c)

1	1	0	0	1	1
	3	6	12	25	**51**

d)

1	0	0	1	1	1	1	0
	2	4	9	19	39	79	**158**

168/9 a) $111{,}1011 \mathrel{\hat{=}} 1 \cdot 2^2 + 1 \cdot 2^1 + 1 \cdot 2^0 + 1 \cdot 2^{-1} + 0 \cdot 2^{-2} + 1 \cdot 2^{-3} + 1 \cdot 2^{-4}$
$= 4 + 2 + 1 + 0{,}5 + 0 + 0{,}125 + 0{,}062\,5 = \mathbf{7{,}687\,5}$

b) $110{,}0011 \mathrel{\hat{=}} 1 \cdot 2^2 + 1 \cdot 2^1 + 0 \cdot 2^0 + 0 \cdot 2^{-1} + 0 \cdot 2^{-2} + 1 \cdot 2^{-3} + 1 \cdot 2^{-4}$
$= 4 + 2 + 0 + 0 + 0 + 0{,}125 + 0{,}062\,5 = \mathbf{6{,}187\,5}$

c) $1\,1101{,}0111 \mathrel{\hat{=}} 1 \cdot 2^4 + 1 \cdot 2^3 + 1 \cdot 2^2 + 0 \cdot 2^1 + 1 \cdot 2^0 + 0 \cdot 2^{-1} + 1 \cdot 2^{-2} + 1 \cdot 2^{-3} + 1 \cdot 2^{-4}$
$= 16 + 8 + 4 + 0 + 1 + 0 + 0{,}25 + 0{,}125 + 0{,}062\,5 = \mathbf{29{,}437\,5}$

d) $0{,}1101\,1 \mathrel{\hat{=}} 0 \cdot 2^0 + 1 \cdot 2^{-1} + 1 \cdot 2^{-2} + 0 \cdot 2^{-3} + 1 \cdot 2^{-4} + 1 \cdot 2^{-5}$
$= 0 + 0{,}5 + 0{,}25 + 0 + 0{,}062\,5 + 0{,}031\,25 = \mathbf{0{,}843\,8}$

168/10 a) $1001{,}0011 \mathrel{\hat{=}} 1 \cdot 2^3 + 0 \cdot 2^2 + 0 \cdot 2^1 + 1 \cdot 2^0 + 0 \cdot 2^{-1} + 0 \cdot 2^{-2} + 1 \cdot 2^{-3} + 1 \cdot 2^{-4}$
$= 8 + 0 + 0 + 1 + 0 + 0 + 0{,}125 + 0{,}062\,5 = \mathbf{9{,}187\,5}$

b) $11{,}1010\,1 \mathrel{\hat{=}} 1 \cdot 2^1 + 1 \cdot 2^0 + 1 \cdot 2^{-1} + 0 \cdot 2^{-2} + 1 \cdot 2^{-3} + 0 \cdot 2^{-4} + 1 \cdot 2^{-5}$
$= 2 + 1 + 0{,}5 + 0 + 0{,}125 + 0 + 0{,}031\,25 = \mathbf{3{,}656\,3}$

c) $1\,1001{,}101 \mathrel{\hat{=}} 1 \cdot 2^4 + 1 \cdot 2^3 + 0 \cdot 2^2 + 0 \cdot 2^1 + 1 \cdot 2^0 + 1 \cdot 2^{-1} + 0 \cdot 2^{-2} + 1 \cdot 2^{-3}$
$= 16 + 8 + 0 + 0 + 1 + 0{,}5 + 0 + 0{,}125 = \mathbf{25{,}625}$

d) $0{,}0010\,01 \mathrel{\hat{=}} 0 \cdot 2^0 + 0 \cdot 2^{-1} + 0 \cdot 2^{-2} + 1 \cdot 2^{-3} + 0 \cdot 2^{-4} + 0 \cdot 2^{-5} + 1 \cdot 2^{-6}$
$= 0 + 0 + 0 + 0{,}125 + 0 + 0 + 0{,}015\,625 = \mathbf{0{,}140\,625}$

Lösungen zu 7.2.2 Umwandlung von Dezimalzahlen in Dualzahlen

169/1 a) $6 = 1 \cdot 2^2 + 1 \cdot 2^1 + 0 \cdot 2^0 \mathrel{\hat{=}} \mathbf{110}$

b) $11 = 1 \cdot 2^3 + 0 \cdot 2^2 + 1 \cdot 2^1 + 1 \cdot 2^0 \mathrel{\hat{=}} \mathbf{1011}$

c) $14 = 1 \cdot 2^3 + 1 \cdot 2^2 + 1 \cdot 2^1 + 0 \cdot 2^0 \mathrel{\hat{=}} \mathbf{1110}$

d) $17 = 1 \cdot 2^4 + 0 \cdot 2^3 + 0 \cdot 2^2 + 0 \cdot 2^1 + 1 \cdot 2^0 \mathrel{\hat{=}} \mathbf{1\,0001}$

e) $25 = 1 \cdot 2^4 + 1 \cdot 2^3 + 0 \cdot 2^2 + 0 \cdot 2^1 + 1 \cdot 2^0 \mathrel{\hat{=}} \mathbf{1\,1001}$

169/2 a) $5 = 1 \cdot 2^2 + 0 \cdot 2^1 + 1 \cdot 2^0 \mathrel{\hat{=}} \mathbf{101}$

b) $10 = 1 \cdot 2^3 + 0 \cdot 2^2 + 1 \cdot 2^1 + 0 \cdot 2^0 \mathrel{\hat{=}} \mathbf{1010}$

c) $13 = 1 \cdot 2^3 + 1 \cdot 2^2 + 0 \cdot 2^1 + 1 \cdot 2^0 \mathrel{\hat{=}} \mathbf{1101}$

d) $22 = 1 \cdot 2^4 + 0 \cdot 2^3 + 1 \cdot 2^2 + 1 \cdot 2^1 + 0 \cdot 2^0 \mathrel{\hat{=}} \mathbf{1\,0110}$

e) $35 = 1 \cdot 2^5 + 0 \cdot 2^4 + 0 \cdot 2^3 + 0 \cdot 2^2 + 1 \cdot 2^1 + 1 \cdot 2^0 \mathrel{\hat{=}} \mathbf{10\,0011}$

169/3

a)

5 423 : 2 =	2 711	R. 1	1
2 711 : 2 =	1 355	R. 1	1
1 355 : 2 =	677	R. 1	1
677 : 2 =	338	R. 1	1
338 : 2 =	169	R. 0	0
169 : 2 =	84	R. 1	1
84 : 2 =	42	R. 0	0
42 : 2 =	21	R. 0	0
21 : 2 =	10	R. 1	1
10 : 2 =	5	R. 0	0
5 : 2 =	2	R. 1	1
2 : 2 =	1	R. 0	0
1 : 2 =	0	R. 1	1

Ergebnis: **1 0101 0010 1111**

b)

6 725 : 2 =	3 362	R. 1	1
3 362 : 2 =	1 681	R. 0	0
1 681 : 2 =	840	R. 1	1
840 : 2 =	420	R. 0	0
420 : 2 =	210	R. 0	0
210 : 2 =	105	R. 0	0
105 : 2 =	52	R. 1	1
52 : 2 =	26	R. 0	0
26 : 2 =	13	R. 0	0
13 : 2 =	6	R. 1	1
6 : 2 =	3	R. 0	0
3 : 2 =	1	R. 1	1
1 : 2 =	0	R. 1	1

Ergebnis: **1 1010 0100 0101**

c)

306 : 2 =	153	R. 0	0
153 : 2 =	76	R. 1	1
76 : 2 =	38	R. 0	0
38 : 2 =	19	R. 0	0
19 : 2 =	9	R. 1	1
9 : 2 =	4	R. 1	1
4 : 2 =	2	R. 0	0
2 : 2 =	1	R. 0	0
1 : 2 =	0	R. 1	1

Ergebnis: **1 0011 0010**

d)

872 : 2 =	436	R. 0	0
436 : 2 =	218	R. 0	0
218 : 2 =	109	R. 0	0
109 : 2 =	54	R. 1	1
54 : 2 =	27	R. 0	0
27 : 2 =	13	R. 1	1
13 : 2 =	6	R. 1	1
6 : 2 =	3	R. 0	0
3 : 2 =	1	R. 1	1
1 : 2 =	0	R. 1	1

Ergebnis: **11 0110 1000**

e)

1 010 : 2 =	505	R. 0	0
505 : 2 =	252	R. 1	1
252 : 2 =	126	R. 0	0
126 : 2 =	63	R. 0	0
63 : 2 =	31	R. 1	1
31 : 2 =	15	R. 1	1
15 : 2 =	7	R. 1	1
7 : 2 =	3	R. 1	1
3 : 2 =	1	R. 1	1
1 : 2 =	0	R. 1	1

Ergebnis: **11 1111 0010**

f)

257 : 2 =	128	R. 1	1
128 : 2 =	64	R. 0	0
64 : 2 =	32	R. 0	0
32 : 2 =	16	R. 0	0
16 : 2 =	8	R. 0	0
8 : 2 =	4	R. 0	0
4 : 2 =	2	R. 0	0
2 : 2 =	1	R. 0	0
1 : 2 =	0	R. 1	1

Ergebnis: **1 0000 0001**

169/4

a)

2 223 : 2 =	1 111	R. 1	1
1 111 : 2 =	555	R. 1	1
555 : 2 =	277	R. 1	1
277 : 2 =	138	R. 1	1
138 : 2 =	69	R. 0	0
69 : 2 =	34	R. 1	1
34 : 2 =	17	R. 0	0
17 : 2 =	8	R. 1	1
8 : 2 =	4	R. 0	0
4 : 2 =	2	R. 0	0
2 : 2 =	1	R. 0	0
1 : 2 =	0	R. 1	1

Ergebnis: **1000 1010 1111**

b)

1 002 : 2 =	501	R. 0	0
501 : 2 =	250	R. 1	1
250 : 2 =	125	R. 0	0
125 : 2 =	62	R. 1	1
62 : 2 =	31	R. 0	0
31 : 2 =	15	R. 1	1
15 : 2 =	7	R. 1	1
7 : 2 =	3	R. 1	1
3 : 2 =	1	R. 1	1
1 : 2 =	0	R. 1	1

Ergebnis: **11 1110 1010**

c)

876 : 2 =	438	R. 0	0
438 : 2 =	219	R. 0	0
219 : 2 =	109	R. 1	1
109 : 2 =	54	R. 1	1
54 : 2 =	27	R. 0	0
27 : 2 =	13	R. 1	1
13 : 2 =	6	R. 1	1
6 : 2 =	3	R. 0	0
3 : 2 =	1	R. 1	1
1 : 2 =	0	R. 1	1

Ergebnis: **11 0110 1100**

d)

895 : 2 =	447	R. 1	1
447 : 2 =	223	R. 1	1
223 : 2 =	111	R. 1	1
111 : 2 =	55	R. 1	1
55 : 2 =	27	R. 1	1
27 : 2 =	13	R. 1	1
13 : 2 =	6	R. 1	1
6 : 2 =	3	R. 0	0
3 : 2 =	1	R. 1	1
1 : 2 =	0	R. 1	1

Ergebnis: **11 0111 1111**

e)

17 : 2 =	8	R. 1	1
8 : 2 =	4	R. 0	0
4 : 2 =	2	R. 0	0
2 : 2 =	1	R. 0	0
1 : 2 =	0	R. 1	1

Ergebnis: **1 0001**

f)

3 245 : 2 =	1 622	R. 1	1
1 622 : 2 =	811	R. 0	0
811 : 2 =	405	R. 1	1
405 : 2 =	202	R. 1	1
202 : 2 =	101	R. 0	0
101 : 2 =	50	R. 1	1
50 : 2 =	25	R. 0	0
25 : 2 =	12	R. 1	1
12 : 2 =	6	R. 0	0
6 : 2 =	3	R. 0	0
3 : 2 =	1	R. 1	1
1 : 2 =	0	R. 1	1

Ergebnis: **1100 1010 1101**

169/5

a)

34 : 2 =	17	R. 0	0
17 : 2 =	8	R. 1	1
8 : 2 =	4	R. 0	0
4 : 2 =	2	R. 0	0
2 : 2 =	1	R. 0	0
1 : 2 =	0	R. 1	1

Ergebnis: **10 0010**

b) $64 = 2^6 \mathrel{\widehat{=}}$ **100 0000**

c) $16{,}25 = 1 \cdot 2^4 + 0 \cdot 2^3 + 0 \cdot 2^2 + 0 \cdot 2^1 + 0 \cdot 2^0 + 0 \cdot 2^{-1} + 1 \cdot 2^{-2} \mathrel{\widehat{=}}$ **1 0000,01**

169/6 **a)**

28 : 2 =	14	R. 0	0
14 : 2 =	7	R. 0	0
7 : 2 =	3	R. 1	1
3 : 2 =	1	R. 1	1
1 : 2 =	0	R. 1	1

Ergebnis: **1 1100**

b) $32 = 2^5 \triangleq$ **10 0000**

c) $15{,}8125 = 1 \cdot 2^3 + 1 \cdot 2^2 + 1 \cdot 2^1 + 1 \cdot 2^0 + 1 \cdot 2^{-1} + 1 \cdot 2^{-2} + 0 \cdot 2^{-3} + 1 \cdot 2^{-4} \triangleq$ **1111,1101**

169/7 **a)** $1{,}54 = 1 + 0{,}54 \Rightarrow 1 \triangleq 1$

$0{,}54 \cdot 2 = 1{,}08 \Rightarrow 1$
$0{,}08 \cdot 2 = 0{,}16 \Rightarrow 0$
$0{,}16 \cdot 2 = 0{,}32 \Rightarrow 0$
$0{,}32 \cdot 2 = 0{,}64 \Rightarrow 0$
$0{,}64 \cdot 2 = 1{,}28 \Rightarrow 1$
$0{,}28 \cdot 2 = 0{,}56 \Rightarrow 0 \Rightarrow 0{,}54 \triangleq 0{,}1000\,10$
abgebrochen

$1{,}54 \triangleq$ **1,1000 10**

b) $10{,}25 = 10 + 0{,}25 \Rightarrow 10 \triangleq 1010$

$0{,}25 \cdot 2 = 0{,}5 \Rightarrow 0$
$0{,}5 \cdot 2 = 1{,}0 \Rightarrow 1 \Rightarrow 0{,}25 \triangleq 0{,}01$

$10{,}25 \triangleq$ **1010,01**

c) $0{,}45 \cdot 2 = 0{,}9 \Rightarrow 0$
$0{,}9 \cdot 2 = 1{,}8 \Rightarrow 1$
$0{,}8 \cdot 2 = 1{,}6 \Rightarrow 1$
$0{,}6 \cdot 2 = 1{,}2 \Rightarrow 1$
$0{,}2 \cdot 2 = 0{,}4 \Rightarrow 0$
$0{,}4 \cdot 2 = 0{,}8 \Rightarrow 0$
$0{,}8 \cdot 2 = 1{,}6 \Rightarrow 1$
abgebrochen

$0{,}45 \triangleq$ **0,0111 001**

169/8 **a)** $4{,}5 = 4 + 0{,}5 \Rightarrow 4 \triangleq 100; \quad 0{,}5 \triangleq 0{,}1$
$4{,}5 \triangleq$ **100,1**

b) $0{,}052 \cdot 2 = 0{,}104 \Rightarrow 0$
$0{,}104 \cdot 2 = 0{,}208 \Rightarrow 0$
$0{,}208 \cdot 2 = 0{,}416 \Rightarrow 0$
$0{,}416 \cdot 2 = 0{,}832 \Rightarrow 0$
$0{,}832 \cdot 2 = 1{,}664 \Rightarrow 1$
$0{,}664 \cdot 2 = 1{,}328 \Rightarrow 1$
$0{,}328 \cdot 2 = 0{,}656 \Rightarrow 0$
$0{,}656 \cdot 2 = 1{,}312 \Rightarrow 1$
abgebrochen

$0{,}052 \triangleq$ **0,0000 1101**

c) $15{,}025 = 15 + 0{,}025 \Rightarrow 15 \triangleq 1111$

$0{,}025 \cdot 2 = 0{,}05 \Rightarrow 0$
$0{,}05 \cdot 2 = 0{,}1 \Rightarrow 0$
$0{,}1 \cdot 2 = 0{,}2 \Rightarrow 0$
$0{,}2 \cdot 2 = 0{,}4 \Rightarrow 0$
$0{,}4 \cdot 2 = 0{,}8 \Rightarrow 0$
$0{,}8 \cdot 2 = 1{,}6 \Rightarrow 1$
$0{,}6 \cdot 2 = 1{,}2 \Rightarrow 1$
$0{,}2 \cdot 2 = 0{,}4 \Rightarrow 0$
abgebrochen

$15{,}025 \triangleq$ **1111,0000 0110**

169/9 **a)** $20{,}02 = 20 + 0{,}02 \Rightarrow 20 \mathrel{\hat{=}} 1\,0100$

$0{,}02 \cdot 2 = 0{,}04 \Rightarrow 0$
$0{,}04 \cdot 2 = 0{,}08 \Rightarrow 0$
$0{,}08 \cdot 2 = 0{,}16 \Rightarrow 0$
$0{,}16 \cdot 2 = 0{,}32 \Rightarrow 0$
$0{,}32 \cdot 2 = 0{,}64 \Rightarrow 0$
$0{,}64 \cdot 2 = 1{,}28 \Rightarrow 1$
$0{,}28 \cdot 2 = 0{,}56 \Rightarrow 0$
$0{,}56 \cdot 2 = 1{,}12 \Rightarrow 1$
abgebrochen

$20{,}02 \mathrel{\hat{=}}$ **1 0100,0000 0101**

b) $17{,}5 = 17 + 0{,}5 =$ **1 0001,1**

c) $3{,}75 = 3 + 0{,}75 =$ **11,11**

169/10 **a)** $1{,}76 = 1 + 0{,}76 \Rightarrow 1 \mathrel{\hat{=}} 1$

$0{,}76 \cdot 2 = 1{,}52 \Rightarrow 1$
$0{,}52 \cdot 2 = 1{,}04 \Rightarrow 1$
$0{,}04 \cdot 2 = 0{,}08 \Rightarrow 0$
$0{,}08 \cdot 2 = 0{,}16 \Rightarrow 0$
$0{,}16 \cdot 2 = 0{,}32 \Rightarrow 0$
$0{,}32 \cdot 2 = 0{,}64 \Rightarrow 0$
$0{,}64 \cdot 2 = 1{,}28 \Rightarrow 1$
abgebrochen

$1{,}76 \mathrel{\hat{=}}$ **1,1100 001**

c) $12{,}25 = 12 + 0{,}25 =$ **1100,01**

b) $0{,}086 \cdot 2 = 0{,}172 \Rightarrow 0$
$0{,}172 \cdot 2 = 0{,}344 \Rightarrow 0$
$0{,}344 \cdot 2 = 0{,}688 \Rightarrow 0$
$0{,}688 \cdot 2 = 1{,}376 \Rightarrow 1$
$0{,}376 \cdot 2 = 0{,}752 \Rightarrow 0$
$0{,}752 \cdot 2 = 1{,}504 \Rightarrow 1$
abgebrochen

$0{,}086 \mathrel{\hat{=}}$ **0,0001 01**

Lösungen zu 7.2.3 Addition und Subtraktion von Dualzahlen

170/11 **a)**

$$\begin{array}{cccccccc} & & 1 & 1 & 0 & 1 & 0 & 1 \\ + & & & 1 & 1 & 0 & 1 & 1 \\ & {\scriptstyle 1} & {\scriptstyle 1} & {\scriptstyle 1} & {\scriptstyle 1} & {\scriptstyle 1} & {\scriptstyle 1} & \\ \hline & \mathbf{1} & \mathbf{0} & \mathbf{1} & \mathbf{0} & \mathbf{0} & \mathbf{0} & \mathbf{0} \end{array}$$

b)

$$\begin{array}{cccccccc} & & 1 & 0 & 1 & 0 & 1 & 1 \\ + & & & 1 & 1 & 0 & 0 & 1 \\ & {\scriptstyle 1} & {\scriptstyle 1} & {\scriptstyle 1} & & {\scriptstyle 1} & {\scriptstyle 1} & \\ \hline & \mathbf{1} & \mathbf{0} & \mathbf{0} & \mathbf{0} & \mathbf{1} & \mathbf{0} & \mathbf{0} \end{array}$$

c)

$$\begin{array}{cccccccc} & & 1 & 0 & 0 & 1 & 0 & 1 \\ + & & 1 & 0 & 0 & 1 & 0 & 1 \\ & {\scriptstyle 1} & & & {\scriptstyle 1} & & {\scriptstyle 1} & \\ \hline & \mathbf{1} & \mathbf{0} & \mathbf{0} & \mathbf{1} & \mathbf{0} & \mathbf{1} & \mathbf{0} \end{array}$$

d)

$$\begin{array}{ccccccc} & & 1 & 1 & 1 & 1 & 1 \\ + & & & 1 & 0 & 1 & 0 \\ & {\scriptstyle 1} & {\scriptstyle 1} & {\scriptstyle 1} & {\scriptstyle 1} & & \\ \hline & \mathbf{1} & \mathbf{0} & \mathbf{1} & \mathbf{0} & \mathbf{0} & \mathbf{1} \end{array}$$

170/2 I

a)

```
    1 0 0 0 1 0
+       1 1 1 1
    1 1 1
-----------
    1 1 0 0 0 1
```

b)

```
      1 1 0 1 0 1 1
+         1 1 1 0 1
    1 1 1 1 1 1 1
---------------
    1 0 0 0 1 0 0 0
```

c)

```
    1 0 0 0 0 1 1 1 1
+         1 0 1 0 0 0 1
              1 1 1 1 1
-----------------
    1 0 1 1 0 0 0 0 0
```

d)

```
      1 1 1 1 1 1 1
+         1 0 0 0 0 1
    1 1 1 1 1 1 1
---------------
    1 0 1 0 0 0 0 0
```

170/3 I

a)

```
    1 1 0 0
-   1 0 0 1
      1 1
-------
    0 0 1 1
```

b)

```
    1 1 1 1
-   1 0 1 0
-------
    0 1 0 1
```

c)

```
    1 1 0 0 1
-           1
---------
    1 1 0 0 0
```

170/4 I

a)

```
    1 0 0 1 1
-   1 0 0 0 1
---------
    0 0 0 1 0
```

b)

```
    1 1 1 0 0 0
-           1 0
        1 1
-----------
    1 1 0 1 1 0
```

c)

```
    1 0 1 0 1 0
-       1 0 0 1
            1
-----------
    1 0 0 0 0 1
```

170/5 I

a)

```
    1 1 1 0 1 1
-       1 1 0 1
      1 1
-----------
    1 0 1 1 1 0
```

b)

```
    1 1 1 1 1 0 1
-       1 1 1 1 1
      1 1 1 1
-------------
    1 0 1 1 1 1 0
```

c)

```
    1 0 1 1 0 1
-   1 0 0 1 1 1
        1 1
-----------
    0 0 0 1 1 0
```

170/6 I

a)

```
    1 1 1 0 1 1
-     1 1 0 0 1
-----------
    1 0 0 0 1 0
```

b)

```
    1 0 1 0 1 0 1
-     1 0 1 0 1 0
    1   1   1
-------------
    0 1 0 1 0 1 1
```

c)

```
    1 1 0 0 1 1 0 0
-     1 1 0 0 1 1 0
    1 1     1 1
---------------
    0 1 1 0 0 1 1 0
```

Lösungen zu 7.2.4 Multiplikation und Division von Dualzahlen

170/1 r

a)
```
1 1 0 · 1 0 1
-------------
1 1 0
  0 0 0
    1 1 0
-------------
1 1 1 1 0
```

b)
```
  1 1 0 0 · 1 1 1
-----------------
  1 1 0 0
    1 1 0 0
      1 1 0 0
1 1 1
-----------------
1 0 1 0 1 0 0
```

c)
```
1 1 · 1 0 0 0
-------------
1 1
  0 0
    0 0
      0 0
-------------
1 1 0 0 0
```

d)
```
1 0 1 · 1 0 1
-------------
1 0 1
  0 0 0
    1 0 1
  1
-------------
1 1 0 0 1
```

170/2 r

a)
```
  1 1 0 · 1 1 1
---------------
  1 1 0
    1 1 0
      1 1 0
1 1 1
---------------
1 0 1 0 1 0
```

b)
```
1 0 0 0 · 1 1 1 0
-----------------
1 0 0 0
  1 0 0 0
    1 0 0 0
      0 0 0 0
-----------------
1 1 1 0 0 0 0
```

c)
```
1 0 0 · 1 0 1
-------------
1 0 0
  0 0 0
    1 0 0
-------------
1 0 1 0 0
```

d)
```
1 0 1 · 1 1 0
-------------
1 0 1
  1 0 1
    0 0 0
-------------
1 1 1 1 0
```

170/3 r

a)
```
  1 1 0 · 1 1, 1
----------------
  1 1 0
    1 1 0
      1 1 0
1 1 1
----------------
1 0 1 0 1, 0
```

b)
```
1 1 0 1 · 1 0 0
---------------
1 1 0 1
  0 0 0 0
    0 0 0 0
---------------
1 1 0 1 0 0
```

c)
```
1 0 1 1 · 1 0 1 0
-----------------
1 0 1 1
  0 0 0 0
    1 0 1 1
      0 0 0 0
  1
-----------------
1 1 0 1 1 1 0
```

d)
```
  1 1 1, 1 1 · 1 0 1
--------------------
  1 1 1 1 1
    0 0 0 0 0
      1 1 1 1 1
1 1 1 1 1
--------------------
1 0 0 1 1 0, 1 1
```

170/4 r

a)
```
  101,1 · 111
  1011
   1011
    1011
  1 1 1 1 1
  ---------
  100110,1
```
Ergebnis: **100110,1**

b)
```
  1001 · 1000
  1001
   0000
    0000
     0000
  ---------
  1001000
```
Ergebnis: **1001000**

c)
```
  10010 · 11
  10010
   10010
  ---------
  110110
```
Ergebnis: **110110**

d)
```
  1001,11 · 10
  100111
   000000
  ---------
  10011,10
```
Ergebnis: **10011,10**

170/5 r

a)
```
  1111 : 101 = 11
  101
  ---
   101
   101
   ---
   000
```
Ergebnis: **11**

b)
```
  11000 : 110 = 100
  110
  -----
  00000
```
Ergebnis: **100**

c)
```
  1000 : 10 = 100
  10
  ----
  0000
```
Ergebnis: **100**

d)
```
  10000 : 100 = 100
  100
  -----
  00000
```
Ergebnis: **100**

170/6 r

a) Rechengang entsprechend Lösung Aufgabe 5r, Seite 170.
1 1011 : 110 = **100,1**

b) 1 0110,1 : 110 = **11,11**

c) 111,111 : 11 = **10,101**

d) 10 1010 : 1100 = **11,1**

Lösungen zu 7.3 BCD-Codes

171/1

a)
```
   0011
 + 0101
   1 1 1
   ----
   1000
```
Ergebnis: **1000**

b)
```
     + 1000
     + 0011
       ----
       1011
     + 0110
       1 1 1
   --------
   00010001
```
Ergebnis: **0001 0001**

c)
```
   0100
 + 0101
   1
   ----
   1001
```
Ergebnis: **1001**

d)
```
       0110
     + 1000
       ----
       1110
     + 0110
       1 1 1
   --------
   00010100
```
Ergebnis: **0001 0100**

171/2

a)
```
  0 0 1 0
+ 0 0 1 1
      1
---------
  0 1 0 1
```

b)
```
        1 0 0 1
      + 0 1 0 0
      ---------
        1 1 0 1
      + 0 1 1 0
      1 1
---------------
0 0 0 1 0 0 1 1
```

c)
```
        0 1 0 1
      + 0 1 0 1
        1   1
      ---------
        1 0 1 0
      + 0 1 1 0
      1 1 1
---------------
0 0 0 1 0 0 0 0
```

d)
```
        0 1 1 1
      + 0 1 1 0
        1 1
      ---------
        1 1 0 1
      + 0 1 1 0
      1 1
---------------
0 0 0 1 0 0 1 1
```

171/3

a)
```
  0 0 0 0 0 1 1 0
+ 0 0 0 0 1 0 0 0
-----------------
  0 0 0 0 1 1 1 0
+         0 1 1 0
        1 1 1
-----------------
  0 0 0 1 0 1 0 0
```

b)
```
  0 0 1 0
+ 0 0 0 1
---------
  0 0 1 1
```

c)
```
  0 0 0 1 0 1 1 1
+ 0 0 0 0 0 1 0 1
          1 1 1
-----------------
  0 0 0 1 1 1 0 0
+         0 1 1 0
      1 1 1
-----------------
  0 0 1 0 0 0 1 0
```

d)
```
  0 0 0 1 1 0 0 0
+ 0 0 0 1 0 0 1 0
      1
-----------------
  0 0 1 0 1 0 1 0
          0 1 1 0
        1 1 1
-----------------
  0 0 1 1 0 0 0 0
```

171/4

a)
```
  0 0 0 0 0 1 1 0
+ 0 0 0 0 0 1 1 1
          1 1
-----------------
  0 0 0 0 1 1 0 1
+         0 1 1 0
        1 1
-----------------
  0 0 0 1 0 0 1 1
```

b)
```
  0 1 0 1
+ 0 0 1 0
---------
  0 1 1 1
```

c)
```
  0 0 1 0 1 0 0 0
+ 0 0 0 0 0 0 1 1
-----------------
  0 0 1 0 1 0 1 1
+         0 1 1 0
        1 1 1
-----------------
  0 0 1 1 0 0 0 1
```

d)
```
  0 0 1 0 0 0 1 0
+ 0 0 0 1 0 1 1 1
          1 1
-----------------
  0 0 1 1 1 0 0 1
```

171/5

a)
```
   0 0 0 1 0 0 1 1
 + 0 0 0 1 0 1 0 1
       1   1 1 1
   ---------------
   0 0 1 0 1 0 0 0
```

b)
```
   0 0 0 1 1 0 0 0
 + 0 0 1 1 0 0 1 1
     1 1
   ---------------
   0 1 0 0 1 0 1 1
 +         0 1 1 0
         1 1 1
   ---------------
   0 1 0 1 0 0 0 1
```

c)
```
   0 0 0 0 0 1 1 0
 + 0 0 0 1 0 1 0 1
           1
   ---------------
   0 0 0 1 1 0 1 1
 +         0 1 1 0
       1 1 1 1
   ---------------
   0 0 1 0 0 0 0 1
```

d)
```
   0 0 1 0 0 0 1 0
 + 0 0 0 1 0 0 0 1
   ---------------
   0 0 1 1 0 0 1 1
```

171/6

a)
```
   0 0 1 0 0 1 1 0
 + 0 0 0 1 0 1 1 1
           1 1
   ---------------
   0 0 1 1 1 1 0 1
 +         0 1 1 0
     1 1 1 1
   ---------------
   0 1 0 0 0 0 1 1
```

b)
```
   0 0 0 0 0 1 0 0 0 0 1 0
 + 0 0 0 0 1 0 0 0 1 0 0 0
   -----------------------
   0 0 0 0 1 1 0 0 1 0 1 0
 +         0 1 1 0 0 1 1 0
         1 1     1 1 1
   -----------------------
   0 0 0 1 0 0 1 1 0 0 0 0
```

c)
```
   0 0 1 0 0 1 1 1
 + 0 1 1 1 0 0 1 0
   1 1     1 1
   ---------------
   1 0 0 1 1 0 0 1
```

d)
```
   0 0 1 1 0 1 1 0
 + 0 0 0 1 0 1 0 1
     1 1   1
   ---------------
   0 1 0 0 1 0 1 1
 +         0 1 1 0
         1 1 1
   ---------------
   0 1 0 1 0 0 0 1
```

171/7

a)
```
   0 0 0 0 0 1 1 1
 + 0 0 0 0 0 1 0 1
           1 1 1
   ---------------
   0 0 0 0 1 1 0 0
 +         0 1 1 0
         1 1
   ---------------
   0 0 0 1 0 0 1 0
 + 0 0 0 0 0 1 0 0
   ---------------
   0 0 0 1 0 1 1 0
```

b)
```
   0 0 0 1 1 0 0 0
 + 0 0 0 1 0 1 0 0
       1
   ---------------
   0 0 1 0 1 1 0 0
 +         0 1 1 0
         1 1
   ---------------
   0 0 1 1 0 0 1 0
 + 0 0 1 0 0 0 1 0
     1       1
   ---------------
   0 1 0 1 0 1 0 0
```

c)
```
   0 0 0 1 0 0 1 1
 + 0 0 0 1 0 0 1 0
       1     1
   ---------------
   0 0 1 0 0 1 0 1
 + 0 0 0 0 0 0 1 0
   ---------------
   0 0 1 0 0 1 1 1
```

171/8

a)

	0	1	1	0
+	0	0	1	0
	1	1		
	1	0	0	0
+	0	0	0	1
	1	**0**	**0**	**1**

b)

	0	0	0	1	0	1	1	1
+	0	0	0	0	0	0	1	1
					1	1	1	
	0	0	0	1	1	0	1	0
+					0	1	1	0
			1	1	1	1		
	0	0	1	0	0	0	0	0
+	0	0	0	1	0	1	0	0
	0	**0**	**1**	**1**	**0**	**1**	**0**	**0**

c)

	0	0	0	1	1	0	0	0
+	0	0	1	0	0	0	1	0
	0	0	1	1	1	0	1	0
+					0	1	1	0
		1	1	1	1	1		
	0	1	0	0	0	0	0	0
+	0	0	0	0	0	1	0	1
	0	**1**	**0**	**0**	**0**	**1**	**0**	**1**

Lösungen zu 7.4.1 Hexadezimalzahlen und Dualzahlen

172/1 I **a)** 11 ≙ **1 0001**; **b)** 1C ≙ **1 1100**
c) ACF ≙ **1010 1100 1111**; **d)** 33D ≙ **11 0011 1101**

172/2 I **a)** 14 ≙ **1 0100**; **b)** 2E ≙ **10 1110**
c) 46B ≙ **100 0110 1011**; **d)** FFA ≙ **1111 1111 1010**

172/3 I **a)** EE ≙ **1110 1110**; **b)** ABC ≙ **1010 1011 1100**
c) EF65 ≙ **1110 1111 0110 0101**; **d)** 7B2 ≙ **111 1011 0010**

172/4 I **a)** CD0 ≙ **1100 1101 0000**; **b)** AFF ≙ **1010 1111 1111**
c) 457D ≙ **100 0101 0111 1101**; **d)** 52EF ≙ **101 0010 1110 1111**

172/5 I **a)** 0011 0010 ≙ **32**; **b)** 1101 ≙ **D**
c) 0001 1011 1101 ≙ **1BD**; **d)** 1100 0110 ≙ **C6**

172/6 I **a)** 0001 1100 ≙ **1C**; **b)** 1110 ≙ **E**
c) 1010 1010 ≙ **AA**; **d)** 0011 0011 0011 ≙ **333**

172/7 l **a)** 0001 1110 ≙ **1E**; **b)** 0001 0001 ≙ **11**
c) 0100 1101 ≙ **4D**; **d)** 1111 0110 ≙ **F6**

172/8 l **a)** 0011 0011 ≙ **33**; **b)** 0100 1001 ≙ **49**
c) 001 0011 0101 1 ≙ **26B**; **d)** 1110 0011 1101 ≙ **E3D**

Lösungen zu 7.4.2 Addition und Subtraktion von Hexadezimalzahlen

172/1 r **a), b)**

0	1	2	3	4	5	6	7	8	9	A	B	C	D	E	F
1	2	3	4	5	6	7	8	9	A	B	C	D	E	F	10
2	3	4	5	6	7	8	9	A	B	C	D	E	F	10	11
3	4	5	6	7	8	9	A	B	C	D	E	F	10	11	12
4	5	6	7	8	9	A	B	C	D	E	F	10	11	12	13
5	6	7	8	9	A	B	C	D	E	F	10	11	12	13	14
6	7	8	9	A	B	C	D	E	F	10	11	12	13	14	15
7	8	9	A	B	C	D	E	F	10	11	12	13	14	15	16
8	9	A	B	C	D	E	F	10	11	12	13	14	15	16	17
9	A	B	C	D	E	F	10	11	12	13	14	15	16	17	18
A	B	C	D	E	F	10	11	12	13	14	15	16	17	18	19
B	C	D	E	F	10	11	12	13	14	15	16	17	18	19	1A
C	D	E	F	10	11	12	13	14	15	16	17	18	19	1A	1B
D	E	F	10	11	12	13	14	15	16	17	18	19	1A	1B	1C
E	F	10	11	12	13	14	15	16	17	18	19	1A	1B	1C	1D
F	10	11	12	13	14	15	16	17	18	19	1A	1B	1C	1D	1E

c) Die Hexadezimalzahlen über der Treppenlinie sind einstellig, die Hexadezimalen unter der Treppenlinie sind zweistellig.

172/2 r **a)** 3 + D = **10**; **b)** 8 + F = **17**; **c)** 2 + B = **D**; **d)** 9 + F = **18**

172/3 r **a)** 7 + C = **13**; **b)** 6 + F = **15**; **c)** D + C = **19**; **d)** E + E = **1C**

172/4 r

a)	b)	c)	d)	e)
B	F	E	A B	E 4
− 6	− 9	− A	− 3 F	− D 8
			1	1
5	**6**	**4**	**6 C**	**0 C**

172/5 r

a)	b)	c)	d)	e)
E	B	F	C D	A E
− 4	− 9	− E	− 9 B	− 8 F
				−1
A	**2**	**1**	**3 2**	**1 F**

172/6 r

a)

945 : 2 = 472	1	432 : 2 = 216	0
472 : 2 = 236	0	216 : 2 = 108	0
236 : 2 = 118	0	108 : 2 = 54	0
118 : 2 = 59	0	54 : 2 = 27	0
59 : 2 = 29	1	27 : 2 = 13	1
29 : 2 = 14	1	13 : 2 = 6	1
14 : 2 = 7	0	6 : 2 = 3	0
7 : 2 = 3	1	3 : 2 = 1	1
3 : 2 = 1	1	1 : 2 = 0	1
1 : 2 = 0	1		

0011 1011 0001 ≙ **3B1**

0001 1011 0000 ≙ **1B0**

b)	c)
3 B 1	3 B 1
+ 1 B 0	− 1 B 0
1	
5 6 1	**2 0 1**

d) 561 ≙ **1 377 = 945 + 432**
201 ≙ **513 = 945 − 432**

Lösungen zu 7.4.3 Hexadezimalzahlen und Dezimalzahlen

173/1

a) 3E ≙ 0011 1110;

1	1	1	1	1	0
	3	7	15	31	**62**

b) AD ≙ 1010 1101;

1	0	1	0	1	1	0	1
	2	5	10	21	43	86	**173**

c) 4F ≙ 0100 1111;

1	0	0	1	1	1	1
	2	4	9	19	39	**79**

d) 9D ≙ 1001 1101;

1	0	0	1	1	1	0	1
	2	4	9	19	39	78	**157**

173/2 **a)** 27 ≙ 0010 0111;

1	0	0	1	1	1
	2	4	9	19	**39**

b) 6A3 ≙ 0110 1010 0011

1	1	0	1	0	1	0	0	0	1	1
	3	6	13	26	53	106	212	424	849	**1 699**

c) 7DF4 ≙ 0111 1101 1111 0100

1	1	1	1	1	0	1	1	1	1	1	0	1	0	0
	3	7	15	31	62	125	251	503	1 007	2 015	4 030	8 061	16 122	**32 244**

d) 80BC ≙ 1000 0000 1011 1100

1	0	0	0	0	0	0	0	1	0	1	1	1	1	0	0
	2	4	8	16	32	64	128	257	514	1 029	2 059	4 119	8 239	16 478	**32 956**

173/3 **a)** 2B0 ≙ 0010 1011 0000

1	0	1	0	1	1	0	0	0	0
	2	5	10	21	43	86	172	344	**688**

b) AA3 ≙ 1010 1010 0011

1	0	1	0	1	0	1	0	0	0	1	1
	2	5	10	21	42	85	170	340	680	1 361	**2 723**

c) 6FF ≙ 0110 1111 1111

1	1	0	1	1	1	1	1	1	1	1
	3	6	13	27	55	111	223	447	895	**1 791**

d) 03B ≙ 0000 0011 1011

1	1	1	0	1	1
	3	7	14	29	**59**

173/4 **a)** 66F ≙ 0110 0110 1111

1	1	0	0	1	1	0	1	1	1	1
	3	6	12	25	51	102	205	411	823	**1 647**

b) 80C ≙ 1000 0000 1100

1	0	0	0	0	0	0	0	1	1	0	0
	2	4	8	16	32	64	128	257	515	1 030	**2 060**

c) ABC ≙ 1010 1011 1100

1	0	1	0	1	0	1	1	1	1	0	0
	2	5	10	21	42	85	171	343	687	1 374	**2 748**

d) EEA ≙ 1110 1110 1010

1	1	1	0	1	1	1	0	1	0	1	0
	3	7	14	29	59	119	238	477	954	1 909	**3 818**

173/5 **a)** 56 : 2 = 28 0
28 : 2 = 14 0
14 : 2 = 7 0
7 : 2 = 3 1
3 : 2 = 1 1
1 : 2 = 0 1
0011 1000 ≙ **38**

b) 18 : 2 = 9 0
9 : 2 = 4 1
4 : 2 = 2 0
2 : 2 = 1 0
1 : 2 = 0 1
0001 0010 ≙ **12**

c) 23 : 2 = 11 1
11 : 2 = 5 1
5 : 2 = 2 1
2 : 2 = 1 0
1 : 2 = 0 1
0001 0111 ≙ **17**

d) 85 : 2 = 42 1
42 : 2 = 21 0
21 : 2 = 10 1
10 : 2 = 5 0
5 : 2 = 2 1
2 : 2 = 1 0
1 : 2 = 0 1
0101 0101 ≙ **55**

173/6 **a)** 16 ≙ 0001 0000 ≙ **10**
b) 36 ≙ 0010 0100 ≙ **24**
c) 72 ≙ 0100 1000 ≙ **48**
d) 79 ≙ 0100 1111 ≙ **4F**

173/7

a) 334 : 2 = 167 0
167 : 2 = 83 1
83 : 2 = 41 1
41 : 2 = 20 1
20 : 2 = 10 0
10 : 2 = 5 0
5 : 2 = 2 1
2 : 2 = 1 0
1 : 2 = 0 1

0001 0100 1110 ≙ **14E**

b) 741 : 2 = 370 1
370 : 2 = 185 0
185 : 2 = 92 1
92 : 2 = 46 0
46 : 2 = 23 0
23 : 2 = 11 1
11 : 2 = 5 1
5 : 2 = 2 1
2 : 2 = 1 0
1 : 2 = 0 1

0010 1110 0101 ≙ **2E5**

c) 345 : 2 = 172 1
172 : 2 = 86 0
86 : 2 = 43 0
43 : 2 = 21 1
21 : 2 = 10 1
10 : 2 = 5 0
5 : 2 = 2 1
2 : 2 = 1 0
1 : 2 = 0 1

0001 0101 1001 ≙ **159**

d) 4 521 : 2 = 2 260 1
2 260 : 2 = 1 130 0
1 130 : 2 = 565 0
565 : 2 = 282 1
282 : 2 = 141 0
141 : 2 = 70 1
70 : 2 = 35 0
35 : 2 = 17 1
17 : 2 = 8 1
8 : 2 = 4 0
4 : 2 = 2 0
2 : 2 = 1 0
1 : 2 = 0 1

0001 0001 1010 1001 ≙ **11A9**

173/8

a) 876 : 2 = 438 0
438 : 2 = 219 0
219 : 2 = 109 1
109 : 2 = 54 1
54 : 2 = 27 0
27 : 2 = 13 1
13 : 2 = 6 1
6 : 2 = 3 0
3 : 2 = 1 1
1 : 2 = 0 1

0011 0110 1100 ≙ **36C**

b) 961 : 2 = 480 1
480 : 2 = 240 0
240 : 2 = 120 0
120 : 2 = 60 0
60 : 2 = 30 0
30 : 2 = 15 0
15 : 2 = 7 1
7 : 2 = 3 1
3 : 2 = 1 1
1 : 2 = 0 1

0011 1100 0001 ≙ **3C1**

c) 832 : 2 = 416 0
416 : 2 = 208 0
208 : 2 = 104 0
104 : 2 = 52 0
52 : 2 = 26 0
26 : 2 = 13 0
13 : 2 = 6 1
6 : 2 = 3 0
3 : 2 = 1 1
1 : 2 = 0 1

0011 0100 0000 ≙ **340**

d) 7 432 : 2 = 3 716 0
3 716 : 2 = 1 858 0
1 858 : 2 = 929 0
929 : 2 = 464 1
464 : 2 = 232 0
232 : 2 = 116 0
116 : 2 = 58 0
58 : 2 = 29 0
29 : 2 = 14 1
14 : 2 = 7 0
7 : 2 = 3 1
3 : 2 = 1 1
1 : 2 = 0 1

0001 1101 0000 1000 ≙ **1D08**

Lösungen zu 7.5.1 Schaltalgebraische Begriffe

174/1

e	a
0	0
1	1

174/2

e	a_1	a_2
0	0	1
1	1	0

174/3

e_1	e_2	e_3	k_2
0	0	0	0
0	0	1	1
0	1	0	0
0	1	1	1
1	0	0	0
1	0	1	1
1	1	0	1
1	1	1	1

174/4

e_1	e_2	e_3	e_4	a_2
0	0	0	0	1
0	0	0	1	0
0	0	1	0	1
0	0	1	1	1
0	1	0	0	1
0	1	0	1	0
0	1	1	0	1
0	1	1	1	1
1	0	0	0	1
1	0	0	1	0
1	0	1	0	1
1	0	1	1	1
1	1	0	0	1
1	1	0	1	1
1	1	1	0	1
1	1	1	1	1

175/5 I

a) Schließer a parallel zu Schließer b.

b) Schließer a und Schließer b in Reihe, parallel dazu Öffner $\bar{c}$.

c) Schließer a und Schließer b in Reihe, parallel dazu Schließer c.

d) Schließer a und Schließer b in Reihe, parallel dazu Schließer c und Öffner $\bar{d}$ in Reihe.

175/6 l **a)** Schließer a und Schließer b in Reihe.
b) Schließer b und Schließer c und Schließer a in Reihe.
c) Schließer a und Schließer c in Reihe, parallel dazu Öffner $\bar{b}$.
d) Schließer a und Schließer b in Reihe, parallel dazu Schließer c und parallel dazu Schließer d.

175/7 l Spannung vorhanden, wenn $\bar{e}_4$ oder k_2 geschlossen
$\Rightarrow a_2 = \bar{e}_4 \vee k_2$ mit $k_2 = e_1 \wedge e_2 \vee e_3 = e_1 e_2 \vee e_3 \Rightarrow a_2 = \mathbf{\bar{e}_4 \vee e_1 \wedge e_2 \vee e_3}$

175/8 l Spannung vorhanden, wenn $\bar{e}_4$ offen und k_2 offen
$\Rightarrow a_3 = e_4 \wedge \bar{k}_2$ mit $k_2 = e_1 \wedge e_2 \vee e_3 = e_1 e_2 \vee e_3 \Rightarrow a_3 = \mathbf{e_4 \wedge \overline{(e_1 \wedge e_2 \vee e_3)}}$

Lösungen zu 7.5.2 Kommutativgesetz der Schaltalgebra

175/1 **a)** $(a \vee b) \wedge c = \mathbf{c \wedge (a \vee b) = c \wedge (b \vee a) = (b \vee a) \wedge c}$
b) $(a \wedge b) \vee c = ab \vee c = \mathbf{b \wedge a \vee c = c \vee b \wedge a = c \vee a \wedge b}$
c) $(a \wedge b) \wedge (c \vee d) = \mathbf{(c \vee d) \wedge a \wedge b = (d \vee c) \wedge a \wedge b = (c \vee d) \wedge b \wedge a}$

175/2 **a)** $s_1 = b \wedge c \vee d = \mathbf{c \wedge b \vee d = d \vee c \wedge b = d \vee b \wedge c}$
b) $s_2 = (c \vee d) \wedge b = \mathbf{(d \vee c) \wedge b = b \wedge (d \vee c) = b \wedge (c \vee d)}$
c) $s_3 = a \wedge c \vee b = \mathbf{c \wedge a \vee b = b \vee c \wedge a = b \vee a \wedge c}$

175/3 **a)** $s_1 = b \wedge (c \vee d) = \mathbf{(c \vee d) \wedge b = (d \vee c) \wedge b = b \wedge (d \vee c)}$
b) $s_2 = (d \vee c) \wedge a = \mathbf{a \wedge (d \vee c) = a \wedge (c \vee d) = (c \vee d) \wedge a}$
c) $s_3 = a \wedge (c \vee b) = \mathbf{(c \vee b) \wedge a = (b \vee c) \wedge a = a \wedge (b \vee c)}$

175/4 **a)** $s_1 = r \wedge (t \vee x) = \mathbf{(t \vee x \wedge r) = (x \vee t \wedge r) = r \wedge (x \vee t)}$
b) $s_2 = (a \vee b) \wedge c = (a \vee b)c = \mathbf{c \wedge (a \vee b) = c \wedge (b \vee a) = (b \vee a) \wedge c}$

175/5 r **a)** $a \vee 1 = \mathbf{1}$; **b)** $a \wedge 0 = 0 \wedge a = 0a = \mathbf{0}$; **c)** $a \vee a = \mathbf{a}$
d) $b \wedge b = bb = \mathbf{b}$; **e)** $\bar{b} \vee 1 = \mathbf{1}$

175/6 r **a)** $x \vee x = \mathbf{x}$; **b)** $\underline{1} \vee y = \mathbf{1}$; **c)** $x \vee y \vee 1 = \mathbf{1}$
d) $x \wedge x \wedge y = xy = \mathbf{x \wedge y}$; **e)** $\bar{b} \wedge b \wedge 0 = 0 \wedge b \wedge \bar{b} = \mathbf{0}$

175/7 r **a)** $\underline{a} \vee (a \wedge 1) = \underline{a} \vee a1 = a \vee a = \mathbf{a}$; **b)** $\bar{a} \vee b \wedge c \vee 1 = \mathbf{1}$
c) $\bar{b}c \wedge 1 \wedge 0 = \bar{b} \wedge c \wedge 1 \wedge 0 = \mathbf{0}$; **d)** $(\bar{b} \wedge c) \vee d = \mathbf{\bar{b} \wedge c \vee d}$

175/8 r **a)** $a \vee (\bar{a} \wedge 0) = a \vee 0 = \mathbf{a}$

b) $(a \wedge b \wedge a) \vee b = aba \vee b = ab \vee b \mathrel{\widehat{=}} b(a + 1) \mathrel{\widehat{=}} b(a \vee 1) = b1 = \mathbf{b}$

c) $(\bar{a} \wedge b) \vee (d \wedge d) = \bar{a}b \vee dd = \bar{\mathbf{a}} \wedge \mathbf{b} \vee \mathbf{d}$

d) $(a \vee b) \wedge (a \vee b) = (a \vee b)(a \vee b) = \mathbf{a} \vee \mathbf{b}$

175/9 **a)** $a \vee (1 \wedge 0 \wedge b) = \mathbf{a}$; **b)** $1 \vee (0 \wedge b) = \mathbf{1}$

c) $\bar{a} \wedge 0 \wedge 1 = \mathbf{0}$; **d)** $(\bar{a} \wedge 1) \vee (1 \wedge b) = \bar{\mathbf{a}} \vee \mathbf{b}$

175/10 **a)** $(a \vee b) \vee (1 \vee b) = (a \vee b) \vee 1 = \mathbf{1}$; **b)** $1 \wedge (a \vee 0) = 1 \wedge a = \mathbf{a}$

c) $\bar{b} \wedge 0 \wedge b = \mathbf{0}$; **d)** $(\bar{b} \vee 1) \wedge (1 \vee 0) = 1 \wedge 1 = \mathbf{1}$

Lösungen zu 7.5.3 Assoziativgesetz der Schaltalgebra

176/1 **a)** $\mathbf{y_{K1}} = \mathbf{e_1} \wedge \mathbf{e_2} \wedge \mathbf{e_3} \vee \mathbf{e_4} \wedge \mathbf{e_5}$; **b)** $\mathbf{y_{K1}} = \mathbf{e_1} \wedge (\mathbf{e_2} \wedge \mathbf{e_3}) \vee \mathbf{e_4} \wedge \mathbf{e_5}$
(es gibt weitere Lösungen)

176/2 **a)** $\mathbf{y_{A2}} = \mathbf{y_{K1}} \vee \mathbf{e_6} \wedge \bar{\mathbf{e}}_\mathbf{7} \vee \bar{\mathbf{e}}_\mathbf{6} \wedge \mathbf{e_7} \wedge \mathbf{e_8}$; **b)** $\mathbf{y_{A2}} = \mathbf{e_6} \wedge \bar{\mathbf{e}}_\mathbf{7} \vee \bar{\mathbf{e}}_\mathbf{6} \wedge \bar{\mathbf{e}}_\mathbf{7} \wedge \mathbf{e_8} \vee \mathbf{y_{K1}}$

176/3 $y_{K1} = \bar{k}_2 \wedge (\bar{s}_3 \wedge s_2 \vee k_1) \wedge \bar{s}_1 \wedge \bar{f}_1 = \bar{k}_2(\bar{s}_3 s_2 \vee k_1)\bar{s}_1\bar{f}_1$
$= \bar{\mathbf{s}}_\mathbf{1} \wedge \bar{\mathbf{f}}_\mathbf{1} \wedge \bar{\mathbf{k}}_\mathbf{2} \wedge (\bar{\mathbf{s}}_\mathbf{3} \wedge \mathbf{s_2} \vee \mathbf{k_1})$

176/4 $y_{K2} = \bar{k}_1 \wedge (s_3 \wedge \bar{s}_2 \vee k_2) \wedge \bar{s}_1 \wedge \bar{f}_1 = \bar{\mathbf{s}}_\mathbf{1} \wedge \bar{\mathbf{f}}_\mathbf{1} \wedge \bar{\mathbf{k}}_\mathbf{1} \wedge (\mathbf{s_3} \wedge \bar{\mathbf{s}}_\mathbf{2} \vee \mathbf{k_2})$

176/5 **a)** UND-Element mit den Eingängen A, C und invertiertem Eingang B.

b) ODER-Element mit den Eingängen A, B und invertiertem Eingang C.

c) Ein UND-Element mit den Eingängen A und B ist an ein ODER-Element geschaltet, das als weiteren Eingang C hat.

176/6 **a)** ODER-Element mit den Eingängen B, C und invertiertem Eingang A.

b) UND-Element mit den Eingängen A, C, D.

c) ODER-Element mit invertiertem Eingang A und Eingang C ist an nachfolgendes UND-Element geschaltet, das als weiteren Eingang D hat.

176/7 **a)** $s = abcd \vee xyz = \mathbf{a(bcd)} \vee \mathbf{x(yz)} = \mathbf{(ab)(cd)} \vee y(xz)$ (es gibt weitere Lösungen)

b) $s = c \vee d \vee e \vee \bar{f} = (\mathbf{c} \vee \bar{\mathbf{f}}) \vee \mathbf{d} \vee \mathbf{e} = (\mathbf{c} \vee \mathbf{e}) \vee (\bar{\mathbf{f}} \vee \mathbf{d})$ (es gibt weitere Lösungen)

c) $s = ac \wedge de = \mathbf{a(cde)} = \mathbf{ed(ac)} = \mathbf{d(ace)}$ (es gibt weitere Lösungen)

d) $s = xy \vee tz = \mathbf{yx} \vee \mathbf{tz} = \mathbf{tz} \vee \mathbf{yx} = \mathbf{zt} \vee \mathbf{yx}$ (es gibt weitere Lösungen)

176/8 **a)** $s = iklmn \vee pqrs = \mathbf{ik(lmn) \vee p(qrs) = kl(imn) \vee r(pqs)}$ (es gibt weitere Lösungen)

b) $s = (a \vee b) \vee (c \vee d) = \mathbf{a \vee b \vee c \vee d = (a \vee d) \vee c \vee b = b \vee a \vee d \vee c}$ (es gibt weitere Lösungen)

c) $s = xyz \wedge jk = \mathbf{x(yzjk) = y(xzjk) = k(xyzj)}$ (es gibt weitere Lösungen)

d) $s = abc \wedge (i \vee k) = \mathbf{cab \wedge (k \vee i) = (k \vee i) \wedge cba}$ (es gibt weitere Lösungen)

Lösungen zu 7.5.4 Distributivgesetze der Schaltalgebra

177/1 **a)** $s_1 = x \vee (y \wedge z) = \mathbf{(x \vee y) \wedge (x \vee z)}$

b) $a = (e_1 \wedge e_2) \vee (e_3 \wedge e_4) = \mathbf{(e_1 \vee e_3) \wedge (e_1 \vee e_4) \wedge (e_2 \vee e_3) \wedge (e_2 \vee e_4)}$

c) $s_2 = x \vee y \vee (x \wedge z) = x \vee (y \vee x \wedge z) = \mathbf{x \vee (y \vee x) \wedge (y \vee z)}$ oder
$s_2 = y \vee (x \vee x \wedge z) = \mathbf{y \vee x \wedge (x \vee z)}$

177/2 **a)** $s_1 = (u \vee v) \wedge w = \mathbf{w \wedge u \vee w \wedge v}$

b) $a = y \vee x \wedge (x \vee y) = y \vee x \wedge x \vee x \wedge y = \mathbf{y \vee x \vee x \wedge y}$

c) $s_2 = (x \vee z) \wedge y \vee x \wedge (y \vee x) = x \wedge y \vee z \wedge y \vee x \wedge y \vee x \wedge x = \mathbf{x \wedge y \vee z \wedge y \vee x}$

177/3 **a)** $y_{K1} = \mathbf{(a \vee a \wedge b) \wedge (b \vee c)}$

b) $y_{K1} = (a \vee a \wedge b) \wedge (b \vee c) = a \wedge b \vee a \wedge c \vee a \wedge b \wedge b \vee a \wedge b \wedge c$
$= a \wedge b \vee a \wedge c \vee a \wedge b \wedge c = a \wedge (b \vee c \vee b \wedge c) = a \wedge [b \wedge (1 \vee c) \vee c] = \mathbf{a \wedge (b \vee c)}$

177/4 **a)** $y_{K2} = \mathbf{(a \vee a \wedge b) \wedge (a \wedge b \vee a)}$

b) $y_{K2} = (a \vee a \wedge b) \wedge (a \wedge b \vee a) = a \wedge a \wedge b \vee a \wedge a \vee a \wedge a \wedge b \wedge b \vee a \wedge a \wedge b$
$= a \wedge b \vee a \vee a \wedge b \vee a \wedge b = a \vee a \wedge b = a \wedge (1 \vee b) = \mathbf{a}$

177/5 **a)** $y_{K1} = \mathbf{\overline{a} \wedge b \wedge \overline{k}_2 \vee c \wedge \overline{a} \wedge k_2}$

b) $y_{K1} = \overline{a} \wedge b \wedge \overline{k}_2 \vee c \wedge \overline{a} \wedge k_2 = \mathbf{\overline{a} \wedge (b \wedge \overline{k}_2 \vee c \wedge k_2)}$

177/6 **a)** $\mathbf{a = e_1 \wedge e_2 \vee \overline{e}_1 \wedge e_3 \vee e_1 \wedge e_3}$

b) $a = e_1 \wedge e_2 \vee \overline{e}_1 \wedge e_3 \vee e_1 \wedge e_3 = e_1 \wedge e_2 \vee e_3 \wedge (\overline{e}_1 \vee e_1) = \mathbf{e_1 \wedge e_2 \vee e_3}$

Lösungen zu 7.5.5.1 Umkehrgesetze für eine Variable

178/1 **a)** $\mathbf{1}$; **b)** $\overline{1 \vee 0} = \overline{1} = \mathbf{0}$; **c)** $\overline{1 \vee b} = \overline{1} = \mathbf{0}$; **d)** $\overline{1 \wedge \overline{1}} = \overline{0} = \mathbf{1}$; **e)** $\mathbf{a \vee b}$

178/2 **a)** $\mathbf{0}$; **b)** $\overline{0 \wedge 1} = \bar{0} = \mathbf{1}$; **c)** $\overline{1 \wedge b} = \bar{\mathbf{b}}$; **d)** $\overline{1 \vee \bar{1}} = \bar{1} = \mathbf{0}$; **e)** $\mathbf{a} \wedge \mathbf{b}$

178/3 **a)** $\overline{\bar{\mathbf{a}} \wedge \mathbf{b}}$; **b)** $\overline{\mathbf{c} \vee \bar{\mathbf{d}}}$; **c)** $\overline{\bar{\mathbf{a}} \vee \mathbf{b}}$; **d)** $\overline{\bar{\mathbf{a}} \wedge \mathbf{b} \wedge \mathbf{d}}$

178/4 **a)** $\overline{\bar{\mathbf{a}} \vee \mathbf{b} \wedge \mathbf{d}}$; **b)** $\overline{\overline{a \wedge b \vee c}} = \mathbf{a} \wedge \mathbf{b} \vee \mathbf{c}$; **c)** $\overline{\mathbf{a} \wedge \mathbf{b} \wedge \bar{\mathbf{c}}}$; **d)** $\overline{\bar{\mathbf{a}} \wedge \mathbf{b} \vee \mathbf{c} \wedge \bar{\mathbf{d}}}$

178/5 **a)** $a \wedge b \vee \bar{a} \wedge b = b(a \vee \bar{a}) = \mathbf{b}$; **b)** $c \wedge \bar{d} \wedge f \vee c \wedge d \wedge f = cf(\bar{d} \vee d) = \mathbf{c} \wedge \mathbf{f}$

c) $\bar{a} \wedge b \wedge c \wedge a = \bar{a}abc = \mathbf{0}$; **d)** $x_1 \wedge x_2 \wedge \bar{x}_3 \wedge x_3 = \mathbf{0}$

178/6 **a)** $a \wedge b \wedge c \vee a \wedge \bar{b} \wedge c = ac(b \vee \bar{b}) = \mathbf{a} \wedge \mathbf{c}$

b) $c \wedge d \vee c \wedge \bar{d} \wedge e \wedge \bar{e} = c(d \vee \bar{d} \wedge 0) = \mathbf{c} \wedge \mathbf{d}$

c) $e \wedge \bar{f} \wedge \bar{g} \vee e \wedge f \wedge g = \mathbf{e} \wedge (\bar{\mathbf{f}} \wedge \bar{\mathbf{g}} \vee \mathbf{f} \wedge \mathbf{g})$

d) $\bar{y}_2 \wedge y_3 \wedge y_2 \wedge y_3 = \bar{y}_2 y_2 y_3 = 0y_3 = \mathbf{0}$

178/7 **a)** $x \wedge (\bar{x} \vee b) = x\bar{x} \vee xb = \mathbf{b} \wedge \mathbf{x}$; **b)** $(a \wedge b) \wedge (\bar{a} \vee a \wedge b) = a\bar{a}b \vee aabb = \mathbf{a} \wedge \mathbf{b}$

c) $\bar{g} \wedge (a \vee \bar{a}) = \bar{\mathbf{g}}$; **d)** $(\bar{a} \wedge b)(1 \vee a) = \bar{\mathbf{a}} \wedge \mathbf{b}$

178/8 **a)** $a \wedge b \vee a \wedge \bar{b} \vee \bar{a} \wedge b = a(b \vee \bar{b}) \vee \bar{a}b = a \vee \bar{a}b = \mathbf{a} \vee \mathbf{b}$

b) $(v \wedge \bar{u} \vee v \wedge u) \wedge u = v\bar{u}u \vee vuu = \mathbf{u} \wedge \mathbf{v}$

c) $x \wedge (\bar{x} \vee b \wedge x \vee x) = x\bar{x} \vee bxx \vee xx = 0 \vee bx \vee x = x(b \vee 1) = \mathbf{x}$

d) $\bar{a} \wedge b \vee \bar{a} \wedge \bar{b} \vee \bar{a} \wedge c = \bar{a}(b \vee \bar{b}) \vee \bar{a}c = \bar{a} \wedge 1 \vee \bar{a}c = \bar{a}(1 \vee c) = \bar{a} \wedge 1 = \bar{\mathbf{a}}$

Lösungen zu 7.5.5.2 Umkehrgesetze für mehrere Variable

179/1 **a)** ODER-Element, E1 und E2 negiert

b) ODER-Element, E2 negiert, E1 nicht negiert

c) UND-Element, E1 und E2 negiert

d) UND-Element, E1 nicht negiert, E2 negiert

179/2 **a)** ODER-Element, E1 negiert, E2 nicht negiert

b) UND-Element, E1 negiert, E2 nicht negiert

c) UND-Element, E1 und E3 negiert, E2 nicht negiert

d) ODER-Element, E1, E2 und E3 nicht negiert

179/3
a) ODER-Element, E1 nicht negiert, E2 negiert
b) UND-Element, E1 negiert, E2 nicht negiert
c) UND-Element, E1 und E2 nicht negiert
d) UND-Element, E1 nicht negiert, E2 negiert

179/4
a) UND-Element, E1 und E3 negiert, E2 nicht negiert
b) ODER-Element, E1 und E2 nicht negiert, E3 negiert
c) UND-Element, E1 und E2 negiert, E3 nicht negiert
d) NAND-Element, E1 und E2 nicht negiert

179/5
a) $\overline{a \wedge b} = \bar{\mathbf{a}} \vee \bar{\mathbf{b}}$;
b) $\overline{a \wedge \bar{b}} = \bar{a} \vee \bar{\bar{b}} = \bar{\mathbf{a}} \vee \mathbf{b}$
c) $\overline{\bar{a} \wedge b} = \bar{\bar{a}} \vee \bar{b} = \mathbf{a} \vee \bar{\mathbf{b}}$;
d) $\overline{\bar{a} \vee \bar{b}} = \bar{\bar{a}} \wedge \bar{\bar{b}} = \mathbf{a} \wedge \mathbf{b}$

179/6
a) $\overline{a \wedge b \wedge c} = \bar{\mathbf{a}} \vee \bar{\mathbf{b}} \vee \bar{\mathbf{c}}$;
b) $\overline{\bar{a} \wedge \bar{b}} = \bar{\bar{a}} \vee \bar{\bar{b}} = \mathbf{a} \vee \mathbf{b}$
c) $\overline{\bar{a} \wedge b \wedge c} = \bar{\bar{a}} \vee \bar{b} \vee \bar{c} = \mathbf{a} \vee \bar{\mathbf{b}} \vee \bar{\mathbf{c}}$;
d) $\overline{a \vee \bar{b}} = \bar{a} \wedge \bar{\bar{b}} = \bar{\mathbf{a}} \wedge \mathbf{b}$

179/7
a) $\overline{a \vee b \wedge c} = \bar{a} \wedge \overline{b \wedge c} = \bar{\mathbf{a}} \wedge (\bar{\mathbf{b}} \vee \bar{\mathbf{c}})$;
b) $\overline{a \vee b \vee c} = \bar{\mathbf{a}} \wedge \bar{\mathbf{b}} \wedge \bar{\mathbf{c}}$
c) $\overline{\bar{a} \vee b \wedge c} = \bar{\bar{a}} \wedge \overline{b \wedge c} = \mathbf{a} \wedge (\bar{\mathbf{b}} \vee \bar{\mathbf{c}})$;
d) $\overline{a \vee b \vee \bar{c}} = \bar{a} \wedge \bar{b} \wedge \bar{\bar{c}} = \bar{\mathbf{a}} \wedge \bar{\mathbf{b}} \wedge \mathbf{c}$

179/8
a) $\overline{\bar{a} \wedge b \vee c} = \bar{\bar{a}} \vee \bar{b} \wedge \bar{c} = \mathbf{a} \vee \bar{\mathbf{b}} \wedge \bar{\mathbf{c}}$
b) $\overline{a \wedge b \vee \bar{c}} = \overline{a \wedge b} \wedge \bar{\bar{c}} = (\bar{\mathbf{a}} \vee \bar{\mathbf{b}}) \wedge \mathbf{c}$
c) $\overline{\bar{a} \wedge \bar{b} \vee c} = \overline{\bar{a} \wedge \bar{b}} \wedge \bar{c} = (\bar{\bar{a}} \vee \bar{\bar{b}}) \wedge \bar{c} = (\mathbf{a} \vee \mathbf{b}) \wedge \bar{\mathbf{c}}$
d) $\overline{a \vee \bar{b} \vee \bar{c}} = \bar{a} \wedge \bar{\bar{b}} \wedge \bar{\bar{c}} = \bar{\mathbf{a}} \wedge \mathbf{b} \wedge \mathbf{c}$

179/9 $a \wedge b \vee a \wedge \bar{b} = a(b \vee \bar{b}) = \mathbf{a}$

179/10 $(a \vee b)(a \vee \bar{b}) = aa \vee a\bar{b} \vee ab \vee b\bar{b} = a \vee a\bar{b} \vee ab \vee 0 = a(1 \vee \bar{b} \vee b) = a1 = \mathbf{a}$

179/11 $a \wedge (\bar{a} \vee b) = a\bar{a} \vee ab = 0 \vee ab = \mathbf{a} \wedge \mathbf{b}$

179/12 $a \vee (\bar{a} \wedge b) = \overline{\overline{a \vee \bar{a}b}} = \overline{\bar{a}\;\overline{\bar{a}b}} = \overline{\bar{a}(\bar{\bar{a}} \vee \bar{b})} = \overline{\bar{a}(a \vee \bar{b})} = \overline{\bar{a}a \vee \bar{a}\,\bar{b}} = \overline{\bar{a}\,\bar{b}} = \bar{\bar{a}} \vee \bar{\bar{b}} = \mathbf{a} \vee \mathbf{b}$

179/13 **a)** $\overline{a \wedge \bar b \wedge c \vee \bar d} = \overline{a\bar b c}\,\bar{\bar d} = (\bar a \vee \bar{\bar b} \vee \bar c)d = (\mathbf{\bar a \vee b \vee \bar c}) \wedge \mathbf{d}$

b) $\overline{a \vee b \wedge \bar c \wedge d \vee \bar e} = \bar a\,\overline{\overline{b\bar c d}}\,\bar{\bar e} = \mathbf{\bar a \wedge b \wedge \bar c \wedge d \wedge e}$

c) $\overline{\bar a \wedge b \vee \bar c \wedge \bar d \vee a \wedge \bar c \vee a \wedge c \wedge d} = (\overline{\bar a b})(\overline{\bar c\bar d})(\overline{a\bar c})(\overline{acd})$

$= (\bar{\bar a} \vee \bar b)(\bar{\bar c} \vee \bar{\bar d})(\bar a \vee \bar{\bar c})(\bar a \vee \bar c \vee \bar d)$

$= (a \vee \bar b)(c \vee d)(\bar a \vee c)(\bar a \vee \bar c \vee \bar d)$

$= [ac \vee ad \vee \bar bc \vee \bar bd][\bar a\bar a \vee \bar a\bar c \vee \bar a\bar d \vee \bar ac \vee c\bar c \vee c\bar d]$

$= [ac \vee ad \vee \bar bc \vee \bar bd][\bar a(1 \vee \bar c \vee \bar d \vee c) \vee c\bar d] = [ac \vee ad \vee \bar bc \vee \bar bd][\bar a \vee c\bar d]$

$= \bar aac \vee \bar aad \vee \bar a\bar bc \vee \bar a\bar bd \vee acc\bar d \vee adc\bar d \vee \bar bcc\bar d \vee \bar bdc\bar d$

$= \mathbf{\bar a \wedge \bar b \wedge c \vee \bar a \wedge \bar b \wedge d \vee a \wedge c \wedge \bar d \vee \bar b \wedge c \wedge \bar d}$

179/14 **a)** $\overline{(a \vee b) \wedge \bar c \vee (\bar a \vee \bar d) \wedge b} = \overline{a\bar c \vee b\bar c \vee \bar ab \vee b\bar d} = (\overline{a\bar c})(\overline{b\bar c})(\overline{\bar ab})(\overline{b\bar d})$

$= (\bar a \vee \bar{\bar c})(\bar b \vee \bar{\bar c})(\bar{\bar a} \vee \bar b)(\bar b \vee \bar{\bar d}) = (\bar a \vee c)(\bar b \vee c)(a \vee \bar b)(\bar b \vee d)$

$= [\bar a\bar b \vee \bar ac \vee c\bar b \vee cc][a\bar b \vee ad \vee \bar b\bar b \vee \bar bd]$

$= [\bar a\bar b \vee c(\bar a \vee \bar b \vee 1)][ad \vee \bar b(a \vee d \vee 1)] = (\bar a\bar b \vee c)(ad \vee \bar b)$

$= \bar a\bar bad \vee \bar a\bar b\bar b \vee acd \vee \bar bc = (\mathbf{\bar a \wedge \bar b}) \vee (\mathbf{a \wedge c \wedge d}) \vee (\mathbf{\bar b \wedge c})$

b) $\overline{(a \vee b) \wedge c \vee e \wedge (d \vee f)} = \overline{ac \vee bc \vee ed \vee ef} = (\overline{ac})(\overline{bc})(\overline{ed})(\overline{ef})$

$= (\bar a \vee \bar c)(\bar b \vee \bar c)(\bar e \vee \bar d)(\bar e \vee \bar f) = (\bar a\bar b \vee \bar a\bar c \vee \bar b\bar c \vee \bar c\bar c)(\bar e\bar e \vee \bar e\bar f \vee \bar e\bar d \vee \bar d\bar f)$

$= [\bar a\bar b \vee \bar c(\bar a \vee \bar b \vee 1)][\bar d\bar f \vee \bar e(1 \vee \bar f \vee \bar d)]$

$= (\bar a\bar b \vee \bar c)(\bar e \vee \bar d\bar f) = (\mathbf{\bar a \wedge \bar b \wedge \bar e}) \vee (\mathbf{\bar a \wedge \bar b \wedge \bar d \wedge \bar f}) \vee (\mathbf{\bar c \wedge \bar e}) \vee (\mathbf{\bar c \wedge \bar d \wedge \bar f})$

c) $\overline{\overline{a \wedge b \vee c} \vee \bar a \wedge \bar b \vee d} = (\overline{\overline{ab \vee c}})(\overline{\bar a\bar b})(\bar d) = (ab \vee c)(\bar{\bar a} \vee \bar{\bar b})\bar d$

$= (ab \vee c)(a \vee b)\bar d = (aba \vee abb \vee ac \vee bc)\bar d = (\mathbf{a \wedge b \wedge \bar d}) \vee (\mathbf{a \wedge c \wedge \bar d}) \vee (\mathbf{b \wedge c \wedge \bar d})$

179/15 $s = \overline{\overline{e_1 \wedge e_2} \vee \overline{e_1 \wedge e_2} \wedge e_3 \vee \overline{e_1 \wedge e_3} \wedge e_4} = \overline{\overline{e_1e_2}(1 \vee e_3) \vee \overline{e_1e_3}e_4} = \overline{\overline{e_1e_2} \vee \overline{e_1e_3}e_4}$

$= (\overline{\overline{e_1e_2}})(\overline{\overline{e_1e_3}e_4}) = (e_1e_2)[\overline{(\bar e_1 \vee \bar e_3)e_4}] = (e_1e_2)[\overline{\bar e_1e_4 \vee \bar e_3e_4}]$

$= e_1e_2[(\overline{\bar e_1e_4})(\overline{\bar e_3e_4})] = (e_1e_2)[(\bar{\bar e}_1 \vee \bar e_4)(\bar{\bar e}_3 \vee \bar e_4)]$

$= (e_1e_2)[(e_1 \vee \bar e_4)(e_3 \vee \bar e_4)] = (e_1e_2)[e_1e_3 \vee e_1\bar e_4 \vee e_3\bar e_4 \vee \bar e_4\bar e_4]$

$= e_1e_2e_1e_3 \vee e_1e_2e_1\bar e_4 \vee e_1e_2e_3\bar e_4 \vee e_1e_2\bar e_4$

$= e_1e_2e_3 \vee e_1e_2\bar e_4 \vee e_1e_2e_3\bar e_4 = (\mathbf{e_1 \wedge e_2 \wedge e_3}) \vee (\mathbf{e_1 \wedge e_2 \wedge \bar e_4})$

179/16 $s = \overline{\overline{a \vee \overline{\overline{(a \vee b)}} \vee \bar c \vee [b \vee \overline{\overline{(a \vee b)}}]}} = \overline{\overline{\bar a \wedge \overline{\overline{(a \vee b)}} \vee \bar c \vee b \vee \overline{\overline{(a \vee b)}}}}$

$= \overline{a \wedge (a \vee b) \vee \bar c \vee b \vee a \vee b} = \overline{aa \vee ab \vee \bar c \vee b \vee a \vee b}$

$= \overline{ab \vee \bar c \vee b \vee a} = \overline{b(1 \vee a) \vee \bar c \vee a} = \overline{b \vee \bar c \vee a}$

$= \overline{a \vee b \vee \bar c} = \mathbf{\bar a \wedge \bar b \wedge c}$

179/17 $s = \overline{\overline{a \vee \overline{\overline{a \wedge b}} \vee \bar c \vee [b \vee \overline{\overline{a \wedge b}}]}}$

$= (a \vee \overline{a \wedge b}) \wedge c \wedge (b \vee \overline{a \wedge b})$

$= (a \vee \bar a \vee \bar b) \wedge c \wedge (b \vee \bar a \vee \bar b) = \mathbf{c}$

179/18 $\bar s = \overline{\overline{a \wedge \bar{\bar b} \vee \bar a \wedge c \vee \overline{b \wedge c \wedge d} \vee \bar a}}$

$s = \overline{a \wedge \bar{\bar b}} \vee \bar a \wedge c \vee \overline{b \wedge c \wedge d} \vee \bar a$

$= \bar a \vee \bar b \vee \bar a \wedge c \vee \bar b \vee \bar c \vee \bar d \vee \bar a$

$= \bar a \wedge (1 \vee c) \vee (b \vee \bar b) \vee \bar c \vee \bar d = \mathbf{1}$

Lösungen zu 7.5.6.1 Algebraisches Minimieren

180/1

a) $y = bc \vee ab \vee \bar{b}c \vee abc = ab \vee abc \vee bc \vee \bar{b}c = ab(1 \vee c) \vee c(\bar{b} \vee b) = \mathbf{a \wedge b \vee c}$

b) $y = (a \vee b)(a \vee c)(ab \vee bc) = (a \vee b)(a \vee c)b(a \vee c) = b(a \vee b)(a \vee c)$
$= b(a \vee ac \vee ab \vee bc) = ba(1 \vee c \vee b) \vee bc = ab \vee bc = \mathbf{b \wedge (a \vee c)}$

c) $y = (a\bar{b} \vee ac)(b \vee c) = a\bar{b}b \vee a\bar{b}c \vee abc \vee ac = 0 \vee ac(\bar{b} \vee b) \vee ac = \mathbf{a \wedge c}$

180/2

$y = b\bar{c}d \vee \bar{a}b\bar{c} \vee bd \vee \bar{a}b = b\bar{c}d \vee bd \vee \bar{a}b\bar{c} \vee \bar{a}b = bd(1 \vee \bar{c}) \vee \bar{a}b(1 \vee \bar{c})$
$= bd \vee \bar{a}b = \mathbf{b \wedge (\bar{a} \vee d)}$

180/3

a) $x = \bar{a} \vee ab \Rightarrow \bar{x} = \overline{\bar{a} \vee ab} = \bar{\bar{a}}(\overline{ab}) = a(\bar{a} \vee \bar{b}) = a\bar{a} \vee a\bar{b} = a\bar{b}$
$\Rightarrow \bar{\bar{x}} = x = \overline{a\bar{b}} = \bar{a} \vee \bar{\bar{b}} = \mathbf{\bar{a} \vee b}$

b)

a	**b**	**ab**	$\bar{a} \vee ab$	$\bar{a} \vee b$
0	0	0	1	1
0	1	0	1	1
1	0	0	0	0
1	1	1	1	1

180/4

a) $x = a \vee \bar{a}b \Rightarrow \bar{x} = \overline{a \vee \bar{a}b} = \bar{a}(\overline{\bar{a}b}) = \bar{a}(\bar{\bar{a}} \vee \bar{b}) = \bar{a}(a \vee \bar{b}) = \bar{a}a \vee \bar{a}\,\bar{b} = \bar{a}\,\bar{b}$
$\Rightarrow \bar{\bar{x}} = x = \overline{\bar{a}\,\bar{b}} = \bar{\bar{a}} \vee \bar{\bar{b}} = \mathbf{a \vee b}$

b)

a	b	$\bar{a}b$	$a \vee \bar{a}b$	$a \vee b$
0	0	0	0	0
0	1	1	1	1
1	0	0	1	1
1	1	0	1	1

180/5

a) $x = \bar{a}\,\bar{b}\,\bar{c} \vee a\,\bar{b}\,\bar{c} \vee a\bar{b}c \vee abc = \bar{b}\bar{c}(\bar{a} \vee a) \vee ac(\bar{b} \vee b) = \mathbf{(\bar{b} \wedge \bar{c}) \vee (a \wedge c)}$

b) $\bar{x} = \overline{\bar{b}\,\bar{c} \vee ac} = (\overline{\bar{b}\bar{c}})(\overline{ac}) = \mathbf{(b \vee c) \wedge (\bar{a} \vee \bar{c})}$

c) In der Schaltung a) liegt die Reihenschaltung der Öffner $\bar{b}$ und $\bar{c}$ parallel zur Reihenschaltung der Schließer a und c. In der Schaltung b) liegt die Parallelschaltung der Schließer b und c in Reihe zur Parallelschaltung der Öffner $\bar{a}$ und $\bar{c}$.

181/6

$x = c[c(\bar{a}b \vee ab) \vee a\bar{b}(c \vee b)]$
$= c[cb(\bar{a} \vee a) \vee a\bar{b}c \vee a\bar{b}b] = c[cb \vee a\bar{b}c]$
$= c[c(b \vee \bar{a}b)] = \mathbf{c \wedge (b \vee a)}$

181/7

a) $y = ab \vee \bar{b}c \vee abc \vee bc = ab(1 \vee c) \vee c(\bar{b} \vee b) = \mathbf{(a \wedge b) \vee c}$

b) $y = (\bar{b} \vee ac)(b \vee c) = \bar{b}b \vee \bar{b}c \vee abc \vee ac = 0 \vee ac(1 \vee b) \vee \bar{b}c$
$= ac \vee \bar{b}c = \mathbf{c(a \vee \bar{b})}$

c) $y = (a \vee b)(ab \vee c) = ab \vee ac \vee ab \vee bc = \mathbf{(a \wedge b) \vee (a \wedge c) \vee (b \wedge c)}$

181/8 **a)** $x = ab\bar{c} \vee \bar{a}\bar{b}c \vee \bar{a}b\bar{c} \vee \bar{a}bc = ab\bar{c} \vee \bar{a}b\bar{c} \vee \bar{a}\bar{b}c \vee \bar{a}bc$
$= b\bar{c}(a \vee \bar{a}) \vee \bar{a}c(\bar{b} \vee b) = \mathbf{b\bar{c}} \vee \mathbf{\bar{a}c}$

b) Ein UND-Element mit den Eingängen für b und $\bar{c}$ und ein UND-Element mit den Eingängen für $\bar{a}$ und c. Die Ausgänge der beiden UND-Elemente bilden die Eingänge eines ODER-Elementes, an dessen Ausgang x-Signal entsteht.

181/9 **a)** $y = \bar{a}\bar{b}\bar{c} \vee a\bar{b}c \vee \bar{a}b\bar{c} \vee abc = a\bar{b}\bar{c} \vee \bar{a}b\bar{c} \vee a\bar{b}c \vee abc$
$= \bar{a}\bar{c}(\bar{b} \vee b) \vee ac(\bar{b} \vee b) = (\mathbf{\bar{a}} \wedge \mathbf{\bar{c}}) \vee (\mathbf{a} \wedge \mathbf{c})$

b) 2 UND-Elemente für $\bar{a}\bar{c}$ und ac mit nachfolgendem ODER-Element.

181/10 **a)** $y = a\bar{b} \vee ab\bar{c} \vee abc \vee \bar{a}bc \vee \bar{a}\bar{b}c = a\bar{b} \vee ab(\bar{c} \vee c) \vee \bar{a}c(b \vee \bar{b})$
$= a\bar{b} \vee ab \vee \bar{a}c = a(\bar{b} \vee b) \vee \bar{a}c = a \vee \bar{a}c = \mathbf{a} \vee \mathbf{c}$
(Für die letzte Vereinfachung siehe Aufgabe 180/3).

b) 1 ODER-Element mit den Eingängen für a und c. Eingangsvariable b entfällt.

181/11 **a)**

a	b	c	P in kW	w	h
0	0	0	0	0	0
0	0	1	3	0	0
0	1	0	5	0	0
0	1	1	8	0	0
1	0	0	7	0	0
1	0	1	10	1	0
1	1	0	12	1	1
1	1	1	15	1	1

b) $w = a\bar{b}c \vee ab\bar{c} \vee abc = a(\bar{b}c \vee b\bar{c} \vee bc) = a[\bar{b}c \vee b(\bar{c} \vee c)] = a(\bar{b}c \vee b) = a(c \vee b) = \mathbf{ac} \vee \mathbf{ab}$
$h = ab\bar{c} \vee abc = ab(\bar{c} \vee c) = \mathbf{ab}$

c) 2 UND-Elemente für ac und ab mit nachfolgendem ODER-Element geben w-Signal. Am Ausgang des UND-Elementes für ab entsteht das h-Signal.

181/12 **a)** $y = \bar{a}bc \vee \bar{a}b\bar{c} \vee abc \vee a\bar{b}\bar{c}$ Erweiterung mit $\bar{a} \wedge b \wedge c$ führt zu $\mathbf{y} = \mathbf{b} \wedge (\mathbf{\bar{a}} \vee \mathbf{c}) \vee \mathbf{a} \wedge \mathbf{\bar{b}} \wedge \mathbf{\bar{c}}$

b) $\bar{y} = \overline{b(\bar{a} \vee c) \vee a\bar{b}\bar{c}} = (\mathbf{\bar{b}} \vee \mathbf{a} \wedge \mathbf{\bar{c}}) \wedge (\mathbf{\bar{a}} \vee \mathbf{b} \vee \mathbf{c})$

c) In der Schaltung a) liegt Reihenschaltung a, $\bar{b}$ und $\bar{c}$ $\parallel$ Reihenschaltung b und $\bar{a}$ $\parallel$ c.
In der Schaltung b) liegt $\bar{a} \parallel b \parallel c$ in Reihe mit $\bar{b}$ $\parallel$ Reihenschaltung aus a und $\bar{c}$.

181/13 **a)** $h = \mathbf{a\bar{b}cd}$; $w = \mathbf{\bar{c}} \vee \mathbf{h}$

b) Die beiden Eingänge für b und c werden je mit einem NICHT-Element invertiert. Ein UND-Element mit den 4 Eingängen für a, $\bar{b}$, c, d liefert das h-Signal. Ein ODER-Element mit den Eingängen für c und h bringt das w-Signal.

Lösungen zu 7.5.6.2 Realisieren mit NAND-Elementen

182/1 **a)** $x = a \vee b \vee \bar{c} \Rightarrow \bar{x} = \overline{a \vee b \vee \bar{c}} = \bar{a}\,\bar{b}\,c \Rightarrow \bar{\bar{x}} = x = \boldsymbol{\overline{\bar{a}\bar{b}c}}$
Schaltung: 1 NAND-Element mit den Eingängen für $\bar{a}$, $\bar{b}$ und c.

b) $y = ab \vee \bar{a}c \vee d \Rightarrow \bar{y} = \overline{ab \vee \bar{a}c \vee d} = \overline{ab} \cdot \overline{\bar{a}c} \cdot \bar{d} \Rightarrow \bar{\bar{y}} = y = \boldsymbol{\overline{(\overline{ab})\,(\overline{\bar{a}c})(\bar{d})}}$
Schaltung: Die Ausgänge der 2 NAND-Elemente mit den Eingängen für a und b, bzw. $\bar{a}$ und c bilden mit $\bar{d}$ zusammen die Eingänge eines NAND-Elementes, an dessen Ausgang y-Signal entsteht.

c) $x = (a \vee \bar{c})(b \vee \bar{c})(a\bar{c} \vee ab) = (ab \vee a\bar{c} \vee b\bar{c} \vee \bar{c})(a\bar{c} \vee ab)$
$= [\bar{c}(1 \vee b \vee a) \vee ab](a\bar{c} \vee ab) = (\bar{c} \vee ab)(a\bar{c} \vee ab)$
$= a\bar{c} \vee ab\bar{c} \vee ab\bar{c} \vee ab = a\bar{c}(1 \vee b \vee b) \vee ab = a\bar{c} \vee ab \Rightarrow \bar{x}$
$= \overline{a\bar{c} \vee ab} = \overline{a\bar{c}}\,\overline{ab} \Rightarrow \bar{\bar{x}} = x = \boldsymbol{\overline{\overline{a\bar{c}}\,\overline{ab}}}$
Schaltung: Die Ausgänge der 2 NAND-Elemente mit den Eingängen für a und $\bar{c}$ bzw. a und b bilden die Eingänge eines NAND-Elementes, an dessen Ausgang das x-Signal entsteht.

182/2 **a)** $x = \bar{a} \vee \bar{b} \vee c \Rightarrow \bar{x} = \overline{\bar{a} \vee \bar{b} \vee c} = ab\bar{c} \Rightarrow \bar{\bar{x}} = x = \boldsymbol{\overline{ab\bar{c}}}$
Schaltung: 1 NAND-Element mit den Eingängen für a, b $\bar{c}$.

b) $y = \bar{a}d \vee b \vee c\bar{d} \Rightarrow \bar{y} = \overline{\bar{a}d \vee c\bar{d} \vee b} = \overline{\bar{a}d}\,\overline{c\bar{d}}\,\bar{b} \Rightarrow \bar{\bar{y}} = y = \boldsymbol{\overline{\overline{\bar{a}d}\,\overline{c\bar{d}}\,\bar{b}}}$
Schaltung: 1. NAND-Element mit den Eingängen für $\bar{a}$ und d; 2. NAND-Element mit den Eingängen für c und $\bar{d}$; die Ausgänge der beiden NAND-Elemente und das Signal $\bar{b}$ bilden die Eingänge des 3. NAND-Elementes, an dessen Ausgang y-Signal entsteht.

c) $x = (ac \vee \bar{b}c)(\bar{b} \vee c)(a \vee a\bar{b}) = c(a \vee \bar{b})(\bar{b} \vee c)a(1 \vee \bar{b})$
$= ac[\bar{b}(1 \vee a \vee c) \vee ac] = ac(\bar{b} \vee ac) = a\bar{b}c \vee ac = ac(1 \vee \bar{b})$
$= ac \Rightarrow \bar{x} = \overline{ac} \Rightarrow \bar{\bar{x}} = x = \boldsymbol{\overline{\overline{ac}}}$
Schaltung: Grundschaltung der UND-Funktion mit 2 NAND-Elementen (Tabelle).
Am Eingang des 1. NAND-Elementes liegen a und c.

182/3 **a)** $x = \bar{a}\,\bar{b}\,\bar{c}\,\bar{d} \vee \bar{a}\,b\,\bar{c}\,\bar{d} \vee \bar{a}bcd \vee abcd = \bar{a}\,\bar{c}\,\bar{d}(\bar{b} \vee b) \vee bcd(\bar{a} \vee a)$
$= \bar{a}\,\bar{c}\,\bar{d} \vee bcd \Rightarrow \bar{x} = \overline{\bar{a}\,\bar{c}\,\bar{d} \vee bcd} = (\overline{\bar{a}\,\bar{c}\,\bar{d}})(\overline{bcd}) \Rightarrow \bar{\bar{x}} = x = \boldsymbol{\overline{(\overline{\bar{a}\,\bar{c}\,\bar{d}})(\overline{bcd})}}$

b) 1. NAND-Element mit den Eingängen für $\bar{a}$, $\bar{c}$, $\bar{d}$ bildet $\overline{\bar{a}\,\bar{c}\bar{d}}$; 2. NAND-Element mit den Eingängen für b, c, d bildet $\overline{bcd}$. Die Ausgänge des 1. und 2. NAND-Elementes sind die Eingänge des 3. NAND-Elementes, das x-Signal liefert.

182/4 **a)** $x = \bar{a}\,b\,\bar{c}\,\bar{d} \vee \bar{a}bc\bar{d} \vee a\bar{b}cd \vee abcd = ab\bar{d}(\bar{c} \vee c) \vee acd(\bar{b} \vee b)$
$= ab\bar{d} \vee acd \Rightarrow \bar{x} = \overline{ab\bar{d} \vee acd} = (\overline{ab\bar{d}})(\overline{acd}) \Rightarrow \bar{\bar{x}} = x = \boldsymbol{\overline{\overline{ab\bar{d}}(\overline{acd})}}$

b) 1. NAND-Element mit den Eingängen für $\bar{a}$, b, $\bar{d}$; 2. NAND-Element mit den Eingängen für a, c, d ; 3. NAND-Element bildet x-Signal am Ausgang.

182/5 **a)** $x = \bar{a}b \vee a\bar{b}$

$\Rightarrow \bar{x} = \overline{\bar{a}b \vee a\bar{b}} = (\overline{\bar{a}b})(\overline{a\bar{b}})$

$\Rightarrow \bar{\bar{x}} = x = \overline{(\overline{\bar{a}b})(\overline{a\bar{b}})}$

Schaltung nebenstehend

b) Die NICHT-Funktionen für a und b müssen nicht gebildet werden; die Schaltung besteht dann aus 3 NAND-Elementen.

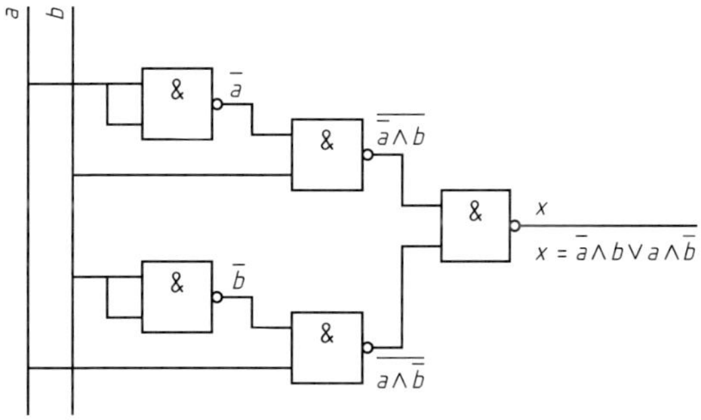

Lösungen zu 7.5.6.3 Realisieren mit NOR-Elementen

183/1 $\bar{x} = \bar{a}\bar{b}\bar{c}d \vee \bar{a}\bar{b}cd \vee a\bar{b}\bar{c}\bar{d} \vee ab\bar{c}\bar{d} = \bar{a}\bar{b}d(\bar{c} \vee c) \vee a\bar{c}\bar{d}(\bar{b} \vee b) = \bar{a}\bar{b}d \vee a\bar{c}\bar{d}$

Umformungen:

$\bar{a}\bar{b}d = \overline{\overline{\bar{a}\bar{b}d}} = \overline{a \vee b \vee \bar{d}}$ und $a\bar{c}\bar{d} = \overline{\overline{a\bar{c}\bar{d}}} = \overline{\bar{a} \vee c \vee d}$

$\Rightarrow \bar{x} = \overline{a \vee b \vee \bar{d}} \vee \overline{\bar{a} \vee c \vee d} \Rightarrow \bar{\bar{x}} = x = \overline{\overline{a \vee b \vee \bar{d}} \vee \overline{\bar{a} \vee c \vee d}}$

Schaltung: 1. NOR-Element hat die Eingänge für a, b und $\bar{d}$; 2. NOR-Element hat die Eingänge für $\bar{a}$, c und d. Die Ausgänge des 1. und 2. NOR-Elementes bilden die Eingänge des 3. NOR-Elementes, an dessen Ausgang x-Signal entsteht.

183/2 $\bar{x} = \bar{a}\bar{b}cd \vee \bar{a}bcd \vee ab\bar{c}\bar{d} \vee ab\bar{c}d = \bar{a}cd(\bar{b} \vee b) \vee ab\bar{c}(\bar{d} \vee d) = \bar{a}cd \vee ab\bar{c}$

Umformungen:

$\bar{a}cd = \overline{\overline{\bar{a}cd}} = \overline{a \vee \bar{c} \vee \bar{d}}$ und $ab\bar{c} = \overline{\overline{ab\bar{c}}} = \overline{\bar{a} \vee \bar{b} \vee c}$

$\Rightarrow \bar{x} = \overline{a \vee \bar{c} \vee \bar{d}} \vee \overline{\bar{a} \vee \bar{b} \vee c} \Rightarrow \bar{\bar{x}} = x = \overline{\overline{a \vee \bar{c} \vee \bar{d}} \vee \overline{\bar{a} \vee \bar{b} \vee c}}$

Schaltung: 1. NOR-Element hat die Eingänge $\bar{a}$, c und $\bar{d}$; 2. NOR-Element hat die Eingänge für $\bar{a}$, $\bar{b}$, c; die Ausgänge des 1. und 2. NOR-Elementes bilden die Eingänge des 3. NOR- Elementes, an dessen Ausgang x-Signal entsteht.

183/3 **a)** $\bar{x} = \bar{a}\bar{b} \vee ab$

Umformungen:

$\bar{a}\bar{b} = \overline{\overline{\bar{a}\bar{b}}} = \overline{a \vee b}$ und $ab = \overline{\overline{ab}} = \overline{\bar{a} \vee \bar{b}}$

$\Rightarrow \bar{x} = \overline{a \vee b} \vee \overline{\bar{a} \vee \bar{b}}$

$\Rightarrow \bar{\bar{x}} = x = \overline{\overline{a \vee b} \vee \overline{\bar{a} \vee \bar{b}}}$

Schaltung nebenstehend

b) Die beiden NOR-Elemente zur Bildung der NICHT-Funktionen $\bar{a}$ und $\bar{b}$ entfallen; die Schaltung besteht dann aus 3 NOR-Elementen.

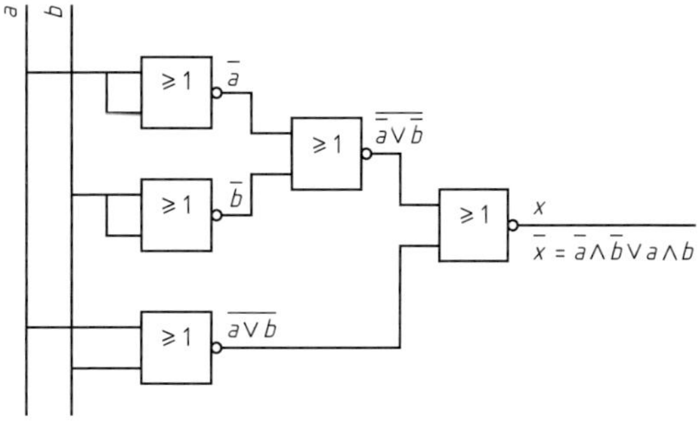

183/4 **a)** $\bar{x} = \bar{a}b \vee a\bar{b}$

Umformungen:

$\bar{a}b = \overline{\overline{\bar{a}b}} = \overline{a \vee \bar{b}}$ und $a\bar{b} = \overline{\overline{a\bar{b}}} = \overline{\bar{a} \vee b}$

$\Rightarrow \bar{x} = \overline{a \vee \bar{b}} \vee \overline{\bar{a} \vee b}$

$\Rightarrow \bar{\bar{x}} = x = \overline{\overline{a \vee \bar{b}} \vee \overline{\bar{a} \vee b}}$

Schaltung nebenstehend

b) Die beiden NOR-Elemente für die Bildung der NICHT-Funktionen $\bar{a}$ und $\bar{b}$ entfallen; die Schaltung besteht dann aus 3 NOR-Elementen.

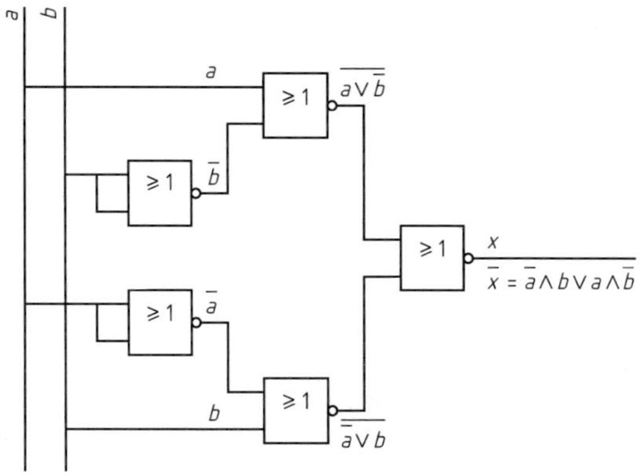

Lösungen zu 7.5.6.4 Aufstellen des KV-Diagramms

Für n = 2 Eingangsvariable wird das KV-Diagramm Bild 1 von Seite 184 verwendet, für n = 3 Eingangsveränderliche Bild 2 von Seite 184 und für n = 4 Eingangsvariable Bild 1 von Seite 184.

185/1 $y = \bar{a} \Rightarrow$ **2. und 0. Feld erhalten 1.**

185/2 $y = \bar{b} \Rightarrow$ **0. und 1. Feld erhalten 1.**

185/3 $x = a \wedge \bar{c} \Rightarrow$ **1. und 3. Feld erhalten 1.**

185/4 $x = \bar{a}b$; keine a-Markierung (Felder 0, 4, 2, 6); b-Markierung (verbleiben 2 und 6) $\Rightarrow$ in Feld 2 und 6 ist $x = \bar{a}b = 1$.

185/5 $y = a \vee \bar{c}$; a-Markierung (Felder 1, 5, 3, 7); keine c-Markierung (zusätzlich Felder 0 und 2) $\Rightarrow$ in den Feldern 0, 1, 5, 2, 3, 7 ist $y = a \vee \bar{c} = 1$.

185/6 $y = \bar{a} \vee b$; keine a-Markierung (Felder 0, 4, 2, 6); b-Markierung (zusätzlich 3. und 7. Feld) $\Rightarrow$ in den Feldern 0, 4, 2, 3, 7, 6 ist $y = \bar{a} \vee b = 1$.

185/7 Im 0. und 4. Feld (Bild 4 von Seite 184) ist $\bar{a}\bar{b}\bar{d} = 1$; im 10. und 14. Feld ist $\bar{a}bd = 1$ und im 5. und 7. Feld ist $ac\bar{d} = 1 \Rightarrow$ in den Feldern 0, 5, 4, 7, 10, 14 ist $x = 1$.

185/8 Im 14. und 12. Feld ist $\bar{a}cd = 1$; im 9. und 13. Feld ist $a\bar{b}d = 1$ und im 3. und 7. Feld ist $ab\bar{d} = 1$. Die Felder 3, 7, 14, 9, 13, 12 haben $x = 1$.

185/9 $\bar{b}\,\bar{c}\,d$ gehört zu den Feldern 8 und 9; ad gehört zu den Feldern 11, 15, 9, 13; $ab\bar{c}$ hat im 3. und 11. Feld jeweils 1. Die Felder 3, 11, 15, 8, 9, 13 haben y = 1.

185/10 Im 2. und 10. Feld (Bild 4 von Seite 184) ist $\bar{a}b\bar{c} = 1$; im 10., 8., 14. und 12. Feld ist $\bar{a}d = 1$ und im 8. und 9. Feld ist $\bar{b}\,\bar{c}\,d = 1$. Die Felder 2, 10, 14, 8, 9, 12 haben y = 1.

Lösungen zu 7.5.6.5 Minimieren mit dem KV-Diagramm

186/1 1. Block: Feld 0 und 1 $\Rightarrow \bar{b}\,\bar{c}$; 2. Block: Feld 1 und 3 $\Rightarrow a\bar{c} \Rightarrow x = \bar{b}\,\bar{c} \vee a\bar{c} = \mathbf{\bar{c} \wedge (a \vee \bar{b})}$

186/2 1. Block: Feld 6 und 2 $\Rightarrow \bar{a}b$; 2. Block: Feld 0 und 2 $\Rightarrow \bar{a}\,\bar{c} \Rightarrow x = \bar{a}b \vee \bar{a}\,\bar{c} = \mathbf{\bar{a} \wedge (b \vee \bar{c})}$

186/3 1. Weg. Schaltfunktion für x: 1. Block (0, 1, 4, 5) $\Rightarrow \bar{b}$
2. Block (0, 1, 2, 3) $\Rightarrow \bar{c} \Rightarrow x = \bar{b} \vee \bar{c} \Rightarrow \bar{x} = \overline{\bar{b} \vee \bar{c}} = \mathbf{b \wedge c}$
2. Weg. Schaltfunktion für $\bar{x}$: Block (3, 7) $\Rightarrow x = \mathbf{b \wedge c}$

186/4 Schaltfunktion für $\bar{x}$: Block (4, 6) $\Rightarrow \bar{x} = \mathbf{a \wedge c}$

186/5 1. Block (0, 2, 10, 8) $\Rightarrow \bar{a}\,\bar{c}$; 2. Block (15, 13) $\Rightarrow acd$
3. Block (7, 15) $\Rightarrow abc \Rightarrow x = \bar{a}\,\bar{c} \vee acd \vee abc = \mathbf{\bar{a}\,\bar{c} \vee ac(b \vee d)}$

186/6 1. Block (0, 1, 5, 4) $\Rightarrow \bar{b}\,\bar{d}$; 2. Block (2, 10) $\Rightarrow \bar{a}b\bar{c}$
3. Block (10, 14) $\Rightarrow \bar{a} \wedge b \wedge d \Rightarrow x = \bar{b}\,\bar{d} \vee \bar{a}b\bar{c} \vee \bar{a}bd = \mathbf{(\bar{b} \wedge \bar{d}) \vee (\bar{a} \wedge b \wedge (\bar{c} \vee d))}$

186/7 **a)** 3 Eingangsvariable; 1 haben die Felder 0, 1, 4, 5, 7; 1. Block (0, 1, 4, 5) $\Rightarrow \bar{b}$
2. Block (5, 7) $\Rightarrow ac \Rightarrow y = \mathbf{\bar{b} \vee (a \wedge c)}$
b) 3 Eingangsvariable; 1 (0, 1, 2, 3, 11, 9); 1. Block (1, 3, 11, 9) $\Rightarrow a\bar{c}$
2. Block (0, 1, 2, 3) $\Rightarrow \bar{c}\,\bar{d} \Rightarrow x = a\bar{c} \vee \bar{c}\,\bar{d} = \mathbf{\bar{c} \wedge (a \vee \bar{d})}$
c) 4 Eingangsvariable; 1 (15, 14, 8, 9, 13, 12); 1. Block (8, 9, 13, 12) $\Rightarrow \bar{b}d$
2. Block (15, 14, 13, 12) $\Rightarrow cd \Rightarrow x = \bar{b}d \vee cd = \mathbf{d \wedge (\bar{b} \vee c)}$

186/8 **a)** 3 Eingangsvariable; 1 (0, 1, 2, 3, 7); 1. Block (0, 1, 2, 3) $\Rightarrow \bar{c}$
2. Block (7, 3) $\Rightarrow ab \Rightarrow y = \mathbf{(a \wedge b) \vee \bar{c}}$
b) 4 Eingangsvariable; 1 (5, 4, 7, 6, 15, 14); 1. Block (7, 6, 15, 14) $\Rightarrow bc$
2. Block (5, 4, 7, 6) $\Rightarrow c\bar{d} \Rightarrow x = \mathbf{bc} \vee \mathbf{c\bar{d}} = \mathbf{c \wedge (b \vee \bar{d})}$
c) 4 Eingangsvariable; 1 (2, 6, 10, 11, 15, 14); 1. Block (2, 6, 10, 14) $\Rightarrow \bar{a}b$
2. Block (10, 11, 15, 14) $\Rightarrow bd \Rightarrow x = \bar{a}b \vee bd = \mathbf{b \wedge (\bar{a} \vee d)}$

187/9 **a)** 3 Eingangsvariable; $a_1 = a$; $b_1 = b$; $\ddot{u}_0 = c$
1-Signal haben die Felder 1, 2, 4, 7 ⇒ keine Minimierung möglich.

b) $s_1 = \mathbf{\overline{a}_1\overline{b}_1\ddot{u}_0} \vee \mathbf{\overline{a}_1 b_1 \overline{\ddot{u}}_0} \vee \mathbf{a_1\overline{b}_1\overline{\ddot{u}}_0} \vee \mathbf{a_1 b_1 \ddot{u}_0}$

c) 1-Signal haben die Felder 3, 5, 7, 6.

d) 1. Block (5, 7) ⇒ $a_1\ddot{u}_0$; 2. Block (7, 3) ⇒ $a_1 b_1$
3. Block (6, 7) ⇒ $b_1\ddot{u}_0$ ⇒ $\ddot{u}_2 = \mathbf{(a_1 \wedge \ddot{u}_0) \vee (a_1 \wedge b_1) \vee (b_1 \wedge \ddot{u}_0)}$

187/10 **a)** 3 Eingangsvariable; $a_1 = a$; $b_1 = b$; $\ddot{u}_0 = c$
1-Signal haben die Felder 1, 2, 4, 7 ⇒ keine Minimierung möglich.

b) $d_1 = \mathbf{\overline{a}_1\overline{b}_1\ddot{u}_0} \vee \mathbf{\overline{a}_1 b_1 \overline{\ddot{u}}_0} \vee \mathbf{a_1\overline{b}_1\overline{\ddot{u}}_0} \vee \mathbf{a_1 b_1 \ddot{u}_0}$

c) 1 ist in Feldern 4, 2, 7, 6.

d) 1. Block (4, 6) = $\overline{a}_1\ddot{u}_0$
2. Block (6, 2) = $\overline{a}_1 b_1$
3. Block (6, 7) = $b_1\ddot{u}_0$ ⇒ $\ddot{u}_2 = \mathbf{(\overline{a}_1 \wedge \ddot{u}_0) \vee (\overline{a}_1 \wedge b_1) \vee (b_1 \wedge \ddot{u}_0)}$

187/11 **a)** $c_2 = \overline{a}_1\overline{b}_1 c_1\overline{d}_1 \vee \overline{a}_1 b_1 c_1 \overline{d}_1 \vee a_1 b_1 c_1 \overline{d}_1 \vee \overline{a}_1\overline{b}_1\overline{c}_1 d_1 \vee a_1\overline{b}_1\overline{c}_1 d_1$

b) 4 Eingangsvariable; $a_1 = a$; $b_1 = b$; $c_1 = c$; $d_1 = d$
Wert 1 haben die Felder 4, 7, 6, 8, 9; X haben die Felder 10 bis 15

c) Sämtliche Felder mit X werden zu 1 gesetzt, da dabei die größte Blockbildung möglich ist;
1. Block (10, 11, 15, 14, 8, 9, 13, 12) ⇒ d
2. Block (4, 6, 14, 12) ⇒ $\overline{a}c$
3. Block (7, 6, 15, 14) ⇒ bc ⇒ $c_2 = \mathbf{d_1 \vee (\overline{a}_1 \wedge c_1) \vee (b_1 \wedge c_1)}$

187/12 **a)** $d_2 = a_1\overline{b}_1 c_1\overline{d}_1 \vee \overline{a}_1 b_1 c_1 \overline{d}_1 \vee a_1 b_1 c_1 \overline{d}_1 \vee \overline{a}_1\overline{b}_1\overline{c}_1 d_1 \vee a_1\overline{b}_1\overline{c}_1 d_1$

b) Wert 1 haben die Felder 5, 7, 6, 8, 9; X haben die Felder 10 bis 15

c) Sämtliche Felder mit X werden zu 1 gesetzt
1. Block (10, 11, 15, 14, 8, 9, 13, 12) ⇒ d
2. Block (5, 7, 15, 13) ⇒ ac
3. Block (7, 6, 15, 14) ⇒ bc ⇒ $d_2 = \mathbf{d_1 \vee (a_1 \wedge c_1) \vee (b_1 \wedge c_1)}$

Lösungen zu 7.6.1 JK-Kippschaltungen

188/1 $\mathbf{q_n = 0}$

188/2 $\mathbf{\overline{q}_n = 1}$

188/3 **An J und an K H-Pegel oder an J L-Pegel und an K H-Pegel.**

188/4 **An J H-Pegel und an K L-Pegel.**

Lösungen zu 7.6.2 Synchrone Zähler mit T-Flipflops

189/1

Zeitpunkt n		Zeitpunkt n + 1		Zeitpunkt n	
q_{2n}	q_{1n}	q_{2n+1}	q_{1n+1}	t_{2n}	t_{1n}
0	0	0	1	0	1
0	1	1	0	1	1
1	0	1	1	0	1
1	1	0	0	1	1

$t_{1n} = 1$;　　$t_{2n} = (q_{1n} \wedge \overline{q}_{2n}) \vee (q_{1n} \wedge q_{2n}) = q_{1n}$

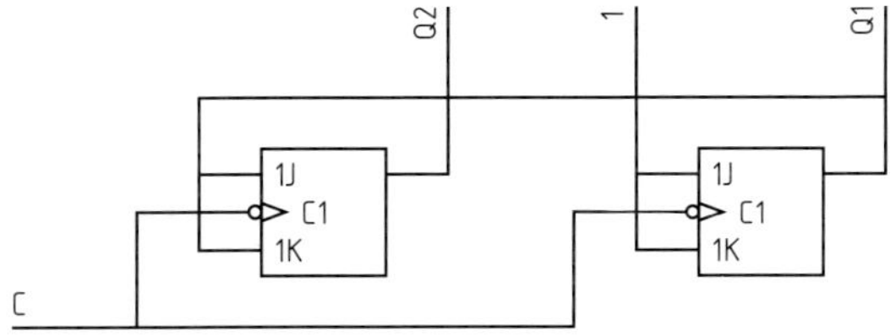

189/2

Zeitpunkt n		Zeitpunkt n + 1		Zeitpunkt n	
q_{2n}	q_{1n}	q_{2n+1}	q_{1n+1}	t_{2n}	t_{1n}
0	0	1	1	1	1
1	1	1	0	0	1
1	0	0	1	1	1
0	1	0	0	0	1

$t_{1n} = 1$;　　$t_{2n} = (\overline{q}_{1n} \wedge \overline{q}_{2n}) \vee (\overline{q}_{1n} \wedge q_{2n}) = \overline{q}_{1n}$

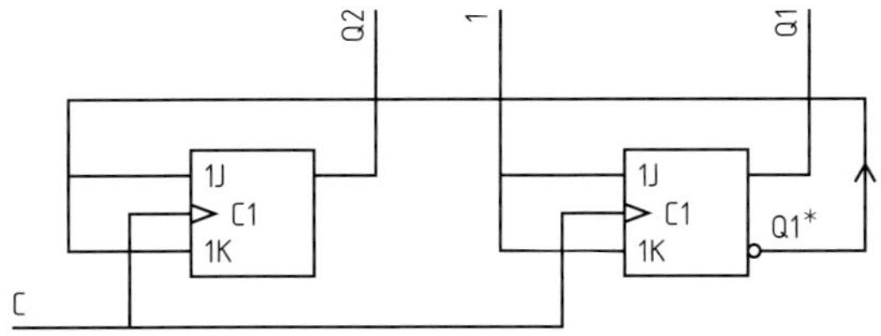

189/3

Zeitpunkt n			Zeitpunkt n + 1			Zeitpunkt n		
q_{3n}	q_{2n}	q_{1n}	q_{3n+1}	q_{2n+1}	q_{1n+1}	t_{3n}	t_{2n}	t_{1n}
0	0	0	0	0	1	0	0	1
0	0	1	0	1	0	0	1	1
0	1	0	0	1	1	0	0	1
0	1	1	1	0	0	1	1	1
1	0	0	0	0	0	1	0	0

$\overline{t_{1n}} = q_{3n} \Rightarrow t_{1n} = \overline{\mathbf{q_{3n}}}$

$t_{2n} = q_{1n} \vee (q_{1n} \wedge q_{2n}) = \mathbf{q_{1n}}$; $t_{3n} = \mathbf{(q_{1n} \wedge q_{2n}) \vee q_{3n}}$

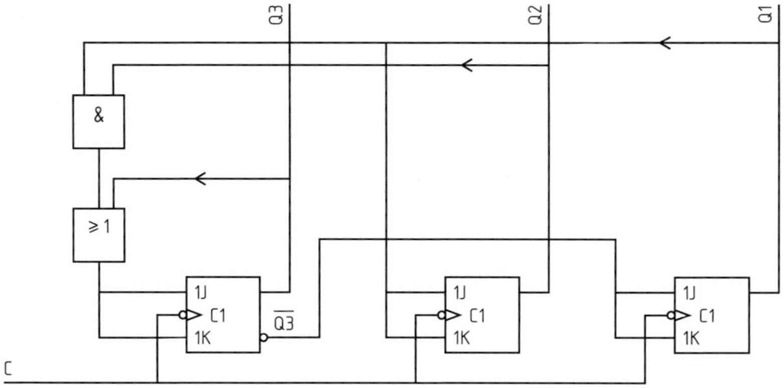

189/4

Zeitpunkt n			Zeitpunkt n + 1			Zeitpunkt n		
q_{3n}	q_{2n}	q_{1n}	q_{3n+1}	q_{2n+1}	q_{1n+1}	t_{3n}	t_{2n}	t_{1n}
0	0	0	0	0	1	0	0	1
0	0	1	0	1	0	0	1	1
0	1	0	0	1	1	0	0	1
0	1	1	1	0	0	1	1	1
1	0	0	1	0	1	0	0	1
1	0	1	0	0	0	1	0	1
1	1	0	x	x	x	x	x	x
1	1	1	x	x	x	x	x	x

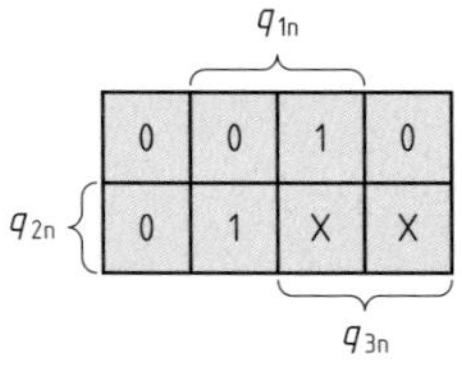

für t_{3n}

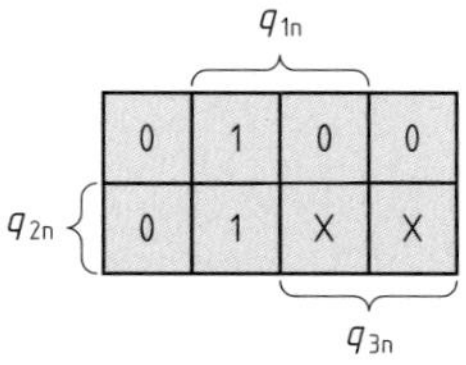

für t_{2n}

$t_{3n} = (q_{1n} \wedge q_{2n}) \vee (q_{1n} \wedge q_{3n}) = \mathbf{q_{1n} \wedge (q_{2n} \vee q_{3n})}$

$t_{2n} = \mathbf{q_{1n} \wedge \overline{q_{3n}}}$; $t_{1n} = \mathbf{1}$

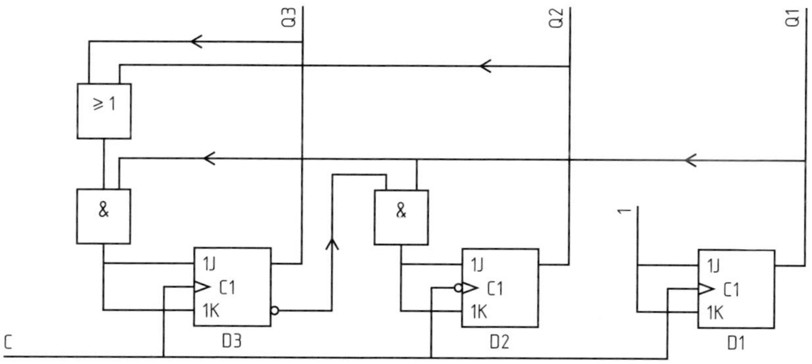

189/5

Zeitpunkt n				Zeitpunkt n + 1				Zeitpunkt n			
q_{4n}	q_{3n}	q_{2n}	q_{1n}	q_{4n+1}	q_{3n+1}	q_{2n+1}	q_{1n+1}	t_{4n}	t_{3n}	t_{2n}	t_{1n}
0	0	0	0	1	1	0	0	1	1	0	0
0	0	0	1	0	0	0	0	0	0	0	1
0	0	1	0	0	0	0	1	0	0	1	1
0	0	1	1	0	0	1	0	0	0	0	1
0	1	0	0	0	0	1	1	0	1	1	1
0	1	0	1	0	1	0	0	0	0	0	1
0	1	1	0	0	1	0	1	0	0	1	1
0	1	1	1	0	1	1	0	0	0	0	1
1	0	0	0	0	1	1	1	1	1	1	1
1	0	0	1	1	0	0	0	0	0	0	1
1	0	1	0	1	0	0	1	0	0	1	1
1	0	1	1	1	0	1	0	0	0	0	1
1	1	0	0	1	0	1	1	0	1	1	1
1	1	0	1	x	x	x	x	x	x	x	x
1	1	1	0	x	x	x	x	x	x	x	x
1	1	1	1	x	x	x	x	x	x	x	x

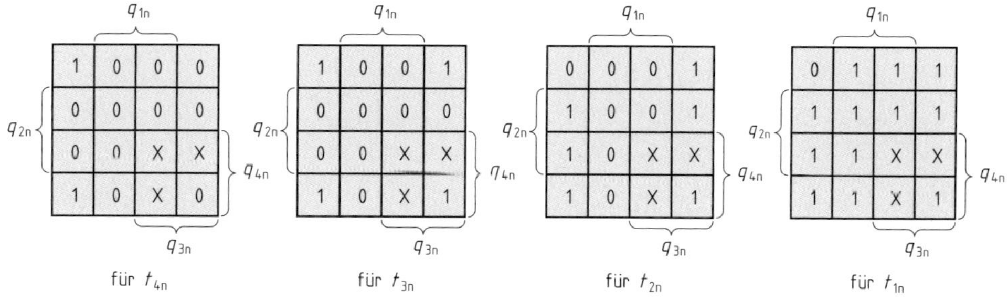

$t_{4n} = \mathbf{\overline{q_{1n}} \wedge \overline{q_{2n}} \wedge \overline{q_{3n}}}$

$t_{3n} = \mathbf{\overline{q_{1n}} \wedge \overline{q_{2n}}}$

$t_{2n} = (\overline{q_{1n}} \wedge q_{2n}) \vee (\overline{q_{1n}} \wedge q_{3n}) \vee (\overline{q_{1n}} \wedge q_{4n})$

$\quad = \mathbf{\overline{q_{1n}} \wedge (q_{2n} \vee q_{3n} \vee q_{4n})}$

$t_{1n} = \mathbf{q_{1n} \vee q_{2n} \vee q_{3n} \vee q_{4n}}$

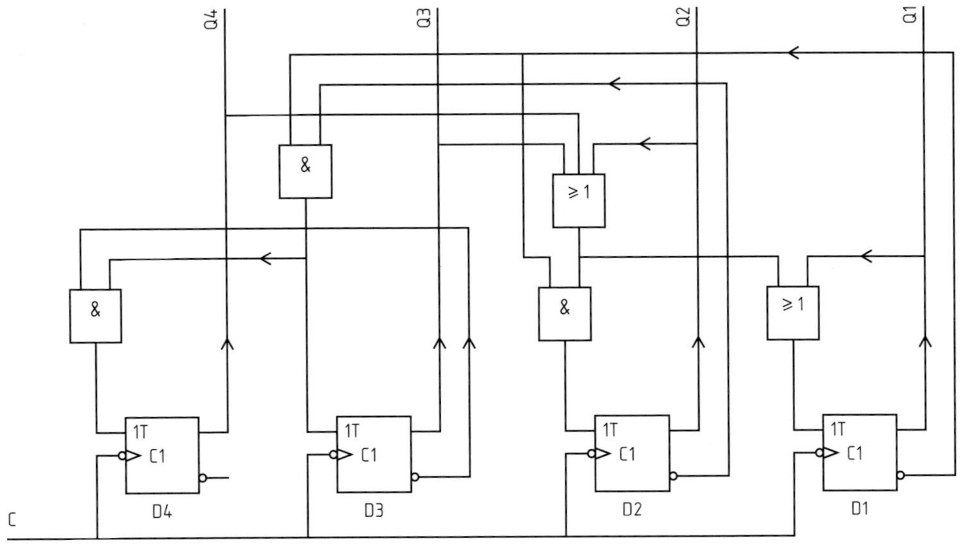

Lösungen zu 7.7 Signalabtastung

190/1 $f_A > 2 \cdot f_s \Rightarrow$ ohne Oversampling $f_s < f_A/2 = 50\,kHz/2 = 25\,kHz$
Bei zweifachem Oversampling $f_{so} = f_s/2 = 25\,kHz/2 =$ **12,5 kHz**

190/2 $f_A > 2 \cdot f_s = 2 \cdot 3{,}5\,kHz = 7\,kHz$
Bei Vierfach-Oversampling $f_{Ao} = 4 \cdot f_A = 4 \cdot 7\,kHz =$ **28 kHz**

190/3 **a)** $T_A = 1/f_A \Rightarrow f_A = 1/T_A = 1/(0{,}015\,s) =$ **66,67 Hz**

b) $f_A > 2 \cdot f_s \Rightarrow f_s < f_A/2 = 66{,}67\,Hz/2 =$ **33,3 Hz**

c) $t_s \leq t_A \leq T_A = 1/f_A = 1/(4\,000/s) =$ **0,25 ms**

190/4 **a)** $T_A = 1/f_A \Rightarrow f_A = 1/T_A = 1/(0{,}2\,s) =$ **5 Hz**

b) $f_A > 2 \cdot f_s \Rightarrow f_s < f_A/2 = 5\,Hz/2 = 2{,}5\,Hz$
Bei vierfachem Oversampling $f_{so} = f_s/4 = 2{,}5\,Hz/4 =$ **0,625 Hz**

c) $t_H \approx t_A \leq T_A = 1/f_A = 1/(3\,000/s) =$ **0,333 ms**

Lösungen zu 8.1 Gleichungen und Ungleichungen

191/1 a) $\mathbf{3 + 7 < 14}$ oder $\mathbf{14 > 3 + 7}$ oder $\mathbf{3 + 7 \neq 14}$

b) $\mathbf{25 = 2 \cdot 5 + 15}$

c) $\mathbf{(25 - 7) : 2 > 8{,}1}$ oder $\mathbf{8{,}1 < (25 - 7) : 2}$ oder $\mathbf{(25 - 7) : 2 \neq 8{,}1}$

d) $2a + 22 = 2(a + 11) \Rightarrow \mathbf{2a + 22 \neq a + 11}$

191/2 a) $\frac{5 + 8}{3} > 4 \Rightarrow 4\frac{1}{3} > 4 \Rightarrow$ Aussage ist **wahr**

b) $3 + 7 = (27 : 3) - 1 \Rightarrow 10 = 9 - 1 \Rightarrow$ Aussage ist **falsch**

c) $13 + 6 - 9 < 2^3 \Rightarrow 10 < 8 \Rightarrow$ Aussage ist **falsch**

d) $2a + 11 = (18 : 4) - 2{,}5 + 2a \Rightarrow 2a + 11 = 4{,}5 - 2{,}5 + 2a \Rightarrow$ Aussage ist **falsch**

191/3 $R < R_1$ und $R < R_2 \Rightarrow \mathbf{R_1 > R < R_2}$

191/4 $\mathbf{a_1 : a_2 = c_1 : c_2}$

191/5 a) $2a + 4 = -2 + x \Rightarrow 2a + 4 + 2 = x \Rightarrow \mathbf{x = 2a + 4 + 2}$

b) $\frac{3}{x - 2} = \frac{3}{2} \Rightarrow \frac{x - 2}{3} = \frac{2}{3} \Rightarrow x - 2 = \frac{3 \cdot 2}{3} \Rightarrow \mathbf{x = \frac{3 \cdot 2}{3} + 2}$

c) $4a + x - 3 = 4 \Rightarrow \mathbf{x = 4 + 3 - 4a}$

d) $3 = \sqrt{x - a} \Rightarrow 3^2 = x - a \Rightarrow 3^2 + a = x \Rightarrow \mathbf{x = 3^2 + a}$

191/6 a) $8 = 3 + y \Rightarrow 8 - 3 = y \Rightarrow \mathbf{y = 8 - 3}$

b) $2y = 7 \Rightarrow \mathbf{y = \frac{7}{2}}$

c) $4 - y^2 = 2 \Rightarrow -y^2 = 2 - 4 \Rightarrow y^2 = -2 + 4 \Rightarrow \mathbf{y = \sqrt{4 - 2}}$

d) $a + y^2 - 9 = 0 \Rightarrow y^2 = 9 - a \Rightarrow \mathbf{y = \sqrt{9 - a}}$

191/7 a) $-\frac{1}{5}y < 4 \Rightarrow -y < 20 \Rightarrow \mathbf{y > -20}$

b) $f < \frac{1}{4t_i} \Rightarrow \frac{1}{f} > 4t_i \Rightarrow \mathbf{t_i < \frac{1}{4f}}$

191/8 a) $9 - \frac{x}{5} > 3 \Rightarrow -\frac{x}{5} > -6 \Rightarrow \mathbf{x < 30}$

b) $\frac{U_{BE} + U_{RE}}{R_2} > 3\,I_B \Rightarrow \frac{R_2}{U_{BE} + U_{RE}} < \frac{1}{3\,I_B} \Rightarrow \mathbf{R_2 < \frac{U_{BE} + U_{RE}}{3\,I_B}}$

191/9 a) $\mathbf{t_p \geq 5 \cdot R \cdot C}$

b) $t_p \geq 5 \cdot R \cdot C \Rightarrow \frac{t_p}{5 \cdot R} \geq C \Rightarrow \mathbf{C \leq \frac{t_p}{5 \cdot R}}$

191/10 **a)** $\mathbf{2 \cdot W = C \cdot U^2}$

b) $2 \cdot W = C \cdot U^2 \Rightarrow U^2 = \frac{2 \cdot W}{C} \Rightarrow \mathbf{U = \sqrt{\frac{2 \cdot W}{C}}}$

Lösungen zu 8.2 Lineare Gleichungen mit einer Unbekannten

193/1 **a)** Gerade durch $(0|-3)$ und $(3|0) \Rightarrow \mathbf{x = 3}$
$x + 4 = 7 \Rightarrow x = 7 - 4 \Rightarrow \mathbf{x = 3}$
b) Gerade durch $(0|-9{,}8)$ und $(9{,}8|0) \Rightarrow \mathbf{x = 9{,}8}$
$x - 2{,}5 = 7{,}3 \Rightarrow x = 7{,}3 + 2{,}5 \Rightarrow \mathbf{x = 9{,}8}$
c) Gerade durch $(0|-8)$ und $(4|0) \Rightarrow \mathbf{x = 4}$
$1{,}5x + 8 = 3{,}5x \Rightarrow 2x = 8 \Rightarrow \mathbf{x = 4}$
d) Gerade durch $(0|-9)$ und $(1{,}5|0) \Rightarrow \mathbf{x = 1{,}5}$
$9 - 3x = 3x \Rightarrow 6x = 9 \Rightarrow \mathbf{x = 1{,}5}$

193/2 **a)** Gerade durch $(0|-5)$ und $(5|0) \Rightarrow \mathbf{x = 5}$
$3 = 8 - x \Rightarrow x = 8 - 3 \Rightarrow \mathbf{x = 5}$
b) Gerade durch $(0|-3)$ und $(2|0) \Rightarrow \mathbf{x = 2}$
$-0{,}2 + 1{,}5x = 2{,}8 \Rightarrow 1{,}5x = 2{,}8 + 0{,}2 \Rightarrow \mathbf{x = 2}$
c) Gerade durch $(0|-2)$ und $\left(\frac{1}{6}|0\right) \Rightarrow \mathbf{x = \frac{1}{6}}$
$13x = x + 2 \Rightarrow 12x = 2 \Rightarrow \mathbf{x = \frac{1}{6}}$
d) Gerade durch $(0|10)$ und $(-20|0) \Rightarrow \mathbf{x = -20}$
$-\frac{x}{2} - 10 = 0 \Rightarrow \frac{x}{2} = -10 \Rightarrow \mathbf{x = -20}$

193/3 **a)** Gerade durch $(0|-4)$ und $\left(\frac{2}{3}|0\right) \Rightarrow \mathbf{x = \frac{2}{3}}$; $5x = 4 - x \Rightarrow 6x = 4 \Rightarrow \mathbf{x = \frac{2}{3}}$
b) Gerade durch $(0|-6)$ und $(12|0) \Rightarrow \mathbf{x = 12}$; $\frac{x}{2} = 6 \Rightarrow \mathbf{x = 12}$
c) Gerade durch $(0|-10)$ und $(4|0) \Rightarrow \mathbf{x = 4}$; $0{,}2x - 3 = 7 - 2{,}3x \Rightarrow 2{,}5x = 10 \Rightarrow \mathbf{x = 4}$

193/4 **a)** Gerade durch $(0|6)$ und $(-3|0) \Rightarrow \mathbf{x = -3}$; $x + 2 = \frac{x}{3} \Rightarrow 3x + 6 = x \Rightarrow \mathbf{x = -3}$
b) Gerade durch $(0|-0{,}8)$ und $(2{,}4|0) \Rightarrow \mathbf{x = 2{,}4}$; $\frac{x}{3} = \frac{4}{5} \Rightarrow x = \frac{3 \cdot 4}{5} = \mathbf{2{,}4}$
c) Gerade durch $(0|-16)$ und $(-4|0) \Rightarrow \mathbf{x = -4}$; $4x - 3 = 8x + 13 \Rightarrow -4x = 16 \Rightarrow \mathbf{x = -4}$

193/5 **a)** $\frac{x}{2} = 6 \Rightarrow \mathbf{x = 12}$; **b)** $\frac{-3}{y} = -1{,}5 \Rightarrow \mathbf{y = 2}$

193/6 **a)** $\frac{3x}{4} = 6 \Rightarrow \mathbf{x = 8}$; **b)** $52 = \frac{13}{-y} \Rightarrow \mathbf{y = -\frac{1}{4}}$

193/7

a) $\frac{x}{5} + \frac{x}{4} = 18 \Rightarrow \frac{4x + 5x}{20} = 18 \Rightarrow \mathbf{x = 40}$

b) $\frac{5y}{2} + 4 = \frac{3y}{4} \Rightarrow \frac{10y - 3y}{4} = -4 \Rightarrow y = -\frac{16}{7} \Rightarrow \mathbf{y = -2\frac{2}{7}}$

c) $\frac{9 - 2x}{4} + 6 = \frac{3x + 4}{6} + 2 \Rightarrow \frac{27 - 6x + 72}{12} = \frac{6x + 8 + 24}{12} \Rightarrow -12x = -67 \Rightarrow \mathbf{x = \frac{67}{12}}$

193/8

a) $\frac{3x - 2}{5} - \frac{x}{4} = 7 \Rightarrow \frac{12x - 8 - 5x}{20} = 7 \Rightarrow 7x = 148 \Rightarrow \mathbf{x = 21\frac{1}{7}}$

b) $\frac{3}{2} = \frac{9 - x}{4x} \Rightarrow 12x = 18 - 2x \Rightarrow 14x = 18 \Rightarrow \mathbf{x = \frac{9}{7}}$

c) $\frac{8y + 5a}{y + 2} - \frac{12y}{3} = 3 - 4y \Rightarrow 8y + 5a - 4y(y + 2) = (3 - 4y)(y + 2)$

$\Rightarrow 8y + 5a - 4y^2 - 8y = 3y + 6 - 4y^2 - 8y \Rightarrow \mathbf{y = \frac{6 - 5a}{5}}$

193/9

a) $2(x + 3) = 4 - 5(x - 7) \Rightarrow 2x + 6 = 4 - 5x + 35 \Rightarrow 7x = 33 \Rightarrow \mathbf{x = \frac{33}{7}}$

b) $5\left(\frac{3x - 2,5}{3} + 4\right) = 4 - \frac{3x - 12x^2}{2x} \Rightarrow \frac{15x - 12,5 + 60}{3} = 4 - 1,5 + 6x \Rightarrow \mathbf{x = \frac{40}{3}}$

193/10

a) $9y - 4(3 - y) = 3(y + 2) \Rightarrow 9y - 12 + 4y = 3y + 6 \Rightarrow \mathbf{y = 1,8}$

b) $5 - \left(\frac{x - 3}{5} + 2x\right) = 4\left(3 - \frac{x}{2}\right) \Rightarrow 50 - 2x + 6 - 20x = 120 - 20x \Rightarrow \mathbf{x = -32}$

193/11

a) $x^2 - 2 = 79 \Rightarrow x^2 = 81 \Rightarrow \mathbf{x = 9}$

b) $\frac{3a}{\sqrt{5x}} = 2 \Rightarrow 2\sqrt{5x} = 3a \Rightarrow \mathbf{x = \frac{9a^2}{20}}$

c) $\frac{25c^2 - 15x}{5x^2} + 2 = -3 - \frac{3x - 50c^2}{x^2} \Rightarrow 25c^2 - 15x + 2 \cdot 5x^2 = -3 \cdot 5x^2 - 5 \cdot 3x + 5 \cdot 50c^2 \Rightarrow \mathbf{x = 3c}$

d) $\frac{1,8 - a}{\sqrt{3x - 10a - \frac{2}{9}a^2}} = \frac{3}{5} \Rightarrow 5(1,8 - a) = 3\sqrt{3x - 10a - \frac{2}{9}a^2} \Rightarrow \mathbf{x = a^2 + 3}$

193/12

a) $9y^2 - 10,5 = -3,3 \Rightarrow y = \sqrt{0,8} = \mathbf{0,894}$

b) $\frac{5a}{3yc} = \frac{2y}{7,2ac} \Rightarrow 6y^2c = 36a^2c \Rightarrow \mathbf{y = 2,45a}$

c) $\frac{2x^2 - 40a^2}{4} - 2,5b = 2,5(a^2 - b) \Rightarrow 2x^2 - 40a^2 - 10b = 10a^2 - 10b \Rightarrow \mathbf{x = 5a}$

d) $\sqrt{\frac{5x}{4}} = 2a - 4 \Rightarrow \frac{5x}{4} = 4a^2 - 16a + 16 \Rightarrow x = \frac{16a^2 - 64a + 64}{5} = \mathbf{\frac{(4a - 8)^2}{5}}$

193/13 $x + 0,034x = 17,95$ €/h $\Rightarrow x =$ **17,36 €/h**

193/14 $x + 0,05x = 1\,183,5\,\Omega \Rightarrow x = \mathbf{1\,127\,\Omega}$

193/15 $x - 1{,}4\,A = 0{,}6\,A + 0{,}7\,A \Rightarrow x = \mathbf{2{,}7\,A}$

193/16 $x + 12{,}5\,V = 64{,}33\,V - 27{,}84\,V \Rightarrow x = \mathbf{23{,}99\,V}$

193/17 $x + \frac{x}{2} = 37{,}5 \Rightarrow 3x = 75 \Rightarrow x = \mathbf{25}$

193/18 $\frac{x}{x + 15} = \frac{3}{8} \Rightarrow 8x = 3x + 45 \Rightarrow x = \mathbf{9}$

193/19 $6x + 12 = 8x - 3 \Rightarrow x = \mathbf{7{,}5}$

193/20 $5x - \frac{4}{9} = 3x + 2 \Rightarrow 45x - 4 = 27x + 18 \Rightarrow x = \mathbf{\frac{11}{9}}$

Lösungen zu 8.3 Lineare Gleichungen mit zwei Unbekannten

195/1 **a)** Schnittpunkt der beiden Graphen S **(3|5)**
$y = 2(y - 2) - 1 \Rightarrow \mathbf{y = 5}$; $x = y - 2 = 5 - 2 \Rightarrow \mathbf{x = 3}$
b) S**(10|4)**; $x = y + 6$
$2(y + 6) = 5y \Rightarrow \mathbf{y = 4}$; $x = y + 6 = 4 + 6 \Rightarrow \mathbf{x = 10}$

195/2 **a)** Schnittpunkt der beiden Graphen S **(4|1)**
$5 - y = 3 + y \Rightarrow \mathbf{y = 1}$; $x = 5 - y = 5 - 1 \Rightarrow \mathbf{x = 4}$
b) S $\left(\mathbf{4\frac{1}{3}} \mid -\mathbf{\frac{2}{3}}\right)$
$y + 5 = 3 - 2y \Rightarrow \mathbf{y = -\frac{2}{3}}$; $x = y + 5 = -\frac{2}{3} + 5 \Rightarrow \mathbf{x = 4\frac{1}{3}}$

195/3 **a)** z. B. Gleichsetzungsverfahren:
$\frac{x}{4} + 7y = 94 \Rightarrow \frac{x}{2} = 188 - 14y$
$\frac{x}{2} = 318 - 24y \Rightarrow 188 - 14y = 318 - 24y \Rightarrow \mathbf{y = 13}$
$\frac{x}{4} + 7 \cdot 13 = 94 \Rightarrow \mathbf{x = 12}$
b) z. B. Einsetzungsverfahren:
$x = y + 4a + 5$
$4(y + 4a + 5) + 2 - 3a = 6y \Rightarrow \mathbf{y = 6{,}5a + 11}$
$x - (6{,}5a + 11) = 4a + 5 \Rightarrow \mathbf{x = 10{,}5a + 16}$

195/4 **a)** $7(4x - 2y) = 4(4x - y) \Rightarrow y = 1{,}2x$

$x - y = 10 \Rightarrow x - 1{,}2x = 10 \Rightarrow \mathbf{x = -50}$

$(-50) - y = 10 \Rightarrow \mathbf{y = -60}$

b) $x + y = a + b$

$x - y = a - b$

$2x = 2a \Rightarrow \mathbf{x = a}$

$a - y = a - b \Rightarrow \mathbf{y = b}$

195/5 $3(-4x + 5y) - 5(6x - 10y) = 15(2y + 7) \Rightarrow y = 3 + 1{,}2x$

$3(3y - 9x) - 2(7x - 8y) = 6(2{,}5 - x) \Rightarrow y = 1{,}4x + 0{,}6$

$3 + 1{,}2x = 1{,}4x + 0{,}6 \Rightarrow \mathbf{x = 12}; \quad \mathbf{y = 17{,}4}$

195/6 $\frac{2}{x} + \frac{1}{y} = \frac{4}{xy} \Rightarrow x = 4 - 2y; \quad \frac{1}{2x} - \frac{3}{2y} = \frac{12 - x}{2xy} \Rightarrow x = 0{,}5y - 6$

$4 - 2y = 0{,}5y - 6 \Rightarrow \mathbf{y = 4}; \quad x = 4 - 2 \cdot 4 \Rightarrow \mathbf{x = -4}$

195/7 $x + y = 27 \Rightarrow x = 27 - y; \quad x - y = 12 \Rightarrow x = 12 + y$

$27 - y = 12 + y \Rightarrow \mathbf{y = 7{,}5}; \quad x = 27 - 7{,}5 \Rightarrow \mathbf{x = 19{,}5}$

195/8 $\frac{x}{y} = 2{,}5 \Rightarrow x = 2{,}5y; \quad x + y = 49 \Rightarrow x = 49 - y$

$2{,}5y = 49 - y \Rightarrow \mathbf{y = 14}; \quad x = 2{,}5 \cdot 14 \Rightarrow \mathbf{x = 35}$

195/9 $K = P + 3a; \quad K - 12a = 2(P - 12a) \Rightarrow K = 2P - 12a$

$P + 3a = 2P - 12a \Rightarrow \mathbf{P = 15a}; \quad K = (15 + 3)a \Rightarrow \mathbf{K = 18a}$

195/10 $x + y = 11$ €; $x = y + 10$ €; $y + 10$ € $+ y = 11$ € $\Rightarrow$ **y = 0,50 €**

$x = (0{,}5 + 10)$ € $\Rightarrow$ **x = 10,50 €**

195/11 $x + y = 180 \Rightarrow x = 180 - y; \quad \frac{x}{2} + \left(\frac{y}{5} - 4\right) = 180 - 124 \Rightarrow x = 120 - 0{,}4y$

$180 - y = 120 - 0{,}4y \Rightarrow y =$ **100** (Transistoren); $x = 180 - 100 \Rightarrow x =$ **80** (Dioden)

195/12 $d_2 = d_1 + 0{,}3\,\text{mm}; \quad \frac{d_2^2 \cdot \pi}{4} = \frac{d_1^2 \cdot \pi}{4} + 0{,}4\,\text{mm}^2 \Rightarrow d_2^2 = d_1^2 + \frac{4 \cdot 0{,}4\,\text{mm}^2}{\pi}$

$(d_1 + 0{,}3\,\text{mm})^2 = d_1^2 + 0{,}51\,\text{mm}^2$

$\Rightarrow d_1^2 + 0{,}6\,\text{mm} \cdot d_1 + 0{,}09\,\text{mm}^2 = d_1^2 + 0{,}51\,\text{mm}^2$

$\Rightarrow \mathbf{d_1 = 0{,}7\,mm}$

$d_2 = (0{,}7 + 0{,}3)\text{mm} \Rightarrow \mathbf{d_2 = 1\,mm}$

195/13 $I_1 + I_2 = 48\,\text{mA} \Rightarrow I_1 = 48\,\text{mA} - I_2; \quad 3I_1 + \frac{I_2}{2} = 64\,\text{mA}$

$3(48\,\text{mA} - I_2) + \frac{I_2}{2} = 64\,\text{mA} \Rightarrow I_2 = \mathbf{32\,mA}; \quad I_1 = 48\,\text{mA} - 32\,\text{mA} = \mathbf{16\,mA}$

195/14 $P = \frac{U^2}{R}$; $U = I \cdot R$; $P_2 = \frac{(U - 0{,}15U)^2}{R}$

$P_2 = \frac{(0{,}85 \cdot I \cdot R)^2}{R} \Rightarrow R = \frac{P_2}{I^2 \cdot 0{,}85^2} = \frac{51{,}6\,\text{W}}{(0{,}357\,\text{A})^2 \cdot 0{,}722\,5} = \mathbf{560\,\Omega}$

$U = I \cdot R = 0{,}357\,\text{A} \cdot 560\,\Omega = \mathbf{200\,V}$

Lösungen zu 8.4 Quadratische Gleichungen

196/1 **a)** Die Schnittpunkte der Graphen $y = x^2$ und $y = 2$ ergeben $x_1 = 1{,}41$ und $x_2 = -1{,}41$.

$x^2 = 2 \Rightarrow x_{1,2} = \pm\sqrt{2} \Rightarrow \mathbf{x_1 = 1{,}414;} \quad \mathbf{x_2 = -1{,}414}$

b) Die Schnittpunkte der Graphen $y = x^2$ und $y = 7x - 6$ ergeben $x_1 = 1$ und $x_2 = 6$.

$x^2 - 7x + 6 = 0 \Rightarrow x_{1,2} = 3{,}5 \pm \sqrt{3{,}5^2 - 6} = 3{,}5 \pm 2{,}5 \Rightarrow \mathbf{x_1 = 1;} \quad \mathbf{x_2 = 6}$

196/2 **a)** Der Graph $y = x^2$ schneidet den Graphen $y = 6$ in $x_1 = 2{,}45$ und in $x_2 = -2{,}45$.

$x^2 = 6 \Rightarrow x_{1,2} = \pm\sqrt{6} \Rightarrow \mathbf{x_1 = 2{,}45;} \quad \mathbf{x_2 = -2{,}45}$

b) $(x - 2)^2 = 0 \Rightarrow x^2 = 4x - 4 \Rightarrow$ der Graph $y = x^2$ und der Graph $y = 4x - 4$ berühren sich in $x = 2$ (nur eine Lösung!).

$x^2 - 4x + 4 = 0 \Rightarrow x_{1,2} = 2 \pm \sqrt{2^2 - 4} = 2 \pm 0 \Rightarrow \mathbf{x_1 = x_2 = 2}$

196/3 **a)** $x^2 + 0{,}25x - 1{,}25 = 0 \Rightarrow x_{1,2} = -\frac{0{,}25}{2} \pm \sqrt{\left(\frac{0{,}25}{2}\right)^2 - (-1{,}25)} = -0{,}125 \pm 1{,}125$

$\Rightarrow \mathbf{x_1 = 1;} \quad \mathbf{x_2 = -1{,}25}$

b) $x^2 - 6x - 16 = 0 \Rightarrow x_{1,2} = -\frac{-6}{2} \pm \sqrt{\left(\frac{-6}{2}\right)^2 - (-16)} = 3 \pm 5$

$\Rightarrow \mathbf{x_1 = 8;} \quad \mathbf{x_2 = -2}$

196/4 **a)** $x^2 - 11x + 30 = 0 \Rightarrow x_{1,2} = -\frac{-11}{2} \pm \sqrt{\left(\frac{-11}{2}\right)^2 - 30} = 5{,}5 \pm 0{,}5$

$\Rightarrow \mathbf{x_1 = 6;} \quad \mathbf{x_2 = 5}$

b) $x^2 - \frac{8x}{3} - 1 = 0 \Rightarrow x_{1,2} = \frac{4}{3} \pm \sqrt{\frac{25}{9}} = \frac{4}{3} \pm \frac{5}{3}$

$\Rightarrow \mathbf{x_1 = 3;} \quad \mathbf{x_2 = -\frac{1}{3}}$

196/5 **a)** $x^2 + \frac{3}{2}x + \frac{1}{2} = 0 \Rightarrow x_{1,2} = -\frac{3}{4} \pm \sqrt{\left(\frac{3}{4}\right)^2 - \frac{1}{2}} = -\frac{3}{4} \pm \frac{1}{4}$

$\Rightarrow \mathbf{x_1 = -0{,}5;} \quad \mathbf{x_2 = -1}$

b) $x^2 + \frac{7}{2}x - \frac{39}{2} = 0 \Rightarrow x_{1,2} = -\frac{7}{4} \pm \sqrt{\left(\frac{7}{4}\right)^2 + \frac{39}{2}} = -\frac{7}{4} \pm \frac{19}{4}$

$\Rightarrow \mathbf{x_1 = 3;} \quad \mathbf{x_2 = -6{,}5}$

196/6 a) $x^2 - 2x - 3 = 0 \Rightarrow x_{1,2} = 1 \pm \sqrt{1^2 + 3} = 1 \pm 2$

$\Rightarrow \mathbf{x_1 = 3;\quad x_2 = -1}$

b) $x^2 + \frac{5}{2}x - \frac{7}{2} = 0 \Rightarrow x_{1,2} = -\frac{5}{4} \pm \sqrt{\left(\frac{5}{4}\right)^2 + \frac{7}{2}} = -\frac{5}{4} \pm \frac{9}{4}$

$\Rightarrow \mathbf{x_1 = 1;\quad x_2 = -3{,}5}$

196/7 $\frac{x}{9} = 25\frac{1}{x} \Rightarrow x^2 = 225 \Rightarrow x_{1,2} = \pm\sqrt{225} \Rightarrow \mathbf{x_1 = +15;\quad x_2 = -15}$

196/8 Nach Pythagoras: $x^2 + (3x)^2 = (90\,\text{cm})^2 \Rightarrow x^2 = 810\,\text{cm}^2 \Rightarrow x_1 = 28{,}46\,\text{cm};\quad x_2 = -28{,}46\,\text{cm}$

(Die Lösung $x_2 = -28,46\,\text{cm}$ ist nicht sinnvoll).

Die Seiten sind ≈ **28,5 cm** und 3 · 28,5 cm = **85,5 cm** lang.

196/9 $x \cdot y \cdot 20\,\text{cm} = 20\,000\,\text{cm}^3 \Rightarrow x = \frac{1\,000\,\text{cm}^2}{y};\quad 2(x + y) = 140\,\text{cm} \Rightarrow x + y = 70\,\text{cm}$

$\frac{1\,000\,\text{cm}^2}{y} + y = 70\,\text{cm} \Rightarrow y^2 - 70\,\text{cm} \cdot y + 1\,000\,\text{cm}^2 = 0$

$\Rightarrow y_{1,2} = 35\,\text{cm} \pm \sqrt{(35\,\text{cm})^2 - 1\,000\,\text{cm}^2} = (35 \pm 15)\,\text{cm}$

$\Rightarrow \mathbf{y_1 = 50\,cm;\quad y_2 = 20\,cm}$

für $y_1 = 50\,\text{cm}$: $x_1 = \frac{1\,000\,\text{cm}^2}{y_1} = \frac{1\,000\,\text{cm}^2}{50\,\text{cm}} \Rightarrow \mathbf{x_1 = 20\,cm}$

für $y_2 = 20\,\text{cm}$: $x_2 = \frac{1\,000\,\text{cm}^2}{20\,\text{cm}} \Rightarrow \mathbf{x_2 = 50\,cm}$

196/10 $x \cdot y = 1\,350\,\text{cm}^2;\quad x = y - 15\,\text{cm};\quad (y - 15\,\text{cm}) \cdot y = 1\,350\,\text{cm}^2$

$\Rightarrow y^2 - 15\,\text{cm} \cdot y - 1\,350\,\text{cm}^2 = 0 \Rightarrow y_{1,2} = 7{,}5\,\text{cm} \pm \sqrt{(7{,}5\,\text{cm})^2 + 1\,350\,\text{cm}^2} = (7{,}5 \pm 37{,}5)\,\text{cm}$

$\mathbf{y_1 = 45\,cm}$; $y_2 = -30\,\text{cm}$ (nicht sinnvoll!)

$x = 45\,\text{cm} - 15\,\text{cm} = \mathbf{30\,cm}$

196/11 $R = \frac{R_1 \cdot R_2}{R_1 + R_2} \Rightarrow 72\,\Omega = \frac{R_1 \cdot R_2}{R_1 + R_2};\quad R_1 = R_2 + \Delta R \Rightarrow R_1 = R_2 + 60\,\Omega$

$72\,\Omega = \frac{(R_2 + 60\,\Omega) \cdot R_2}{(R_2 + 60\,\Omega) + R_2} \Rightarrow R_2^2 - 84\,\Omega \cdot R_2 - 4\,320\,\Omega^2 = 0$

$\Rightarrow (R_2)_{1,2} = 42\,\Omega \pm \sqrt{(42\,\Omega)^2 + 4\,320\,\Omega^2} = 42\,\Omega \pm 78\,\Omega$

$\Rightarrow R_{21} = \mathbf{120\,\Omega}$; $R_{22} = -36\,\Omega$ nicht sinnvoll

$R_1 = R_2 + 60\,\Omega = 120\,\Omega + 60\,\Omega = \mathbf{180\,\Omega}$

196/12 $R_1 + R_2 = 8 \cdot \frac{R_1 \cdot R_2}{R_1 + R_2} \Rightarrow 1{,}8\,\text{k}\Omega + R_2 = 8 \cdot \frac{1{,}8\,\text{k}\Omega \cdot R_2}{1{,}8\,\text{k}\Omega + R_2} \Rightarrow R_2^2 - 10{,}8\,\text{k}\Omega \cdot R_2 + 3{,}24\,(\text{k}\Omega)^2 = 0$

$\Rightarrow (R_2)_{1,2} = 5{,}4\,\text{k}\Omega \pm \sqrt{(5{,}4\,\text{k}\Omega)^2 - 3{,}24\,(\text{k}\Omega)^2} = 5{,}4\,\text{k}\Omega \pm 5{,}09\,\text{k}\Omega$

$\Rightarrow R_{21} = \mathbf{10{,}49\,k\Omega}$; $R_{22} = \mathbf{310\,\Omega}$

Die Aufgabe kann sowohl mit $R_2 = 10{,}49\,\text{k}\Omega$ als auch mit $R_2 = 310\,\Omega$ erfüllt werden.

Lösungen zu 9.1.1 Graph im Achsenkreuz

198/1 **a)** Die Fläche ist eine Funktion von der Länge.
b) Der Widerstand ist eine Funktion der Temperatur.
c) Der Strom ist eine Funktion der Spannung.
d) Die Spannung ist eine Funktion des Widerstands.
e) Die Leistung ist eine Funktion des Stromes.
f) Die Leistung ist eine Funktion der Spannung.
g) Die Leistung ist eine Funktion des Widerstands.

198/2 **a)** $U = f(d)$; **b)** $P = f(I)$, U = konst.

198/3 **a)** $x_1 = 0$; $y_1 = 2{,}5$; **b)** $x_2 = 1{,}5$; $y_2 = 10$; **c)** $x_3 = 2$; $y_3 = 11{,}7$
d) $x_4 = 3$; $y_4 = 13{,}1$; **e)** $x_5 = 4$; $y_5 = 11{,}7$; **f)** $x_6 = 4{,}5$; $y_6 = 10$

198/4 **a)** $x_7 = 6$; $y_7 = 2{,}5$; **b)** $x_8 = 7{,}5$; $y_8 = -5$; **c)** $x_9 = 8$; $y_9 = -6{,}7$
d) $x_{10} = 9$; $y_{10} = -8{,}1$; **e)** $x_{11} = 10$; $y_{11} = -6{,}7$; **f)** $x_{12} = 10{,}5$; $y_{12} = -5$

198/5 **a) 1. Quadrant (I);** **b)** I; **c)** I; **d)** I; **e)** I; **f)** I

198/6 **a) 1. Quadrant (I);** **b)** IV; **c)** IV; **d)** IV; **e)** IV; **f)** IV;
I

198/7 Der Graph ist eine Sinuslinie nach Bild 3, Seite 197, von „Mathematik für Elektroniker Ausgabe I", jedoch um $y = +2{,}5$ zur x-Achse parallel verschoben.

198/8 Der Graph ist die Kennlinie einer Z-Diode entsprechend Bild 3, Seite 111, von „Mathematik für Elektroniker Ausgabe I".

198/9

U_{CE} in V	10	7	1,7	9	9
I_C in mA	6,5	9,8	12	6,3	3,1
I_B in µA	80	120	160	80	40

198/10

U_{CE} in V	7	11,5	7	11	7,5
I_C in mA	8	5,8	11	5	3,8
I_B in µA	100	70	132	60	50

198/11 **a)** 36 kΩ; **b)** 16 kΩ; **c)** 7 kΩ; **d)** 150 Ω; **e)** 250 Ω; **f)** 2,6 kΩ

198/12 **a)** 65 kΩ; **b)** 30 kΩ; **c)** 15 kΩ; **d)** 5,6 kΩ; **e)** 2,5 kΩ; **f)** 1,25 kΩ

Lösungen zu 9.1.2 Graph in Polarkoordinaten

199/1 **a)** $U/U_V = 0{,}82$; **b)** $U/U_V = 0{,}78$; **c)** $U/U_V = 0{,}76$; **d)** $U/U_V = 0{,}6$

199/2 **a)** $\varphi = 110°$; **b)** $\varphi = 90°$; **c)** $\varphi = 100°$; **d)** $\varphi = 62°$

199/3 f = 250 Hz

199/4 $f_1 = 1\,000$ Hz, $f_2 = 4\,000$ Hz und $f_3 = 8\,000$ Hz

Lösungen zu 9.2.1 Einfache Funktionen

200/1 Die Kurvenschar besteht aus lauter Ursprungsgeraden. Mit steigendem Widerstand verringert sich der Steigungsfaktor.

200/2 Die Graphen sind Ursprungsgeraden, deren Steigungsfaktoren mit der Geschwindigkeit größer werden.

200/3 Die Wertepaare für die Leistungshyperbel werden berechnet nach $I = \frac{P}{U}$

a)

U_{CE} in V	6,67	8	10	12,5	15
I_C in mA	15	12,5	10	8	6,67

b)

U_{CE} in V	5	6	8	10	12,5	15
I_C in mA	15	12,5	9,37	7,5	6	5

200/4 Ermittlung der Wertepaare mit Funktionsgleichung $U = R \cdot I$. Der Graph ist eine Gerade durch den Nullpunkt und den Bildpunkt (22 V/10 mA).

200/5 Der Graph ist in diesem Definitionsbereich eine Gerade mit dem y-Achsenabschnitt 11,7 mA und der Funktionsgleichung

$$y = mx + b \Rightarrow I_C = \frac{\Delta I_C}{\Delta U_{CE}} \cdot U_{CE} + 11{,}7\,\text{mA} \Rightarrow I_C = \frac{2\,\text{mA}}{9\,\text{V}} \cdot U_{CE} + 11{,}7\,\text{mA} = \mathbf{222\,\mu S \cdot U_{CE} + 11{,}7\,mA}$$

200/6 Der Graph ist im Definitionsbereich eine Ursprungsgerade mit der Funktionsgleichung

$$y = mx \Rightarrow I_C = \frac{1}{R} \cdot U_{CE} \Rightarrow I_C = \frac{\Delta I_C}{\Delta U_{CE}} \cdot U_{CE} \Rightarrow I_C = \frac{10\,\text{mA}}{0{,}5\,\text{V}} \cdot U_{CE} \Rightarrow \mathbf{I_C = 20\,mS \cdot U_{CE}}$$

200/7 **a)** $U = U_0 - R_i \cdot I \Rightarrow U = -R_i \cdot I + U_0 \Rightarrow U = \mathbf{-10\,\Omega \cdot I + 20\,V}$

b)

I in A	0	1	2
U in V	20	10	0

Der Graph ist eine Gerade mit negativer Steigung.

c) $m = -R_i = -10\,\Omega = \mathbf{-10\,\frac{V}{A}}$

200/8 **a)** $I = \frac{U_0}{R_i + R_L} \Rightarrow I = \frac{1}{R_i + R_L} \cdot U_0 \Rightarrow I = \frac{1}{10\,\Omega + 30\,\Omega} U_0 \Rightarrow I = \mathbf{25\,mS \cdot U_0}$

b) Der Graph ist eine Ursprungsgerade durch den Bildpunkt (10 V/250 mA).

c) $m = \frac{1}{R_i + R_L} = \frac{1}{10\,\Omega + 30\,\Omega} = 25\,\text{mS} = \mathbf{25\,\frac{mA}{V}}$

Lösungen zu 9.2.2 Quadratische Funktionen

201/1 **a)** $\mathbf{P = \frac{U^2}{10\,k\Omega}}$

b)

U in V	0	±10	±20	±30	±40	±50	±60	±70	±80	±90	±100
P in mW	0	10	40	90	160	250	360	490	640	810	1 000

c) Der Graph ist eine Vollparabel mit Scheitel im Ursprung.

201/2 **a)** $R_1 = \frac{R_2 \cdot ü^2}{4} = \frac{500\,\Omega}{4} ü^2$

ü	0	1	2	4	8	12	16	20
R_1 in kΩ	0	0,125	0,5	2	8	18	32	50

b) Der Graph ist eine Halbparabel.

201/3 $P_{max} = \frac{U_0^2}{4 \cdot 60\,\Omega}$

U_0 in V	0	1	2	4	6	8	10
P_{max} in mW	0	4,17	16,7	66,7	150	267	417

Der Graph ist eine Halbparabel.

201/4 $W = \frac{U^2}{500\,\Omega} 1\,h$

U in V	0	±20	±50	±100	±150	±200	±230
W in Wh	0	0,8	5	20	45	80	105,8

Der Graph ist eine Vollparabel mit dem Scheitel im Ursprung.

201/5 $P = \frac{(U - 60\,V)^2}{33\,k\Omega}$

U in V	0	10	20	30	40	50	60	70	80	90	100
P in mW	109	75,8	48,5	27,3	12,1	3,03	0	3,03	12,1	27,3	48,5

Der Graph ist eine Vollparabel um x = 60 V zur y-Achse parallel verschoben.

201/6 $P = \frac{(U + 20\,V)^2}{33\,k\Omega}$

U in V	0	10	20	30	40	50	60	70	80	90	100
P in mW	12,1	27,3	48,5	75,8	109	148,5	194	245,5	303	367	436

Der Graph ist eine Teilparabel. Der Scheitel hätte den Bildpunkt (–20 V/0 mW).

Lösungen zu 9.2.3.1 Sinusfunktion und Kosinusfunktion

203/1 **a)** $\cos\beta = \frac{\mathbf{a}}{\mathbf{c}}$; **b)** $\sin\alpha = \frac{\mathbf{a}}{\mathbf{c}}$; **c)** $\sin(90° - \alpha) = \cos\alpha = \frac{\mathbf{b}}{\mathbf{c}}$

203/2 **a)** $\sin\delta = \frac{\mathbf{R}}{\mathbf{Z}}$; **b)** $\cos\delta = \frac{\mathbf{X_L}}{\mathbf{Z}}$; **c)** $\cos(90° - \varphi) = \sin\varphi = \frac{\mathbf{X_L}}{\mathbf{Z}}$

203/3 $\alpha_{rad} = \frac{\alpha \cdot \pi}{180°} \Rightarrow \alpha = \frac{\alpha_{rad} \cdot 180°}{\pi} \Rightarrow \sin\alpha = \mathbf{sin}\,\frac{\boldsymbol{\alpha_{rad} \cdot 180°}}{\boldsymbol{\pi}}$

203/4 $\alpha_{rad} = \frac{\alpha \cdot 4 \cdot \arctan(1)}{180°} = \frac{\alpha \cdot \arctan(1)}{45°}$

$\alpha = \frac{\alpha_{rad} \cdot 45°}{\arctan(1)} = \frac{0{,}8727 \cdot 45°}{\arctan(1)} = \mathbf{50{,}0°}$

203/5 **a)** $\cos 63°23'44'' =$ **0,447 828 4**; **b)** sin 0,733 rad = **0,669 102 1**

203/6 **a)** $\sin 12°17'48'' =$ **0,212 973 5**; **b)** cos 0,885 rad = **0,633 289 5**

203/7 $\alpha =$ **76,275 833°**

203/8 **a)** $\beta =$ **0,725 300 7 rad**; **b)** $\beta =$ **41,556 668°** **c)** $\beta =$ **41°33′24″**

203/9 **a)** sin 32° = **0,529 9**; **b)** cos 32° = **0,848 0**; **c)** cos 60° = **0,5**
d) sin 45° = **0,707 1**; **e)** cos 90° = **0**; **f)** sin 52,167° = **0,789 8**

203/10 **a)** cos 30° = **0,866 0**; **b)** sin 60° = **0,866 0**; **c)** sin 30° = **0,5**
d) cos 74° = **0,275 6**; **e)** sin 0° = **0**; **f)** cos 37,5° = **0,793 4**

203/11 **a)** $\alpha =$ **17,17°**; **b)** $\beta =$ **27,33°**; **c)** $\varphi =$ **13,49°**; **d)** $\varphi =$ **81,65°**

203/12 **a)** $\beta =$ **8,51°**; **b)** $\delta =$ **18,33°**; **c)** $\varphi =$ **79,5°**; **d)** $\alpha =$ **64°**

203/13 **a)** x = **0,495 5**; **b)** $\varphi =$ **70,55°**; **c)** $\alpha =$ **15,43°**; **d)** $\frac{b}{c} =$ **0,126 7**

203/14 **a)** $\varphi =$ **38,46°**; **b)** x = **0,707**; **c)** $\delta =$ **6,98°**; **d)** $\frac{a}{c} =$ **0,152 5**

204/15 **a)** $\delta = 90° - \varphi = 90° - 72{,}4° = \mathbf{17{,}6°}$

$\sin\varphi = \frac{X_L}{Z} \Rightarrow Z = \frac{X_L}{\sin\varphi} = \frac{2{,}4\,k\Omega}{\sin 72{,}4°} = \frac{2{,}4\,k\Omega}{0{,}953} = \mathbf{2{,}518\,k\Omega}$

$\cos\varphi = \frac{R}{Z} \Rightarrow R = Z \cdot \cos\varphi = 2{,}518\,k\Omega \cdot \cos 72{,}4° = 2{,}518\,k\Omega \cdot 0{,}3024 = \mathbf{761\,\Omega}$

b) $\delta = \mathbf{10°}$

$Z = \frac{R}{\cos\varphi} = \frac{128\,\Omega}{\cos 80°} = \mathbf{737\,\Omega}$

$X_L = Z \cdot \sin\varphi = 737\,\Omega \cdot \sin 80° = \mathbf{726\,\Omega}$

c) $\varphi = \mathbf{82{,}78°}$

$R = Z \cdot \sin\delta = 603\,\Omega \cdot \sin 7{,}22° = \mathbf{75{,}8\,\Omega}$

$X_L = Z \cdot \sin\varphi = 603\,\Omega \cdot \sin 82{,}78° = \mathbf{598\,\Omega}$

204/16 a) $\sin\varphi = \frac{X_L}{Z} = \frac{2{,}6\,\text{k}\Omega}{2{,}8\,\text{k}\Omega} = \mathbf{0{,}929} \Rightarrow \varphi = \mathbf{68{,}2°}$

$\delta = \mathbf{21{,}8°}$

$\cos\varphi = \cos 68{,}2° = \mathbf{0{,}3714}$

$R = Z \cdot \cos\varphi = 2{,}8\,\text{k}\Omega \cdot 0{,}3714 = \mathbf{1{,}04\,k\Omega}$

b) $\cos\varphi = \frac{R}{Z} = \frac{378\,\Omega}{1\,260\,\Omega} = \mathbf{0{,}3} \Rightarrow \varphi = \mathbf{72{,}54°}$

$\delta = \mathbf{17{,}46°}$

$\sin\varphi = \sin 72{,}54° = \mathbf{0{,}954}$

$X_L = Z \cdot \sin\varphi = 1\,260\,\Omega \cdot 0{,}954 = \mathbf{1\,202\,\Omega}$

c) $\sin\varphi = \frac{X_L}{Z} = \frac{43\,\text{k}\Omega}{56{,}7\,\text{k}\Omega} = \mathbf{0{,}758} \Rightarrow \varphi = \mathbf{49{,}3°}$

$\delta = \mathbf{40{,}7°}$

$\cos\varphi = \cos 49{,}3° = \mathbf{0{,}652}$

$R = Z \cdot \cos\varphi = 56{,}7\,\text{k}\Omega \cdot 0{,}652 = \mathbf{37\,k\Omega}$

204/17 $\sin\alpha = \frac{h}{l} \Rightarrow h = l \cdot \sin\alpha = 1\,245\,\text{m} \cdot \sin 8{,}38° = 1\,245\,\text{m} \cdot 0{,}1457 = \mathbf{181{,}4\,m}$

204/18 Strahllänge l_2 zum Schirmrand: $\sin\alpha = \frac{b/2}{l_2} \Rightarrow l_2 = \frac{b/2}{\sin\alpha} = \frac{60\,\text{mm}}{\sin 21{,}8°} = 161{,}6\,\text{mm}$

Strahllänge l_1 zur Schirmmitte: $\cos\alpha = \frac{l_1}{l_2} \Rightarrow l_1 = l_2 \cdot \cos\alpha = 161{,}6\,\text{mm} \cdot \cos 21{,}8°$

$= 161{,}6\,\text{mm} \cdot 0{,}928 = 150\,\text{mm}$

$\Delta l = l_2 - l_1 = 161{,}6\,\text{mm} - 150\,\text{mm} = \mathbf{11{,}6\,mm}$

204/19 a) $s = c \cdot t = 340\frac{\text{m}}{\text{s}} \cdot 8{,}35\,\text{ms} = 2{,}84\,\text{m}$

$\sin\alpha = \frac{l/2}{s/2} \Rightarrow l = s \cdot \sin\alpha = 2{,}84\,\text{m} \cdot \sin(90° - 58°) = 2{,}84\,\text{m} \cdot 0{,}53 = \mathbf{1{,}504\,m}$

b) $\cos\alpha = \frac{a}{s/2} \Rightarrow a = \frac{s}{2}\cos\alpha = \frac{2{,}84\,\text{m}}{2}\cos(90° - 58°) = 1{,}42\,\text{m} \cdot 0{,}848 = \mathbf{1{,}204\,m}$

204/20 a) $\sin\alpha = \frac{l/2}{s/2} \Rightarrow s = \frac{l}{\sin\alpha} = \frac{5{,}85\,\text{m}}{\sin(90° - 58°)} = \frac{5{,}85\,\text{m}}{0{,}53} = 11{,}04\,\text{m}$

$s = c \cdot t \Rightarrow t = \frac{s}{c} = \frac{11{,}04\,\text{m}}{340\,\text{m/s}} = \mathbf{32{,}5\,ms}$

b) $\cos\alpha = \frac{a}{s/2} \Rightarrow a = \frac{s}{2}\cos\alpha = \frac{11{,}04\,\text{m}}{2}\cos(90° - 58°) = 5{,}52\,\text{m} \cdot 0{,}848 = \mathbf{4{,}68\,m}$

Lösungen zu 9.2.3.2 Graphen der Sinusfunktion und der Kosinusfunktion

205/1 a) $\sin 243° = -\sin(243° - 180°) = -\sin 63° = \mathbf{-0{,}891}$

b) $\sin 63° = \mathbf{0{,}891}$

205/2 a) $\cos 348° = \cos(360° - 348°) = \cos 12° = \mathbf{0{,}978}$

b) $\cos 127° = -\cos(180° - 127°) = -\cos 53° = \mathbf{-0{,}602}$

205/3 a) $u = \hat{u} \cdot \sin(2\pi f t) \Rightarrow 2\pi f t = \arcsin(u/\hat{u}) \Rightarrow t = \arcsin(u/\hat{u})/(2\pi f)$

$t_1 = \arcsin(0{,}482\,\text{V}/1{,}85\,\text{V})/(2\pi \cdot 35\,\text{kHz}) = \mathbf{1{,}2\,\mu s}$

b) $t_2 = \arcsin(-1{,}247\,\text{V}/1{,}85\,\text{V})/(2\pi \cdot 35\,\text{kHz}) = \mathbf{-3{,}36\,\mu s}$,

d. h. 3,36 µs vor ansteigendem Nulldurchgang und

$T/2 + 3{,}36\,\mu\text{s} = 1/(2 \cdot 35\,\text{kHz}) + 3{,}36\,\mu\text{s} = (14{,}29 + 3{,}36)\,\mu\text{s} = \mathbf{17{,}65\,\mu s}$

nach ansteigendem Nulldurchgang

c) $t_3 = \arcsin(1{,}743\,\text{V}/1{,}85\,\text{V})/(2\pi \cdot 35\,\text{kHz}) = \mathbf{5{,}59\,\mu s}$

205/4 a) $i = \hat{i} \cdot \sin(2\pi f t) \Rightarrow 2\pi f t = \arcsin(i/\hat{i}) \Rightarrow f = \arcsin(i/\hat{i})/(2\pi t)$

$f_1 = \arcsin(7{,}834\,\mu\text{A}/22{,}8\,\mu\text{A})/(2\pi \cdot 4{,}82\,\mu\text{s}) = \mathbf{11{,}581\,kHz}$

b) $f_2 = \arcsin(7{,}834\,\mu\text{A}/22{,}8\,\mu\text{A})/(2\pi \cdot 982\,\mu\text{s}) = \mathbf{56{,}8\,Hz}$

c) $f_3 = \arcsin(7{,}834\,\mu\text{A}/22{,}8\,\mu\text{A})/(2\pi \cdot 3{,}728\,\text{ns}) = \mathbf{14{,}974\,MHz}$

205/5

	a)	**b)**	**c)**	**d)**	**e)**
ωt in rad	0,942	1,16	1,728	3,44	5,9
ωt in °	54	66,6	99	197,1	338,4
i in mA	4,7	3,18	−1,25	−7,65	7,44

205/6

	a)	**b)**	**c)**	**d)**	**e)**
ωt in rad	0,251	0,33	1,32	2,608	4,587
ωt in °	14,4	18,9	75,6	149,4	262,8
u in V	4,84	4,73	1,243	−4,3	−0,627

205/7 Entspricht dem Graphen $y = \sin\alpha$ in Bild 3, Seite 204, von „Mathematik für Elektroniker".

205/8 Entspricht dem Graphen $y = \cos\alpha$ in Bild 3, Seite 204, von „Mathematik für Elektroniker".

205/9 $u_1 = \hat{u}_1 \cdot \sin\omega_1 t = \hat{u}_1 \cdot \sin(2\pi f_1 t) = 12\,\text{V} \cdot \sin(2\pi \cdot 15\,\text{kHz} \cdot 24\,\mu\text{s}) = 12\,\text{V} \cdot 0{,}7705 = 9{,}2462\,\text{V}$

$u_2 = u - u_1 = 5{,}3987\,\text{V} - 9{,}2462\,\text{V} = -3{,}8475\,\text{V}$

$u_2 = \hat{u}_2 \cdot \sin\omega_2 t = \hat{u}_2 \cdot \sin(2\pi f_2 t)$

$$\hat{u}_2 = \frac{u_2}{\sin(2\pi f_2 t)} = \frac{-3{,}8475\,\text{V}}{\sin(2\pi \cdot 27\,\text{kHz} \cdot 24\,\mu\text{s})} = \frac{-3{,}8475\,\text{V}}{\sin 4{,}0715} = \mathbf{4{,}8\,V}$$

205/10

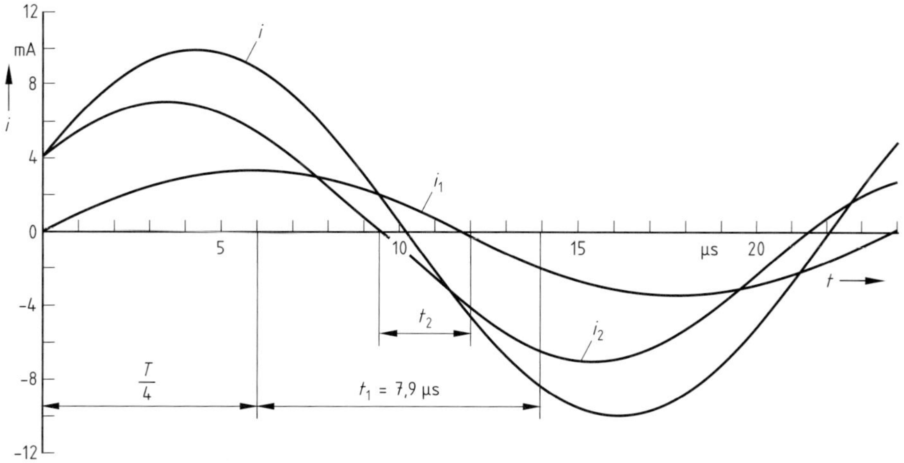

$T = \frac{1}{f} = \frac{1}{42\,\text{kHz}} = 23{,}81\,\mu\text{s}$

$i_1 = \hat{i}_1 \cdot \sin \omega t = \hat{i}_1 \cdot \sin(2\pi f(T/4 + t_1))$

$= 3{,}4\,\text{mA} \cdot \sin(2\pi \cdot 42\,\text{kHz}(23{,}81\,\mu\text{s}/4 + 7{,}9\,\mu\text{s})) = 3{,}4\,\text{mA} \cdot \sin 3{,}655\,6$

$= -1{,}672\,\text{mA}$

$i_2' = \hat{i}_2 \cdot \sin(2\pi f t_3)$

$\hat{i}_2 = i_2'/\sin(2\pi f t_3) = -4{,}2\,\text{mA}/\sin(2\pi \cdot 42\,\text{kHz} \cdot 14{,}3\,\mu\text{s}) = -4{,}2\,\text{mA}/\sin 3{,}773\,7 = 7{,}108\,\text{mA}$

$t_2/37° = T/360°$

$t_2 = T \cdot 37°/360° = 23{,}81\,\mu\text{s} \cdot 37°/360° = 2{,}447\,\mu\text{s}$

$i_2 = \hat{i}_2 \cdot \sin(2\pi f(T/4 + t_1 + t_2))$

$= 7{,}108\,\text{mA} \cdot \sin(2\pi \cdot 42\,\text{kHz}(23{,}81\,\mu\text{s}/4 + 7{,}9\,\mu\text{s} + 2{,}447\,\mu\text{s}))$

$= 7{,}108\,\text{mA} \cdot \sin 4{,}301 = -6{,}516\,\text{mA}$

$i = i_1 + i_2 = -1{,}672\,\text{mA} + (-6{,}516\,\text{mA}) = \mathbf{-8{,}188\,mA}$

205/11 **a)** $i_1 = \hat{i}_1 \cdot \sin \omega t = 12{,}8\,\mu\text{A} \cdot \sin(2\pi \cdot 20\,\text{kHz} \cdot 7{,}349\,\mu\text{s}) = 12{,}8\,\mu\text{A} \cdot \sin 0{,}924\,\text{rad} = \mathbf{10{,}21\,\mu A}$

$i_2 = \hat{i}_2 \cdot \sin(\omega t + \varphi) = 35{,}8\,\mu\text{A} \cdot \sin(0{,}924\,\text{rad} + 25{,}8 \cdot \pi\,\text{rad}/180) = 35{,}8\,\mu\text{A} \cdot \sin 1{,}373\,8\,\text{rad}$

$= \mathbf{35{,}11\,\mu A}$

$i = i_1 + i_2 = 10{,}21\,\mu\text{A} + 35{,}11\,\mu\text{A} = \mathbf{45{,}32\,\mu A}$

b) $i_2 = \hat{i}_2 \cdot \sin(\omega t + \varphi) \Rightarrow \arcsin(i_2/\hat{i}_2) = \omega t + \varphi$

$\Rightarrow t = (\arcsin(i_2/\hat{i}_2) - \varphi)/(2\pi f) = (\arcsin(-21{,}24\,\mu\text{A}/35{,}8\,\mu\text{A}) - 25{,}8 \cdot \pi/180)/(2\pi \cdot 20\,\text{kHz})$

$= (-0{,}635 - 0{,}450)/(40 \cdot \pi)\,\text{ms} = \mathbf{-8{,}638\,\mu s}$,

d. h. 8,638 µs vor ansteigendem Nulldurchgang von i_2 und $T/2 + 8{,}638\,\mu\text{s}$ $= 1/(2 \cdot 20\,\text{kHz}) + 8{,}638\,\mu\text{s} =$ **33,638 µs** nach dem ansteigenden Nulldurchgang von i_2.

205/12 **a)** $T = 4(t_1 + t_2) = 4(4{,}5\,\mu s + 1{,}75\,\mu s) = 25\,\mu s$

$f = 1/T = 1/25\,\mu s = \mathbf{40\,kHz}$

b) $\varphi/t_2 = 360°/T \Rightarrow \varphi = t_2 \cdot 360°/T = 1{,}75\,\mu s \cdot 360°/25\,\mu s = \mathbf{25{,}2°}$

c) für $t_0 = 0$ gilt $u_{20} = \hat{u}_2 \cdot \sin(\omega t_0 + \varphi) = \hat{u}_2 \cdot \sin\varphi$

$\Rightarrow \hat{u}_2 = u_{20}/\sin\varphi = 0{,}685\,V/\sin 25{,}2° = \mathbf{1\,609\,V}$

d) $u_{12} = \hat{u}_1 \cdot \sin(2\pi f(T/4 + t)) = 4{,}324\,V \cdot \sin(2\pi \cdot 40\,kHz(25\,\mu s/4 + 2{,}35\,\mu s))$

$u_{12} = 4{,}324\,V \cdot \sin 2{,}161 = 4{,}324\,V \cdot 0{,}830\,6 = 3{,}591\,V$

$u_{22} = \hat{u}_2 \cdot \sin(\omega t_2 + \varphi) = \hat{u}_2 \cdot \sin(2\pi f(T/4 + t) + \varphi)$

$= 1{,}609\,V \cdot \sin(2\pi \cdot 40\,kHz(25\,\mu s/4 + 2{,}35\,\mu s) + 25{,}2 \cdot \pi/180)$

$= 1{,}609\,V \cdot \sin(2{,}161 + 0{,}440) = 1{,}609\,V \cdot 0{,}515 = 0{,}828\,V$

$u = u_{12} + u_{22} = 3{,}591\,V + 0{,}828\,V = \mathbf{4{,}419\,V}$

Lösungen zu 9.2.3.3 Sinussatz und Kosinussatz

206/1 $c^2 = a^2 + b^2 - 2ab\cos\gamma \Rightarrow c = \sqrt{a^2 + b^2 - 2ab\cos\gamma}$

$c = \sqrt{15^2 + 8{,}7^2 - 2 \cdot 15 \cdot 8{,}7 \cdot \cos 66{,}4°} = \mathbf{14{,}0}$

$a/c = \sin\alpha/\sin\gamma \Rightarrow \sin\alpha = a \cdot \sin\gamma/c = 15 \cdot \sin 66{,}4°/14 = 0{,}981\,8 \Rightarrow \alpha = \mathbf{79{,}1°}$

$\beta = 180° - \alpha - \gamma = 180° - 79{,}1° - 66{,}4° = \mathbf{34{,}5°}$

206/2 $a^2 = b^2 + c^2 - 2bc\cos\alpha$

$\Rightarrow a = \sqrt{b^2 + c^2 - 2bc \cdot \cos\alpha} = \sqrt{9{,}4^2 + 6{,}8^2 - 2 \cdot 9{,}4 \cdot 6{,}8 \cdot \cos 34{,}6°} = \mathbf{5{,}4}$

$a/b = \sin\alpha/\sin\beta \Rightarrow \sin\beta = b \cdot \sin\alpha/a = 9{,}4 \cdot \sin 34{,}6°/5{,}4 = 0{,}988\,5 \Rightarrow \beta_1 = 81{,}3°$

(ergibt nach Probe keine richtige Lösung) und

$\beta_2 = 180° - \beta_1 = 180° - 81{,}3° = \mathbf{98{,}7°}$

$\gamma = 180° - \alpha - \beta = 180° - 34{,}6° - 98{,}7° = \mathbf{46{,}7°}$

206/3 $a^2 = b^2 + c^2 - 2bc \cdot \cos\alpha$

$\Rightarrow \cos\alpha = (b^2 + c^2 - a^2)/(2bc) = (187^2 + 89^2 - 132^2)/(2 \cdot 187 \cdot 89) = 0{,}765\,1 \Rightarrow \alpha = \mathbf{40{,}1°}$

$a/b = \sin\alpha/\sin\beta \Rightarrow \sin\beta = b \cdot \sin\alpha/a = 187 \cdot \sin 40{,}1°/132 = 0{,}912\,3 \Rightarrow \beta_1 = 65{,}8°$

(ergibt nach Probe keine richtige Lösung) und

$\beta_2 = 180° - \beta_1 = 180° - 65{,}8° = \mathbf{114{,}2°}$

$\gamma = 180° - \alpha - \beta = 180° - 40{,}1° - 114{,}2° = \mathbf{25{,}8°}$

206/4 $\gamma = 180° - \alpha - \beta = 180° - 17{,}5° - 98{,}6° = \mathbf{63{,}9°}$

$a/c = \sin\alpha/\sin\gamma \Rightarrow a = c \cdot \sin\alpha/\sin\gamma = 77 \cdot \sin 17{,}5°/\sin 63{,}9° = \mathbf{25{,}8}$

$a/b = \sin\alpha/\sin\beta \Rightarrow b = a \cdot \sin\beta/\sin\alpha = 25{,}8 \cdot \sin 98{,}6°/\sin 17{,}5° = \mathbf{84{,}8}$

206/5 **a)** $\varphi_2 = 180° - \varphi_1 = 180° - 38° = 142°$

$\hat{u} = \sqrt{\hat{u}_2^2 + \hat{u}_1^2 - 2 \cdot \hat{u}_2 \cdot \hat{u}_1 \cdot \cos\varphi_2} = \sqrt{(19{,}4^2 + 28{,}3^2 - 2 \cdot 19{,}4 \cdot 28{,}3 \cdot \cos 142°)\,V^2} = \mathbf{45{,}2\,V}$

b) $\frac{u}{u_2} = \frac{\sin\varphi_2}{\sin\varphi} \Rightarrow \sin\varphi = \frac{u_2}{u} \cdot \sin\varphi_2 = \frac{19{,}4\,V}{45{,}2\,V} \cdot \sin 142° = 0{,}264 \Rightarrow \varphi = \mathbf{15{,}3°}$

206/6 **a)** $\hat{u}_2^2 = \hat{u}_1^2 + \hat{u}^2 - 2\hat{u}_1 \cdot \hat{u} \cdot \cos\varphi$

$\Rightarrow \hat{u}_2 = \sqrt{\hat{u}_1^2 + \hat{u}^2 - 2\hat{u}_1 \cdot \hat{u} \cdot \cos\varphi} = \sqrt{4{,}85^2 + 2{,}79^2 - 2 \cdot 4{,}85 \cdot 2{,}79 \cdot \cos 155°}\ \text{V} = \mathbf{7{,}47\ V}$

b) $\hat{u}_2/\hat{u} = \sin\varphi / \sin(180° - \varphi_1)$

$\Rightarrow \sin(180° - \varphi_1) = \hat{u} \cdot \sin\varphi/\hat{u}_2 = 2{,}79\ \text{V} \cdot \sin 155°/7{,}47\ \text{V} = 0{,}157\,8$

$\Rightarrow \arcsin 0{,}157\,8 = 180° - \varphi_1 \Rightarrow \varphi_1 = 180° - \arcsin 0{,}157\,8 = 180° - 9{,}1° = \mathbf{170{,}9°}$

206/7 **a)** $i_2^2 = i^2 + i_1^2 - 2 \cdot i \cdot i_1 \cdot \cos\varphi$

$i_2 = \sqrt{i^2 + i_1^2 - 2 \cdot i \cdot i_1 \cdot \cos\varphi} = \sqrt{(7{,}1\ \text{mA})^2 + (15{,}3\ \text{mA})^2 - 2 \cdot 7{,}1\ \text{mA} \cdot 15{,}3\ \text{mA} \cdot \cos 132°}$

$= \sqrt{429{,}875}\ \text{mA} = \mathbf{20{,}733\ mA}$

b) $i^2 = i_1^2 + i_2^2 - 2 \cdot i_1 \cdot i_2 \cdot \cos\varphi_2$

$$\cos\varphi_2 = \frac{i_1^2 + i_2^2 - i^2}{2 \cdot i_1 \cdot i_2} = \frac{(15{,}3\ \text{mA})^2 + (20{,}733\ \text{mA})^2 - (7{,}1\ \text{mA})^2}{2 \cdot 15{,}3\ \text{mA} \cdot 20{,}733\ \text{mA}} = 0{,}967 \Rightarrow \varphi_2 = 14{,}75°$$

$\varphi_1 = 180° - \varphi_2 = 180° - 14{,}75° = \mathbf{165{,}25°}$

i_1 eilt i_2 um 165,25° vor.

206/8 **a)** $\varphi = \varphi_1 - \varphi_3 = 148° - 28° = \mathbf{120°}$

b) $\varphi_2 = 180° - \varphi_1 = 180° - 148° = \mathbf{32°}$

c) $\frac{i}{i_2} = \frac{\sin\varphi_2}{\sin\varphi}$

$$i = \frac{i_2 \cdot \sin\varphi_2}{\sin\varphi} = \frac{155\ \mu\text{A} \cdot \sin 32°}{\sin 120°} = \mathbf{94{,}844\ \mu A}$$

d) $\varphi_3 = 180° - \varphi - \varphi_2 = 180° - 120° - 32° = 28°$

$\frac{i_1}{i_2} = \frac{\sin\varphi_3}{\sin\varphi}$

$$i_1 = \frac{i_2 \cdot \sin\varphi_3}{\sin\varphi} = \frac{155\ \mu\text{A} \cdot \sin 28°}{\sin 120°} = \mathbf{84{,}0\ \mu A}$$

206/9 $l^2 = l_1^2 + l_2^2 - 2l_1l_2 \cdot \cos\alpha$

$\Rightarrow l = \sqrt{l_1^2 + l_2^2 - 2l_1l_2 \cdot \cos\alpha} = \sqrt{142{,}33^2 + 151^2 - 2 \cdot 142{,}33 \cdot 151 \cdot \cos 34°}\ \text{m} = \mathbf{86{,}16\ m}$

206/10 $l^2 = l_1^2 + l_2^2 - 2l_1l_2 \cdot \cos\alpha$

$\Rightarrow \cos\alpha = (l_1^2 + l_2^2 - l^2)/(2l_1l_2)$

$= (133{,}47^2\ \text{m}^2 + 151^2\ \text{m}^2 - 72{,}38^2\ \text{m}^2)/(2 \cdot 133{,}47\ \text{m} \cdot 151\ \text{m}) = 0{,}877\,7 \Rightarrow \alpha = \mathbf{28{,}6°}$

Lösungen zu 9.2.3.4 Tangensfunktion

207/1 **a)** $\tan\alpha = \frac{\text{Gegenkathete}}{\text{Ankathete}} = \frac{\mathbf{a}}{\mathbf{b}}$; **b)** $\tan(90° - \beta) = \tan\alpha = \frac{\mathbf{a}}{\mathbf{b}}$; **c)** $\tan\beta = \frac{\mathbf{b}}{\mathbf{a}}$

207/2 **a)** $\tan\varphi = \frac{\mathbf{X_L}}{\mathbf{R}}$; **b)** $\tan\delta = \frac{\mathbf{R}}{\mathbf{X_L}}$; **c)** $\tan(90° - \delta) = \tan\varphi = \frac{\mathbf{X_L}}{\mathbf{R}}$

207/3 $\tan\alpha = \frac{h}{a}$

$h = a \cdot \tan\alpha = 120\,\text{m} \cdot \tan 22{,}4° = \mathbf{49{,}46\,m}$

207/4 $\tan\alpha = \frac{9}{16} = 0{,}562\,5 \Rightarrow \alpha = \mathbf{29{,}36°}$

207/5 **a)** $\tan 8{,}75° = \mathbf{0{,}153\,914\,7}$

b) $\tan 62{,}3° = \mathbf{1{,}904\,719\,3}$

c) $\alpha = \mathbf{18{,}417\,758°} = \mathbf{18°\,25'\,3{,}9''} = \mathbf{0{,}321\,450\,5\,rad}$

d) $\delta = \mathbf{51{,}870\,591°} = \mathbf{51°\,52'\,14''} = \mathbf{0{,}905\,312\,5\,rad}$

207/6 **a)** $\tan 31{,}3° = \mathbf{0{,}608\,009\,5}$

b) $\tan 1{,}14\,\text{rad} = \mathbf{2{,}175\,875\,1}$

c) $\beta = \mathbf{41{,}444\,504°} = \mathbf{41°\,26'\,40''} = \mathbf{0{,}723\,343\,rad}$

d) $\alpha = \mathbf{71{,}214\,979°} = \mathbf{71°\,12'\,53''} = \mathbf{1{,}242\,935\,9\,rad}$

207/7 **a)** $\tan\alpha = \frac{a}{b} = \frac{3{,}4\,\text{cm}}{6{,}3\,\text{cm}} = 0{,}539\,68 \Rightarrow \alpha = \mathbf{28{,}35°}$; $\beta = \mathbf{61{,}65°}$

$c = \frac{a}{\sin\alpha} = \frac{3{,}4\,\text{cm}}{\sin 28{,}35°} = \mathbf{7{,}16\,cm}$

b) $a = b \cdot \tan\alpha = 56\,\text{cm} \cdot \tan 22° = 56\,\text{cm} \cdot 0{,}404 = \mathbf{22{,}6\,cm}$

$c = \frac{b}{\cos\alpha} = \frac{56\,\text{cm}}{\cos 22°} = \mathbf{60{,}4\,cm}$; $\beta = \mathbf{68°}$

c) $\alpha = \mathbf{67°}$; $\tan\beta = \frac{b}{a} \Rightarrow a = \frac{b}{\tan\beta} = \frac{12\,\text{mm}}{\tan 23°} = \mathbf{28{,}3\,mm}$

$c = \frac{b}{\sin\beta} = \frac{12\,\text{mm}}{\sin 23°} = \frac{12\,\text{mm}}{0{,}391} = \mathbf{30{,}7\,mm}$

207/8 **a)** $\delta = \mathbf{6{,}6°}$; $X_L = R \cdot \tan\varphi = 162\,\Omega \cdot \tan 83{,}4° = \mathbf{1{,}4\,k\Omega}$

$Z = \frac{R}{\cos\varphi} = \frac{162\,\Omega}{\cos 83{,}4°} = \frac{162\,\Omega}{0{,}115} = \mathbf{1{,}409\,k\Omega}$

b) $\tan\varphi = \frac{X_L}{R} = \frac{1\,330\,\Omega}{140\,\Omega} = 9{,}5 \Rightarrow \varphi \approx \mathbf{84°}$; $\delta \approx \mathbf{6°}$

$Z = \frac{R}{\cos\varphi} = \frac{140\,\Omega}{\cos 84°} = \frac{140\,\Omega}{0{,}104\,5} = \mathbf{1\,339\,\Omega}$

c) $\tan\delta = \frac{R}{X_L} \Rightarrow R = X_L \cdot \tan\delta = 12\,\text{k}\Omega \cdot \tan 5{,}8° = \mathbf{1{,}219\,k\Omega}$; $\varphi = \mathbf{84{,}2°}$

$Z = \frac{X_L}{\cos\delta} = \frac{12\,\text{k}\Omega}{\cos 5{,}8°} = \mathbf{12{,}062\,k\Omega}$

207/9 a) $\tan\alpha = \frac{h}{b/2} \Rightarrow h = \frac{b}{2}\tan\alpha = 3\,m \cdot \tan 30° = 3\,m \cdot 0{,}577 = \mathbf{1{,}73\,m}$

b) $l_{AB} = 2\frac{b/2}{\cos\alpha} = 2\frac{3\,m}{\cos 30°} = \mathbf{6{,}93\,m}$

207/10 a) $\tan\alpha = \frac{h}{b_1} \Rightarrow h = b_1 \cdot \tan\alpha = 3{,}8\,m \cdot \tan 30° = \mathbf{2{,}19\,m}$

b) $l_1 = \frac{b_1}{\cos\alpha} = \frac{3{,}8\,m}{\cos 30°} = 4{,}39\,m;$ $\tan\beta = \frac{h}{b_2} = \frac{2{,}19\,m}{2{,}2\,m} = 0{,}9955 \Rightarrow \beta = 44{,}9°$

$l_2 = \frac{b_2}{\cos\beta} = \frac{2{,}2\,m}{\cos 44{,}9°} = 3{,}11\,m;$ $l_{AB} = l_1 + l_2 = 4{,}39\,m + 3{,}11\,m = \mathbf{7{,}5\,m}$

Lösungen zu 9.3 Exponentialfunktionen

208/1 a) $3{,}2^{1{,}8} = \mathbf{8{,}114\,653}$; b) $0{,}93^{0{,}8} = \mathbf{0{,}943\,597}$

208/2 a) $0{,}47^{1{,}3} = \mathbf{0{,}374\,738}$; b) $5{,}3^{0{,}4} = \mathbf{1{,}948\,545}$

208/3 a) $e^3 = \mathbf{20{,}085\,54}$; b) $e^{1{,}5} = \mathbf{4{,}481\,689}$

c) $e^{-2{,}3} = \mathbf{0{,}100\,259}$; d) $1 - e^{-1{,}2} = 1 - 0{,}301\,194 = \mathbf{0{,}698\,806}$

208/4 a) $e^{0{,}7} = \mathbf{2{,}013\,753}$; b) $e^{-2} = \mathbf{0{,}135\,335}$

c) $e^{-0{,}9} = \mathbf{0{,}406\,57}$; d) $e^{0{,}6} = \mathbf{1{,}822\,119}$

e) $1 - e^{-0{,}25} = 1 - 0{,}778\,801 = \mathbf{0{,}221\,199}$; f) $1 - e^{-5{,}2} = 1 - 0{,}005\,517 = \mathbf{0{,}994\,483}$

208/5 a) $0{,}4 = 1{,}6^x \Rightarrow x = \ln 0{,}4 / \ln 1{,}6 = \mathbf{-1{,}949\,54}$

b) $e^x = 100 \Rightarrow x = \ln 100 = \mathbf{4{,}605\,17}$

c) $e^{-x} = 68{,}5 \Rightarrow x = -\ln 68{,}5 = \mathbf{-4{,}226\,834}$

d) $0{,}7 = 1 - e^{-x} \Rightarrow e^{-x} = 1 - 0{,}7 \Rightarrow x = -\ln 0{,}3 = \mathbf{1{,}203\,973}$

208/6 a) $3{,}7^x = 2{,}1 \Rightarrow x = \ln 2{,}1 / \ln 3{,}7 = \mathbf{0{,}567\,086}$

b) $e^x = 20 \Rightarrow x = \ln 20 = \mathbf{2{,}995\,732}$

c) $e^{-x} = 2{,}1 \Rightarrow x = -\ln 2{,}1 = \mathbf{-0{,}741\,937\,3}$

d) $1 - e^{-x} = -18{,}5 \Rightarrow e^{-x} = 1 + 18{,}5 \Rightarrow x = -\ln 19{,}5 = \mathbf{-2{,}970\,414\,5}$

208/7 **a)** $y = 2^x$

x	−4	−3	−2	−1	0	1	2	3	4
y	$\frac{1}{16}$	$\frac{1}{8}$	$\frac{1}{4}$	$\frac{1}{2}$	1	2	4	8	16

b) $y = 0{,}4^x$

x	−3	−2	−1	0	1	2	3
y	15,625	6,25	2,5	1	0,4	0,16	0,064

208/8 **a)** $y = 1{,}5^x$

x	−4	−3	−2	−1	0	1	2	3	4
y	0,197 5	0,296 3	0,444 4	0,666 7	1	1,5	2,25	3,375	5,062 5

b) $y = 0{,}6^x$

x	−3	−2	−1	0	1	2	3
y	4,630	2,778	1,667	1	0,6	0,36	0,216

208/9 **a)** $y = e^x$

x	−3	−2	−1	0	1	2	3
y	0,049 79	0,135 34	0,367 88	1	2,718 3	7,389 1	20,086

b) $y = 1 - e^{-x}$

x	−3	−2	−1	0	1	2	3
y	−19,086	−6,389 1	−1,718 3	0	0,632 12	0,864 66	0,950 21

208/10 **a)** $y = e^{-x}$

x	−3	−2	−1	0	1	2	3
y	20,086	7,389 1	2,718 3	1	0,367 88	0,135 34	0,049 79

b) $y = 1 - e^x$

x	−3	−2	−1	0	1	2	3
y	0,950 21	0,864 66	0,632 12	0	−1,718 3	−6,389 1	−19,086

Lösungen zu 9.4 Umkehrfunktionen

209/1 **a)**
$y = f(x)$ $\quad y = 2x + 2$
$x = \bar{f}(y)$ $\quad x = \frac{y-2}{2}$
$y = \bar{f}(x)$ $\quad \mathbf{y = \frac{x-2}{2}}$

b)
$y = f(x)$ $\quad y = -\frac{x}{3} + 4$
$x = \bar{f}(y)$ $\quad x = -3y + 12$
$y = \bar{f}(x)$ $\quad \mathbf{y = -3x + 12}$

c)
$y = f(x)$ $\quad y = 4x + 3, (-1{,}5 \leq x \leq 0{,}5)$
$x = \bar{f}(y)$ $\quad x = \frac{y-3}{4}, (-1{,}5 \leq x \leq 0{,}5)$
$y = \bar{f}(x)$ $\quad \mathbf{y = \frac{x-3}{4}, (-1{,}5 \leq y \leq 0{,}5)}$

209/2 **a)**
$y = f(x)$ $\quad y = 1 - 2x$
$x = \bar{f}(y)$ $\quad x = \frac{1 - y}{2}$
$y = \bar{f}(x)$ $\quad \mathbf{y = \frac{1 - x}{2}}$

b)
$y = f(x)$ $\quad y = \frac{4}{5} - \frac{1}{2}x$
$x = \bar{f}(y)$ $\quad x = -2y + 1{,}6$
$y = \bar{f}(x)$ $\quad \mathbf{y = -2x + 1{,}6}$

c)
$y = f(x)$ $\quad y = \frac{x - 5}{3}, (-4 \leq x \leq 8)$
$x = \bar{f}(y)$ $\quad x = 3y + 5, (-4 \leq x \leq 8)$
$y = \bar{f}(x)$ $\quad \mathbf{y = 3x + 5, (-4 \leq y \leq 8)}$

209/3 **a)**
$y = f(x)$ $\quad y = \frac{x^2}{2}, (x \geq 0; y \geq 0)$
$x = \bar{f}(y)$ $\quad x = \sqrt{2y}, (y \geq 0; x \geq 0)$
$y = \bar{f}(x)$ $\quad \mathbf{y = \sqrt{2x}, (x \geq 0; y \geq 0)}$

b)
$y = \frac{1}{4}x^2 + 4, (x \geq 0; 4 \leq y \leq 36)$
$x = \sqrt{4y - 16}, (4 \leq y \leq 36; x \geq 0)$
$\mathbf{y = \sqrt{4x - 16}, (4 \leq x \leq 36; y \geq 0)}$

209/4 **a)**
$y = f(x)$ $\quad y = \frac{x^2}{2}, (x \leq 0; y \geq 0)$
$x = \bar{f}(y)$ $\quad x = -\sqrt{2y}, (y \geq 0; x \leq 0)$
$y = \bar{f}(x)$ $\quad \mathbf{y = -\sqrt{2x}, (x \geq 0; y \leq 0)}$

b)
$y = -\frac{x^2}{2} + 2, (x \leq 0; -6 \leq y \leq 2)$
$x = -\sqrt{-2y + 4}, (-6 \leq y \leq 2; x \leq 0)$
$\mathbf{y = -\sqrt{2x + 4}, (-6 \leq x \leq 2; y \leq 0)}$

209/5
$y = f(x)$ $\quad y = e^{x/2}, (-1 \leq x \leq 4)$
$x = \bar{f}(y)$ $\quad x = 2 \ln y, (-1 \leq x \leq 4)$
$\mathbf{y = \bar{f}(x)}$ $\quad \mathbf{y = 2 \ln x, (-1 \leq y \leq 4)}$

209/6
$y = f(x)$ $\quad y = -\sqrt{\frac{x}{2}}, (x \geq 0; y \leq 0)$
$x = \bar{f}(y)$ $\quad x = 2y^2, (y \leq 0; x \geq 0)$
$y = \bar{f}(x)$ $\quad \mathbf{y = 2x^2, (x \leq 0; y \geq 0)}$

209/7 $y = f(x)$ mit $y = 4x + 3$ ist eine Gerade durch $(-1{,}5|-3)$ und $(0{,}5|5)$ und ergibt an $y = x$ gespiegelt $y = \bar{f}(x)$. Diese Gerade verläuft durch $(5|0{,}5)$ und $(-3|-1{,}5)$.

209/8 $y = f(x)$ mit $y = \frac{1}{4}x^2 + 4$ ist ein Teil einer Parabel durch $(0|4)$ und $(8|20)$. Sie ergibt an $y = x$ gespiegelt $y = \bar{f}(x)$. Dieser Parabelteil verläuft durch $(4|0)$ und $(20|8)$.

Lösungen zu 9.5.1 Differenzenquotient und Differenzialquotient

210/1 $dU/dI = \Delta U/\Delta I = 2{,}5\,V/5\,mA = 0{,}5\frac{V}{mA} = \mathbf{0{,}5\,k\Omega}$

210/2 Lösung wie bei 205/1 : $dU/dI = 2{,}5\,V/5\,mA = \mathbf{0{,}5\,k\Omega}$

210/3 $dI/dU = \Delta I/\Delta U = 5\,mA/5\,V = \mathbf{1\,\frac{mA}{V}}$

210/4 Lösung wie bei 210/3 : $dI/dU = \mathbf{1\,\frac{mA}{V}}$

210/5

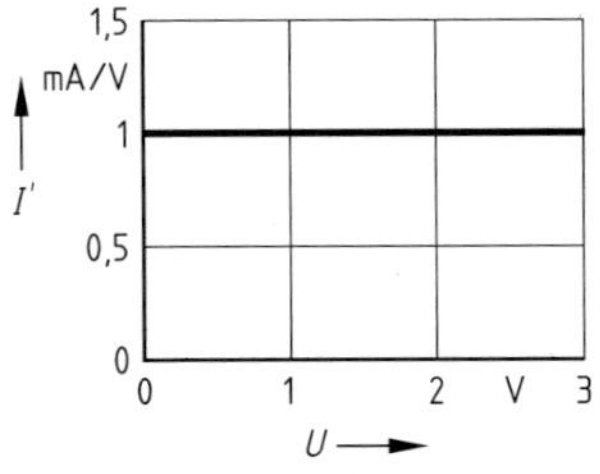

210/6

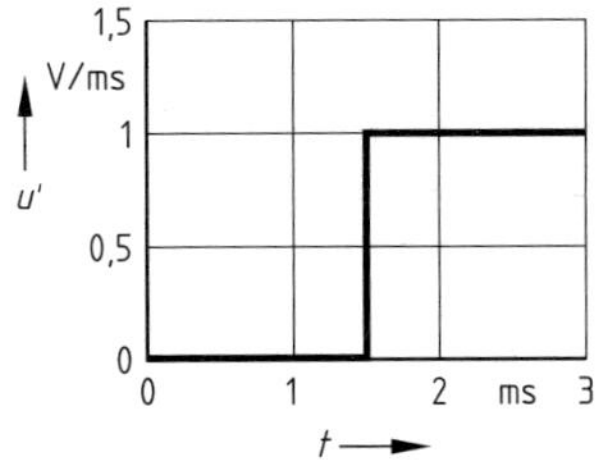

210/7

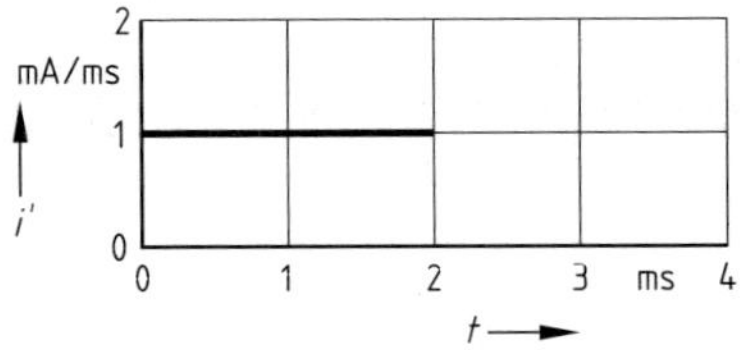

210/8

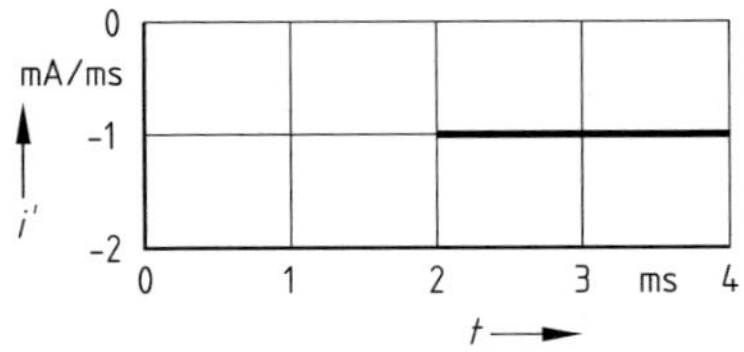

Lösungen zu 9.5.2 Ableitungen der Grundfunktionen

211/1 **a)** $\frac{dy}{dx} = y' = \mathbf{0}$; **b)** $y' = \mathbf{4}$; **c)** $y' = \mathbf{8x}$; **d)** $y' = \mathbf{e^x}$; **e)** $y' = \mathbf{\cos x}$

211/2 a) $y' = \mathbf{0}$; b) $y' = \mathbf{6}$; c) $y' = \mathbf{12x^2}$; d) $y' = \mathbf{2e^x}$; e) $y' = \mathbf{-\sin x}$

211/3 a) $\frac{dU}{dI} = U' = \mathbf{10\,\Omega}$; b) $P' = 15\,\Omega \cdot 2I = \mathbf{30\,\Omega \cdot I}$

211/4 a) $W' = \mathbf{10\,W}$; b) $P' = 2U : 15\,\Omega = \mathbf{U : 7{,}5\,\Omega}$

211/5 a) $y' = \mathbf{-16}$; b) $y' = \mathbf{32x}$; c) $y' = \mathbf{36x^2 - 4x + 7}$

211/6 a) $y' = \mathbf{12}$; b) $y' = \mathbf{28x - 3}$; c) $y' = \mathbf{12x^2 - 4x + 16}$

211/7 a) $\frac{dU}{dI} = U' = 10\,\Omega + 14\,\Omega = \mathbf{24\,\Omega}$; b) $\frac{dI}{dU} = I' = 3\,S - 2\,S = \mathbf{1\,S}$

211/8 $\frac{dP}{dI} = 2 \cdot 10\,\Omega \cdot I + 2 \cdot 16\,\Omega \cdot I = 20\,\Omega \cdot I + 32\,\Omega \cdot I = \mathbf{52\,\Omega \cdot I}$

211/9 a) $y = \sqrt{x} = x^{\frac{1}{2}} \Rightarrow y' = \frac{1}{2} \cdot x^{-\frac{1}{2}} = \mathbf{\frac{1}{2\sqrt{x}}}$

b) $y = \sqrt[3]{x} = x^{\frac{1}{3}} \Rightarrow y' = \frac{1}{3}x^{-\frac{2}{3}} = \mathbf{\frac{1}{3(\sqrt[3]{x})^2}}$

c) $y = \frac{1}{x} = x^{-1} \Rightarrow y' = \mathbf{-x^{-2}}$

211/10 a) $y = \frac{2}{x} = 2x^{-1} \Rightarrow y' = \mathbf{-2x^{-2}}$

b) $y = \sqrt[4]{x} = x^{\frac{1}{4}} \Rightarrow y' = \mathbf{\frac{1}{4}x^{-\frac{3}{4}}}$

c) $y = \frac{3}{\sqrt{x}} = 3 \cdot x^{-\frac{1}{2}} \Rightarrow y' = -\frac{1}{2} \cdot 3x^{-\frac{3}{2}} = \mathbf{-1{,}5x^{-\frac{3}{2}}}$

211/11 a) $y' = \mathbf{2\sin x}$ b) $y' = \mathbf{5\cos x - 5x\sin x}$

c) $y' = \mathbf{12x\sin x + 6x^2\cos x}$ d) $y' = \mathbf{3e^x + 3x \cdot e^x}$

211/12 $CU = It \Rightarrow U = \frac{It}{C} \Rightarrow \frac{dU}{dt} = \frac{I}{C} = \frac{0{,}1\,mA}{16\,\mu F} = \mathbf{6{,}25\,\frac{V}{s}}$

211/13 $U = L \cdot di/dt \Rightarrow di/dt = \frac{U}{L} = \frac{20\,V}{150\,mH} = \mathbf{1{,}133\,3\,\frac{A}{ms}}$

Lösungen zu 9.5.3 Kettenregel

212/1 a) $y' = \boldsymbol{\omega \cdot A \cdot \cos \omega x}$; b) $y' = -AB \cdot x^{-2} \cdot e^{B/x} = \boldsymbol{-\frac{AB}{x^2} \cdot e^{B/x}}$

212/2 a) $y' = \boldsymbol{-\omega B \cdot \sin \omega x}$; b) $y' = A \cdot 2x \cdot \frac{1}{x^2} = \boldsymbol{\frac{2A}{x}}$

212/3 a) $\frac{du}{dt} = \boldsymbol{\omega \cdot 300\,V \cdot \cos \omega t}$; b) $\frac{di}{dt} = \boldsymbol{\omega \cdot \hat{\imath} \cdot \cos \omega t}$

212/4 a) $\frac{di}{dt} = \boldsymbol{-\omega \cdot \hat{\imath} \cdot \sin \omega t}$; b) $\frac{di}{dt} = \boldsymbol{-\frac{1}{\tau} \cdot I \cdot e^{-t/\tau}}$

212/5 a) Höchstwert $\hat{u} = U\sqrt{2} = 400\sqrt{2}\,V = 565\,V$
$u = \hat{u} \cdot \sin \omega t = 565\,V \cdot \sin(2\pi \cdot 8\,000\,Hz \cdot t) = \boldsymbol{565\,V \cdot \sin(\pi \cdot 16\,000\,Hz \cdot t)}$
b) $\frac{du}{dt} = \pi \cdot 16\,000\,Hz \cdot 565\,V \cdot \cos(\pi \cdot 16\,000\,Hz \cdot t) = \boldsymbol{28\,400\,000\,\frac{V}{s} \cdot \cos(50\,260\,Hz \cdot t)}$
c) Größtwert bei $\cos \omega t = 1 \Rightarrow$ bei **t = 0**
d) Dort ist $\cos \omega t = 1$; Höchstwert $28\,400\,000\,\frac{V}{s} = 28\,400\,\frac{V}{ms} = \boldsymbol{28,4\,\frac{V}{\mu s}}$

212/6 a) Höchstwert $\hat{\imath} = 70\,A\sqrt{2} = 99\,A$; $i = \hat{\imath} \cdot \sin \omega t = \boldsymbol{99\,A \cdot \sin\left(314\,\frac{1}{s} \cdot t\right)}$
b) $\frac{di}{dt} = 314\,\frac{1}{s} \cdot 99\,A \cdot \cos\left(314\,\frac{1}{s} \cdot t\right) = \boldsymbol{31\,100\,\frac{A}{s} \cdot \cos\left(314\,\frac{1}{s} \cdot t\right)}$
c) Höchstwert bei $\cos \omega t = 1 \Rightarrow$ bei **t = 0**
d) Höchstwert $31\,100\,\frac{A}{s} = \boldsymbol{31,1\,\frac{A}{ms}}$

212/7 Höchstwert $\hat{u} = 230\,V \cdot \sqrt{2} = 325\,V$; $u = \hat{u} \cdot \sin \omega t = 325\,V \cdot \sin(2\pi \cdot 400\,Hz \cdot t)$
$\Rightarrow \frac{du}{dt} = 2\pi \cdot 400\,Hz \cdot 325\,V \cdot \cos(2\pi \cdot 400\,Hz \cdot t) = 816\,790\,\frac{V}{s} \cdot \cos(2\pi \cdot 400\,Hz \cdot t)$
Höchstwert bei $\cos \omega t = 1 \Rightarrow$ Höchstwert $816\,790\,\frac{V}{s} = 0,8168\,\frac{V}{\mu s}$.
Diese Größe ist viel kleiner als die zulässigen 50 V/µs. **Betrieb zulässig.**

212/8 $i = \hat{\imath} \cdot \sin \omega t \Rightarrow \frac{di}{dt} = \omega \cdot \hat{\imath} \cos \omega t = 2\pi \cdot 10\,kHz \cdot 12\,A \cdot \cos \omega t$
$\Rightarrow$ Höchstwert bei $\cos \omega t = 1$ und zwar $20 \cdot \pi \cdot 12\,\frac{kA}{s} = 0,754\,A/\mu s$
Diese Größe ist viel kleiner als die zulässigen 25 A/µs. **Betrieb zulässig.**

212/9 $u_i = -N\frac{d\Phi}{dt} = -N\omega\hat{\Phi} \cdot \cos \omega t = -240 \cdot 314\,rad/s \cdot 0,12\,Wb \cdot \cos(314\,rad/s \cdot t)$
$= -9\,043\,V \cdot \cos(314\,rad/s \cdot t) = \boldsymbol{-9\,043\,V \cdot \cos(18\,000°/s \cdot t)}$

212/10 $i = C \cdot \frac{du}{dt} = C \cdot (\hat{u} \cdot \sin \omega t)' = C \cdot \omega \cdot \hat{u} \cdot \cos \omega t$

$= 1{,}5\,\mu F \cdot 314\,s^{-1} \cdot 40\,V \cdot \sqrt{2} \cdot \cos(314\,s^{-1} \cdot t)$

$= 26{,}64\,mA \cdot \cos(314\,rad/s \cdot t) = \mathbf{26{,}64\,mA \cdot \cos(18\,000°/s \cdot t)}$

212/11 **a)** $I_{max} = \frac{U}{R} = \frac{220\,V}{2\,\Omega} = 110\,A$

$i = I_{max}[1 - e^{-t/\tau}] = I_{max} - I_{max} \cdot e^{-t/\tau} = 110\,A - 110\,A \cdot e^{-t/1{,}5\,s}$

$\Rightarrow \frac{di}{dt} = -\frac{1}{1{,}5\,s}\left[-110\,A \cdot e^{-t/1{,}5\,s}\right] = \mathbf{73{,}3\,\frac{A}{s} \cdot e^{-t/1{,}5\,s}}$

b) Größtwert bei **$t = 0$** mit $73{,}3\,\frac{A}{s}$

c) Diese Größe ist viel kleiner als die zulässigen 20 A/µs. **Betrieb zulässig.**

Lösungen zu 9.5.4 Höchstwerte und Tiefstwerte

213/1 **a)** $y' = 2x = 0 \Rightarrow x = \mathbf{0}$; $y = x^2 = 0^2 = \mathbf{0}$

b) $y' = 6x = 0 \Rightarrow x = \mathbf{0}$; $y = \mathbf{0}$

c) $y' = 3\cos x = 0 \Rightarrow \cos x = 0 \Rightarrow x = \mathbf{90°}, \mathbf{270°}\ldots$

$y = 3 \cdot \sin 90° = \mathbf{3}$ und $y = 3\sin 270° = \mathbf{-3}$

d) $y = (1 + x^2)^{\frac{1}{2}} \Rightarrow y' = \frac{1}{2}(1 + x^2)^{-\frac{1}{2}} \cdot 2x = \frac{x}{\sqrt{1 + x^2}} = 0 \Rightarrow x = \mathbf{0}$; $y = \mathbf{1}$

e) $y' = 3 = 0$. Für diese Gleichung besteht kein Definitionsbereich $\Rightarrow$ es gibt keinen Höchstwert oder Tiefstwert.

213/2 **a)** $y' = 2 \cdot 12 \cdot x = 24x = 0 \Rightarrow x = \mathbf{0}$; $y = \mathbf{0}$

b) $y' = 12x^2 = 0 \Rightarrow x = \mathbf{0}$; $y = \mathbf{0}$

c) $y' = -6\sin x = 0 \Rightarrow x = \mathbf{0°}, \mathbf{180°},\ldots$; $y = 6 \cdot \cos 0° = \mathbf{6}$ oder für $x = 180°$

$y = 6 \cdot \cos 180° = \mathbf{-6}$

d) $y' = (-2x) \cdot \frac{1}{2}(2 - x^2)^{-\frac{1}{2}} = \frac{-x}{\sqrt{2 - x^2}} = 0 \Rightarrow x = \mathbf{0}$; $y = \mathbf{\sqrt{2}}$

e) $y' = 0 \Rightarrow$ Funktion hat überall den Höchstwert, da y konstant ist.

213/3 **a)** $P_L = U \cdot I = (U_0 - R_i I)I = \mathbf{U_0 \cdot I - I^2 \cdot R_i}$

b) $\frac{dP_L}{dI} = U_0 - 2IR_i = 0 \Rightarrow U_0 = 2IR_i \Rightarrow I = \frac{U_0}{2R_i} = \frac{22\,V}{2 \cdot 5\,k\Omega} = \frac{22\,V}{10\,k\Omega} = \mathbf{2{,}2\,mA}$

c) $R_L = \frac{U}{I} = \frac{U_0 - R_i I}{I} = \frac{22\,V - 5\,k\Omega \cdot 2{,}2\,mA}{2{,}2\,mA} = \frac{11\,V}{2{,}2\,mA} = \mathbf{5\,k\Omega}$

213/4 a) $I = \frac{U_0}{R_i + R_L}$; $P_L = U \cdot I = \left(U_0 - \frac{U_0 R_i}{R_i + R_L}\right) \cdot \frac{U_0}{R_i + R_L} = \mathbf{U_0^2(R_i + R_L)^{-1} - U_0^2 R_i (R_i + R_L)^{-2}}$

b) $\frac{dP_L}{dR_L} = -U_0^2(R_i + R_L)^{-2} + 2U_0^2 R_i (R_i + R_L)^{-3} = 0 \Rightarrow 2R_i(R_i + R_L)^{-3}$

$= (R_i + R_L)^{-2} \Rightarrow \frac{2R_i}{R_i + R_L} = 1 \Rightarrow 2R_i = R_i + R_L \Rightarrow R_L = R_i = \mathbf{20\,\Omega}$

$I_L = U_0/(R_i + R_L) = 12\,V/(20\,\Omega + 20\,\Omega) = \mathbf{0{,}3\,A}$

213/5 a) $\eta = 1 - \frac{P_{Fe} - P_{Cu}}{U \cdot I} = 1 - \frac{P_{Fe} + P_{CuN} \cdot \left(\frac{I}{I_N}\right)^2}{U \cdot I} = \mathbf{1 - \frac{P_{Fe} \cdot I^{-1}}{U} - \frac{P_{CuN} \cdot I}{U \cdot I_N^2}}$

b) $\frac{d\eta}{dI} = \frac{P_{Fe} \cdot I^{-2}}{U} - \frac{P_{CuN}}{U \cdot I_N^2} = \mathbf{\frac{P_{Fe}}{U \cdot I^2} - \frac{P_{CuN}}{U \cdot I_N^2}}$

c) $\frac{d\eta}{dI} = 0 \Rightarrow \frac{P_{Fe}}{UI^2} = \frac{P_{CuN}}{U \cdot I_N^2} \Rightarrow$ für U = konstant

$\frac{P_{Fe}}{I^2} = \frac{P_{CuN}}{I_N^2} \Rightarrow \frac{I^2}{P_{Fe}} = \frac{I_N^2}{P_{CuN}} \Rightarrow I = \sqrt{\frac{P_{Fe}}{P_{CuN}}} \cdot I_N = \sqrt{\frac{10\,W}{15\,W}} \cdot 500\,mA = \mathbf{408\,mA}$

213/6 a) Für $P_{Fe} = P_{Cu}$ ist $\eta = 1 - \frac{P_{Fe} \cdot I^{-1}}{U} - \frac{P_{CuN} \cdot I}{U \cdot I_N^2} \Rightarrow \eta = \mathbf{1 - \frac{P_{CuN}}{U}\left(I^{-1} + \frac{I}{I_N^2}\right)}$

b) $\frac{d\eta}{dI} = \mathbf{-\frac{P_{CuN}}{U}\left(-I^{-2} + \frac{1}{I_N^2}\right)}$

c) $\frac{d\eta}{dI} = 0 \Rightarrow \frac{1}{I^2} = \frac{1}{I_N^2} \Rightarrow I = I_N = \mathbf{750\,mA}$

Lösungen zu 9.6.1 Unbestimmtes Integral

215/1 a) $y = \int 2x\,dx = 2\int x\,dx = 2\frac{x^2}{2} = \mathbf{x^2 + C}$

b) $y = \int x^2 dx = \mathbf{\frac{x^3}{3} + C}$

c) $y = \int 3x^2 dx = 3\int x^2 dx = 3\frac{x^3}{3} + C = \mathbf{x^3 + C}$

d) $y = \int 5x^2 dx = 5\int x^2 dx = \mathbf{5\frac{x^3}{3} + C}$

e) $y = \int 4x^7 dx = 4\int x^7 dx = 4\frac{x^8}{8} + C = \mathbf{\frac{x^8}{2} + C}$

215/2 **a)** $y = \int 5x\,dx = 5\int x\,dx = \mathbf{\frac{5x^2}{2} + C}$

b) $y = \int x^3 dx = \mathbf{\frac{x^4}{4} + C}$

c) $y = \int 6x^2 dx = 6\int x^2 dx = 6\frac{x^3}{3} + C = \mathbf{2x^3 + C}$

d) $y = \int 5x^4 dx = 5\int x^4 dx = 5\frac{x^5}{5} + C = \mathbf{x^5 + C}$

e) $y = \int 3x^8 dx = 3\int x^8 dx = 3\frac{x^9}{9} + C = \mathbf{\frac{x^9}{3} + C}$

215/3 **a)** $y = \int -\sin x\,dx = \mathbf{\cos x + C}$

b) $y = \int \frac{2}{x} dx = \mathbf{2\ln x + C}$

c) $y = \int 5\exp x\,dx = 5\int \exp x\,dx = \mathbf{5e^x + C}$

d) $y = \int 6dx = \mathbf{6x + C}$

215/4 **a)** $y = \int \cos x\,dx = \mathbf{\sin x + C}$

b) $y = \int 8dx = \mathbf{8x + C}$

c) $y = \int -2\sin x\,dx = -2\int \sin x\,dx = \mathbf{2\cos x + C}$

d) $y = \int \frac{3}{x} dx = \mathbf{3\ln x + C}$

215/5 **a)** $y = \int 5x\,dx = 5\int x\,dx = \mathbf{\frac{5x^2}{2} + C} \Rightarrow y' = \frac{5 \cdot 2x}{2} = \mathbf{5x}$

b) $y = \int x\,dx = \mathbf{\frac{x^2}{2} + C} \Rightarrow y' = \frac{2x}{2} = \mathbf{x}$

c) $y = \int 5x^3 dx = 5\int x^3 dx = \mathbf{\frac{5x^4}{4} + C} \Rightarrow y' = \frac{5 \cdot 4x^3}{4} = \mathbf{5x^3}$

d) $y = \int 5x^7 dx = 5\int x^7 dx = \mathbf{\frac{5x^8}{8} + C} \Rightarrow y' = \frac{5 \cdot 8x^7}{8} = \mathbf{5x^7}$

e) $y = \int \frac{1}{4}x^3 dx = \frac{1}{4}\int x^3 dx = \frac{x^4}{4 \cdot 4} + C = \mathbf{\frac{x^4}{16} + C} \Rightarrow y' = \frac{4x^3}{16} = \mathbf{\frac{x^3}{4}}$

215/6 **a)** $y = \int 8x\,dx = 8\int x\,dx = \frac{8x^2}{2} + C = \mathbf{4x^2 + C} \Rightarrow y' = 4 \cdot 2x = \mathbf{8x}$

b) $y = \int \frac{x}{2}dx = \frac{1}{2}\int x\,dx = \frac{x^2}{2 \cdot 2} + C = \mathbf{\frac{x^2}{4} + C} \Rightarrow y' = \frac{2x}{4} = \mathbf{\frac{x}{2}}$

c) $y = \int 7x^5dx = 7\int x^5dx = \mathbf{\frac{7x^6}{6} + C} \Rightarrow y' = \frac{7 \cdot 6x^5}{6} = \mathbf{7x^5}$

d) $y = \int 2e^x\,dx = 2\int e^x\,dx = \mathbf{2e^x + C} \Rightarrow y' = \mathbf{2e^x}$

e) $y = \int \frac{1}{3}x^2dx = \frac{1}{3}\int x^2dx = \frac{x^3}{3 \cdot 3} + C = \mathbf{\frac{x^3}{9} + C} \Rightarrow y' = \frac{3x^2}{9} = \mathbf{\frac{x^2}{3}}$

215/7 **a)** $y = \int x^{-1}dx = \int \frac{1}{x}dx = \mathbf{\ln x + C} \Rightarrow y' = \mathbf{\frac{1}{x}}$

b) $y = \int x^{\frac{2}{3}}dx = \frac{x^{\frac{5}{3}}}{\frac{5}{3}} + C = \mathbf{\frac{3x^{\frac{5}{3}}}{5} + C} \Rightarrow y' = \frac{3 \cdot 5 \cdot x^{\frac{2}{3}}}{3 \cdot 5} = \mathbf{x^{\frac{2}{3}}}$

c) $y = \int x^{-\frac{3}{2}}dx = \frac{x^{-\frac{3}{2}+\frac{2}{2}}}{-\frac{1}{2}} + C = \mathbf{-2x^{-\frac{1}{2}} + C} \Rightarrow y' = (-2)\left(-\frac{1}{2}\right)x^{-\frac{1}{2}-\frac{2}{2}} = \mathbf{x^{-\frac{3}{2}}}$

d) $y = \int \frac{du}{\sqrt{u}} = \int u^{-\frac{1}{2}}du = \frac{u^{-\frac{1}{2}+\frac{2}{2}}}{-\frac{1}{2}+\frac{2}{2}} + C = \mathbf{2u^{\frac{1}{2}} + C} \Rightarrow y' = 2 \cdot \frac{1}{2}u^{\frac{1}{2}-\frac{2}{2}} = \mathbf{u^{-\frac{1}{2}}}$

215/8 **a)** $y = \int 2x^{-\frac{1}{2}}dx = 2\int x^{-\frac{1}{2}}dx = \frac{2x^{-\frac{1}{2}+\frac{2}{2}}}{-\frac{1}{2}+\frac{2}{2}} + C = \mathbf{4x^{\frac{1}{2}} + C}$

$\Rightarrow y' = 4 \cdot \frac{1}{2}x^{\frac{1}{2}-\frac{2}{2}} = \mathbf{2x^{-\frac{1}{2}}}$

b) $y = \int 3\cos x\,dx = 3\int \cos x\,dx = \mathbf{3\sin x + C}$

$\Rightarrow y' = \mathbf{3\cos x}$

c) $y = 8\int e^x\,dx = \mathbf{8e^x + C}$

$\Rightarrow y' = \mathbf{8e^x}$

d) $y = 2\int \sqrt[3]{x^2}dx = 2\int x^{\frac{2}{3}}dx = 2\frac{x^{\frac{2}{3}+\frac{3}{3}}}{\frac{2}{3}+\frac{3}{3}} + C = \mathbf{\frac{6}{5}x^{\frac{5}{3}} + C}$

$\Rightarrow y' = \frac{6}{5} \cdot \frac{5}{3}x^{\frac{2}{3}} = \mathbf{2x^{\frac{2}{3}}}$

215/9 **a)** $y = \int \left(\frac{1}{2}\cos x - 2\sin x\right)dx = \frac{1}{2}\int \cos x\,dx - 2\int \sin x\,dx = \mathbf{\frac{1}{2}\sin x + 2\cos x + C}$

$\Rightarrow y' = \mathbf{\frac{1}{2}\cos x - 2\sin x}$

b) $\int (2x^2 - 4x + 5x^3)dx = 2\int x^2dx - 4\int x\,dx + 5\int x^3dx = 2 \cdot \frac{x^3}{3} - 4 \cdot \frac{x^2}{2} + 5\frac{x^4}{4} + C$

$= \mathbf{\frac{2}{3}x^3 - 2x^2 + \frac{5}{4}x^4 + C} \Rightarrow y' = \mathbf{2x^2 - 4x + 5x^3}$

c) $y = \int (b^2 - x^2)\sqrt{x}\,dx = b^2\int x^{\frac{1}{2}}dx - \int x^{\frac{5}{2}}dx = b^2\frac{x^{\frac{1}{2}+\frac{2}{2}}}{\frac{1}{2}+\frac{2}{2}} - \frac{x^{\frac{5}{2}+\frac{2}{2}}}{\frac{5}{2}+\frac{2}{2}} = \mathbf{\frac{2b^2}{3}x^{\frac{3}{2}} - \frac{2}{7}x^{\frac{7}{2}} + C}$

$\Rightarrow y' = \frac{2b^2 \cdot 3}{3 \cdot 2}x^{\frac{3}{2}-\frac{2}{2}} - \frac{2 \cdot 7}{7 \cdot 2}x^{\frac{7}{2}-\frac{2}{2}} = \mathbf{b^2x^{\frac{1}{2}} - x^{\frac{5}{2}}}$

215/10 **a)** $y = \int (\cos t - \sin t)\,dt = \int \cos t\,dt - \int \sin t\,dt = \mathbf{\sin t + \cos t + C}$

$\Rightarrow y' = \mathbf{\cos t - \sin t}$

b) $y = \int (3x^2 + 4x - 7x^4)dx = 3\int x^2 dx + 4\int x\,dx - 7\int x^4 dx = 3\frac{x^3}{3} + 4\cdot\frac{x^2}{2} - 7\frac{x^5}{5} + C$

$= \mathbf{x^3 + 2x^2 - \frac{7}{5}x^5 + C}$

$\Rightarrow y' = \mathbf{3x^2 + 4x - 7x^4}$

c) $y = \int (a^2 - x^2)\sqrt{x}\,dx = a^2\int x^{\frac{1}{2}}dx - \int x^{\frac{5}{2}}dx = a^2\frac{x^{\frac{1}{2}+\frac{2}{2}}}{\frac{1}{2}+\frac{2}{2}} - \frac{x^{\frac{5}{2}+\frac{2}{2}}}{\frac{5}{2}+\frac{2}{2}} + C = \mathbf{\frac{2}{3}a^2x^{\frac{3}{2}} - \frac{2}{7}x^{\frac{7}{2}} + C}$

$\Rightarrow y' = \frac{2}{3}a^2\frac{3}{2}x^{\frac{3}{2}-\frac{2}{2}} - \frac{2}{7}\cdot\frac{7}{2}x^{\frac{7}{2}-\frac{2}{2}} = \mathbf{a^2x^{\frac{1}{2}} - x^{\frac{5}{2}}}$

215/11 $W_C = \int Q\,dU_C$ mit $Q = C \cdot U_C$

$\Rightarrow W_C = \int CU_C\,dU_C = C\int U_C\,dU_C = \mathbf{\frac{CU_C^2}{2} + K}$ (K Integrationskonstante)

215/12 $W_L = \int S\,dI_L$ mit $S = LI_L$

$\Rightarrow W_L = \int LI_L\,dI_L = L\int I_L\,dI_L = \mathbf{\frac{LI_L^2}{2} + C}$

215/13 $W_S = \int F\,ds$ mit $F = D \cdot s$

$\Rightarrow W_S = \int D \cdot s\,ds = D\int s\,ds = \mathbf{\frac{Ds^2}{2} + C}$

215/14 $W_{rot} = \int J \cdot \omega\,d\omega = J\int \omega\,d\omega = \mathbf{\frac{J \cdot \omega^2}{2} + C}$

Lösungen zu 9.6.2 Bestimmtes Integral

216/1 a) $\int_0^1 \frac{1}{5}x^4 dx = \frac{1}{5}\int_0^1 x^4 dx = \frac{1}{5}\left[\frac{x^5}{5}\right]_0^1 = \frac{1}{5}\left[\frac{1}{5} - 0\right] = \mathbf{\frac{1}{25}}$

b) $\int_{-1}^{2} x\,dx = \left[\frac{x^2}{2}\right]_{-1}^{0} + \left[\frac{x^2}{2}\right]_{0}^{2} = \frac{1}{2} + \frac{4}{2} = \mathbf{\frac{5}{2}}$

c) $\int_{-1}^{3} x^2 dx = \left[\frac{x^3}{3}\right]_{-1}^{0} + \left[\frac{x^3}{3}\right]_{0}^{3} = \frac{1}{3} + \frac{27}{3} = \mathbf{\frac{28}{3}}$

d) $\int_{-2}^{4} 5\,dx = \left[5x\right]_{-2}^{4} = \mathbf{30}$

e) $\int_0^2 \exp x\,dx = \left[\exp x\right]_0^2 = \exp 2 - \exp 0 = 7{,}389 - 1 = \mathbf{6{,}389}$

216/2 a) $\int_0^2 \frac{1}{3}x^2 dx = \frac{1}{3}\left[\frac{x^3}{3}\right]_0^2 = \frac{1}{3}\left[\frac{8}{3} - 0\right] = \mathbf{\frac{8}{9}}$

b) $\int_{-1}^{3} 7\,dx = \left[7x\right]_{-1}^{3} = 21 + 7 = \mathbf{28}$

c) $\int_1^2 x^3 dx = \left[\frac{x^4}{4}\right]_1^2 = \left[\frac{16}{4} - \frac{1}{4}\right] = \mathbf{\frac{15}{4}}$

d) $\int_{-1}^{4} 6x\,dx = 6\left[\frac{x^2}{2}\right]_{-1}^{0} + 6\left[\frac{x^2}{2}\right]_{0}^{4} = 3 + 48 = \mathbf{51}$

e) $\int_{0°}^{90°} \cos x\,dx = \left[\sin x\right]_{0°}^{90°} = \mathbf{1}$

216/3 $A = \int_{-4}^{+4} \left(1 + \frac{1}{4}x\right) dx = \left[x\right]_{-4}^{+4} + \frac{1}{4}\left[\frac{x^2}{2}\right]_{-4}^{+4} = 8 + \frac{1}{4}(8 - 8) = \mathbf{8}$

216/4 $A = \int_1^5 \left(4 - \frac{1}{2}x\right) dx = 4\left[x\right]_1^5 - \frac{1}{2}\left[\frac{x^2}{2}\right]_1^5 = 4(5 - 1) - \frac{1}{2}\left(\frac{25}{2} - \frac{1}{2}\right) = 16 - 6 = \mathbf{10}$

216/5 $\int_0^{\pi} \frac{1}{2}\cos x\,dx = \frac{1}{2}\int_0^{\pi} \cos x\,dx = \frac{1}{2}\left[\sin x\right]_0^{\pi} = \frac{1}{2} \cdot 0 = \mathbf{0}$

216/6 $\int_0^{\pi/2} \frac{1}{3} \sin x \, dx = \frac{1}{3} \int_0^{\pi/2} \sin x \, dx = -\frac{1}{3} \left[\cos x\right]_0^{\pi/2} = \mathbf{\frac{1}{3}}$

216/7 $W_C = \int_0^{U_C} Q \, dU_C$ mit $Q = CU_C$

$\Rightarrow W_C = C \int_0^{U_C} U_C \, dU_C = C \left[\frac{U_C^2}{2}\right]_0^{U_C} = 500 \mu F \left[\frac{450^2 V^2}{2} - 0V^2\right] = 500 \cdot 10^{-6} \frac{As}{V} \cdot \frac{450^2 V^2}{2} = \mathbf{50{,}6\,VAs}$

216/8 $W_L = \int_0^{I_L} S \, dI_L$ mit $S = L \cdot I_L$

$\Rightarrow W_L = L \int_0^{I_L} I_L dI_L = L \left[\frac{I_L^2}{2}\right]_0^{I_L} = 2H \left[\frac{500^2 (mA^2)}{2} - 0\,A^2\right] = 2 \frac{Vs}{A} \cdot 0{,}25\,A^2 \cdot \frac{1}{2} = \mathbf{0{,}25\,VAs}$

Lösungen zu 9.6.3 Integration durch Substitution

217/1 **a)** $\int e^{-x} dx;\ z = -x \Rightarrow dx = -dz \Rightarrow \int e^{-x} dx = -\int e^z dz = \mathbf{-e^{-x} + C}$

b) $\int -\cos(5x)\, dx;\ z = 5x \Rightarrow dx = \frac{1}{5} dz \Rightarrow \int -\cos(5x)\, dx = \frac{1}{5} \int -\cos z \, dz = \mathbf{-\frac{1}{5} \sin(5x) + C}$

c) $\int \cos(2 + 3x)\, dx;\ z = 2 + 3x \Rightarrow dx = \frac{1}{3} dz \Rightarrow \int \cos(2 + 3x)\, dx = \frac{1}{3} \int \cos z \, dz = \mathbf{\frac{1}{3} \sin(2 + 3x) + C}$

217/2 **a)** $\int e^{-2x} dx;\ z = -2x \Rightarrow dx = -\frac{1}{2} dz \Rightarrow \int e^{-2x} dx = -\frac{1}{2} e^z dz = \mathbf{-\frac{1}{2} e^{-2x} + C}$

b) $\int \sin(6x)\, dx;\ z = 6x \Rightarrow dx = \frac{1}{6} dz \Rightarrow \int \sin(6x)\, dx = \frac{1}{6} \int \sin z \, dz = \mathbf{-\frac{1}{6} \cos(6x) + C}$

c) $\int \sin(5 + 8x)\, dx;\ z = (5 + 8x) \Rightarrow dx = \frac{1}{8} dz \Rightarrow \int \sin(5 + 8x)\, dx = \frac{1}{8} \int \sin z \, dz = \mathbf{-\frac{1}{8} \cos(5 + 8x) + C}$

217/3 **a)** $\int dU_C = U_C = \frac{U_b}{RC} \int e^{-t/(R \cdot C)} dt; \quad z = -\frac{t}{RC} \Rightarrow dt = -RC\, dz$

$\Rightarrow U_C = \frac{U_b}{RC} \int e^{-t/(R \cdot C)} dt = \frac{U_b(-RC)}{RC} \int e^z dz = \mathbf{-U_b e^{-t/(R \cdot C)} + K}$

b) $U_C = -U_b e^{-t/(R \cdot C)} + K$

$t = 0 \Rightarrow U_C = 0 \Rightarrow 0 = -U_b + K$

$\Rightarrow K = U_b \Rightarrow U_C = -100\,V \cdot e^{-10s/(10\,M\Omega \cdot 1\,\mu F)} + 100\,V = -36{,}8\,V + 100\,V = \mathbf{63{,}2\,V}$

218/5 **a)** $U_m = \frac{1}{T}\int_{\frac{\pi}{2}}^{\pi} \hat{u} \sin\alpha\, d\alpha = \frac{\hat{u}}{T}\int_{\frac{\pi}{2}}^{\pi} \sin\alpha\, d\alpha = \frac{10\text{ V}}{\pi}\Big[-\cos\alpha\Big]_{\frac{\pi}{2}}^{\pi} = -\frac{10\text{ V}}{\pi}(-1-0) = \frac{10\text{ V}}{\pi} = \mathbf{3{,}18\ V}$

b) Zeichnerische Lösung: wie 218/3b)

Rechnerische Lösung:

$$U_{eff} = \sqrt{\frac{1}{T}\int_0^T \hat{u}^2 \cdot \sin^2\alpha\, d\alpha}$$

$$= \hat{u}\sqrt{\frac{1}{\pi}\int_{\frac{\pi}{2}}^{\pi} \sin^2\alpha\, d\alpha} = \hat{u}\sqrt{\frac{1}{\pi}\Big[\tfrac{1}{2}\alpha - \tfrac{1}{4}\sin 2\alpha\Big]_{\frac{\pi}{2}}^{\pi}}$$

$$= \hat{u}\sqrt{\frac{1}{\pi}\left[\left(\frac{\pi}{2}-0\right)-\left(\frac{\pi}{4}-\frac{1}{4}\cdot 0\right)\right]} = \hat{u}\sqrt{\tfrac{1}{4}} = \frac{\hat{u}}{2} = \frac{10\text{ V}}{2} = \mathbf{5\ V}$$

Lösungen zu 9.7.1 Zahlen in der komplexen Zahlenebene

219/1

a) $\text{Re}\,\underline{z}_1 = 4$; $\text{Im}\,\underline{z}_1 = +3$
b) $\text{Re}\,\underline{z}_2 = 2$; $\text{Im}\,\underline{z}_2 = +4$
c) $\text{Re}\,\underline{z}_3 = 2$; $\text{Im}\,\underline{z}_3 = +3$
d) $\text{Re}\,\underline{z}_4 = -4$; $\text{Im}\,\underline{z}_4 = -2$
e) $\text{Re}\,\underline{z}_5 = 3$; $\text{Im}\,\underline{z}_5 = -4$

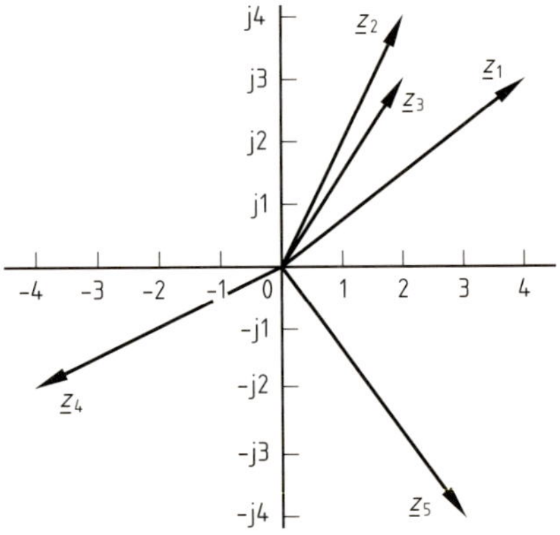

219/2

a) $\text{Re}\,\underline{z}_1 = 5$; $\text{Im}\,\underline{z}_1 = 2$
b) $\text{Re}\,\underline{z}_2 = 3$; $\text{Im}\,\underline{z}_2 = 4$
c) $\text{Re}\,\underline{z}_3 = -3$; $\text{Im}\,\underline{z}_3 = 4$
d) $\text{Re}\,\underline{z}_4 = -5$; $\text{Im}\,\underline{z}_4 = -3$
e) $\text{Re}\,\underline{z}_5 = 4$; $\text{Im}\,\underline{z}_5 = -3$

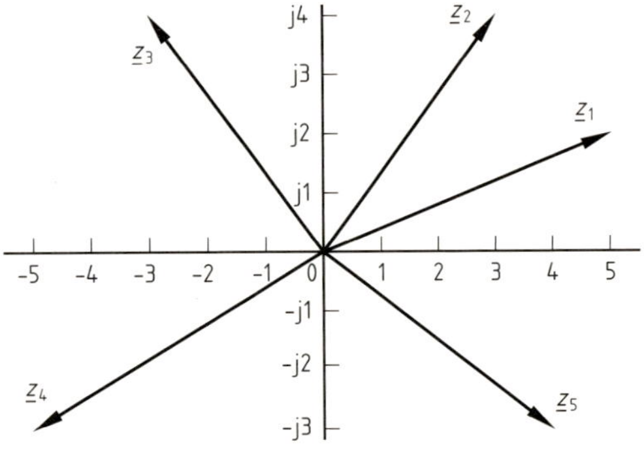

219/3 $z = \sqrt{a^2 + b^2}$; $\varphi = \arctan \frac{b}{a}$

a) $z_1 = \sqrt{4^2 + 3^2} = 5$; $\varphi_1 = \arctan \frac{3}{4} = 36{,}87°$

$\Rightarrow \underline{z}_1 = \mathbf{5 \cdot (\cos 36{,}87° + j \sin 36{,}87°)}$

b) $z_2 = \sqrt{2^2 + 4^2} = 4{,}47$; $\varphi_2 = \arctan \frac{4}{2} = 63{,}43°$

$\Rightarrow \underline{z}_2 = \mathbf{4{,}47 \cdot (\cos 63{,}43° + j \sin 63{,}43°)}$

c) $z_3 = \sqrt{2^2 + 3^2} = 3{,}61$; $\varphi_3 = \arctan \frac{3}{2} = 56{,}31°$

$\Rightarrow \underline{z}_3 = \mathbf{3{,}61 \cdot (\cos 56{,}31° + j \sin 56{,}31°)}$

d) $z_4 = \sqrt{(-4)^2 + (-2)^2} = 4{,}47$; $\varphi_4 = \arctan \frac{-2}{-4} = 26{,}57° + 180° = 206{,}57°$

$\Rightarrow \underline{z}_4 = \mathbf{4{,}47 \cdot (\cos 206{,}57° + j \sin 206{,}57°)}$

e) $z_5 \sqrt{3^2 + (-4)^2} = 5$; $\varphi_5 = \arctan \frac{-4}{3} = -53{,}13° + 360° = 306{,}87°$

$\Rightarrow \underline{z}_5 = \mathbf{5 \cdot (\cos 306{,}87° + j \sin 306{,}87°)}$

219/4 $z = \sqrt{a^2 + b^2}$; $\varphi = \arctan \frac{b}{a}$

a) $z_1 = \sqrt{5^2 + 2^2} = 5{,}39$; $\varphi_1 = \arctan \frac{2}{5} = 21{,}8°$

$\Rightarrow \underline{z}_1 = \mathbf{5{,}39 \cdot (\cos 21{,}8° + j \cdot \sin 21{,}8°)}$

b) $z_2 = \sqrt{3^2 + 5^2} = 5$; $\varphi_2 = \arctan \frac{4}{3} = 53{,}1°$

$\Rightarrow \underline{z}_2 = \mathbf{5 \cdot (\cos 53{,}1° + j \cdot \sin 53{,}1°)}$

c) $z_3 = \sqrt{(-3)^2 + 4^2} = 5$; $\varphi_3 = \arctan \frac{4}{(-3)} = -53{,}1° + 180° = 126{,}9°$

$\Rightarrow \underline{z}_3 = \mathbf{5 \cdot (\cos 126{,}9° + j \cdot \sin 126{,}9°)}$

d) $z_4 = \sqrt{(-5)^2 + (-3)^2} = 5{,}83$; $\varphi_4 = \arctan \frac{(-3)}{(-5)} = 31° + 180° = 211°$

$\Rightarrow \underline{z}_4 = \mathbf{5{,}83 \cdot (\cos 211° + j \cdot \sin 211°)}$

e) $z_5 = \sqrt{4^2 + (-3)^2} = 5$; $\varphi_5 = \arctan \frac{(-3)}{4} = -31° + 360° = 329°$

$\Rightarrow \underline{z}_5 = \mathbf{5 \cdot (\cos 329° + j \cdot \sin 329°)}$

219/5 Zur Lösung werden die Ergebnisse von Aufgabe 219/3 mitbenützt.

a) $\underline{z}_1 = \mathbf{5 \cdot e^{j \cdot 36{,}87°}}$

b) $\underline{z}_2 = \mathbf{4{,}47 \cdot e^{j \cdot 63{,}43°}}$

c) $\underline{z}_3 = \mathbf{3{,}61 \cdot e^{j \cdot 56{,}31°}}$

d) $\underline{z}_4 = \mathbf{4{,}47 \cdot e^{j \cdot 206{,}57°}}$

e) $\underline{z}_5 = \mathbf{5 \cdot e^{j \cdot 306{,}87°}}$

219/6 $z = \sqrt{a^2 + b^2}$; $\varphi_1 = \arctan \frac{b}{a}$

a) $z_1 = \sqrt{5^2 + 2^2} = 5{,}39$; $\varphi_1 = \arctan \frac{2}{5} = 21{,}8°$

$\Rightarrow \underline{z}_1 = \mathbf{5{,}39 \cdot e^{j21{,}8°}}$

b) $z_2 = \sqrt{3^2 + 4^2} = 5$; $\varphi_2 = \arctan \frac{4}{3} = 53{,}13°$

$\Rightarrow \underline{z}_2 = \mathbf{5 \cdot e^{j53{,}13°}}$

c) $z_3 = \sqrt{(-3)^2 + 4^2} = 5$; $\varphi_3 = \arctan \frac{4}{-3} = -53{,}13° + 180° = 126{,}87°$

$\Rightarrow \underline{z}_3 = \mathbf{5e^{j126{,}87°}}$

d) $z_4 = \sqrt{(-5)^2 + (-3)^2} = 5{,}83$; $\varphi_4 = \arctan \frac{-3}{-5} = 30{,}96° + 180° = 210{,}96°$

$\Rightarrow \underline{z}_4 = \mathbf{5{,}83e^{j210{,}96°}}$

e) $z_5 \sqrt{4^2 + (-3)^2} = 5$; $\varphi_5 = \arctan \frac{-3}{4} = -36{,}87° + 360° = 323{,}13°$

$\Rightarrow \underline{z}_5 = \mathbf{5 \cdot e^{j323{,}13°}}$

219/7 $a = z \cdot \cos\varphi$; $jb = jz \cdot \sin\varphi$

a) $\underline{z}_1 = 5 \cdot (0{,}866 + j \cdot 0{,}5) = \mathbf{4{,}33 + j \cdot 2{,}5}$

b) $\underline{z}_2 = 8 \cdot (0{,}5 + j \cdot 0{,}866) = \mathbf{4{,}0 + j \cdot 6{,}93}$

c) $\underline{z}_3 = 3 \cdot (-0{,}5 + j \cdot 0{,}866) = \mathbf{-1{,}5 + j \cdot 2{,}6}$

d) $\underline{z}_4 = 12 \cdot (-0{,}5 - j \cdot 0{,}866) = \mathbf{-6{,}0 - j \cdot 10{,}39}$

219/8 **a)** $\underline{z}_1 = \mathbf{5 \cdot e^{j \cdot 30°}}$

b) $\underline{z}_2 = \mathbf{8 \cdot e^{j \cdot 60°}}$

c) $\underline{z}_3 = \mathbf{3 \cdot e^{j \cdot 120°}}$

d) $\underline{z}_4 = \mathbf{12 \cdot e^{j \cdot 240°}}$

219/9 Für j ist $z = 1$ und $\varphi = 90°$

a) $j = z \cdot (\cos\varphi + j\sin\varphi) = \mathbf{1 \cdot (\cos 90° + j \sin 90°)}$

b) $j = z \cdot e^{j\varphi} = \mathbf{1 \cdot e^{j90°}}$

219/10 Für $-j$ ist $z = 1$ und $\varphi = 270°$

a) $-j = z \cdot (\cos\varphi + j\sin\varphi) = \mathbf{1 \cdot (\cos 270° + j \sin 270°)}$

b) $-j = z \cdot e^{j\varphi} = \mathbf{1 \cdot e^{j270°}}$

Lösungen zu 9.7.2 Grundrechenarten mit komplexen Zahlen

220/1

a) $\underline{z}_1^* = \mathbf{15 - j3}$

b) $\underline{z}_2^* = \mathbf{-10 - j8}$

c) $\underline{z}_3^* = \mathbf{+5 + j8}$

d) $\underline{z}_4^* = \mathbf{-6 + j7}$

220/2

a) $\underline{z}_1^* = \mathbf{8 - j4}$

b) $\underline{z}_2^* = \mathbf{12 + j5}$

c) $\underline{z}_3^* = \mathbf{-10 - j6}$

d) $\underline{z}_4^* = \mathbf{-5 + j15}$

220/3, 4

a) $\underline{z}_1 + \underline{z}_2 = (5 + j8) + (4 - j3) = \mathbf{9 + j5}$

$\underline{z}_1 - \underline{z}_2 = (5 + j8) - (4 - j3) = \mathbf{1 + j11}$

b) $\underline{z}_1 + \underline{z}_2 = (6 - j5) + (3 + j7) = \mathbf{9 + j2}$

$\underline{z}_1 - \underline{z}_2 = (6 - j5) - (3 + j7) = \mathbf{3 - j12}$

c) $a = z \cdot \cos\varphi; \quad b = z \cdot \sin\varphi$

$a_1 = 3 \cdot \cos 90° = 0; \quad b_1 = 3 \cdot \sin 90° = 3 \Rightarrow \underline{z}_1 = j3$

$a_2 = 8 \cdot \cos 270° = 0; \quad b_2 = 8 \cdot \sin 270° = -8 \Rightarrow \underline{z}_2 = -j8$

$\underline{z}_1 + \underline{z}_2 = j3 + (-j8) = \mathbf{-j5}$

$\underline{z}_1 - \underline{z}_2 = j3 - (-j8) = \mathbf{j11}$

d) $a_1 = 20 \cdot \cos 60° = 10; \quad b_1 = 20 \cdot \sin 60° = 17{,}32 \Rightarrow \underline{z}_1 = 10 + j17{,}32$

$a_2 = 20 \cdot \cos 300° = 10; \quad b_2 = 20 \cdot \sin 300° = -17{,}32 \Rightarrow \underline{z}_2 = 10 - j17{,}32$

$\underline{z}_1 + \underline{z}_2 = (10 + j17{,}32) + (10 - j17{,}32) = \mathbf{20}$

$\underline{z}_1 - \underline{z}_2 = (10 + j17{,}32) - (10 - j17{,}32) = \mathbf{j34{,}64}$

220/5

$j = 1 \cdot e^{j90°}$

$j^2 = j \cdot j = 1 \cdot 1e^{j(90° + 90°)} = 1 \cdot e^{j180°} = 1 \cdot (\cos 180° + j \sin 180°) = 1(-1 + j0) = \mathbf{-1}$

220/6

$$\frac{1}{j} = \frac{1}{j} \cdot \frac{j}{j} = \frac{j}{j^2} = \frac{j}{(-1)} = \mathbf{-j}$$

220/7, 8 **a)** $\underline{z}_1 \cdot \underline{z}_2 = z_1 \cdot z_2 \cdot e^{j(\varphi_1+\varphi_2)} = 10 \cdot 5 \cdot e^{j(120°+150°)} = 50 \cdot e^{j270°} = \mathbf{-j50}$

$$\frac{\underline{z}_1}{\underline{z}_2} = \frac{z_1}{z_2} \cdot e^{j(\varphi_1-\varphi_2)} = \frac{10}{5} \cdot e^{j(120°-150°)} = 2 \cdot e^{j(-30°)}$$

$$= 2 \cdot e^{j(-30°+360°)} = \mathbf{2 \cdot e^{j330°}}$$

b) $\underline{z}_1 \cdot \underline{z}_2 = z_1 \cdot z_2 \cdot e^{j(\varphi_1+\varphi_2)} = 8 \cdot 7 \cdot e^{j(45°+60°)} = \mathbf{56 \cdot e^{j105°}}$

$$\frac{\underline{z}_1}{\underline{z}_2} = \frac{z_1}{z_2} \cdot e^{j(\varphi_1-\varphi_2)} = \frac{8}{7} \cdot e^{j(45°-60°)} = 1{,}14 \cdot e^{j(-15°)}$$

$$= 1{,}14 \cdot e^{j(360°-15°)} = \mathbf{1{,}14 \cdot e^{j345°}}$$

c) $z = \sqrt{a^2 + b^2};\ \varphi = \arctan \frac{b}{a}$

$$z_1 = \sqrt{6^2 + 8^2} = 10;\ \varphi_1 = \arctan \tfrac{8}{6} = 53{,}13° \Rightarrow \underline{z}_1 = 10 \cdot e^{j53{,}13°}$$

$$z_2 = \sqrt{3^2 + (-4)^2} = 5$$

$$\varphi_2 = \arctan \tfrac{-4}{3} = -53{,}13° + 360° = 306{,}87° \Rightarrow \underline{z}_2 = 5 \cdot e^{j306{,}87°}$$

$$\underline{z}_1 \cdot \underline{z}_2 = z_1 \cdot z_2 \cdot e^{j(\varphi_1+\varphi_2)} = 10 \cdot 5 \cdot e^{j(53{,}13°+306{,}87°)}$$

$$= 50 \cdot e^{j360°} = 50 \cdot e^{j0°} = \mathbf{50}$$

$$\frac{\underline{z}_1}{\underline{z}_2} = \frac{z_1}{z_2} \cdot e^{j(\varphi_1-\varphi_2)} = \frac{10}{5} \cdot e^{j(53{,}13°-306{,}87°)} = 2 \cdot e^{j(-253{,}47°)}$$

$$= 2 \cdot e^{j(-253{,}74°+360°)} = \mathbf{2 \cdot e^{j106{,}26°}}$$

d) $z_1 = \sqrt{(-10)^2 + 6^2} = 11{,}66$

$$\varphi_1 = \arctan \tfrac{6}{-10} = -30{,}96° + 180° = 149{,}04°$$

$$\Rightarrow \underline{z}_1 = 11{,}66 \cdot e^{j149{,}04°}$$

$$z_2 = \sqrt{(-5)^2 + (-3)^2} = 5{,}83$$

$$\varphi_2 = \arctan \tfrac{-3}{-5} = 30{,}96° + 180° = 210{,}96°$$

$$\Rightarrow \underline{z}_2 = 5{,}83 \cdot e^{j210{,}96°}$$

$$\underline{z}_1 \cdot \underline{z}_2 = z_1 \cdot z_2 \cdot e^{j(\varphi_1+\varphi_2)} = 11{,}66 \cdot 5{,}83 \cdot e^{j(149{,}04°+210{,}96°)}$$

$$= 68 \cdot e^{j360°} = 68 \cdot e^{j0°} = \mathbf{68}$$

$$\frac{\underline{z}_1}{\underline{z}_2} = \frac{z_1}{z_2} \cdot e^{j(\varphi_1-\varphi_2)} = \frac{11{,}66}{5{,}83} \cdot e^{j(149{,}04°-210{,}96°)} = 2 \cdot e^{j(-61{,}92°)}$$

$$= 2 \cdot e^{j(-61{,}92°+360°)} = \mathbf{2 \cdot e^{j298{,}08°}}$$

220/9 $\underline{z} = a + jb \Rightarrow \underline{z}^* = a - jb$

$\underline{z} + \underline{z}^* = (a + jb) + (a - jb) = 2a$; Betrag: **2a**; Argument: $\varphi = \mathbf{0°}$

Die Summe aus einer komplexen Zahl mit deren konjugierter Zahl ist stets reell.

220/10 $\underline{z} = a + jb \Rightarrow \underline{z}^* = a - jb$

$\underline{z} - \underline{z}^* = (a + jb) - (a - jb) = j2b$; Betrag: **2b**; Argument: $\boldsymbol{\varphi = 90°}$

Die Differenz aus einer komplexen Zahl mit deren konjugierter Zahl ist stets imaginär.

220/11 $\underline{z} = \frac{1}{a + jb} = \frac{1}{(a + jb)} \cdot \frac{(a - jb)}{(a - jb)} = \frac{a - jb}{a^2 - j^2 \cdot b^2} \frac{a - jb}{a^2 - (-1) \cdot b^2} = \frac{a - jb}{a^2 + b^2} = \frac{a}{a^2 + b^2} - j\frac{b}{a^2 + b^2}$

$\Rightarrow \mathrm{Re}\,\underline{z} = \mathbf{\frac{a}{a^2 + b^2}}$; $\mathrm{Im}\,\underline{z} = \mathbf{-\frac{b}{a^2 + b^2}}$

220/12 $\underline{z} = \frac{1}{a - jb} = \frac{1}{(a - jb)} \cdot \frac{(a + jb)}{(a + jb)} = \frac{a + jb}{a^2 - j^2 \cdot b^2} = \frac{a + jb}{a^2 - (-1) \cdot b^2} = \frac{a + jb}{a^2 + b^2} = \frac{a}{a^2 + b^2} + j\frac{b}{a^2 + b^2}$

$\Rightarrow \mathrm{Re}\,\underline{z} = \mathbf{\frac{a}{a^2 + b^2}}$; $\mathrm{Im}\,\underline{z} = \mathbf{+\frac{b}{a^2 + b^2}}$

Lösungen zu 9.7.3 Widerstand und Leitwert in der komplexen Ebene

221/1 $R = 10\,\Omega;\ X = X_C = -j\frac{1}{\omega \cdot C} = -j\frac{1}{2\pi \cdot f \cdot C} = -j\frac{1}{2\pi \cdot 2\,\text{kHz} \cdot 22\text{nF}} = -j7{,}23\,\text{k}\Omega$

a) $Z = \sqrt{R^2 + X^2} = \sqrt{(10\,\text{k}\Omega)^2 + (-7{,}23\,\text{k}\Omega)^2} = \mathbf{12{,}34\,k\Omega}$

b) $\varphi = \arctan\frac{X}{R} = \arctan\frac{-7{,}23\,\text{k}\Omega}{10\,\text{k}\Omega} = \mathbf{-35{,}87°}$

Die Gesamtspannung eilt dem Strom um 35,87° nach.

221/2 $R = 2{,}2\,\text{k}\Omega;\ X = X_L = j\omega L = j2\pi f \cdot L = j2 \cdot 30\,\text{kHz} \cdot 10\,\text{mH} = j1{,}885\,\text{k}\Omega$

a) $Z = \sqrt{R^2 + X^2} = \sqrt{(2{,}2\,\text{k}\Omega)^2 + (1{,}885\,\text{k}\Omega)^2} = \mathbf{2{,}897\,k\Omega}$

b) $\varphi = \arctan\frac{X}{R} = \arctan\frac{1{,}885\,\text{k}\Omega}{2{,}2\,\text{k}\Omega} = \mathbf{40{,}59°}$

Die Gesamtspannung eilt dem Strom um $\varphi = 40{,}59°$ vor.

221/3 **a)** $X = X_L + X_C = j\omega L + \left(-j\frac{1}{\omega C}\right) = j\left(2\pi \cdot f \cdot L - \frac{1}{2\pi f \cdot C}\right)$

$= j\left(2\pi \cdot 550\,\text{Hz} \cdot 150\,\text{mH} - \frac{1}{2\pi \cdot 550\,\text{Hz} \cdot 470\,\text{nF}}\right) = j(518{,}4\,\Omega - 615{,}7\,\Omega) = \mathbf{-j97{,}3\,\Omega}$

b) $\varphi = \arctan\frac{X}{R} = \arctan\frac{(-97{,}3\,\Omega)}{100\,\Omega} = \mathbf{-44{,}22°}$

Die Gesamtspannung eilt dem Strom um 44,22° nach.

221/4 **a)** $B = B_C + B_L = j\omega C + \left(-j\frac{1}{\omega L}\right) = j\left(\omega C - \frac{1}{\omega L}\right)$

$= j\left(2\pi f \cdot C - \frac{1}{2\pi f \cdot L}\right) = j\left(2\pi \cdot 470\,\text{kHz} \cdot 160\,\text{pF} - \frac{1}{2\pi \cdot 470\,\text{kHz} \cdot 748\,\mu\text{H}}\right)$

$= j(472{,}5\,\mu\text{S} - 452{,}7\,\mu\text{S}) = \mathbf{j19{,}8\,\mu S}$

b) $\varphi = \arctan\frac{B}{G_p} = \arctan B \cdot R_p = \arctan 19{,}8\,\mu\text{S} \cdot 50\,\text{k}\Omega = \arctan 0{,}99 = \mathbf{44{,}71°}$

Der Gesamtstrom eilt der Spannung um $\varphi = 44{,}71°$ vor.

221/5 **a)** Bei der Eigenfrequenz f_0 ist $\mathrm{Im}\,\underline{Z} = 0 \Rightarrow X = 0$.

$$X = X_L + X_C = j\omega L + \left(-j\frac{1}{\omega C}\right) = j\left(\omega L - \frac{1}{\omega C}\right)$$

$$\Rightarrow \left(\omega_0 \cdot L - \frac{1}{\omega_0 \cdot C}\right) = 0$$

$$\Rightarrow \omega_0 \cdot L = \frac{1}{\omega_0 \cdot C} \Rightarrow C = \frac{1}{\omega_0^2 \cdot L} = \frac{1}{(2\pi f_0)^2 \cdot L} = \frac{1}{(2\pi \cdot 9\,\text{kHz})^2 \cdot 20\,\text{mH}} = \mathbf{15{,}64\,nF}$$

b) Bei Grenzfrequenz ist $\mathrm{Re}\,\underline{Z} = \mathrm{Im}\,\underline{Z}$.

$$\mathrm{Re}\underline{Z} = R_v$$

$$\mathrm{Im}\,\underline{Z} = X = \omega L - \frac{1}{\omega C}$$

$$= 2\pi \cdot f_{co} \cdot L - \frac{1}{2\pi \cdot f_{co} \cdot C} = 2\pi \cdot 9{,}5\,\text{kHz} \cdot 20\,\text{mH} - \frac{1}{2\pi \cdot 9{,}5\,\text{kHz} \cdot 15{,}64\,\text{nF}}$$

$$= 1{,}194\,\text{k}\Omega - 1{,}071\,\text{k}\Omega = 123\,\Omega$$

$$\Rightarrow R_v = \mathbf{123\,\Omega}$$

221/6 **a)** Bei der Eigenfrequenz ist $\mathrm{Im}\,\underline{Y} = 0 \Rightarrow B = 0$.

$$B = B_C + B_L = j\omega C + \left(-j\frac{1}{\omega L}\right) = j\left(\omega C - \frac{1}{\omega L}\right)$$

$$\Rightarrow \left(\omega_0 \cdot C - \frac{1}{\omega_0 \cdot L}\right) = 0$$

$$\Rightarrow \omega_0 \cdot C = \frac{1}{\omega_0 \cdot L}$$

$$\Rightarrow L = \frac{1}{\omega_0^2 \cdot C} = \frac{1}{(2\pi f_0)^2 \cdot C} = \frac{1}{(2\pi \cdot 600\,\text{kHz})^2 \cdot 330\,\text{pF}} = \mathbf{213{,}2\,\mu H}$$

b) Bei der unteren Grenzfrequenz f_{cu} des Parallelschwingkreises ist $\mathrm{Re}\,\underline{Y} = -\mathrm{Im}\,\underline{Y}$.

$$\mathrm{Re}\,\underline{Y} = G_p = \frac{1}{R_p}$$

$$\mathrm{Im}\,\underline{Y} = B = \omega_{cu} C - \frac{1}{\omega_{cu} \cdot L}$$

$$\Rightarrow -\mathrm{Im}\underline{Y} = \frac{1}{\omega_{cu} \cdot L} - \omega_{cu} \cdot C$$

$$= \frac{1}{2\pi \cdot f_{cu} \cdot L} - 2\pi \cdot f_{cu} \cdot C = \frac{1}{2\pi \cdot 594\,\text{kHz} \cdot 213{,}2\mu\text{H}} - 2\pi \cdot 594\,\text{kHz} \cdot 330\,\text{pF}$$

$$= 1{,}256\,7\,\text{mS} - 1{,}231\,6\,\text{mS} = 25{,}1\,\mu\text{S} = \frac{1}{R_p}$$

$$\Rightarrow R_p = \frac{1}{25{,}1\,\mu\text{S}} = \mathbf{39{,}8\,k\Omega}$$

222/7

$$\underline{X}_L = \frac{\underline{U}}{\underline{I}} = \frac{U_L \cdot e^{j\omega t}}{\frac{U_L}{\omega L} \cdot e^{j(\omega t - 90°)}} = \frac{U_L \cdot e^{j\omega t}}{U_L \cdot e^{j(\omega t - 90°)}} \cdot \omega L$$

$$= \omega L \cdot \frac{e^{j\omega t}}{e^{j\omega t} \cdot e^{j(-90°)}} = \omega L \cdot \frac{1}{e^{j(-90°)}} = \frac{\omega L}{[\cos(-90°) + j\sin(-90°)]} = \frac{\omega L}{0 + j(-1)}$$

$$= \frac{\omega L}{(-j)} = \frac{\omega L}{(-j)} \cdot \frac{j}{j} = \frac{j\omega L}{(-j^2)} = \frac{j\omega L}{-(-1)} = \frac{j\omega L}{1} = \mathbf{j\omega L}$$

222/8 **a)**

$$\underline{B}_C = \frac{\underline{I}}{\underline{U}} = \frac{U_C \cdot \omega C \cdot e^{j(\omega t + 90°)}}{U_C \cdot e^{j\omega t}} = \frac{\omega C \cdot e^{j\omega t} \cdot e^{j90°}}{e^{j\omega t}}$$

$$= \omega C \cdot e^{j90°} = \omega C \cdot j = \mathbf{j\omega C}$$

b)

$$\underline{X}_C = \frac{1}{\underline{B}_C} = \frac{1}{j\omega C} = \frac{1}{j\omega C} \cdot \frac{j}{j} = \frac{j}{\omega C \cdot (-1)} = \mathbf{-j\frac{1}{\omega C}}$$

222/9 $\underline{S} = \underline{U} \cdot \underline{I} = U_C \cdot e^{j\omega t} \cdot U_C \cdot \omega C \cdot e^{j(\omega t + 90°)}$

$= U_C^2 \cdot \omega C \cdot e^{j\omega t} \cdot e^{j\omega t} \cdot e^{j90°} = U_C^2 \cdot \omega C \cdot e^{j2\omega t} \cdot j$

$= \mathbf{jU_C^2 \cdot \omega C \cdot e^{j2\omega t}}.$

Die Leistung ist imaginär ⇒ Blindleistung.
Die Leistung hat die doppelte Frequenz der Spannung.

222/10 $\underline{S} = I^2 \cdot \underline{Z} = I^2 \cdot Z \cdot e^{j\varphi} = I^2 \cdot Z \cdot (\cos\varphi + j\sin\varphi) = I^2 \cdot Z \cdot \cos\varphi + jI^2 \cdot Z \cdot \sin\varphi$

$\Rightarrow P = \mathrm{Re}\,\underline{S} = \mathbf{I^2 \cdot Z \cdot \cos\varphi}$

$Q = \mathrm{Im}\,\underline{S} = \mathbf{I^2 \cdot Z \cdot \sin\varphi}.$

Ersetzt man Z nach dem ohmschen Gesetz durch U/I, dann ist

$P = I^2 \cdot \frac{U}{I} \cdot \cos\varphi = \mathbf{U \cdot I \cdot \cos\varphi}$

$Q = I^2 \cdot \frac{U}{I} \cdot \sin\varphi = \mathbf{U \cdot I \cdot \sin\varphi}$

Lösungen zu 9.7.4 Komplexe Berechnung von RC-Schaltungen und RL-Schaltungen

223/1 **a)** $\frac{\underline{U}_e}{\underline{U}_a} = \frac{R + \underline{X}_C}{\underline{X}_C} = 1 + \frac{R}{\underline{X}_C} = 1 + \frac{R}{-j\frac{1}{\omega C}} = 1 + \frac{1}{(-j)} \cdot \omega RC = 1 + j\omega RC = 1 + j2\pi f \cdot RC$

$= 1 + j2\pi \cdot 10\,\text{kHz} \cdot 2{,}2\,\text{k}\Omega \cdot 10\,\text{nF} = 1 + j1{,}382$

$\Rightarrow \mathrm{Re}(\underline{U}_e/\underline{U}_a) = \mathbf{1}; \quad \mathrm{Im}(\underline{U}_e/\underline{U}_a) = \mathbf{1{,}383}$

b) $\varphi_{\underline{U}_e;\underline{U}_a} = \arctan\frac{1{,}382}{1} = \mathbf{54{,}1°}$

c) $\frac{U_e}{U_a} = \sqrt{a^2 + b^2} = \sqrt{1^2 + (1{,}382)^2} = 1{,}706 \Rightarrow U_a = \frac{U_e}{1{,}706} = \frac{10\,\text{V}}{1{,}706} = \mathbf{5{,}86\,V}$

223/2 **a)** $\frac{\underline{U}_e}{\underline{U}_a} = \frac{R + \underline{X}_C}{\underline{X}_C} = 1 + \frac{R}{\underline{X}_C} = 1 + \frac{R}{-j\frac{1}{\omega C}} = 1 + j\omega RC = 1 + j2\pi f \cdot RC$

$= 1 + j2\pi \cdot 50\,\text{kHz} \cdot 1\,\text{k}\Omega \cdot 2{,}2\,\text{nF} = 1 + j0{,}691\,2$

$\Rightarrow \mathrm{Re}(\underline{U}_e/\underline{U}_a) = \mathbf{1}; \quad \mathrm{Im}(\underline{U}_e/\underline{U}_a) = \mathbf{0{,}691\,2}$

b) $\varphi_{\underline{U}_e;\underline{U}_a} = \arctan\frac{0{,}691\,2}{1} = \mathbf{34{,}65°}$

Die Eingangsspannung eilt der Ausgangsspannung um 34,65° vor.

c) $\frac{U_e}{U_a} = \sqrt{a^2 + b^2} = \sqrt{1^2 + (0{,}691\,2)^2} = 1{,}216$

$\Rightarrow U_a = \frac{U_e}{1{,}216} = \frac{20\,\text{V}}{1{,}216} = \mathbf{16{,}45\,V}$

223/3 **a)** $\frac{\underline{U}_e}{\underline{U}_a} = \frac{R + \underline{X}_C}{\underline{X}_C} = 1 + \frac{R}{\underline{X}_C} = 1 + \frac{R}{-j\frac{1}{\omega C}} = 1 + j\omega RC = 1 + j2\pi f \cdot RC$

$\Rightarrow 1 = 2\pi \cdot f_{co} \cdot RC \Rightarrow f_{co} = \frac{1}{2\pi RC} = \frac{1}{2\pi \cdot 3{,}3\,\text{k}\Omega \cdot 27\,\text{nF}} = \mathbf{1{,}786\,kHz}$

b) $\underline{Z}_1$ ist R und $\underline{Y}_2$ ist der Leitwert der Parallelschaltung aus C mit R_L; $\underline{Z}_1 = R$; $\underline{Y}_2 = \frac{1}{R_L} + j\omega C$

$\frac{\underline{U}_e}{\underline{U}_a} = \frac{\underline{Z}_1 + \underline{Z}_2}{\underline{Z}_2} = \frac{\underline{Z}_1 + \frac{1}{\underline{Y}_2}}{\frac{1}{\underline{Y}_2}} = 1 + \frac{\underline{Z}_1}{\frac{1}{\underline{Y}_2}} = 1 + \underline{Z}_1 \cdot \underline{Y}_2$

$\Rightarrow \frac{\underline{U}_a}{\underline{U}_e} = 1 + R \cdot \left(\frac{1}{R_L} + j\omega C\right) = \left(1 + \frac{R}{R_L}\right) + j\omega RC$

$\Rightarrow \left(1 + \frac{R}{R_L}\right) = \omega_{cm} \cdot RC$

$\Rightarrow \frac{R_L + R}{R_L} = 2\pi \cdot f_{cm} \cdot RC$

$\Rightarrow f_{cm} = \frac{R_L + R}{2\pi \cdot R_L \cdot R \cdot C} = \frac{2{,}2\,\text{k}\Omega + 3{,}3\,\text{k}\Omega}{2\pi \cdot 2{,}2\,\text{k}\Omega \cdot 3{,}3\,\text{k}\Omega \cdot 27\,\text{nF}} = \mathbf{4{,}466\,kHz}$

223/4 **a)** $\frac{\underline{U}_e}{\underline{U}_a} = \frac{\underline{Z}_1 + \underline{Z}_2}{\underline{Z}_2} = 1 + \frac{\underline{Z}_1}{\underline{Z}_2} = 1 + \frac{\underline{Z}_1}{\frac{1}{\underline{Y}_2}} = 1 + \underline{Z}_1 \cdot \underline{Y}_2 = 1 + \left(R_1 - j\frac{1}{\omega C_1}\right) \cdot \left(\frac{1}{R_2} + j\omega C_2\right)$

$= 1 + \frac{R_1}{R_2} - (j^2) \cdot \frac{\omega C_2}{\omega C_1} + j\left(\omega C_2 \cdot R_1 - \frac{1}{\omega C_1 \cdot R_2}\right)$

$= \left(\mathbf{1 + \frac{R_1}{R_2} + \frac{C_2}{C_1}}\right) + \mathbf{j}\left(\mathbf{\omega C_2 \cdot R_1 - \frac{1}{\omega C_1 \cdot R_2}}\right)$

b) Bei f_0 ist $\text{Im}(\underline{U}_e/\underline{U}_a) = 0$.

$\Rightarrow \omega_0 \cdot C_2 \cdot R_1 = \frac{1}{\omega_0 \cdot C_1 \cdot R_2} \Rightarrow \omega_0^2 = \frac{1}{R_1 \cdot R_2 \cdot C_1 \cdot C_2}$

$\Rightarrow \omega_0 = \frac{1}{\sqrt{R_1 \cdot R_2 \cdot C_1 \cdot C_2}} = 2\pi f_0 \Rightarrow f_0 = \mathbf{\frac{1}{2\pi \cdot \sqrt{R_1 \cdot R_2 \cdot C_1 \cdot C_2}}}$

c) $f_0 = \frac{1}{2\pi \cdot \sqrt{R \cdot R \cdot C \cdot C}} = \frac{1}{2\pi \cdot \sqrt{R^2 \cdot C^2}} = \mathbf{\frac{1}{2\pi \cdot R \cdot C}}$

223/5 **a)** $\underline{Z}_p = \frac{1}{\underline{Y}_p} = \frac{1}{\frac{1}{R_p} - j\frac{1}{2\pi f \cdot L_p}} = \frac{1}{\frac{1}{1\,\text{k}\Omega} - j\frac{1}{2\pi \cdot 1\,\text{kHz} \cdot 0{,}25\,\text{H}}} = \frac{1}{1\,\text{mS} - j0{,}636\,6\,\text{mS}}$

$= \frac{1}{(1 - j0{,}636\,6)\,\text{mS}} = \frac{1\,\text{k}\Omega}{(1 - j0{,}636\,6)} \cdot \frac{(1 + j0{,}636\,6)}{(1 + j0{,}636\,6)} = \frac{1\,\text{k}\Omega \cdot (1 + j0{,}636\,6)}{1^2 + (0{,}636\,6)^2}$

$= \frac{1\,\text{k}\Omega}{1{,}405\,3} + j\frac{0{,}636\,6\,\text{k}\Omega}{1{,}405\,3} = 712\,\Omega + j453\,\Omega$

$\Rightarrow \text{Re}\,\underline{Z}_p = \mathbf{712\,\Omega}$; $\text{Im}\,\underline{Z}_p = \mathbf{453\,\Omega}$

b) $\underline{Z}_r = R_r + j2\pi \cdot f \cdot L_r$

$\text{Re}\,\underline{Z}_r = \text{Re}\,\underline{Z}_p \Rightarrow R_r = \mathbf{712\,\Omega}$

$\text{Im}\,\underline{Z}_r = \text{Im}\,\underline{Z}_p \Rightarrow 2\pi \cdot f \cdot L_r = \text{Im}\,\underline{Z}_p \Rightarrow L_r = \frac{\text{Im}\,\underline{Z}_p}{2\pi \cdot f} = \frac{453\,\Omega}{2\pi \cdot 1\,\text{kHz}} = \mathbf{72{,}1\,mH}$

223/6 **a)** $\underline{Z}_p = \frac{1}{\underline{Y}_p} = \frac{1}{\frac{1}{R_p} + j2\pi \cdot f \cdot C_p} = \frac{1}{\frac{1}{1\,k\Omega} + j2\pi \cdot 2\,kHz \cdot 47\,nF} = \frac{1}{1\,mS + j0{,}590\,6\,mS}$

$= \frac{1}{(1 + j0{,}590\,6)\,mS} = \frac{1\,k\Omega}{(1 + j0{,}590\,6)} \cdot \frac{(1 - j0{,}590\,6)}{(1 - j0{,}590\,6)} = \frac{1\,k\Omega - j0{,}590\,6\,k\Omega}{1^2 + (0{,}590\,6)^2}$

$= \frac{1\,k\Omega}{1{,}348\,8} - j\frac{0{,}590\,6\,k\Omega}{1{,}348\,8} = 741{,}4\,\Omega - j437{,}9\,\Omega$

$\Rightarrow \text{Re}\,\underline{Z}_p = \mathbf{741{,}4\,\Omega}$; $\text{Im}\,\underline{Z}_p = \mathbf{-437{,}9\,\Omega}$

b) $\underline{Z}_r = R_r - j\frac{1}{2\pi \cdot f \cdot C_r}$

$\text{Re}\,\underline{Z}_r = \text{Re}\,\underline{Z}_p \Rightarrow R_r = \mathbf{741{,}4\,\Omega}$

$\text{Im}\,\underline{Z}_r = \text{Im}\,\underline{Z}_p \Rightarrow \frac{1}{2\pi f \cdot C_r} = \text{Im}\,\underline{Z}_p \Rightarrow C_r = \frac{1}{(-2\pi f) \cdot \text{Im}\,\underline{Z}_p} = \frac{1}{(-2\pi \cdot 2\,kHz) \cdot (-437{,}9\,\Omega)} = \mathbf{181{,}7\,nF}$

Lösungen zu 9.7.5 Scheinwiderstands-Messbrücken

224/1 **a)** $\underline{Z}_1 = j\omega L_x$; $\underline{Z}_2 = R_2$; $\underline{Z}_3 = j\omega L$; $\underline{Z}_4 = R_4$

Abgleich:

$\frac{\underline{Z}_1}{\underline{Z}_2} = \frac{\underline{Z}_3}{\underline{Z}_4} \Rightarrow \underline{Z}_1 = \underline{Z}_2 \cdot \frac{\underline{Z}_3}{\underline{Z}_4} \Rightarrow j\omega L_x = R_2 \cdot \frac{j\omega L}{R_4} \Rightarrow L_x = \mathbf{\frac{R_2}{R_4} \cdot L}$

b) $L_x = \frac{R_2}{R_4} \cdot L = \frac{10\,k\Omega}{1\,k\Omega} \cdot 56\,mH = \mathbf{560\,mH}$

224/2 $\underline{Z}_1 = -j\frac{1}{\omega \cdot C_x}$; $\underline{Z}_2 = R_2$; $\underline{Z}_3 = -j\frac{1}{\omega \cdot C_3}$; $\underline{Z}_4 = R_4$.

Abgleich:

$\underline{Z}_1 = \underline{Z}_2 \cdot \frac{\underline{Z}_3}{\underline{Z}_4} \Rightarrow -j\frac{1}{\omega \cdot C_x} = R_2 \cdot \frac{\left(-j\frac{1}{\omega \cdot C_3}\right)}{R_4}$

$\Rightarrow \frac{1}{C_x} = \frac{R_2}{R_4} \cdot \frac{1}{C_3} \Rightarrow C_x = \frac{R_4}{R_2} \cdot C_3 = \frac{10\,k\Omega}{15\,k\Omega} \cdot 47\,nF = \mathbf{31{,}33\,nF}$

224/3 **a)** $\underline{Z}_1 = R_x + j\omega \cdot L_x$; $\underline{Z}_2 = R_2$; $\underline{Z}_3 = R_3$; $\underline{Y}_4 = \frac{1}{R_4} + j\omega \cdot C_4$.

Abgleich:

$\frac{\underline{Z}_1}{\underline{Z}_2} = \frac{\underline{Z}_3}{\underline{Z}_4} \Rightarrow \underline{Z}_1 = \mathbf{\underline{Z}_2 \cdot \underline{Z}_3 \cdot \underline{Y}_4}$

b) $R_x + j\omega L_x = R_2 \cdot R_3 \cdot \left(\frac{1}{R_4} + j\omega C_4\right) \Rightarrow R_x + j\omega L_x = \frac{R_2 \cdot R_3}{R_4} + j\omega R_2 \cdot R_3 \cdot C_4$

Abgleichbedingung für die Realteile:

$\mathbf{R_x = \frac{R_2 \cdot R_3}{R_4}}$

Abgleichbedingung für die Imaginärteile:

$j\omega L_x = j\omega R_2 \cdot R_3 \cdot C_4 \Rightarrow \mathbf{L_x = R_2 \cdot R_3 \cdot C_4}$

c) $R_x = \frac{R_2 \cdot R_3}{R_4} = \frac{100\,\Omega \cdot 100\,\Omega}{4\,\Omega} = \mathbf{2{,}5\,\Omega}$

$L_x = R_2 \cdot R_3 \cdot C_4 = 100\,\Omega \cdot 100\,\Omega \cdot 0{,}9\,\mu F = \mathbf{9\,mH}$

224/4 **a)** $\frac{\underline{Z}_1}{\underline{Z}_2} = \frac{\underline{Z}_3}{\underline{Z}_4} \Rightarrow \frac{1}{\underline{Z}_2} = \frac{\underline{Z}_3}{\underline{Z}_1 \cdot \underline{Z}_4} \Rightarrow \mathbf{\underline{Y}_2 = \frac{1}{\underline{Z}_1 \cdot \underline{Z}_4} \cdot \underline{Z}_3}$

b) $\underline{Z}_1 = R_1$; $\underline{Y}_2 = \frac{1}{R_2} + j\omega C_2$; $\underline{Z}_3 = R_x + j\omega L_x$; $\underline{Z}_4 = R_4$

Abgleich:

$$\underline{Y}_2 = \frac{1}{\underline{Z}_1 \cdot \underline{Z}_4} \cdot \underline{Z}_3 \Rightarrow \frac{1}{R_2} + j\omega C_2 = \frac{1}{R_1 \cdot R_4} \cdot (R_x + j\omega L_x) \Rightarrow \frac{1}{R_2} + j\omega C_2 = \frac{R_x}{R_1 \cdot R_4} + j\frac{\omega \cdot L_x}{R_1 \cdot R_4}$$

Abgleichbedingung für die Realteile:

$$\frac{1}{R_2} = \frac{R_x}{R_1 \cdot R_4} \Rightarrow R_x = \frac{R_1 \cdot R_4}{R_2} = \frac{1\,\text{k}\Omega \cdot 1\,\text{k}\Omega}{6{,}67\,\text{k}\Omega} = \mathbf{150\,\Omega}$$

Abgleichbedingung für die Imaginärteile:

$$j\omega C_2 = j\omega L_x \cdot \frac{1}{R_1 \cdot R_4} \Rightarrow C_2 = L_x \cdot \frac{1}{R_1 \cdot R_4} \Rightarrow L_x = R_1 \cdot R_4 \cdot C_2 = 1\,\text{k}\Omega \cdot 1\,\text{k}\Omega \cdot 0{,}3\,\mu\text{F} = \mathbf{0{,}3\,H}$$

224/5 **a)** Im Zweig 1 liegt eine Parallelschaltung aus Spule mit Wirkwiderstand. Im Zweig 4 muss dann eine **Reihenschaltung** aus **Kondensator** und **Wirkwiderstand** liegen, damit ein frequenzunabhängiger Abgleich möglich ist.

b) $\underline{Y}_1 = \frac{1}{R_{px}} - j\frac{1}{\omega \cdot L_x}$; $\underline{Z}_2 = R_2$; $\underline{Z}_3 = R_3$; $\underline{Z}_4 = R_4 - j\frac{1}{\omega \cdot C_4}$

Abgleich:

$$\frac{\underline{Z}_1}{\underline{Z}_2} = \frac{\underline{Z}_3}{\underline{Z}_4} \Rightarrow \underline{Z}_1 = \underline{Z}_2 \cdot \frac{\underline{Z}_3}{\underline{Z}_4} \Rightarrow \frac{1}{\underline{Z}_1} = \frac{\underline{Z}_4}{\underline{Z}_2 \cdot \underline{Z}_3} \Rightarrow \underline{Y}_1 = \frac{1}{\underline{Z}_2 \cdot \underline{Z}_3} \cdot \underline{Z}_4$$

$$\Rightarrow \frac{1}{R_{px}} - j\frac{1}{\omega \cdot L_x} = \frac{1}{R_2 \cdot R_3} \cdot \left(R_4 - j\frac{1}{\omega \cdot C_4}\right) = \frac{R_4}{R_2 \cdot R_3} - j\frac{1}{R_2 \cdot R_3} \cdot \frac{1}{\omega \cdot C_4}$$

Abgleichbedingung für die Realteile:

$$\frac{1}{R_{px}} = \frac{R_4}{R_2 \cdot R_3} \Rightarrow \mathbf{R_{px} = \frac{R_2 \cdot R_3}{R_4}}$$

Abgleichbedingung für die Imaginärteile:

$$-j\frac{1}{\omega \cdot L_x} = -j\frac{1}{R_2 \cdot R_3 \cdot \omega \cdot C_4} \Rightarrow \frac{1}{L_x} = \frac{1}{R_2 \cdot R_3 \cdot C_4} \Rightarrow \mathbf{L_x = R_2 \cdot R_3 \cdot C_4}$$

224/6 **a)** Abgleich:

$$\frac{\underline{Z}_1}{\underline{Z}_2} = \frac{\underline{Z}_3}{\underline{Z}_4} \Rightarrow \underline{Z}_1 \cdot \frac{1}{\underline{Z}_2} = \underline{Z}_3 \cdot \frac{1}{\underline{Z}_4} \Rightarrow \underline{Z}_1 \cdot \underline{Y}_2 = \underline{Z}_3 \cdot \underline{Y}_4$$

$$\Rightarrow j\omega L_1 \cdot j\omega C_2 = \left(-j\frac{1}{\omega \cdot C_3}\right) \cdot \left(-j\frac{1}{\omega \cdot L_4}\right) \Rightarrow j^2 \cdot \omega^2 \cdot L_1 \cdot C_2 = j^2 \cdot \frac{1}{\omega^2 \cdot C_3 \cdot L_4}$$

$$\Rightarrow \mathbf{\omega^2 \cdot L_1 \cdot C_2 = \frac{1}{\omega^2 \cdot L_2 \cdot C_4}}$$

b) $\omega^2 \cdot L_1 \cdot C_2 = \frac{1}{\omega^2 \cdot L_2 \cdot C_4} \Rightarrow \omega^4 = \frac{1}{L_1 \cdot L_2 \cdot C_1 \cdot C_2} \Rightarrow \omega = \mathbf{\frac{1}{\sqrt[4]{L_1 \cdot L_2 \cdot C_1 \cdot C_2}}}$

c) $L_1 = L_2 = L$; $C_1 = C_2 = C \Rightarrow \omega = \frac{1}{\sqrt[4]{L^2 \cdot C^2}} \Rightarrow \omega = \mathbf{\frac{1}{\sqrt{L \cdot C}}}$

Lösungen zu 9.8.1 Arithmetische Reihe

225/1 **a)** $s_n = \frac{n}{2} \cdot (a_1 + a_n) \Rightarrow l = \frac{n}{2} \cdot (l_1 + l_n) = \frac{40}{2} \cdot (8 + 38)\,\text{mm} = \mathbf{920\,mm}$

b) $a_n = a_1 + (n-1) \cdot r \Rightarrow r = \frac{a_n - a_1}{n-1} \Rightarrow \Delta l = \frac{l_n - l_1}{n-1} = \frac{(38-8)\,\text{mm}}{40-1} = \mathbf{0{,}77\,mm}$

225/2 **a)** $a_n = a_1 + (n-1) \cdot r \Rightarrow d_a = d_u + (n-1) \cdot \Delta d = 40\,\text{mm} + (76-1) \cdot 0{,}54\,\text{mm} = \mathbf{80{,}5\,mm}$

b) $l = N \cdot \pi \cdot [d_u + (d_u + \Delta d) + (d_u + 2 \cdot \Delta d) + \ldots]$

$= 370 \cdot \pi \cdot (40 + 40{,}54 + 41{,}08)\,\text{mm} + \ldots = \mathbf{46{,}50\,m + 47{,}12\,m + 47{,}75\,m + \ldots}$

c) $s_n = \frac{n}{2} \cdot (2 \cdot a_1 + (n-1) \cdot r) \Rightarrow l = \frac{76}{2} \cdot 370 \cdot \pi \cdot (2 \cdot 40\,\text{mm} + (76-1) \cdot 0{,}54\,\text{mm}) = \mathbf{5\,322{,}6\,m}$

225/3 **a)** Drahtlänge der untersten Lage $l_1 = 60 \cdot 0{,}152\,\text{m} = 9{,}12\,\text{m} \mathrel{\widehat{=}} a_1$

Drahtlänge der obersten Lage $l_n = 60 \cdot 0{,}248\,\text{m} = 14{,}88\,\text{m} \mathrel{\widehat{=}} a_n$

$a_n = a_1 + (n-1) \cdot r$

$\Rightarrow r = \frac{a_n - a_1}{n-1} = \frac{14{,}88\,\text{m} - 9{,}12\,\text{m}}{25-1} = 0{,}24\,\text{m}$

$\Rightarrow l = \mathbf{9{,}12\,m + 9{,}36\,m + 9{,}60\,m + \ldots}$

b) $l = \frac{n}{2} \cdot (l_1 + l_n) = \frac{25}{2} \cdot (9{,}12\,\text{m} + 14{,}88\,\text{m}) = \mathbf{300\,m}$

c) $R = \varrho_{Cu} \cdot \frac{l}{A} = \varrho_{Cu} \cdot \frac{l}{(\pi/4) \cdot d^2} = \frac{\varrho_{Cu} \cdot 4 \cdot l}{\pi \cdot d^2} = \frac{0{,}0178\,\Omega \cdot \text{mm}^2 \cdot 4 \cdot 300\,\text{m}}{\text{m} \cdot \pi \cdot (0{,}9\,\text{mm})^2} = \mathbf{8{,}39\,\Omega}$

225/4 $s_n \mathrel{\widehat{=}} 1\,524\,\text{m};\ r \mathrel{\widehat{=}} 0{,}50\,\text{m};\ a_1 \mathrel{\widehat{=}} 20{,}0\,\text{m}$

a) $n = \sqrt{2 \cdot \frac{s_n}{r} + \left(\frac{a_1}{r} - \frac{1}{2}\right)^2} - \left(\frac{a_1}{r} - \frac{1}{2}\right);\ \left(\frac{a_1}{r} - \frac{1}{2}\right) = \frac{20{,}0\,\text{m}}{0{,}50\,\text{m}} - \frac{1}{2} = 39{,}5$

$\Rightarrow n = \sqrt{2 \cdot \frac{1\,524\,\text{m}}{0{,}50\,\text{m}} + 39{,}5^2} - 39{,}5 = 87{,}5 - 39{,}5 = 48$

Die Wicklung hat **48 Lagen**.

b) $a_n = a_1 + (n-1) \cdot r \Rightarrow a_n = 20{,}0\,\text{m} + (48-1) \cdot 0{,}50\,\text{m} = 43{,}5\,\text{m}.$

Die Drahtlänge der obersten Lage ist **43,5 m**.

Lösungen zu 9.8.2 Geometrische Reihe

225/1 **a)** $q = 0{,}8 \Rightarrow$ nach dem ersten Ziehen ist der Durchmesser $d_1 = 0{,}8 \cdot 1\,\text{mm} = 0{,}8\,\text{mm}$

$d_2 = q \cdot d_1 = 0{,}8 \cdot 0{,}8\,\text{mm} = 0{,}64\,\text{mm};\ d_3 = q \cdot d_2 = 0{,}8 \cdot 0{,}64\,\text{mm} = 0{,}512\,\text{mm}.$

Die ersten drei Glieder der Reihe sind: **0,8 mm 0,64 mm 0,512 mm**

b) $a_n = a_1 \cdot q^{(n-1)} \Rightarrow d_{10} = 0{,}8\,\text{mm} \cdot 0{,}8^9 = \mathbf{0{,}107\,mm}$

225/2 **a)** $a_n = a_1 \cdot q^{(n-1)} \Rightarrow a_1 = \frac{a_n}{q^{(n-1)}} \Rightarrow d_1 = \frac{0{,}12\,\text{mm}}{0{,}85^{(12-1)}} = \mathbf{0{,}717\,mm}$

b) $d_1 = q \cdot d_0 \Rightarrow d_0 = \frac{d_1}{q} = \frac{0{,}717\,\text{mm}}{0{,}85} = \mathbf{0{,}844\,mm}$

226/3 $q = 0{,}977\,2$; Anfangsaktivität: $A_0 = 1\,000\,\text{Bq}$; nach einem Jahr ist die Aktivität: $A_1 = q \cdot A_0$
$\Rightarrow A_n = A_1 \cdot q^{n-1} = q \cdot A_0 \cdot q^{n-1} = A_0 \cdot q^n$

a) $A_{10} = A_0 \cdot q^{10} = 1\,000\,\text{Bq} \cdot 0{,}977\,2^{10} = \mathbf{794\,Bq}$

b) $A_{30} = A_0 \cdot q^{30} = 1\,000\,\text{Bq} \cdot 0{,}977\,2^{30} = \mathbf{500{,}6\,Bq}$

c) $A_{100} = 1\,000\,\text{Bq} \cdot 0{,}977\,2^{100} = \mathbf{99{,}6\,Bq}$

226/4 **a)** $A_7 = A_0 \cdot q^7 = 10\,000\,\text{Bq} \cdot 0{,}917\,4^7 = \mathbf{5\,469\,Bq}$

b) $A_{30} = 10\,000\,\text{Bq} \cdot 0{,}917\,4^{30} = \mathbf{753\,Bq}$

c) $A_{100} = 10\,000\,\text{Bq} \cdot 0{,}917\,4^{100} = \mathbf{1{,}8\,Bq}$

226/5 **a)** $a_1 \mathrel{\widehat{=}} R_1 = 10\,\Omega;\quad q = \sqrt[12]{10} = 10^{1/12} = 1{,}211\,5$
$a_n = a_1 \cdot q^{(n-1)} \Rightarrow R_{11} = R_1 \cdot q^{(11-1)} = 10\,\Omega \cdot 1{,}211\,5^{10} = \mathbf{68{,}13\,\Omega}$

b) $R_{11} = \mathbf{68\,\Omega}$

226/6 **a)** $a_1 \mathrel{\widehat{=}} R_1 = 10\,\Omega;\quad q = \sqrt[24]{10} = 10^{1/24};\quad R_{20} = R_1 \cdot q^{(20-1)} = 10\,\Omega \cdot 10^{\frac{19}{24}} = \mathbf{61{,}90\,\Omega}$

b) $R_{20} = \mathbf{62\,\Omega}$

226/7 $a_n = a_1 \cdot q^{(n-1)} \Rightarrow f_n = f_1 \cdot q^{(n-1)}$
$\Rightarrow f_8 = f_1 \cdot q^{(8-1)} = 440{,}00\,\text{Hz} \cdot \sqrt[12]{2^7} = 440{,}00\,\text{Hz} \cdot \sqrt[12]{128} = \mathbf{659{,}26\,Hz}$

Lösungen zu 9.8.3 Binomische Reihe

226/1 $x = \frac{\Delta C}{C};\ \frac{1}{\sqrt{1+x}} = (1+x)^{-\frac{1}{2}} \approx 1 - \frac{1}{2} \cdot x$

$$\Delta f = f_0 \cdot \left[\frac{1}{\sqrt{1+(\Delta C/C)}} - 1\right]$$

$$\approx f_0 \cdot \left[1 - \frac{1}{2} \cdot \frac{\Delta C}{C} - 1\right] = f_0 \cdot \left(-\frac{\Delta C}{2 \cdot C}\right) = -\frac{f_0 \cdot \Delta C}{2 \cdot C} = -\frac{10{,}7\,\text{MHz} \cdot 0{,}02\,\text{pF}}{2 \cdot 45\,\text{pF}} = \mathbf{-2{,}38\,kHz}$$

226/2

$$\Delta f = f_0 \cdot \left[\frac{1}{\sqrt{1+(\Delta L/L)}} - 1\right]$$

$$\approx f_0 \left[1 - \frac{1}{2} \cdot \left(\frac{\Delta L}{L}\right) - 1\right] = f_0 \cdot \left(-\frac{\Delta L}{2 \cdot L}\right) = -\frac{f_0 \cdot \Delta L}{2 \cdot L} = -\frac{460\,\text{kHz} \cdot 24\,\text{nH}}{2 \cdot 60\,\mu\text{H}} = \mathbf{-92\,Hz}$$

226/3 u $\sqrt{1+x} = (1+x)^{\frac{1}{2}} \approx 1 + \frac{x}{2}$ mit $x = \left(\frac{e}{R}\right)^2 \ll 1$

$$\Rightarrow h = R \cdot \left[\sqrt{1+(e/R)^2} - 1\right] \approx R \cdot \left[1 + \frac{1}{2} \cdot \left(\frac{e}{R}\right)^2 - 1\right]$$

$$= R \cdot \frac{1}{2} \cdot \frac{e^2}{R^2} = \frac{e^2}{2 \cdot R} = \frac{(45 \cdot 10^3\,\text{m})^2}{2 \cdot 6{,}37 \cdot 10^6\,\text{m}} = \mathbf{158{,}9\,m}$$

226/4 u $\sqrt{1+x} \approx 1 + \frac{1}{2}x$ mit $x = \frac{\Delta l}{l} \ll 1$

$$\Rightarrow \Delta t = t \cdot \left[\sqrt{1 + \frac{\Delta l}{l}} - 1\right] \approx t \cdot \left[1 + \frac{1}{2} \cdot \frac{\Delta l}{l} - 1\right] = t \cdot \frac{\Delta l}{2 \cdot l} = \frac{24 \cdot 3\,600\,\text{s} \cdot 70\,\mu\text{m}}{2 \cdot 600\,\text{mm}} = \mathbf{5{,}04\,s}$$

Lösungen zu 9.8.4 Potenzreihen für transzendente Funktionen

227/1 $\varphi = 12° = 12° \cdot \frac{\pi}{180°} = \mathbf{0{,}209\,4\,rad}$

227/2 **a)** $x = 20° \cdot \frac{\pi\,\text{rad}}{180°} = \frac{\pi}{9}\text{rad} \Rightarrow \sin 20° \approx \frac{\pi}{9} - \frac{1}{6} \cdot \left(\frac{\pi}{9}\right)^3 = \mathbf{0{,}341\,98}$

b) Die Reihe alterniert $\Rightarrow F < \frac{1}{120} \cdot \left(\frac{\pi}{9}\right)^5 = \mathbf{0{,}000\,043\,2}$

227/3 **a)** $x = 15° \cdot \frac{\pi\,\text{rad}}{180°} = \frac{\pi}{12} \Rightarrow \cos 15° = 1 - \frac{1}{2} \cdot \left(\frac{\pi}{12}\right)2 = \mathbf{0{,}965\,73}$

b) $F < \frac{1}{24} \cdot \left(\frac{\pi}{12}\right)^4 = \mathbf{0{,}000\,195\,7}$

227/4 $\sin x \approx x \Rightarrow 1\,\%$ von x ist $0{,}01x \Rightarrow F < 0{,}01x$; F ist kleiner als der nachfolgende Term

$$\Rightarrow F < \frac{x^3}{6} \Rightarrow \frac{x^3}{6} < 0{,}01x \Rightarrow x^2 < 0{,}06 \Rightarrow x < 0{,}244\,95\,\text{rad}$$

$$\Rightarrow \beta < x \cdot \frac{180°}{\pi}$$

$$\Rightarrow \beta < 0{,}244\,95 \cdot \frac{180°}{\pi} = \mathbf{14{,}03°}$$

227/5 **a)** $x = 18° \cdot \frac{\pi}{180°} = \frac{\pi}{10}\text{rad} \Rightarrow \cos 18° \approx 1 - \frac{1}{2} \cdot \left(\frac{\pi}{10}\right)^2 = \mathbf{0{,}950\,65}$

b) $F < \frac{1}{24} \cdot \left(\frac{\pi}{10}\right)^4 \Rightarrow \mathbf{F < 0{,}000\,406}$

227/6 $x = 10° \cdot \frac{\pi}{180°} = \frac{\pi}{18}\text{rad} \Rightarrow d = \tan\delta \approx x + \frac{1}{3}x^3 = \frac{\pi}{18} + \frac{1}{3} \cdot \left(\frac{\pi}{18}\right)^3 = \mathbf{0{,}176\,3}$

227/7 $\beta = x = 36° \cdot \frac{\pi}{180°}\text{rad} = \frac{\pi}{5}\text{rad} \Rightarrow \tan\beta \approx \frac{\pi}{5} + \frac{1}{3} \cdot \left(\frac{\pi}{5}\right)^3 + \frac{2}{15} \cdot \left(\frac{\pi}{5}\right)^5 = 0{,}724$

$h = a \cdot \tan\beta \approx 48\,\text{m} \cdot 0{,}724 = \mathbf{34{,}75\,m}$

227/8 **a)** $P = S \cdot \cos\varphi \Rightarrow \mathbf{P \approx S \cdot \left(1 - \frac{1}{2}\varphi^2\right)}$

b) $P \approx S$ bedeutet, dass nur der 1. Term der alternierenden Reihe für $\cos\varphi$ verwendet wird. Der dabei gemachte Fehler ist höchstens so groß wie der 2. Term.

$\mathbf{|\Delta P_{max}| = S \cdot \frac{1}{2}\varphi^2}$

c) $|\Delta P_{max}| = S \cdot \frac{1}{2}\varphi_{max}^2 = 0{,}02 \cdot S$

$\Rightarrow \frac{1}{2}\varphi_{max}^2 = 0{,}02 \Rightarrow \varphi_{max} = \sqrt{0{,}04} = 0{,}2\,\text{rad}$

$\Rightarrow \varphi_{max} = 0{,}2\,\text{rad} \cdot \frac{180°}{\pi} = \mathbf{14{,}46°}$

227/9 $\Rightarrow e^x \approx 1 - 0{,}25 + \frac{1}{2} \cdot (-0{,}25)^2 + \frac{1}{6} \cdot (-0{,}25)^3 = 0{,}778\,6$ mit $x = -(t/\tau) = -(5\,\text{ms}/20\,\text{ms}) = -0{,}25$

$\Rightarrow i_C = i_{C0} \cdot e^{-(t/\tau)} = 10\,\text{mA} \cdot 0{,}778\,6 = \mathbf{7{,}786\,mA}$

227/10 $x = -(t \cdot \ln 2/T_{1/2}) = -(1\text{a} \cdot \ln 2/28{,}5\text{a}) = -0{,}024\,32$

$\Rightarrow e^x \approx 1 - 0{,}024\,32 + \frac{1}{2}(-0{,}024\,32)^2 \approx 0{,}975\,97$

$\Rightarrow m/m_0 \approx 0{,}975\,97 = \mathbf{97{,}597\,\%}$

Lösungen zu 10.1 Digitale Messtechnik

228/1 $A = B_M/B_A \Rightarrow B_M = A \cdot B_A = 0{,}1\,\text{mV} \cdot 3\,999 = \mathbf{399{,}9\,mV}$

228/2 **a)** $B_M = 9{,}999\,9\,\text{M}\Omega \Rightarrow B_A = 99\,999 \Rightarrow$ **5-stellige Anzeige**

b) $A = B_M/B_A = 9{,}999\,9\,\text{M}\Omega/99\,999 = \mathbf{100\,\Omega}$

228/3 $F = \pm(k \cdot M_i + n \cdot A) = \pm(0{,}002\,5 \cdot 2{,}5\,\text{mA} + 1 \cdot 1\,\mu\text{A} = \pm(6{,}25\,\mu\text{A} + 1\,\mu\text{A}) = \pm 7{,}25\,\mu\text{A} \approx \pm 7\,\mu\text{A}$

$M_i = M_s + F \Rightarrow M_s = M_i - F = 2{,}500\,\text{mA} \pm 7\,\mu\text{A} = \mathbf{2{,}493\,mA\ bis\ 2{,}507\,mA}$

228/4 **a)** $B_A = 39\,999$; $A = B_M/B_A = 200\,\text{V}/39\,999 = \mathbf{5\,mV}$

b) $F = \pm(k \cdot M_i + n \cdot A) = \pm(0{,}005 \cdot 32{,}852\,\text{V} + 4 \cdot 5\,\text{mV}) = \pm(164\,\text{mV} + 20\,\text{mV}) = \pm\mathbf{184\,mV}$

c) $f \approx F/M_i = \pm 184\,\text{mV}/32{,}852\,\text{V} = \pm 0{,}005\,6 = \pm\mathbf{0{,}56}\,\%$

228/5 **a)** $A_1 = B_{M1}/B_A \Rightarrow B_A = B_{M1}/A_1 = 3{,}2\,\text{M}\Omega/1\,\text{k}\Omega = \mathbf{3\,200}$

b) $F_1 = \pm(k_1 \cdot M_{i1} + n_1 \cdot A_1) = \pm(0{,}012 \cdot 234\,\text{k}\Omega + 4 \cdot 1\,\text{k}\Omega) = \pm(2{,}8\,\text{k}\Omega + 4\,\text{k}\Omega) \approx \pm\mathbf{7\,k\Omega}$

c) $f_1 \approx F_1/M_{i1} = \pm 7\,\text{k}\Omega/234\,\text{k}\Omega = \pm 0{,}03 = \pm\mathbf{3}\,\%$

d) $A_2 = B_{M2}/B_A = 320\,\text{k}\Omega/3\,200 = 100\,\Omega$

$F_2 = \pm(k_2 \cdot M_{i2} \pm n_2 \cdot A_2) = \pm(0{,}007 \cdot 247{,}8\,\text{k}\Omega + 4 \cdot 100\,\Omega) = \pm 2{,}13\,\text{k}\Omega$

$f_2 \approx F_2/M_{i2} = \pm 2{,}13\,\text{k}\Omega/247{,}8\,\text{k}\Omega = \pm\mathbf{0{,}86}\,\%$

228/6 **a)** $M_i = M_s + F \Rightarrow F = M_i - M_s = 1{,}246\,\text{V} - 1{,}258\,\text{V} = -12\,\text{mV}$

$f = F/M_s = -12\,\text{mV}/1{,}258\,\text{V} = -0{,}009\,5 = \mathbf{-0{,}95}\,\%$

b) $B_A = 19\,999$; $A = B_M/B_A = 1{,}999\,9\,\text{V}/19\,999 = 100\,\mu\text{V}$

$F = \pm(k \cdot M_i + n \cdot A)$

$\Rightarrow k = \pm(F - n \cdot A)/M_i = \pm(-12\,\text{mV} - 2 \cdot 0{,}1\,\text{mV})/1{,}246\,\text{V} = \pm 0{,}009\,8 = \pm\mathbf{0{,}98}\,\%$

Lösungen zu 10.2 Messungen in elektrischen Anlagen

229/1 $I_a = 5 \cdot I_n = 5 \cdot 16\,\text{A} = 80\,\text{A}$

$Z_S = (U_0 - U)/I = (232\,\text{V} - 218\,\text{V})/12\,\text{A} = 1{,}17\,\Omega$

$I_a \leq U_0/Z_S = 232\,\text{V}/1{,}17\,\Omega = 198\,\text{A} \Rightarrow 80\,\text{A} \leq 198\,\text{A}$

$\Rightarrow$ **Schutz kann genügen.**

229/2 $I_a = 5 \cdot I_n = 5 \cdot 16\,A = 80\,A$

$Z_S = (U_0 - U)/I = (230\,V - 220\,V)/18\,A = 0{,}556\,\Omega$

$I_a \leq U_0/Z_S = 230\,V/0{,}556\,\Omega = 414\,A \Rightarrow\ 80\,A \leq 414\,A$

$\Rightarrow$ **Schutz kann genügen.**

229/3 **a)** $R_A = U/I = 45\,V/260\,mA =$ **173 Ω**

b) $R_A \leq U_L/I_{\Delta n} = 50\,V/100\,mA = 500\,\Omega \Rightarrow\ 173 < 500\,\Omega$

$\Rightarrow$ **Abschaltung kann erfolgen.**

c) $R_A = U/I \Rightarrow\ U = R_A \cdot I_{\Delta n} = 173\,\Omega \cdot 100\,mA =$ **17,3 V**

229/4 **a)** $R_A = U/I = 16\,V/10\,mA =$ **1 600 Ω**

b) $R_A \leq U_L/I_{\Delta n} = 25\,V/30\,mA = 833\,\Omega \Rightarrow\ 1\,600\,\Omega > 833\,\Omega$

$\Rightarrow$ **Abschaltung kann nicht erfolgen.**

c) $U = U_n =$ **230 V**

Lösungen zu 11.1 Rauminhalte und Massen

230/1 $V = A \cdot h = l \cdot b \cdot h = 30\,cm \cdot 25\,cm \cdot 60\,cm = \mathbf{45\,000\,cm^3}$

230/2 $V = A \cdot h = l \cdot b \cdot h = 60\,mm \cdot 40\,mm \cdot 15\,mm = \mathbf{36\,000\,mm^3}$

230/3 Zylinder: $V = A \cdot h = 0{,}785 \cdot d^2 \cdot h = 0{,}785 \cdot 15^2\,mm^2 \cdot 24\,mm = \mathbf{4\,239\,mm^3}$

$A = \frac{\pi \cdot d^2}{4} = 0{,}785 \cdot d^2 = 0{,}785 \cdot 15^2\,mm^2 = \mathbf{176{,}6\,mm^2}$

Kegel: $V = \frac{1}{3} \cdot A \cdot h \Rightarrow h = \frac{3 \cdot V}{A} = \frac{3 \cdot 86\,mm^3}{35\,mm^2} = \mathbf{7{,}37\,mm}$

230/4 Zylinder: $A = 0{,}785 \cdot d^2 = 0{,}785 \cdot 12^2\,cm^2 = \mathbf{113\,cm^2}$

$V = A \cdot h \Rightarrow h = \frac{V}{A} = 880\,cm^3 : 113\,cm^2 = \mathbf{7{,}78\,cm}$

Kugel: $V = \frac{\pi}{6} \cdot d^3 = \frac{\pi}{6} \cdot 42^3\,mm^3 = \mathbf{38\,773\,mm^3}$

$A_o = \pi \cdot d^2 = 3{,}14 \cdot 42^2\,mm^2 = \mathbf{5\,539\,mm^2}$

230/5

a) Rippenflächen: $A_1 = 2\,mm \cdot 26\,mm = 52\,mm^2$

$6 \cdot A_1 = 6 \cdot 52\,mm^2 = 312\,mm^2$

Rippenflächen m. Fl.: $A_2 = 2\,mm \cdot 26\,mm + 2\,mm \cdot 8\,mm = 68\,mm^2$

$2 \cdot A_2 = 2 \cdot 68\,mm^2 = 136\,mm^2$

Stegfläche: $A_3 = 94{,}3\,mm \cdot 4\,mm - 6 \cdot 4\,mm \cdot 2\,mm = 377{,}2\,mm^2 - 48\,mm^2$

$= 329{,}2\,mm^2$

$A_{ges} = 6 \cdot A_1 + 2 \cdot A_2 + A_3 = 312\,mm^2 + 136\,mm^2 + 329{,}2\,mm^2 = \mathbf{777{,}2\,mm^2}$

b) $V = A \cdot l = 777{,}2\,mm^2 \cdot 37{,}5\,mm = 29\,145\,mm^3 = \mathbf{29{,}1\,cm^3}$

c) $m = V \cdot \varrho = 29{,}1\,cm^3 \cdot 2{,}7\,g/cm^3 = \mathbf{78{,}7\,g}$

230/6 **a)** Rippenflächen: $A_1 = 2\,mm \cdot 32\,mm = 64\,mm^2$

$6 \cdot A_1 = 6 \cdot 64\,mm^2 = 384\,mm^2$

Rippenflächen m. Fl.: $A_2 = 2\,mm \cdot 32\,mm + 2\,mm \cdot 8\,mm = 80\,mm^2$

$2 \cdot A_2 = 2 \cdot 80\,mm^2 = 160\,mm^2$

Stegfläche: $A_3 = 100\,mm \cdot 4\,mm - 6 \cdot 4\,mm \cdot 2\,mm = 400\,mm^2 - 48\,mm^2$

$= 352\,mm^2$

$A_{ges} = 6 \cdot A_1 + 2 \cdot A_2 + A_3 = 384\,mm^2 + 160\,mm^2 + 352\,mm^2 = \mathbf{896\,mm^2}$

b) $V = A \cdot l = 8{,}96\,cm^2 \cdot 7{,}5\,cm = \mathbf{67{,}2\,cm^3}$

c) $m = V \cdot \varrho = 67{,}2\,cm^3 \cdot 2{,}7\,g/cm^3 = \mathbf{181{,}4\,g}$

Lösungen zu 11.2 Übersetzungen

231/1 $d_1 \cdot n_1 = d_2 \cdot n_2 \Rightarrow n_2 = \frac{d_1 \cdot n_1}{d_2}$

$$n_I = \frac{80\,\text{mm} \cdot 1\,400/\text{min}}{166\,\text{mm}} = \mathbf{675/min}$$

$$n_{II} = \frac{98\,\text{mm} \cdot 1\,400/\text{min}}{147\,\text{mm}} = \mathbf{933/min}$$

$$n_{III} = \frac{158\,\text{mm} \cdot 1\,400/\text{min}}{89\,\text{mm}} = \mathbf{2\,485/min}$$

231/2 $z_1 \cdot n_1 = z_2 \cdot n_2 \Rightarrow n_2 = \frac{z_1 \cdot n_1}{z_2} = \frac{35 \cdot 120/\text{min}}{18} = \mathbf{233{,}3/min}$

231/3 **a)** $d_3 \cdot n_3 = d_4 \cdot n_4 \Rightarrow d_3 = \frac{d_4 \cdot n_4}{n_3} = \frac{200\,\text{mm} \cdot 200/\text{min}}{600/\text{min}} = \mathbf{66{,}6\,mm}$

b) $i_1 = \frac{n_1}{n_2} \Rightarrow n_1 = n_2 \cdot i_1 = 600\,1/\text{min} \cdot 0{,}5 = \mathbf{300/min}$

c) $d_1 \cdot n_1 = d_2 \cdot n_2 \Rightarrow d_1 = \frac{d_2 \cdot n_2}{n_1} = \frac{60\,\text{mm} \cdot 600/\text{min}}{300/\text{min}} = \mathbf{120\,mm}$

d) $i_2 = \frac{n_2}{n_4} = \frac{600/\text{min}}{200/\text{min}} = \mathbf{3 : 1}$

e) $i = i_1 \cdot i_2 = \frac{1 \cdot 3}{2 \cdot 1} = \mathbf{1{,}5 : 1}$

231/4 **a)** $\frac{n_1}{n_2} = \frac{z_2}{z_1} \Rightarrow z_2 = z_1 \cdot \frac{n_1}{n_2} = 60 \cdot \frac{250/\text{min}}{1\,000/\text{min}} = \mathbf{15}$

b) $\frac{z_4}{z_3} = \frac{n_3}{n_4} \Rightarrow z_4 = z_3 \cdot \frac{n_3}{n_4} = 28 \cdot \frac{1\,000/\text{min}}{1\,750/\text{min}} = \mathbf{16}$

c) $i_1 = \frac{z_2}{z_1} = \frac{15}{60} = \mathbf{1 : 4}$

d) $i_2 = \frac{z_4}{z_3} = \frac{16}{28} = \mathbf{1 : 1{,}75}$

e) $i = i_1 \cdot i_2 = \frac{1 \cdot 1}{4 \cdot 1{,}75} = \mathbf{1 : 7}$

231/5 **a)** $d_4 \cdot n_M = d_1 \cdot n_A \Rightarrow n_A = \frac{d_4 \cdot n_M}{d_1} = \frac{54\,\text{mm} \cdot 2\,900/\text{min}}{20\,\text{mm}} = \mathbf{7\,830/min}$

b) $d_M = d_1 = \mathbf{20\,mm}$ und $d_A = d_4 = \mathbf{54\,mm}$

231/6 Mit $n_A = \frac{d_M \cdot n_M}{d_A}$ erhält man die Drehzahlen zu

n_{A1} = (20/54) · 2 900/min = **1 074/min**
n_{A2} = (20/38) · 2 900/min = **1 526/min**
n_{A3} = (38/54) · 2 900/min = **2 041/min**
n_{A4} = (38/38) · 2 900/min = **2 900/min**
n_{A5} = (54/38) · 2 900/min = **4 121/min**
n_{A6} = (38/20) · 2 900/min = **5 510/min**
n_{A7} = (54/20) · 2 900/min = **7 830/min**

Lösungen zu 11.3 Kraft und Kraftmoment

232/1 Beim Winkel von 120° zwischen F_1 und F_2 ist $F = F_1 = F_2 =$ **0,2 N**

232/2 $F_1 = \sqrt{F^2 - F_2^2} = \sqrt{80^2 - 60^2}\,\text{N} = \sqrt{6\,400 - 3\,600}\,\text{N} = \sqrt{2\,800}\,\text{N} = \mathbf{52{,}92\,N}$

233/3 Aus der Zeichnung gemessen: 55 mm
F = 55 mm · 20 N/mm = **1 100 N**

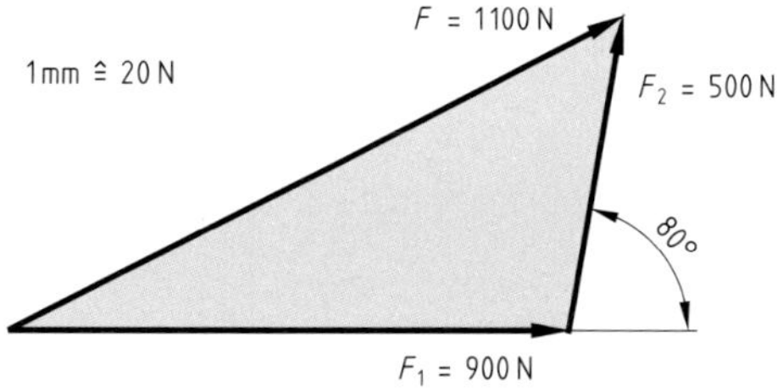

233/4 Lösung entsprechend zu Aufgabe 3, Seite 233.
Aus der Zeichnung gemessen: 38,5 mm
F = 38,5 mm · 40 N/mm = **1 540 N**

233/5 Aus der Zeichnung gemessen: 23,25 mm
F_2 = 23,25 mm · 20 N/mm = **465 N**

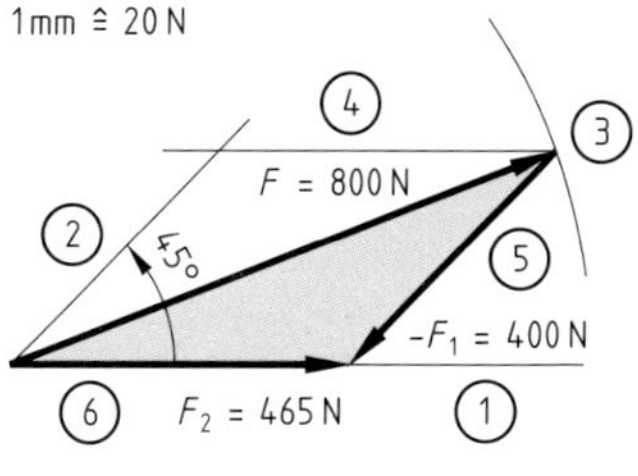

233/6 Lösung entsprechend zu Aufgabe 5, Seite 233.
Aus der Zeichnung gemessen: 11,2 mm
F_2 = 11,2 mm · 20 N/mm = **224 N**

233/7 Ansatz: 1. Gleichgewichtsbedingung.
Kräfteplan entsprechend zu Aufgabe 8, Seite 233 ist gleichseitiges Dreieck
F = **500 N**

233/8 Ansatz: 1. Gleichgewichtsbedingung. 40 kg $\mathrel{\widehat{=}}$ 400 N
Aus der Zeichnung gemessen: 28 mm
$F_1 = F_2 = 28\,\text{mm} \cdot 40\,\text{N/mm} = \mathbf{1\,120\,N}$

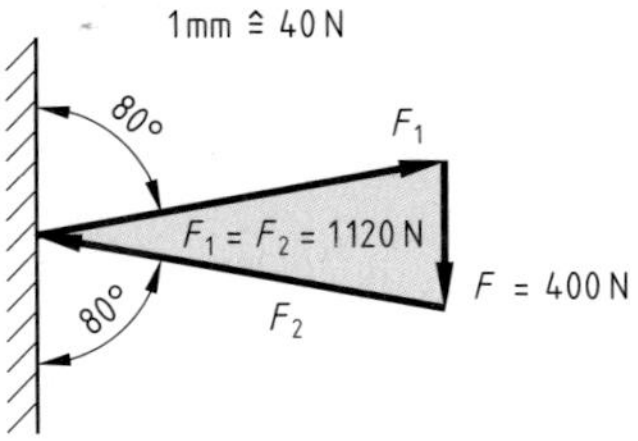

233/9 $M = F \cdot r = 100\,\text{N} \cdot 30\,\text{cm} = 3\,000\,\text{Ncm} = \mathbf{30\,Nm}$

233/10 $M = F \cdot r \Rightarrow F = \dfrac{M}{r} = \dfrac{0{,}2\,\text{Nm}}{12{,}5\,\text{mm}} = \dfrac{0{,}2\,\text{Nm}}{1{,}25\,\text{cm}} = \mathbf{16\,N}$

233/11 $M_{rechts} = M_{links} \Rightarrow F_1 \cdot l_1 = F_2 \cdot l_2; \quad F_1 = \dfrac{F_2 \cdot l_2}{l_1} = \dfrac{70\,\text{N} \cdot 50\,\text{mm}}{85\,\text{mm}} = \mathbf{41{,}2\,N}$

233/12 $F_2 = \dfrac{F_1 \cdot l_1}{l} = \dfrac{50\,\text{N} \cdot 85\,\text{mm}}{50\,\text{mm}} = \mathbf{85\,N}$

233/13 $M = F \cdot r \cdot \sin\alpha$
$\alpha = 90°$
$\sin\alpha = 1$
$M = 180\,\text{N} \cdot 0{,}6\,\text{m} = \mathbf{108\,Nm}$

233/14 rechnerisch
$F_S = \dfrac{F_G}{\cos 30°} = \dfrac{180\,\text{N}}{0{,}866} = \mathbf{207{,}8\,N}$
$F_H = \sqrt{F_S^2 - F_G^2} = \sqrt{207{,}8^2 - 180^2}\,\text{N} = \mathbf{103{,}8\,N}$

zeichnerisch

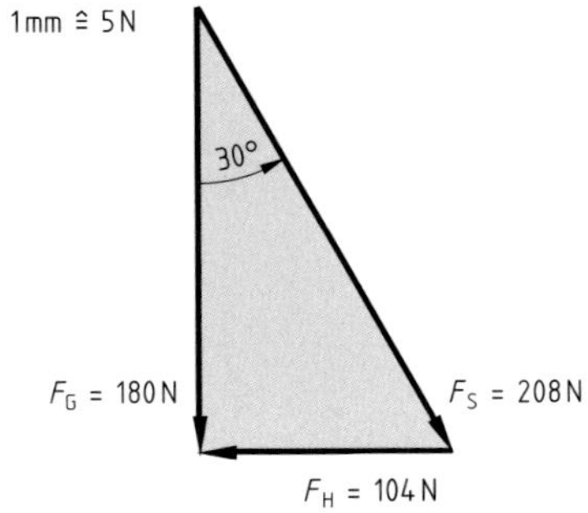

F_G: Gewichtskraft
F_S: Seilkraft
F_H: Haltekraft

Lösungen zu 12.1 Drehstrom und Leistungen bei Drehstrom

Bei nachfolgenden Lösungen treten je nach Genauigkeit von $\sqrt{3}$ Unterschiede auf, insbesondere wenn $400/\sqrt{3} = 230\,\text{V}$ und $\sqrt{3} \cdot 400\,\text{V} = 690\,\text{V}$ gesetzt werden.

234/1

a) $U_{Str} = \frac{U}{\sqrt{3}} = \frac{400\,\text{V}}{\sqrt{3}} = \mathbf{231\,V}$

b) $S_{Str} = S : 3 = 66\,\text{VA} : 3 = 22\,\text{VA}$

$I_{Str} = \frac{S_{Str}}{U_{Str}} = \frac{22\,\text{VA}}{231\,\text{V}} = 0{,}095\,\text{A} \approx \mathbf{0{,}1\,A}$

c) Wegen Y-Schaltung $\Rightarrow I = I_{Str} = \mathbf{0{,}1\,A}$

234/2

a) $I = I_{Str} = \mathbf{10\,A}$

b) $U_{Str} = \frac{U}{\sqrt{3}} = \frac{400\,\text{V}}{\sqrt{3}} = \mathbf{231\,V}$

c) $S_{Str} = U_{Str} \cdot I_{Str} = 231\,\text{V} \cdot 10\,\text{A} = \mathbf{2\,310\,VA}$

234/3

a) $S = \sqrt{3} \cdot U \cdot I = \sqrt{3} \cdot 400\,\text{V} \cdot 5\,\text{A} = \mathbf{3\,464\,VA}$

b) $P = S \cos\varphi = 3\,464\,\text{VA} \cdot 0{,}8 = 2\,771\,\text{W} = \mathbf{2{,}77\,kW}$

c) $\cos\varphi = 0{,}8 \Rightarrow \sin\varphi = 0{,}6$

$Q = S \sin\varphi = 3\,464\,\text{VA} \cdot 0{,}6 = 2\,078\,\text{var} = \mathbf{2{,}08\,kvar}$

234/4

a) $S = \sqrt{3} \cdot U \cdot I = \sqrt{3} \cdot 500\,\text{V} \cdot 6\,\text{A} = \mathbf{5\,196\,VA}$

b) $P = S \cos\varphi = 5\,196\,\text{VA} \cdot 0{,}9 = \mathbf{4\,676\,W}$

c) $\cos\varphi = 0{,}9 \Rightarrow \sin\varphi = 0{,}436$

$Q = S \sin\varphi = 5\,196\,\text{VA} \cdot 0{,}436 = \mathbf{2\,265\,var}$

234/5

a) $X_C = \frac{1}{\omega C} = \frac{1}{314\,1/\text{s} \cdot 100\,\mu\text{F}} = 31{,}8\,\Omega$; $I_{Str} = \frac{U_{Str}}{X_C} = \frac{400\,\text{V}}{31{,}8\,\Omega} = \mathbf{12{,}6}$

b) $I = S\sqrt{3} \cdot I_{Str} = \sqrt{3} \cdot 12{,}6\,\text{A} = 21{,}8\,\text{A}$

$S = \sqrt{3} \cdot U \cdot I = \sqrt{3} \cdot 400\,\text{V} \cdot 21{,}8\,\text{A} = 15\,100\,\text{VA} = \mathbf{15{,}1\,kVA}$

c) $Q_C = S = \mathbf{15{,}1\,kvar}$

234/6

a) $I_{Str} = \frac{U_{Str}}{R} = \frac{400\,\text{V}}{\sqrt{3} \cdot 40\,\Omega} = \mathbf{5{,}77\,A}$

b) $S = \sqrt{3} \cdot U \cdot I = \sqrt{3} \cdot 400\,\text{V} \cdot 5{,}77\,\text{A} = \mathbf{4\,000\,VA}$

c) $P = S = \mathbf{4\,000\,W}$

234/7

a) $S = \sqrt{P^2 + Q_L^2} = \sqrt{6^2 + 4{,}5^2}\,\text{kVA} = \sqrt{36 + 20{,}25}\,\text{kVA} = \sqrt{56{,}25}\,\text{kVA} = \mathbf{7{,}5\,kVA}$

b) $S = \sqrt{3} \cdot U \cdot I \Rightarrow I = \frac{S}{\sqrt{3} \cdot U} = \frac{7\,500\,\text{VA}}{\sqrt{3} \cdot 400\,\text{V}} = \mathbf{10{,}8\,A}$

c) $\cos\varphi = \frac{P}{S} = \frac{6\,\text{kW}}{7{,}5\,\text{kVA}} = \mathbf{0{,}8}$

d) $P_{ab} = \eta \cdot P_{auf} = 0{,}85 \cdot 6\,\text{kW} = \mathbf{5{,}1\,kW}$

234/8 **a)** $S = \frac{P}{\cos\varphi} = \frac{9\,kW}{0{,}85} = \mathbf{10{,}59\,kVA}$

b) $I = \frac{S}{\sqrt{3}U} = \frac{10{,}59\,kVA}{\sqrt{3}\cdot 0{,}5\,kV} = \mathbf{12{,}21\,A}$

c) $\cos\varphi = 0{,}85 \Rightarrow \sin\varphi = 0{,}527$

$Q_L = S\sin\varphi = 10{,}59\,kVA \cdot 0{,}527 = \mathbf{5{,}58\,kvar}$

d) $\eta = \frac{P_{ab}}{P_{auf}} = \frac{8\,kW}{9\,kW} = \mathbf{0{,}889}$

Lösungen zu 12.2 Kompensation

236/1 **a)** $\cos\varphi_1 = 0{,}5 \Rightarrow \tan\varphi_1 = 1{,}732$

$\cos\varphi_2 = 0{,}8 \Rightarrow \tan\varphi_2 = 0{,}75$

$Q_C = P(\tan\varphi_1 - \tan\varphi) = 4\,kW \cdot (1{,}732 - 0{,}75) = \mathbf{3{,}928\,kvar}$

b) $C = \frac{Q_C}{\omega \cdot U_{bC}^2} = \frac{3{,}928\,kvar}{2\cdot\pi\cdot 50\,Hz\cdot 230^2V^2} = \mathbf{236\,\mu F}$

oder: $3{,}928\,kvar/kvar \cdot 60\,\mu F = \mathbf{236\,\mu F}$

c) $P = U \cdot I_1 \cdot \cos\varphi_1 \Rightarrow I_1 = \frac{P}{U\cdot\cos\varphi_1} = \frac{4\,kW}{230\,V\cdot 0{,}5} = \mathbf{34{,}8\,A}$

$I_2 = \frac{P}{U\cdot\cos\varphi_2} = \frac{4\,kW}{230\,V\cdot 0{,}8} = \mathbf{21{,}7\,A}$

236/2 $C = \frac{Q_C}{\omega\cdot U_{bC}^2} \Rightarrow Q_C = C\cdot\omega\cdot U_{bC}^2 = 68\,\mu F\cdot 314\,Hz\cdot 230^2V^2 = 1{,}12\,kvar$

$Q_C = P\cdot(\tan\varphi_1 - \tan\varphi_2) \Rightarrow P = \frac{Q_C}{\tan\varphi_1 - \tan\varphi_2}$

$\cos\varphi_1 = 0{,}5 \Rightarrow \tan\varphi_1 = 1{,}73$

$\cos\varphi_2 = 0{,}8 \Rightarrow \tan\varphi_2 = 0{,}75$

$P = \frac{Q_C}{\tan\varphi_1 - \tan\varphi_2} = \frac{1{,}12\,kvar}{1{,}73 - 0{,}75} = \mathbf{1{,}14\,kW}$

236/3 $Q_{Cges} = 15\,kW\cdot 0{,}45\,\frac{kvar}{kW} = 6{,}75\,kvar$

$Q_C = 6{,}75\,kvar/3 = 2{,}25\,kvar$

$C = \frac{Q_C}{\omega\cdot U_{bC}^2} = \frac{2{,}25\,kvar}{2\cdot\pi\cdot 60\,Hz\cdot 400^2\cdot V^2} = \mathbf{37{,}3\,\mu F}$

236/4 $Q_{Cges} = 11\,kW\cdot 0{,}4\,\frac{kvar}{kW} = 4{,}4\,kvar$

$P = \sqrt{3}\cdot U\cdot I\cdot\cos\varphi_1 = \sqrt{3}\cdot 400\,V\cdot 26\,A\cdot 0{,}75 = 13{,}51\,kW$

$Q_C = P\cdot(\tan\varphi_1 - \tan\varphi_2)$

$\Rightarrow \tan\varphi_2 = \tan\varphi_1 - \frac{Q_C}{P} = 0{,}8819 - \frac{4{,}4\,kvar}{13{,}51\,kW} = 0{,}5562 \Rightarrow \cos\varphi_2 = \mathbf{0{,}87}$

236/5 **a)** $\cos\varphi_1 = \frac{P}{U \cdot I} = \frac{63\,W}{230\,V \cdot 0{,}68\,A} = 0{,}403$

$Q_{12} = Q_{11} = P \cdot \tan\varphi_1 = 63\,W \cdot 2{,}271 = 143\,var$

$Q_C = 2 \cdot Q_{11} = 2 \cdot 143\,var = \mathbf{286\,var}$

b) $Q_1 = I_{bC} \cdot U_{bC} \Rightarrow U_{bC} = \frac{Q_1}{I_{bC}} = \frac{286\,var}{0{,}68\,A} = \mathbf{420{,}6\,V}$

c) $C = 60\,\frac{\mu F}{kvar} \cdot \left(\frac{230\,V}{420{,}6\,V}\right)^2 \cdot 0{,}286\,var = \mathbf{5{,}13\,\mu F}$

236/6 $C = \frac{Q_C}{\omega \cdot U_{bC}^2} \Rightarrow Q_C = C \cdot \omega \cdot U_{bC}^2 = 33\,\mu F \cdot 2 \cdot \pi \cdot 50\,Hz \cdot 230^2 V^2 = 548\,var$

$S_1 = U \cdot I = 230\,V \cdot 3{,}4\,A = 782\,VA$

$\cos\varphi_1 = \frac{P}{S_1} = \frac{250\,W}{728\,VA} = 0{,}3197 \Rightarrow \tan\varphi_1 = 2{,}964$

$Q_C = P \cdot (\tan\varphi_1 - \tan\varphi_2)$

$\Rightarrow \tan\varphi_2 = \tan\varphi_1 - \frac{Q_C}{P} = 2{,}964 - \frac{548\,var}{250\,W} = 0{,}772 \Rightarrow \cos\varphi_2 = \mathbf{0{,}792}$

Lösungen zu 12.3.1 Mindestquerschnitt und Strombelastbarkeit

238/1 $I_B = P/U = 100\,W/230\,V = 0{,}435\,A$

$\Rightarrow$ nach Tabelle 1, Seite 237: $A = \mathbf{0{,}75\,mm^2}$

238/2 $I_B = P/U = 250\,W/230\,V = 1{,}09\,A$

$\Rightarrow$ nach Tabelle 1, Seite 237: $A = \mathbf{0{,}5\,mm^2}$

238/3 $P_{auf} = \frac{P_{ab}}{\eta} = \frac{3\,kW}{0{,}75} = 4\,kW$

$P = U \cdot I \cdot \cos\varphi$

$\Rightarrow I_B = \frac{P}{U \cdot \cos\varphi} = \frac{4\,kW}{230\,V \cdot 0{,}8} = 21{,}7\,A$

$\Rightarrow$ nach Tabelle 3, Seite 237: $A = \mathbf{2{,}5\,mm^2}$

238/4 $P_{auf} = \frac{P_{ab}}{\eta} = \frac{15\,kW}{0{,}8} = 18{,}8\,kW$

$I_B = \frac{P}{\sqrt{3} \cdot U \cdot \cos\varphi} = \frac{18{,}8\,kW}{\sqrt{3} \cdot 400\,V \cdot 0{,}85} = 31{,}9\,A$

$\Rightarrow$ nach Tabelle 2, Seite 237: $A = \mathbf{4\,mm^2}$

238/5 NYM auf Putz ⇒ Gruppe C

$I_B = \frac{P}{\sqrt{3} \cdot U} = \frac{12\,kW}{\sqrt{3} \cdot U} = 17{,}3\,A \Rightarrow$ für $\vartheta_U = 30\,°C$

nach Tabelle 2, Seite 237: $A = 1{,}5\,mm^2$.

Bei 35 °C ist die der Berechnung zugrunde zu legende Stromstärke nach Tabelle 4, Seite 237:

$I_{35} = \frac{I_{30}}{F} = \frac{17{,}3\,A}{0{,}94} = 18{,}4\,A \Rightarrow A = \mathbf{2{,}5\,mm^2}$

238/6 Aderleitung im Rohr unter Putz ⇒ Gruppe B1

$P_{auf} = \frac{P_{ab}}{\eta} = \frac{7{,}5\,kW}{0{,}85} = 8{,}82\,kW$

$I_B = \frac{P}{\sqrt{3} \cdot U \cdot \cos\varphi} = \frac{8{,}82\,kW}{\sqrt{3} \cdot 400\,V \cdot 0{,}8} = 15{,}9\,A$

a) Sicherung $I_n \geq 1{,}5 \cdot 15{,}9\,A = 23{,}9\,A \approx \mathbf{25\,A}$

b) Bei 30 °C nach Tabelle 2, Seite 237: $A = 4\,mm^2$

Es ist zu prüfen, ob nach Tabelle 2, Seite 236, und Tabelle 4, Seite 236, $2{,}5\,mm^2$ genügen.

$I_{25} = 1{,}06 \cdot I_{30} = 1{,}06 \cdot 24\,A = 25{,}44\,A \Rightarrow A = \mathbf{2{,}5\,mm^2}$

238/7 NYM auf Putz ⇒ Gruppe C

Umrechnungsfaktor F_1 nach Tabelle 4, Seite 237, und F_2 nach Tabelle, Seite 238

$\Rightarrow F = F_1 \cdot F_2 = 1{,}06 \cdot 0{,}68 = 0{,}721$

$I_B = \frac{P}{\sqrt{3} \cdot U} = \frac{22\,kW}{\sqrt{3} \cdot 400\,V} = 31{,}8\,A$

a) $I_n \geq I_B = 31{,}8\,A \approx \mathbf{35\,A}$

b) Bei 30 °C nach Tabelle 2, Seite 237: $A = 6\,mm^2$

Es ist zu prüfen, ob $4\,mm^2$ genügen. $4\,mm^2$ sind belastbar mit $F \cdot I_B \leq I_n$

$\Rightarrow 1{,}06 \cdot 32\,A = 33{,}9\,A < 35\,A \Rightarrow A = \mathbf{6\,mm^2}$

238/8 NYM auf Putz ⇒ Gruppe C

$P_{auf} = \frac{P_{ab}}{\eta} = \frac{11\,kW}{0{,}85} = 12{,}9\,kW$

$I_B = \frac{P}{\sqrt{3} \cdot U \cdot \cos\varphi} = \frac{12{,}9\,kW}{\sqrt{3} \cdot 400\,V \cdot 0{,}8} = 23{,}3\,A$

a) $I_n = \mathbf{23{,}3\,A}$

b) Umrechnungsfaktor nach Tabelle, Seite 238:

$F = 0{,}81 \Rightarrow I_B = 23{,}3\,A/0{,}81 = 28{,}8\,A \Rightarrow A = \mathbf{4\,mm^2}$

Lösungen zu 12.3.2 Spannungsfall

239/1 $\Delta U = U_1 - U_2 = 232\,V - 228\,V = \mathbf{4\,V}$

$\Delta u = \frac{\Delta U \cdot 100\,\%}{U} = \frac{4\,V \cdot 100\,\%}{230\,V} = \mathbf{1{,}74}\,\%$

239/2 $\Delta u \leq 3\,\% \Rightarrow \Delta U \leq \frac{\Delta u \cdot U}{100\,\%} = \frac{3\,\% \cdot 400\,V}{100\,\%} = 12\,V$

$U_1 \geq U_2 + \Delta U = 400\,V + 12\,V = \mathbf{412\,V}$

239/3 **a)** Nach Tabelle 3, Seite 237: $A = \mathbf{2{,}5\,mm^2}$

b) $\Delta U = \frac{\Delta u \cdot U}{100\,\%} = \frac{6\,\% \cdot 24\,V}{100\,\%} = 1{,}44\,V$

$A = \frac{2 \cdot I \cdot l}{\gamma \cdot \Delta U} = \frac{2 \cdot 20\,A \cdot 20\,m}{56\,Sm/mm^2 \cdot 1{,}44\,V} = 9{,}92\,mm^2 \approx \mathbf{10\,mm^2}$

c) $I_n = \mathbf{20\,A}$

239/4 $\Delta U = U_1 - U_2 = 226\,V - 221\,V = 5\,V$

$A = \frac{2 \cdot I \cdot l}{\gamma \cdot \Delta U} = \frac{2 \cdot 24\,A \cdot 30\,m}{56\,Sm/mm^2 \cdot 5\,V} = 5{,}14\,mm^2 \approx \mathbf{6\,mm^2}$

240/5 $\Delta u = 3\,\% \Rightarrow \Delta U = \frac{\Delta u \cdot U}{100\,\%} = \frac{3\,\% \cdot 400\,V}{100\,\%} = 12\,V$

$A = \frac{\sqrt{3} \cdot I \cdot l \cdot \cos\varphi}{\gamma \cdot \Delta U} = \frac{\sqrt{3} \cdot 24\,A \cdot 30\,m \cdot 0{,}8}{56\,Sm/mm^2 \cdot 12\,V} = 1{,}48\,mm^2 \approx \mathbf{1{,}5\,mm^2}$

Hinweis: Wegen der Strombelastbarkeit ist aber ein größerer Querschnitt zu verlegen.

240/6 Isolierung PVC, dreiadrig mit Schutzleiter (also für AC), $2{,}5\,mm^2$.
Belastbar nach Tabelle 3, Seite 237, mit 26 A

$\Delta U = \frac{\Delta u \cdot U}{100\,\%} = \frac{2\,\% \cdot 230\,V}{100\,\%} = 4{,}6\,V$

$l = \frac{\Delta U \cdot \gamma \cdot A}{2 \cdot I \cdot \cos\varphi} = \frac{4{,}6\,V \cdot 56\,Sm/mm^2 \cdot 2{,}5\,mm^2}{2 \cdot 26\,A \cdot 1} = \mathbf{12{,}4\,m}$

240/7 $\Delta u = 3\,\% \Rightarrow \Delta U = 12\,V$

$\cos\varphi = \frac{\Delta U \cdot \gamma \cdot A}{\sqrt{3} \cdot I \cdot l} = \frac{12\,V \cdot 56\,Sm/mm^2 \cdot 2{,}5\,mm^2}{\sqrt{3} \cdot 22\,A \cdot 50\,m} = \mathbf{0{,}88}$

240/8 **a)** Nach Tabelle 2, Seite 237: $I_Z = \mathbf{26\,A}$

b) $\Delta U = \frac{2 \cdot I \cdot l \cdot \cos\varphi}{\gamma \cdot A} = \frac{2 \cdot 18\,A \cdot 50\,m \cdot 0{,}8}{56\,Sm/mm^2 \cdot 2{,}5\,mm^2} = 10{,}3\,V$

$\Delta u = \frac{\Delta U \cdot 100\,\%}{U} = \frac{10{,}3\,V \cdot 100\,\%}{230\,V} = \mathbf{4{,}48}\,\%$

Lösungen zu 12.3.3 Verzweigte Leitungen

241/1 $\sum(I \cdot l) = I_1 \cdot l_1 + I_2 \cdot l_2 + \ldots = 4\,A \cdot 6\,m + 5\,A \cdot 11\,m + 11\,A \cdot 20\,m = 299\,Am$

$$\Delta U = \frac{2 \cdot \cos\varphi_m}{\gamma \cdot A} \cdot \sum(I \cdot l) = \frac{2 \cdot 0{,}8}{56\,Sm/mm^2 \cdot 1{,}5\,mm^2} \cdot 299\,Am = \mathbf{5{,}7\,V}$$

$$\Delta u = \frac{\Delta U \cdot 100\,\%}{U} = \frac{5{,}7\,V \cdot 100\,\%}{230\,V} = \mathbf{2{,}48}\,\%$$

241/2 $\sum(I \cdot l) = I_I \cdot l_I + I_{II} \cdot l_{II} + \ldots = 32\,A \cdot 8\,m + 22\,A \cdot 3\,m + 10\,A \cdot 9\,m = 412\,Am$

$$\Delta U = \frac{2 \cdot \cos\varphi_m}{\gamma \cdot A} \cdot \sum(I \cdot l) = \frac{2 \cdot 0{,}7}{56\,Sm/mm^2 \cdot 1{,}5\,mm^2} \cdot 412\,Am = \mathbf{6{,}87\,V}$$

$$\Delta u = \frac{\Delta U \cdot 100\,\%}{U} = \frac{6{,}87\,V \cdot 100\,\%}{400\,V} = \mathbf{1{,}71}\,\%$$

241/3 $\cos\varphi_m \approx \frac{1 + 0{,}5 + 0{,}7}{3} = 0{,}73$

$$\sum(I \cdot l) = I_1 \cdot l_1 + I_2 \cdot l_2 + \ldots = 10\,A \cdot 8\,m + 10\,A \cdot 11\,m + 10\,A \cdot 19\,m = 380\,Am$$

$$\Delta U = \frac{\sqrt{3} \cdot \cos\varphi_m}{\gamma \cdot A} \cdot \sum(I \cdot l) = \frac{\sqrt{3} \cdot 0{,}73}{56\,Sm/mm^2 \cdot 2{,}5\,mm^2} \cdot 380\,Am = 3{,}43\,V$$

$$U_1 = U_2 + \Delta U = 395\,V + 3{,}43\,V \approx \mathbf{398{,}4\,V}$$

241/4 Berechnung der Motorströme:

$$P_{auf} = \frac{P_{ab}}{\eta} = \frac{7{,}5\,\text{kW}}{0{,}8} = 9{,}375\,\text{kW}$$

$$I = \frac{P_{auf}}{\sqrt{3} \cdot U \cdot \cos\varphi} = \frac{9{,}375\,\text{kW}}{\sqrt{3} \cdot 400\,\text{V} \cdot 0{,}75} = 18\,\text{A}$$

$$P_{auf} = \frac{P_{ab}}{\eta} = \frac{4\,\text{kW}}{0{,}8} = 5\,\text{kW}$$

$$I = \frac{5\,\text{kW}}{\sqrt{3} \cdot 400\,\text{V} \cdot 0{,}75} \approx 9{,}6\,\text{A}$$

Strom in der Hauptleitung:
$I \approx 18\,\text{A} + 16\,\text{A} + 9{,}6\,\text{A} = 43{,}6\,\text{A}$

a) Querschnitte nach Strombelastbarkeit (Gruppe B1)

Hauptleitung:	43,6 A ⇒ A = **10 mm²**
7,5-kW-Motor:	18 A ⇒ A = **2,5 mm²**
Beleuchtungsstromkreis:	16 A ⇒ A = **1,5 mm²**
4-kW-Motor:	9,62 A ⇒ A = **1,5 mm²**

b) Spannungsfall der Hauptleitung:
$I_I = 43{,}6\,\text{A}$; $I_{II} = 43{,}6\,\text{A} - 18\,\text{A} = 25{,}6\,\text{A}$; $I_{III} = 25{,}6\,\text{A} - 16\,\text{A} = 9{,}2\,\text{A}$
$\cos\varphi \approx 0{,}8$

Stelle F:

$$\sum(I \cdot l) = 43{,}6\,\text{A} \cdot 10\,\text{m} + 25{,}6\,\text{A} \cdot 15\,\text{m} + 9{,}2\,\text{A} \cdot 20\,\text{m} = 1\,004\,\text{Am}$$

$$\Delta U_F = \frac{\sqrt{3} \cdot \cos\varphi_m}{\gamma \cdot A} \cdot \sum(I \cdot l) = \frac{\sqrt{3} \cdot 0{,}8}{56\,\text{Sm/mm}^2 \cdot 10\,\text{mm}^2} \cdot 1\,004\,\text{Am} = 2{,}48\,\text{V}$$

Stelle E:

$$\sum(I \cdot l) = 43{,}6\,\text{A} \cdot 10\,\text{m} + 25{,}6\,\text{A} \cdot 15\,\text{m} = 820\,\text{Am}$$

$$\Delta U_E = \frac{\sqrt{3} \cdot 0{,}8}{56\,\text{Sm/mm}^2 \cdot 10\,\text{mm}^2} \cdot 820\,\text{Am} = 2{,}03\,\text{V}$$

Stelle B:
Spannungsfall von F nach B:

$$\Delta U_{FB} = \frac{\sqrt{3} \cdot I \cdot l \cdot \cos\varphi_m}{\gamma \cdot A} = \frac{\sqrt{3} \cdot 9{,}6\,\text{A} \cdot 18\,\text{m} \cdot 0{,}8}{56\,\text{Sm/mm}^2 \cdot 1{,}5\,\text{mm}^2} = 2{,}85\,\text{V}$$

$$\Delta U_B \approx \Delta U_F + \Delta U_{FB} = 2{,}48\,\text{V} + 2{,}85\,\text{V} = \mathbf{5{,}33\,V}$$

Stelle A:
Leitung E nach A:

$$\sum(I \cdot l) = 8\,\text{A} \cdot 6\,\text{m} + 8\,\text{A} \cdot 12\,\text{m} = 144\,\text{Am}$$

$$\Delta U_{EA} = \frac{2 \cdot \cos\varphi_m}{\gamma \cdot A} \cdot \sum(I \cdot l) = \frac{2 \cdot 0{,}9}{56\,\text{Sm/mm}^2 \cdot 1{,}5\,\text{mm}^2} \cdot 144\,\text{Am} = 3{,}09\,\text{V}$$

$$\Delta U_A = \Delta U_E + \Delta U_{EA} = 2{,}03\,\text{V} + 3{,}09\,\text{V} = \mathbf{5{,}12\,V}$$

c) Motorleitung: 3 % ≙ 12 V
Beleuchtungsleitung: 3 % ≙ 6,9 V
Die Spannungsfälle liegen darunter, sodass die Querschnitte von a) ausreichen.

241/5 Berechnung der Motorströme wie bei Aufgabe 5, Seite 241.
Strom in der Hauptleitung wie bei Aufgabe 5, Seite 240.

a) Querschnitte nach Strombelastbarkeit (Gruppe C)

Hauptleitung:	43,6 A ⇒ A = **10 mm²**
7,5-kW-Motor:	18 A ⇒ A = **2,5 mm²**
Beleuchtungsstromkreis:	16 A ⇒ A = **1,5 mm²**
4-kW-Motor:	9,62 A ⇒ A = **1,5 mm²**

b) Stelle H:

$$\Delta U_H = \frac{\sqrt{3} \cdot 43{,}6\,\text{A} \cdot 10\,\text{m} \cdot 0{,}8}{56\,\text{Sm/mm}^2 \cdot 10\,\text{mm}^2} = 1{,}08\,\text{V}$$

Stelle D:

$$\Delta U_{HD} = \frac{\sqrt{3} \cdot 18\,\text{A} \cdot 18\,\text{m} \cdot 0{,}8}{56\,\text{Sm/mm}^2 \cdot 2{,}5\,\text{mm}^2} = 3{,}21\,\text{V}$$

$$\Delta U_D = \Delta U_H + \Delta U_{HD} = 1{,}08\,\text{V} + 3{,}21\,\text{V} = \mathbf{4{,}29\,V}$$

Stelle E wie bei Aufgabe 5, Seite 241:
$\Delta U_E = 2{,}03\,\text{V}$

Leitung E nach G:

$$\Delta U_{EG} = \frac{2 \cdot 16\,\text{A} \cdot 6\,\text{m} \cdot 0{,}9}{56\,\text{Sm/mm}^2 \cdot 1{,}5\,\text{mm}^2} = 2{,}06\,\text{V}$$

Leitung G nach C:

$$\Delta U_{GC} = \frac{2 \cdot 8\,\text{A} \cdot 8\,\text{m} \cdot 0{,}9}{56\,\text{Sm/mm}^2 \cdot 1{,}5\,\text{mm}^2} = 1{,}37\,\text{V}$$

Stelle C:

$$\Delta U_C = \Delta U_E + \Delta U_{EG} + \Delta U_{GC} = 2{,}03\,\text{V} + 2{,}06\,\text{V} + 1{,}37\,\text{V} = \mathbf{5{,}46\,V}$$

c) Motorleitung: 2 % ≙ 8 V
Beleuchtungsleitung: 2 % ≙ 4,6 V
Die Motorleitung nach a) ist ausreichend bemessen.
Die Beleuchtungsleitung reicht für $\Delta u = 2\,\%$ nicht ⇒ A = 2,5 mm².

Probe:
Stelle E unverändert: $\Delta U_E = 2{,}03\,\text{V}$

Leitung E nach G:

$$\Delta U_{EG} = \frac{2 \cdot 16\,\text{A} \cdot 6\,\text{m} \cdot 0{,}9}{56\,\text{Sm/mm}^2 \cdot 2{,}5\,\text{mm}^2} = 1{,}23\,\text{V}$$

Leitung G nach C:

$$\Delta U_{GC} = \frac{2 \cdot 8\,\text{A} \cdot 8\,\text{m} \cdot 0{,}9}{56\,\text{Sm/mm}^2 \cdot 2{,}5\,\text{mm}^2} = 0{,}82\,\text{V}$$

$$\Delta U_C = \Delta U_E + \Delta U_{EG} + \Delta U_{GC} = 2{,}03\,\text{V} + 1{,}23\,\text{V} + 0{,}82\,\text{V} = 4{,}08\,\text{V} < 4{,}6\,\text{V}$$

Lösungen zu 12.4 Gesteuerte Stromrichter

243/1

$$U = U_1 \cdot \sqrt{\frac{\tau}{\tau + \tau_p}} = 230\,\text{V}\sqrt{\frac{80}{80 + 120}} = \mathbf{145\,V}$$

243/2 **a)** $g = \frac{\tau}{\tau + \tau_p} \Rightarrow \tau = g \cdot (\tau + \tau_p) = 0{,}4 \cdot 50\,\text{ms} = \mathbf{20\,ms}$

$\tau_p = 50\,\text{ms} - 20\,\text{ms} = \mathbf{30\,ms}$

b) $U = U_1\sqrt{\frac{\tau}{\tau + \tau_p}} = 110\,\text{V} \cdot \sqrt{0{,}4} = \mathbf{69{,}6\,V}$

243/3 $U_{i2} = U_1 \cdot \sqrt{1 + \frac{\sin 2\alpha}{2\pi} - \frac{\alpha}{180°}} = 230\,\text{V} \cdot \sqrt{1 + \frac{\sin 120°}{2\pi} - \frac{60°}{180°}}$

$= 230\,\text{V} \cdot \sqrt{1 + 0{,}1378 - 0{,}3333} = \mathbf{206\,V}$

243/4 $U_{i2} = U_1 \cdot \sqrt{1 + \frac{\sin 2\alpha}{2\pi} - \frac{\alpha}{180°}} = 230\,\text{V} \cdot \sqrt{1 + \frac{\sin 300°}{2\pi} - \frac{150°}{180°}}$

$= 230\,\text{V} \cdot \sqrt{1 - 0{,}1378 - 0{,}8333} = \mathbf{39{,}1\,V}$

243/5 Pulsfrequenz $f = 5\,\text{Hz} \Rightarrow T = \tau + \tau_p = \frac{1}{f} = \frac{1}{5}\,\text{Hz} = 0{,}2\,\text{s}$

$U = U_1\sqrt{\frac{\tau}{\tau + \tau_p}} \Rightarrow \tau = \left(\frac{U}{U_1}\right)^2 \cdot (\tau + \tau_p) = \left(\frac{60\,\text{V}}{110\,\text{V}}\right)^2 \cdot 0{,}2\,\text{s} = \mathbf{0{,}0595\,s}$

$\tau_p = 0{,}2\,\text{s} - 0{,}0595\,\text{s} = \mathbf{0{,}1405\,s}$

243/6 $g = \frac{\tau}{\tau + \tau_p} = 0{,}2; \quad U = U_1\sqrt{\frac{\tau}{\tau + \tau_p}} = 400\,\text{V} \cdot \sqrt{0{,}2} = \mathbf{179\,V}$

243/7 Nach Tabelle, Seite 242, ist $U_{di}/U_1 = 0{,}9$

$U_{di\alpha} = \frac{U_{di}}{2}(1 + \cos\alpha) = \frac{230\,\text{V} \cdot 0{,}9}{2}(1 + \cos 60°) = \mathbf{155\,V}$

243/8 Nach Tabelle, Seite 242, ist $U_{di}/U_1 = 0{,}45$

$U_{di\alpha} = \frac{U_{di}}{2}(1 + \cos\alpha) = \frac{50\,\text{V} \cdot 0{,}45}{2}(1 + \cos 90°) = \mathbf{11{,}3\,V}$

243/9 $U_{di\alpha} = 150\,\text{V} + 2 \cdot 0{,}9\,\text{V} = 151{,}8\,\text{V}$

$U_{di\alpha} = \frac{U_{di}}{2} \cdot (1 + \cos\alpha)$

$\Rightarrow \alpha = \arccos\left(\frac{U_{di\alpha \cdot 2}}{U_{di}} - 1\right) = \arccos\left(\frac{151{,}8\,\text{V} \cdot 2}{230\,\text{V} \cdot 0{,}9} - 1\right) = \mathbf{62{,}2°}$

243/10 $U_{di\alpha} = 16\,\text{V} + 0{,}9\,\text{V} = 16{,}9\,\text{V}$

Entsprechend zu Aufgabe 9, Seite 243

$\alpha = \arccos\left(\frac{U_{di\alpha} \cdot 2}{U_{di}} - 1\right) = \arccos\left(\frac{16{,}9 \cdot 2}{50\,\text{V} \cdot 0{,}45} - 1\right) = \mathbf{59{,}9°}$

243/11 Nach Tabelle, Seite 242, ist $U_{di}/U_1 = 1{,}35$

$U_{di\alpha} = U_{di} \cdot \cos\alpha = 1{,}35 \cdot 400\,V \cdot \cos 30° = 467{,}7\,V$

$\Delta U = 2 \cdot 0{,}8\,V = 1{,}6\,V$

$U_{d\alpha} = U_{di\alpha} - \Delta U = 467{,}7\,V - 1{,}6\,V = \mathbf{466\,V}$

243/12 $\Delta U = 2 \cdot 0{,}9\,V = 1{,}8\,V$; nach Tabelle, Seite 242 ist $U_{di}/U_1 = 1{,}35$

$U_{di\alpha} = U_{d\alpha} + \Delta U = 110\,V + 1{,}8\,V = 111{,}8\,V$

$U_{di\alpha} = U_{di} \cdot \cos\alpha$

$$\Rightarrow \alpha = \arccos\frac{U_{di\alpha}}{U_{di}} = \arccos\frac{111{,}8\,V}{400\,V \cdot 1{,}35} = \mathbf{78°}$$

Lösungen zu 12.5.1 Transistoren als elektronische Schalter

244/1 **a)** $I_C = \frac{U_b - U_{CE}}{R_C}$

$$\Rightarrow R_{Lmin} = R_{Cmin} = \frac{U_{bmax} - U_{CEmin}}{I_{Cmax}} = \frac{16{,}5\,V - 0{,}15\,V}{15\,mA} = \mathbf{1{,}09\,k\Omega}$$

b) $$R_{vmax} = \frac{B_{min} \cdot R_{Cmin} \cdot (U_{emin} - U_{BEmax})}{ü \cdot (U_{bmax} - U_{CEmin})} = \frac{80 \cdot 1{,}09\,k\Omega \cdot (13\,V - 0{,}7\,V)}{5 \cdot (16{,}5\,V - 0{,}15\,V)} = \mathbf{13{,}12\,k\Omega}$$

244/2 **a)** $$R_{vmax} = \frac{B_{min} \cdot R_{Cmin} \cdot (U_{emin} - U_{BEmax})}{ü \cdot (U_{bmax} - U_{CEmin})}$$

$$\Rightarrow U_{bmax} = \frac{B_{min} \cdot R_{Cmin} \cdot (U_{emin} - U_{BEmax})}{ü \cdot R_{vmax}} + U_{CEmin} = \frac{92 \cdot 1{,}8\,k\Omega \cdot (10{,}8\,V - 0{,}7\,V)}{3 \cdot 51\,k\Omega} + 0{,}18\,V$$

$= \mathbf{11{,}11\,V}$

b) $$I_{Cmax} = \frac{U_{bmax} - U_{CEmin}}{R_{Cmin}} = \frac{11{,}11\,V - 0{,}18\,V}{1{,}8\,k\Omega} = \mathbf{6{,}07\,mA}$$

c) $$I_{Bmax} = \frac{ü \cdot I_{Cmax}}{B_{min}} = \frac{3 \cdot 6{,}07\,mA}{92} = \mathbf{197{,}93\,\mu A}$$

244/3 **a)** $$R_1 = \frac{U_b - U_{CE} - U_F}{I_F} = \frac{5\,V - 0{,}2\,V - 1{,}5\,V}{18\,mA} = \mathbf{183{,}3\,\Omega}$$

b) $$I_B = \frac{I_C}{B} = \frac{18\,mA}{200} = 90\,\mu A; \quad ü = \frac{I_{QH}}{I_B} = \frac{0{,}4\,mA}{90\,\mu A} = \mathbf{4{,}44}$$

c) $$I_C = \frac{B \cdot (U_e - U_{BE})}{ü \cdot R_v}$$

$$\Rightarrow R_v = \frac{B \cdot (U_e - U_{BE})}{ü \cdot I_C} = \frac{200 \cdot (3{,}3\,V - 0{,}7\,V)}{4{,}44 \cdot 18\,mA} = \mathbf{6{,}51\,k\Omega}$$

244/4 **a)** $I_C = \frac{U_b - U_{CE}}{R_C} = \frac{5\,V - 0{,}2\,V}{60\,\Omega} = 80\,mA$

$I_{Bmin} = \frac{I_C}{B} = \frac{80\,mA}{60} = 1{,}33\,mA$

$I_B = ü \cdot I_{Bmin} = 4 \cdot 1{,}33\,mA = \mathbf{5{,}32\,mA}$

b) $R_v = \frac{U_{QH} - U_{BE}}{I_B} = \frac{2{,}4\,V - 0{,}7\,V}{5{,}32\,mA} = \mathbf{319{,}5\,\Omega}$

c) $R_1 = \frac{U_b - U_{QH}}{I_B - I_{QH}} = \frac{5\,V - 2{,}4\,V}{5{,}32\,mA - 0{,}4\,mA} = \mathbf{528{,}5\,\Omega}$

244/5 **a)** $R_{Cmin} = \frac{U_{bmax} - U_{CEmin}}{I_{Cmax} + I_{Lmin}} = \frac{5\,V - 0{,}2\,V}{3\,mA + 0{,}45\,mA} = \mathbf{1{,}39\,k\Omega}$

b) $R_{Lmax} = \frac{U_{CEmin}}{I_{Lmin}} = \frac{0{,}2\,V}{0{,}45\,mA} = \mathbf{444{,}4\,\Omega}$

c) $f = 1 + \frac{R_{Cmin}}{R_{Lmax}} = 1 + \frac{1{,}39\,k\Omega}{444{,}4\,\Omega} = 4{,}13$

$R_{vmax} = \frac{B_{min} \cdot R_{Cmin} \cdot (U_{emin} - U_{BEmax})}{ü \cdot (U_{bmax} - U_{CEmin} \cdot f)} = \frac{70 \cdot 1{,}39\,k\Omega \cdot (4{,}7\,V - 0{,}65\,V)}{4 \cdot (5\,V - 0{,}2\,V \cdot 4{,}13)} = \mathbf{23{,}6\,k\Omega}$

244/6 $R_{vmax} = \frac{B_{min} \cdot R_{Cmin} \cdot (U_{emin} - U_{BEmax})}{ü \cdot (U_{bmax} - U_{CEmin} \cdot f)} = \frac{B_{min} \cdot R_{Cmin} \cdot (U_{emin} - U_{BEmax})}{ü \cdot [U_{bmax} - U_{CEmin} \cdot (1 + R_{Cmin}/R_{Lmax})]}$

$= \frac{B_{min} \cdot R_{Cmin} \cdot (U_{emin} - U_{BEmax})}{ü \cdot (U_{bmax} - U_{CEmin} - I_{Lmin} \cdot R_{Cmin})} = \frac{72 \cdot 9{,}5\,k\Omega \cdot (10{,}8\,V - 0{,}66\,V)}{5 \cdot [16{,}5\,V - 0{,}45\,V - (-1{,}35\,mA) \cdot 9{,}5\,k\Omega]}$

$= \mathbf{48{,}04\,k\Omega}$

Lösungen zu 12.5.2 Thyristoren als elektronische Schalter

245/1 **a)** $\lambda = 180° \Rightarrow F = \mathbf{1{,}6}$

b) $F = I_F/\bar{I}_F \Rightarrow I_F = F \cdot \bar{I}_F = 1{,}6 \cdot 1\,A = \mathbf{1{,}6\,A}$

c) $P_F = U_S \cdot \bar{I}_F + I_F^2 \cdot r_F \approx 1\,V \cdot 1\,A + (1{,}6\,A)^2 \cdot 80\,m\Omega = \mathbf{1{,}205\,W}$

245/2 **a)** $\alpha + \lambda = 180° \Rightarrow \lambda = 180° - \alpha = 180° - 90° = 90° \Rightarrow F = \mathbf{2{,}2}$

b) $F = I_F/\bar{I}_F \Rightarrow \bar{I}_F = I_F/F = 6\,A/2{,}2 = \mathbf{2{,}73\,A}$

c) $P_F = U_S \cdot \bar{I}_F + I_F^2 \cdot r_F \approx 1\,V \cdot 2{,}73\,A + (6\,A)^2 \cdot 80\,m\Omega = \mathbf{5{,}61\,W}$

245/3 **a)** $\bar{I}_{FO} = \frac{\hat{i}_F}{2\pi} \cdot (1 + \cos\alpha) \Rightarrow \hat{i}_F = \frac{\bar{I}_{FO} \cdot 2\pi}{1 + \cos\alpha} = \frac{5\,A \cdot 2\pi}{1 + \cos 0°} = \mathbf{15{,}71\,A}$

b) $\bar{I}_F = \frac{\hat{i}_F}{2\pi} \cdot (1 + \cos\alpha) = \frac{15{,}71\,A}{2\pi} \cdot [1 + \cos(180° - 30°)] = \mathbf{0{,}335\,A}$

c) $\lambda = 30° \Rightarrow F = \mathbf{3{,}8}$

d) $F = I_F/\bar{I}_F \Rightarrow I_F = F \cdot \bar{I}_F = 3{,}8 \cdot 0{,}335\,A = \mathbf{1{,}273\,A}$

e) $P_F = U_S \cdot \bar{I}_F + I_F^2 \cdot r_F \approx 1\,V \cdot 0{,}335\,A + (1{,}273\,A)^2 \cdot 80\,m\Omega = \mathbf{0{,}465\,W}$

245/4 **a)** $\lambda = 180° - \alpha = 180° - 45° = 135° \Rightarrow F = 1{,}75$

$F = I_F/\bar{I}_F \Rightarrow \bar{I}_F = I_F/F = 0{,}9\,A/1{,}75 = \mathbf{0{,}514\,A}$

b) $P_F = U_S \cdot \bar{I}_F + I_F^2 \cdot r_F \approx 1\,V \cdot 0{,}514\,A + (0{,}9\,A)^2 \cdot 80\,m\Omega = \mathbf{0{,}579\,W}$

c) $\bar{I}_F = \frac{\hat{i}_F}{2\pi} \cdot (1 + \cos\alpha) \Rightarrow \hat{i}_F = \frac{\bar{I}_F \cdot 2\pi}{1 + \cos\alpha} = \frac{0{,}514\,A \cdot 2\pi}{1 + \cos 45°} = 1{,}89\,A$

$\bar{I}_{FO} = \frac{\hat{i}_F}{2\pi} \cdot (1 + \cos\alpha) = \frac{1{,}89\,A}{2\pi} \cdot (1 + \cos 0°) = \mathbf{0{,}60\,A}$

245/5 $\lambda = 30° \Rightarrow F = 3{,}8$

$P_F = U_S \cdot \bar{I}_F + I_F^2 \cdot r_F = U_S \cdot \bar{I}_F + F^2 \cdot \bar{I}_F^2 \cdot r_F$

$\Rightarrow F^2 \cdot r_F \cdot \bar{I}_F^2 + U_S \cdot \bar{I}_F - P_F = 0$

$\Rightarrow \bar{I}_F^2 + \frac{U_S}{F^2 \cdot r_F} \cdot \bar{I}_F - \frac{P_F}{F^2 \cdot r_F} = 0$

$x^2 + px + q = 0$

$\Rightarrow p = \frac{U_S}{F^2 \cdot r_F} \approx \frac{1\,V}{3{,}8^2 \cdot 80\,m\Omega} = 0{,}865\,6\,A$

$\Rightarrow q = -\frac{P_F}{F^2 \cdot r_F} = -\frac{1{,}2\,W}{3{,}8^2 \cdot 80\,m\Omega} = -1{,}038\,8\,A^2$

$\Rightarrow x_{1,2} = -\frac{p}{2} \pm \sqrt{\left(\frac{p}{2}\right)^2 - q} = -\frac{0{,}865\,6\,A}{2} \pm \sqrt{\left(\frac{0{,}865\,6\,A}{2}\right)^2 + 1{,}038\,8\,A^2}$

$x_{1,2} = -0{,}432\,8\,A \pm 1{,}107\,3\,A$

$x_1 = 0{,}674\,5\,A$; $(x_2 = -1{,}540\,1\,A)$

$\bar{I}_F = \mathbf{0{,}674\,5\,A}$

245/6 **a)** $\lambda = 180° - \alpha = 180° - 50° = 130° \Rightarrow F = 1{,}8$

$P_F = U_S \cdot \bar{I}_F + I_F^2 \cdot r_F$

$\Rightarrow \bar{I}_F^2 + \frac{U_S}{F^2 \cdot r_F} \cdot \bar{I}_F - \frac{P_F}{F^2 \cdot r_F} = 0$

$\Rightarrow p = \frac{U_S}{F^2 \cdot r_F} \approx \frac{1\,V}{1{,}8^2 \cdot 80\,m\Omega} = 3{,}858\,0\,A$

$\Rightarrow q = -\frac{P_F}{F^2 \cdot r_F} = -\frac{6\,W}{1{,}8^2 \cdot 80\,m\Omega} = -23{,}148\,1\,A^2$

$\Rightarrow x_{1,2} = -\frac{p}{2} \pm \sqrt{\left(\frac{p}{2}\right)^2 - q} = -\frac{3{,}858\,0\,A}{2} \pm \sqrt{\left(\frac{3{,}858\,0\,A}{2}\right)^2 + 23{,}148\,1\,A^2}$

$x_{1,2} = -1{,}929\,A \pm 5{,}183\,5\,A$

$x_1 = 3{,}254\,5\,A$; $(x_2 = -7{,}112\,5\,A)$

$\bar{I}_F = \mathbf{3{,}25\,A}$

b) $\bar{I}_F = \frac{\hat{i}_F}{2\pi} \cdot (1 + \cos\alpha) \Rightarrow \hat{i}_F = \frac{\bar{I}_F \cdot 2\pi}{1 + \cos\alpha} = \frac{3{,}25\,A \cdot 2\pi}{1 + \cos 50°} = 12{,}43\,A$

$\bar{I}_{FO} = \frac{\hat{i}_F}{2\pi} \cdot (1 + \cos\alpha) = \frac{12{,}43\,A}{2\pi} \cdot (1 + \cos 0°) = \mathbf{3{,}96\,A}$

Lösungen zu 13.1 Subtraktion durch Komplementaddition

246/1 a) $1\,1\,0\,1 - 0\,1\,1\,0$

$$\begin{array}{cccccc}
 & & 1 & 1 & 0 & 1 \\
 & & 1 & 0 & 0 & 1 \\
+ & & & & & 1 \\
 & {}^{1} & & & {}^{1} & \\
\hline
 & 1 & 0 & 1 & 1 & 1
\end{array}$$

$\Rightarrow$ Ergebnis: **111**

b) $1\,1\,1\,0\,1 - 0\,0\,1\,1\,1$

$$\begin{array}{ccccccc}
 & & 1 & 1 & 1 & 0 & 1 \\
 & & 1 & 1 & 0 & 0 & 0 \\
+ & & & & & & 1 \\
 & {}^{1} & {}^{1} & & & {}^{1} & \\
\hline
 & 1 & 1 & 0 & 1 & 1 & 0
\end{array}$$

$\Rightarrow$ Ergebnis: **10110**

c) $1\,0\,1\,0\,1\,0 - 0\,0\,1\,0\,1\,0$

$$\begin{array}{cccccccc}
 & & 1 & 0 & 1 & 0 & 1 & 0 \\
 & & 1 & 1 & 0 & 1 & 0 & 1 \\
+ & & & & & & & 1 \\
 & {}^{1} & {}^{1} & {}^{1} & {}^{1} & {}^{1} & {}^{1} & \\
\hline
 & 1 & 1 & 0 & 0 & 0 & 0 & 0
\end{array}$$

$\Rightarrow$ Ergebnis: **100000**

d) $1\,1\,1\,1\,0\,1 - 0\,1\,1\,0\,1\,0$

$$\begin{array}{cccccccc}
 & & 1 & 1 & 1 & 1 & 0 & 1 \\
 & & 1 & 0 & 0 & 1 & 0 & 1 \\
+ & & & & & & & 1 \\
 & {}^{1} & {}^{1} & {}^{1} & {}^{1} & & {}^{1} & \\
\hline
 & 1 & 1 & 0 & 0 & 0 & 1 & 1
\end{array}$$

$\Rightarrow$ Ergebnis: **100011**

246/2 a) $1\,1\,1\,0\,1\,1 - 0\,0\,1\,1\,0\,0$

$$\begin{array}{cccccccc}
 & & 1 & 1 & 1 & 0 & 1 & 1 \\
 & & 1 & 1 & 0 & 0 & 1 & 1 \\
+ & & & & & & & 1 \\
 & {}^{1} & {}^{1} & & & {}^{1} & {}^{1} & \\
\hline
 & 1 & 1 & 0 & 1 & 1 & 1 & 1
\end{array}$$

$\Rightarrow$ Ergebnis: **101111**

b) $1\,1\,0\,1\,1 - 0\,0\,1\,1\,0$

$$\begin{array}{ccccccc}
 & & 1 & 1 & 0 & 1 & 1 \\
 & & 1 & 1 & 0 & 0 & 1 \\
+ & & & & & & 1 \\
 & {}^{1} & {}^{1} & & {}^{1} & {}^{1} & \\
\hline
 & 1 & 1 & 0 & 1 & 0 & 1
\end{array}$$

$\Rightarrow$ Ergebnis: **10101**

c) $1\,1\,0\,0\,1\,1\,0\,0 - 0\,0\,0\,1\,0\,1\,0\,1$

$$\begin{array}{cccccccccc}
 & & 1 & 1 & 0 & 0 & 1 & 1 & 0 & 0 \\
 & & 1 & 1 & 1 & 0 & 1 & 0 & 1 & 0 \\
+ & & & & & & & & & 1 \\
 & {}^{1} & {}^{1} & & & {}^{1} & & & & \\
\hline
 & 1 & 1 & 0 & 1 & 1 & 0 & 1 & 1 & 1
\end{array}$$

$\Rightarrow$ Ergebnis: **10110111**

d) $1\,1\,0\,0\,1 - 0\,1\,1\,1\,1$

$$\begin{array}{ccccccc}
 & & 1 & 1 & 0 & 0 & 1 \\
 & & 1 & 0 & 0 & 0 & 0 \\
+ & & & & & & 1 \\
 & {}^{1} & & & & {}^{1} & \\
\hline
 & 1 & 0 & 1 & 0 & 1 & 0
\end{array}$$

$\Rightarrow$ Ergebnis: **1010**

246/3

a) 0 0 1 1 1 − 1 0 0 1 0

0 0 1 1 1
0 1 1 0 1 ⇒ 0 1 0 1 0
\+ 1 + 1
1 1 1 1
1 0 1 0 1 0 1 0 1 1

⇒ Ergebnis: **−1011**

b) 1 1 0 1 − 1 1 1 1

1 1 0 1
0 0 0 0 ⇒ 0 0 0 1
\+ 1 + 1
1 1
1 1 1 0 0 0 1 0

⇒ Ergebnis: **−10**

c) 1 1 0 1 1 0 − 1 1 1 1 1 1

1 1 0 1 1 0
0 0 0 0 0 0 ⇒ 0 0 1 0 0 0
\+ 1 + 1
1 1 0 1 1 1 0 0 1 0 0 1

⇒ Ergebnis: **−1001**

d) 1 0 1 − 1 1 1

1 0 1
0 0 0 ⇒ 0 0 1
\+ 1 + 1
1 1
1 1 0 0 1 0

⇒ Ergebnis: **−10**

246/4

a) 0 0 1 1 1 0 1 0 0 − 1 1 1 1 1 0 1 1 1

0 0 1 1 1 0 1 0 0
0 0 0 0 0 1 0 0 0 ⇒ 1 1 0 0 0 0 0 1 0
\+ 1 + 1
0 0 1 1 1 1 1 0 1 1 1 0 0 0 0 0 1 1

⇒ Ergebnis: **−1 1000 0011**

b) 0 0 1 0 − 1 1 1 1

0 0 1 0
0 0 0 0 ⇒ 1 1 0 0
\+ 1 + 1
0 0 1 1 1 1 0 1

⇒ Ergebnis: **−1101**

c) 0 0 1 1 1 − 1 1 0 1 1

0 0 1 1 1
0 0 1 0 0 ⇒ 1 0 0 1 1
\+ 1 + 1
1 1 1 1 1
0 1 1 0 0 1 0 1 0 0

⇒ Ergebnis: **−1 0100**

d) 1 1 1 1 − 1 0 1 1 1

0 1 1 1 1
0 1 0 0 0 ⇒ 0 0 1 1 1
\+ 1 + 1
1 1 1 1 1 1 1
1 1 0 0 0 0 1 0 0 0

⇒ Ergebnis: **−1000**

246/5

a)

2 345 : 2 =	1 172	R. 1	1
1 172 : 2 =	586	R. 0	0
586 : 2 =	293	R. 0	0
293 : 2 =	146	R. 1	1
146 : 2 =	73	R. 0	0
73 : 2 =	36	R. 1	1
36 : 2 =	18	R. 0	0
18 : 2 =	9	R. 0	0
9 : 2 =	4	R. 1	1
4 : 2 =	2	R. 0	0
2 : 2 =	1	R. 0	0
1 : 2 =	0	R. 1	1

2 345 ≙ **1001 0010 1001**

253 : 2 =	126	R. 1	1
126 : 2 =	63	R. 0	0
63 : 2 =	31	R. 1	1
31 : 2 =	15	R. 1	1
15 : 2 =	7	R. 1	1
7 : 2 =	3	R. 1	1
3 : 2 =	1	R. 1	1
1 : 2 =	0	R. 1	1

253 ≙ **1111 1101**

b)

```
    1 0 0 1 0 0 1 0 1 0 0 1
−           1 1 1 1 1 1 0 1
          1 1 1 1 1 1
-------------------------
    1 0 0 0 0 0 1 0 1 1 0 0
```

c)

```
  1 0 0   1 0 0 1 0 1 0 0 1  −  0 0 0 0 1 1 1 1 1 1 0 1

  1 0 0   1 0 0 1 0 1 0 0 1
  1 1 1   1 0 0 0 0 0 0 1 0
+                         1
1 1 1 1               1 1
---------------------------
1 1 0 0   0 0 0 1 0 1 1 0 0
```

⇒ Ergebnis: **1000 0010 1100**

2 345 − 253 = **2 092** ≙ **1000 0010 1100**

246/6

a)

632 : 2 = 316	R. 0	0	
316 : 2 = 158	R. 0	0	
158 : 2 = 79	R. 0	0	
79 : 2 = 39	R. 1	1	
39 : 2 = 19	R. 1	1	
19 : 2 = 9	R. 1	1	
9 : 2 = 4	R. 1	1	
4 : 2 = 2	R. 0	0	
2 : 2 = 1	R. 0	0	
1 : 2 = 0	R. 1	1	

632 ≙ **10 0111 1000**

531 : 2 = 265	R. 1	1
265 : 2 = 132	R. 1	1
132 : 2 = 66	R. 0	0
66 : 2 = 33	R. 0	0
33 : 2 = 16	R. 1	1
16 : 2 = 8	R. 0	0
8 : 2 = 4	R. 0	0
4 : 2 = 2	R. 0	0
2 : 2 = 1	R. 0	0
1 : 2 = 0	R. 1	1

531 ≙ **10 0001 0011**

23 : 2 = 11	R. 1	1
11 : 2 = 5	R. 1	1
5 : 2 = 2	R. 1	1
2 : 2 = 1	R. 0	0
1 : 2 = 0	R. 1	1

23 ≙ **1 0111**

b)

```
      1 0 0 1 1 1 1 0 0 0  −  1 0 0 0 0 1 0 0 1 1

      1 0 0 1 1 1 1 0 0 0
      0 1 1 1 1 0 1 1 0 0
+                       1
    1 1 1 1 1 1 1
-------------------------
    1 0 0 0 1 1 0 0 1 0 1
+               1 0 1 1 1
                  1 1 1
-------------------------
            1 1 1 1 1 0 0
```

⇒ Ergebnis: **+111 1100**

246/7 a) $1\,654 \mathrel{\hat{=}} \mathbf{110\,0111\,0110}$ $345 \mathrel{\hat{=}} \mathbf{1\,0101\,1001}$

b) $110\,0111\,0110 - 001\,0101\,1001$

$\Rightarrow$ Ergebnis: $\mathbf{101\,0001\,1101}$

c) $1\,654 - 345 = \mathbf{1\,309} \mathrel{\hat{=}} \mathbf{101\,0001\,1101}$

246/8 a) $254 \mathrel{\hat{=}} \mathbf{1111\,1110}$ $332 \mathrel{\hat{=}} \mathbf{1\,0100\,1100}$

$25 \mathrel{\hat{=}} \mathbf{1\,1001}$

b) $1111\,1110 - 1\,0100\,1100$

$\Rightarrow$ Ergebnis: $\mathbf{-11\,0101}$

c) $254 - 332 + 25 = \mathbf{-53} \mathrel{\hat{=}} \mathbf{-11\,0101}$

Lösungen zu 13.2 Entscheidungsgehalt und Redundanz von BCD-Codes

247/1 a) $H_0 = 2^n = 2^2 = \mathbf{4;}$ b) $n = \mathrm{lb}\,H_0 = \mathrm{lb}\,4 = \mathbf{2\,Sh}$

247/2 a) $H_0 = 2^n = 2^8 = \mathbf{256;}$ b) $n = \mathrm{lb}\,H_0 = \mathrm{lb}\,256 = \mathbf{8\,Sh}$

247/3 a) $H_0 = 2^n = 2^{10} = \mathbf{1\,024;}$ b) $H_1 = \mathbf{10}$

c) $R = \mathrm{lb}\,H_0 - \mathrm{lb}\,H_1 = \mathrm{lb}\,1\,024 - \mathrm{lb}\,10 = (10 - 3{,}33)\,\mathrm{Sh} = \mathbf{6{,}67\,Sh}$

247/4 a) $H_0 = 2^n = 2^7 = \mathbf{128;}$ b) $H_1 = \mathbf{10}$

c) $R = \log_2 H_0 - \log_2 H_1 = \mathrm{lb}\,H_0 - \mathrm{lb}\,H_1 = \mathrm{lb}\,128 - \mathrm{lb}\,10 = (7 - 3{,}33)\,\mathrm{Sh} = \mathbf{3{,}67\,Sh}$

247/5 a) $H_0 = 2^n = 2^7 = 128,\ H_1 = 52$

$\Rightarrow R = \mathrm{lb}\,H_0 - \mathrm{lb}\,H_1 = \mathrm{lb}\,128 - \mathrm{lb}\,52 = (7 - 5{,}7)\,\mathrm{Sh} = \mathbf{1{,}3\,Sh}$

b) $R = \mathrm{lb}\,H_0 - \mathrm{lb}\,H_1 = \mathrm{lb}\,128 - \mathrm{lb}\,30 = (7 - 4{,}9)\,\mathrm{Sh} = \mathbf{2{,}1\,Sh}$

247/6 a) $H_0 = 2^n = 2^8 = \mathbf{256}$

b) $R = \mathrm{lb}\,H_0 - \mathrm{lb}\,H_1 = \mathrm{lb}\,256 - \mathrm{lb}\,253 = (8 - 7{,}98)\,\mathrm{Sh} = \mathbf{0{,}21\,Sh}$

247/7 a) $R = \mathrm{lb}\,H_0 - \mathrm{lb}\,H_1 \Rightarrow \mathrm{lb}\,H_0 = R + \mathrm{lb}\,H_1 = 3\,\mathrm{Sh} + \mathrm{lb}\,32 = 3\,\mathrm{Sh} + 5\,\mathrm{Sh} = 8\,\mathrm{Sh}$

$\mathrm{lb}\,H_0 = n = 8\,\mathrm{Sh} \Rightarrow n = \mathbf{8}$

b) $H_0 = 2^n = 2^8 = \mathbf{256\,Sh}$

247/8 a) $R = \mathrm{lb}\,H_0 - \mathrm{lb}\,H_1 \Rightarrow \mathrm{lb}\,H_0 = R + \mathrm{lb}\,H_1 = 4{,}09\,\mathrm{Sh} + \mathrm{lb}\,60 = 4{,}09\,\mathrm{Sh} + 5{,}91\,\mathrm{Sh} = 10\,\mathrm{Sh}$

$\mathrm{lb}\,H_0 = n = 10\,\mathrm{Sh} \Rightarrow n = \mathbf{10}$

b) $H_0 = 2^n = 2^{10} = \mathbf{1\,024\,Sh}$

Lösungen zu 13.3 Lastfaktoren

248/1 $I_{QH} \leq 0{,}4\,mA$; $I_{IH} \leq 40\,\mu A \Rightarrow F_{QH} = I_{QH}/I_{IH} = 400\,\mu A/40\,\mu A =$ **10**

248/2 **a)** $I_{QH} \leq 1{,}6\,mA$; $I_{IH} \leq 1\,\mu A \Rightarrow F_{QH} = I_{QH}/I_{IH} = 1\,600\,\mu A/1\,\mu A =$ **1 600**
b) $I_{QL} \leq 6{,}4\,mA$; $I_{IL} \leq 1\,\mu A \Rightarrow F_{QL} = I_{QL}/I_{IL} = 6\,400\,\mu A/1\,\mu A =$ **6 400**

248/3 **a)** $n_I = F_{QL}/F_{IL} = 50/2 =$ **25**
b) $F'_{QL} = n_I \cdot F_{IL} = 8 \cdot 2 = 16$; $I'_{QL} \leq F'_{QL} \cdot I_{IL} = 16 \cdot 1\,\mu A =$ **16 µA**

248/4 $I_{IL} \leq 1{,}6\,mA$; $F'_Q = n_I \cdot F_I = 1 \cdot 3 = 3$
$F'_Q = I'_{QL}/I_{IL} \Rightarrow I'_{QL} = F'_Q \cdot I_{IL} \leq 3 \cdot 1{,}6\,mA =$ **4,8 mA**
$I_{IH} \leq 40\,\mu A$; $I_{QH} = F'_Q \cdot I_{IH} = 3 \cdot 40\,\mu A =$ **120 µA**

248/5 **a)** $F_{IL} = F_{IL1} + F_{IL2} = 3 + 3 = 6$; $I'_{IL} = I_{IL} \cdot F_{IL} = 1{,}6\,mA \cdot 6 = 9{,}6\,mA$; $I'_{QL} = I'_{IL} =$ **9,6 mA**
b) $F_Q = I_{QL}/I_{IL} = 16\,mA/1{,}6\,mA = 10$; $n_z = F_Q - F'_Q = 10 - 6 =$ **4**

248/6 $I'_{QL} \leq 3 \cdot I_{IL} = 3 \cdot 1{,}6\,mA =$ **4,8 mA** $\Rightarrow$ **zulässig**, da $I'_{QL} = 4{,}8\,mA < I_{QL} = 6{,}4\,mA$
$I'_{QH} \leq 3 \cdot I_{IH} = 3 \cdot 40\,\mu A =$ **120 µA** $\Rightarrow$ **zulässig**, da $I'_{QH} = 120\,\mu A < I_{QH} = 1{,}6\,mA$

Lösungen zu 13.4.1 Wertetabelle und Zeitablaufdiagramm aus der Schaltung

249/1

q_{3n}	q_{2n}	q_{1n}	q_{3n+1}	q_{2n+1}	q_{1n+1}
0	0	0	0	0	1
0	0	1	0	1	0
0	1	0	1	1	1
1	1	1	0	0	0

249/2 Gleich wie Aufgabe 1, Seite 249, aber beginnend mit 010.

249/3

q_{3n}	q_{2n}	q_{1n}	q_{3n+1}	q_{2n+1}	q_{1n+1}
0	0	0	0	0	1
0	0	1	0	1	0
0	1	0	0	1	1
0	1	1	1	0	0
1	0	0	1	0	1
1	0	1	1	1	0
1	1	0	1	1	1
1	1	1	0	0	0

249/4 Gleich wie Aufgabe 3, Seite 249, aber beginnend mit 011.

249/5 Gleich wie Aufgabe 3, Seite 249.

249/6 Gleich wie Aufgabe 3, Seite 249, aber beginnend mit 100.

249/7

q_{4n}	q_{3n}	q_{2n}	q_{1n}	q_{4n+1}	q_{3n+1}	q_{2n+1}	q_{1n+1}
0	0	0	0	0	0	0	1
0	0	0	1	0	0	1	0
0	0	1	0	0	0	1	1
0	0	1	1	0	1	0	0
0	1	0	0	0	1	0	1
0	1	0	1	0	1	1	0
0	1	1	0	0	1	1	1
0	1	1	1	1	0	0	0
1	0	0	0	1	0	0	1
1	0	0	1	1	0	1	0
1	0	1	0	1	0	1	1
1	0	1	1	1	1	0	0
1	1	0	0	1	1	0	1
1	1	0	1	1	1	1	0
1	1	1	0	1	1	1	1
1	1	1	1	0	0	0	0

249/8

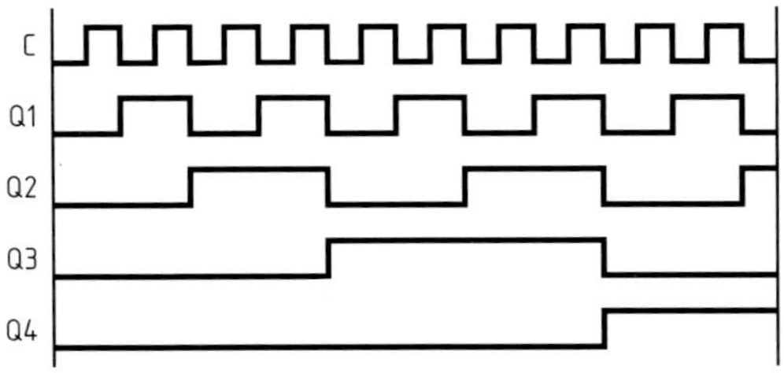

Lösungen zu 13.4.2 Schaltfunktion aus Wertetabelle

250/1 **a)**

q_{1n}

	0	1	1	0
q_{2n}	1	0	0	1

q_{3n}

für q_{2n+1}

b) $q_{2n+1} = (q_{2n} \wedge \overline{q_{1n}}) \vee (\overline{q_{2n}} \wedge q_{1n})$

250/2 **a)**

q_{1n}

	0	0	1	1
q_{2n}	0	1	0	1

q_{3n}

für q_{3n+1}

b) $q_{3n+1} = (q_{3n} \wedge \overline{q_{2n}}) \vee (q_{3n} \wedge \overline{q_{1n}}) \vee (\overline{q_{3n}} \wedge q_{1n} \wedge q_{2n})$
$= q_{3n} \wedge (\overline{q_{1n}} \vee \overline{q_{2n}}) \vee (\overline{q_{3n}} \wedge q_{1n} \wedge q_{2n})$

250/3 **a)**

q_{1n}

	1	X	0	0
q_{2n}	X	X	1	0

q_{3n}

b) $q_{2n+1} = \overline{q_{3n}} \vee (q_{2n} \wedge q_{1n})$

250/4 **a)**

q_{1n}

	1	X	0	X
q_{2n}	X	X	1	1

q_{3n}

b) $q_{3n+1} = q_{2n} \vee \overline{q_{3n}}$

250/5 **a)**

q_{1n}

	1	X	1	0
q_{2n}	X	X	1	1

q_{3n}

b) $q_{3n+1} = q_{2n} \vee (q_{3n} \wedge q_{1n}) \vee \overline{q_{3n}}$

250/6 **a)**

Karnaugh-Diagramm (q_{1n} über der 2. und 3. Spalte, q_{2n} an der 2. Zeile, q_{3n} unter der 3. und 4. Spalte):

1	X	0	X
X	X	1	0

b) $q_{2n+1} = \overline{q_{3n}} \vee (q_{1n} \wedge q_{2n})$

Lösungen zu 13.4.3 Schaltung aus Schaltfunktion

251/1 **a)** $q_{3n+1} = (q_{3n} \wedge \overline{q_{2n}}) \vee (\overline{q_{1n}} \wedge q_{3n}) \vee (q_{2n} \wedge \overline{q_{3n}} \wedge q_{1n})$

$= [(\overline{q_{2n}} \vee \overline{q_{1n}}) \wedge q_{3n}] \vee [(q_{2n} \wedge q_{1n}) \wedge \overline{q_{3n}}]$

b) $k_{3n} = \overline{(\overline{q_{2n}} \vee \overline{q_{1n}})} = q_{2n} \wedge q_{1n}$

$j_{3n} = q_{2n} \wedge q_{1n}$

c) 1 J und 1 K sind verbunden und über ein UND-Element an Q1 und Q2 angeschlossen.

251/2 **a)** $q_{2n+1} = (\overline{q_{1n}} \wedge q_{2n}) \vee (q_{1n} \wedge \overline{q_{2n}})$

b) $k_{2n} = \overline{\overline{q_{1n}}} = q_{1n}$

$j_{2n} = q_{1n}$

c) 1 J und 1 K sind verbunden und an Q1 angeschlossen.

251/3 **a)** $j_{4n} = q_{1n} \wedge q_{2n} \wedge q_{3n}$; 3 Stufen erforderlich

q_{3n}	q_{2n}	q_{1n}	q_{3n+1}	q_{2n+1}	q_{1n+1}
1	0	1	1	0	0
1	0	0	0	1	1
0	1	1	0	1	0
0	1	0	0	0	1
0	0	1	0	0	0
0	0	0	1	0	1

b)

Karnaugh-Diagramme (q_{1n} über der 2. und 3. Spalte, q_{2n} an der 2. Zeile, q_{3n} unter der 3. und 4. Spalte):

1	0	1	0
0	0	X	X

für q_{3n+1}

0	0	0	1
0	1	X	X

für q_{2n+1}

1	0	0	1
1	0	X	X

für q_{1n+1}

c), d) $q_{3n+1} = (q_{1n} \wedge q_{3n}) \vee (\overline{q_{1n}} \wedge \overline{q_{2n}} \wedge \overline{q_{3n}})$

$q_{2n+1} = (q_{1n} \wedge q_{2n}) \vee (\overline{q_{1n}} \wedge q_{3n} \wedge \overline{q_{2n}})$

$q_{1n+1} = \overline{q_{1n}} = (0 \wedge q_{1n}) \vee (1 \wedge \overline{q_{1n}})$

e) $k_{1n} = \overline{0} = 1$ $\quad j_{1n} = 1$

$k_{2n} = \overline{q_{1n}}$ $\quad j_{2n} = q_{3n} \wedge \overline{q_{1n}}$

$k_{3n} = \overline{q_{1n}}$ $\quad j_{3n} = \overline{q_{1n}} \wedge \overline{q_{2n}}$

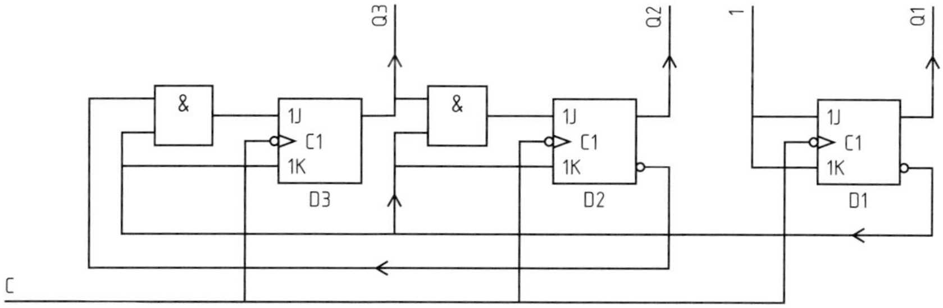

251/4 **a)** Die oberste Stufe ist dauernd im Zustand 1, ist also durch eine Lampe ersetzbar. Deshalb genügen 3 JK-Flipflops.

q_{3n}	q_{2n}	q_{1n}	q_{3n+1}	q_{2n+1}	q_{1n+1}
1	1	1	1	1	0
1	1	0	1	0	1
1	0	1	1	0	0
1	0	0	0	1	1
0	1	1	0	1	0
0	1	0	1	0	1
0	0	1	1	1	1

b)

(q_{1n} über Spalten 2–3; q_{2n} an Zeile 2; q_{3n} unter Spalten 3–4)

X	1	1	0
0	0	1	1

für q_{3n+1}

X	1	0	1
0	1	1	0

für q_{2n+1}

X	1	0	1
1	0	0	1

für q_{1n+1}

c), d) $q_{3n+1} = \mathbf{[(q_{1n} \vee q_{2n}) \wedge q_{3n}] \vee (\overline{q_{2n}} \wedge \overline{q_{3n}})}$

$q_{2n+1} = \mathbf{(q_{1n} \wedge q_{2n}) \vee [(\overline{q_{1n}} \vee \overline{q_{3n}}) \wedge \overline{q_{2n}}]}$

$q_{1n+1} = \mathbf{(\overline{q_{2n}} \wedge \overline{q_{3n}} \wedge q_{1n}) \vee \overline{q_{1n}}}$

e) $k_{1n} = \overline{\overline{q_{3n}} \wedge \overline{q_{2n}}} = q_{2n} \vee q_{3n}$ $\quad j_{1n} = 1$

$k_{1n} = \mathbf{\overline{q_{1n}}}$ $\quad j_{2n} = \overline{q_{1n}} \vee \overline{q_{3n}}$

$k_{3n} = \overline{q_{1n} \vee q_{2n}} = \overline{q_{1n}} \wedge \overline{q_{2n}}$ $\quad \overline{q_{2n}}$

Erforderlich Flipflop D1, D2, D3 sowie zwei ODER-Elemente und ein UND-Element. Schaltung der J-Eingänge und K-Eingänge gemäß Funktionen in e).

251/5 **a)**

q_{3n}	q_{2n}	q_{1n}	q_{3n+1}	q_{2n+1}	q_{1n+1}
0	0	0	0	0	1
0	0	1	0	1	0
0	1	0	0	1	1
0	1	1	1	1	0
1	1	0	1	0	1
1	0	1	0	0	0

b)

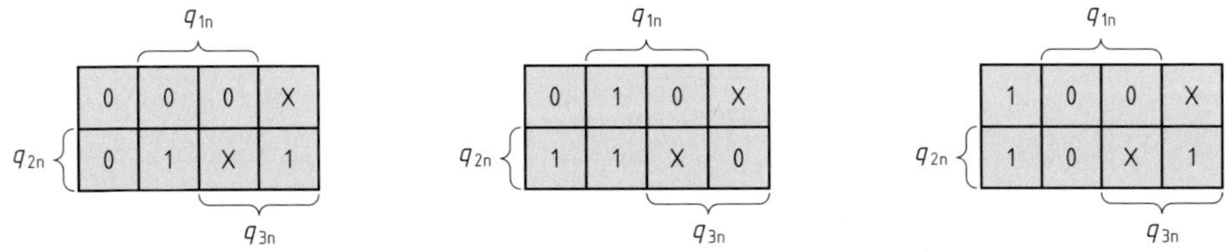

für q_{3n+1} für q_{2n+1} für q_{1n+1}

c), d) $q_{3n+1} = (\overline{q_{1n}} \wedge q_{3n}) \vee (q_{2n} \wedge q_{1n} \wedge \overline{q_{3n}})$

$q_{2n+1} = (\overline{q_{3n}} \wedge q_{2n}) \vee (q_{1n} \wedge \overline{q_{3n}} \wedge \overline{q_{2n}})$

$q_{1n+1} = \overline{q_{1n}} = (0 \wedge q_{1n}) \vee (1 \wedge \overline{q_{1n}})$

e) $k_{1n} = \overline{0} = 1$ $j_{1n} = 1$

$k_{2n} = q_{3n}$ $j_{2n} = q_{1n} \wedge \overline{q_{3n}}$

$k_{3n} = \overline{\overline{q_{1n}}} = q_{1n}$ $j_{3n} = q_{1n} \wedge q_{2n}$

251/6 **a)** Zur Unterscheidung, ob vorwärts oder rückwärts gezählt wird, ist ein 4. JK-Flipflop erforderlich.

q_{4n}	q_{3n}	q_{2n}	q_{1n}	q_{4n+1}	q_{3n+1}	q_{2n+1}	q_{1n+1}
0	0	0	0	0	0	0	1
0	0	0	1	0	0	1	0
0	0	1	0	0	0	1	1
0	0	1	1	0	1	0	0
0	1	0	0	0	1	0	1
0	1	0	1	1	1	0	0
1	0	1	1	1	0	1	0
1	0	1	0	0	0	0	0

b)

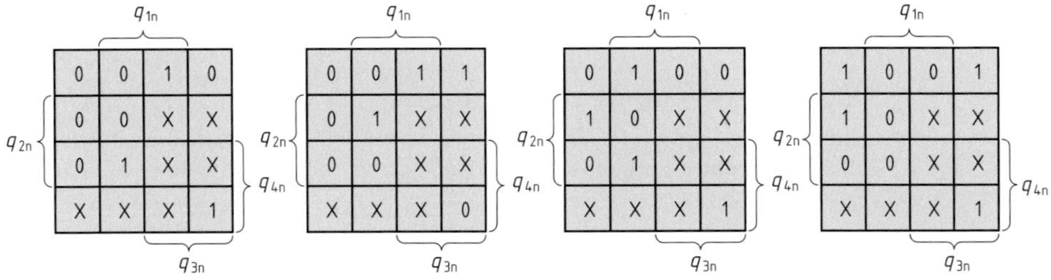

für q_{4n+1} für q_{3n+1} für q_{2n+1} für q_{1n+1}

c), d) $q_{4n+1} = [(q_{1n} \vee q_{3n}) \wedge q_{4n}] \vee (q_{1n} \wedge q_{3n} \wedge \overline{q_{4n}})$

$q_{3n+1} = (\overline{q_{4n}} \wedge q_{3n}) \vee (q_{1n} \wedge q_{2n} \wedge \overline{q_{4n}} \wedge \overline{q_{3n}})$

$q_{2n+1} = [(q_{1n} \wedge q_{4n}) \vee (\overline{q_{1n}} \wedge \overline{q_{4n}}) \wedge q_{2n}] \vee [(q_{1n} \wedge \overline{q_{3n}}) \vee q_{4n}] \wedge \overline{q_{2n}}$

$q_{1n+1} = \overline{q_{1n}} \wedge (q_{3n} \wedge \overline{q_{4n}}) = (0 \wedge q_{1n}) \vee [(q_{3n} \wedge \overline{q_{4n}}) \wedge \overline{q_{1n}}]$

e) $k_{1n} = \overline{0} = 1$
$k_{2n} = (q_{4n} \vee q_{1n}) \wedge (\overline{q_{4n}} \vee \overline{q_{1n}})$
$k_{3n} = q_{4n}$
$k_{4n} = \overline{q_{3n}} \wedge \overline{q_{1n}}$

$j_{1n} = q_{3n} \vee \overline{q_{4n}}$
$j_{2n} = q_{4n} \vee (q_{1n} \wedge \overline{q_{3n}})$
$j_{3n} = q_{1n} \wedge q_{2n} \wedge \overline{q_{4n}}$
$j_{4n} = q_{1n} \wedge q_{3n}$

Lösungen zu 13.4.4 Frequenzteiler

252/1 **a)** Erforderlich **3 Flipflops**

b)

q_{1n} spans columns 2–3; q_{2n} marks row 2; q_{3n} spans columns 3–4.

0	0	X	0
0	1	X	X

für q_{3n+1}

0	1	X	0
1	0	X	X

für q_{2n+1}

1	0	X	0
1	0	X	X

für q_{1n+1}

$q_{3n+1} = \mathbf{q_{1n} \wedge q_{2n}}$
$q_{2n+1} = \mathbf{(q_{1n} \wedge \overline{q_{2n}}) \vee (\overline{q_{1n}} \wedge q_{2n})}$
$q_{1n+1} = \mathbf{(\overline{q_{1n}} \wedge \overline{q_{3n}})}$

c) $q_{3n+1} = \mathbf{(0 \wedge q_{3n}) \vee (q_{1n} \wedge q_{2n} \wedge \overline{q_{3n}})}$
$q_{2n+1} = \mathbf{(\overline{q_{1n}} \wedge q_{2n}) \vee (q_{1n} \wedge \overline{q_{2n}})}$
$q_{1n+1} = \mathbf{(0 \wedge q_{1n}) \vee (\overline{q_{3n}} \wedge \overline{q_{1n}})}$

d) $k_{3n} = \overline{0} = 1$ $\quad j_{3n} = q_{1n} \wedge q_{2n}$
$k_{2n} = q_{1n}$ $\quad j_{2n} = q_{1n}$
$k_{1n} = \overline{0} = 1$ $\quad j_{1n} = \overline{q_{3n}}$

Bei D1: 1K an H, 1J an Q* von D3
Bei D2: 1K und 1J an Q* von D1
Bei D3: 1K an H, 1J an UND-Element mit den Eingängen an Q von D1 und D2

252/2 a) **3 Flipflops**

b)

q_{3n}	q_{2n}	q_{1n}	q_{3n+1}	q_{2n+1}	q_{1n+1}
0	0	0	0	0	1
0	0	1	0	1	0
0	1	0	0	1	1
0	1	1	1	0	0
1	0	0	1	0	1
1	0	1	1	1	0

c)

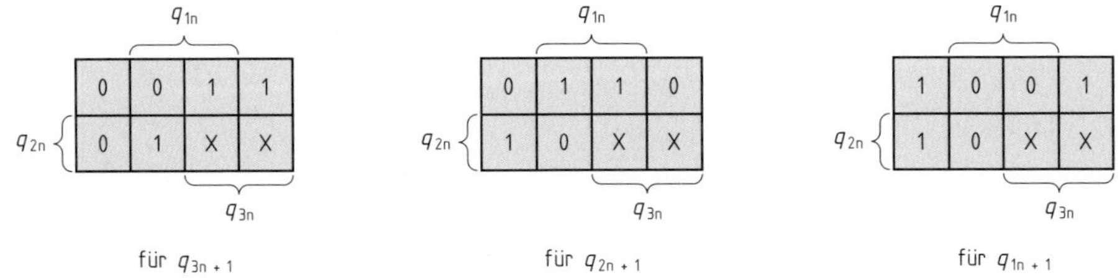

$q_{3n+1} = q_{3n} \vee (q_{2n} \wedge q_{1n})$

$q_{2n+1} = (\overline{q_{1n}} \wedge q_{2n}) \vee (q_{1n} \wedge \overline{q_{2n}})$

$q_{1n+1} = \overline{q_{1n}}$

d) $q_{1n+1} = (0 \wedge q_{1n}) \vee (1 \wedge \overline{q_{1n}})$

$q_{2n+1} = (\overline{q_{1n}} \wedge q_{2n}) \vee (q_{1n} \wedge \overline{q_{2n}})$

$q_{3n+1} = (1 \wedge q_{3n}) \vee (q_{1n} \wedge q_{2n} \wedge \overline{q_{3n}})$

e) $k_{1n} = \overline{0} = 1$ $\quad j_{1n} = 1$

$k_{2n} = q_{1n}$ $\quad j_{2n} = q_{1n}$

$k_{3n} = \overline{1} = 0$ $\quad j_{3n} = q_{1n} \wedge q_{2n}$

Bei D1: 1K und 1J an H

Bei D2: 1K und 1J an Q von D1

Bei D3: 1K an 0, 1J an UND-Element mit den Eingängen an Q von D1 und D2

252/3 a)

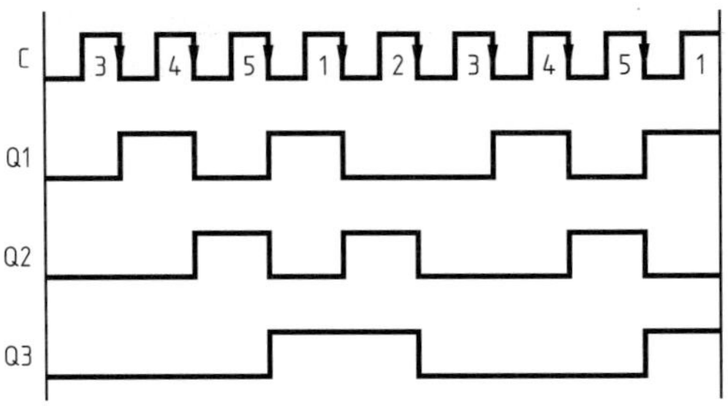

b) **Teilerverhältnis 1 : 5**

252/4 a)

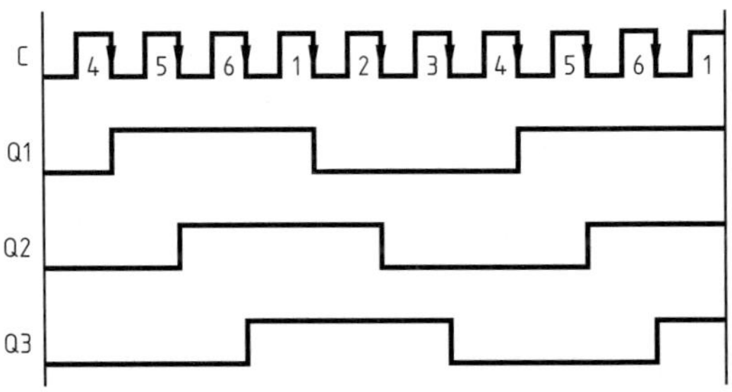

b) **Teilerverhältnis 1 : 6**

Lösungen zu 13.5.1 Schaltkreis PAL 10H8

254/1 **20 Eingangslinien, 16 Produktlinien**

254/2 20 × 16 = **320 Signallinien**

254/3 $pt_1 = 0$, da $i \wedge \bar{i} = 0$
$ps_1 = pt_0 \vee pt_1 = 0$

254/4 Da der Signalwert 0 an einem ODER-Eingang neutral ist, beeinflusst das Signal an PT3 die Produktsumme an PS3 nicht.

254/5 Funktion an Pin 18: $y = d \wedge e \wedge f$
Funktion an Pin 17: $x = e \vee f$

254/6

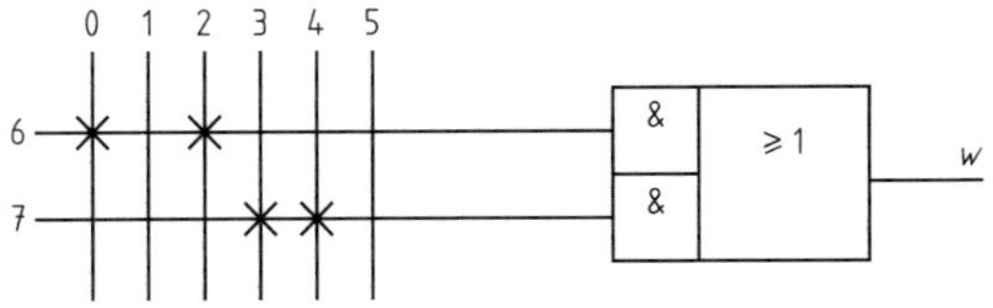

254/7 Die Funktion kann unter Benutzung nur eines Ausgangs nicht eingegeben werden, da die ODER-Gatter nur je 2 Eingänge haben und da das Ausgangsignal im PAL nicht invertiert werden kann.

254/8 $v = \overline{a \vee b \vee c} = \bar{a} \wedge \bar{b} \wedge \bar{c}$

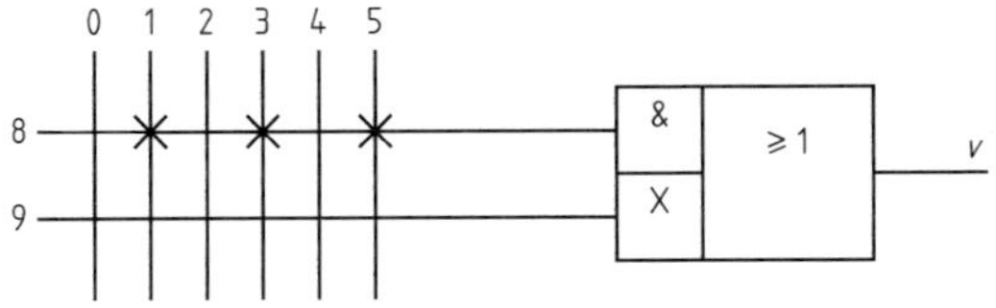

254/9

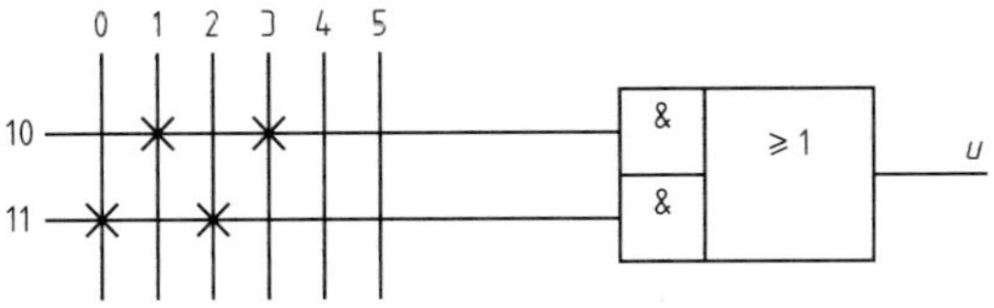

254/10

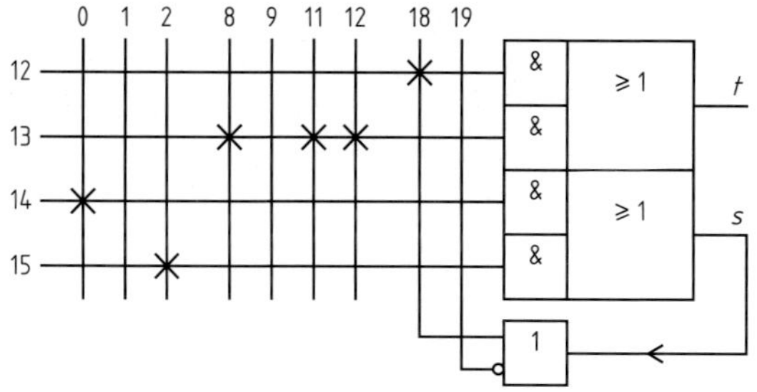

Lösungen zu 13.5.2 Schaltkreis PAL 16RP8

256/1 Pin 11 muss an Masse gelegt werden.

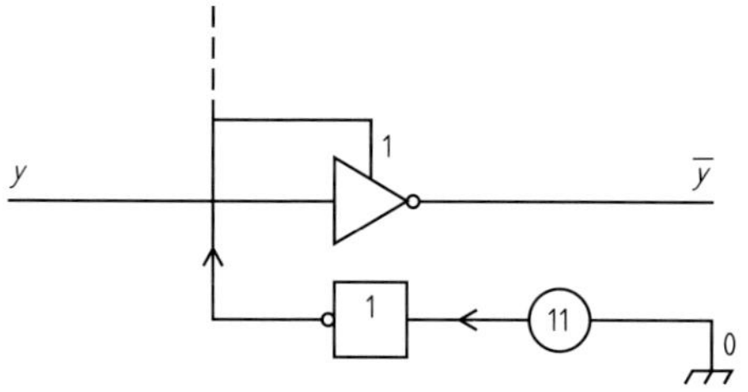

256/2 xor = 0

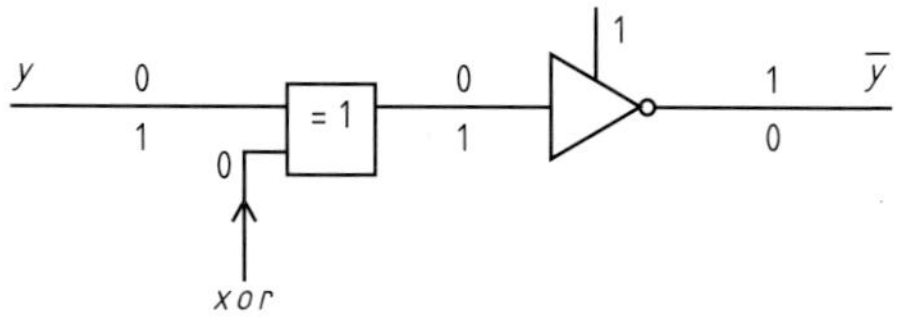

256/3 **a)**

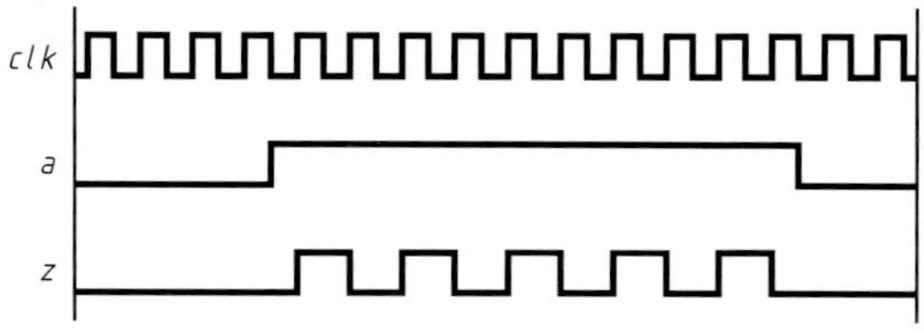

b) Es liegt ein einschaltbarer Frequenzteiler vor.

256/4 Wertetabelle:

n		n + 1	
q_1	q_0	q_1	q_0
0	0	0	1
0	1	1	0
1	0	0	0
1	1	0	0

n: vor dem Takt
n + 1: nach dem Takt

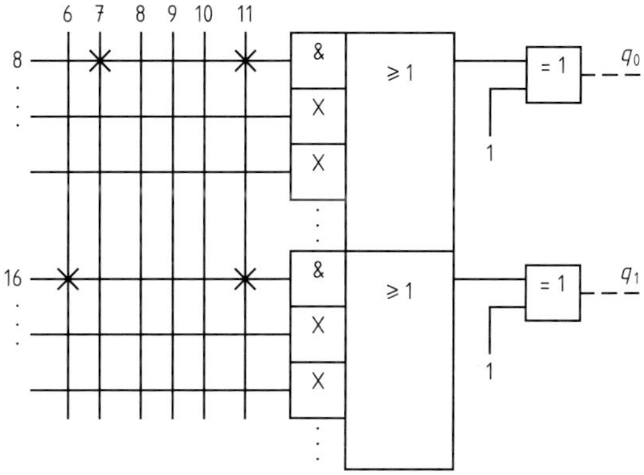

$q_{0,n+1} = \overline{q_{0,n}} \wedge \overline{q_{1,n}}$ und $q_{1,n+1} = q_{0,n} \wedge \overline{q_{1,n}}$

Lösungen zu 14.1 Einrichten lokaler Netzwerke

257/1 **a)** $n_K = \mathbf{3}$

b) $n_T = \mathbf{3}$

c) $l = l_1 + l_2 + l_3 = 6\,m + 8\,m + 15\,m = \mathbf{29\,m}$

257/2 **a)** $n_K = n_{max} - n_S = 30 - 20 = \mathbf{10}$

b) $n_T = n_K = \mathbf{10}$

c) $l_1 = l_{max} - l_{S1} = 185\,m - 65\,m = \mathbf{120\,m}$
$l_2 = l_{max} - l_{S2} = 185\,m - 90\,m = \mathbf{95\,m}$

258/3 **a)** $R = \infty\,\mathbf{\Omega}$

b) $R \approx \mathbf{50\,\Omega}$

258/4 **a)** $R = \frac{R_R}{2} = \frac{50\,\Omega}{2} = \mathbf{25\,\Omega}$

b) Ein geringer Widerstand lässt auf eine Überbrückung zwischen Innenleiter und Außenleiter schließen.

258/5 **a)** $n_{max} = 2 \cdot n_{seg} - 2 = 2 \cdot 30 - 2 = \mathbf{58}$

b) $l_{max} = 2 \cdot l_{seg} = 2 \cdot 185\,m = \mathbf{370\,m}$

258/6 **a)** $n_{max} = 3 \cdot n_{seg} - 3 = 3 \cdot 30 - 3 = \mathbf{87}$

b) $l_{max} = 5 \cdot n_{seg} = 5 \cdot 185\,m = \mathbf{925\,m}$

c) $n_{Rep} = \mathbf{4}$

258/7 **a)** $l = l_1 + l_2 + l_3 + l_4 + l_5 + l_6 + l_7 + l_8$
$= 0{,}5\,m + 1{,}5\,m + 2{,}5\,m + 3{,}5\,m + 4{,}5\,m + 5{,}5\,m + 6{,}5\,m + 7{,}5\,m = \mathbf{32\,m}$

b) UTP-Leitungen sind wegen 100 m Reichweite ausreichend.

c) Das Netzwerk ist noch betriebsfähig, weil nur ein Zweig des sternförmigen Netzes einen Kurzschluss aufweist.

Lösungen zu 14.2 Messen und Fehlersuche

259/1 ACR = NEXT − A

Normwerte	f in MHz	NEXT in dB	A in dB	ACR in dB
a	1	54,0	2,5	51,5
b	10	39,0	7,5	31,5
c	20	34,5	10,5	24,0

Praxiswerte	f in MHz	NEXT in dB	A in dB	ACR in dB
a	1	90	1,9	88,1
b	10	85	5,9	79,1
c	20	84	8,5	75,5

259/2 ACR = NEXT − A = 78 dB − 19 dB = **59 dB**
⇒ Der ACR-Minimalwert von 4 dB wird erreicht.

259/3 Aus Tabelle 1 entnommen: A = 10,5 dB

$$A = 20 \lg \frac{U_1}{U_2} \Rightarrow \frac{A}{20} = \lg \frac{U_1}{U_2} \Rightarrow 10^{\frac{A}{20}} = \frac{U_1}{U_2}$$

$$\Rightarrow U_2 = \frac{U_1}{10^{\frac{A}{20}}} = \frac{-2{,}05\,\text{V}}{10^{\frac{10{,}5}{20}}} = \mathbf{-0{,}612\,V}$$

259/4 $\text{NEXT} = 20 \lg \frac{2\,\text{V}}{0{,}633\,\text{V}} = 10\,\text{dB}$
⇒ Der Normwert wird nicht erfüllt, da 34,5 dB erforderlich sind.

259/5 $l = t \cdot c_0 \cdot k = 1\,\mu\text{s} \cdot 3 \cdot 10^8\,\frac{\text{m}}{\text{s}} \cdot 0{,}65\,\text{m} = \mathbf{165\,m}$

259/6 **a)** $l = 0{,}5 \cdot t \cdot c_0 \cdot k = 0{,}5 \cdot 4{,}33\,\mu\text{s} \cdot 3 \cdot 10^8\,\frac{\text{m}}{\text{s}} \cdot 0{,}77\,\text{m} = \mathbf{500\,m}$

b) Am Segmentende liegt eine Überbrückung (Kurzschluss) zwischen Innenleiter und Außenleiter der Koaxialleitung vor.

Lösungen zu 14.3 Gebäudeverkabelung

260/1 **a)** $l_{max} = l_1 + l_2 + 3 \cdot l_0 = 200\,m + 200\,m + 3 \cdot 100\,m = \mathbf{700\,m}$

b) $v_s = \frac{l}{t_s} \Rightarrow t_s = \frac{l_{max}}{v_s} = \frac{700\,m}{0{,}52 \cdot 0{,}3 \cdot 10^3\,m/s} = 4{,}49\,\mu s$

$t_v = t_s + 4 \cdot t_k = 4{,}49\,\mu s + 4 \cdot 4{,}5\,\mu s = \mathbf{22{,}49\,\mu s}$

c) $r_b = \frac{n_b}{t_v} \Rightarrow n_b = r_b \cdot t_v = 10\,Mbit/s \cdot 22{,}49\,\mu s = 224{,}9\,bit = \mathbf{225\,bit}$

260/2 $T_R = \frac{n_b}{r_b} = \frac{64 \cdot 8\,bit}{10\,Mbit} = 51{,}2\,\mu s$

$t_v = 2 \cdot t_k = 2 \cdot 4{,}5\,\mu s = 9\,\mu s$

$2(t_{max} + t_v) \leq T_R \Rightarrow t_{max} \leq 0{,}5T_R - t_v = 0{,}5 \cdot 51{,}2\,\mu s - 9\,\mu s = 16{,}6\,\mu s$

$v_s = \frac{l_{max}}{t_{max}} \Rightarrow l_{max} = v_s \cdot t_{max} = 0{,}52 \cdot 0{,}3 \cdot 10^9\,\frac{m}{s} \cdot 16{,}6\,\mu s = \mathbf{2\,589{,}6\,m}$

260/3 $A = \alpha \cdot l = \frac{4{,}6\,dB}{100\,m} \cdot 165\,m = \mathbf{7{,}59\,dB}$

260/4 Nach der 5-4-3-Netzwerkregel ergibt sich, dass maximal 5 Segmente und 4 Repeater verwendet werden dürfen.

260/5 **a)** Die Verbindung zwischen Gebäuden gehört zum gebäudeübergreifenden Bereich (Primär).

b) Nach der 5-4-3-Netzwerkregel können maximal 3 mit Rechnern belegte Segmente eingerichtet werden.

Lösungen zu 14.4 Berechnung der Speicherkapazität

261/1 **a)** $M_B = 1\,440\,KB \cdot 1\,024\,B/KB = \mathbf{1\,474\,560\,B}$

b) $M_{MB} = 1\,440\,KB/1\,024 = 1{,}406\,25\,MB \approx \mathbf{1{,}41\,MB}$

c) $M_b = M_B \cdot 8\,bit/B = 1\,474\,560\,B \cdot 8\,bit/B = \mathbf{11\,796\,480\,bit}$

261/2 **a)** $M_B = M_b/8\,bit/B = 4\,194\,304\,bit/8\,bit/B = \mathbf{524\,288\,B}$

b) $M_{KB} = M_B/1\,024\,B/KB = 524\,288\,B/1\,024\,B/KB = \mathbf{512\,KB}$

261/3 **a)** $M_B = M_S \cdot n_S = 512\,B \cdot 2\,880 = \mathbf{1\,474\,560\,B}$

$M_{KB} = M_B/1\,024\,B/KB = 1\,474\,560\,B/1\,024\,B/KB = \mathbf{1\,440\,KB}$

b) $M = n_T \cdot n_{ST} \cdot M_S \cdot n_P \Rightarrow n_T = M/(n_{ST} \cdot M_S \cdot n_P) = 1\,474\,560\,B/(18 \cdot 512\,B \cdot 2) = \mathbf{80}$

c) $M_F = M - M_{FAT} - M_{res} - M_{BS} = 1\,474\,560\,B - 2 \cdot 4\,608\,B - 512\,B - 153\,104\,B = \mathbf{1\,311\,728\,B}$

261/4 a) $M_B = M_{KB} \cdot 1\,024\,B/KB = 1\,440\,KB \cdot 1\,024\,B/KB = \mathbf{1\,474\,560\,B}$

b) $M = n_T \cdot n_S \cdot M_S \cdot n_P \Rightarrow n_S = M/(n_T \cdot M_S \cdot n_P) = 1\,474\,560\,B/(80 \cdot 512\,B \cdot 2) = \mathbf{18}$

c) $M_{P1} = M - M_{res} - M_{FAT} - M_D - M_F$
$= 1\,474\,560\,B - 512\,B - 3 \cdot 512\,B - 53\,248\,B - 607\,744\,B = 811\,520\,B$
$n_S = M_{P1}/M_S = 811\,520\,B/512\,B = \mathbf{1\,585}$

261/5 a) $M_B = M_{KB} \cdot 1\,024\,B/KB = 640\,KB \cdot 1\,024\,B/KB = \mathbf{655\,360\,B}$
$M_F = M_B - M_{BS} - M_{P1} = 655\,360\,B - 31\,181\,B - 6\,944\,B = \mathbf{617\,235\,B}$

b) $n_{CP2} = M_{P2}/M_C = 32\,488\,B/(32 \cdot 1\,024\,B) = 0{,}99 \Rightarrow n_{CP2} = \mathbf{1}$
$n_{CP3} = M_{P3}/M_C = 212\,432\,B/(32 \cdot 1\,024\,B) = 6{,}48 \Rightarrow n_{CP3} = \mathbf{7}$
$n_C = n_{CP2} + n_{CP3} = 1 + 7 = \mathbf{8}$

c) $M_x = n_{Cx} \cdot M_C = 3 \cdot 32 \cdot 1\,024\,B = \mathbf{98\,304\,B}$

261/6 a) $M = n_T \cdot n_S \cdot M_S \cdot n_P \Rightarrow n_S = M/(n_T \cdot M_S \cdot n_P) = 1\,228\,800\,B/(80 \cdot 512\,B \cdot 2) = \mathbf{15}$

b) Von den einzelnen Programmen belegte Cluster:
$n_{Cv} = n_{Sv}/2 = 29/2 = 14{,}5 \Rightarrow n_{Cv} = 15$
$n_{CP2} = n_{SP2}/2 = 104/2 = 52$
$n_{CP3} = M_{P3}/1\,024\,B = 184\,327\,B/1\,024\,B = 180{,}007 \Rightarrow n_{CP3} = 181$
$n_{CP4} = M_{P4}/1\,024\,B = (53 \cdot 512\,B + 357\,B)/1\,024\,B = 26{,}8 \Rightarrow n_{CP4} = 27$
$n_C = M/1\,024\,B = 1\,228\,800\,B/1\,024\,B = 1\,200$
$n_{CF} = n_C - n_{CP1} - n_{CP2} - n_{CP3} - n_{CP4} - n_{Cv} - n_{CFehler}$
$= 1\,200 - 49 - 52 - 181 - 27 - 15 - 6 = 1\,200 - 330 = 870$
$M_F = n_{CF} \cdot 1\,024\,B = 870 \cdot 1\,024\,B = \mathbf{890\,880\,B}$

Lösungen zu 14.5 Berechnung von Befehlsausführungszeiten

262/1 $t_B = \frac{C_B}{f_C} = \frac{11}{2{,}457\,6\,MHz} = \mathbf{4{,}476\,\mu s}$

262/2 $t_B = \frac{C_B}{f_C} = \frac{7}{4\,MHz} = \mathbf{1{,}75\,\mu s}$

262/3 Falls S1 und S3 geschlossen sind, werden die Abschnitte M0, M2, M3 (bis JPNZ) und M4 des Assemblerprogrammes Bild 3, Seite 262, durchlaufen ⇒ M0 = 28 Takte, M2 = 28 Takte, M3 = 28 Takte, M4 = 34 Takte.

$C_B = 28 + 28 + 28 + 34 = 118$ Takte

$t_B = C_B/f_C = 118/2{,}457\,6\,MHz = \mathbf{48{,}014\,\mu s}$

262/4 Falls kein Schalter betätigt wird, werden im Programm Bild 3, Seite 260, die Abschnitte M0 und M1 durchlaufen ⇒ M0 = 28 Takte, M1 = 13 + 11 + 10 = 34 Takte.

$C_B = 28 + 34 = 62$ Takte

$t_B = C_B/f_C = 62/2{,}457\,6\,MHz = \mathbf{25{,}228\,\mu s}$

262/5 a) **K0 + K3 + K5**

b) $C_B = (11 + 07 + 10) + (11 + 07 + 10) + (13 + 11 + 10) = 90$ Takte
$t_B = C_B/f_C = 90/2{,}457\,6\ \text{MHz} = \mathbf{36{,}621\ \mu s}$

262/6 a) **K0 + K1 + K3 + K4** (bis JPNZ) **+K5**

b) $C_B = (11 + 07 + 10) + (11 + 07 + 10) + (11 + 07 + 10) + (11 + 07 + 10) + (13 + 11 + 10) = 146$ Takte
$t_B = C_B/f_C = 146/4\ \text{MHz} = \mathbf{36{,}5\ \mu s}$

Lösungen zu 14.6 Berechnung von Zeitschleifen bei Mikroprozessoren

263/1 a) $C_Z = t/T_C = t \cdot f_C = 2\,000\ \mu s \cdot 1\ \text{MHz} = \mathbf{2\,000}$

b) $K = \dfrac{C_Z - (C_{B1} + C_{B2} + C_{B5})}{C_{B3} + C_{B4}} = \dfrac{2\,000 - (11 + 7 + 10)}{5 + 10} = \mathbf{131{,}5}$; gewählt: $\mathbf{K = 131}$

c) $C_Z = C_{B1} + C_{B2} + K(C_{B3} + C_{B4}) + C_{B5} = 11 + 7 + 131(5 + 10) + 10 = \mathbf{1\,993}$

d) Es fehlen 7 Takte. Es werden 2 NOP-Befehle (= 8 Takte) nach dem JNZ-Befehl eingefügt.

263/2 a) $C_Z = t/T_C = t \cdot f_C = 1\,500\ \mu s \cdot 2\ \text{MHz} = \mathbf{3\,000}$

b) $K = \dfrac{C_Z - (C_{B1} + C_{B2} - C_{B4} + C'_{B4} + C_{B5})}{C_{B3} + C_{B4}} = \dfrac{3\,000 - (11 + 7 - 10 + 7 + 10)}{4 + 10} = \mathbf{212{,}5}$
gewählt: $\mathbf{K = 212}$

c) $C_Z = C_{B1} + C_{B2} + K(C_{B3} + C_{B4}) - C_{B4} + C'_{B4} + C_{B5} = 11 + 7 + 212(4 + 10) - 10 + 7 + 10 = \mathbf{2\,993}$

d) Durch Einfügen von 2 NOP-Befehlen (= 8 Takte) nach dem JNZ-Befehl wird $C_Z = 3\,001$.

263/3 a) Nach Programm Bild 1, Seite 263, kann das A-Register als Schleifenzähler höchstens den Wert K = FFH = 225 annehmen, da es ein 8-bit-Register ist.
Damit wird $C_Z = C_{B1} + C_{B2} + K(C_{B3} + C_{B4}) + C_{B5} = 11 + 7 + 255(5 + 10) + 10 = \mathbf{3\,853}$

b) $t = C_Z \cdot T_C = C_Z/f_C = 3\,853/1\ \text{MHz} = \mathbf{3\,853\ \mu s}$

263/4 a) Nach Programm Bild 1, Seite 263, kann das A-Register als Schleifenzähler höchstens den Wert K = FFH = 255 annehmen. Damit wird
$C_Z = C_{B1} + C_{B2} + K(C_{B3} + C_{B4}) - C_{B4} + C'_{B4} + C_{B5}$
$= 11 + 7 + 255(4 + 10) - 10 + 7 + 10 = \mathbf{3\,595}$

b) $t = C_Z \cdot T_C = C_Z/f_C = 3\,595/2\ \text{MHz} = \mathbf{1\,797{,}5\ \mu s}$

Lösungen zu 14.7.1 Verknüpfungen mit Zahlen

264/1 a) **0001 1001 1110 1001**; b) **0101 0010 1001 0101**

c) **0111 1111 1010 0000**; d) **1111 1111 1111 1110**

264/2

a) **0000 0000 0000 0000**; b) **0100 0010 0110 1000**

c) **0101 1110**; d) **0111 1110**

e) **1111 0001**

264/3

a)
1011 0011
∧ 0101 1010
0001 0010

b)
1011 0011
↮ 0101 1010
1110 1001

c)
1011 0011
∨ 0101 1010
1111 1011

264/4

a)
1010 1111 0110 1101
∨ 0000 0000 1010 1101
1010 1111 1110 1101

b)
1010 1111 0110 1101
↮ 0000 0000 1010 1101
1010 1111 1100 0000

c)
1010 1111 0110 1101
∧ 0000 0000 1010 1101
0000 0000 0010 1101

264/5

a)
A35C ≙ 1010 0011 0101 1100
∨ B670 ≙ 1011 0110 0111 0000
B77C ≙ **1011 0111 0111 1100**

b)
66FB ≙ 0110 0110 1111 1011
∧ 880A ≙ 1000 1000 0000 1010
000A ≙ **0000 0000 0000 1010**

c)
87C0 ≙ 1000 0111 1100 0000
↮ 77CF ≙ 0111 0111 1100 1111
F00F ≙ **1111 0000 0000 1111**

d)
08FB ≙ 0000 1000 1111 1011
∨ 11BC ≙ 0001 0001 1011 1100
19FF ≙ 0001 1001 1111 1111
∧ 00AB ≙ 0000 0000 1010 1011
00AB ≙ **0000 0000 1010 1011**

e)
10D ≙ 0001 0000 1101
∧ CDA ≙ 1100 1101 1010
008 ≙ 0000 0000 1000
∨ 0A0 ≙ 0000 1010 0000
0A8 ≙ **0000 1010 1000**

f)
1A ≙ 0001 1010
∨ CD ≙ 1100 1101
DF ≙ 1101 1111
↮ BA ≙ 1011 1010
65 ≙ **0110 0101**

264/6

a)
0AF ≙ 0000 1010 1111
∨ BCD ≙ 1011 1100 1101
BEF ≙ **1011 1110 1111**

b)
06B7 ≙ 0000 0110 1011 0111
∧ ABCD ≙ 1010 1011 1100 1101
0285 ≙ **0000 0010 1000 0101**

c)
BFA ≙ 1011 1111 1010
↮ ADC ≙ 1010 1101 1100
126 ≙ **0001 0010 0110**

d)
8CD ≙ 1000 1100 1101
∨ 3FE ≙ 0011 1111 1110
BFF ≙ 1011 1111 1111
∧ 0BD ≙ 0000 1011 1101
0BD ≙ **0000 1011 1101**

e)
10BF ≙ 0001 0000 1011 1111
∧ 0CBB ≙ 0000 1100 1011 1011
00BB ≙ 0000 0000 1011 1011
∨ 005E ≙ 0000 0000 0101 1110
00FF ≙ **0000 0000 1111 1111**

f)
03B ≙ 0000 0011 1011
∨ 04F ≙ 0000 0100 1111
07F ≙ 0000 0111 1111
↮ 3CA ≙ 0011 1100 1010
3B5 ≙ **0011 1011 0101**

Lösungen zu 14.7.2 Verknüpfungen mit Assemblerprogrammen

265/1 a) **A ist mit ODER zu verknüpfen**

b) **0000 1000**

c) A = 1011 0110 ∨ 0000 1000 = **1011 1110**

265/2 a) **A ∨ M**

b) **1000 0000**

c) A = 0110 1010 ∨ 1000 0000 = **1110 1010**

265/3 a) **0101 0101**

b) **XOR-Verknüpfung mit 1111 1111**

c)
```
    0101 0101
 ↮  1111 1111
 ------------
    1010 1010
```
1010 1010 ⇒ **A = 1010 1010**

265/4 a) **1111 0000**

b)
```
    1111 0000
 ∧  1001 1111
 ------------
    1001 0000
```
1001 0000 ⇒ **A = 1001 0000**

c) **H7 und H4**

265/5 a) **X0XX1XXX** (X = beliebig, 0 oder 1)

b) **X1XX0XXX**

c) **X0R, Bitmuster 1111 1111 = FFH**

265/6 a) **1XXXXXX1**

b) **UND-Verknüpfung mit 1111 1111 = FFH**

c) **Bitnummer 7 und Bitnummer 0 haben den Wert 0.**

Lösungen zu 14.8 Differenzieren mit dem Computer

266/1 a) $\frac{\Delta y}{\Delta x} = \frac{\sin 2 \cdot (\pi/12 + 0{,}02) - \sin 2 \cdot (\pi/12 - 0{,}02)}{2 \cdot 0{,}02} = \mathbf{1{,}731\,589}$

b) $\frac{\Delta y}{\Delta x} = \frac{\sin 2 \cdot (\pi/12 + 0{,}01) - \sin 2 \cdot (\pi/12 - 0{,}01)}{2 \cdot 0{,}01} = \mathbf{1{,}731\,935}$

c) $\frac{\Delta y}{\Delta x} = \mathbf{1{,}732}$

266/2 **a)** $\frac{\Delta y}{\Delta x} = \frac{\sin^2(\pi/6 + 0{,}01) - \sin^2(\pi/6 - 0{,}01)}{2 \cdot 0{,}01} = \mathbf{0{,}865\,967\,671}$

b) $\frac{\Delta y}{\Delta x} = \frac{\sin^2(\pi/6 + 0{,}005) - \sin^2(\pi/6 - 0{,}005)}{2 \cdot 0{,}005} = \mathbf{0{,}866\,010\,975}$

c) $f'(\pi/6) = \mathbf{0{,}866}$

266/3 $\ln x^2 = 2 \cdot \ln x \Rightarrow f(x) = \sin x \cdot \ln x^2 = 2 \cdot \sin x \cdot \ln x$

$$D = \frac{f(x_0 + h) - f(x_0 - h)}{2 \cdot h} = \frac{2 \cdot \sin(x_0 + h) \cdot \ln(x_0 + h) - 2 \cdot \sin(x_0 - h) \cdot \ln(x_0 - h)}{2 \cdot h}$$

$$= \frac{\sin(x_0 + h) \cdot \ln(x_0 + h) - \sin(x_0 - h) \cdot \ln(x_0 - h)}{h}$$

```
D=(SIN(X0+H)*LOG(X0+H)-SIN(X0-H)*LOG(X0-H))/H
```

266/4

```
D=(SQR(2*(X0+H)*COS(X0+H)-SQR(2*(X0-H)*COS(X0-H))/(2*H)
```

266/5 **a)** $x_0 + h = 1{,}20 + 0{,}005 = 1{,}205;\quad x_0 - h = 1{,}20 - 0{,}005 = 1{,}195$

$2 \cdot h = 2 \cdot 0{,}005 = 0{,}01$

$\Rightarrow$ `PRINT (SQR(1.205)*EXP(1.205)-SQR(1.195)*EXP(1.195))/0.01`

b)

```
100 H=1
110 ALT=STEIGUNG: H=H/2
120 STEIGUNG=(SQR(1.2+H)*EXP(1.2+H)-SQR(1.2-H)*EXP(1.2-H))/2/H
130 IF ABS ((STEIGUNG-ALT)/STEIGUNG)>=.0002 THEN 110
140 PRINT "Steigung ist "; STEIGUNG
150 END
```

266/6 **a)** $x_0 + h = 1{,}25 + 0{,}005 = 1{,}255;\quad x_0 - h = 1{,}25 - 0{,}005 = 1{,}245$

$2 \cdot h = 2 \cdot 0{,}005 = 0{,}01$

$\Rightarrow$ `PRINT (1.255*ATN(1.255)-1.245*ATN(1.245))/0.01`

b)

```
100 H=1
110 ALT=STEIGUNG: H=H/2
120 STEIGUNG=((1.25+H)*ATN(1.25+H)-(1.25-H)*ATN(1.25-H))/2/H
130 IF ABS ((STEIGUNG-ALT)/STEIGUNG)>=.0005 THEN 110
140 PRINT "Steigung ist "; STEIGUNG
150 END
```

Lösungen zu 14.9 Integrieren mit dem Computer

267/1

```
f:=10*sqr(sin(x));
```

267/2 `f:=.2*sqr(x)*cos(x);` oder `f:=.2*x*x*cos(x);`

267/3

```
f:=4*(1-sqr(sin(x)));
```

267/4
```
delta_x:=(b-a)/n;
```

267/5 **a)** Mit integer werden die ganzzahligen Variablen n und i vereinbart.

b) Für die Variablen a und b wird real vereinbart.

267/6 **a)** `q:=abs((a2-a1)/a2);`

b) Für die Variablen A_1, A_2 und q ist jeweils die Typenbezeichnung real zu vereinbaren.

267/7
```
writeln("Abweichung: ",q:7:5);
```

Lösungen zu 15.1.1 Anweisungsliste ohne Rücksicht auf Drahtbruch und Erdschluss

268/1 a) $\mathbf{y_{K3} = (k_1 \vee k_3) \wedge \overline{k_2} \wedge \overline{k_4}}$

$\mathbf{y_{K4} = (k_2 \vee k_4) \wedge \overline{k_1} \wedge \overline{k_3}}$

b) Für K3

0 U A0
1 O A2
2 UN A1
3 UN A3
4 = A2

Für K4

5 U A1
6 O A3
7 UN A0
8 UN A2
9 = A3
10 PE

268/2 a) $y_{A0} = \overline{\overline{(e_1 \vee e_2)} \vee \overline{(e_3 \vee e_4)}} = \mathbf{(e_1 \vee e_2) \wedge (e_3 \vee e_4)}$

b) 0 U E1
2 O E2
3 U (
4 U E3
5 O E4
6)
7 = A0
8 PE

268/3 Für K3

0 U A2
1 O A4
2 UN A3
3 UN A5
4 = A4

Für K4

5 U A3
6 O A5
7 UN A2
8 UN A4
9 = A5
10 PE

268/4

0 U E1
1 O E2
3 = M1
4 U E3
5 O E4
6 = M2
7 UN M1
8 ON M2
9 = M3
10 UN M3
11 = A0
12 PE

Kürzere AWL nach Aufgabe 2, Seite 268

0 U E1
1 O E2
2 = M1
3 U E3
4 O E4
5 = M2
6 U M1
7 U M2
8 = A0
9 PE

Lösungen zu 15.1.2 Anweisungsliste mit Rücksicht auf Drahtbruch und Erdschluss

269/1 a) $y_{A0} = (s_{13} \wedge s_{14} \wedge s_{12}) \vee (\overline{s_{13} \wedge s_{14}} \wedge \overline{s_{12}})$

b)
```
0 L  E2
1 U  E3
2 UN E1
3 O  (
4 LN E2
5 ON E3
6 U  E1
7 )
8 =  A0
9 PE
```

```
0 L  E2
1 U  E3
2 UN E1
3 =  M1
4 LN E2
5 ON E3
6 U  E1
7 =  M2
8 L  M1
9 O  M2
10 = A0
11 PE
```

269/2 a) $y_{A0} = (\overline{s_{13}} \wedge \overline{s_{14}} \wedge \overline{s_{12}}) \vee (s_{12} \wedge \overline{\overline{s_{13}} \wedge \overline{s_{14}}})$

$= (\overline{s_{13}} \wedge \overline{s_{14}} \wedge \overline{s_{12}}) \vee s_{12} \wedge (s_{13} \vee s_{14})$

b)
```
0 UN E2
1 UN E3
2 UN E1
3 =  M1
4 U  E2
5 O  E3
6 =  M2
```

```
6 U M2
7 U E1
8 O M1
9 = A0
10 PE
```

269/3 a) $y_{A1} = e_1 \wedge (e_3 \vee a_1) \wedge \overline{a_2}$

b)
```
0 U  E1
1 U  M1
2 UN A2
3 =  A1
4 U  E3
5 O  A1
6 =  M1
```

269/4 a) $y_{A2} = e_1 \wedge (e_4 \vee a_2) \wedge \overline{a_1}$

b)
```
0 U  E1
1 U  M1
2 UN A1
3 =  A2
4 U  E4
5 O  A2
6 =  M1
```

Lösungen zu 15.1.3 Anweisungsliste mit Speicherelementen

270/1 a) $y_S = s_3 \vee s_4$ $y_R = \overline{s_1} \vee \overline{s_2}$

b)
```
0 UN E1
1 ON E2
2 R  A1
3 U  E3
4 O  E4
5 SL A1
6 PE
```

270/2 a) $y_{S1} = e_4$ $y_{S2} = q_1$
$y_{R1} = \overline{e_1} \vee \overline{e_2}$ $y_{R2} = \overline{e_1} \vee \overline{e_3}$

b) Für A1
```
0 U  E4
1 SL A1
2 UN E1
3 ON E2
4 RL A1
```
Für A2
```
5 U  A1
6 SL A2
7 UN E1
8 ON E3
9 PE
```

270/3 a) $y_{S1} = e_2 \vee e_3$ $y_{S2} = e_2$
$y_{R1} = \overline{e_1}$ $y_{R2} = \overline{e_1} \vee \overline{e_4}$

b)
```
0 U  E2
1 O  E3
2 SL A1
3 UN E1
4 RL A1
5 U  E2
6 SL A2
7 UN E1
8 ON E4
9 RL A2
10 PE
```

271/4 a) $y_{S1} = e_3 \vee e_4$ $y_{S2} = e_3$
$y_{R1} = \overline{e_1} \vee \overline{e_2}$ $y_{R2} = \overline{e_1}$

b)
```
0 U  E3
1 O  E4
2 SL A1
3 UN E1
4 ON E2
5 RL A1
6 U  E3
7 SL A2
8 UN E1
9 RL A2
10 PE
```

271/5

a) $y_{S1} = s_1$ $\quad y_{S2} = s_2$ $\quad y_{S3} = s_3$

$y_{R1} = \overline{s_4} \vee k_2 \vee k_3$ $\quad y_{R2} = \overline{s_4} \vee k_1 \vee k_3$ $\quad y_{R3} = \overline{s_4} \vee k_2 \vee k_3$

b)

```
 0 U  E1
 1 SL A1
 2 U  E2
 3 SL A2
 4 U  E3
 5 SL A3
 6 UN E4
 7 O  A2
 8 O  A3
 9 RL A1
10 UN E4
11 O  A1
12 O  A3
13 RL A2
14 UN E4
15 O  A1
16 O  A2
17 RL A3
18 PE
```

271/6

a) $y_{S1} = s_2 \wedge \overline{k_2} \wedge \overline{k_3}$ $\quad y_{S2} = s_3 \wedge \overline{k_1} \wedge \overline{k_3}$

$y_{S3} = s_4 \wedge \overline{k_1} \wedge \overline{k_2}$

$y_{R1} = y_{R2} = y_{R3} = \overline{s_1}$

b)

```
 0 UN E1
 1 RL A1
 2 RL A2
 3 RL A3
 4 U  E2
 5 UN A2
 6 UN A3
 7 SL A1
 8 U  E3
 9 UN A1
10 UN A3
11 SL A2
12 U  E4
13 UN A1
14 UN A2
15 SL A3
16 PE
```

271/7

a) $y_{S1} = s_2$ $\quad y_{S2} = s_3 \wedge \overline{s_4} \wedge \overline{k_1} \wedge \overline{k_3}$ $\quad y_{S3} = \overline{s_3} \wedge s_4 \wedge \overline{k_1} \wedge \overline{k_2}$

$y_{R1} = \overline{s_1}$ $\quad y_{R2} = \overline{s_1} \vee \overline{s_4}$ $\quad y_{R_3} = \overline{s_1} \vee \overline{s_4}$

b)

```
 0 U  E2
 1 SL A1
 2 U  E3
 3 UN E6
 4 UN A1
 5 UN A3
 6 SL A2
 7 UN E5
 8 U  E4
 9 UN A1
10 UN A2
11 SL A3
12 UN E1
13 RL A1
14 UN E1
15 ON E6
16 RL A2
17 UN E1
18 ON E6
19 RL A3
20 PE
```

271/8

a) Wie bei Aufgabe 7, Seite 271

b) Wie bei Aufgabe 7, Seite 271, aber anstelle von E5 steht E3 und anstelle von E6 steht E4

Lösungen zu 15.1.4 Dominieren von Setzen oder Rücksetzen

272/1 a) Es liegt dominierendes Setzen vor, weil bei gleichzeitiger Betätigung von S1 und S2 Einschalten von K1 erfolgt.

b)
```
1 ON E1
2 RL A1
3 O  E2
4 SL A1
5 PE
```

272/2 a) Dominierendes Setzen ist durch S1 und den Ausgang gegenüber von S1 erkennbar.

b)
```
1 UN E1
2 RL A1
3 U  E2
4 SL A1
5 PE
```

272/3 a) $y_{A1} = (e_1 \vee e_2 \vee a_1) \wedge \overline{e_3}$

b) Dominierendes Rücksetzen ist durch R1 und den Ausgang von R1 erkennbar.

c)
```
1 O  E1
2 O  E2
3 SL A1
4 ON E3
5 RL A1
6 PE
```

272/4 a) $y_{A1} = (e_1 \wedge e_2) \vee a_1 \wedge \overline{e_3}$

b) Wie Aufgabe 2a), Seite 272

c)
```
1 UN E3
2 RL A1
3 U  E1
4 U  E2
5 SL A1
```

272/5 a) Betätigung von E3 setzt auf jeden Fall zurück.

b) $y_{A1} = (e_1 \vee e_2 \vee a_1) \wedge \overline{e_3}$

c)
```
1 L  E1
2 O  E2
3 SL A1
4 UN E3
5 RL A1
6 PE
```

Lösungen zu 15.1.5 Schaltfunktion aus Anweisungsliste

273/1 **a)** $y_{A2} = (e_1 \wedge e_2 \wedge \overline{a_1}) \vee \overline{e_3}$

b)

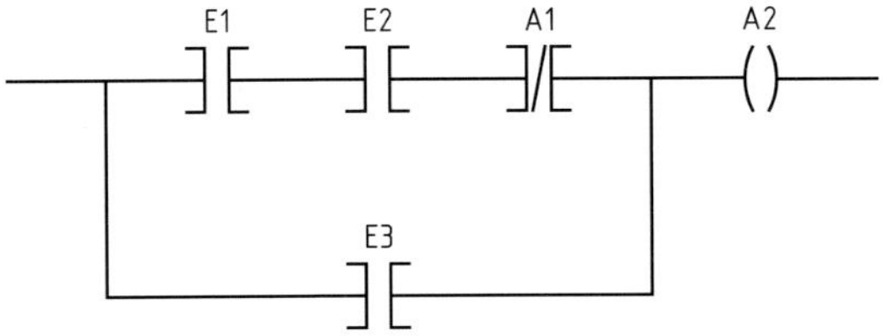

273/2 **a)** $y_{A3} = (e_1 \wedge \overline{e_2}) \vee \overline{a_2} \vee \overline{a_1}$

b)

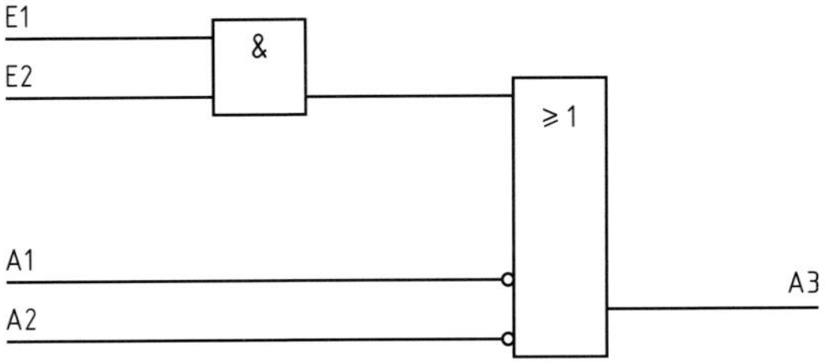

274/3 **a)** $y_{K1} = f_1 \wedge \overline{s}_1 \wedge \overline{s}_2 \wedge (s_3 \vee s_4 \vee k_1)$

b)

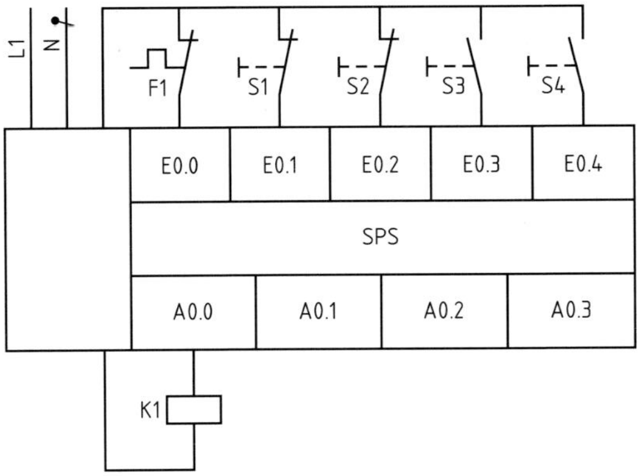

274/4 **a)** $\mathbf{y_{H12} = \overline{k_1}}$ $\mathbf{y_{H34} = k_1}$

b)

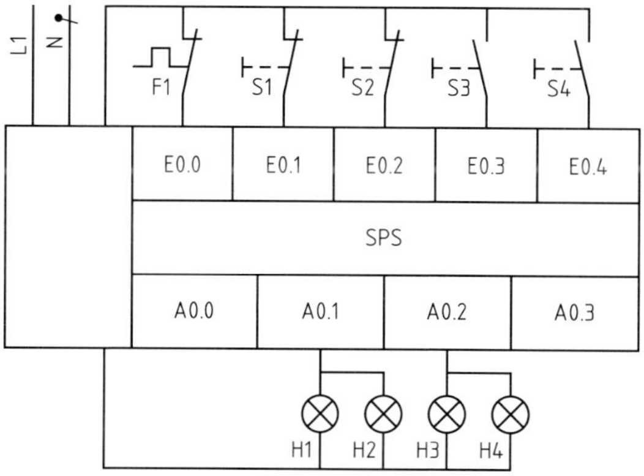

274/5 **a)** $\mathbf{y_{A1}} = s_1 \wedge (a_1 \vee \overline{a_7}) \wedge \overline{a_2}$

$= s_1 \wedge [a_1 \vee (\overline{a_1 \vee a_2 \vee a_3})] \wedge \overline{a_2}$

$= s_1 \wedge [a_1 \vee (\overline{a_1} \wedge \overline{a_2} \wedge \overline{a_3})] \wedge \overline{a_2}$

$= \mathbf{s_1 \wedge \overline{a_2} \wedge [(\overline{a_1} \wedge \overline{a_3}) \vee a_1]}$

$\mathbf{y_{A2} = s_2 \wedge (a_1 \vee a_2) \wedge \overline{a_3}}$

b)

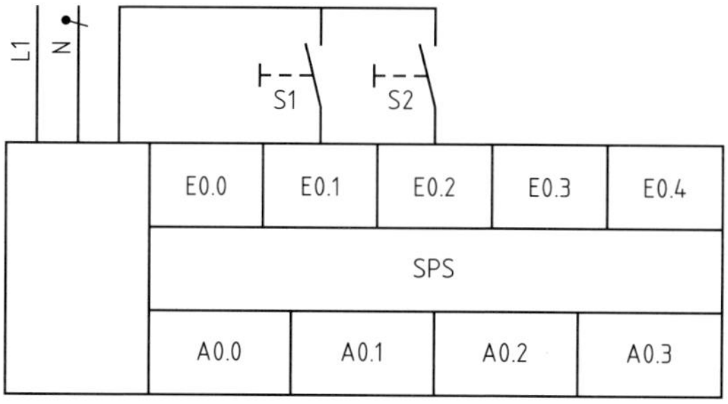

c) Schritt 1 könnte schon vor dem Schritt 4 wieder eingeschaltet werden.

274/6 **a)** $\mathbf{y_{A3} = s_3 \wedge (a_2 \vee a_3) \wedge \overline{a_4}}$

$\mathbf{y_{A4} = s_4 \wedge a_3}$

b) Wie bei Aufgabe 5b), Seite 274 , aber statt S1, S2 hier S3, S4 und statt A0.1, A0.2 hier A0.3, A0.4

c) Schritt 3 würde bei Einschalten von Schritt 4 nicht zurückgesetzt.

Lösungen zu 15.2.1 Leistungsbedarf ohne Rücksicht auf Anlauf

275/1 $P_a = F_s \cdot s/t \approx 10\,t \cdot 10\,N/kg \cdot 2\,000\,m/10\,min = 10\,000\,kg \cdot 10\,N/kg \cdot 2\,000\,m/(60 \cdot 10\,s) = 333{,}3\,kW$

$\eta = P_a/P_e \Rightarrow P_e = P_a/\eta = 333{,}3\,kW/0{,}8 = \mathbf{417\,kW}$

275/2 $P_a = F_s \cdot v \approx 1000\,kg \cdot 10\,N/kg \cdot 2\,m/s = 20\,kW$

$\eta = P_a/P_e \Rightarrow P_e = P_a/\eta = 20\,kW/0{,}85 = \mathbf{23{,}5\,kW}$

275/3 $P_a = F_s \cdot s/t \approx 10\,000\,kg \cdot 10\,N/kg \cdot 20\,m/(60 \cdot 60\,s) = 556\,W$

$\eta = P_a/P_e = 556\,W/0{,}85 = \mathbf{654\,W}$

275/4 **a)** $P_a = F_s \cdot v = 30\,000\,N \cdot \cos 30° \cdot 4\,km/h = \mathbf{28{,}9\,kW}$

b) $P_e = P_a/\eta = 28{,}9\,kW/0{,}7 = \mathbf{41{,}3\,kW}$

275/5 $P_a = M \cdot \omega = 17\,N \cdot 0{,}9\,m \cdot 2 \cdot \pi \cdot 740/min = 15{,}3\,Nm \cdot 2 \cdot \pi \cdot 12{,}33/s = \mathbf{1\,185\,W}$

275/6 $P_a = M \cdot \omega \Rightarrow M = P_a/\omega = 0{,}55\,kW/(2 \cdot \pi \cdot 48/s) = 1{,}824\,Nm$

$M = F \cdot r \Rightarrow F = M/r = 1{,}824\,Nm/0{,}99 = \mathbf{20{,}3\,N}$

Lösungen zu 15.2.2 Leistung beim Anfahren

276/1 $W_{kint} = \frac{1}{2}mv^2 = \frac{1}{2}50\,kg \cdot (2\,m/s)^2 = 100\,Ws$

$W_{kinr} = \frac{1}{2}J\omega^2 = \frac{1}{2} \cdot 71\,kgm^2 \cdot 10^{-4} \cdot \left(2 \cdot \pi \cdot \frac{2\,000}{60\,s}\right)^2 = 155{,}7\,Ws$

$W = W_{kint} + W_{kinr} = 100\,Ws + 155{,}7\,Ws = 255{,}7\,Ws$

$P = W/t = 255{,}7\,Ws/50\,ms = \mathbf{5{,}11\,kW}$

276/2 $J_m = \frac{1}{2}m \cdot r^2 = \frac{1}{2} \cdot 200\,kg \cdot (0{,}2\,m)^2 = 4\,kgm^2$

$J = 2\,kgm^2 + 4\,kgm^2 = 6\,kgm^2$

$W_{kin} = \frac{1}{2}J\omega^2 = \frac{1}{2} \cdot 6\,kgm^2 \cdot \left(2 \cdot \pi \cdot \frac{950}{60\,s}\right)^2 = 29{,}69\,kWs$

$P = W_{kin}/t = 29{,}69\,kWs/4\,s = \mathbf{7{,}42\,kW}$

276/3 $P_a = P_e \cdot \eta = 6\,kW \cdot 0{,}7 = 4{,}2\,kW$

$W_{kin} = P_a \cdot t = 4{,}2\,kW \cdot 0{,}5\,s = 2{,}1\,kWs$

$W_{kin} = \frac{1}{2}J\omega^2 \Rightarrow J = 2 \cdot W_{Kin}/\omega^2 = 2 \cdot 2{,}1\,kWs \Big/ \left(2 \cdot \pi \cdot \frac{1450}{60\,s}\right)^2 = \mathbf{0{,}182\,kgm^2}$

276/4 $W = P_e \cdot t = 4\,kW \cdot 0{,}4\,s = 1{,}6\,kWs$

$W_{kin} = P_e \cdot \eta = 1{,}6\,kWs \cdot 0{,}75 = 1{,}2\,kWs$

$J = 2 \cdot W_{kin}/\omega^2 = 2 \cdot 1{,}2\,kWs \Big/ \left(2 \cdot \pi \cdot \frac{2000}{60\,s}\right)^2 = \mathbf{0{,}054\,7\,kgm^2}$

Lösungen zu 15.2.3 Antrieb mit Drehfeldmotoren

277/1

a) $n_s = f/p \Rightarrow p = f/n_s = 50\,\text{Hz}/(1350/60)\,\text{s} = 2{,}22 \approx \mathbf{2}$

b) $n_s = f/p = 50\,\text{Hz}/2 = 25/\text{s} = \mathbf{1\,500/\,min}$

c) $s = (n_s - n) \cdot 100\,\%/n_s = (1\,500/\text{min} - 1350/\text{min}) \cdot 100\,\%/(1\,500/\text{min}) = \mathbf{10\,\%}$

d) $P_a = \eta \cdot U \cdot I \cdot \cos\varphi = 0{,}35 \cdot 230\,\text{V} \cdot 250\,\text{mA} \cdot 0{,}75 = 15{,}09\,\text{W}$

$$M = P_a/\omega = 15{,}09\,\text{W} \Big/ \left(2 \cdot \pi \cdot \frac{1350}{60\,\text{s}}\right) = \mathbf{0{,}107\,Nm}$$

e) $s_K = 20\,\% = 0{,}2$

$$M_K \approx \frac{(s^2 + s_K^2) \cdot M}{2 \cdot s_K \cdot s} = \frac{(0{,}1^2 + 0{,}2^2) \cdot 0{,}107\,\text{Nm}}{2 \cdot 0{,}2 \cdot 0{,}1} = \mathbf{0{,}134\,Nm}$$

277/2

a) $p = f/n_s = 50\,\text{Hz}/(2\,880/\text{min}) = 1{,}04 \approx \mathbf{1}$

b) $n_s = f/p = 50\,\text{Hz}/1 = 50/\text{s} = \mathbf{3\,000/min}$

c) $s = (n_s - n) \cdot 100\,\%/n_s = (3\,000/\text{min} - 2\,880/\text{min}) \cdot 100\,\%/(3\,000/\text{min}) = \mathbf{4\,\%}$

d) $P_a = \eta \cdot \sqrt{3} \cdot U \cdot I \cdot \cos\varphi = 0{,}65 \cdot \sqrt{3} \cdot 400\,\text{V} \cdot 5\,\text{A} \cdot 0{,}8 = 1801\,\text{W}$

$$M = P_a/\omega = 1801\,\text{W} \Big/ \left(2 \cdot \pi \cdot \frac{2\,880}{60\,\text{s}}\right) = \mathbf{5{,}97\,Nm}$$

e) $S_K = 20\,\% = 0{,}2$

$$M_K \approx \frac{(s^2 + s_K^2) \cdot M}{2 \cdot s_K \cdot s} = \frac{(0{,}04^2 + 0{,}2^2) \cdot 5{,}97\,\text{Nm}}{2 \cdot 0{,}2 \cdot 0{,}04} = \mathbf{15{,}5\,Nm}$$

277/3

a) $n_s = f/p = 50\,\text{Hz}/2 = 25/\text{s} = \mathbf{1\,500/min}$

b) $P_a = M \cdot \omega = 3\,\text{Nm} \cdot 2 \cdot \pi \cdot 25/\text{s} = \mathbf{471\,W}$

c) $P_e = U \cdot I \cdot \cos\varphi = 230\,\text{V} \cdot 3{,}5\,\text{A} \cdot 0{,}7 = 564\,\text{W}$

$\eta = P_a/P_e = 471\,\text{W}/564\,\text{W} = \mathbf{83{,}5\,\%}$

277/4

a) $n_s = n = 2\,250/\text{min}$

b) $P_a = M \cdot \omega = 30\,\text{Nm} \cdot 2 \cdot \pi \cdot \dfrac{2\,250}{60\,\text{s}} = \mathbf{7\,068\,W}$

c) $P_e = \sqrt{3} \cdot U \cdot I \cdot \cos\varphi = \sqrt{3} \cdot 250\,\text{V} \cdot 25\,\text{A} \cdot 0{,}75 = 8\,119\,\text{W}$

$\eta = P_a/P_e = 7\,068\,\text{W}/8\,119\,\text{W} = \mathbf{87\,\%}$

Lösungen zu 15.2.4 Antrieb mit Gleichstrommotoren

278/1

a) $P_A = M \cdot \omega \Rightarrow 2\,\text{Nm} \cdot 2 \cdot \pi \cdot 2\,000/\text{min} = 418{,}9\,\text{W}$

$P = P_A/\eta = 418{,}9\,\text{W}/0{,}8 = \mathbf{524\,W}$

b) $P = U_A \cdot I_A \Rightarrow I_A = P/U_A = 524\,\text{W}/220\,\text{V} = \mathbf{2{,}38\,A}$

278/2 **a)** $P = U_A \cdot I_A = 220\,V \cdot 33\,A = 7\,260\,W$

$P_A = P \cdot \eta = 7\,260\,W \cdot 0{,}85 = \mathbf{6\,171\,W}$

b) $M = P_A/\omega = 6\,171\,W \Big/ \left(2 \cdot \pi \cdot \frac{1\,440}{60\,s}\right) = \mathbf{40{,}9\,Nm}$

278/3 **a)** $P = U_A \cdot I_A = 220\,V \cdot 42\,A = 9\,240\,W$

$P_A = P \cdot \eta = 9\,240\,W \cdot 0{,}83 = \mathbf{7\,669\,W}$

b) $M = P_A/\omega = 7\,669\,W \Big/ \left(2 \cdot \pi \cdot \frac{2\,200}{60\,s}\right) = \mathbf{33{,}3\,Nm}$

278/4 **a)** $P = U_A \cdot I_A = 440\,V \cdot 22\,A = 9{,}68\,kW$

$\eta = P_A/P = 8\,kW/9{,}68\,kW = \mathbf{82{,}6\,\%}$

b) $M = P_A/\omega = 8\,kW \Big/ \left(2 \cdot \pi \cdot \frac{1\,800}{60\,s}\right) = \mathbf{42{,}4\,Nm}$

Lösungen zu 15.3.1 Schrittwinkel und Drehzahl

279/1 Bei Vollschrittbetrieb $\alpha = \frac{360°}{m \cdot 2p} = \frac{360°}{2 \cdot 2} = \mathbf{90°}$

279/2 $\alpha = \frac{180°}{m \cdot 2p} = \frac{180°}{2 \cdot 2} = \mathbf{45°}$

279/3 **a)** $z_U = 2 \cdot m \cdot 2p = 2 \cdot 5 \cdot 12 = \mathbf{120}$

b) $n = f_{sch}/(2 \cdot m \cdot 2p) \Rightarrow f_{sch} = n \cdot 2 \cdot m \cdot 2p$

$f_{sch} = n \cdot 2 \cdot m \cdot 2p = 1\,200/min \cdot 2 \cdot 5 \cdot 12 = 144\,000/min = \mathbf{2400\,Hz}$

279/4 **a)** $z_U = m \cdot 2p = 2 \cdot 36 = \mathbf{72}$

b) $f_{sch} = n \cdot m \cdot 2p = 2\,400/min \cdot 2 \cdot 36 = 172\,800/min = \mathbf{2880\,Hz}$

279/5 $n = \frac{f_{sch}}{360°/\alpha} = \frac{720\,min^{-1}}{360°/60°} = \mathbf{120\,min^{-1}}$

279/6 $n = \frac{f_{sch}}{360°/\alpha} = \frac{1\,440\,min^{-1}}{360°/30°} = \mathbf{120\,min^{-1}}$

Lösungen zu 15.3.2 Ansteuerung von Schrittmotoren

280/1 **a)** bis 4 (0 bis 3)

b) Zählerausgänge Q1 und Q2

q_{2n}	q_{1n}	L11	L21	L12	L22
0	0	1	0	0	0
0	1	0	1	0	0
1	0	0	0	1	0
1	1	0	0	0	1

$y_{L11} = \overline{q_{1n}} \wedge \overline{q_{2n}}$ $\qquad$ $y_{L21} = q_{1n} \wedge \overline{q_{2n}}$

$y_{L12} = \overline{q_{1n}} \wedge q_{2n}$ $\qquad$ $y_{L22} = q_{1n} \wedge q_{2n}$

c)

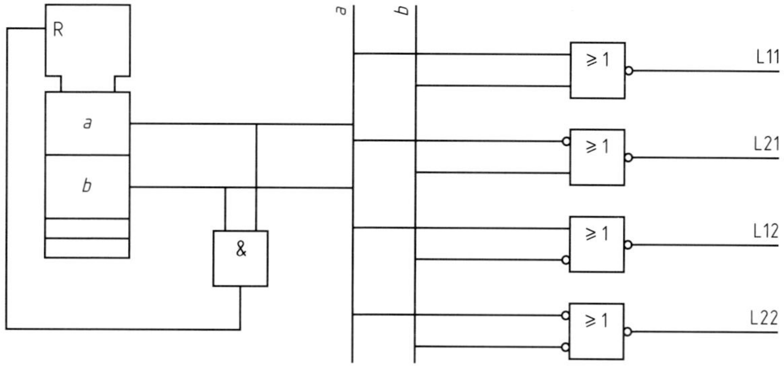

280/2 **a) Zwei Flipflops**

Aus Zeitablaufdiagramm

l_{22n}	l_{12n}	l_{21n}	l_{11n}	l_{22n+1}	l_{12n+1}	l_{21n+1}	l_{11n+1}
0	0	0	1	0	0	1	0
0	0	1	0	0	1	0	0
0	1	0	0	1	0	0	0
1	0	0	0	0	0	0	1

$l_{11n+1} = \overline{l_{11n}} \wedge \overline{l_{21n}} \wedge \overline{l_{12n}} \wedge l_{22n}$

$l_{21n+1} = l_{11n} \wedge \overline{l_{21n}} \wedge \overline{l_{12n}} \wedge \overline{l_{22n}}$

$l_{12n+1} = \overline{l_{11n}} \wedge l_{21n} \wedge \overline{l_{12n}} \wedge \overline{l_{22n}}$

$l_{22n+1} = \overline{l_{11n}} \wedge \overline{l_{21n}} \wedge l_{12n} \wedge \overline{l_{22n}}$

b) $l_{11n+1} = (0 \wedge l_{11n}) \vee (l_{22n} \wedge \overline{l_{12n}} \wedge \overline{l_{21n}} \wedge \overline{l_{11n}})$

$l_{21n+1} = (0 \wedge l_{21n}) \vee (l_{11n} \wedge \overline{l_{12n}} \wedge \overline{l_{22n}} \wedge \overline{l_{21n}})$

$l_{12n+1} = (0 \wedge l_{12n}) \vee (\overline{l_{11n}} \wedge l_{21n} \wedge \overline{l_{22n}} \wedge \overline{l_{12n}})$

$l_{22n+1} = (0 \wedge l_{22n}) \vee (\overline{l_{11n}} \wedge \overline{l_{21n}} \wedge l_{12n} \wedge \overline{l_{22n}})$

281/3 **a)** Aus dem Zeitablaufdiagramm erkennt man acht verschiedene Zustände, also ist Zähler von 0 bis 7 erforderlich.

b) Zählerausgänge q_1, q_2, q_3

q_3	q_2	q_1	l_{11n+1}	l_{12n+1}	l_{21n+1}	l_{22n+1}
0	0	0	1	0	1	0
0	0	1	0	0	1	0
0	1	0	0	1	1	0
0	1	1	0	1	0	0
1	0	0	0	1	0	1
1	0	1	0	0	0	1
1	1	0	1	0	0	1
1	1	1	1	0	0	0

c)

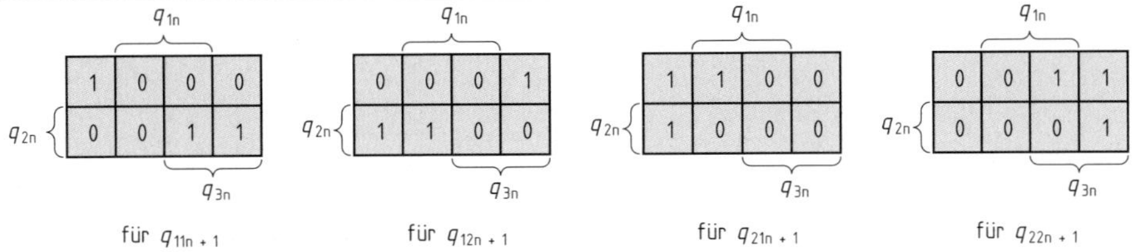

$$l_{11n+1} = (q_{2n} \wedge q_{3n}) \vee (\overline{q_{1n}} \wedge \overline{q_{2n}} \wedge \overline{q_{3n}})$$

$$l_{12n+1} = (q_{2n} \wedge \overline{q_{3n}}) \vee (\overline{q_{1n}} \wedge \overline{q_{2n}} \wedge q_{3n})$$

$$l_{21n+1} = (\overline{q_{2n}} \wedge \overline{q_{3n}}) \vee (\overline{q_{1n}} \wedge q_{2n} \wedge \overline{q_{3n}})$$

$$l_{22n+1} = (\overline{q_{2n}} \wedge q_{3n}) \vee (\overline{q_{1n}} \wedge q_{3n})$$

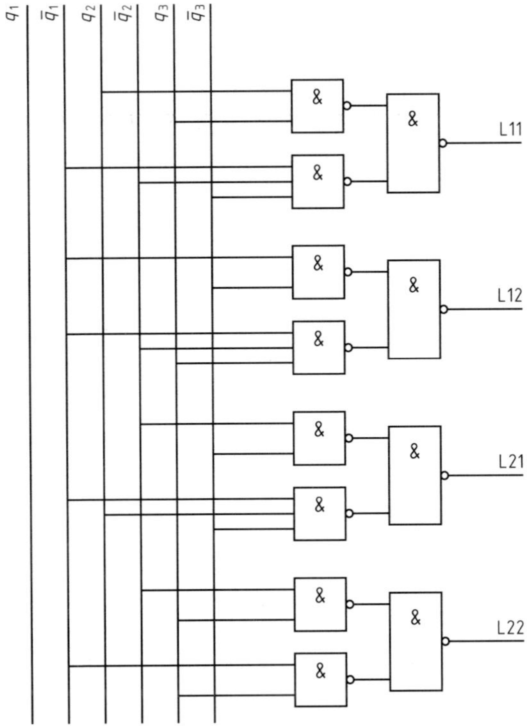

Anmerkung: Die ODER-Verknüpfungen der Schaltfunktionen ergeben nach De Morgan die NAND-Elemente und die Invertierungen der UND-Elemente.

281/4 **a)** Aus Zeitablaufdiagramm

l_{11n}	l_{12n}	l_{21n}	l_{22n}	l_{11n+1}	l_{12n+1}	l_{21n+1}	l_{11n+1}
1	0	0	0	1	0	1	0
1	0	1	0	0	0	1	0
0	0	1	1	0	1	1	0
0	1	1	0	0	1	0	0
0	1	0	0	0	1	0	1
0	1	0	1	0	0	0	1
0	0	0	1	1	0	0	1
1	0	0	1	1	0	0	0

X	1	0	0
X	0	X	0
0	X	X	X
1	1	X	X

für l_{11n+1}

X	0	0	1
X	1	X	1
0	X	X	X
0	0	X	X

für l_{12n+1}

X	0	0	0
X	1	X	0
1	X	X	X
1	0	X	X

für l_{21n+1}

X	1	1	1
X	0	X	0
0	X	X	X
0	0	X	X

für l_{22n+1}

$l_{11n+1} = \overline{l_{12n}} \wedge \overline{l_{21n}}$

$l_{12n+1} = (l_{12n} \wedge \overline{l_{22n}}) \vee (l_{21n} \wedge l_{22n})$

$l_{21n+1} = (l_{11n} \wedge \overline{l_{22n}}) \vee (l_{21n} \wedge l_{22n})$

$l_{22n+1} = \overline{l_{11n}} \wedge l_{22n} \wedge \overline{l_{21n}}$

b) $l_{11n+1} = (l_{11n} \wedge \overline{l_{12n}} \wedge \overline{l_{21n}}) \vee (\overline{l_{11n}} \wedge \overline{l_{12n}} \wedge \overline{l_{21n}} \wedge l_{22n})$

$l_{22n+1} = (l_{12n} \wedge \overline{l_{22n}}) \vee (\overline{l_{12n}} \wedge l_{21n} \wedge l_{22n})$

$l_{21n+1} = (l_{21n} \wedge (l_{22n} \vee \overline{l_{12n}}) \vee (\overline{l_{21n}} \wedge \overline{l_{12n}} \wedge \overline{l_{22n}})$

$l_{22n+1} = (l_{22n} \wedge \overline{l_{11n}} \wedge \overline{l_{21n}}) \vee (\overline{l_{22n}} \wedge \mathbf{0})$

281/5 **a)**

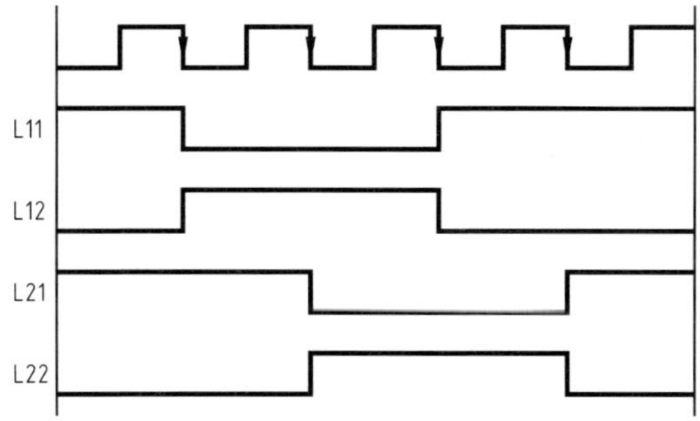

b) Es sind vier verschiedene Zustände vorhanden. Der Zähler muss von 0 bis 3 zählen können.

c) Schaltersignal s für Linkslauf s = 0, Zählerausgänge Q1 und Q2

s_n	q_{2n}	q_{1n}	l_{21n}	l_{11n}
1	0	0	0	1
1	0	1	0	0
1	1	0	1	0
1	1	1	1	1
0	0	0	1	0
0	0	1	0	0
0	1	0	0	1
0	1	1	1	1

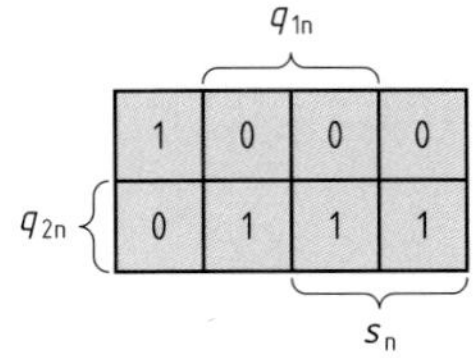

für l_{21}

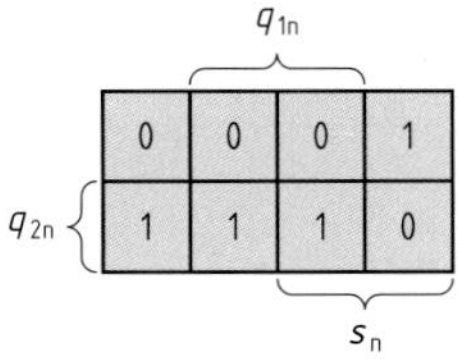

für l_{11}

$$l_{21n+1} = (q_{1n} \wedge q_{2n}) \vee (q_{2n} \wedge s_n) \vee (\overline{s} \wedge \overline{q_{1n}} \wedge \overline{q_{2n}})$$

$$l_{11n+1} = (\overline{q_{1n}} \wedge \overline{q_{2n}}) \vee (\overline{q_{1n}} \wedge \overline{q_{2n}} \wedge s)$$

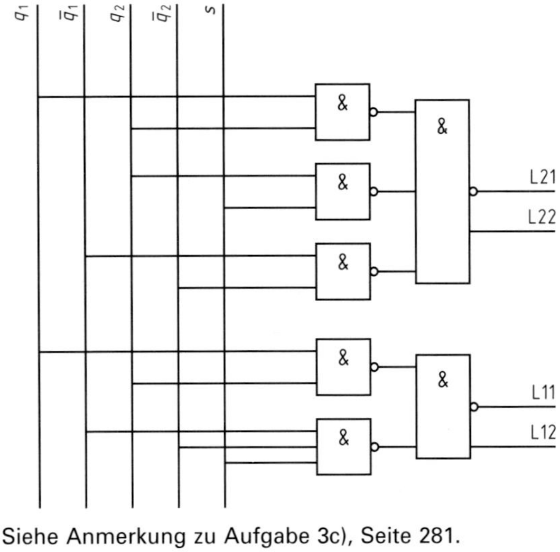

Siehe Anmerkung zu Aufgabe 3c), Seite 281.

281/6 **a)** Wie Aufgabe 5a), Seite 281

b) Nach dem Zeitablaufdiagramm:

	s_n	l_{21n}	l_{11n}	l_{21n+1}	l_{11n+1}
Rechtslauf	1	1	1	0	1
	1	0	1	0	0
	1	0	0	1	0
	1	1	0	1	1
Linkslauf	0	1	1	1	0
	0	1	0	0	0
	0	0	0	0	1
	0	0	1	1	1

Für jede Drehrichtung Zustände 0 bis 3, also **zwei Flipflops** erforderlich.

c)

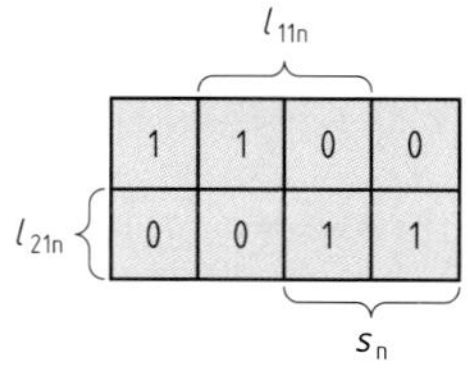

für l_{11n+1}

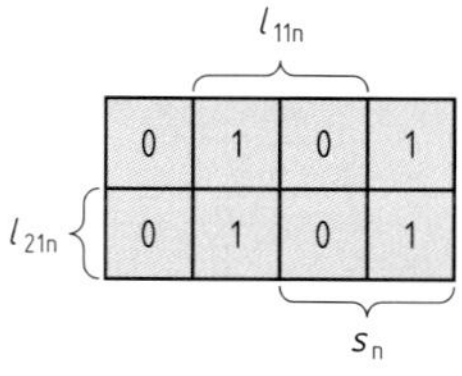

für l_{21n+1}

$l_{11n+1} = (s_n \wedge l_{21n}) \vee (\overline{s_n} \wedge \overline{l_{21n}})$

$l_{21n+1} = (s_n \wedge \overline{l_{11n}}) \vee (\overline{s_n} \wedge \overline{l_{11n}})$

d) $l_{11n+1} = [(s_n \wedge l_{21n}) \vee (\overline{s_n} \wedge \overline{l_{21n}})] \wedge l_{11n} \vee [(\overline{s_n} \wedge \overline{l_{21n}}) \vee (s_n \wedge l_{21n})] \wedge \overline{l_{11n}}$

$l_{21n+1} = [(s_n \wedge \overline{l_{11n}}) \vee (\overline{s_n} \wedge l_{11n})] \wedge l_{21n} \vee [(\overline{s_n} \wedge \overline{l_{11n}}) \vee (\overline{s_n} \wedge l_{11n})] \wedge \overline{l_{21n}}$

281/7 **a)** Es sind 10 verschiedene Zustände vorhanden, also Zähler 0 bis 9 erforderlich
$\Rightarrow$ **4 Flipflops erforderlich.**

b)

q_{4n}	q_{3n}	q_{2n}	q_{1n}	q_{4n+1}	q_{3n+1}	q_{2n+1}	q_{1n+1}
0	0	0	0	0	0	0	1
0	0	0	1	0	0	1	0
0	0	1	0	0	0	1	1
0	0	1	1	0	1	0	0
0	1	0	0	0	1	0	1
0	1	0	1	0	1	1	0
0	1	1	0	0	1	1	1
0	1	1	1	1	0	0	0
1	0	0	0	1	0	0	1
1	0	0	1	0	0	0	0

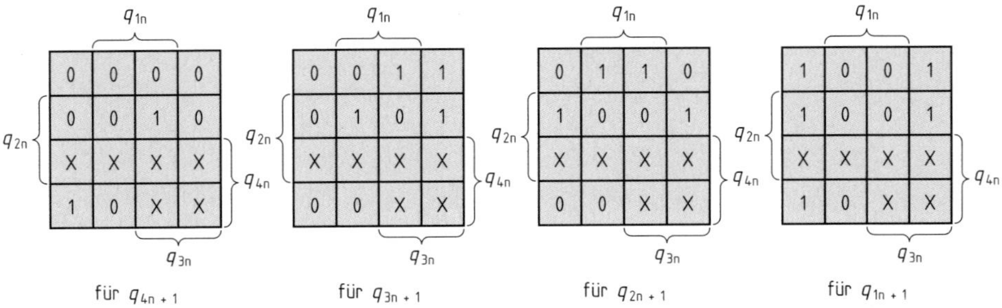

$$\mathbf{q_{4n+1} = (q_{4n} \wedge \overline{q_{1n}}) \vee (\overline{q_{4n}} \wedge q_{1n} \wedge q_{2n} \wedge q_{3n})}$$

$$\mathbf{q_{3n+1} = [q_{3n} \wedge (\overline{q_{2n}} \vee \overline{q_{1n}})] \vee (\overline{q_{3n}} \wedge q_{1n} \wedge q_{2n} \wedge \overline{q_{4n}})}$$

$$\mathbf{q_{2n+1} = (q_{2n} \wedge \overline{q_{1n}}) \vee (\overline{q_{2n}} \wedge q_{1n} \wedge \overline{q_{4n}})}$$

281/8 **a)** Bei den 10 Zuständen muss der Zähler von **0 bis 9** zählen können.

b) Zählerausgänge Q1 bis Q4
Aus Zeitablaufdiagramm

q_{4n}	q_{3n}	q_{2n}	q_{1n}	s_{5n+1}	s_{4n+1}	s_{3n+1}	s_{2n+1}	s_{1n+1}
0	0	0	0	1	0	1	0	0
0	0	0	1	1	0	1	1	0
0	0	1	0	1	0	0	1	0
0	0	1	1	1	1	0	1	0
0	1	0	0	0	1	0	1	0
0	1	0	1	0	1	0	1	1
0	1	1	0	0	1	0	0	1
0	1	1	1	0	1	1	0	1
1	0	0	0	0	0	1	0	1
1	0	0	1	1	0	1	0	1

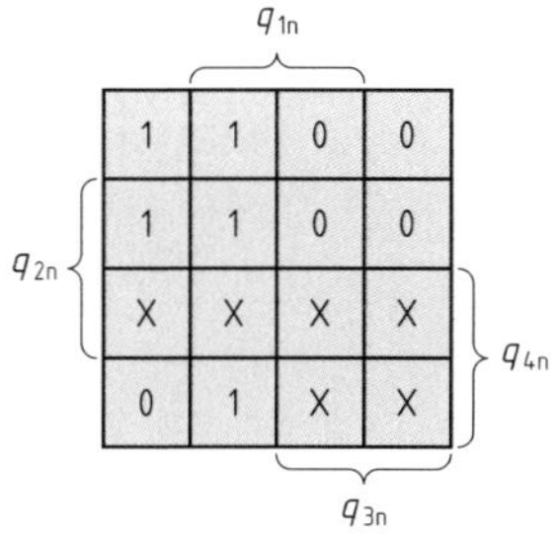

für s_{5n+1}

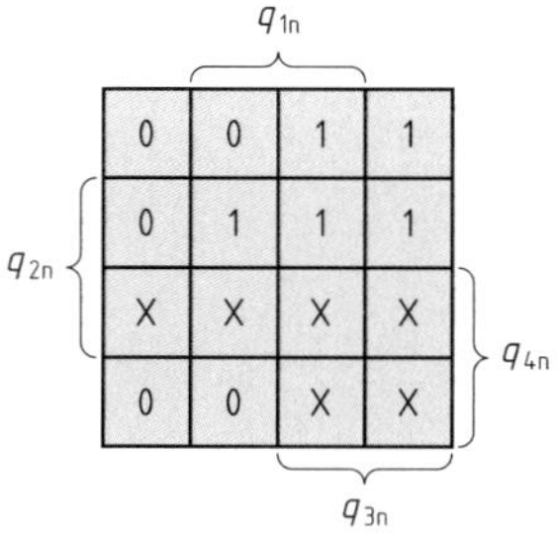

für s_{4n+1}

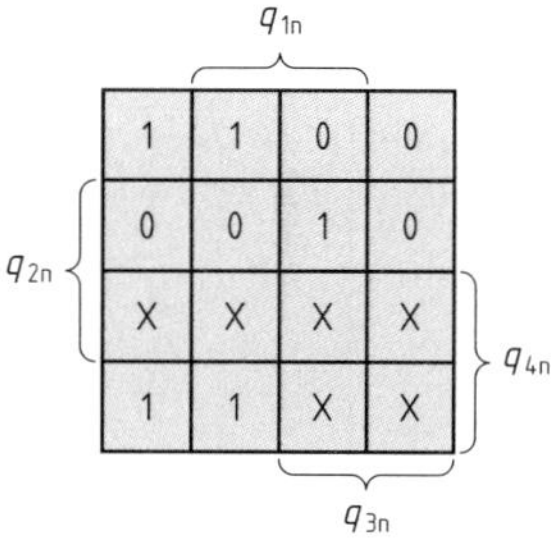

für s_{3n+1}

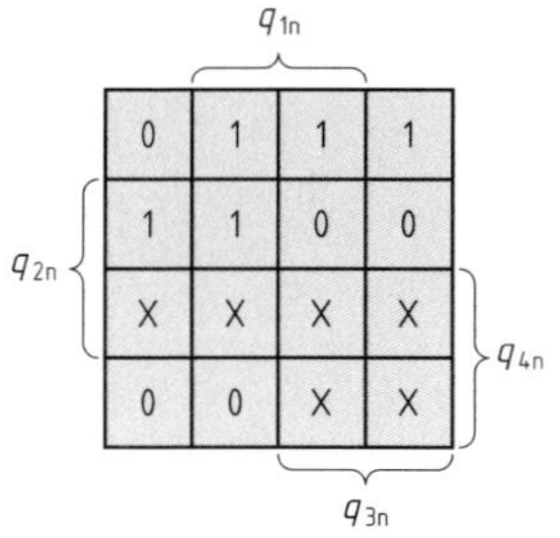

für s_{2n+1}

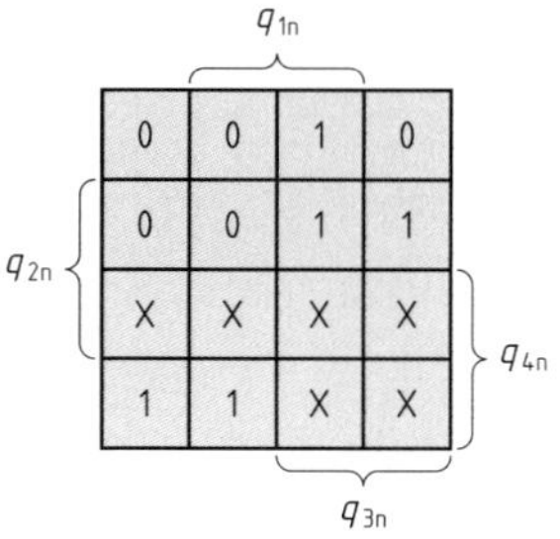

für s_{1n+1}

$$s_{5n+1} = (\overline{q_{3n}} \wedge \overline{q_{4n}}) \vee (q_{1n} \wedge q_{4n})$$

$$s_{4n+1} = (q_{3n} \wedge \overline{q_{4n}}) \vee (q_{1n} \wedge q_{2n})$$

$$s_{3n+1} = q_{4n} \vee (\overline{q_{2n}} \wedge \overline{q_{3n}}) \vee (q_{1n} \wedge q_{2n} \wedge q_{3n})$$

$$s_{2n+1} = (\overline{q_{2n}} \wedge q_{3n} \wedge \overline{q_{4n}}) \vee (q_{1n} \wedge \overline{q_{3n}} \wedge \overline{q_{4n}}) \vee (q_{2n} \wedge q_{3n} \wedge q_{4n})$$

$$s_{1n+1} = q_{4n} \vee (q_{1n} \wedge q_{3n}) \vee (q_{2n} \wedge q_{3n})$$

c)

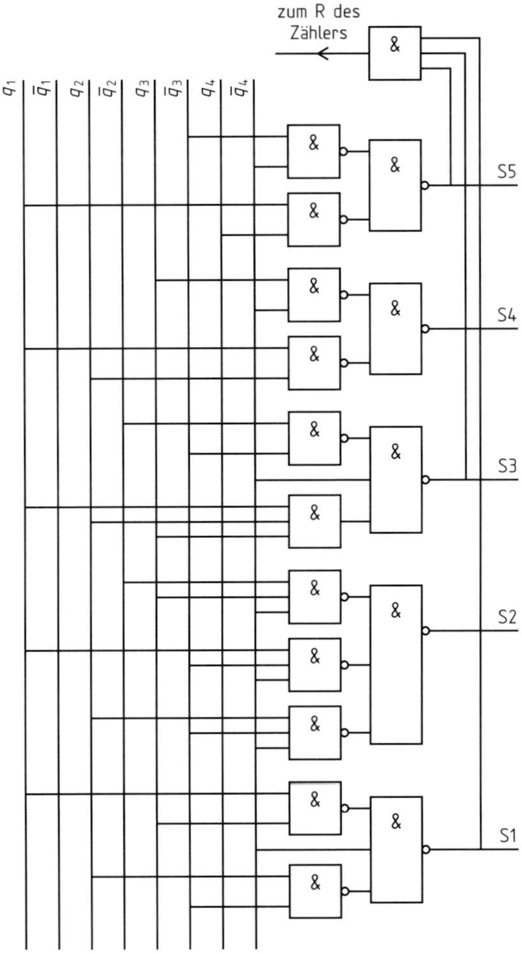
zum R des
Zählers
&
q_1
$\bar{q}_1$
q_2
$\bar{q}_2$
q_3
$\bar{q}_3$
q_4
$\bar{q}_4$
S5
S4
S3
S2
S1

Lösungen zu 16.1 P-Regler

282/1 **a)** $K_R = \frac{X_h}{X_p} = \frac{200\,\text{mm}}{80/\text{min}} = \mathbf{2{,}5\,min \cdot mm}$

b) $X_{p\%} = \frac{80/\text{min} \cdot 100}{240/\text{min}} = \mathbf{33{,}3}\,\%$

282/2 $K_R = \frac{Y_h}{X_p} \Rightarrow X_p = \frac{Y_h}{K_R} = \frac{40\,\text{mm}}{2\,\text{mm} \cdot \text{min}} = \mathbf{20\frac{1}{min}}$

282/3 **a)** $e = w - x_i = 250\,\text{mm} - 245\,\text{mm} = \mathbf{5\,mm}$

b) $K_p = \frac{l_2}{l_1} = \frac{120\,\text{mm}}{40\,\text{mm}} = 3$

$y - y_0 = K_p \cdot e \Rightarrow y = K_p \cdot e + y_0 = 3 \cdot 5\,\text{mm} + 20\,\text{mm} = \mathbf{35\,mm}$

282/4 **a)** $e = w - x_i = 250\,\text{mm} - 255\,\text{mm} = \mathbf{-5\,mm}$

b) $K_p = \frac{l_2}{l_1} = \frac{120\,\text{mm}}{40\,\text{mm}} = 3$

$y = K_p \cdot e + y_0 = 3 \cdot (-5\,\text{mm}) + 20\,\text{mm} = \mathbf{5\,mm}$

282/5 $e = w - x_i = 0{,}01 \cdot 250\,\text{mm} = 2{,}5\,\text{mm}$; $y - y_0 = 0{,}8 \cdot 250\,\text{mm} = 16\,\text{mm}$

$\Rightarrow K_p = \frac{y - y_0}{e} = \frac{16\,\text{mm}}{2{,}5\,\text{mm}} = \mathbf{6{,}4}$

282/6 $y - y_0 = K_p \cdot e \Rightarrow e = \frac{y - y_0}{K_p} = \frac{40\,\text{mm} - 20\,\text{mm}}{8} = \mathbf{2{,}5\,mm}$

283/7 I **a)** $U_a = -\frac{R_K}{R_e}(U_i + U_S) = -\frac{50\,\text{k}\Omega}{10\,\text{k}\Omega}(-2\,\text{V} + 4\,\text{V}) = \mathbf{-10\,V}$

b) $U_a = -\frac{R_K}{R_e}(U_i + U_S) = -\frac{50\,\text{k}\Omega}{10\,\text{k}\Omega}(-6\,\text{V} + 4\,\text{V}) = \mathbf{10\,V}$

283/8 I $U_a = -\frac{R_K}{R_e}(U_i + U_S) \Rightarrow \frac{R_K}{R_e} = \frac{-U_a}{U_i + U_S} = \frac{-(-5\,\text{V})}{-2\,\text{V} + 3\,\text{V}} = 5$

$\frac{R_K}{R_e} = 5 \Rightarrow R_{e1} = R_{e2} = \frac{R_K}{5} = \frac{27\,\text{k}\Omega}{5} = \mathbf{5{,}4\,k\Omega}$

283/9 I $U_a = -\frac{R_K}{R_e}(U_i + U_S) \Rightarrow U_i = -\frac{U_a}{R_K/R_e} - U_S = \frac{-12\,\text{V}}{8{,}5} - 5\,\text{V} = \mathbf{-6{,}41\,V}$

283/10 l $U_a = 0$ für $U_i = -4\,V$

$\Rightarrow U_i$ liegt zwischen $-4\,V + 0{,}4 \cdot 4\,V = -2{,}4\,V$ und $-4\,V - 0{,}4 \cdot 48 = -5{,}6\,V$

$U_i + U_S = -5{,}6\,V - (-2{,}4\,V) = -3{,}2\,V$

$$R_K/R_e = \frac{U_a}{-(U_i + U_S)} = \frac{24\,V}{-(-3{,}2\,V)} = \mathbf{7{,}5}$$

Lösungen zu 16.2 Regelkreis mit P-Regler

283/1 l

a) $V_0 = K_R \cdot K_S = 10 \cdot 2 = \mathbf{20}$

b) $R = \frac{1}{1 + V_0} = \frac{1}{1 + 20} = \frac{1}{21} = \mathbf{0{,}048}$

c) $x_0 = K_S \cdot \Delta z = 2 \cdot 0{,}8 = \mathbf{1{,}6}$

d) $x_z = \frac{K_S \cdot \Delta z}{1 + K_p \cdot K_S} = \frac{2 \cdot 0{,}8}{1 + 10 \cdot 2} = \mathbf{0{,}076}$ oder $x_z = R \cdot x_0 = 0{,}048 \cdot 1{,}6 = \mathbf{0{,}076}$

283/2 r

a) $V_0 = K_R \cdot K_S = 8 \cdot 1{,}5 = \mathbf{12}$

b) $R = \frac{1}{1 + V_0} = \frac{1}{1 + 12} = \frac{1}{13} = \mathbf{0{,}077}$

c) $x_0 = K_S \cdot \Delta z = 1{,}5 \cdot 1{,}2 = \mathbf{1{,}8}$

d) $x_z = R \cdot x_0 = 0{,}077 \cdot 1{,}8 = \mathbf{0{,}139}$

283/3 r

a) $x_z = \frac{K_S \cdot \Delta z}{1 + K_R \cdot K_S} = \frac{1{,}5 \cdot 1{,}2}{1 + 5 \cdot 1{,}5} = \mathbf{0{,}212}$

b) $x_z = \frac{K_S \cdot \Delta z}{1 + K_R \cdot K_S} = \frac{1{,}5 \cdot 1{,}2}{1 + 8 \cdot 1{,}5} = \mathbf{0{,}138}$

c) $x_z = \frac{K_S \cdot \Delta z}{1 + K_R \cdot K_S} = \frac{1{,}5 \cdot 1{,}2}{1 + 14 \cdot 1{,}5} = \mathbf{0{,}082}$

283/4 r

$\frac{x_z}{x_0} = 0{,}04 \Rightarrow R = 0{,}04$

$R = \frac{1}{1 + V_0} = \frac{1}{1 + K_S \cdot K_R} \Rightarrow 1 + K_S \cdot K_R = \frac{1}{R} \Rightarrow K_S \cdot K_R = \frac{1}{R} - 1$

$\Rightarrow K_R = \frac{1/R - 1}{K_S} = \frac{1/0{,}04 - 1}{3} = \mathbf{8}$

283/5 r

$V_0 = K_R \cdot K_S = 8{,}5 \cdot 2{,}4 = 20{,}4$

$R = \frac{1}{1 + V_0} = \frac{1}{1 + 20{,}4} = 0{,}047$

$x_z = R \cdot K_S \cdot \Delta z \Rightarrow \Delta z = \frac{x_z}{R \cdot K_S} = \frac{0{,}04}{0{,}047 \cdot 2{,}4} = \mathbf{0{,}355}$

283/6 r $V_0 = K_R \cdot K_S = 6{,}5 \cdot 2{,}0 = 13$

$R = \frac{1}{1 + V_0} = \frac{1}{1 + 13} = 0{,}071$

$x_z = R \cdot K_S \cdot \Delta z \Rightarrow \Delta z = \frac{x_z}{R \cdot K_S} = \frac{0{,}03}{0{,}071 \cdot 2} = \mathbf{0{,}211}$

Lösungen zu 16.3 Frequenzgang

284/1 **a)** Aus Bild 1, Seite 284 abgelesen: für f = 100 Hz ist a = **0,1**

b) $V = \frac{\Delta X}{\Delta Y} \Rightarrow \Delta X = a \cdot \Delta Y = 0{,}1 \cdot 0{,}5\,\text{mV} = \mathbf{0{,}05\,mV}$

c) $\varphi = \mathbf{-70°}$

284/2 **a)** Aus Bild 1, Seite 284 abgelesen: für f = 100 Hz ist a = **0,1**

b) $V = \frac{\Delta X}{\Delta Y} \Rightarrow \Delta X = a \cdot \Delta Y = 0{,}1 \cdot 0{,}3\,\text{V/s} = \mathbf{0{,}03\,V/s}$

c) $\varphi = \mathbf{-70°}$

284/3 **a)** Aus Bild 1, Seite 284 abgelesen: für f = 1 Hz ist a = **1,0**

b) $V = \frac{\Delta X}{\Delta Y} \Rightarrow \Delta X = a \cdot \Delta Y = 1{,}0 \cdot 0{,}5\,\text{mV/K} = \mathbf{0{,}5\,mV/K}$

c) $\varphi = \mathbf{-20°}$

284/4 **a)** Aus Bild 1, Seite 284 abgelesen: für f = 10 Hz ist a = **0,71**

b) $\varphi = \mathbf{-45°}$

c) $V = \frac{\Delta X}{\Delta Y} \Rightarrow \Delta X = a \cdot \Delta Y = 0{,}71 \cdot 0{,}5\,\text{mA/s} = \mathbf{0{,}355\,mA/s}$

284/5 **a)** Aus Bild 1, Seite 284 abgelesen: für f = 1 kHz ist a = **0,01**

$V = \frac{\Delta X}{Y} \Rightarrow Y = \frac{X}{a} = \frac{0{,}15\,\text{V}}{0{,}01} = \mathbf{15\,V}$

b) $\varphi = \mathbf{-85°}$

284/6 **a)** Aus Bild 1, Seite 284 abgelesen: für f = 1 kHz ist a = **0,01**

$V = \frac{\Delta X}{\Delta Y} \Rightarrow \Delta Y = \frac{\Delta X}{a} = \frac{0{,}1\,\text{V/K}}{0{,}01} = \mathbf{10\,V/K}$

b) $\varphi = \mathbf{-85°}$

Lösungen zu 16.4.1 Digitalisierung und Signalabtastung

285/1 **a)** $s_A = \pi \cdot D \cdot (320/360) = 3{,}14 \cdot 2\,m \cdot 320/360 = 5\,585\,mm$
$\Rightarrow z = s_A/p = 5\,585\,mm/0{,}001\,mm = \mathbf{5\,585\,000}$
b) $b = lb\,z = lb\,5\,585\,000 = lg\,5\,585\,000/lg\,2 = 22{,}4 \approx 23 \Rightarrow \mathbf{b = 23\,bit}$

285/2 **a)** $s_A = \pi \cdot D \cdot (300/360) = 3{,}14 \cdot 1{,}5\,m \cdot 300/360 = 3\,925\,mm$
$\Rightarrow z = s_A/p = 3\,925\,mm/0{,}001\,5\,mm = \mathbf{2\,616\,667}$
b) $b = lb\,z = lb\,2\,616\,667 = lg\,2\,616\,667/lg\,2 = 21{,}3 \approx \mathbf{21}$

285/3 **a)** $s_A = \pi \cdot D \cdot (30/360) = 3{,}14 \cdot 5\,m \cdot (30/360) = 1\,309\,mm$
$\Rightarrow z = s_A/p = 1\,309\,mm/0{,}15\,mm = 8\,726{,}65 \approx \mathbf{8727}$
b) $b = lb\,z = lb\,8\,727 = lg\,8\,727/lg\,2 = 13{,}09$
$\Rightarrow$ **Gewählt b = 14 bit Mindestwortbreite**

285/4 **a)** $p = s_A/z = 5\,200\,mm/20\,800 = \mathbf{0{,}25\,mm}$
b) $b = lb\,z = lb\,20\,800 = lg\,20\,800/lg\,2 = 14{,}34$
$\Rightarrow$ b = **15 bit Mindestwortbreite**

286/1 **a)** $T_t = T_A/2 = 0{,}5(1/f_A) = 0{,}5(1/150\,Hz) = \mathbf{0{,}003\,33\,s}$
b) $\varphi = 360° \cdot T_t/T_p = 360° \cdot T_t \cdot f = 360° \cdot 0{,}003\,33\,s \cdot 15\,Hz = \mathbf{17{,}98°}$

286/2 **a)** $T_t = T_A/2 = 1/2 \cdot f_A = 1/2 \cdot 200\,Hz = \mathbf{0{,}002\,5\,s}$
b) $\varphi = 360° \cdot T_t/T_p = 360° \cdot 0{,}002\,55 \cdot 20\,Hz = \mathbf{18°}$

286/3 **a)** $T_t = T_p(\varphi/360°) = 1/f(\varphi/360°) = 1/20\,Hz(45°/360°) = \mathbf{6{,}25\,ms}$
b) $T_A = 2 \cdot T_t = 2 \cdot 6{,}25\,ms = 12{,}5\,ms \Rightarrow f_A = 1/T_A = 1/12{,}5\,ms = \mathbf{80\,Hz}$

286/4 **a)** $T_t = T_p(\varphi/360°) = 1/f(\varphi/360°) = 1/15\,Hz(40°/360°) = \mathbf{7{,}407\,ms}$
b) $T_A = 2 \cdot T_t = 2 \cdot 7{,}407\,ms = 14{,}814\,ms \Rightarrow f_A = 1/T_A = 1/14{,}814\,ms = \mathbf{67{,}5\,Hz}$

Lösungen zu 16.4.2 Geschwindigkeit und Wegschrittlänge

286/1 **a)** $z_t = \frac{v}{p} = \frac{5{,}4\,m/min}{1{,}5\,\mu m} = \frac{5{,}4 \cdot 10^6}{1{,}5 \cdot 60}\frac{1}{s} = 60\,000\frac{1}{s} = \mathbf{60\,000\ Impulse/s}$
b) $z_A = z_t \cdot T_A = 60\,000\frac{1}{s} \cdot 10^{-3}s = \mathbf{60}$
c) Auflösung 1 : 60; maximaler Fehler $G = \frac{1}{Z_A} = \frac{1}{60} = \mathbf{1{,}7\,\%}$

286/2 **a)** $z_t = \frac{v}{p} = \frac{54\,\text{mm/min}}{1{,}5\,\mu\text{m}} = \frac{54 \cdot 10^{-3}}{1{,}5 \cdot 10^{-6} \cdot 60}\,\frac{1}{\text{s}} = 600\,\frac{1}{\text{s}} =$ **600 Impulse/s**

b) $z_A = z_t \cdot T_A = 600\,\frac{1}{\text{s}} \cdot 1\,\text{ms} =$ **0,6 ≈ 1**

c) $G = \frac{1}{z_A} = \frac{1}{1} =$ **100 %**

286/3 **a)** $f_c =$ **4 Hz**

b) $f_A \geq 10 \cdot f_c \geq 10 \cdot 4\,\text{Hz} \geq$ **40 Hz**

c) $T_A = 1/f_A = 1/40\,\text{Hz} =$ **25 ms**

d) 25 ms

Lösungen zu 17.1 Kenngrößen der Datenübertragung

287/1 a) $r_b = \frac{n_b}{t} = \frac{11\,\text{bit}}{5{,}5\,\text{ms}} = \mathbf{2\,000\,bit/s}$

b) $r_z = \frac{r_b}{n_{bz}} = \frac{2\,000\,\text{bit/s}}{7\,\text{bit/Zeichen}} = \mathbf{285{,}7\ Zeichen/s}$

c) $r_{zeff} = \frac{n_z}{t} = \frac{1\,\text{Zeichen}}{5{,}5\,\text{ms}} = 181{,}8\,\text{Zeichen/s} = \mathbf{10\,908\ Zeichen/min}$

287/2 a) $r_b = \frac{1}{T_b} = \frac{1}{20\,\text{ms}} = \mathbf{50\,bit/s}$

b) $r_z = \frac{r_b}{n_{bz}} = \frac{50\,\text{bit/s}}{5\,\text{bit/Zeichen}} = \mathbf{10\ Zeichen/s}$

c) $r_{zeff} = \frac{n_z}{t} = \frac{6{,}67\,\text{Zeichen}}{1\,\text{s}} = 6{,}67\,\text{Zeichen/s} = \mathbf{400\ Zeichen/min}$

287/3 a) $r_b = \frac{n_b}{t} = \frac{1\,\text{MByte}}{1\,\text{s}} = \frac{1\,024 \cdot 1\,024 \cdot 8\,\text{bit}}{1\,\text{s}} = \mathbf{8{,}39\,Mbit/s}$

b) $r_b = \frac{n_b}{t} \Rightarrow t = \frac{n_b}{r_b} = \frac{2\,700 \cdot 8\,\text{bit}}{8{,}39\,\text{Mbit/s}} = \mathbf{2{,}57\,ms}$

c) $r_z = \frac{r_b}{n_{bz}} = \frac{8{,}39\,\text{Mbit/s}}{8\,\text{bit/Zeichen}} = \mathbf{1\,048\,750\ Zeichen/s}$

288/4 a) $r_b = \frac{n_b}{t} \Rightarrow n_b = r_b \cdot t = 4\,\text{Mbit/s} \cdot 2{,}75\,\text{s} = \mathbf{11\,Mbit}$

b) $r_b = \frac{n_b}{t} \Rightarrow t = \frac{n_b}{r_b} = \frac{24{,}85 \cdot 1\,024 \cdot 8\,\text{bit}}{4\,\text{Mbit/s}} = \mathbf{50{,}89\,ms}$

c) $r_z = \frac{r_b}{n_{bz}} = \frac{4\,\text{Mbit/s}}{8\,\text{bit/Zeichen}} = \mathbf{500\,000\ Zeichen/s}$

288/5 a) $r_b = \frac{n_b}{t} = \frac{12\,\text{bit}}{12\,\text{ms}} = \mathbf{1\,000\,bit/s}$

b) $r_d = \frac{1}{T_d} = \frac{1}{4/3\,\text{ms}} = \mathbf{750\,digit/s}$

c) $r_{ld} = \frac{r_b}{n_{bd}} = \frac{1\,000\,\text{bit/s}}{4/3\,\text{bit/digit}} = \mathbf{750\,Baud}$

288/6 a) $r_{ld} = \frac{r_b}{n_{bd}} \Rightarrow r_b = r_{ld} \cdot n_{bd} = 10\,\text{MBaud} \cdot 1\,\text{bit} = \mathbf{10\,Mbit/s}$

b) $r_{ld} = \frac{r_b}{n_{bd}} \Rightarrow r_b = r_{ld} \cdot n_{bd} = 10\,\text{MBaud} \cdot 8/6\,\text{bit/digit} = \mathbf{13{,}33\,Mbit/s}$

288/7 a) $r_b = \frac{1}{T_b} = \frac{1}{0{,}42\,\text{ms}} = \mathbf{2\,380\,bit/s}$

b) $r_{ld} = \frac{r_b}{n_{bd}} = \frac{2\,380\,\text{bit/s}}{1\,\text{bit/digit}} = \mathbf{2\,380\,Baud}$

c) $r_z = \frac{r_b}{n_{bz}} = \frac{2\,380\,\text{bit/s}}{7\,\text{bit/Zeichen}} = \mathbf{340\,Zeichen/s}$

d) Auf den Datenleitern der V.24-Schnittstelle wird das Bit mit dem Wert 0 durch etwa +11 V und das Bit mit dem Wert 1 durch etwa −11 V dargestellt.

288/8 a) n_{bz} = 1 Startbit + 8 Datenbit + 1 Paritätsbit + 2 Stoppbit = **12 bit**

b) $r_{ld} = \frac{r_b}{n_{bd}} \Rightarrow r_b = r_{ld} \cdot n_{bd} = 2\,400\,\text{Baud} \cdot 1\,\text{bit/digit} = \mathbf{2\,400\,bit/s}$

c) $r_b = \frac{1}{T_b} \Rightarrow T_b = \frac{1}{r_b} = \frac{1}{2\,400\,\text{s}^{-1}} = \mathbf{0{,}42\,ms}$

d) $t = n_{bz} \cdot T_b = 12 \cdot 0{,}42\,\text{ms} = \mathbf{5\,ms}$

288/9 a) $r_b = \frac{n_b}{t} \Rightarrow n_b = r_b \cdot t = 19{,}2\,\text{kbit/s} \cdot 11{,}9\,\text{s} = \mathbf{228{,}48\,kbit}$

b) $n_{bD} = n_b - (37 \cdot 8\,\text{Flagbit} + 36 \cdot 8\,\text{Adressbit} + 36 \cdot 8\,\text{Steuerbit} + 36 \cdot 16\,\text{Prüfbit})$
$= 228\,480 - (296 + 288 + 288 + 576) = \mathbf{227\,032\,bit}$

c) $n_z = \frac{n_{bd}}{n_{bz}} = \frac{227\,032\,\text{bit}}{7\,\text{bit}} \approx \mathbf{32\,433\,Zeichen}$

d) $n_{zD} = \frac{n_z}{n_B} = \frac{32\,433\,\text{Zeichen}}{36\,\text{Blöcke}} \approx \mathbf{901\,Zeichen/Block}$

288/10 a) $n_B = \frac{2\,500\,\text{Zeichen}}{100\,\text{Zeichen/Block}} = \mathbf{25\,Blöcke}$

b) n_{zges} = 26 Flagbyte + 25 Adressbyte + 25 Steuerbyte
+ 2 500 Nutzbyte + 50 Prüfbyte + 25 · 8 Quittierungsbyte
= **2 826 Byte**

c) $r_b = \frac{n_b}{t_D} \Rightarrow t_D = \frac{n_b}{r_b} = \frac{2\,826 \cdot 8\,\text{bit}}{4\,800\,\text{bit/s}} = 4{,}71\,\text{s}$

$t_ü = t_D + n_B \cdot (t_{m1} + t_{m2}) = 4{,}71\,\text{s} + 25 \cdot (10 + 10)\,\text{ms} = \mathbf{5{,}21\,s}$

d) $r_{zeff} = \frac{n_z}{t_ü} = \frac{2\,500\,\text{Zeichen}}{5{,}21\,\text{s}} \approx 480\,\text{Zeichen/s} = \mathbf{28\,791\,Zeichen/min}$

288/11 $r_b = \frac{n_b}{t} \Rightarrow n_b = r_b \cdot t = 4\,800\,\text{bit/s} \cdot 70{,}83\,\text{s} = \mathbf{339\,984\,bit}$

Anzahl der Blöcke: $n_B = \frac{339\,984\,\text{bit}}{850\,\text{bit}} \approx \mathbf{400\,Blöcke}$

Anzahl der wiederholten Blöcke: $n_{Bw} = 400 \cdot 0{,}05 = \mathbf{20\,Blöcke}$

$n_z = 380 \cdot 100\,\text{Zeichen} = \mathbf{38\,000\,Zeichen}$

$r_{zeff} = \frac{n_z}{t_ü} = \frac{38\,000\,\text{Zeichen}}{70{,}83\,\text{s}} = 536{,}5\,\text{Zeichen/s} \approx \mathbf{32\,190\,Zeichen/min}$

Lösungen zu 17.2 Zeitmultiplexübertragung

289/1 **a)** $r_{bM} = \frac{n_{bR}}{t_R} = \frac{n_K \cdot r_{bK}}{t_R} = \frac{4 \cdot 8\,\text{bit}}{250\,\mu\text{s}} = \mathbf{128\,kbit/s}$

b) $r_{bM} = n_K \cdot r_{bK} \Rightarrow r_{bK} = \frac{r_{bM}}{n_K} = \frac{128\,\text{kbit/s}}{4} = \mathbf{32\,kbit/s}$

289/2 **a)** $r_{bM} = n_K \cdot r_{bK} = 32 \cdot 64\,\text{kbit/s} = \mathbf{2\,048\,kbit/s}$

b) $r_{bM} = \frac{n_{bR}}{t_R} \Rightarrow t_R = \frac{n_{bR}}{r_{bM}} = \frac{n_K \cdot n_{bz}}{r_{bM}} = \frac{32 \cdot 8\,\text{bit}}{2\,048\,\text{kbit/s}} = \mathbf{0{,}125\,ms}$

289/3 **a)** $f_{CM} = \frac{n_K \cdot n_{bZ}}{t_R} = \frac{128 \cdot 8\,\text{bit}}{125\,\mu\text{s}} = \mathbf{8{,}192\,MHz}$

b) $r_{bM} = \frac{n_{bR}}{t_R} = \frac{n_K \cdot n_{bZ}}{t_R} = \frac{128 \cdot 8\,\text{bit}}{125\,\mu\text{s}} = \mathbf{8{,}192\,Mbit/s}$

c) $r_{bM} = n_K \cdot r_{bK} \Rightarrow r_{bK} = \frac{r_{bM}}{n_K} = \frac{8{,}192\,\text{Mbit/s}}{128} = \mathbf{64\,kbit/s}$

289/4 **a)** $f_{CM} = \frac{n_K \cdot n_{bZ}}{t_R} \Rightarrow t_R = \frac{n_K \cdot n_{bZ}}{f_{CM}} = \frac{32 \cdot 8\,\text{bit}}{2\,048\,\text{kHz}} = \mathbf{0{,}125\,ms}$

b) $t_Z = \frac{t_R}{n_K} = \frac{0{,}125\,\text{ms}}{32} = \mathbf{3{,}91\,\mu s}$

c) $T_b = \frac{t_Z}{n_{bZ}} = \frac{3{,}91\,\mu\text{s}}{8} = \mathbf{0{,}49\,\mu s}$

289/5 **a)** $r_{bM} = \frac{n_{bR}}{t_R} \Rightarrow n_{bR} = r_{bM} \cdot t_R = 8\,448\,\text{kbit/s} \cdot 100{,}375\,\mu\text{s} \approx \mathbf{848\,bit}$

b) $n_{bRnutz} = n_K \cdot r_{bK} \cdot t_R = 4 \cdot 2\,048\,\text{kbit/s} \cdot 100{,}378\,\mu\text{s} \approx \mathbf{822\,bit}$

c) $n_{bRzu} = n_{bR} - n_{bRnutz} = 848\,\text{bit} - 822\,\text{bit} = \mathbf{26\,bit}$

289/6 **a)** $r_{bM} = \frac{n_{bR}}{t_R} \Rightarrow t_R = \frac{n_{bR}}{r_{bM}} = \frac{1\,536\,\text{bit}}{34\,386\,\text{kbit/s}} = \mathbf{44{,}7\,\mu s}$

b) $n_{bRnutz} = n_K \cdot r_{bK} \cdot t_R = 4 \cdot 8\,448\,\text{kbit/s} \cdot 44{,}7\,\mu\text{s} \approx \mathbf{1\,510\,bit}$

c) $n_{bRzu} = n_{bR} - n_{bRnutz} = 1\,536\,\text{bit} - 1\,510\,\text{bit} = \mathbf{26\,bit}$

d) $r_{bzu} = \frac{n_{bRzu}}{t_R} = \frac{26\,\text{bit}}{44{,}7\,\mu\text{s}} = \mathbf{581{,}7\,kbit/s}$

Lösungen zu 17.3 Fehlerhäufigkeit

290/1 $P_b = \frac{n_f}{n_b} = \frac{8\,\text{bit}}{4{,}75 \cdot 10^6\,\text{bit}} = \mathbf{1{,}68 \cdot 10^{-6}}$

290/2 $P_b = \frac{n_f}{n_b} \Rightarrow n_f = P_b \cdot n_b = 1{,}5 \cdot 10^{-5} \cdot 10^7\,\text{bit} = \mathbf{150\,bit}$

290/3 **a)** $P_B = n_{bB} \cdot P_b = 8\,000 \cdot 6{,}5 \cdot 10^{-6} = \mathbf{5{,}2 \cdot 10^{-2}}$

b) $r_b = \frac{n_b}{t} \Rightarrow n_b = r_b \cdot t = 19{,}2\,\text{kbit/s} \cdot 25 \cdot 60\,\text{s} = 28\,800\,\text{kbit}$

$n_B = \frac{n_b}{n_{bB}} = \frac{28\,800\,\text{kbit}}{8\,000\,\text{bit}} = \mathbf{3\,600\ Blöcke}$

c) $P_B = \frac{n_F}{n_B} \Rightarrow n_F = P_B \cdot n_B = 5{,}2 \cdot 10^{-2} \cdot 3\,600 = 187{,}2 \approx \mathbf{188\ Blöcke}$

d) $r_b = \frac{n_f}{t_w} \Rightarrow t_w = \frac{n_f}{r_b} = \frac{188 \cdot 8\,000\,\text{bit}}{19{,}2\,\text{kbit/s}} = 78{,}3\,\text{s} \approx \mathbf{1{,}3\,min}$

290/4 **a)** $n_z = 2{,}2\,\text{MB} = 2{,}2 \cdot 1\,024 \cdot 1\,024\,\text{Byte} = \mathbf{2\,306\,867\ Zeichen}$

b) $n_B = \frac{n_z}{n_{zB}} = \frac{2\,306\,867}{100} = \mathbf{23\,069\ Blöcke}$

c) $n_{bB} = n_{zB} \cdot 8\,\text{bit} = 108 \cdot 8\,\text{bit} = 864\,\text{bit}$

$P_B = n_{bB} \cdot P_b = 864 \cdot 2{,}5 \cdot 10^{-5} = 2{,}16 \cdot 10^{-2}$

$P_B = \frac{n_F}{n_B} \Rightarrow n_F = P_B \cdot n_B = 2{,}16 \cdot 10^{-2} \cdot 23\,069 = \mathbf{499\ Blöcke}$

d) $r_z = \frac{r_b}{n_{bZ}} = \frac{9\,600\,\text{bit/s}}{8\,\text{bit}} = 1\,200\,\text{Zeichen/s} = \mathbf{72\,000\ Zeichen/min}$

e) $n_{Bges} = n_B + n_F = 23\,069 + 499 = 23\,568\,\text{Blöcke}$

$n_{bges} = n_{bB} \cdot n_{Bges} = 864 \cdot 23\,568 = 20\,362\,752\,\text{Bits}$

$r_b = \frac{n_{bges}}{t_{ges}} \Rightarrow t_{ges} = \frac{n_{bges}}{r_b} = \frac{20\,362\,752\,\text{bit}}{9\,600\,\text{bit/s}} = 2\,121\,\text{s} \approx \mathbf{35{,}4\,min}$

f) $r_{zeff} = \frac{n_z}{t} = \frac{2\,306\,867\,\text{Zeichen}}{35{,}4\,\text{min}} = \mathbf{65\,166\ Zeichen/min}$

290/5 $r_{bRKW} = \frac{n_{bRKW}}{t} = \frac{7\,\text{bit}}{250\,\mu\text{s}} = 28\,\text{kbit/s}$

$P_b = \frac{n_F}{r_{bRKW} \cdot t_m} \Rightarrow t_m = \frac{n_F}{r_{bRKW} \cdot P_b} = \frac{4\,\text{bit}}{(28\,\text{kbit/s}) \cdot 10^{-7}} = 1\,428{,}6\,\text{s} = \mathbf{23{,}8\,min}$

290/6 $r_{bRKW} = \frac{n_{bRKW}}{t} = \frac{7\,\text{bit}}{250\,\mu\text{s}} = 28\,\text{kbit/s}$

$P_b = \frac{n_F}{r_{bRKW} \cdot t_m} = \frac{480\,\text{bit}}{(28\,\text{kbit/s}) \cdot 24 \cdot 3\,600\,\text{s}} = 1{,}98 \cdot 10^{-7} \approx \mathbf{2 \cdot 10^{-7}}$

290/7 **a)** $n_{B1} = \frac{r_b \cdot t_1}{n_{bB}} = \frac{(64\,\text{kbit/s}) \cdot 4\,\text{s}}{1\,600\,\text{bit}} = \mathbf{160\ Blöcke}$

$n_{B2} = \frac{r_b \cdot t_2}{n_{bB}} = \frac{(64\,\text{kbit/s}) \cdot 3\,\text{s}}{1\,600\,\text{bit}} = \mathbf{120\ Blöcke}$

$n_{B3} = n_{B2} = \mathbf{120\ Blöcke}$

b) $P_{B1} = n_{bB} \cdot P_{b2} = 1\,600 \cdot 1{,}5 \cdot 10^{-3} = 2{,}4 \Rightarrow n_{F1} = n_{B1} = \mathbf{160\ Blöcke}$

$P_{B2} = n_{bB} \cdot P_{b1} = 1\,600 \cdot 2{,}5 \cdot 10^{-5} = 0{,}04$

$P_{B2} = \frac{n_{F2}}{n_{B2}} \Rightarrow n_{F2} = P_{B2} \cdot n_{B2} = 0{,}04 \cdot 120 = 4{,}8$ Blöcke $\approx$ **5 Blöcke**

$P_{B1} = n_{bB} \cdot P_{b2} = 1\,600 \cdot 1{,}5 \cdot 10^{-3} = 2{,}4 \Rightarrow n_{F3} = n_{B3} = \mathbf{120\ Blöcke}$

c) $n_F = n_{F1} + n_{F2} + n_{F3} = (160 + 5 + 120)$ Blöcke = 285 Blöcke

$n_B = \frac{r_b \cdot t_m}{n_{bB}} = \frac{(64\,\text{kbit/s}) \cdot 12\,\text{s}}{1\,600\,\text{bit}} = 480$ Blöcke

$P_B = \frac{n_F}{n_B} = \frac{285}{480} = \mathbf{0{,}59}$

Lösungen zu 17.4 Fehlererkennung

292/1 **a)** $D(x) \cdot x^4 = (x^{10} + x^9 + x^6 + x^5 + x^4 + x + 1) \cdot x^4 = (x^{14} + x^{13} + x^{10} + x^9 + x^8 + x^5 + x^4)$

$(x^{14} + x^{13} + x^{10} + x^9 + x^8 + x^5 + x^4) : (x^4 + x^3 + x + 1) = x^{10} + x^7 + x^6 + x^2 + 1$

$x^{14} + x^{13} + x^{11} + x^{10}$

$x^{11} + x^9 + x^8 + x^5 + x^4$

$x^{11} + x^{10} + x^8 + x^7$

$x^{10} + x^9 + x^7 + x^5 + x^4$

$x^{10} + x^9 + x^7 + x^6$

$x^6 + x^5 + x^4$

$x^6 + x^5 + x^3 + x^2$

$x^4 + x^3 + x^2$

$x^4 + x^3 + x + 1$

$R(x) = x^2 + x + 1 \Rightarrow$ FCS: **0 1 1 1**

b) Erweiterte Datenbitfolge: 1 1 0 0 1 1 1 0 0 1 1 0 0 0 0

$G(x) = x^4 + x^3 + x + 1 \Rightarrow$ Generatorbits: 1 1 0 1 1

```
1 1 0 0 1 1 1 0 0 1 1 0 0 0 0
1 1 0 1 1
---------
0 0 0 1 0 1 1 0
      1 1 0 1 1
      ---------
      0 1 1 0 1 0
        1 1 0 1 1
        -----------------
        0 0 0 0 1 1 1 0 0
                1 1 0 1 1
                ---------
                0 0 1 1 1 0 0
                    1 1 0 1 1
                    ---------
                    0 0 1 1 1   ⇒ FCS: 0111
```

292/2 **a)** $D(x) \cdot x^5 = (x^{11} + x^9 + x^8 + x^5 + x^2 + x) \cdot x^5 = (x^{16} + x^{14} + x^{13} + x^{10} + x^7 + x^6)$

$(x^{16} + x^{14} + x^{13} + x^{10} + x^7 + x^6) : (x^5 + x^3 + x + 1) = x^{11} + x^7 + x^4 + x^2 + x$

$x^{16} + x^{14} + x^{12} + x^{11}$

$x^{13} + x^{12} + x^{11} + x^{10} + x^7 + x^6$

$x^{13} + x^{11} + x^9 + x^8$

$x^{12} + x^{10} + x^9 + x^8 + x^7 + x^6$

$x^{12} + x^{10} + x^8 + x^7$

$x^9 + x^6$

$x^9 + x^7 + x^5 + x^4$

$x^7 + x^6 + x^5 + x^4$

$x^7 + x^5 + x^3 + x^2$

$x^6 + x^4 + x^3 + x^2$

$x^6 + x^4 + x^2 + x$

$R(x) = x^3 + x \Rightarrow$ FCS: **01010**

b) Erweiterte Datenbitfolge: 1 0 1 1 0 0 1 0 0 1 1 0 0 0 0 0 0

$G(x) = x^5 + x^3 + x + 1 \Rightarrow$ Generatorbits: 1 0 1 0 1 1

```
1 0 1 1 0 0 1 0 0 1 1 0 0 0 0 0 0
1 0 1 0 1 1
-----------
0 0 0 1 1 1 1 0 0
      1 0 1 0 1 1
      -----------
      0 1 0 1 1 1 1
        1 0 1 0 1 1
        -----------------
        0 0 0 1 0 0 1 0 0
              1 0 1 0 1 1
              -----------
              0 0 1 1 1 1 0 0
                  1 0 1 0 1 1
                  -------------
                  0 1 0 1 1 1 0
                    1 0 1 0 1 1 0
                    -------------
                    0 0 0 1 0 1 0   ⇒ FCS: 01010
```

292/3 **a)**

```
                               angehängte Nullbits
Erweiterte Datenbitfolge: 1 1 0 1 0 0 1 1 1 0 0 0 0 0
Generatorbits: 1 0 1 0 1

1 1 0 1 0 0 1 1 1 0 0 0 0 0
1 0 1 0 1
0 1 1 1 1 0
  1 0 1 0 1
  0 1 0 1 1 1
    1 0 1 0 1
    0 0 0 1 0 1 1 0
          1 0 1 0 1
          0 0 0 1 1 0 0 0
                1 0 1 0 1
                0 1 1 0 1 0
                  1 0 1 0 1
Rest:             0 1 1 1 1 ⇒ FCS: 1 1 1 1
```

b)

```
                                         FCS
Datenbitfolge mit FCS: 1 1 0 1 0 0 1 1 1 0 1 1 1 1

1 1 0 1 0 0 1 1 1 0 1 1 1 1
1 0 1 0 1
0 1 1 1 1 0
  1 0 1 0 1
  0 1 0 1 1 1
    1 0 1 0 1
    0 0 0 1 0 1 1 0
          1 0 1 0 1
          0 0 0 1 1 1 1 1
                1 0 1 0 1
                0 1 0 1 0 1
                  1 0 1 0 1
Rest:             0 0 0 0 0 ⇒ Registerinhalt: 0 0 0 0
```

292/4 **a)** $D(x) \cdot x^4 = (x^9 + x^8 + x^6 + x^3 + x^2 + x) \cdot x^4 = x^{13} + x^{12} + x^{10} + x^7 + x^6 + x^5$

$$
\begin{array}{l}
(x^{13} + x^{12} + x^{10} + x^7 + x^6 + x^5) : (x^4 + x^2 + 1) = x^9 + x^8 + x^7 + x^4 + x + 1 \\
x^{13} + x^{11} + x^9 \\
\hline
x^{12} + x^{11} + x^{10} + x^9 + x^7 + x^6 + x^5 \\
x^{12} + x^{10} + x^8 \\
\hline
x^{11} + x^9 + x^8 + x^7 + x^6 + x^5 \\
x^{11} + x^9 + x^7 \\
\hline
x^8 + x^6 + x^5 \\
x^8 + x^6 + x^4 \\
\hline
x^5 + x^4 \\
x^5 + x^3 + x \\
\hline
x^4 + x^3 + x \\
x^4 + x^2 + 1 \\
\hline
x^3 + x^2 + x + 1 \Rightarrow R(x) = \mathbf{x^3 + x^2 + x + 1}
\end{array}
$$

b) $E(x) = D(x) \cdot x^4 + R(x) = x^{13} + x^{12} + x^{10} + x^7 + x^6 + x^5 + x^3 + x^2 + x + 1$

$E(x) : G(x) =$

$$
\begin{array}{l}
(x^{13} + x^{12} + x^{10} + x^7 + x^6 + x^5 + x^3 + x^2 + x + 1) : (x^4 + x^2 + 1) = x^9 + x^8 + x^7 + x^4 + x + 1 \\
x^{13} + x^{11} + x^9 \\
\hline
x^{12} + x^{11} + x^{10} + x^9 + x^7 + x^6 + x^5 + x^3 + x^2 + x + 1 \\
x^{12} + x^{10} + x^8 \\
\hline
x^{11} + x^9 + x^8 + x^7 + x^6 + x^5 + x^3 + x^2 + x + 1 \\
x^{11} + x^9 + x^7 \\
\hline
x^8 + x^6 + x^5 + x^3 + x^2 + x + 1 \\
x^8 + x^6 + x^4 \\
\hline
x^5 + x^4 + x^3 + x^2 + x + 1 \\
x^5 + x^3 + x \\
\hline
x^4 + x^2 + 1 \\
x^4 + x^2 + 1 \\
\hline
0 + 0 + 0 \Rightarrow R_e(x) = \mathbf{0}
\end{array}
$$

292/5 **a)**

```
Adress-  Steuer-          Informations-  angehängte
feld     feld             feld           Nullbits
1 0 1 1 0 1 0 1 0 0 1 1 1 0 1 1 0 1 1 0 0 0 0 0 0 0 0 0 0 0 0 0 0 0 0
1 0 0 0 1 0 0 0 0 0 0 1 0 0 0 0 1
---------------------------------------
0 0 1 1 1 1 0 1 0 0 1 0 1 0 1 1 1 1 1
    1 0 0 0 1 0 0 0 0 0 0 1 0 0 0 0 1
    -----------------------------------
    0 1 1 1 1 1 0 0 1 0 1 1 1 1 1 1 1 0 0
      1 0 0 0 1 0 0 0 0 0 0 1 0 0 0 0 1
      ---------------------------------
      0 1 1 1 0 0 0 1 0 1 1 0 1 1 1 0 1 0
        1 0 0 0 1 0 0 0 0 0 0 1 0 0 0 0 1
        -------------------------------
        0 1 1 0 1 0 1 0 1 1 0 0 1 1 0 1 1 0
          1 0 0 0 1 0 0 0 0 0 0 1 0 0 0 0 1
          -----------------------------
          0 1 0 1 1 1 0 1 1 0 0 0 1 0 1 1 1 0
            1 0 0 0 1 0 0 0 0 0 0 1 0 0 0 0 1
            ---------------------------
            0 0 1 1 0 0 1 1 0 0 0 0 0 1 1 1 1 0 0
                1 0 0 0 1 0 0 0 0 0 0 1 0 0 0 0 1
                -----------------------
                0 1 0 0 0 1 0 0 0 0 0 0 1 1 1 0 1 0
                  1 0 0 0 1 0 0 0 0 0 0 1 0 0 0 0 1
                  ------------------------------------
Rest              0 0 0 0 0 0 0 0 0 0 0 0 0 1 1 0 1 1 0 0 0 0 0 0 0 0 0 0
```

Generatorbits =
10001000000100001

⇒ FCS: **0011011000000000**

b)

```
                                      FCS
1 0 1 1 0 1 0 1 0 0 1 1 1 0 1 1 0 1 1 0 0 1 1 0 1 1 0 0 0 0 0 0 0 0 0
1 0 0 0 1 0 0 0 0 0 0 1 0 0 0 0 1
---------------------------------------
0 0 1 1 1 1 0 1 0 0 1 0 1 0 1 1 1 1 1
    1 0 0 0 1 0 0 0 0 0 0 1 0 0 0 0 1
    -----------------------------------
    0 1 1 1 1 1 0 0 1 0 1 1 1 1 1 1 1 0 0
      1 0 0 0 1 0 0 0 0 0 0 1 0 0 0 0 1
      ---------------------------------
      0 1 1 1 0 0 0 1 0 1 1 0 1 1 1 0 1 0
        1 0 0 0 1 0 0 0 0 0 0 1 0 0 0 0 1
        -------------------------------
        0 1 1 0 1 0 1 0 1 1 0 0 1 1 0 1 1 1
          1 0 0 0 1 0 0 0 0 0 0 1 0 0 0 0 1
          -----------------------------
          0 1 0 1 1 1 0 1 1 0 0 0 1 0 1 1 0 1
            1 0 0 0 1 0 0 0 0 0 0 1 0 0 0 0 1
            ---------------------------
            0 0 1 1 0 0 1 1 0 0 0 0 0 1 1 0 0 0 1
                1 0 0 0 1 0 0 0 0 0 0 1 0 0 0 0 1
                -----------------------
                0 1 0 0 0 1 0 0 0 0 0 0 0 1 0 0 0 0 1
                  1 0 0 0 1 0 0 0 0 0 0 1 0 0 0 0 1
                  ------------------------------------
Rest              0 0 0 0 0 0 0 0 0 0 0 0 0 0 0 0 0 0 0 0 0 0 0 0 0 0 0 0
```

Inhalt des Empfangsregisters: **0**

c)
```
Fehler                                  Fehler          FCS
↑                                         ↑
1 0 0 0 1 0 1 1 0 1 0 1 0 0 1 1 1 0 1 1 0 1 0 0 0 1 1 0 1 1 0 0 0 0 0 0 0 0 0
1 0 0 0 1 0 0 0 0 0 0 1 0 0 0 0 1
0 0 0 0 0 0 1 1 0 1 0 0 0 0 1 1 0 0 1 1 0 1 0
            1 0 0 0 1 0 0 0 0 0 0 1 0 0 0 0 1
            0 1 0 1 1 0 0 0 1 1 0 1 1 1 0 1 1 0
              1 0 0 0 1 0 0 0 0 0 0 1 0 0 0 0 1
              0 0 1 1 1 0 0 1 1 0 1 0 1 0 1 1 1 0 1
                  1 0 0 0 1 0 0 0 0 0 0 1 0 0 0 0 1
                  0 1 1 0 1 1 1 0 1 0 1 1 1 1 1 0 1 1
                    1 0 0 0 1 0 0 0 0 0 0 1 0 0 0 0 1
                    0 1 0 1 0 1 0 1 0 1 1 0 1 1 0 1 0 0
                      1 0 0 0 1 0 0 0 0 0 0 1 0 0 0 0 1
                      0 0 1 0 0 0 1 0 1 1 0 0 1 0 1 0 1 1 1
                          1 0 0 0 1 0 0 0 0 0 0 1 0 0 0 0 1
                          0 0 0 0 0 0 1 1 0 0 1 1 1 0 1 1 0 0 0 0 0 0 0
                                      1 0 0 0 1 0 0 0 0 0 0 1 0 0 0 0 1
                                      0 1 0 0 0 1 1 0 1 1 0 1 0 0 0 0 1 0
                                        1 0 0 0 1 0 0 0 0 0 0 1 0 0 0 0 1
                              Rest      0 0 0 0 0 1 0 1 1 0 1 1 0 0 0 1 1 0 0
```

Inhalt des Empfangsregisters: **0010110110001100** $\neq 0$

$\Rightarrow$ Blockfehler wird erkannt

Lösungen zu 17.5 Übertragung mit Modem

293/1 $B = f_2 - f_1 = 3\,400\,\text{Hz} - 300\,\text{Hz} = 3\,100\,\text{Hz}$

$B = 1{,}4 \cdot r_{ld} \Rightarrow r_{ld} = \frac{B_ü}{1{,}4} = \frac{3\,100\,\text{Hz}}{1{,}4} = \mathbf{2\,214\,Baud}$

293/2 $r_b = \text{lb}\,n \cdot r_{ld} \Rightarrow r_{ld} = \frac{r_b}{\text{lb}\,n} = \frac{139\,\text{Mbit/s}}{\text{lb}\,4} = \frac{139 \cdot 10^6\,1/\text{s}}{2} = \mathbf{69{,}5\,MBaud}$

$B = 1{,}4 \cdot r_{ld} = 1{,}4 \cdot 69{,}5\,\text{MBaud} = \mathbf{97{,}3}\,\text{MHz}$

293/3 $B = 1{,}4 \cdot r_{ld} \Rightarrow r_{ld} = \frac{B}{1{,}4} = \frac{6\,\text{MHz}}{1{,}4} = 4{,}29\,\text{MBaud}$

$r_b = \text{lb}\,n \cdot r_{ld} = \text{lb}\,4 \cdot 4{,}29\,\text{MBaud} = 2 \cdot 4{,}29\,\text{MBaud} = \mathbf{8{,}58\,Mbit/s}$

293/4 **a)** $r_b = \text{lb}\,n \cdot r_{ld} \Rightarrow r_{ld} = \frac{r_b}{\text{lb}\,n} = \frac{8{,}448\,\text{Mbit/s}}{\text{lb}\,2} = \frac{8{,}448\,\text{Mbit/s}}{1} = 8{,}448\,\text{MBaud}$

$B = 1{,}4 \cdot r_{ld} = 1{,}4 \cdot 8{,}448\,\text{MBaud} = \mathbf{11{,}83\,MHz}$

$B > B_K \Rightarrow$ Die Modulationsart 2-PSK ist nicht einsetzbar.

b) $r_b = \text{lb}\,n \cdot r_{ld} \Rightarrow r_{ld} = \frac{r_b}{\text{lb}\,n} = \frac{8{,}448\,\text{Mbit/s}}{\text{lb}\,4} = \frac{8{,}448\,\text{Mbit/s}}{2} = 4{,}224\,\text{MBaud}$

$B_ü = 1{,}4 \cdot r_{ld} = 1{,}4 \cdot 4{,}224\,\text{MBaud} = \mathbf{5{,}9\,MHz}$

293/5 $r_b = \text{lb}\,n \cdot r_{Id} \Rightarrow \text{lb}\,n = \frac{r_b}{r_{Id}} = \frac{9\,600\ \text{bit/s}}{2\,400\ \text{Baud}} = 4 \Rightarrow n = 2^4 = \mathbf{16}$

293/6 $B = 1{,}4 \cdot r_{Id} \Rightarrow r_{Id} = \frac{B}{1{,}4} = \frac{8\ \text{MHz}}{1{,}4} = 5{,}7\ \text{MBaud}$

$r_b = \text{lb}\,n \cdot r_{Id} \Rightarrow \text{lb}\,n = \frac{r_b}{r_{Id}} = \frac{34\ \text{Mbit/s}}{5{,}7\ \text{MBaud}} = 5{,}96 \Rightarrow n = 2^6 = \mathbf{64}$

293/7 $B = 1{,}4 \cdot r_{Id} \Rightarrow r_{Id} = \frac{B}{1{,}4} = \frac{3\,100\ \text{Hz}}{1{,}4} = 2\,214\ \text{Baud} = 4\,428\ \text{bit/s}$

$r_b = \text{lb}\,n \cdot r_{Id} = \text{lb}\,4 \cdot 2\,214\ \text{Baud} = 2 \cdot 2\,214\ \text{Baud}$

$r_{b0} = \frac{r_b}{B} = \frac{4\,428\ \text{bit/s}}{3\,100\ \text{Hz}} = \mathbf{1{,}4\ \frac{bit/s}{Hz}}$

293/8 $r_{b0} = \frac{r_b}{B} \Rightarrow r_b = B \cdot r_{b0} = 3\,100\ \text{Hz} \cdot 5\ \frac{\text{bit/s}}{\text{Hz}} = 15\,500\ \text{bit/s}$

$B = 1{,}4 \cdot r_{Id} \Rightarrow r_{Id} = \frac{B}{1{,}4} = \frac{3\,100\ \text{Hz}}{1{,}4} = 2\,214\ \text{Baud}$

$r_b = \text{lb}\,n \cdot r_{Id} \Rightarrow \text{lb}\,n = \frac{r_b}{r_{Id}} = \frac{15\,500\ \text{bit/s}}{2214\ \text{Baud}} = 7 \Rightarrow n = 2^7 = \mathbf{128}$

293/9 2-PSK: $r_b = \text{lb}\,n \cdot r_{Id} = \text{lb}\,2 \cdot 2\,400\ \text{Baud} = 1 \cdot 2\,400\ \text{Baud} = \mathbf{2\,400\ bit/s}$

$r_{b0} = \frac{r_b}{B} = \frac{2\,400\ \text{bit/s}}{3\,100\ \text{Hz}} = \mathbf{0{,}77\ \frac{bit/s}{Hz}}$

4-PSK: $r_b = \text{lb}\,n \cdot r_{Id} = \text{lb}\,4 \cdot 2\,400\ \text{Baud} = 2 \cdot 2\,400\ \text{Baud} = \mathbf{4\,800\ bit/s}$

$r_{b0} = \frac{r_b}{B} = \frac{4\,800\ \text{bit/s}}{3\,100\ \text{Hz}} = \mathbf{1{,}5\ \frac{bit/s}{Hz}}$

8-PSK: $r_b = \text{lb}\,n \cdot r_{Id} = \text{lb}\,8 \cdot 2400\ \text{Baud} = 3 \cdot 2\,400\ \text{Baud} = \mathbf{7\,200\ bit/s}$

$r_{b0} = \frac{r_b}{B} = \frac{7\,200\ \text{bit/s}}{3\,100\ \text{Hz}} = \mathbf{2{,}3\ \frac{bit/s}{Hz}}$

16-QAM: $r_b = \text{lb}\,n \cdot r_{Id} = \text{lb}\,16 \cdot 2\,400\ \text{Baud} = 4 \cdot 2\,400\ \text{Baud} = \mathbf{9\,600\ bit/s}$

$r_{b0} = \frac{r_b}{B} = \frac{9\,600\ \text{bit/s}}{3\,100\ \text{Hz}} = \mathbf{3{,}1\ \frac{bit/s}{Hz}}$

293/10 **a)** $r_b = \text{lb}\,n \cdot r_{Id} = \text{lb}\,256 \cdot 2\,400\ \text{Baud} = \frac{\lg 256}{\lg 2} \cdot 2\,400\ \text{Baud} = 8 \cdot 2\,400\ \text{Baud} = \mathbf{19{,}2\ kbit/s}$

b) $r_{b0} = \frac{r_b}{B} = \frac{19{,}2\ \text{kbit/s}}{3\,100\ \text{Hz}} = \mathbf{6{,}2\ \frac{bit/s}{Hz}}$

c) $n_b = \frac{r_b}{r_{Id}} = \frac{19\,200\ \text{bit/s}}{2\,400\ \text{Digit/s}} = \mathbf{8\ bit/Digit}$ oder $n_b = \text{lb}\,n = \text{lb}\,256 = \mathbf{8\ bit/Digit}$

d) $n_\varphi = \frac{n}{n_A} = \frac{256}{8} = \mathbf{32}$

e) $\Delta\varphi = \frac{360°}{n_\varphi} = \frac{360°}{32} = \mathbf{11{,}25°}$

Lösungen zu 17.6 Übertragung über Glasfaserleiter

294/1 **a)** $A_N = \sqrt{n_1^2 - n_2^2} = \sqrt{1{,}46^2 - 1{,}42^2} = \mathbf{0{,}34}$

b) $\sin\alpha = A_N \Rightarrow \alpha = \arcsin A_N = \arcsin 0{,}34 = \mathbf{19{,}9°}$

294/2 **a)** $A_N = \sin\alpha = \sin 20{,}5° = \mathbf{0{,}35}$

b) $A_N = \sqrt{n_1^2 - n_2^2} \Rightarrow A_N^2 = n_1^2 - n_2^2 \Rightarrow n_2 = \sqrt{n_1^2 - A_N^2} = \sqrt{1{,}527^2 - 0{,}35^2} = \sqrt{2{,}209} = \mathbf{1{,}486}$

294/3 **a)** $c_n = \frac{c}{n} = \frac{300\,000\text{ km/s}}{1{,}4} = 214\,300\text{ km/s}$

$t_1 = \frac{l_1}{c_n} = \frac{680\text{ km}}{214\,300\text{ km/s}} = 0{,}003\,17\text{ s} = \mathbf{3{,}17\text{ ms}}$

b) $t_2 = \frac{l_2}{c} = \frac{72\,000\text{ km}}{300\,000\text{ km/s}} = 0{,}24\text{ s} = \mathbf{240\text{ ms}}$

294/4 **a)** $c_{11} = \frac{c}{n_{11}} = \frac{300\,000\text{ km/s}}{1{,}5} = \mathbf{200\,000\text{ km/s}}$

$c_{12} = \frac{c}{n_{12}} = \frac{300\,000\text{ km/s}}{1{,}45} = \mathbf{206\,897\text{ km/s}}$

b) $t_1 = \frac{s_1}{c_{11}} = \frac{10\text{ km}}{200\,000\text{ km/s}} = \mathbf{50\ \mu s}$

$t_2 = \frac{s_2}{c_{12}} = \frac{10{,}353\text{ km}}{206\,897\text{ km/s}} = \mathbf{50{,}04\ \mu s}$

294/5 $D = \frac{\sqrt{\tau_2^2 - \tau_1^2}}{l} = \frac{\sqrt{30{,}9^2(\text{ns})^2 - 7{,}5^2(\text{ns})^2}}{10\text{ km}} = 2{,}996\text{ ns/km} \approx \mathbf{3\text{ ns/km}}$

294/6 $D = \frac{\sqrt{\tau_2^2 - \tau_1^2}}{l} \Rightarrow l = \frac{\sqrt{\tau_2^2 - \tau_1^2}}{D} = \frac{\sqrt{20{,}5^2(\text{ns})^2 - 5{,}5^2(\text{ns})^2}}{2{,}8\text{ ns/km}} = \frac{\sqrt{390(\text{ns})^2}}{2{,}8\text{ ns/km}} = \mathbf{7{,}05\text{ km}}$

294/7 $r_{bmax} = \frac{0{,}375}{l \cdot D} = \frac{0{,}375}{25\text{ km} \cdot 2{,}9\text{ ns/km}} = \mathbf{5{,}17\text{ MBit/s}}$

294/8 $r_{bmax} = \frac{0{,}375}{l \cdot D} \Rightarrow l_{max} = \frac{0{,}375}{r_{bmax} \cdot D} = \frac{0{,}375}{622(\text{MBit/s}) \cdot 15(\text{ps/km})} = \mathbf{40{,}2\text{ km}}$

Lösungen zu 17.7 Übertragungsreichweiten in Glasfasernetzen

295/1 $f_s = 0{,}5 \cdot r_b = 0{,}5 \cdot 140\,\text{Mbit/s} = 70\,\text{MHz}$

$B_0 = 1{,}6 \cdot f_s \cdot l^{\delta} = 1{,}6 \cdot 70\,\text{MHz} \cdot 25^{0{,}8}\,\text{km} = \mathbf{1{,}47\,GHz \cdot km}$

295/2 $f_s = 0{,}5 \cdot r_b = 0{,}5 \cdot 1{,}6\,\text{GBit/s} = 0{,}8\,\text{GHz}$

$$B_0 = 1{,}6 \cdot f_s \cdot l^{\delta} \Rightarrow l^{\delta} = \frac{B}{1{,}6 \cdot f_s} \Rightarrow l = \left(\frac{B}{1{,}6 \cdot f_s}\right)^{1/\delta} = \left(\frac{16\,\text{GHz} \cdot \text{km}}{1{,}6 \cdot 0{,}8\,\text{GHz}}\right)^{1} = \mathbf{12{,}5\,km}$$

295/3 $\alpha = 2{,}5\,\text{dB/km}$ (aus Bild 1)

$A = \alpha \cdot l = 2{,}5\,(\text{dB/km}) \cdot 12\,\text{km} = 30\,\text{dB}$

1. Lösungsweg:

$$A = 10 \cdot \lg \frac{P_1}{P_2} \Rightarrow \frac{P_1}{P_2} = 10^{A/10} \Rightarrow P_2 = \frac{P_1}{10^{A/10}} = \frac{0{,}8\,\text{mW}}{10^3} = 0{,}000\,8\,\text{mW}$$

$$L_{p2} = 10 \cdot \lg \frac{P_2}{1\,\text{mW}} = 10 \cdot \lg \frac{0{,}000\,8\,\text{mW}}{1\,\text{mW}} = \mathbf{-30{,}97\,dBm}$$

2. Lösungsweg:

$$L_{p1} = 10 \cdot \lg \frac{P_1}{1\,\text{mW}} = 10 \cdot \lg \frac{0{,}8\,\text{mW}}{1\,\text{mW}} = -0{,}97\,\text{dBm}$$

$$A = L_{p1} - L_{p2} \Rightarrow L_{p2} = L_{p1} - A = -0{,}97\,\text{dBm} - 30\,\text{dB} = \mathbf{-30{,}97\,dBm}$$

295/4 $\alpha = 0{,}8\,\text{dB/km}$ (aus Bild 1)

$$L_{p1} = 10 \cdot \lg \frac{P_1}{1\,\text{mW}} = 10 \cdot \lg \frac{40\,\mu\text{W}}{1\,\text{mW}} = -13{,}98\,\text{dBm}$$

$A = L_{p1} - L_{p2} = -13{,}98\,\text{dBm} - (-40\,\text{dBm}) = 26{,}02\,\text{dB}$

$$A = \alpha \cdot l \Rightarrow l = \frac{A}{\alpha} = \frac{26\,\text{dB}}{0{,}8\,\text{dB/km}} = \mathbf{32{,}5\,km}$$

295/5 **a)** $f_s = 0{,}5 \cdot r_b = 0{,}5 \cdot 100\,\text{Mbit/s} = 50\,\text{MHz}$

$$B = 1{,}6 \cdot f_s \cdot l^{\delta} \Rightarrow l^{\delta} = \frac{B}{1{,}6 \cdot f_s} \Rightarrow l = \left(\frac{B}{1{,}6 \cdot f_s}\right)^{1/\delta} = \left(\frac{1{,}2\,\text{GHz} \cdot \text{km}}{1{,}6 \cdot 50\,\text{MHz}}\right)^{1/0{,}75} = \mathbf{37\,km}$$

b) $A = L_{p1} - L_{p2} + 2 \cdot A_{Stecker} = -13\,\text{dBm} - (-45\,\text{dBm}) + 2 \cdot 1\,\text{dB} = 34\,\text{dB}$

$$A = \alpha \cdot l \Rightarrow l = \frac{A}{\alpha} = \frac{34\,\text{dB}}{2\,\text{dB/km}} = \mathbf{17\,km}$$

c) Planungswert für den maximalen Regeneratorabstand: **17 km**

d) $A = \alpha \cdot l + 2 \cdot A_{Stecker} = 2(\text{dB/km}) \cdot 37\,\text{km} + 2 \cdot 1\,\text{dB} = 76\,\text{dB}$

$A = L_{p1} - L_{p2} \Rightarrow L_{p1} = A + L_{p2} = 76\,\text{dB} + (-45\,\text{dBm}) = 31\,\text{dBm}$

$$L_{p1} = 10 \cdot \lg \frac{P_1}{1\,\text{mW}} \Rightarrow P_1 = 10^{L_{p1}/10} \cdot 1\,\text{mW} = \mathbf{1{,}26\,W}$$

Lösungen zu 18.1 Aufgaben der Analogtechnik

296/1 **a)** $Z = \sqrt{(X_L - X_C)^2 + R^2} = \sqrt{(604\,\Omega - 411\,\Omega)^2 + (680\,\Omega)^2} = 706{,}9\,\Omega$

$I = \frac{U_1}{Z} = \frac{1{,}5\,V}{706{,}9\,\Omega} = \mathbf{2{,}122\,mA}$

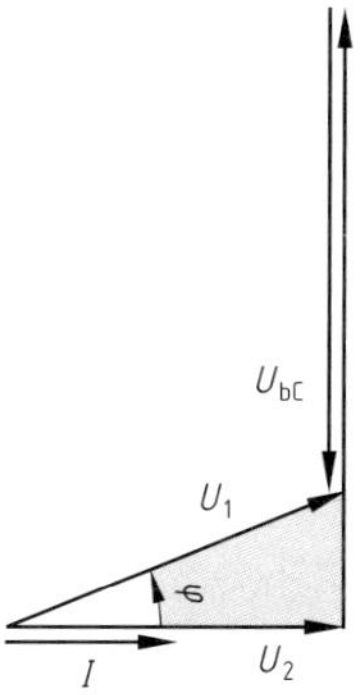

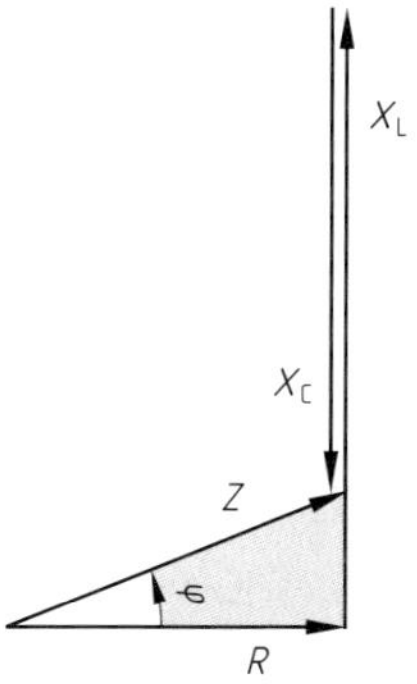

b) $X_L = 2\pi f L \Rightarrow L = \frac{X_L}{2\pi f} = \frac{604\,\Omega}{2\pi \cdot 15\,kHz} = \mathbf{6{,}41\,mH}$

c) $X_C = \frac{1}{2\pi f C} \Rightarrow C = \frac{1}{2\pi f X_C} = \frac{1}{2\pi \cdot 15\,kHz \cdot 411\,\Omega} = \mathbf{25{,}8\,nF}$

d) $U_2 = I \cdot R = 2{,}122\,mA \cdot 680\,\Omega = \mathbf{1{,}443\,V}$

e) $\cos\varphi = \frac{R}{Z} = \frac{680\,\Omega}{706{,}9\,\Omega} = 0{,}962 \Rightarrow \varphi = \mathbf{15{,}9°}$

296/2 **a)** $P = \frac{U^2}{R} \Rightarrow R = \frac{U^2}{P} = \frac{(230\,V)^2}{30\,W} = 1\,763\,\Omega$

$X_C = \frac{1}{2\pi f C} = \frac{1}{2\pi \cdot 50\,Hz \cdot 2{,}2\,\mu F} = 1447\,\Omega$

$\tan\varphi = \frac{X_C}{R} = \frac{1\,447\,\Omega}{1\,763\,\Omega} = 0{,}821 \Rightarrow \varphi = 39{,}4°$

$\cos\varphi = \frac{U_w}{U} \Rightarrow U_w = U \cdot \cos\varphi = 230\,V \cdot \cos 39{,}4° = \mathbf{177{,}8\,V}$

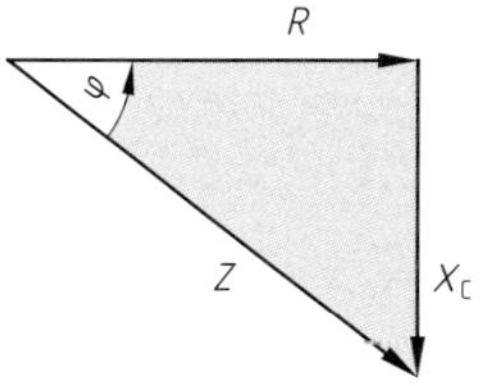

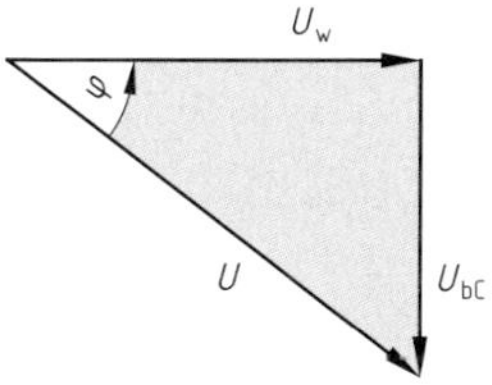

b) $P = \frac{U_w^2}{R} = \frac{(177{,}8\,V)^2}{1\,763\,\Omega} = \mathbf{17{,}9\,W}$

296/3 Die Leerlauf-Spannungsfaktoren und R3 haben keinen Einfluss auf V_u

$V_u = V_{u1} \cdot V_{u2} = \frac{R_2}{R_1} \cdot \left(1 + \frac{R_5}{R_4}\right) = \frac{470\,k\Omega}{33\,k\Omega} \cdot \left(1 + \frac{120\,k\Omega}{39\,k\Omega}\right) = \mathbf{58{,}1}$

296/4 $U_{R4} = -I_S \cdot R_4 = -0{,}5\,mA \cdot 15\,k\Omega = -7{,}5\,V$

$$\frac{U_{R2}}{U_b} = \frac{R_2}{R_1 + R_2} \Rightarrow U_{R2} = U_b \cdot \frac{R_2}{R_1 + R_2} = -24\,V \cdot \frac{3{,}9\,M\Omega}{12\,M\Omega + 3{,}9\,M\Omega} = -5{,}887\,V$$

$U_{GS} = U_{R2} - U_{R4} = -5{,}887\,V - (-7{,}5\,V) = \mathbf{1{,}613\,V}$

296/5 P_{vmax} ist bei I_{Zmax}, d. h. bei I_{2min} und damit bei $R_{3max} = 500\,\Omega$.

$$I_{2min} = \frac{U_2}{R_2 + R_{3max}} = \frac{8{,}2\,V}{100\,\Omega + 500\,\Omega} = 13{,}7\,mA$$

$$I_{R1} = \frac{U_1 - U_2}{R_1} = \frac{12\,V - 8{,}2\,V}{33\,\Omega} = 115{,}2\,mA$$

$I_{Zmax} = I_{R1} - I_{2min} = 115{,}2\,mA - 13{,}7\,mA = 101{,}5\,mA$

$P_{vmax} = U_2 \cdot I_{Zmax} = 8{,}2\,V \cdot 101{,}5\,mA = \mathbf{832{,}3\,mW}$

296/6 **a)** N1 ist als Impedanzwandler geschaltet $\Rightarrow V_u = 1$

$$\frac{R_2 + R_3/2}{R_1 + R_2 + R_3} = \frac{U_{A1}}{U_{12}} \Rightarrow \frac{R_2 + R_3/2}{R_i} = \frac{U_{A1}}{U_{12}} \Rightarrow$$

$$R_2 = U_{A1} \cdot \frac{R_i}{U_{12}} - \frac{R_3}{2} = 2{,}5\,V \cdot \frac{100\,k\Omega}{25\,V} - \frac{10\,k\Omega}{2} = \mathbf{5\,k\Omega}$$

$R_1 = R_i - R_2 - R_3 = 100\,k\Omega - 5\,k\Omega - 10\,k\Omega = \mathbf{85\,k\Omega}$

b) gewählt z. B. $R_1 = \mathbf{100\,k\Omega}$ und $R_2 = \mathbf{5{,}6\,k\Omega}$

$R_{imin} = R_{1min} + R_3 + R_{2min} = 0{,}9 \cdot R_1 + R_3 + 0{,}9 \cdot R_2 = 0{,}9 \cdot 100\,k\Omega + 10\,k\Omega + 0{,}9 \cdot 5{,}6\,k\Omega = \mathbf{105{,}04\,k\Omega}$

c) $$\frac{R_2 + R_{3u}}{R_1 + R_2 + R_3} = \frac{U_{A1}}{U_{12}}$$

$$\Rightarrow R_{3u} = \frac{U_{A1}(R_1 + R_2 + R_3)}{U_{12}} - R_2 = \frac{2{,}5\,V(100\,k\Omega + 10\,k\Omega + 5{,}6\,k\Omega)}{25\,V} - 5\,k\Omega = \mathbf{6{,}56\,k\Omega}$$

d) $U_{34} = R_4 \cdot I = 0{,}33\,\Omega \cdot 3\,A = 0{,}99\,V$

$$V_u = \frac{U_{A2}}{U_{34}} = \frac{3\,V}{0{,}99\,V} = 3{,}03$$

$$V_u = 1 + \frac{R_7}{R_6 + R_5} \Rightarrow R_6 = \frac{R_7}{V_u - 1} - R_5 = \frac{22\,k\Omega}{3{,}03 - 1} - 10\,k\Omega = \mathbf{837\Omega}$$

297/7 **a)** $P = \sqrt{3} \cdot U \cdot I \cdot \cos\varphi_1 = \sqrt{3} \cdot 400\,V \cdot 23\,A \cdot 0{,}83 = 13\,226\,W$

$\cos\varphi_1 = 0{,}83 \Rightarrow \varphi_1 = 33{,}9°$; $\cos\varphi_2 = 0{,}9 \Rightarrow \varphi_2 = 25{,}84°$

$Q_C = P \cdot (\tan\varphi_1 - \tan\varphi_2) = 13\,226\,W \cdot (\tan 33{,}9° - \tan 25{,}84°) = 13\,226\,W \cdot (0{,}672 - 0{,}484) = 2\,486\,var$

$$C = \frac{Q_C}{2\pi f \cdot U^2} = \frac{2\,486\,var}{2\pi \cdot 50\,Hz \cdot 400^2\,V^2} = \mathbf{49{,}5\,\mu F}$$

b) $$S_2 = \frac{P}{\cos\varphi_2} = \frac{13\,226\,W}{0{,}9} = 14\,696\,VA$$

$$I_2 = \frac{S_2}{\sqrt{3} \cdot U} = \frac{14\,696\,VA}{\sqrt{3} \cdot 400\,V} = \mathbf{21{,}211\,A}$$

297/8 **a)** $R_m = \frac{U_m}{I} = \frac{100\,mV}{60\,\mu A} = 1{,}667\,k\Omega$

$U = I \cdot (R_1 + R_m) = 60\,\mu A \cdot (15\,k\Omega + 1{,}667\,k\Omega) = \mathbf{1\,V}$

b) aus Kennlinie entnommen: $U_2 = 6\,V$; $I_2 = 60\,\mu A$

$R_2 = \frac{U_2}{I} = \frac{6\,V}{40\,\mu A} = 150\,k\Omega$

$U' = I \cdot (R_1 + R_2 + R_m) = 60\,\mu A \cdot (15\,k\Omega + 1{,}667\,k\Omega) = \mathbf{10\,V}$

c) $P_{max} = \frac{U_{max}^2}{R_1}$

$U_{max} = \sqrt{P_{max} \cdot R_1} = \sqrt{0{,}25\,W \cdot 15\,000\,\Omega} = \mathbf{61{,}24\,V}$

d)

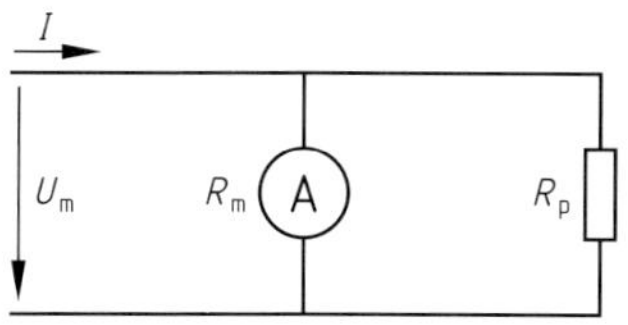

$I_p = I' - I_m = 10\,\mu A - 60\,\mu A = 9{,}94\,mA$

$R_p = \frac{U_m}{I} = \frac{100\,mV}{9{,}94\,mA} = \mathbf{10{,}06\,\Omega}$

e) $A = \frac{d^2\pi}{4} = \frac{(0{,}2\,mm)^2 \cdot \pi}{4} = 0{,}031\,4\,mm^2$

$R_2 = \frac{l}{\gamma \cdot A} \Rightarrow l = R_2 \cdot \gamma \cdot A = 10{,}06\,\Omega \cdot 2{,}04\,m/(\Omega \cdot mm^2) \cdot 0{,}031\,4\,mm^2 = \mathbf{0{,}644\,m}$

297/9 $U_{ist} = -U_{TG} = -k \cdot n = -1\,V/(1\,000/min) \cdot 6\,000/min = -6\,V$

$U_{11} = -R_3 \left(\frac{U_{ist}}{R1} + \frac{U_{soll}}{R2} \right) = -2{,}2\,k\Omega \left(\frac{-6\,V}{1\,k\Omega} + \frac{4{,}2\,V}{1\,k\Omega} \right) = 3{,}96\,V$

aus Diagramm abgelesen: $\alpha = \mathbf{60°}$

298/10 **a)** $\Delta R = k \cdot \varepsilon \cdot R$

ε in mm/m	0	1	2	3	4	5
ΔR in Ω	0	24	48	72	96	120

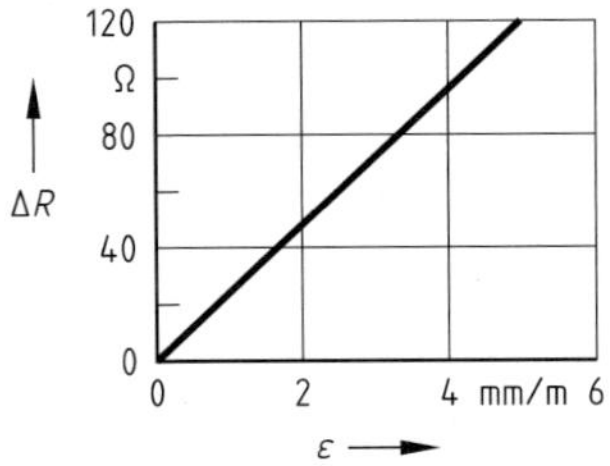

b) $\frac{R_2}{R_4} = \frac{R_1}{R_3} \Rightarrow R_2 = \frac{R_1 \cdot R_4}{R_3} = \frac{470\,\Omega \cdot 600\,\Omega}{600\,\Omega} = \mathbf{470\,\Omega}$

c) $\Delta R_3 = k \cdot \varepsilon_3 \cdot R_3 = 40 \cdot 2\,\text{mm/m} \cdot 600\,\Omega = 48\,\Omega$

$\Delta R_4 = k \cdot \varepsilon_4 \cdot R_4 = 40 \cdot (-2\,\text{mm/m}) \cdot 600\,\Omega = -48\,\Omega$

$$\frac{U_{R3}}{U} = \frac{R_3 + \Delta R_3}{R_1 + R_3 + \Delta R_3} \Rightarrow U_{R3} = \frac{U \cdot (R_3 + \Delta R_3)}{R_1 + R_3 + \Delta R_3} = \frac{9\,\text{V} \cdot (600\,\Omega + 48\,\Omega)}{470\,\Omega + 600\,\Omega + 48\,\Omega} = 5{,}216\,\text{V}$$

$$\frac{U_{R4}}{U} = \frac{R_4 + \Delta R_4}{R_2 + R_4 + \Delta R_4} \Rightarrow U_{R4} = \frac{U \cdot (R_4 + \Delta R_4)}{R_2 + R_4 + \Delta R_4} = \frac{9\,\text{V} \cdot (600\,\Omega - 48\,\Omega)}{470\,\Omega + 600\,\Omega - 48\,\Omega} = 4{,}861\,\text{V}$$

$U_{AB} = U_{R3} - U_{R4} = 5{,}216\,\text{V} - 4{,}861\,\text{V} = 0{,}355\,\text{V} = \mathbf{355\,mV}$

d) Bei $R_3 = \infty$ ist $U_{R3} = U_b = 9\,\text{V}$

$\Delta R_4 = k \cdot \varepsilon_4 \cdot R_4 = 40 \cdot (-4\,\text{mm/m}) \cdot 600\,\Omega = -96\,\Omega$

$$U_{R4} = \frac{U \cdot (R_4 + \Delta R_4)}{R_2 + R_4 + \Delta R_4} = \frac{9\,\text{V} \cdot (600\,\Omega - 96\,\Omega)}{470\,\Omega + 600\,\Omega - 96\,\Omega} = 4{,}657\,\text{V}$$

$U_{AB} = U_{R3} - U_{R4} = 9\,\text{V} - 4{,}657\,\text{V} = \mathbf{4{,}343\,V}$

e) $F = \pm\frac{k \cdot M_E}{100} = \pm\frac{1{,}5 \cdot 500\,\text{mV}}{100} = \pm\mathbf{7{,}5\,mV}$

$f = \frac{F}{U_{AB}} = \pm\frac{7{,}5\,\text{mV}}{355\,\text{mV}} = \pm 0{,}021 = \pm\mathbf{2{,}1}\,\%$

298/11 **a)**

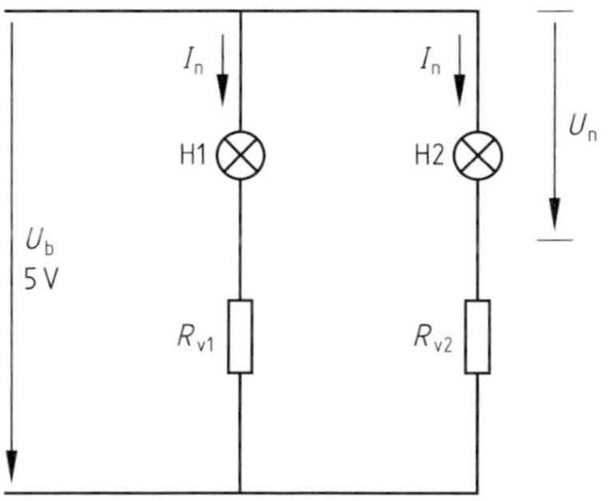

$$R_{v1} = R_{v2} = \frac{U_b - U_n}{I_n} = \frac{5\,V - 1{,}2\,V}{0{,}22\,A} = \mathbf{17{,}3\,\Omega}$$

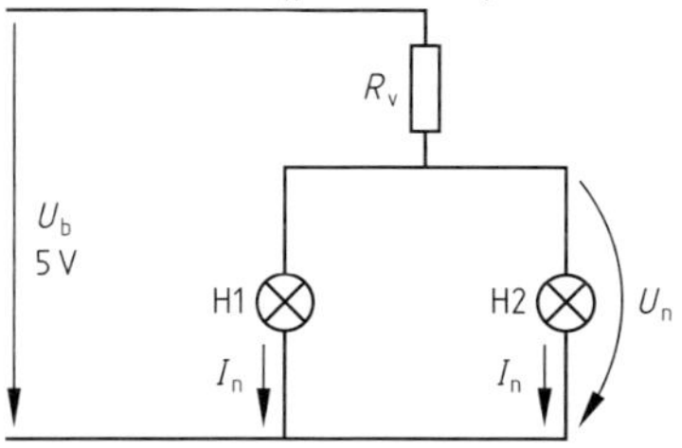

$$R_v = \frac{U_b - U_n}{2 \cdot I_n} = \frac{5\,V - 1{,}2\,V}{2 \cdot 0{,}22\,A} = \mathbf{8{,}6\,\Omega}$$

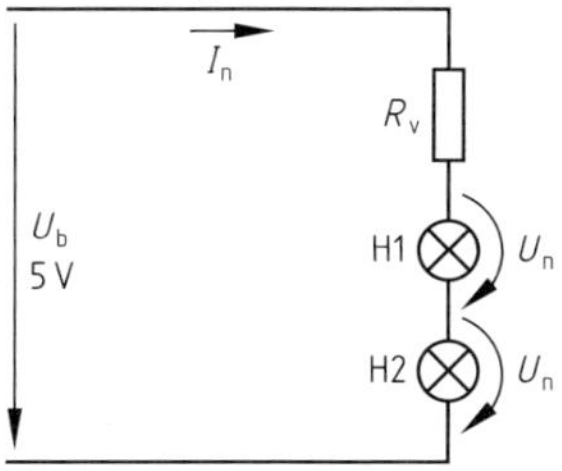

$$R_v = \frac{U - 2 \cdot U_n}{I_n} = \frac{5\,V - 2 \cdot 1{,}2\,V}{0{,}22\,A} = \mathbf{11{,}8\,\Omega}$$

b) $P_{tot} = I_{1max}^2 \cdot R_{1H} \Rightarrow I_{1max} = \sqrt{P_{tot}/R_{1H}} = \sqrt{50\,mW/120\,\Omega} = \mathbf{20{,}4\,mA}$

c) $R_3 = R_4 = \frac{U_b}{I_1} - R_{1H} = \frac{5\,V}{5\,mA} - 120\,\Omega = \mathbf{880\,\Omega}$

d) $U_{AH} = U_{BH} = \frac{U_b \cdot R_3}{R_{1H} + R_3} = \frac{5\,V \cdot 880\,\Omega}{120\,\Omega + 880\,\Omega} = 4{,}4\,V$

$U_{AD} = U_{BD} = \frac{U_b \cdot R_3}{R_{1D} + R_3} = \frac{5\,V \cdot 0{,}88\,k\Omega}{800\,k\Omega + 0{,}88\,k\Omega} = \mathbf{5{,}494\,V}$

e) Bei $U_{AD1} = 0\,V$ ist $R_{1D} = \infty\,\Omega$

Bei $U_{AD2} = 0{,}8\,V$ ist $\frac{R_{1D}}{R_3} = \frac{U_b - U_{AD2}}{U_{AD2}}$

$\Rightarrow R_{1D} = \frac{(U_b - U_{AD2}) \cdot R_3}{U_{AD2}} = \frac{(5\,V - 0{,}8\,V) \cdot 880\,\Omega}{0{,}8\,V} = \mathbf{4{,}62\,k\Omega}$

Zulässig ist ein Dunkelwiderstand $\mathbf{R_D = 4{,}62\,k\Omega \ldots \infty\,\Omega}$.

Bei $U_{AH1} = 5\,V$ ist $R_{1H} = 0\,\Omega$

Bei $U_{AH2} = 2{,}4\,V$ ist $\frac{R_{1H}}{R_3} = \frac{U_b - U_{AH2}}{U_{AH2}}$

$\Rightarrow R_{1H} = \frac{(U_b - U_{AH2}) \cdot R_3}{U_{AH2}} = \frac{(5\,V - 2{,}4\,V) \cdot 880\,\Omega}{2{,}4\,V} = \mathbf{953\,\Omega}$

Der Hellwiderstand darf $\mathbf{R_H = 0\,\Omega \ldots 953\,\Omega}$ sein.

f)

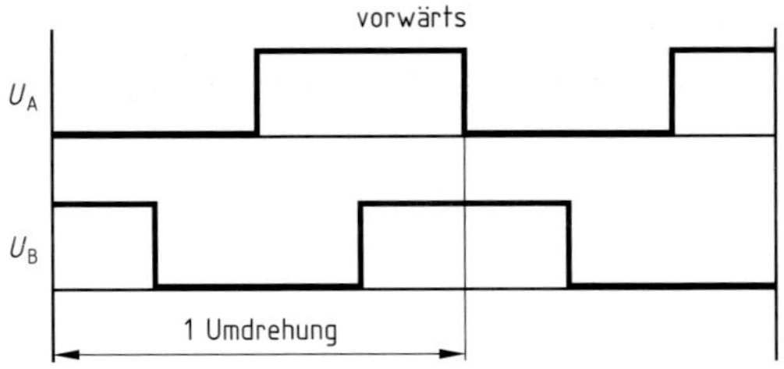

g)

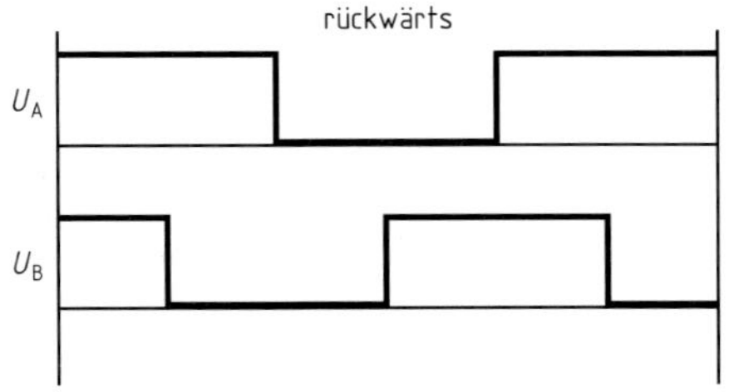

Lösungen zu 18.2 Aufgaben der Digitaltechnik

299/1

$$\begin{array}{rcccccc} & 1 & 1 & 1 & 0 & 1 & 1 \\ - & & 1 & 1 & 1 & 0 & 1 \\ & {\scriptstyle 1} & {\scriptstyle 1} & {\scriptstyle 1} & & & \\ \hline & & \mathbf{1} & \mathbf{1} & \mathbf{1} & \mathbf{1} & \mathbf{0} \end{array}$$

299/2 **a)**

$$\begin{array}{rcccccccccccc} & 0 & 1 & 1 & 0 & 1 & 1 & 0 & 0 & 1 & 1 & 1 & 0 \\ + & 0 & 1 & 0 & 1 & 1 & 0 & 1 & 0 & 1 & 0 & 1 & 1 \\ & {\scriptstyle 1} & {\scriptstyle 1} & {\scriptstyle 1} & {\scriptstyle 1} & & & & {\scriptstyle 1} & {\scriptstyle 1} & {\scriptstyle 1} & & \\ \hline & \mathbf{1} & \mathbf{1} & \mathbf{0} & \mathbf{0} & \mathbf{0} & \mathbf{1} & \mathbf{1} & \mathbf{1} & \mathbf{1} & \mathbf{0} & \mathbf{0} & \mathbf{1} \end{array}$$

b)

$$\begin{array}{rccc} & 6 & C & E \\ + & 5 & A & B \\ \hline & \mathbf{C} & \mathbf{7} & \mathbf{9} \end{array}$$

299/3 **a)** $x = (a \wedge b) \vee (a \wedge b \wedge c) \vee (\overline{a} \wedge b)$

$= (a \wedge b \wedge (1 \vee c)) \vee (\overline{a} \wedge b)$

$= (a \wedge b) \vee (\overline{a} \wedge b) = b \wedge (a \vee \overline{a}) = b \wedge 1 = \mathbf{b}$

b)

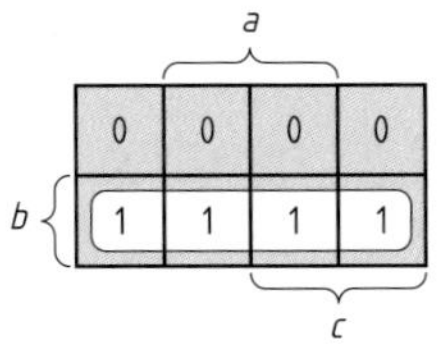

$\Rightarrow x = \mathbf{b}$

299/4 Bild 1, Seite 299, hat die Schaltfunktion $x = \overline{a \lor \overline{b}} \lor \overline{b \lor c}$

Lösungsweg 1: schaltalgebraische Umwandlung in lauter NAND-Ausdrücke

$$x = \overline{a \lor \overline{b}} \lor \overline{b \lor c} = \overline{(a \lor \overline{b}) \land (b \lor c)}$$

$$= \overline{\overline{\overline{a \lor \overline{b}}} \land \overline{\overline{b \lor c}}} = \overline{\overline{\overline{a} \land b} \land \overline{\overline{b} \land \overline{c}}}$$

$$= \overline{\overline{\overline{\mathbf{a} \land \mathbf{a}} \land \mathbf{b}} \land \overline{\overline{\mathbf{b} \land \mathbf{b}} \land \overline{\mathbf{c} \land \mathbf{c}}}}$$

Lösungsweg 2: grafische Umwandlung durch Ersetzen jedes Bauteils durch NAND.

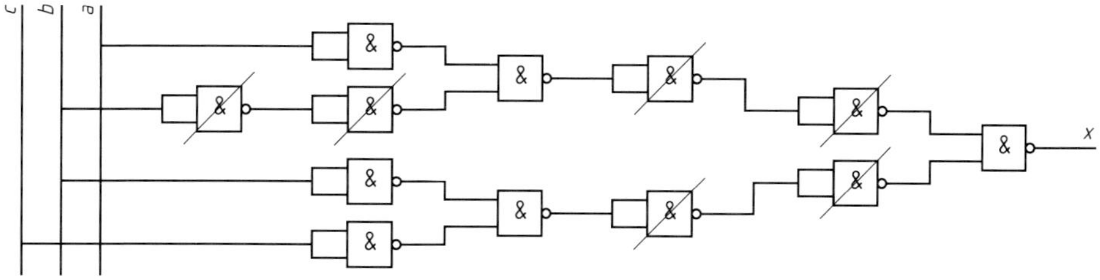

hieraus Schaltfunktion ablesen:

$$x = \overline{\overline{\overline{\mathbf{a} \land \mathbf{a}} \land \mathbf{b}} \land \overline{\overline{\mathbf{b} \land \mathbf{b}} \land \overline{\mathbf{c} \land \mathbf{c}}}}$$

299/5 **a)** Trennung von vorigem Datensatz: 0000 0000 0000 0000

Adresse:	0000 0000 = Low-Byte;	1000 0001 = High-Byte	⇒ **8100H**
Spannung:	0001 1000 = Zehner Einer;	1001 0000 = Zehntel Hundertstel	⇒ **18,90 V**
Strom:	0000 0001 = Zehner Einer;	0111 0101 = Zehntel Hundertstel	⇒ **1,75 A**
Leistung:	0010 0000 = Zehner Einer;	0110 0101 = Zehntel Hundertstel	⇒ **20,65 W**
Zeit:	0001 0010 = ZE der Stunden;	0100 0000 = ZE der Minuten	⇒ **12.40 Uhr**
Datum:	0010 0011 = ZE des Tages;	0000 1001 = ZE des Monats	⇒ **23.09.**

b) Prüfsumme = Summe aller Zahlen der Daten von Bild 2, Seite 299
= 00H + 00H + 00H + 81H + 18H + 90H + 01H + 75H
+ 20H + 65H + 12H + 40H + 23H + 09H
= **02A2 = 0000 0010 1010 0010**$_{\mathbf{2}}$

c) Speicherplatz für 1 Datensatz: $M_D = 16\,\text{B}$
Freier RAM-Speicherplatz: $M_{RAM} = 30\,\text{KB} = 30\,720\,\text{B}$
speicherbare Datensätze: $n = M_{RAM}/M_D = 30\,720\,\text{B}/16\,\text{B} = 1\,920$
Zeit $t = n \cdot \Delta t = 1\,920 \cdot 10\,\text{min} = 19\,200\,\text{min} = 320\,\text{h} =$ **13 Tage + 8 Stunden**

299/6 **a)** Bei n Bit ergibt sich die Stufenzahl $z = 2^n - 1 = 2^8 - 1 = 255$

$$\Delta U = \frac{U_{max}}{z} = \frac{5\,\text{V}}{255} = \mathbf{19{,}6\,mV}$$

b) Stufenzahl z_x des Messergebnisses ist $z_x = 7\text{BH} = 123_{10}$

$$U_1 = U_{max} \cdot \frac{z_x}{z} = 5\,\text{V} \cdot \frac{123}{255} = \mathbf{2{,}412\,V}$$

oder $U_1 = z_x \cdot \Delta U = 123 \cdot 0{,}019\,6\,\text{V} = \mathbf{2{,}412\,V}$

299/7 **a)** $\frac{f}{f_C} = 2^n = 2^{14} = \mathbf{16\,384}$

b) $f_C = \frac{f}{2^n} = \frac{50\,\text{Hz}}{2^{14}} = 3{,}051\,76 \cdot 10^{-3}\,\text{Hz}$

$T_C = \frac{1}{f_C} = \frac{1}{3{,}051\,76 \cdot 10^{-3}\,\text{Hz}} = \mathbf{327{,}68\,s}$

c)

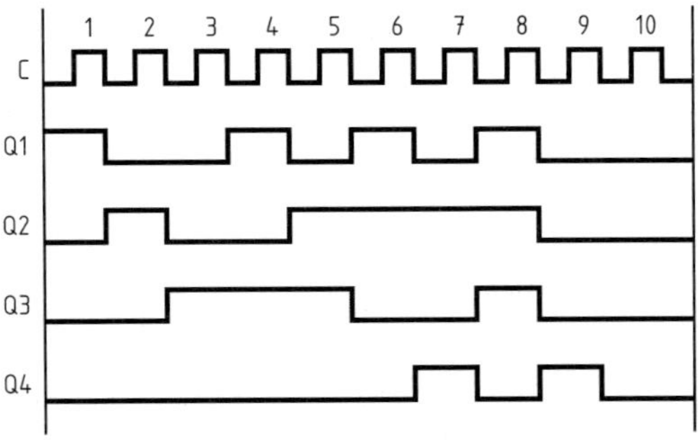

d)

Takt	q_{4n}	q_{3n}	q_{2n}	q_{1n}	q_{4n+1}	q_{3n+1}	q_{2n+1}	q_{1n+1}
10	0	0	0	0	0	0	0	0
1	0	0	0	1	0	0	1	0
2	0	0	1	0	0	1	0	0
6	0	0	1	1	1	0	1	0
3	0	1	0	0	0	1	0	1
4	0	1	0	1	0	1	1	0
5	0	1	1	0	0	0	1	1
8	0	1	1	1	1	0	0	0
9	1	0	0	0	0	0	0	0
	1	0	0	1	X	X	X	X
7	1	0	1	0	0	1	1	1
	1	0	1	1	X	X	X	X
	1	1	0	0	X	X	X	X
	1	1	0	1	X	X	X	X
	1	1	1	0	X	X	X	X
	1	1	1	1	X	X	X	X

e) für q_{1n+1}:

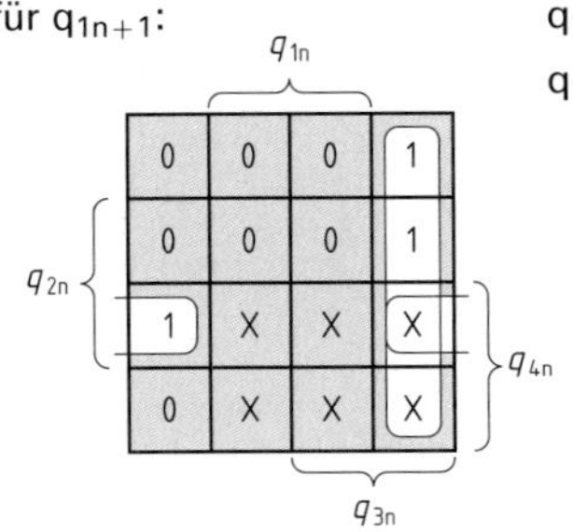

$q_{1n+1} = (j_{1n} \wedge \overline{q_{1n}}) \vee (\overline{k_{1n}} \wedge q_{1n}) \quad \Rightarrow$

$q_{1n+1} = (q_{3n} \wedge \overline{q_{1n}}) \vee (q_{2n} \wedge q_{4n} \wedge \overline{q_{1n}}) \vee (0 \wedge q_{1n})$

$= \underbrace{\left((q_{3n} \vee (q_{2n} \wedge q_{4n})) \wedge \overline{q_{1n}}\right)}_{\downarrow} \vee (\underbrace{0}_{\downarrow} \wedge q_{1n})$

$\mathbf{j_{1n} = q_{3n} \vee (q_{2n} \wedge q_{4n})}$ $\qquad \overline{k_{1n}} = 0$

$\mathbf{k_{1n} = 1}$

für q_{2n+1}:

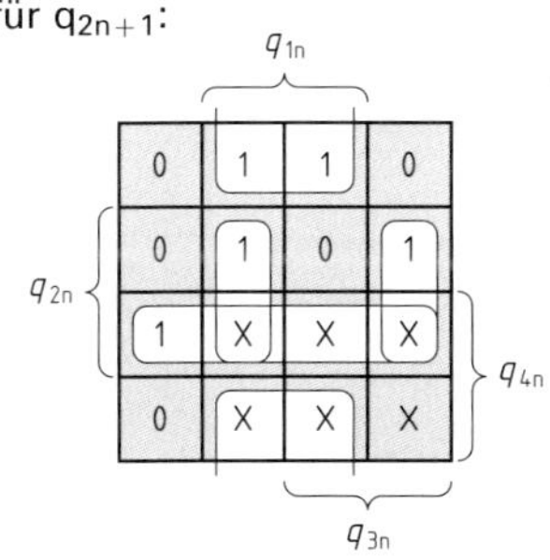

$$q_{2n+1} = (j_{2n} \wedge \overline{q_{2n}}) \vee (\overline{k_{2n}} \wedge q_{2n}) \quad \Rightarrow$$

$$q_{2n+1} = (q_{1n} \wedge \overline{q_{2n}}) \vee (q_{4n} \wedge q_{2n}) \vee (q_{1n} \wedge \overline{q_{3n}} \wedge q_{2n}) \vee (\overline{q_{1n}} \wedge q_{3n} \wedge q_{2n})$$

$$= (q_{1n} \wedge \overline{q_{2n}}) \vee (q_{4n} \vee (q_{1n} \wedge \overline{q_{3n}}) \vee (\overline{q_{1n}} \wedge q_{3n})) \wedge q_{2n}$$

$$\mathbf{j_{2n} = q_{1n}}$$

$$\overline{k_{2n}} = q_{4n} \vee (q_{1n} \wedge \overline{q_{3n}}) \vee (\overline{q_{1n}} \wedge q_{3n})$$

$$k_{2n} = \overline{q_{4n} \vee (q_{1n} \wedge \overline{q_{3n}}) \vee (\overline{q_{1n}} \wedge q_{3n})}$$

$$\mathbf{k_{2n} = \overline{q_{4n}} \wedge (\overline{q_{1n}} \vee q_{3n}) \wedge (q_{1n} \vee \overline{q_{3n}})}$$

für q_{3n+1}:

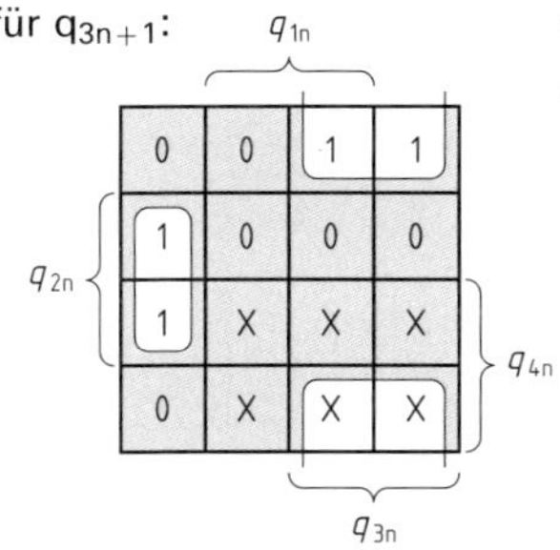

$$q_{3n+1} = (j_{3n} \wedge \overline{q_{3n}}) \vee (\overline{k_{3n}} \wedge q_{3n}) \quad \Rightarrow$$

$$q_{3n+1} = (\overline{q_{1n}} \wedge q_{2n} \wedge \overline{q_{3n}}) \vee (\overline{q_{2n}} \wedge q_{3n})$$

$$\mathbf{j_{3n} = \overline{q_{1n}} \wedge q_{2n}}$$

$$\overline{k_{3n}} = \overline{q_{2n}}$$

$$\mathbf{k_{3n} = q_{2n}}$$

für q_{4n+1}:

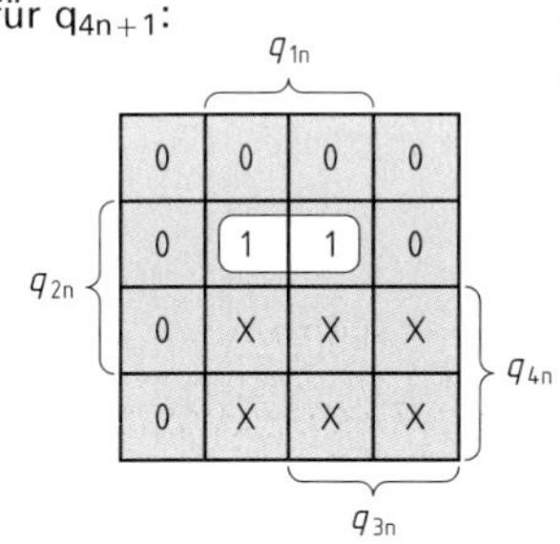

$$q_{4n+1} = (j_{4n} \wedge \overline{q_{4n}}) \vee (\overline{k_{4n}} \wedge q_{4n}) \quad \Rightarrow$$

$$q_{4n+1} = (q_{1n} \wedge q_{2n} \wedge q_{4n}) \vee (0 \wedge q_{4n})$$

$$\mathbf{j_{4n} = q_{1n} \wedge q_{2n}}$$

$$\overline{k_{4n}} = 0$$

$$\mathbf{k_{4n} = 1}$$

(auch andere Lösungswege möglich)

f)

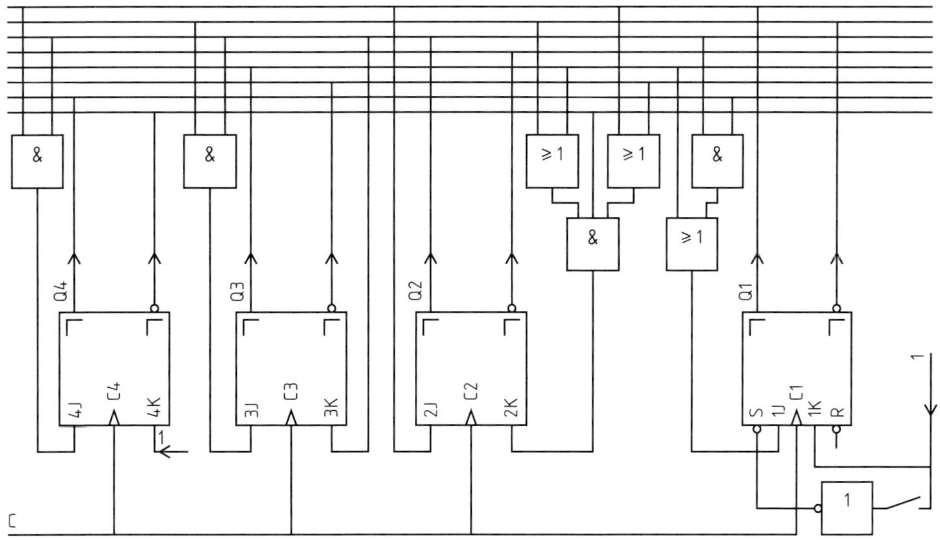

300/8 **a)**

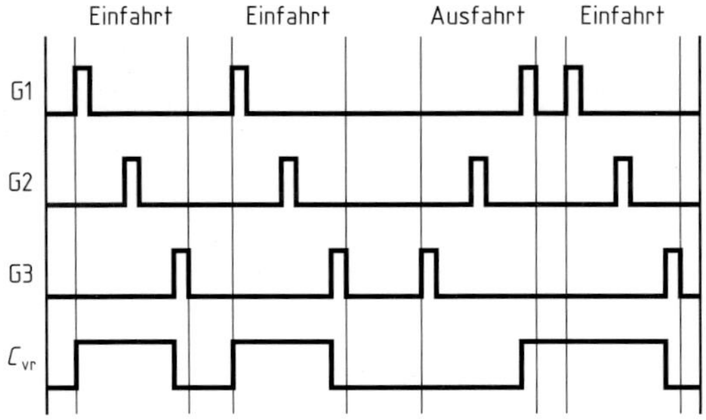

b) Es fahren 3 Fahrzeuge ein und 1 Fahrzeug aus. Danach sind 4 + 3 − 1 = **6 Fahrzeuge** im Parkhaus.

c)

C_{vrn}	q_{3n}	q_{2n}	q_{1n}	q_{3n+1}	q_{2n+1}	q_{1n+1}	t_{3n}	t_{2n}	t_{1n}
0	0	0	0	X	X	X	X	X	X
0	0	0	1	0	0	0	0	0	1
0	0	1	0	0	0	1	0	1	1
0	0	1	1	0	1	0	0	0	1
0	1	0	0	0	1	1	1	1	1
0	1	0	1	1	0	0	0	0	1
0	1	1	0	1	0	1	0	1	1
0	1	1	1	1	1	0	0	0	1
1	0	0	0	0	0	1	0	0	1
1	0	0	1	0	1	0	0	1	1
1	0	1	0	0	1	1	0	0	1
1	0	1	1	1	0	0	1	1	1
1	1	0	0	1	0	1	0	0	1
1	1	0	1	1	1	0	0	1	1
1	1	1	0	1	1	1	0	0	1
1	1	1	1	X	X	X	X	X	X

$\mathbf{t_{1n} = 1}$

für t_{2n}:

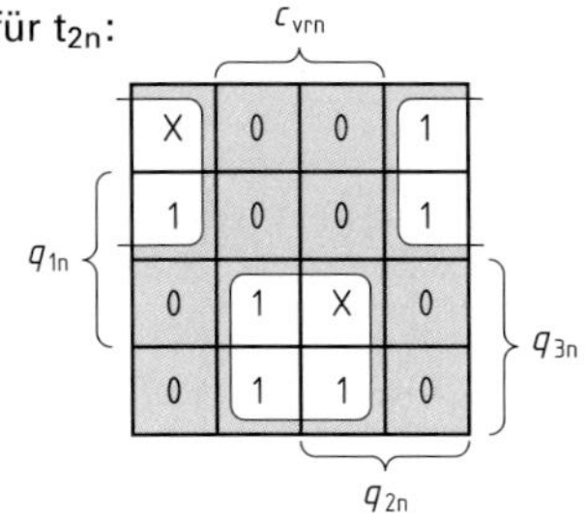

$\Rightarrow \mathbf{t_{2n} = (\overline{c_{vrn}} \wedge \overline{q_{3n}}) \vee (c_{vrn} \wedge q_{3n})}$

für t_{3n}:

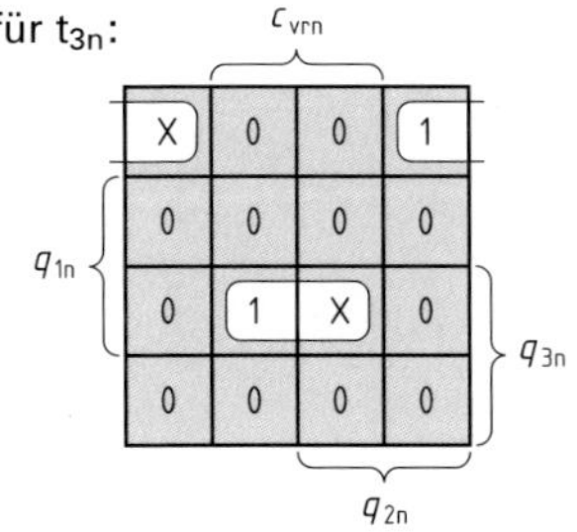

$\Rightarrow \mathbf{t_{3n} = (\overline{c_{vrn}} \wedge \overline{q_{1n}} \wedge \overline{q_{3n}}) \vee (c_{vrn} \wedge q_{1n} \wedge q_{3n})}$

d) und **e)**

für t_{3n}:

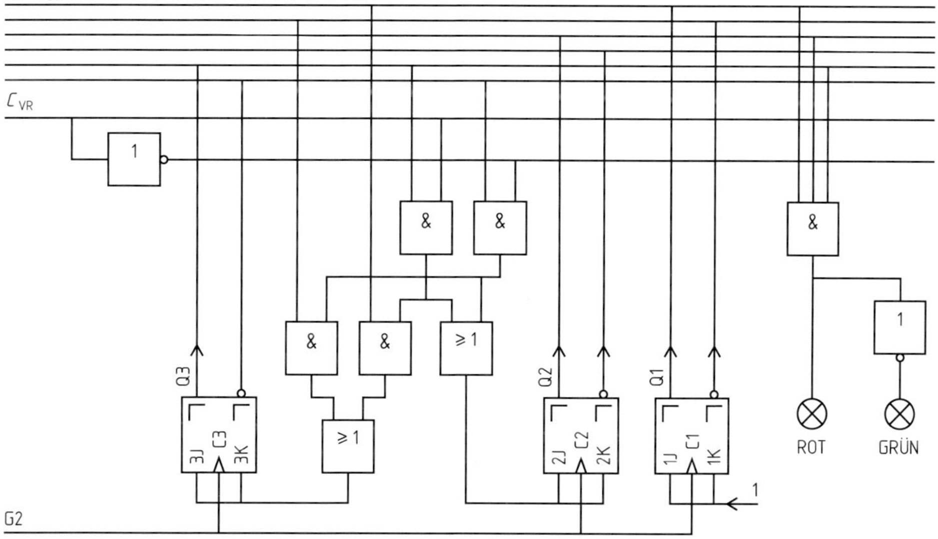

Wenn die Signale q_1, q_2 und q_3 alle den Wert 1 haben, muss rt = 1 und gn = 0 sein, sonst muss rt = 0 und gn = 1 sein.

$\Rightarrow rt = q_1 \wedge q_2 \wedge q_3$ und $gn = \overline{rt}$

301/9 **a)**

B4	B3	B2	B1	D	2D	3D	W	Bemerkung
0	0	0	0	0	1	0	0	Position 2
0	0	0	1	X	X	X	X	don't care
0	0	1	0	X	X	X	X	don't care
0	0	1	1	X	X	X	X	don't care
0	1	0	0	1	0	0	1	Position 5
0	1	0	1	X	X	X	X	don't care
0	1	1	0	0	0	1	0	Position 3
0	1	1	1	0	0	0	1	Position 4
1	0	0	0	0	1	0	1	Position 6
1	0	0	1	1	0	0	0	Position 1
1	0	1	0	X	X	X	X	don't care
1	0	1	1	0	0	1	1	Position 7
1	1	0	0	X	X	X	X	don't care
1	1	0	1	X	X	X	X	don't care
1	1	1	0	X	X	X	X	don't care
1	1	1	1	0	0	0	0	richtige Lage

b) für D:

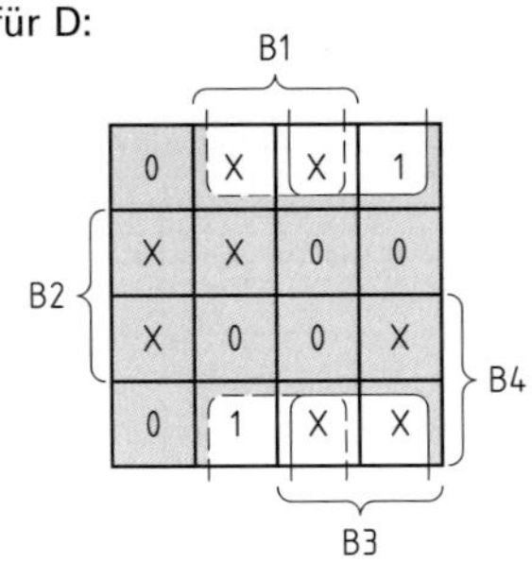

$D = (B1 \wedge \overline{B2}) \vee (\overline{B2} \wedge B3) = \mathbf{\overline{B2} \wedge (B1 \vee B3)}$

für 2D:

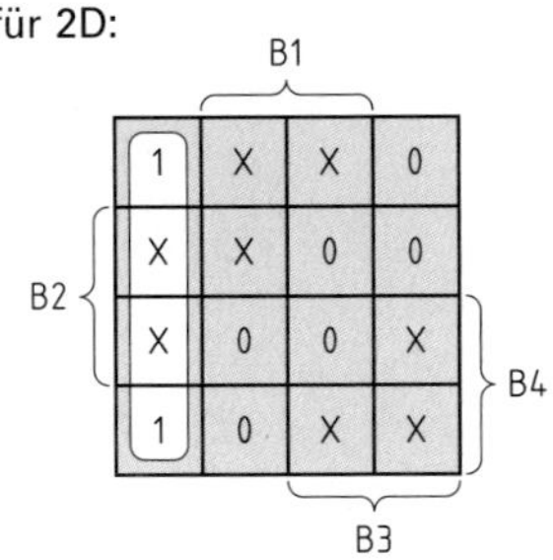

$2D = \mathbf{\overline{B1} \wedge \overline{B3}}$

für 3D:

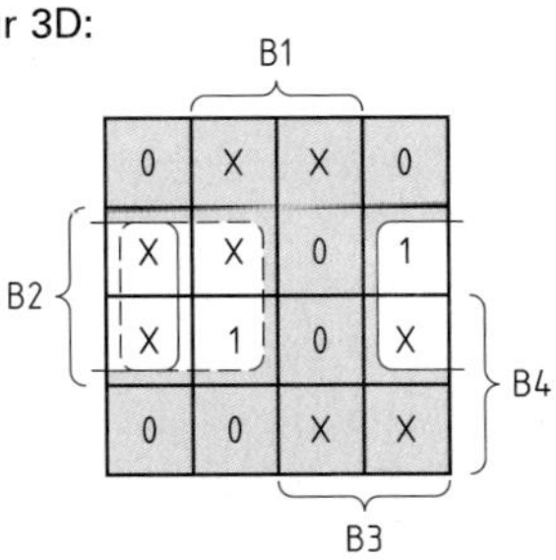

$3D = (\overline{B1} \wedge B2) \vee (B2 \wedge \overline{B3}) = \mathbf{B2 \wedge (\overline{B1} \vee \overline{B3})}$

für W:

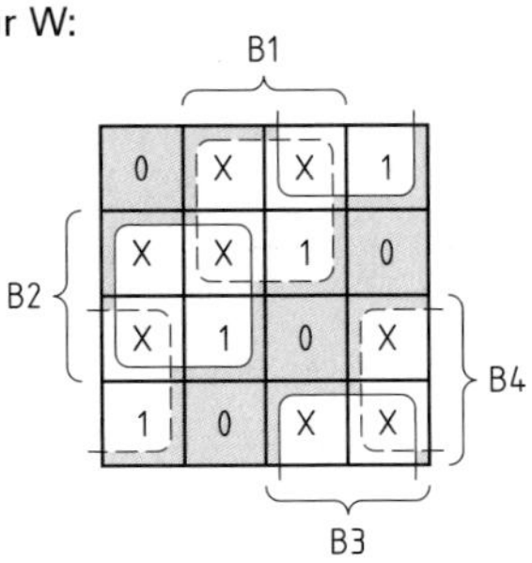

$W = \mathbf{(B1 \wedge \overline{B4}) \vee (B2 \wedge \overline{B3}) \vee (\overline{B1} \wedge B4) \vee (\overline{B2} \wedge B3)}$

c)

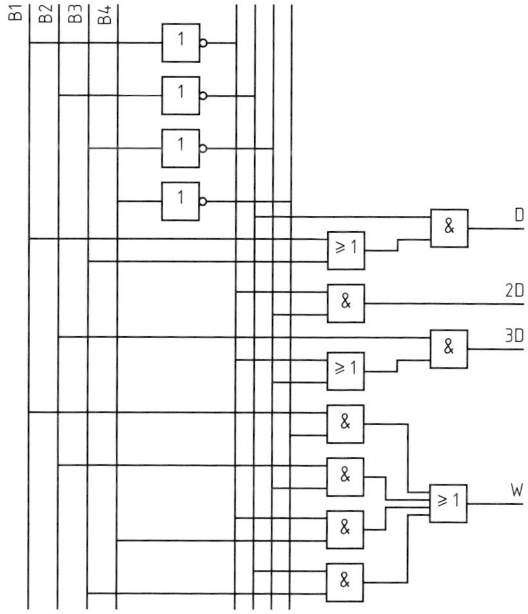
B1
B2
B3
B4
1
1
1
1
&
≥1
D
&
2D
&
3D
≥1
&
&
&
&
≥1
W

d)

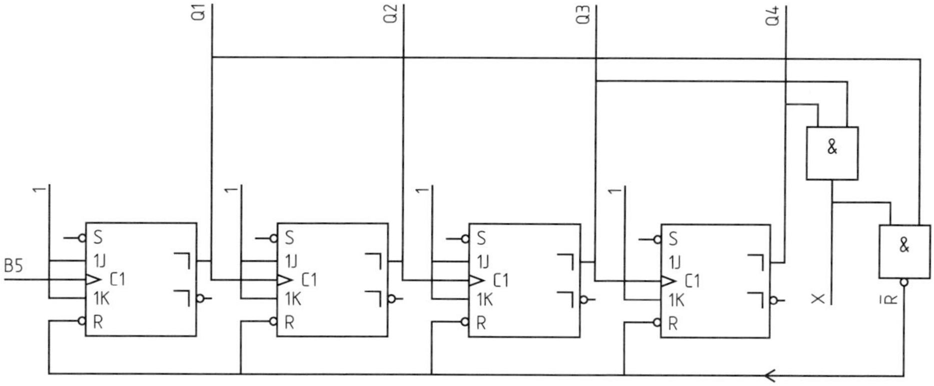
Q1
Q2
Q3
Q4
&
&
1
B5
S
1J
C1
1K
R
X
R̄

e)

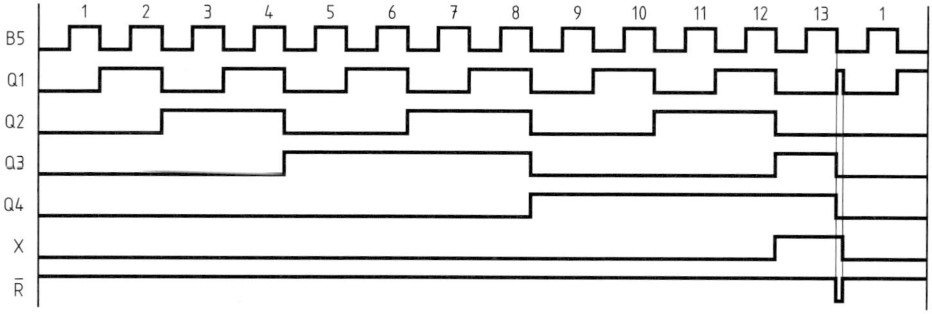
1 2 3 4 5 6 7 8 9 10 11 12 13 1
B5
Q1
Q2
Q3
Q4
X
R̄

Dem Buch „Methodische Lösungswege zu Mathematik für Elektroniker“ Ausgabe I liegen folgende Bücher zugrunde:

Mathematik für Elektroniker Ausgabe I (Industrieelektronik und Informationstechnik)
311 Seiten mit 550 Bildern (Europa-Nr.: 33668)
für die Berufe Industrieelektroniker/in, Kommunikationselektroniker/in der Fachrichtung Informationstechnik, Elektromechaniker/in, Informationselektroniker/in (Geräte- und Systemtechnik/Bürosystemtechnik), IT-Systemelektroniker/in, Fachinformatiker/in sowie für Schüler/innen der beruflichen Vollzeitschulen und entsprechende Studiengänge.

Formeln für Elektroniker
64 Seiten, 185 Bilder (Europa-Nr.: 3334X)
für alle Berufe der beiden Mathematikbücher.

Über die Inhalte dieser Mathematikbücher findet man grundlegende und weiterführende fachliche Ergänzungen in den Europa-Büchern

Elektronik Grundlagen
335 Seiten, 538 Bilder (Europa-Nr.: 31789)

Informationstechnik und Kommunikationstechnik
448 Seiten (Europa-Nr.: 3611X)

Fachkunde für Fachinformatiker
570 Seiten (Europa-Nr.: 36519)

Fachkunde Industrieelektronik und Informationstechnik
680 Seiten, 1 617 Bilder (Europa-Nr.: 32319)

Fachkunde Radio-, Fernseh- und Informationselektronik
688 Seiten, 2 033 Bilder (Europa-Nr.: 32513)

Informationstechnik und Telekommunikationstechnik
368 Seiten (Europa-Nr.: 36217)

Tabellenbuch Informationstechnik
464 Seiten, 1 598 Bilder
(Europa-Nr.: 31118 ohne Formelsammlung)
(Europa-Nr.: 33722 mit Formelsammlung)

Tabellenbuch Computertechnik
384 Seiten, 1012 Bilder (Europa-Nr.: 34214)

Schaltungstechnik und Funktionsanalyse Kommunikationselektronik
Informationen und Aufgaben, 129 Seiten (Europa-Nr.: 34419)
Arbeitsblätter, 55 Blatt (Europa-Nr.: 34613)